"十 三 五 " 国 家 重 点 图 书 出 版 规 划 项 目

"十三五"国家重点图书出版规划项目

中 外 物 理 学 精 品 书 系

前 沿 系 列 · 47

物质磁性基础

戴道生 编著

北京大学出版社
PEKING UNIVERSITY PRESS

图书在版编目 (CIP) 数据

物质磁性基础 / 戴道生编著 . — 北京：北京大学出版社，2016.6
（中外物理学精品书系）
ISBN 978-7-301-25148-5

Ⅰ.①物…　Ⅱ.①戴…　Ⅲ.①磁性－研究　Ⅳ.① O441.2

中国版本图书馆 CIP 数据核字 (2014) 第 272379 号

书　　　名	物质磁性基础	
	WUZHI CIXING JICHU	
著作责任者	戴道生　编著	
责 任 编 辑	王剑飞	
标 准 书 号	ISBN 978-7-301-25148-5	
出 版 发 行	北京大学出版社	
地　　　址	北京市海淀区成府路 205 号　　100871	
网　　　址	http://www.pup.cn	
新 浪 微 博	@ 北京大学出版社	
电 子 信 箱	zpup@pup.cn	
电　　　话	邮购部 62752015　发行部 62750672　编辑部 62767347	
印 刷 者	北京大学印刷厂	
经 销 者	新华书店	
	730 毫米 ×980 毫米　16 开本　33 印张　600 千字	
	2016 年 6 月第 1 版　2018 年 9 月第 2 次印刷	
定　　　价	99.00 元	

序　言

　　物理学是研究物质、能量以及它们之间相互作用的科学。她不仅是化学、生命、材料、信息、能源和环境等相关学科的基础，同时还是许多新兴学科和交叉学科的前沿。在科技发展日新月异和国际竞争日趋激烈的今天，物理学不仅囿于基础科学和技术应用研究的范畴，而且在社会发展与人类进步的历史进程中发挥着越来越关键的作用。

　　我们欣喜地看到，改革开放三十多年来，随着中国政治、经济、教育、文化等领域各项事业的持续稳定发展，我国物理学取得了跨越式的进步，做出了很多为世界瞩目的研究成果。今日的中国物理正在经历一个历史上少有的黄金时代。

　　在我国物理学科快速发展的背景下，近年来物理学相关书籍也呈现百花齐放的良好态势，在知识传承、学术交流、人才培养等方面发挥着无可替代的作用。从另一方面看，尽管国内各出版社相继推出了一些质量很高的物理教材和图书，但系统总结物理学各门类知识和发展，深入浅出地介绍其与现代科学技术之间的渊源，并针对不同层次的读者提供有价值的教材和研究参考，仍是我国科学传播与出版界面临的一个极富挑战性的课题。

　　为有力推动我国物理学研究、加快相关学科的建设与发展，特别是展现近年来中国物理学者的研究水平和成果，北京大学出版社在国家出版基金的支持下推出了"中外物理学精品书系"，试图对以上难题进行大胆的尝试和探索。该书系编委会集结了数十位来自内地和香港顶尖高校及科研院所的知名专家学者。他们都是目前该领域十分活跃的专家，确保了整套丛书的权威性和前瞻性。

　　这套书系内容丰富，涵盖面广，可读性强，其中既有对我国传统物理学发展的梳理和总结，也有对正在蓬勃发展的物理学前沿的全面展示；既引进和介绍了世界物理学研究的发展动态，也面向国际主流领域传播中国物理的优秀专著。可以说，"中外物理学精品书系"力图完整呈现近现代世界和中国物理科学发展的全貌，是一部目前国内为数不多的兼具学术价值和阅读乐趣的经典物理丛书。

"中外物理学精品书系"另一个突出特点是，在把西方物理的精华要义"请进来"的同时，也将我国近现代物理的优秀成果"送出去"。物理学科在世界范围内的重要性不言而喻，引进和翻译世界物理的经典著作和前沿动态，可以满足当前国内物理教学和科研工作的迫切需求。另一方面，改革开放几十年来，我国的物理学研究取得了长足发展，一大批具有较高学术价值的著作相继问世。这套丛书首次将一些中国物理学者的优秀论著以英文版的形式直接推向国际相关研究的主流领域，使世界对中国物理学的过去和现状有更多的深入了解，不仅充分展示出中国物理学研究和积累的"硬实力"，也向世界主动传播我国科技文化领域不断创新的"软实力"，对全面提升中国科学、教育和文化领域的国际形象起到重要的促进作用。

值得一提的是，"中外物理学精品书系"还对中国近现代物理学科的经典著作进行了全面收录。20 世纪以来，中国物理界诞生了很多经典作品，但当时大都分散出版，如今很多代表性的作品已经淹没在浩瀚的图书海洋中，读者们对这些论著也都是"只闻其声，未见其真"。该书系的编者们在这方面下了很大工夫，对中国物理学科不同时期、不同分支的经典著作进行了系统的整理和收录。这项工作具有非常重要的学术意义和社会价值，不仅可以很好地保护和传承我国物理学的经典文献，充分发挥其应有的传世育人的作用，更能使广大物理学人和青年学子切身体会我国物理学研究的发展脉络和优良传统，真正领悟到老一辈科学家严谨求实、追求卓越、博大精深的治学之美。

温家宝总理在 2006 年中国科学技术大会上指出，"加强基础研究是提升国家创新能力、积累智力资本的重要途径，是我国跻身世界科技强国的必要条件"。中国的发展在于创新，而基础研究正是一切创新的根本和源泉。我相信，这套"中外物理学精品书系"的出版，不仅可以使所有热爱和研究物理学的人们从中获取思维的启迪、智力的挑战和阅读的乐趣，也将进一步推动其他相关基础科学更好更快地发展，为我国今后的科技创新和社会进步做出应有的贡献。

"中外物理学精品书系"编委会　主任
中国科学院院士，北京大学教授
王恩哥
2010 年 5 月于燕园

内 容 简 介

　　本书是介绍磁性物质基本磁性的形成原因及制备高磁性能材料的方法和原理的一本学术专著。第一章是对全书三大部分内容的综述。第二至八章为第一部分磁性物质的内禀磁性和理论简介，分别介绍金属、各类氧化物以及非晶态合金等强磁体产生自发磁化的基本原因。第九至十四章为第二部分磁性在外磁场作用下的变化——技术磁化理论，主要讨论强磁性材料在外加磁场作用下的磁性变化过程，即技术磁化理论和磁共振原理。第十五至二十五章为第三部分磁性材料的制备工艺原理，主要介绍锰锌铁氧体软磁和钡铁氧体的结构、磁性、制备工艺，非晶态金属合金、软磁和硬磁合金、多层薄膜的制备和应用，超薄膜的制备方法及性能的研究，并简单介绍磁电阻和磁光效应的原理和应用等。

　　本书首先着重介绍了形成每种磁性起源的物理图像和机制，并辅以简单的数学表述式，以及计算得到的结果和物理意义；然后指出该结果在获得高性能材料研究工作方面的作用；最后基于物理和化学原理，指出在材料生产的工艺过程中应注意的关键问题。

　　本书可作为教学参考书，为大学本科毕业和具有同等学历的年轻学者，在开始涉足磁学学科的研究或是从事磁性材料的开发和生产工作时，提供学习磁学理论基础的指导；同时也可以作为一个桥梁，让在本学科某一领域工作的青年专业人员能更充分地了解近百年来物质磁性研究和磁性材料生产进展的基本概况。

　　本书在第二次印刷时进行了一些订正。

前　　言

　　物质磁性内容非常广泛，有抗磁性、顺磁性、铁磁性、反铁磁性等．在两千多年前我国就知道"磁石召铁"，但对物质磁性的认识和广为使用却是近两百年的事．

　　能应用的磁性物质，通常称为磁性材料，它有多种分类方式，如：以成分和结构来分，有金属材料、非金属(主要为铁氧体)材料、非晶态合金、各类薄膜和纳米材料；以应用情况来分，有硬磁材料、软磁材料(高频、微波等)、磁记录材料(磁头、磁带)、磁性液体等；以效应来分，有磁光材料、磁电阻材料、磁致伸缩材料等．可以说，磁性材料品种繁多，很难全面概括．因此，它们的用途也就非常广泛，各行各业、军事和民间都用得着，产量也非常大，产值在功能材料中要数第一．

　　磁性材料的基本研究和开发应用有着悠久的历史．太早的就不说了，从近一百多年历史来看，19 世纪人们已经在电和磁现象的宏观理论、电磁场理论以及实验中的宏观现象等方面研究工作中都取得了较系统的成就．在电磁感应定律发现后，磁性材料的应用有了巨大的发展．在 19 世纪中叶，首先是磁性材料在机电设备(发电机、电动机、仪表等)中得到了广泛的应用；接着是实验证实了电磁波的存在，从而为电报、电话、有线和无线通信、电视的使用开辟了广阔天地．随着电能和电灯的普偏使用，人们对磁性材料的需求日益增长，进入 20 世纪，随着电子的发现和量子力学的建立，对磁性的基础理论研究才有了巨大的发展．人们对物质磁性起源的认识由宏观进入微观，加深了对磁性本质的了解，使磁性材料的性能不断更新，新型材料不断出现，基础研究和材料开发也进入了新的天地，各种磁性材料的发展极为迅速．特别是这十几年来随着电子计算机进入家庭，网络资讯和多媒体应用的普及，相应地对研制磁性材料的科学家和工程技术专家的学术水平也提出了更高的要求．因此，努力提高教学和科研人员自身业务水平也就迫在眉睫了．

　　随着科学技术的飞速发展，科技人员的知识就必须不断地更新．原则上说，绝大多数情况下是靠自己努力自学来解决知识更新的问题．如何能做到这一点呢？这就要求在具备坚实的相关基础理论知识的基础上，再加上个人的努力进取以及密切合作的团队．

　　笔者在 1999 年退休后，有幸应邀为一些理工科的研究生和本科生做了一些关于磁性和磁性材料的基础知识方面的较系统的讲座．另外，还参与了生产部门有关磁性材料生产技术和工艺问题的研讨和交流. 由于磁学和磁性材料领域非常广泛和深邃, 因此它的基础理论知识及工艺原理等也很庞博. 究竟哪些知识算做基础的, 要讲些什么内容? 讲到什么程度才算合适? 这只能就学科的特点、大家将来的需要以及个人的学识和经历来安排. 从另一方面来说, 讲座的准备和进行过程, 实际上也是笔者对物质磁性基础的内涵进行学习和研究的过程.

物质磁性内容应包含抗磁性、顺磁性、铁磁性等各个方面, 但从物质磁性的复杂程度和应用的广泛性来看, 铁磁性物质占绝大部分, 也是磁学研究的重点. 因此, 本书以讨论铁磁性物质基本特性为主, 对抗磁性和顺磁性只做简单介绍.

就磁学学科的特点和从事磁性材料的开发与应用的研究需要来说, 笔者认为有四大部分: 第一是基于量子力学基础的自发磁化理论; 第二是基于热力学和统计物理的技术磁化理论; 第三是磁性材料制备的基本工艺理论以及磁性材料应用于器件时的基本要求和原理; 第四是电磁场的基本理论. 其中第一、二部分是具有一定的普适性, 要想了解什么是磁学和磁性材料, 或是要在磁性材料领域做一些研究工作, 就要掌握这两部分的基本理论知识. 因为, 它是从事磁性材料研究和开发工作的人员所必需的. 第三部分有一定的专业性, 该部分在第一、二部分基础上, 考虑到应用和产品性能的要求以及材料不同其制备工艺也不同, 探讨了什么是最佳工艺, 为什么要这样做, 其结果是怎样影响磁性能的. 这里也有一定的基本理论, 如金属磁性材料和铁氧体磁性材料的工艺有根本的区别, 又如配方原理、工艺原理等, 这些制备产品的工艺的基本原理或理论也可以说是第一、二部分理论知识的延伸, 并具有很大的特殊性. 第四部分理论的重要性, 在于了解和掌握磁场、相应的磁学量、磁学单位及其相互关系, 以及磁学量的测量原理和方法. 对那些从事高频和微波磁性材料研究和应用的科技专家来说, 电磁场理论是基础, 而且很重要. 由此可见, 在本书中, 对这四个部分的基础知识都应该给予讨论. 但因篇幅所限, 对讨论内容必须有所取舍, 不可能是等量的, 也会因人、因事而各有偏重.

关于磁-光、磁电阻、磁致伸缩等效应的原理和应用技术与磁性基础既有联系, 又有相对独立性. 有联系是指产生效应的基础与磁性相关, 其独立性在于效应之间是非关联的. 这些效应大多数与材料结合讨论, 但要深入了解这些效应的根源, 得立足于量子力学. 有关这方面的介绍可参阅文献[1-5]. 在磁学教科书中都要提到磁致伸缩效应, 因它与自发磁化和磁化过程有密切关联[4-9]. 而对它的应用却讨论不多, 由于篇幅有限且它属于材料学科, 故也不可能在本书中进行详细讨论, 有兴趣深入了解有关效应的读者可参阅上述文献和专著[10].

　　另外,从物理和材料学的层次及其发展的情况来看,凝聚态物理在整个物理学中是内容最广泛、门类最繁多的一个二级学科,而磁学在凝聚态物理中可以说是最大的分支学科,因为它所涉及的现象多种多样,所研究的材料和内容非常广泛,不管是实验还是理论方面的研究问题都在不断翻新,领域也在不断扩大,而且理论研究和实验研究是相互配合、相互促进的. 可以说,近百多年来,磁学是一门长盛不衰的学科,如各种磁性材料的推陈出新,理论上也多种多样. 特别是早在 20 世纪 30 年代人们就开始了对磁性薄膜的研究,至今已有八十多年,仍在不断创新和发展. 1985 年,人们开始研究金属多层膜的磁性,发现层间耦合;接着 1988 年发现巨磁电阻(giant magnetoresistance, GMR)效应,并在实际应用方面取得了巨大成效;人们还对隧道磁电阻(tunneling magnetoresistance, TMR)和庞磁电阻(colossal magnetoresistance, CMR)进行了广泛和深入的研究. 在此基础上,于 20 世纪 90 年代衍生出磁电子学,后发展成自旋电子学. 还有非常引人注目的纳米材料,也与磁学密切相关. 早在 30 年代人们用粉纹法观察磁畴时所用到的超细 Fe_3O_4 粉末(约 50nm),还有 60 年代的铁氧体磁带和磁性液体,稍后的软、硬磁盘,以及 80 年代末的纳米晶软磁合金等,都是纳米材料的先驱. 不过那时它们都被称为超微颗粒,因为纳米材料一词是在 90 年代初才出现的. 时至今日,很多学者都认为,自旋电子学和纳米材料作为物理学中的两大学科,是 21 世纪前二三十年内最具重要意义的新兴学科,特别是磁性金属多层结构薄膜材料,与半导体材料相结合,已成为自旋电子学这一新兴学科领域的基础. 2007 年度的诺贝尔物理学奖就授予了两位发现 GMR 的科学家. 磁性纳米颗粒是纳米材料新领域中的主力军,也是该新兴学科的最早成员. 这两个新兴学科领域内容很丰富,是今后二三十年凝聚态物理中最有发展前途的科学和技术领域. 因篇幅所限,这些内容在本书中只能做简单的讨论.

　　具体地说,本书内容分为三大部分:一是物质磁性的起源和自发磁化理论;二是磁性在外磁场作用下的变化——技术磁化理论;三是磁性材料及其应用,它又分为三个独立的内容:铁氧体磁性材料、金属磁性材料、二维纳米磁性材料(薄膜材料)和纳米颗粒磁性材料.

　　这三部分内容既有联系,又有一定的相互独立性. 如要系统地学习物质磁性的基本知识,这三部分是必备的基本知识,因此列为本书的内容. 但对专门从事某些重点研究或具体生产的人员来说,它们又具有相对独立性,读者可根据各自的需要来着重阅读某个部分的内容,从而能很快地了解和获得所需的基本理论知识,省去了从头阅读所费的时间和精力. 本书试图保留讲座内容的特点和讲法,这样重要的概念就会出现少量的重复表述,这是必要的，既能使读者便于接受一些结论，又可使读者省去查找依据的时间.

另外，在绪论中笔者对磁性起源、技术磁性和各类磁性材料这三部分都做了简短的概述，向读者介绍了所讲授的内容的特点、历史和发展、阅读时所需的基础知识以及处理问题的方法. 最后，还在附录中给出了一些思考问题，希望有助于读者加深对基本问题的了解.

本书在不少地方还余留一些讲课提纲的特点，即在提出问题后，给出基本结论，而解释和阐述较少，其原因一方面是限于篇幅，另一方面是希望读者自己努力去求解和求证. 这样，也许有利于增长解决问题的能力.

对磁性材料来说，国际上 SI(国际单位)和 CGS 单位制都通用，而在我国只能用 SI 制，再加上电磁单位名目繁多，初学者往往感到不易掌握两者的特点和换算关系，因而在附录中给出了有关制定单位的原理和两种单位之间的具体换算.

在完成本书的过程中，得到中国科学院物理研究所李伯臧教授，北京大学王义遒、冯义濂、张之翔和方瑞宜四位教授，清华大学邝宇平教授的帮助，王剑飞博士为本书编辑和出版做了大量和细致的工作，对此作者表示深切感谢.

另外，由于本书所讨论的范围较广，基本理论和具体材料的内容取舍，书的结构和编排方式等是否合适，诚望读者不吝指正.

戴道生

2011 年 8 月(首印)

2018 年 8 月(订正)

参 阅 文 献

[1]　吴锦雷，吴全德. 几种新型薄膜材料. 北京：北京大学出版社，1999.

[2]　O'HandleyR C. Modern Magnetic Materials：Principles and Applications. New York：John Wiley & Sons Inc.，2000(中译本：R. C. 奥汉德力. 现代磁性材料原理和应用. 周永治，等，译. 北京：化学工业出版社，2002.

[3]　K. H. J. 巴肖. 材料科学与技术丛书：金属与陶瓷的电子及磁学性质 II(第 3B 卷). 詹文山，赵见高，等，译. 北京：科学出版社，2001.

[4]　Vonsovskii S V. Magnetism. Jerusalem；John Wiley & Sons Inc.，1974.

[5]　近角聪信. 铁磁性物理. 葛世慧，译. 兰州：兰州大学出版社，2002.

[6]　钟文定. 铁磁学(下册). 北京：科学出版社，2017.

[7]　戴道生，钱昆明. 铁磁学(上册). 北京：科学出版社，2017.

[8]　冯端，等. 金属物理学：超导电性和磁性(第四卷). 北京：科学出版社，1998.

[9]　Bandyopadhyay S, Cahay M. Introduction to Spintronics. New York：CRC Press, Taylor & Francis Group, 2008.

[10]　周寿增，高学绪. 磁致伸缩材料. 北京：冶金工业出版社，2017.

目　　录

第一部分　磁性物质的内禀磁性和理论简介

第三部分　磁性材料的制备工艺原理

第一部分

磁性物质的内禀磁性和理论简介

第一章 绪 论

§1.1 物质磁性起源研究的概况

除了 π 介子无磁性和中微子尚不知是否具有磁性之外,所有物质(从基本粒子到宇宙中星体)都具有磁性. 中子也有磁矩,为 $-1.9\mu_n$(μ_n 核磁矩的单位). 电子磁矩为 $1\mu_B$(μ_B 原子磁矩单位,比 μ_n 大 1836 倍). 为什么都有磁矩? 因为基本粒子具有自旋角动量,相应就有磁矩.

不同的粒子或物质的磁性有很大的区别,在我们经常接触的各种物质中,平时表现出磁性的很少,但一些合金和氧化物在磁场作用下会表现出较强的磁性,其原因何在? 人们对这类问题大部分已基本了解,但是不十分精确,有些还不清楚. 例如,对于电子的特性基本清楚,但为什么有这种特性就不清楚,只能承认是客观存在,也有待我们进一步研究. 地球的磁场不小也不大(0.5 Oe 或 40 A/m),而对其产生的原因人们还没有统一的认识. 总之,就我们所讨论的物质磁性起源问题来说,也只能局限于体积在一定尺度范围的物质. 对于原子磁性,我们有了一定的认识,但对纳米数量级的单个颗粒的物理特性,了解还不够全面(理论上多,实验上少). 总之,对大块物质的磁性虽有了基本认识,但还不够精确,不少理论和实验结果只是在一定程度上一致. 由此可见,我们的认识只是初步的.

人类对物质磁性起源问题的探究由来已久,而真正能较正确地理解它,是在量子力学建立以后. 其原因是物质磁性的本质及其各种表现都和原子磁矩在空间的取向密切相关,而原子磁矩是由电子的轨道磁矩和自旋磁矩组合而成的. 为此,我们就先讨论电子的磁矩以及它们是怎样组合出原子磁矩的. 自然界有 92 种原子,它们的磁性有什么异同? 是何原因? 具有磁矩的原子组成物质之后,对不同物质的磁性却不相同,即使是同一种元素组成的不同材料,磁性也会有很大的区别,这些都应该了解和讨论. 另外,由于原子核磁矩比电子磁矩小 1836 倍,对组成物质的磁性影响非常小,因此除了专门对核磁性讨论外,一般可不计入核磁矩的影响.

原子或分子在组成固态物质时有一定的规律. 在形成固体后,绝大多数情况是原子的空间排列非常有规律,即具有对称性,这种特点称为晶体结构. 金属及其合金以及各类氧化物中的原子排列都是有规律可循. 这对我们从理论上来认识和解决磁性起源的问题非常有利.因此,对每一个具体的物质都要求知道它是哪一种晶格结构,原子在其中的具体位置,它们的周围有哪些其他原子(即近邻、次近邻)以及它们之间的距离和方位.这是深入认识物质各种性质的最基本知识,了解它就可认识和了解物质之间的异同及有关特性的由来.

　　不同的物质(体)有不同的特性,如磁性物质、半导体、超导体、电介质、导电体及绝缘体等物质特性差异很大.很多特性都与电子的运动、电子和原子核之间的互作用有密切关联.而讨论磁性问题时还要加上电子自旋这个关键点.这也是磁性问题要比其他的物体特性复杂的原因(不单是在于困难程度,更多的是在于多样化).为此,自旋的集体行为(如相互作用和取向)是最需要了解和解决的问题.所以,在讨论各种物质的不同磁性和起源时,自旋之间的相互作用和取向是首先需要解决的问题.

　　研究物质所表现出的特性及其规律性时,首先是依靠实验,必须以实验结果为依据得出理论结果,不能只靠数学,特别是求解某些方程来解决问题.因为,理论研究必须从具体的对象出发,建立一定的物理模型,经过一定的计算和分析才能得出合理的结论,并为实验结果所验证.因此,凝聚态物理的理论都必须建立在合理模型的基础之上.磁学和磁性材料的有关理论也是这样.所以,在我们所要讨论的一些基本理论中,都以要讨论对象的特性和主要特征为根据,建立一个合理的模型,经过分析、计算得到结论,给出有关理论解释,当然还要经过实验检验,这才使认识不断前进和深入.可以说,没有简单又合理的物理模型,就不能认识和解决凝聚态物理中的问题.因而下面所要学习和讨论的每一个问题都离不开"物理模型"和数学分析.但本书是以讲清楚物理模型和物理概念为基本目的的,辅以必要的数学分析.因为,在建立了物理模型之后,相当于对物理问题的认识已经有了理性的框架,但是否合理,能否进入更深层次的境界,就需要将模型用数学语言表示成某种数学方程,以便进行深入分析,得出简单、明确的结论和可能的预见性意见.首先是明确针对被研究对象所给出的物理图像或假设是否正确合理,得到的结论能否使感性的认识上升到一定的理论认识,也就是说对该事物的表象有了更深入的了解;其次是确立理论的适用条件和范围;再次是还存在哪些尚未解决的问题,最好是能提出如何解决的建议,则更有意义.总之,本书在讨论理论问题时,尽可能少做数学推导,而是多给出与物理结果联系密切的数学表达方式,这将有利于读者加深理解有关问题的物理本质,也易于初学者掌握基本理论知识.

　　本书第二至八章主要讨论物质磁性起源的基本理论.顺便说明一下,在讨论物质磁性起源时所引述的内容基本上取自文献[2,4,5,7—9],而不属于这六本书的有关材料、重要图表以及需要强调的内容将另注明出处.

§1.2　技术磁化理论讨论的问题

技术磁化理论,也称磁畴理论,主要研究物体的磁性在外磁场作用下的变化规律以及在技术应用方面的基本理论.外斯(Weiss)于 1907 年假定磁体中存在着非常多的自发磁化小区,其尺度通常为 μm 量级;比特(Bitter)于 1931 年首次用粉纹法从实验中观察到磁畴[11];朗道(Landau)和栗弗席兹(Lifshitz)于 1935 年在理论上指出:由于存在退磁场而形成磁畴[12].物体磁性的变化是由于磁场的作用使磁畴结构发生了变化,所以又称磁畴理论.

技术磁化理论的任务就是探讨在外磁场作用下物体(指铁磁体和亚铁磁物体)磁性的变化过程以及磁场撤除后磁性最终显示的特点和规律.最基本的研究方式就是依据实验所测量到的磁化曲线、磁滞回线以及磁化强度随温度的变化曲线等,通过对曲线的分析得出剩余磁化强度、矫顽力、磁化率、磁能积等参量.这些是材料微结构灵敏量,与材料中晶粒尺度、内应力、杂质、空隙、加工工艺等密切相关.虽然只测量这几种参量,但它们却有着十分丰富的内涵,可以由此分析判断影响该磁性材料的基本因素.因此,要进行磁性材料的特性研究,就必须懂得如何正确分析实验测得的上述基本参量.

铁磁体(含亚铁磁体)的磁化曲线反映了磁体内磁畴的体积及磁矩方向变化的特点.磁滞回线有不同形状,但基本上都与原点对称,也有不对称的情况,例如因交换各向异性引起回线不对称,而总体上说,显示非对称磁滞回线的情况很少.由于铁磁物质的类型很多,品种非常广泛,相应的磁化曲线和磁滞回线也各有不同,这些都是必须测量和分析的第一手资料.对磁化曲线和磁滞回线的解释是以磁畴理论为依据的.尽管在长期的实验和理论研究以及生产实践的基础上,总结出的磁畴类型的共同特点基本上是明确的,但在具体材料中又可能有各自特点及细节上的差别,故磁畴理论只能在原则上解决一些共同的特性.要想解决具体的问题,就需要对所研究的材料做具体的分析,以便不断发展和完善磁畴理论.20 世纪 50 年代,人们提出用铁磁体内磁化矢量的运动和平衡方程求解的理论,称为微磁化理论或微磁学[13],但因求解方程需要用到大量的数学计算,难度较大,它很难广泛地用于解决实际问题.

由于磁畴的尺度大多数处于微米量级,且数量非常巨大,每一种磁结构或是磁化状态,宏观上基本可用热力学和统计物理学来说明.磁体在外磁场或外力等的作用下将引起体系中自由能的变化,从而改变其原来的稳定状态.磁化曲线上每一点所表现的磁化过程,实际上是在磁场作用下,由前一个磁场作用下的稳定态变到新的稳定态的结果.故热力学和统计物理就成为研究磁畴结构及其在磁场中变化的理论依据和基本方法(具体将在后文中详细讨论).这样一来,在研究技术磁化理论时,就必须考虑铁磁物质具有的自由能类型、不同类型的铁磁体的磁畴结构特点、磁场(或外力)作用对磁畴结构的影响,以及实验结果反映了哪些磁性变化,理论上怎样解释,这些问题便是技术磁化理论所要讨论的基本内容.

虽然铁磁体与亚铁磁体在磁结构等微观方面有所不同,但讨论它们在磁场中的磁化过程以及分析它们在磁化过程中所表现的现象和实验结果时,除少数情况(如磁共振)外,总是以宏观理论为依据,不涉及磁结构等微观的内在因素.所以,在一般情况下,技术磁化理论的结果都适用于这两类磁体.

本书第九至十四章主要讲述磁性在外磁场作用下的变化即技术磁化理论,重点讨论磁性材料中存在的自由能类型、磁畴结构、准静态磁化过程的结果以及动态磁化和磁共振等问题.所选取材料基本上来自铁磁学专著[5,6,9,14],如有一些不属于这些专著范围的材料,将另注明出处.

由于技术磁化理论是基于丰富的实践经验和经过宏观统计理论研究得出的结果,故所讨论的一些规律性内容都与具体的生产环境和实验条件密切联系,内容比较繁杂.为便于初学者掌握这些理论结果,本书在每一章结束后概括指明了需要了解的要点.

§1.3　磁性材料制备的工艺原理问题

任何材料都是由大量的原子(或分子)构成的.当大量的原子(或分子)组成固态物质时,都有一定的结构,即这些原子在空间上都具有很规则的分布,通常称之为晶格结构.各种原子(或分子)的特性不同,即使相同的原子(或分子)也可以组合成很多不同特性的物质.因此,探索和发现新材料的过程,往往是在原有材料的基础上,去发现和寻找新的性能更好的材料.一般来说,这类新材料的成分可能要比原有的成分或结构更为复杂,在制备方法上也有所改进.再就是发现完全新的成分和结构的材料.因此,不论是探索和研究哪一种类型的材料,都必须在原有的或与其相似材料的晶格结构、基本制备工艺、物理和化学特点等方面,具备较好的基本知识.

大家都知道,对不同原子而言磁性是有差别的,即使同一种原子,如 Fe,当它形成块状材料时,由于晶格结构或近邻配位原子的不同,磁性差别也很大.例如,Fe 为体心立方(bcc)结构时具有很强的铁磁性,而在面心立方(fcc)结构情况下则为反铁磁性.又如,γ-Fe_2O_3 是缺位的尖晶石结构,是具有弱铁磁性的磁体;而 α-Fe_2O_3 为三斜结构,具有反铁磁性.所以说,从事磁性材料研究和开发的工作者,必须对材料的晶体结构、各种原子在晶体内的分布、原子间最近邻的成键间距和键角等基本知识有一定的了解.

磁性材料可笼统地分为金属及合金磁性材料、金属氧化物磁性材料两大类,其几何尺寸可以是大块的,也可以是薄膜和纳米尺度的.每一类材料都可用来制作软磁和永磁材料的各种系列产品.由于实际应用的需要是多种多样的,因此不论哪一类材料及其系列产品,都经历了研发和生产过程、这既包括产品成分的配选和制备工艺技术的研究,也包括生产技术和设备的更新换代.到现在,磁性材料生产和应用的历史已有 150 年以上,老的材料有的被淘汰了,有的得到了改进,新材料也不断涌现.总之,磁性材料的品种在不断地增加和更新,应用范围在不断地扩大和开拓.可以说,在功能材料中,磁性材料以其品种、产值和产量及应用范围占据着领先的地位.

本书第十五至二十六章主要讲述磁性材料的制备工艺原理.由于磁性材料的品种非常庞杂,应用范围很大,不可能在有限的篇幅内对它做全面的介绍,特别是对比较特殊的磁性液体,笔者很少涉足,故只在金属氧化物磁性材料、金属磁性材料、金属薄膜磁性材料等三大类磁性材料中,选择具有代表性的材料,着重讨论材料成分的选取依据以及制备高性能磁性材料的关键工艺的基本原理.

1.3.1 金属氧化物磁性材料

金属氧化物磁性材料主要有软磁铁氧体材料、永磁铁氧体材料和微波铁氧体材料三大系列,此外还有矩磁和压磁铁氧体,但它们在广义上仍属于软磁铁氧体系列.有关铁氧体物理和材料的专著很多,因此本书只讨论 Mn-Zn 软磁铁氧体和永磁铁氧体材料的物理性能和化学成分以及工艺原理两方面问题,并力图对这些问题做比较深入的分析,使读者对铁氧体磁性材料的配方和工艺原理有基本的认识.而微波铁氧体材料已发展成微波磁学的重要组成部分,由于篇幅问题,在第十四章中对其最基本的物理特点和微波器件原理做了详细介绍,在此只对材料做简单的讨论.

人们在两千多年前就发现 Fe_3O_4 具有较强的磁性,可以吸铁,是天然的铁氧体磁石.到 20 世纪 30 年代,法国、日本、德国、荷兰等国的科学家才在铁氧体磁性材料的成分配比和制备工艺等研究工作中取得了大量成果,并在 40 年代实现了铁氧体磁性材料的工业生产.50 年代后期,法国人首先研制并生产了石榴石结构的铁氧体.在四五十年代,理论研究也取得很大的进展,如法国的奈尔(Neel)和美国的安德森(Anderson)分别创立了亚铁磁性唯象理论和间接交换作用量子理论.

自 40 年代开始,各类铁氧体磁性材料的研发和生产不断迅猛发展.到 70 年代时,从实验室研究结果上看,铁氧体磁性材料(包括各种单晶体)的研发工作都已基本完善.铁氧体的研发与无线电通信、电视、电子工业和计算机技术的发展需要密切相关,特别是第二次世界大战中雷达的出现以及后来的军事和卫星技术的发展要求,使得各类铁氧体的研发和生产形成了一个非常庞大的产、学、研体系.70 年代后期,有关铁氧体研究的范围和规模逐渐收缩.到目前为止,仅有日本少数企业的研究所仍在对几种产品进行精益求精的研究.而工业生产方面,人们一直在对生产技术和设备进行不断的改造和创新.到 20 世纪末,具有大规模生产能力的企业都实行了自动化或计算机控制生产.因此,产品质量也逐渐接近或达到 70 年代实验室研究所得到的高性能指标.也有少量以纳米颗粒技术的研究和生产为名的研究,以达到进一步改进铁氧体性能的目的,但进展不大.

大规模铁氧体工业化生产,如对环境保护不够,将会造成很严重的污染.自20 世纪 80 年代起,美国和欧盟等国已逐步将它转移到发展中国家或地区.中国接受了大量的铁氧体生产设备和技术,铁氧体生产急速发展,目前国内已有众多生产铁氧体的厂家,多属民营企业.而早先的几家大规模国有工厂,除个别的因技术改造及时生产有一定发展外,其他多已转产或停业.

这些民营生产铁氧体的厂家,从他们的产品质量和数量上看,基本上满足国内外常规市场的需求,但高档产品仍比较缺乏竞争力;从硬件来看,多为引进的,具有比较先进的设备;但从研究和开发的技术软件水平上看,大都未能超过 20世纪六七十年代国营大厂的水平.

磁学是凝聚态物理中研究内容最丰富和复杂的领域,与化学、晶体学等学科联系密切,有着悠久的学科历史.一百多年来,在不同的时期都有众多的物理学巨匠(其中不少是诺贝尔奖得主)对磁学的发展作出过重大贡献;但在另一方面,大多数人的主观认识却与之背道而驰.即便是物理系的学生,却很少了解磁学究竟是干什么的,对其认识多半停留在吸铁石和地磁场上.现在已知所有物质(除 π 介子无磁矩,中微子尚未明确是否具有磁矩外),小到原子核,大到任何巨型天体,都具有磁性.在我们日常生活,各种社会活动以及科研都要有磁性材料的支撑,一切军事活动更是离不开磁性材料.在所有的功能材料中,磁性材料的产量和产值占第一位(产量达几千万吨,产值达好几千亿美元).

今天相对于自旋电子学等学科来说,铁氧体的盛世已经过去,但它的经济效益仍然十分巨大,应用的范围仍然非常广泛,各类产品已紧密地与人们的生活和各个行业相结合.而我国又是铁氧体磁性材料生产大国,但软件技术比日本落后至少 20 年.在近十年内,笔者与铁氧体生产单位有不少接触,也为有关人士讲解了一些磁性理论和工艺理论的基本知识.通过了解发现,该领域比较弱的环节是:基础理论(包括磁学、化学、晶体结构等)和工艺原理(包括固相反应、氧化还原、晶体生长等)掌握不够,将这两者结合起来分析问题的能力更是不够理想.为此,本书第十五至十七章主要讲述铁氧体磁性材料,将以 Mn-Zn 和 Ba 铁氧体为重点,比较深入和系统地介绍上述两方面的基本知识,以便读者能了解铁氧体材料生产中的关键所在.这一部分采用的内容选自文献[3,15—20],如不属于上述专著范围的内容将给予注明.

1.3.2 金属磁性材料

金属磁性材料有软磁金属材料和硬磁金属材料之分,介绍这一大类磁性材料的图书资料很多且丰富.有些材料的历史悠久,到现在依然很实用.稀土永磁已有了四代产品,与之相关的论文和专著也非常多,这与铁氧体磁性材料的发展和现状有些不同.因此,在这里只对它们做很简略的介绍,也许能作为不了解金属磁性材料的人士,在进入该领域进行研究和开发工作时的入门知识.

金属磁性材料的系列很多,涉及面广.对从事材料研制者来说,所需具备的知识面也比较广,他既要熟知原材料的结构和微观特性,还要掌握金属学和冶金工艺以及材料在电工、电子学应用方面的一些特点.

对金属磁性材料来说,主要是以铁族和稀土金属合金磁性材料为主,其中最常用和生产量大的软磁合金为 FeCo,FeSi,FeNi 等,永磁合金为 FeCoNiAl,$SmCo_5$,$Nd_2Fe_{14}B$ 等,还有就是非晶态金属合金以及纳米结构金属合金.

金属磁性材料的研究和应用已有较长的历史,从 19 世纪中期开始,特别自 20 世纪 30 年代起,发展比较迅速[21,22],无论是软磁还是硬磁合金都在不断地取得进展.例如,Si 钢片的生产历史已有 100 年之久,但它的性能一直在不断更新,目前仍是电工钢的主导产品.最早的永磁材料是铁中含有 1.5%C[①] 的碳钢,一直用到 1911 年.第一个真正的永磁材料是 1885 年出现的钨钢,即铁中含有 6%W,0.7%C 和 0.3%Mn,其永磁参量为矫顽力 $H_c=65$ Oe,剩磁感 $B_r=1.05$ T,最大磁能积 $(BH)_m=0.3$ MGs·Oe/cm³.经过人们的不断努力,1917 年研制出 FeCo 永磁材料,即铁之外还有 30%Co,7%W,3.5%Cr 和 0.9%C,其永磁参量为 $H_c=230$ Oe,$B_r=1.0$T,$(BH)_m=0.9$ MGs·Oe/cm³.可见,当时发展比现在慢多了.1934 年,人们研制出 $AlNiCo_2$,即铁之外还含有 12%Co,17%Ni,10%Al 和 6%Cu,其永磁参量为 $H_c=560$ Oe,$B_r=0.73$T,$(BH)_m=1.7$ MGs·Oe/cm³.1940 年,人们研制出 $AlNiCo_5$,即铁之外还含有 24%Co,14%Ni,8%Al 和 3%Cu,其永磁参量为 $H_c=755$ Oe,$B_r=1.025$ T,$(BH)_m=4.5$ MGs·Oe/cm³.[②](参阅文献[21]的第九章).

AlNiCo 系列永磁材料是通过铸锭制备的,因此又称为铸造永磁.自发现该永磁材料后,经过不断地对成分的调节和改进工艺而使其得到了广泛的应用.但因 Co 和 Ni 都是稀缺和军工用的原料,因而产量上受到较大的限制,以致这类磁体多数用在特殊需要的器件和设备中,目前的年产量只有几万吨.

---

① 重量百分比 wt%为旧用法,现用质量分数表示.本书依据工程习惯仍沿用重量百分比 wt%的说法,以便与原子数百分比 at%,摩尔百分比 mol%相对照.此外,文中 wt%一般省略为%.

② 1 Oe≈80 A/m,1 MGs·Oe/cm³=$(100/4\pi)$kJ/m³.

20 世纪 60 年代中期，发展出 $SmCo_5$ 型第一代稀土永磁体，其永磁参量为 $H_c = 1.1 \sim 1.5\ \text{MA/m}$，$B_r = 0.9 \sim 1.1\ \text{T}$，$(BH)_m = 117 \sim 119\ \text{kJ/m}^3$。接着出现了 Sm_2Co_{17} 类型的第二代稀土永磁材料，永磁参量为 $H_c = 500 \sim 1400\ \text{kA/m}$，$B_r = 1 \sim 1.3\ \text{T}$，$(BH)_m = 160 \sim 240\ \text{kJ/m}^3$。这些含有一定 Co 的永磁材料，其居里温度都很高，有很高的温度稳定性，但因价格高和原料稀缺而限制了产量的进一步扩大。1983 年，发展出第三代稀土永磁材料，即 $Nd_2Fe_{14}B$，其永磁参量为 $H_c = 800 \sim 2400\ \text{kA/m}$，$B_r = 1.1 \sim 1.4\ \text{T}$，$(BH)_m = 240 \sim 400\ \text{kJ/m}^3$。由于主要成分是铁，经济上有很大的发展空间，但初期产品的居里温度不高（310℃），后来才有所改善（达 500℃）。

图 1.1 显示出了近百年来各种永磁材料的磁能积不断增大的情况。图 1.2 给出的结果说明，由于材料的磁能积增大，单位体积储存的磁能增加，故在相同空间中，要获得同样强度的直流磁场，所用的磁性材料大为减少，从而节省了大量的材料和生产成本。

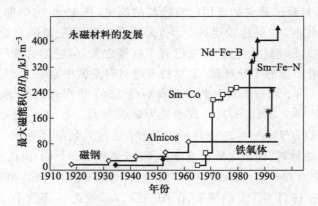

图 1.1　20 世纪永磁材料磁能积上升的情况（取自文献[23]的图 1.1）

20 世纪 60 年代，人们研发出非晶态金属合金磁性材料，到 90 年代已发展成非晶和纳米晶磁性合金材料新学科领域，并形成了巨大的产业。这方面的资料很多，但系统地讨论其磁特性和应用的不多，本书将在有关章节中分别讨论其结构和磁性，并对其发展和应用给予简短的介绍。

20 世纪六七十年代，人们对非晶态过渡金属合金的磁性、非晶合金结构、制备工艺以及应用开发都做了广泛研究。80 年代，非晶态合金变压器研制成功并大量生产，之后纳米晶软磁合金的研究和应用也取得了很大成绩。这不仅弥补了非晶态合金薄带材料的不足，而且由于材料的成本较低，在一定程度上也缓和了 FeNi 合金难以扩大应用的局限。

非磁性非晶态合金，如 $Ni_{75}P_{25}$，具有非常好的耐腐蚀性，比一般不锈钢的耐

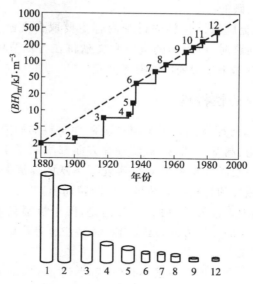

图 1.2　几种永磁材料单位磁能积的储能所需的体积大小的
比例示意图(取自文献[23]的图 1.3)

蚀性高几千倍,作为耐腐蚀材料,有较高的使用价值.因它不属于磁性材料,也就不在此讨论了.

　　本书第十八至二十章主要讲述金属磁性材料.由于金属及其合金磁性材料类型和品种繁多,用途非常广泛,有关的专门论述也比较多,限于篇幅,本文不可能对它们分别做详细的讲解.因此,写这部分内容的目的在于,从金属磁性材料历史和发展过程简略地介绍它们的概况,以使本领域的初步涉足者能对金属磁性材料的特性、类别和发展有一个基本印象.

　　20 世纪 60 年代,人们开始对非晶磁性合金的基本特性进行积极的研究.80年代,非晶态磁性材料已在电力分配变压器、高频电源、激光存储器件等方面展示出了巨大的应用前景.90 年代初,非晶纳米混合合金材料显示出了更为优异的软磁特性,非晶硒半导体制成的硒鼓在复印机中得到了广泛应用,非晶硅半导体太阳能电池的研发获得了成功.总之,非晶固体材料产业化取得了很大进展.与此同时,在非晶体结构和一些基础物理问题的研究方面,却遇到较多的困难,可能的原因主要有:实验手段(对非晶合金的观测技术和手段)有待改进和创新,由计算机建立的结构模型以及对这类材料的各种物理性质进行计算等方面有很大的难度.虽然非晶态固体是一个非常广阔的挑战性很强的重要科学领域,生产和应用进展很快,效益巨大,但基础研究方面的问题却很难得到深入解决,即便是经过几十年的努力探索,人们还是感到有很多问题需要等待新的机遇,才会有更深入突破的可能.

　　在本书中有关金属磁性材料的讨论内容主要取自文献[2,3,21-27].另外,在讨论具体的问题时,所引用的资料和文献将在各章节中注明.如有图、表未注明出处,则取自本小节中列出的参考文献.

1.3.3　金属薄膜磁性材料

　　人们在 20 世纪前期就开始了金属薄膜磁性材料的研究,经过几十年的不断开拓,在基本理论、制备工艺、技术设备等方面都积累了丰富的成果和经验,故在 80 年代金属薄膜磁性材料的研究实现了飞跃的发展并获得巨大的成绩.自旋电子学、纳米磁性和材料两大学科领域脱颖而出,并被认为是 21 世纪初二三十年内凝聚态物理中最被看好的领域.但是,限于篇幅只能将有关磁性薄膜的内容局限在最基本的知识方面,这些内容对那些想要开始进入这一领域的新手有一定的参考意义.

　　当大块物体某一个维度变得很小时(一般小到 μm 量级以下),该物体就变成了薄膜.通过适当的工艺技术,任何材料都可制成薄膜.从性能来说,薄膜的种类有光学膜、半导体膜、电介质膜、超导体膜、金刚石膜、磁性膜等;从材料的类型来说,有氧化物膜、金属膜、有机分子(LB)膜等[28];从薄膜本身的特点来说,有单层膜、超薄膜(厚度≤1 nm)、多层膜等.

　　薄膜材料除具有大块材料的特性外,还具有某些独特的物理性质,并有着非常广泛的用途,因此薄膜物理已成为凝聚态物理中一个重要的学科,而薄膜材料也是材料科学中一个重要的分支.磁性薄膜是薄膜材料中非常重要的组成部分,特别是近 30 年来,无论是在物性研究,还是在高科技中的应用(如超高密度信息存储、传感器等)方面,它都显示出丰富的内涵和巨大的效益.

　　磁性薄膜的大规模研究始于 20 世纪 50 年代初.理论指出大块材料变薄后,其自发磁化强度下降[29];实验结果也表明,当 Ni 膜厚度小于 10 nm 后,磁化强度开始降低[30],畴壁结构由 Bloch 壁转变为 Neel 壁.磁性薄膜的应用研究也始于那个年代,如 FeNi 合金薄膜的高速记忆元件研究[31]、MnBi 薄膜 Kerr 磁光效应的应用研究[32]等.60 年代,磁泡畴的发现引起了人们对氧化物单晶外延膜的积极研究,并于 70 年代发展和制作出了磁泡存储器件[33].此后,人们又发展出非晶态稀土合金薄膜[27],如 TbFeCo 磁光盘介质膜,它可以实用于磁光存储记录.另外,磁存储用的磁带和磁盘,早期是用氧化物纳米粉(如 Fe_2O_3 或 Fe_3O_4)涂敷在有机物带基和盘基上制成的,随着记录密度不断提高,金属薄膜或氧化物膜制成的带和盘片逐渐替代了用纳米磁性氧化物粉涂敷的带和盘片.

　　由于成膜技术的发展,人们对金属超薄膜和多层膜磁性研究和应用开发非常关注,特别是对金属多层膜的磁性研究工作取得了很大的成就.尤其是分子

束外延制膜技术的发展,使制备出超薄金属膜、金属磁性超晶格成为可能,从而
发现在这类多层膜和三层膜的磁性层之间均存在着层间耦合[34],有的还显示出
巨磁电阻效应[35]等.基于巨磁电阻效应,可制成超高记录密度的读出磁头,使记
录密度有巨大提高.近年来人们基于产生巨磁电阻的机制——自旋相关散
射——设计了双极性自旋三极管[36]以及逻辑电路等电子器件.这种对用磁性薄
膜材料制作的电子元器件的研究及其技术学科称为磁电子学(magnetic
electronics)[37],之后发展成一门独立的学科——自旋电子学[10,38].

　　专门介绍磁性薄膜各种特性和应用的文章很多,但都较专业化,大多数是
以讨论某个专题为中心.本书第二十一至二十四章主要讲述金属薄膜磁性材
料,将从历史发展的角度概括性地介绍各类金属磁性薄膜的基本物理性质、制
备薄膜的简单方法及原理、磁性薄膜的主要应用等情况.氧化物薄膜与金属膜
的磁性基本上类似,故不做专门介绍.另外,磁性材料存在的几个著名效应,如
磁电阻、磁光效应等,本书将做简单的讨论.最后本书将简单地介绍薄膜基本磁
性、电阻率、结构和基本参数(厚度、多层膜的周期性等)的测量方法,并为自旋
电子学学科的形成做历史的铺垫.

参 考 文 献

[1]　吴锦雷,吴全德.几种新型薄膜材料.北京:北京大学出版社,1999.
[2]　O'Handley R C. Modern Magnetic Materials:Principles and Applications. New York: John Wiley & Sons Inc. ,2000.(中译本:R.C.奥汉德力.现代磁性材料原理和应用.周永洽,等,译.北京:化学工业出版社,2002.)
[3]　K. H. J. ·巴肖. 材料科学与技术丛书:金属与陶瓷的电子及磁学性质Ⅱ(第3B卷).北京:科学出版社,2001.
[4]　Vonsovskii S V. Magnetism. Jerusalem: John Wiley & Sons Inc. ,1974.
[5]　近角聪信.铁磁性物理.葛世慧,译.兰州:兰州大学出版社,2002.
[6]　钟文定.铁磁学(中册).北京:科学出版社,1992.
[7]　戴道生,钱昆明.铁磁学(上册).北京:科学出版社,1992.
[8]　冯端,翟宏如.金属物理学(第四卷):超导电性和磁性.北京:科学出版社,1998.
[9]　郭贻诚.铁磁学.北京:高等教育出版社,1965.
[10]　Bandyopadhyay S, Cahay M. Introduction to Spintronics. New York:CRC Press, Taylor & Francis Group,2008.
[11]　Bitter F. Phys. Rev. ,1931,38:1903;1932,41:507.
[12]　Landau L, Lifshitz E. Phys. Z. Sowiet U. ,1935,8:153;Lifshitz E. J. Phys. USSR. , 1944,8:337.
[13]　Brown W F,Jr. Phys. Rev. ,1940,106:446;1957,105:1479.

[14] 北京大学物理系铁磁学编写组.铁磁学.北京:科学出版社,1976.

[15] 李荫远,李国栋.铁氧体物理学.修订本.北京:科学出版社,1978.

[16] 都有为.铁氧体.南京:江苏科学技术出版社,1996.

[17] Sugimoto M. Ferromagnetic Materials, Vol. 3. Amsterdam: North-Holland Publishing Company,1982.

[18] 戴道生.关于锰锌铁氧体起始磁导率稳定性问题(北大物理系磁学专业讲义),1975.

[19] Darby M I, Isaac E D. IEEE. MAG—10,1974,2:259—304.

[20] Hellwege K H, et al. Landolt-Bornstein Group Ⅲ: Crystal and Solid State Physics, Vol. 4b. New York: Springer-Verlag,1970.

[21] Bozorth R M. Ferromagnetism. New York: D. Van Nostrand Com. Inc. 1951.

[22] 戴礼智.金属磁性材料.上海:上海人民出版社,1978.

[23] 近角聪信,等.磁性体手册(下册).韩俊德,杨膺善,等,译.北京:冶金工业出版社,1985.

[24] 周寿增,董清飞.超强永磁体——稀土铁系永磁材料.北京:冶金工业出版社,2004.

[25] 郭贻诚,王震西.非晶态物理学.北京:科学出版社,1984.

[26] 戴道生,韩汝琦.非晶态物理.北京:电子工业出版社,1989.

[27] Moorjani R, Coey J M D. Magnetic Glasses. Amsterdam: Elsevier Science Publishers B. V.,1984.(中译本:磁性玻璃.赵见高,等,译.北京:科学出版社,1992).

[28] Chopra K L. Thin Film Phenomena. New York: McGraw-Hill Inc.,1969.

[29] Klein M J, Smith R S. Phys. Rev. 1951,81:378.

[30] Crittenden E C, Hoffman R W. J. Phys. Radium,1956,17:270.

[31] Blois M S. J. Appl. Phys.,1955,26:975.

[32] Williams H J,Sherwood R J,Foster F C, Kelley E M. J. Appl. Phys.,1957,28:1181.

[33] 磁泡编写组.磁泡.北京:科学出版社,1986.

[34] Grunberg P,et al. Phys. Rev. Lett.,1986,57:2442.

[35] Baibich M N,et al. Phys. Rev. Lett.,1988,61:2472.

[36] Johnson M. Science,1993,260:320.

[37] Prinz G A. Physics Today,1995,4:74.

[38] 翟宏如,等.自旋电子学.北京:科学出版社,2013.

第二章   原子磁矩和洪德定则

§2.1   原子的壳层结构和电子组态

　　原子由原子核和电子组成.按照玻尔的理论,原子核为中心,电子分布在核的外围;原子核带正电,电子带负电,正、负电量相等,原子是中性的.如用玻尔的原子模型来讨论原子结构,则认为电子以核为中心绕其运动,轨道接近圆形,有一定的半径.在该模型中,电子被看成球状粒子,做类似于太阳系行星的运动.这就有利于对它具有轨道角动量的理解.按量子力学理论,实际情况是电子在原子核周围是一种概率分布.这表明玻尔轨道模型与真正的原子结构有差别,但这并不影响我们对原子磁性本质的认识.目前了解到原子核的半径为 10^{-15} m,质量为 1.627×10^{-27} kg;按经典的库仑作用计算出电子半径为 10^{-15} m,质量为 9.108×10^{-31} kg.由此可见,原子核内没有电子.量子理论认为电子没有结构,和中微子一样也只能是一个点,没有半径,所以电子是一个点电荷.下面先讨论玻尔原子模型,然后给出量子理论的原子结构.

2.1.1   用玻尔轨道模型结合量子理论来表示核外电子的分布

　　电子运动的轨道半径 r_n 的大小不是任意的,而是量子化的,即与核的距离不是连续变化,而是

$$r_n = \frac{kn^2h^2}{4\pi^2mZe^2}, n = 1, 2, \cdots, \tag{2.1}①$$

式中 n 为正整数,$k = 4\pi\varepsilon_0$(空气的介电常数 $\varepsilon_0 = 8.85 \times 10^{-12}$ F·m^{-1},其中 F 为电容单位法拉,CGS 单位制中 $k = 1$),电子质量 $m = 9.108 \times 10^{-31}$ kg,电子电量 $e = 1.602 \times 10^{-19}$ C(C 为电量单位库仑),Z 为原子序数,Planck 常数 $h = 6.626 \times 10^{-34}$ J·s(J 为焦耳,s 为秒).式(2.1)可以写成 $r_n = a_1n^2/Z$,其中 $a_1 = kh^2/(4\pi^2me^2)$ 为原子的最小半径.对氢原子来说,n 和 Z 均为 1,它是最小的原子,其

---

① 式(2.1)的导出:
　　电子绕核运动如按经典轨道运动考虑,则 $mv^2/r_n = Ze^2/(kr_n^2)$,表示在库仑吸引力作用下绕核作圆周运动.由于轨道的变化是量子化的,用轨道角动量 p_l 来表示电子的运动,$p_l = mv \times 2\pi r_n = 2\pi r_n mv = nh$,$h$ 为 Planck 常数,$n = 1, 2, \cdots$.将 $2\pi r_n mv = nh$ 和 $mv^2/r_n = Ze^2/(kr_n^2)$ 联立而消去 v,就可以得到式(2.1).再将 e, m, h 等具体的数值代入公式,就得到最小半径为 0.0529 nm.注意:$h = 2\pi\hbar$.在下面的一些式中出现 $\hbar$ 时,就不用除以 2π.

半径为 0.529×10^{-10} m. 这样,根据式(2.1),氢原子的电子绕核运动的轨道只能是 $a_1, 4a_1, 9a_1, \cdots$. 这是因为基于量子力学理论,氢原子中电子的能量由 n, l, m_l, m_s 等 4 个量子数决定,其中 n 为主量子数,l 为轨道角动量量子数($l = 0, 1, 2, \cdots, n-1$),m_l 为轨道磁量子数($m_l = l, l-1, \cdots, -(l-1), -l$,共 $2l+1$ 个),正负表明同一大小轨道可能有 2 个方向的磁状态(由电子轨道运动产生);m_s 为自旋磁量子数($m_s = \pm s, s = 1/2$ 为自旋量子数). 总共 4 个量子数,每 1 组只代表 1 个状态,只能有 1 个电子处在该状态. 考虑 $n = 1$ 的情况,只能有 $n = 1, l = 0$ 和 $m_l = 0$,但 $m_s = \pm 1/2$,表明电子自旋有 2 个取向. 对于孤立原子,$m_s = \pm 1/2$ 情况下能量是等价的,它表示了自旋角动量朝上和朝下的 2 种状态,也就是在 $n = 1$ 时轨道态的 n, l, m_l, m_s 为 $(1, 0, 0, +1/2)$ 和 $(1, 0, 0, -1/2)$,反映出只允许存在 2 种态. 而每 1 个态只能被 1 个电子占据,也就是说在第一层轨道态中只能有 2 个电子,第 3 个电子只能处在 $n = 2$ 的轨道态. 那么 $n = 2$ 时壳层中最多可以有几个电子呢? 这要看有多少组彼此不相重复的量子数. 这样的量子数一共有 8 组:$(2, 0, 0, \pm 1/2), (2, 1, 1, \pm 1/2), (2, 1, 0, \pm 1/2), (2, 1, -1, \pm 1/2)$,即最多可允许 8 个电子存在. $n = 3, 4, \cdots$ 情况由此类推,结果见表 2.1.

表 2.1 不同 n 和 l 值时可能存在最多电子的数目

主壳层 n	1	2	3		4			5				
最多电子数	2	8	18		32			50				
次壳层 l	0	0	1	0	1	2	0	1	2	3	0	1	2	3	4
最多电子数	2	2	6	2	6	10	2	6	10	14	2	6	10	14	18

这样可以得到每一层有 $2n^2$ 个电子. 可粗略地认为 n 是代表轨道的层次,具有相同 n 的电子构成一个主壳层. l 的大小反映了每一个层次中轨道可能的形状,参见图 2.1(a),图中以 $n = 3$ 的壳层为例,因能量不同它有 3 种轨道形状

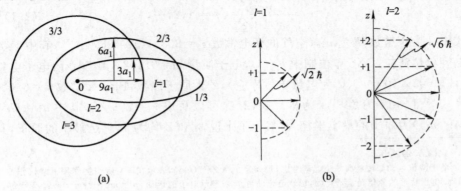

(a)   (b)

图 2.1 (a) $n = 3$ 情况下 $l = 0, 1, 2$ 所对应的轨道形状的经典图像;
(b) $l = 1, 2$ 情况下,轨道面相对量子化轴(z)的不同量子化取向

（圆和椭圆），它们的短轴和长轴之比分别为 $\frac{1}{3}$，$\frac{2}{3}$，$\frac{3}{3}$．m_l 表示轨道磁矩相对某个轴（即量子化轴）的不同取向．例如，$l=1$ 和 2 时，m_l 相应有 3 和 5 个数值，就表示了轨道磁矩有 3 和 5 种空间不同取向．该不同取向也可以说是轨道面法线的不同取向，具体见图 2.1(b)．

2.1.2　用量子态来表示核外电子的分布规律

前面只是借用宏观方法描述了电子在原子核周围的分布，但是按照量子力学的理论，电子的运动情况不能用宏观粒子运动的规律来说明，而只能用概率分布来描述它在原子核周围的状态，即用单电子波函数来描述．也就是不用电子在哪个轨道上运动的术语，而用电子处在哪种状态的术语．例如，前面所说"在 $n=1$ 轨道"，而现在量子力学的正确说法是"在 1s 态"．在 $n=2$ 时，有 $l=1$，0，即有 (2,0) 和 (2,1) 等 2 种态，现在则对应 2s，2p 态．在 $n=3$ 时，有 $l=0,1$，2，这样就有 (3,0)，(3,1) 和 (3,2) 等 3 种态，将它们分别称做 3s，3p 和 3d 态．对于 $n=4$，则有 4s，4p，4d 和 4f 等 4 种态．从这里可以看出，把 $l=0,1,2,3$ 的轨道形状改称为 s，p，d，f 状态，在它们前面加上的数字是代表所属的主要层次 n，这样就能用概率来描述电子在核周围的分布了．经过研究得到各个层次电子的概率密度如图 2.2 所示．

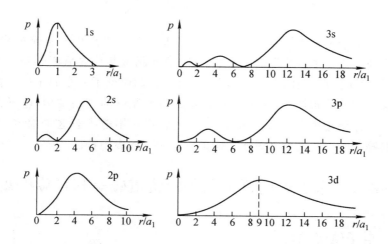

(a) 不同层次中电子概率的径向分布，纵轴为电子分布概率 p，a_1 为玻尔轨道半径

图 2.2　各层次电子的概率密度

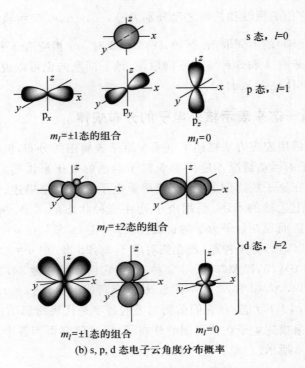

s 态，$l=0$

p 态，$l=1$

p_x　　p_y　　p_z

$m_l=\pm1$ 态的组合　　　　　　$m_l=0$

$m_l=\pm2$ 态的组合

d 态，$l=2$

$m_l=\pm1$ 态的组合　　　　　　$m_l=0$

(b) s, p, d 态电子云角度分布概率

图 2.2　各层次电子的概率密度(续)

　　在讨论电子在核周围分布的规律性时,我们没有考虑电子自旋的作用,因为在一个孤立原子中自旋取向无影响.而当原子组成物质之后就必须引入自旋的影响了.这个问题将在以后讨论.总的来说,我们讨论了一个原子中一些电子在原子核外围的分布规律.这种分布的特点叫做原子的壳层结构.电子占据各个层次的规律要用概率的概念来描述.不用轨道而用电子态这个术语,是为了区别经典物理的宏观规律和量子力学的微观规律的表现特性.

§2.2　原子磁矩源于电子的轨道磁矩和自旋磁矩

2.2.1　电子轨道磁矩

　　前面提到电子轨道运动,并具有轨道角动量,用 $\boldsymbol{p}_l$ 表示.由于电子作闭合回路运动,就产生了轨道磁矩 $\boldsymbol{\mu}_l$.两者的关系为

$$\boldsymbol{\mu}_l = -\gamma_l \boldsymbol{p}_l, \tag{2.2}$$

其中,轨道旋磁比 $\gamma_l = \mu_0 e/(2m)$,下标 l 代表轨道,真空磁导率 $\mu_0 = 4\pi \times 10^{-7}$

H/m(H 为亨利,m 为米).下面用经典模型直观地说明其由来.图 2.3 表示电子绕核的运动,在经典力学中,动量矩(就是角动量)$p_l = r \times mv$,其中 mv 是动量,r 为轨道面中心到运动物体的径向.而

$$\boldsymbol{\mu}_l = \mu_0 i \boldsymbol{A}, \quad 即 \quad \mu_l = -\mu_0 e A / T,$$

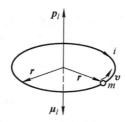

图 2.3　电子绕核运动示意图

其中 $A = |\boldsymbol{A}|$ 是轨道面积,$\boldsymbol{A}$ 的方向是该面积按环流的右手螺旋法则所定的法线方向,因电流方向与电子运动方向相反,故 $\boldsymbol{A}$ 和 $\boldsymbol{\mu}_l$ 的方向与 $\boldsymbol{p}_l$ 的方向相反;T 是电子运动一周的周期,单位是 s.这里电流 $i = e/T$,而

$$A = \frac{1}{2}\oint r^2 \, \mathrm{d}\theta, \quad p_l = m r^2 \frac{\mathrm{d}\theta}{\mathrm{d}t} \tag{2.3}$$

其中 $r = |\boldsymbol{r}|$.将 $r^2 \mathrm{d}\theta = p_l \mathrm{d}t/m$ 代入式(2.3),得

$$A = \frac{1}{2m}\int_0^T p_l \, \mathrm{d}t = p_l \frac{T}{2m}.$$

因为 $\mu_l = -\mu_0 e A/T$,将 A 用上式代入,最后得电子轨道磁矩

$$\mu_l = \frac{-\mu_0 e A}{T} = -\frac{\mu_0 e}{2m} p_l,$$

由此得到式(2.2)及轨道旋磁比 γ_l.通常还在磁矩与角动量的关系式中引入一个 g 因子,即

$$\mu_l = -\gamma_l p_l = -\frac{\mu_0 e g}{2m} p_l,$$

则

$$\gamma_l = \mu_0 e g/(2m) = 1.1051 \times 10^5 g, \tag{2.4}$$

其单位为 m/(A·s).$g=1$ 时,式(2.4)为轨道旋磁比 γ_l;$g=2$ 时,γ_l 改写为电子自旋角动量旋磁比 γ_s.在量子力学中,轨道角动量 p_l 与轨道量子数 l 的关系为

$$p_l = [l(l+1)]^{1/2} \hbar, \tag{2.5}$$

其中 $\hbar = h/(2\pi)$,h 是 Planck 常数.相应轨道磁矩为

$$\mu_l = -[\mu_0 e \hbar/(2m)][l(l+1)]^{1/2}, \tag{2.6}$$

其方向与轨道角动量 $\boldsymbol{p}_l$ 相反. 轨道角动量 $\boldsymbol{p}_l$ 在量子化方向(z 轴)的投影为

$$p_{lz} = m_l \hbar. \tag{2.7}$$

电子带负电,相应的磁矩与轨道角动量方向相反,即

$$\mu_{lz} = -\frac{\mu_0 e}{2m} p_{lz} = -\frac{\mu_0 e}{2m} m_l \hbar. \tag{2.8}$$

令 $m_l = 1$,将式(2.8)所表示的单个电子轨道磁矩定义为磁矩的基本单位,称为玻尔磁子(Bohr magneton),用 μ_B 表示(通常只表示磁矩大小),具体的数值表述为

$$\mu_B = \frac{\mu_0 e \hbar}{2m}, \tag{2.9}$$

其数值为 1.165×10^{-29} Wb $\cdot$ m(Wb 为韦伯,m 为米). 在 CGS 制中,$\mu_B = e\hbar/2mc = 9.274 \times 10^{-21}$ erg/Oe,式中 c 为光速,m 为电子质量. 因此,式(2.8)可改写为

$$\mu_{lz} = -m_l \mu_B, \tag{2.10}$$

表示轨道磁矩在量子化方向(z 轴)的大小.

2.2.2 电子自旋磁矩

电子有自旋并且非常快,具体有多快目前尚不清楚,相应的自旋角动量 $\boldsymbol{p}_s$ 及其在量子化方向(z 轴)的投影 p_{sz} 可分别表示为

$$p_s = [s(s+1)]^{1/2} \hbar, \tag{2.11a}$$

$$p_{sz} = m_s \hbar = \pm \hbar/2 \quad (m_s = \pm 1/2). \tag{2.11b}$$

相应的电子自旋磁矩 $\boldsymbol{\mu}_s$ 与自旋角动量的关系为 $\boldsymbol{\mu}_s = -\gamma_s \boldsymbol{p}_s$,$\gamma_s$ 为自旋旋磁比,因此有

$$\mu_s = -\gamma_s [s(s+1)]^{1/2} \hbar, \tag{2.12a}$$

$$\gamma_s = \mu_0 e g/(2m), \quad g = 2, \tag{2.12b}$$

$$\mu_{sz} = -\frac{2m_s \mu_0 e \hbar}{2m} = -\frac{m_s \mu_0 e \hbar}{m}. \tag{2.12c}$$

由此得到单个电子的自旋磁矩大小为一个玻尔磁子(μ_B),方向与自旋角动量方向相反.

2.2.3 原子的磁矩

原子的磁矩是由原子的总角动量决定的,在只有一个电子的情况下,其总角动量为轨道角动量与自旋角动量之矢量和:

$$\boldsymbol{p}_j = \boldsymbol{p}_l + \boldsymbol{p}_s, \tag{2.13}$$

相应有

$$p_j = [j(j+1)]^{1/2} \hbar, \tag{2.14a}$$

$$p_{jz} = m_j \hbar, \tag{2.14b}$$

其中 j 为总量子数, $j=l+s$. 原子磁矩 $\boldsymbol{\mu}$ 是自旋磁矩 $\boldsymbol{\mu}_s$ 和轨道磁矩 $\boldsymbol{\mu}_l$ 之矢量和: $\boldsymbol{\mu}=\boldsymbol{\mu}_l+\boldsymbol{\mu}_s$, 其方向与 $\boldsymbol{p}_j$ 的方向虽然相反, 但不在一条直线上(参见图 2.4). 与 $\boldsymbol{p}_j$ 对应的总角动量磁矩 $\boldsymbol{\mu}_j$ 和 $\boldsymbol{\mu}_l, \boldsymbol{\mu}_s$ 的关系通过以下计算可求出[1]:

$$\mu_j = \mu_l\cos(\boldsymbol{p}_l \wedge \boldsymbol{p}_j) + \mu_s\cos(\boldsymbol{p}_s \wedge \boldsymbol{p}_j), \tag{2.15a}$$

$$\mu_j = -\left[p_l\cos(\boldsymbol{p}_l \wedge \boldsymbol{p}_j) + 2p_s\cos(\boldsymbol{p}_s \wedge \boldsymbol{p}_j)\right]\left[e\mu_0/(2m)\right]. \tag{2.15b}$$

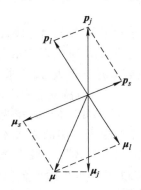

图 2.4　原子的 $\boldsymbol{p}_j$ 和 $\boldsymbol{\mu}_j$ 示意图

根据三角公式

$$p_s^2 = p_j^2 + p_l^2 - 2p_l p_j\cos(\boldsymbol{p}_l \wedge \boldsymbol{p}_j),$$

$$p_l^2 = p_j^2 + p_s^2 - 2p_s p_j\cos(\boldsymbol{p}_s \wedge \boldsymbol{p}_j),$$

可知

$$p_l\cos(\boldsymbol{p}_l \wedge \boldsymbol{p}_j) = (p_j^2 + p_l^2 - p_s^2)/(2p_j),$$

$$p_s\cos(\boldsymbol{p}_l \wedge \boldsymbol{p}_j) = (p_j^2 - p_l^2 + p_s^2)/(2p_j).$$

将上述两式代入式(2.15b), 经过计算得

$$\mu_j = -\left[1 + (p_j^2 - p_l^2 + p_s^2)/(2p_j^2)\right]\left[\mu_0 e/(2m)\right]p_j = -g_j[j(j+1)]^{1/2}\mu_B,$$
$$\tag{2.16}$$

其中 g_j 为有效兰德因子, 其具体表示为

$$g_j = 1 + \frac{j(j+1) + s(s+1) - l(l+1)}{2j(j+1)}. \tag{2.17}$$

从图 2.4 可以看出, 在作图时 μ_s 相当 p_s 的两倍, 而 μ_l 与 p_l 的比例为 1. 因此得出结论, 原子的磁矩 $\boldsymbol{\mu}_j$ 不是 $\boldsymbol{\mu}_l$ 和 $\boldsymbol{\mu}_s$ 的矢量和, 而是它们分别投影到 j 方向的磁矩的叠加. 而 $\boldsymbol{\mu}_j$ 在量子化方向(z 轴)的磁矩 $\mu_{jz} = -gm_j\mu_B$ 为原子在量子态 n, j, m_j 的磁矩(而在量子力学中常用 ϕ_n 或 $|n\rangle$ 表示 n, j, m_j 状态), m_j 为原子磁矩量子数.

　　现在的问题是, 一个原子中具有多个电子时, 是选择先将几个电子的自旋角动量和轨道角动量各自耦合起来的 $L\text{-}S(S=\Sigma s, L=\Sigma l)$ 耦合模式, 还是选择

j-j 的耦合模式?

所谓 L-S 耦合,就是分别求得 L 和 S 之后,再以 J 的耦合方式得出原子总角动量和相应的原子总磁矩.所谓 j-j 耦合,则是先把单个电子总角动量求出来,然后再将所有电子的总角动量加起来,从而得到原子的磁矩.实际上相当多的原子要用 L-S 耦合模式,至少 3d 和 4f 族元素是要用此模式,而少数重元素则用 j-j 耦合模式.

对一个原子中具有多电子时采用 L-S 耦合模式,这样总轨道角动量和总自旋角动量量子数就分别用大写字母 L 和 S 来表示.虽然大部分原子中有很多电子,但在实际求 L 和 S 时,其数值并不很大.因为求和时,有一个很关键的概念,即只要同一层次轨道(如 $l=0,1,2,\cdots$)被电子占满之后,它的 $L=S=0$,称之为满(电子)壳层.这时该壳层不显示磁矩,即总磁矩为零,在外磁场中只能表现出抗磁性.由此看到,只有那些未被电子占满的壳层才可能显示出磁性,这时原子才具有不等于零的磁矩.例如,惰性气体原子没有磁矩,一些金属在离子情况下才能测量出它的抗磁性,一些过渡金属和稀土金属的原子都具有原子磁矩.所以,我们只要计算原子未被占满壳层中电子的总 L 和 S 值,就可以知道原子总磁矩的大小.

还要注意一点,虽然壳层不满,但电子"占据态"(或叫轨道态)的方式必须确定,否则会得出不同的 L 和 S 值.确定"占据态"方式的方法称为洪得法则.在 L 和 S 确定后,原子的磁矩就由式(2.16)和(2.17)给出.

§2.3　洪　德　定　则

洪德在观测光谱项的结构规律时发现,具有未满壳层电子的原子,其总轨道和总自旋量子数(L 和 S)的取法有严格的规律,后就命名为洪德定则(Hund rule).最初是一个经验规律,后来为理论所证明,成为决定多电子原子磁矩的定则.具体的取法按如下顺序进行:

① 在泡利(Pauli)原理许可的条件下,总自旋量子数 S 取最大值.

② 在满足条件①情况下,总轨道量子数 L 取最大值.

③ 总角动量量子数 J 有两种取法:未满壳层中电子数少于一半时,有 $J=|S-L|$;未满壳层中电子数等于或大于一半时,有 $J=|S+L|$.

下面举例说明洪德定则的具体意义和用法.

例 1　O 原子共有 8 个电子,在 1s 和 2s 轨道各有 2 个(泡利原理只允许占 2 个),剩下 4 个电子填充在 2p 轨道,记为 2p^4.要使 S 最大,只能是其中 3 个自旋磁矩平行,(n,l,m_l,m_s) 分别为 $(2,1,1,+1/2)$,$(2,1,0,+1/2)$ 和 $(2,1,-1,+1/2)$ 等 3 个态,这时 $L=0,S=3/2$.第 4 个电子填充在 $(2,1,1,-1/2)$ 态.这

样得 $S=1,L=1$. 因 4 个电子数比半满数 3 大,故 $J=S+L=2$. 具体的填充情况如表 2.2 所示.

表 2.2　氧原子中电子的填充情况

l	0	1			
m_l	0	0	1	0	-1
m_s	$+\dfrac{1}{2}$	$\dfrac{1}{2}$	$\dfrac{1}{2}$	$\dfrac{1}{2}$	$\dfrac{1}{2}$
	$-\dfrac{1}{2}$	$-\dfrac{1}{2}$			$-\dfrac{1}{2}$
轨道态	1s	2s	2p		

例 2　Fe 原子有 26 个电子,$n=1$ 和 2 的轨道都已填满,4s 轨道先于 3d 轨道填满,因而剩下 6 个电子,就填在 3d 轨道上,通常记为 $3d^6 4s^2$. 在填充 3d 轨道时,5 个自旋同向,使 $S=5/2$;1 个反向,使 $S=2$,因而得 $L=2$. 注意:在大块材料中,由于晶场效应,Fe 原子的轨道磁矩冻结(即 $L=0$),因此有 $J=S=2$. 具体的填充情况如表 2.3 所示.关于轨道角动量冻结的讨论请看文献[2].

表 2.3　铁原子中电子的填充情况

l	0	1				2				3	2				
m_l	0	0	1	0	-1	0	1	0	-1	0	2	1	0	-1	-2
m_s	$+\dfrac{1}{2}$	$+\dfrac{1}{2}$	$+\dfrac{1}{2}$	$+\dfrac{1}{2}$	$+\dfrac{1}{2}$	$+\dfrac{1}{2}$	$+\dfrac{1}{2}$	$+\dfrac{1}{2}$	$+\dfrac{1}{2}$	$+\dfrac{1}{2}$	$+\dfrac{1}{2}$	$+\dfrac{1}{2}$	$+\dfrac{1}{2}$	$+\dfrac{1}{2}$	$+\dfrac{1}{2}$
	$-\dfrac{1}{2}$	$-\dfrac{1}{2}$	$-\dfrac{1}{2}$	$-\dfrac{1}{2}$	$-\dfrac{1}{2}$	$-\dfrac{1}{2}$	$-\dfrac{1}{2}$	$-\dfrac{1}{2}$	$-\dfrac{1}{2}$	$-\dfrac{1}{2}$					$-\dfrac{1}{2}$
轨道态	1s	2s	2p			3s	3p			4s	3d				

例 3　Mn 原子的 1s,2s,2p,3s,3p,4s 轨道都填满了,只有 3d 轨道上有 5 个自旋同向的电子,得 $S=5/2$,态为 $(2,1,0,-1,-2)$. 于是 $L=0,J=S=5/2$.

例 4　Nd 原子有 60 个电子,因稀土元素的 $L\neq0$,即轨道磁矩不冻结. $n=1,2,3$ 的壳层都填满了,$n=4$ 的壳层只有 4f 轨道态未填满,还加上 5s,5p 和 6s 都填满了,这样将 Nd 的电子组态记为 $4f^4 6s^2$. 4 个电子自旋平行排列,可得 $S=2,L=3+2+1+0=6$. 因此有 $J=L-S=6-2=4$.

例 5　Gd 原子有 7 个 4f 电子,电子填充情况与 Nd 相同.因而电子组态为 $4f^7 6s^2$. 7 个电子的自旋都是同方向,故有 $S=7/2$. 因 4f 层是半满,故 $L=0$,得到 $J=S=7/2$.

根据洪德定则可以看出,多电子的情况下自旋角动量和轨道角动量先分别叠加成 p_S 和 p_L,并各自绕 p_J 进动,从而叠加成 p_J. 相应的 μ_J 是 μ_S 和 μ_L 在 p_J 方向之矢量和,为 $L\text{-}S$ 耦合,如图 2.4 所示.

从上面的讨论可看到,量子力学建立后才正确地得到了原子磁矩,并认识到它是物质磁性的基元. 而安培环电流理论和库仑的磁荷理论在宏观上是正确的,在进入微观领域后就不再适用了,不能更准确、更深入地解释和解决物质磁性的起源问题.

为了方便了解电子组态,以便计算某元素的原子磁矩大小,现给出 3d 和 4f 元素以及少量其他元素的电子填充轨道态的情况,见表 2.4.

表 2.4　常用的铁族元素、稀土元素及几个非金属元素的电子组态

$Ne = 1s^2\,2s^2\,2p^6$	$Xe = 1s^2\,2s^2\,2p^6\,3s^2\,3p^6\,3d^{10}\,4s^2\,4p^6\,4d^{10}\,4f^0\,5s^2\,5p^6$
$Mg = [Ne]\,3s^2$	$Cs = [Xe]\,6s^1$
$Al = [Ne]\,3s^2\,3p^1$	$Ba = [Xe]\,6s^2$
$Si = [Ne]\,3s^2\,3p^2$	$La = [Xe]\,4f^0\,5d^1\,6s^2$
$P = [Ne]\,3s^2\,3p^3$	$Ce = [Xe]\,4f^1\,5d^1\,6s^2$
$S = [Ne]\,3s^2\,3p^4$	$Pr = [Xe]\,4f^3\,5d^0\,6s^2$
$Cl = [Ne]\,3s^2\,3p^5$	$Nd = [Xe]\,4f^4\,5d^0\,6s^2$
$Ar = 1s^2\,2s^2\,2p^6\,3s^2\,3p^6$	$Pm = [Xe]\,4f^5\,5d^0\,6s^2$
$K = [Ar]\,4s^1$	$Sm = [Xe]\,4f^6\,5d^0\,6s^2$
$Ca = [Ar]\,4s^2$	$Eu = [Xe]\,4f^7\,5d^0\,6s^2$
$Sc = [Ar]\,3d^1\,4s^2$	$Gd = [Xe]\,4f^7\,5d^1\,6s^2$
$V = [Ar]\,3d^3\,4s^2$	$Tb = [Xe]\,4f^9\,5d^0\,6s^2$
$Cr = [Ar]\,3d^5\,4s^1$	$Dy = [Xe]\,4f^{10}\,5d^0\,6s^2$
$Mn = [Ar]\,3d^5\,4s^2$	$Ho = [Xe]\,4f^{11}\,5d^0\,6s^2$
$Fe = [Ar]\,3d^6\,4s^2$	$Er = [Xe]\,4f^{12}\,5d^0\,6s^2$
$Co = [Ar]\,3d^7\,4s^2$	$Tm = [Xe]\,4f^{13}\,5d^0\,6s^2$
$Ni = [Ar]\,3d^8\,4s^2$	$Yb = [Xe]\,4f^{14}\,5d^0\,6s^2$
$Cu = [Ar]\,3d^{10}\,4s^1$	$Lu = [Xe]\,4f^{14}\,5d^1\,6s^2$
$Zn = [Ar]\,3d^{10}\,4s^2$	

注:[Ne],[Ar]和[Xe]代表惰性气体原子中电子填充情况,如在[Xe]元素之后再加上 $4f^4\,6s^2$,就是 Nd 的电子组态.

这里要说明的问题是,在电子填充满 3p 态后不是去填充 3d 态,而是在填

满 4s 态后才去填充 3d 态,这种变化在稀土元素中更为复杂.其原因是一个原子具有多个电子时,电子在不同轨道态的能量与 n,l 这两个量子数有关.在原子序数小于或等于10(即 $n=2$)的情况,氧原子中电子填充顺序为先 1s,再 2s,后 2p,是按 n 从小到大,轨道量子数 l 也是从小到大(s,p 分别代表 $l=0$ 和 1)填充的.但在 $n \geqslant 3$ 时,如 Fe 原子,就有一点差别.在表 2.4 中给出了一些具体原子中电子组态的情况,而图 2.5 则给出了不同层次中不同能量的电子的填充规律.

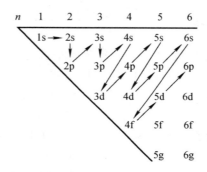

图 2.5　多个电子在一个原子内的填充顺序图[3]

附录　氢原子中电子波函数

因为是轨道运动,故用球坐标来表示:
$$\phi(r,\theta,\varphi) = R_{nl}(r)Y_{lm}(\theta,\varphi),$$
式中 $R_{nl}(r) = N_{nl}\mathrm{e}^{-\rho/n}\rho^l f_n(\rho)$,其中 $f_n(\rho)$ 是 ρ 的 n 次多项式,N_{nl} 是归一化因子,$n=1,2,\cdots,l=0,1,2,\cdots,n-1,\rho=r/a,a$ 是长度自然单位;而 $Y_{lm}(\theta,\varphi)=N_{lm}P_l^m(\cos\theta)\mathrm{e}^{\mathrm{i}m\varphi}$,$P_l^m(\cos\theta)$ 是 Legendre 多项式,N_{lm} 为 l 和 m 的函数,$m=0,\pm1,\pm2,\cdots,\pm(l-1),\pm l$.

$n=1,l=0$ 是 1s 态,$R_{10}(r)=a^{-3/2}2\mathrm{e}^{-r/a}$;$n=2,l=0$ 是 2s 态,$R_{20}(r)=\dfrac{a^{-3/2}}{2\sqrt{2}}\times\left(2-\dfrac{r}{a}\right)\mathrm{e}^{-r/(2a)}$;$n=2,l=1$ 是 2p 态,$R_{21}(r)=\dfrac{a^{-3/2}}{2\sqrt{6}}\dfrac{r}{a}\mathrm{e}^{-r/(2a)}$.

参　考　文　献

[1] 褚圣麟.原子物理.北京:高等教育出版社,1988.

[2] 戴道生,钱昆明.铁磁学(上册).北京:科学出版社,1992.

[3] du Trémolet de Lacheisserie É, Gignoux D, Schlenker M. Magnetism. New York: Kluwer Academic Publishers,2002.

第三章　物质磁性的分类和简介

§3.1　物质磁性的分类

在概论中已经提到,不论是巨大的星球还是微小的基本粒子(除了 π 介子没有磁矩和中微子情况不明外)都具有磁性,其强度差别可达几十个量级.由于我们所讨论的对象仅局限于人类所经常接触到的物质,所以在研讨其磁性时,总是依据其在外加磁场中的反应情况来确定其磁性的特点.最常用的是物质的相对磁导率这个参量,用符号 μ 表示.在 SI 单位制中,$\mu = B/(\mu_0 H)$,其中 μ_0 为真空磁导率,$\mu_0 = 4\pi \times 10^{-7}$ H/m(H 为亨利),H 和 B 分别为磁场强度和磁感应强度.根据 μ 的大小,物质的磁性可分成:$\mu < 1$ 时为抗磁性,μ 略大于 1 时为弱磁性(常常称为顺磁性),$\mu \gg 1$ 时为强磁性(常常称为铁磁性).另外,因 $\chi = M/H$,χ 和 M 分别称磁化率和磁化强度.由于 $B = \mu_0 (H + M)$,故 $\mu = 1 + \chi$,因而 $\chi < 0$ 时为抗磁性,略大于 0 时为顺磁性(参见图 3.1).

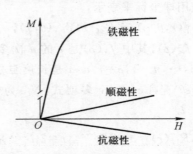

图 3.1　几种磁性类别的 M/H 关系曲线

由于抗磁性和顺磁性物质中原子磁矩是无序取向的,故又称之为无序磁性物质.$\mu \gg 1$ 的物质常常具有很强磁性,其原子磁矩(对 3d 金属原子主要是电子自旋磁矩)排列有序,故称其为有序磁性,它是铁磁性、亚铁磁性、反铁磁性及螺旋磁性的总称.实际上,反铁磁性的 χ 并不大,一般和顺磁性差不多,但在磁结构上有原则上的区别;另外,它可能与铁磁体发生强耦合(在薄膜材料中将会进一步讨论).

从以上讨论可得出有三大类磁性物质:抗磁性物质、顺磁性物质和强磁性物质.实际上,每一类磁性物质又可进一步细分,具体情况下面将分别讨论.另外,由于最早发现铁的磁性很强,而到现在铁仍然是强磁性物质中最重要的成员,所以习惯上称强磁性为铁磁性.

§3.2 抗 磁 性

3.2.1 一般抗磁性

根据玻尔的原子结构模型,若原子核外每一层轨道被电子占据,则占满后的该层轨道称为闭壳层或满壳层.这时有偶数个电子,且各电子轨道磁矩和自旋磁矩的总和都为零,原子不具有内禀(或叫固有)磁矩.由这类原子组成的物质在外磁场作用下都表现出抗磁性,像惰性气体、碱金属(如 Na,K)离子和碱土金属(如 Ca,Sr)离子等.这些抗磁性物质的 $\chi < 0$,并且都与原子序数 Z 成正比,由图 3.2 可知惰性气体原子和一些正、负离子的抗磁磁化率 χ 的绝对值与原子中电子数 Z 成比例地增大.此外,还有 Cu,Zn,Bi 显示出抗磁性,这是由于这些金属中的自由电子也具有抗磁性.一般它们的 χ 值都在 $-10^{-6} \sim -5 \times 10^{-5}$ 量级,且在很宽的常温范围内不随温度变化.另外,金属 Bi 的 χ 为 -280×10^{-4},并有反常温度特性.超导体为抗磁性,$\chi = -4\pi$.

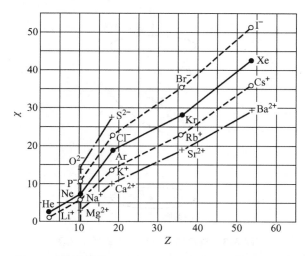

图 3.2 惰性气体原子和一些正、负离子的抗磁磁化率
χ 的绝对值与原子中电子数 Z 的关系曲线

　　一般抗磁体的磁性来源于轨道角动量 p（也可等价为轨道面）绕磁场 H（z 轴方向）进动，这种进动称为拉莫尔（Larmor）进动（参见图 3.3），进动的角频率 $\omega = \mu_0 eH/(2m)$. 由于进动使角动量 p 改变了 Δp，轨道进动的投影面积为 $\pi \rho^2 = \pi(x_i^2 + y_i^2)$，其中 x_i 和 y_i 是第 i 个轨道进动时电子在其投影上的坐标（瞬间位置），ρ 为进动轨道投影半径，$\Delta p = m\omega \rho^2$，电子带负电荷，所以产生的磁矩为

$$\Delta \mu = -\gamma_l \Delta p = -\frac{\mu_0^2 e^2 H \rho^2}{4m},$$

负号表示与 H 方向相反. 在每个壳层中，电子是配对的，必有反向的轨道态，其角动量为 $-p$，在同一 H 作用下，同样绕 H 进动，方向仍由右手螺旋法则决定，电子的角动量变化为 $-\Delta p$，即电子的运动速度有一点降低，使原来对磁化的贡献降低，所以增加了对抗磁性的贡献. 由此可得到磁化率 χ 与轨道面积和电子数 Z 成正比. 由于

$$x_i^2 = y_i^2 = z_i^2 = r_i^2/3, \quad \rho^2 = (x_i^2 + y_i^2) = 2r_i^2/3,$$

而 $\Delta \mu = -\gamma_l \Delta \rho = \dfrac{-\mu_0^2 e^2 H \rho^2}{4m}$，可以得

$$\chi = -\frac{N \mu_0^2 e^2}{6m} \sum_{i=1}^{Z} r_i^2, \tag{3.1}$$

其中阿伏伽德罗常数 $N = 6.022 \times 10^{23} \ \text{mol}^{-1}$. 式（3.1）说明一般抗磁性物质的磁化率与轨道壳层的面积成正比，也说明了图 3.2 的实验结果的规律性.

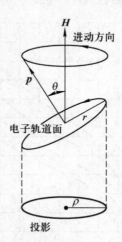

图 3.3　轨道面绕磁场方向进动示意图

3.2.2　金属中自由电子的抗磁性

　　金属大多数是较好的导电体，因为其外层电子可以在金属内自由运动，称

这部分电子为巡游电子.经典理论认为自由电子不具有抗磁性.根据安培环电流理论,每个电子在磁场作用下,除保持原有的运动特性外,因洛仑兹力作用,还产生了附加的、绕磁场方向的圆周运动,如图 3.4 所示.在金属内的电子所形成的环电流都相互抵消了,只有在最外面可以形成完整回路的那一层环电流不为零.可是要注意到,这时还存在一个半环形的开环路(这可能是因为表面之外的空气或真空对电子形成势垒,使电子反弹进入表面造成的,也可能是极少电子逸出造成的).每个电子所产生的半个环电流与相邻内层电子形成的环电流相互抵消,从而未能形成环电流.这样在金属中就不存在任何环电流,因而对外加磁场无磁性贡献(与前面讲的轨道运动产生抗磁性属两种不同情况).

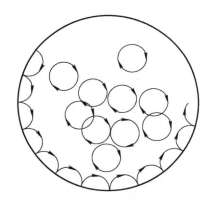

图 3.4　金属中电子绕磁场运动轨道示意图

另外,也可以从能量的角度来考虑,因为外加磁场只是使自由电子的运动轨道产生弯曲,而没有改变其动能.即便用"轨道面的进动"也得不出抗磁性的贡献.因为,H 是单方向的,而轨道面法线(即角动量)方向是随机的,因而相对 H 有正、有负,使磁矩的变化抵消了.因此,经典理论认为,金属中自由电子在磁场作用下不产生环电流,所以对磁性无贡献,即不具有抗磁性.而实际情况是:金属中的自由电子既具有抗磁性也具有顺磁性,且可以证明其顺磁性是抗磁性的 3 倍.朗道根据量子理论得出了存在抗磁性的结果,并称其为朗道抗磁性,其抗磁磁化率为

$$\chi = -\frac{4m\mu_{\mathrm{B}}^{2}}{h^{2}}\left(\frac{\pi}{3}\right)^{2/3}n^{1/3}. \tag{3.2}$$

这个数值正是由泡利得到的自由电子顺磁磁化率的 1/3.式中 n 为单位体积内自由电子数.这样,金属中一个原子态的磁性是其闭壳层的抗磁性,加上价电子的抗磁性和顺磁性的综合结果.因此,金属离子的抗磁性总要比其原子的抗磁性大,例如 Cu,Ag,Au 等总的表现是抗磁性,磁化率分别为 -5.4×10^{-6},

-21.6×10^{-6}，-29.6×10^{-6}；从表 3.1 上看到 Cu^+，Ag^+，Au^+ 的数值要大一些，磁化率分别为 -13×10^{-6}，-44×10^{-6}，-65×10^{-6}. 这是被自由电子顺磁性抵消了一部分所致，而两者之差就是泡利顺磁磁化率与朗道抗磁磁化率之差值的大小. 例如，对于 Cu，$-5.4-(-13)=7.6$，又 $7.6+7.6/2=11.4$，故泡利顺磁性磁化率为 11.4×10^{-6}，而朗道抗磁性磁化率为 -3.8×10^{-6}. 表 3.1 给出了闭壳层的原子或离子的抗磁性摩尔磁化率 $\chi\times10^{-6}$ 的数值[1].

表 3.1 闭壳层原子或离子的抗磁性摩尔磁化率 $\chi\times10^{-6}$ 的数值[1]

			H	He^+	Li^{2+}						
			2.415	0.604	0.268						
			H^-	He	Li^+	Be^{2+}	B^{3+}	C^{4+}	N^{5+}		
			8	1.54	0.63	0.34	0.21	0.15	0.11		
C^{4-}	N^{3-}	O^{2-}	F^-	Ne	Na^+	Mg^{2+}	Al^{3+}	Si^{4+}	P^{5+}	S^{6+}	Cl^{7+}
50	22	12.6	8.1	5.7	4.2	3.2	2.5	2.1	1.7	1.4	1.2
Si^{4-}	P^{3-}	S^{2-}	Cl^-	Ar	K^+	Ca^{2+}	Sc^{3+}	Ti^{4+}	V^{5+}	Cr^{6+}	Mn^{7+}
110	65	40	29	21.5	16.7	13.3	10.9	9.0	7.7	6.6	5.7
					Cu^+	Zn^{2+}	Ga^{3+}	Ge^{4+}	As^{5+}	Se^{6+}	Br^{7+}
					13	11	9.5	8.5	7.5	6.5	6.0
Ge^{4-}	As^{3-}	Se^{2-}	Br^-	Kr	Rb^+	Sr^{2+}	Y^{3+}	Zr^{4+}	Nb^{5+}	Mo^{6+}	
140	95	70	54	42	35	28	24	20	17	15	
					Ag^+	Cd^{2+}	In^{3+}	Sn^{4+}	Sb^{5+}	Te^{6+}	I^{7+}
					44	37	32	28	24	20	17
Sn^{4-}	Sb^{3-}	Te^{2-}	I^-	Xe	Cs^+	Ba^{2+}	La^{3+}	Ce^{4+}		
180	130	105	80	66	55	46	38	33			
					Au^+	Hg^{2+}	Tl^{3+}	Pb^{4+}	Bi^{5+}		
					65	55	48	42	37		

3.2.3　朗道抗磁性

上面指出，按照电子的经典轨道运动理论不可能得到金属中电子具有抗磁性. 而朗道认为，按照量子力学理论，磁场引起的电子螺旋运动是量子化的. 正是这种量子化引起了导体中自由电子具有抗磁性. 为简单起见，考虑电子绕 z 轴运动（即 $H\,//\,z$ 轴），在垂直 z 轴的平面上的投影为圆形. 把圆周运动分解成两

个相互垂直分别沿 x 和 y 轴的线偏振周期运动,则动量为

$$p_{\perp}^2 = p_x^2 + p_y^2.$$

这样的线性振子具有的分立能谱为

$$E_n = (n_\nu + 1/2)\hbar\omega_H,$$

其中 n_ν 为正整数,回旋共振频率 $\omega_H = 2\mu_B H/\hbar$,它正是拉莫尔进动频率 $\omega_L = \mu_B H/\hbar$ 的两倍.

　　由于电子沿 z 轴的运动不受磁场的影响,所以总的动能被部分量子化,其大小为

$$E_n = \frac{p_z^2}{2m} + 2\mu_B H\left(n_\nu + \frac{1}{2}\right), \tag{3.3}$$

它相当于把 $H=0$ 的连续谱变成带宽为 $2\mu_B H$ 的"窄带"(或朗道能级). 相邻两个能级间的距离为 $2\mu_B H$(由窄带中心计算). 具体的变化如图 3.5 所示.

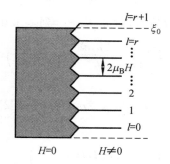

图 3.5 $H=0$ 时金属中自由电子气能带和 $H\neq0$ 时能带汇聚变成分立的朗道能级的情况,相邻两能级的间距为 $2\mu_B H$

　　由于知道了电子气在磁场作用下的分立能谱,根据统计物理的计算方法,能量为 E_n 的态的数目为 g_n 个,因而相和为

$$Z = \sum g_n \exp(-E_n/(kT)), \tag{3.4}$$

其中 k 为玻尔兹曼常数,E_n 见式(3.3),如考虑动量空间,g_n 可表示为

$$g_n = 2\pi p_{\perp}\,\mathrm{d}p_{\perp}\,\mathrm{d}p_z(2V/h^3),$$

式中 V 为金属样品的体积,h^3 为在动量空间中一个态的体积,$2\pi p_{\perp}\,\mathrm{d}p_{\perp}$ 表示一个薄壳圆柱体的截面积,$\mathrm{d}p_z$ 为此柱体的一段高度(参见图 3.6).

　　由于在垂直 z 轴的平面上的电子运动能为

$$\frac{p_{\perp}^2}{2m} = E_n - \frac{p_z^2}{2m} = 2\mu_B H\left(n_\nu + \frac{1}{2}\right),$$

由此得 $p_{\perp}\,\mathrm{d}p_{\perp} = 2m\mu_B H\Delta n_\nu$. 由跃迁几率 $\Delta n_\nu = \pm 1$,有 $p_{\perp}\,\mathrm{d}p_{\perp} = 2m\mu_B H(\Delta n_\nu$ 取 $+1$). 又因 $\mu_B = \mu_0 e\hbar/(2m)$,将这些代入 g_n 后有

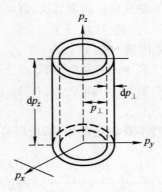

图 3.6　动量空间空心柱体示意图

$$g_n = 2(\mu_0 eV/h^2)H \mathrm{d}p_z.$$

这样,对 Z 在动量空间积分后,再对 n_ν 从 $-\infty$ 到 ∞ 求和,所以有

$$Z = H\sum_{n_\nu=0}^{\infty}\int_{-\infty}^{\infty}\frac{2\mu_0 eV}{h^2}\exp\left(-\frac{E_n}{kT}\right)\mathrm{d}p_z. \qquad (3.5)$$

由式(3.3)有

$$E_n = p_z^2/2m + 2\mu_B H(n_\nu + 1/2),$$

所以

$$Z = H\sum_{n_\nu=0}^{\infty}\left(\frac{2\mu_0 eV}{h^2}\right)\exp\left[\frac{-2\mu_B H\left(n_\nu+\frac{1}{2}\right)}{kT}\right]\int_{-\infty}^{\infty}\exp\left(\frac{-p_z^2}{2mkT}\right)\mathrm{d}p_z.$$

令 $a^2 = 1/(2mkT)$,$p_z = x$,则积分 $\int_{-\infty}^{\infty}\exp(-a^2 x^2)\mathrm{d}x = \pi^{1/2}/a$. 由此可得到

$$\int_{-\infty}^{\infty}\exp\left(\frac{-p_z^2}{2mkT}\right)\mathrm{d}p_z = (2\pi mkT)^{1/2},$$

$$Z = A\sum_{n_\nu=0}^{\infty}\exp\left[\frac{-2\mu_B H\left(n_\nu+\frac{1}{2}\right)}{kT}\right], \qquad (3.6)$$

其中 $A = H(2\mu_0 eV/h^2)(2\pi mkT)^{1/2}$. 对求和项进行计算:

$$\sum_{n_\nu=0}^{\infty}\exp\left[\frac{-\mu_B H(2n_\nu+1)}{kT}\right]$$

$$= \sum_{n_\nu=0}^{\infty}\exp\left[\left(\frac{-\mu_B H}{kT}\right)(2n_\nu+1)\right]$$

$$= \exp(-\mu_B H/kT)[1 + \exp(-2\mu_B H/kT) + \exp(-4\mu_B H/kT) + \cdots].$$

由于 $\exp(-2\mu_B H/kT) \ll 1$,且 $x \ll 1$ 时有 $1/(1-x) = 1 + x + x^2 + x^3 + \cdots$,求得

$$\sum_{n_\nu=0}^{\infty} \exp\left[\frac{-\mu_B H(2n_\nu+1)}{kT}\right]$$

$$= \frac{\exp(-\mu_B H/kT)}{[1-\exp(-2\mu_B H/kT)]}$$

$$= (2\sinh\mu_B H/kT)^{-1}. \tag{3.7}$$

最后得到相和(3.6)为

$$Z = \frac{H\pi\mu_0 eV}{h^2} \frac{\sqrt{2\pi mkT}}{\sinh\mu_B H/kT}. \tag{3.8}$$

由于热力学势 $d\phi = -MdH - SdT$ 和 $\phi = NkT\ln Z$,式中 N 是体积为 V 的金属样品中的电子数,得到磁矩 M 为

$$M = -\frac{\partial\phi}{\partial H} = NkT\frac{\partial\ln Z}{\partial H}.$$

由式(3.8)得

$$\ln Z = \ln H - \ln\sinh\frac{\mu_B H}{kT} + \ln\pi\frac{\mu_0 eV}{h^2}\sqrt{2\pi mkT},$$

所以得到磁矩

$$M = -N\mu_B\left(\coth\frac{\mu_B H}{kT} - \frac{kT}{\mu_B H}\right).$$

由于 $\mu_B H/(kT)$ 数值很小,可将 $\coth\frac{\mu_B H}{kT}$ 展开成级数求近似. 只取两项,得抗磁磁化率为

$$\chi = \frac{M}{VH} = -\frac{N\mu_B^2}{3VkT} = -\frac{n\mu_B^2}{3kT}, \tag{3.9}$$

其中 $n = \frac{N}{V}$ 为单位体积电子数,或称电子气密度. 式(3.9)给出了 $\chi_{抗}$ 与温度的关系,但与实际不符. 因为电子气不遵从玻尔兹曼统计,而是遵从费米(Fermi)统计. 在整个单位体积金属中并不是所有的电子都对抗磁性都有贡献,而只有费米面附近的电子对抗磁性有贡献. 因此,在式(3.9)中 n 应由 n' 替换,$n' = 3nT/(2\theta_F)$,其中 θ_F 是由费米能级 E_F 决定的费米温度,$\theta_F = (h^2/2mk)(3n/8\pi)^{2/3}$. n' 替换 n 之后,可以得到前面给出的结果,即式(3.2):

$$\chi = -\frac{4m\mu_B^2}{h^2}\left(\frac{\pi}{3}\right)^{2/3} n^{1/3}, \tag{3.9'}$$

式(3.9')的结果说明在常温下朗道抗磁性及其磁化率不随温度变化而变化.

§3.3 顺磁性和范弗莱克顺磁性理论[2]

在顺磁性物质中,具有内禀磁矩的原子组成一些物质后,在磁场作用下会

显示出磁性. 其磁化率 $\chi > 0$ 的数值很小, 通常在 $10^{-6} \sim 10^{-4}$ 量级, 随温度 T 的变化遵从居里 (Curie) 定律 $\chi = C/T$, 其中 C 称为居里常数. 范弗莱克 (van Vleck) 在 20 世纪 30 年代首先基于量子力学原理研究了这类磁性, 它包含了居里定律给出的温度关系项和高温激发态温度项, 后一结果称为范弗莱克顺磁性.

1905 年, 朗之万 (Langevin) 在经典统计理论基础上导出了第一类顺磁性理论公式. 其理论要点为: ① 顺磁物质中每个原子的固有磁矩为 $\boldsymbol{\mu}_i$, 各原子间无相互作用; ② 磁场 $\boldsymbol{H} = \boldsymbol{0}$ 时, $\boldsymbol{M} = \sum \boldsymbol{\mu}_i = \boldsymbol{0}$; ③ 在外磁场作用下 $\boldsymbol{\mu}_i$ 与 $\boldsymbol{H}$ 的交角为 θ_i, 则在磁场中的能量为

$$E_i = -\boldsymbol{\mu}_i \cdot \boldsymbol{H} = -\mu H \cos\theta_i,$$

其中 $\mu = |\boldsymbol{\mu}_i|$, 各个原子磁矩相等. 设体系有 N 个原子, 由于 $\boldsymbol{\mu}_i$ 是无规分布, 所以体系的相和 Z 为 (具体推导见本章附录 1)

$$Z = \left(\int_0^{2\pi} \mathrm{d}\phi \int_0^{\pi} \mathrm{e}^{-\mu H \cos\theta / kT} \sin\theta \mathrm{d}\theta \right)^N$$
$$= \left(\int_0^{2\pi} \mathrm{d}\phi \int_{-1}^1 \mathrm{e}^{\alpha x} \mathrm{d}x \right)^N = \left[(4\pi/\alpha) \sinh\alpha \right]^N,$$

其中 $x = -\cos\theta$, $\alpha = \mu H / kT$. 从 $M = kT [\partial(\ln Z)/\partial H]$ 可得到 (具体推导见本章附录一)

$$M = N\mu(\coth\alpha - 1/\alpha) = N\mu L(\alpha), \tag{3.10}$$

其中 $L(\alpha) = \left(\coth\alpha - \dfrac{1}{\alpha} \right)$ 称朗之万函数. 考虑到 $\mu H \ll kT$,

$$\coth\alpha = \frac{1}{\alpha} + \frac{\alpha}{3} - \frac{\alpha^3}{45} + \cdots,$$

只取两项, 得到 $L(\alpha) = \alpha/3$, 则有

$$M = CH/T, \quad C = N\mu^2/3k.$$
$$\chi = \frac{M}{H} = \frac{C}{T}, \tag{3.11}$$

式 (3.11) 的结果称为居里定律, 如图 3.7 所示.

实际情况是原子的总磁矩为 $\mu_J = g_J [J(J+1)]^{1/2} \mu_B$, 在空间 z 轴方向投影是量子化的, $\mu_{Jz} = g_J m_J \mu_B$, 其中 $m_J = J, J-1, J-2, \cdots, -(J-2), -(J-1), -J$, 共有 $2J+1$ 个, 故磁矩分布是不连续的, 因此 E_J 也不是连续变化的. 这样, 相和为

$$Z = \left[\sum \mathrm{e}^{m_J \alpha / J} \right]^N,$$
$$\alpha = \frac{g_J J \mu_B H}{kT} = \frac{\mu_z H}{kT}.$$

同样 $M = kT \dfrac{\partial \ln Z}{\partial H}$, 可求出 (具体推导见本章附录二)

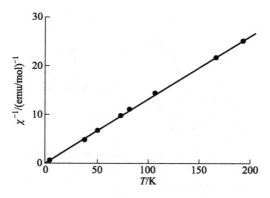

图 3.7 χ^{-1} 与 T 的关系曲线

$$M = N\mu_z B_J(\alpha),$$

其中

$$B_J(\alpha) = \frac{(2J+1)}{2J}\coth\frac{(2J+1)\alpha}{2J} - \frac{1}{2J}\coth\frac{\alpha}{2J} \qquad (3.12)$$

称为布里渊(Brillouin)函数. 当温度很高时,$\alpha \ll 1$,同样可导出居里定律

$$\chi = C/T, \qquad (3.11')$$

其中

$$C = \frac{Ng_J^2 J(J+1)\mu_B^2}{3k} = \frac{N\mu_J^2}{3k}. \qquad (3.13)$$

于是可得到原子的磁矩

$$\mu_J = g_J[J(J+1)]^{1/2}\mu_B, \qquad (3.14)$$

$$g_J = 1 + \frac{J(J+1) + S(S+1) - L(L+1)}{2J(J+1)}. \qquad (3.15)$$

从实验可测量出 χ 和 $1/T$ 的关系曲线为直线,斜率就是 C. 从上述公式可求出原子的总磁矩 μ_J.

对于 3d 族金属以及稀土元素来说,在形成顺磁盐情况下,其离子的磁矩为 μ_J. 因此,在饱和磁化情况下,0 K 时 $M_s = M_0 = N\mu_J$,其中 $\mu_J = g_J J\mu_B$. 图 3.8 给出了几种磁性离子随磁场和温度(H/T)的变化曲线:Ⅰ是铬钾矾 $KCr(SO)_4 \cdot 12H_2O$($J = 3/2$);Ⅱ是铁氨矾 $NH_4Fe(SO)_2 \cdot 12H_2O$($J = 5/2$);Ⅲ是钆酸盐 $Gd_3(SO)_2 \cdot 12H_2O$($J = 7/2$). 可以看到,在 T 降低和磁场固定时,磁化趋近饱和,给出的磁矩中的 J 值与理论一致.

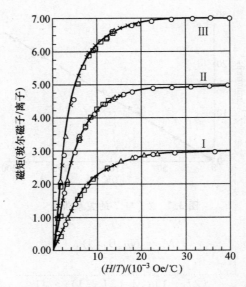

图 3.8 不同离子磁矩随 H/T 的变化曲线

　　根据实验测量的 $\chi\text{-}C/T$ 的关系,再依据式(3.13)的结果,可以计算出 3d 和 4f 族原子的有效磁矩值,具体见表 3.2 和表 3.3.

表 3.2 稀土金属三价离子的有效磁矩[5]

离子	电子组态	光谱项	J	L	S	g_J	$g_J\sqrt{J(J+1)}$	实验值[6]
镧 La^{3+}	4f^0	$^1S_0$	0	0	0	—	0	0 抗磁
铈 Ce^{3+}	4f^1	$^2F_{5/2}$	5/2	3	1/2	6/7	2.54	2.23~2.77
镨 Pr^{3+}	4f^2	$^3H_4$	4	5	1	4/5	3.58	3.20~3.51
钕 Nd^{3+}	4f^3	$^4I_{9/2}$	9/2	6	3/2	8/11	3.62	3.45~3.62
钷 Pm^{3+}	4f^4	$^5I_4$	4	6	2	3/5	2.68	—
钐 Sm^{3+}	4f^5	$^6H_{5/2}$	5/2	5	5/2	2/7	0.84	1.32~1.63
铕 Eu^{3+}	4f^6	$^7F_0$	0	3	3	—	0	3.6~3.7
钆 Gd^{3+}	4f^7	$^8S_{7/2}$	7/2	0	7/2	2	7.94	7.81~8.2
铽 Tb^{3+}	4f^8	$^7F_6$	6	3	3	3/2	9.72	9.0~9.8
镝 Dy^{3+}	4f^9	$^6H_{15/2}$	15/2	5	5/2	4/3	10.63	10.5~10.9
钬 Ho^{3+}	4f^{10}	$^5I_8$	8	6	2	5/4	10.60	10.3~10.5
铒 Er^{3+}	4f^{11}	$^4I_{15/2}$	15/2	6	3/2	6/5	9.59	9.4~9.5
铥 Tm^{3+}	4f^{12}	$^3H_6$	6	5	1	7/6	7.57	7.2~7.6
镱 Yb^{3+}	4f^{13}	$^2F_{7/2}$	7/2	3	1/2	8/7	4.54	4.0~4.6
镥 Lu^{3+}	4f^{14}	$^1S_0$	0	0	0	—	0	0 抗磁

表 3.3　3d 过渡族元素离子的有效磁矩[5]

离子	电子组态	光谱项	J	L	S	$g_J\sqrt{J(J+1)}$	$2\sqrt{S(S+1)}$	实验值	
V^{5+}	$3d^0$	$^1S_0$	0	0	0	0	0	相当抗磁体	
Sc^+,Ti^{3+}	$3d^1$	$^2D_{3/2}$	3/2	2	1/2	1.55	1.73	—	—
V^{4+}	$3d^1$	$^2D_{3/2}$	3/2	2	1/2	1.55	1.73	1.75~1.79	1.8[6]
Ti^{2+}	$3d^2$	$^3F_2$	2	3	1	1.63	2.83	—	—
V^{3+}	$3d^2$	$^3F_2$	2	3	1	1.63	2.83	2.76~2.85	2.8
V^{2+}	$3d^3$	$^4F_{3/2}$	3/2	3	3/2	0.77	3.87	3.81~3.86	3.8
Cr^{3+}	$3d^3$	$^4F_{3/2}$	3/2	3	3/2	0.77	3.87	3.68~3.86	3.7
Mn^{4+}	$3d^3$	$^4F_{3/2}$	3/2	3	3/2	0.77	3.87	4.00	4.0
Cr^{2+}	$3d^4$	$^5D_0$	0	2	2	0	4.90	4.80	4.8
Mn^{3+}	$3d^4$	$^5D_0$	0	2	2	0	4.90	5.05	5.0
Mn^{2+}	$3d^5$	$^6S_{5/2}$	5/2	0	5/2	5.92	5.92	5.2~5.96	5.9
Fe^{3+}	$3d^5$	$^6S_{5/2}$	5/2	0	5/2	5.92	5.92	5.4~6.0	5.9
Co^{3+},Fe^{2+}	$3d^6$	$^5D_4$	4	2	2	6.70	4.90	5.0~5.5	5.4
Co^{2+}	$3d^7$	$^4F_{9/2}$	9/2	3	3/2	6.64	3.87	4.4~5.2	4.8
Ni^{2+}	$3d^8$	$^3F_4$	4	3	1	5.59	2.83	2.9~3.4	3.2
Cu^{2+}	$3d^9$	$^2D_{5/2}$	5/2	2	1/2	3.55	1.73	1.8~2.2	1.9
Zn^{2+},Cu^+	$3d^{10}$	$^1S_0$	0	0	0	0	0	O 抗磁	

§3.4　抗磁性和顺磁性量子理论简介

范弗莱克首先基于量子力学理论研究了物质的抗磁性和顺磁性[2],认为某物质中每个原子有 q 个电子,在外磁场 $\boldsymbol{H}$ 作用下,此电子体系(认为是局域的)的哈密顿量可表示为(注意:由于量子力学讨论的都是微观世界的运动问题,常用 CGS 制,本书在用量子力学理论讨论一些问题时,都沿用 CGS 制.)

$$\mathscr{H}=\sum_i\frac{1}{2m}\Big(\boldsymbol{p}_i+\frac{e\boldsymbol{A}}{c}\Big)^2+V+\sum_i\frac{e}{mc}\boldsymbol{H}\cdot\boldsymbol{s}_{iz},\qquad(3.16)$$

其中 $\boldsymbol{p}_i$ 为第 i 个电子的动量,e 和 m 分别为电子电荷和质量,c 为光速;$\boldsymbol{H}$ 为外加磁场,$\boldsymbol{H}=\nabla\times\boldsymbol{A}$,其中 $\boldsymbol{A}$ 为磁场矢量势,$\nabla=\Big(\frac{\partial}{\partial x}\Big)\boldsymbol{e}_x+\Big(\frac{\partial}{\partial y}\Big)\boldsymbol{e}_y+\Big(\frac{\partial}{\partial z}\Big)\boldsymbol{e}_z$(为简单起见,令 $\boldsymbol{A}=\boldsymbol{H}\times(\boldsymbol{r}/2)$);$V$ 为电子受原子核作用的势能;$\boldsymbol{s}_{iz}$ 为第 i 个电子在 z 轴方向的自旋算符.

由经典力学的知道,一个电子动量为 $\boldsymbol{p}=m\boldsymbol{v}$,其中 $\boldsymbol{v}=v_x\boldsymbol{e}_x+v_y\boldsymbol{e}_y+v_z\boldsymbol{e}_z$,动能 $E=mv^2/2=p^2/2m$. 在量子力学中,把动量作为运算算符,有 $\boldsymbol{p}=(\hbar/\mathrm{i})\boldsymbol{\nabla}$. 由于电子在外加磁场中运动,就增加了动能和磁场作用能,因此动能项的能量算符多出了 $(e/c)\boldsymbol{A}_i$ 项.

假定外加磁场在 z 轴方向,则有 $H=H_z,H_x=H_y=0$. 从 $\boldsymbol{A}=\boldsymbol{H}\times\boldsymbol{r}$ 得到 $A_x=-yH/2,A_y=xH/2,A_z=0$,以及

$$\left(\frac{\boldsymbol{p}_i+e\boldsymbol{A}_i}{c}\right)^2=-\hbar^2\,\boldsymbol{\nabla}^2-\frac{eH}{c}\mathrm{i}\hbar\left[x\,\frac{\partial}{\partial y}-y\,\frac{\partial}{\partial x}\right]+\frac{e^2H^2}{4c^2}(x_i^2+y_i^2).$$

将这些简化结果代入式(3.16),得

$$\mathscr{H}=-\sum_i\hbar^2\,\frac{\boldsymbol{\nabla}^2}{2m}+V+\sum_i\left[-\frac{eH}{2mc}\mathrm{i}\hbar\left(x\,\frac{\partial}{\partial y}-y\,\frac{\partial}{\partial x}\right)_{iz}\right.$$
$$\left.+\frac{eH}{2mc}2s_{iz}+\left(\frac{e^2H^2}{8mc^2}\right)(x_i^2+y_i^2)\right].$$

由于 $\dfrac{\hbar}{\mathrm{i}}\left[x\left(\dfrac{\partial}{\partial y}\right)-y\left(\dfrac{\partial}{\partial x}\right)\right]_{iz}=L_{iz}$,为电子轨道角动量算符,与自旋算符合并,最后得

$$\mathscr{H}=-\sum_i\hbar^2\,\frac{\boldsymbol{\nabla}^2}{2m}+V+\sum_i\frac{eH}{2mc}(L_{iz}+2s_{iz})+\sum_i\left(\frac{e^2H^2}{8mc^2}\right)(x_i^2+y_i^2)$$
$$=\mathscr{H}_0+\mathscr{H}_1,$$

其中

$$\mathscr{H}_0=-\sum_i\hbar^2\,\frac{\boldsymbol{\nabla}^2}{2m}+V,$$

$$\mathscr{H}_1=\sum_i\frac{eH}{2mc}(L_{iz}+2s_{iz})+\sum_i\frac{e^2H^2}{8mc^2}(x_i^2+y_i^2)$$
$$=-\sum_iH\mu_{jz}^{(i)}+\sum_i\frac{e^2H^2}{8mc^2}(x_i^2+y_i^2). \tag{3.17}$$

$\mathscr{H}_0$ 为电子体系非微扰哈密顿量,$\mathscr{H}_1$ 为磁场作用下电子体系的微扰哈密顿量,其中第一项为电子总磁矩算符. 用微扰法求体系的微扰能量本征值 E,得到

$$E=E^0+E_1+E_2+\cdots, \tag{3.17'}$$

其中 E^0 为非微扰($\boldsymbol{H}=\boldsymbol{0}$)时的体系能量,$E_1$ 和 E_2 为一级和二级微扰能,分别为

$$E_1=-\sum_i<n|\mu_{jz}^{(i)}|n>H+\left(\frac{e^2H^2}{8mc^2}\right)\sum_i<n|(x_i^2+y_i^2)|n>,$$
$$\tag{3.18}$$

$$E_2=-H^2\sum_{n\neq n'}\sum_i\frac{|<n'|\mu_{jz}^{(i)}|n>|^2}{(E_{n'}^0-E_n^0)}, \tag{3.18'}$$

式(3.18)中 $<n|\mu_{jz}^{(i)}|n>$ 是第 i 个电子磁矩在态 $|n>$ 的平均,之后对 i 求和,得到一个原子的磁矩在状态 $|n>$ 的大小,即 m_{Jz}. 式(3.18')中第一个求和是对 $n\neq$

n'（分别代表 n,J,m_J 和 $n',J',m_{J'}$ 两个不同的态）所有可能的态求和. 下面我们来讨论式(3.17)和(3.18)所表示的物理意义.

3.4.1　一般抗磁性磁化率计算

式(3.17)中第一项为原子总磁矩在磁场 $\boldsymbol{H}$ 中的能量, 第二项为在磁场中电子轨道运动的附加能量. 对未满壳层的原子或离子来说, 如 $\sum_i <n|\mu_{jz}^{(i)}|n> \neq 0$, 表示在状态 n（即 $|n,J,m_J>$ 态）原子具有磁矩 μ_{Jz}, 所以为顺磁磁化能, 而第二项是抗磁性贡献的能量. 由于原子或是离子中所有的电子是填满壳层的, 这时 $\sum_i <n|\mu_{jz}^{(i)}|n> = 0$, 原子表现为抗磁性.

假定物质由 N 个原子组成, 其宏观体系自由能的增量 E' 只与抗磁性有关：

$$E' = E - E^0 = E_1 = \frac{Ne^2H^2}{8mc^2} \sum_i <n|(x_i^2 + y_i^2)|n>. \qquad (3.19)$$

在式(3.17)中, 如原子不具有内禀磁矩, 且只考虑一级微扰的结果, 则该式给出了体系因磁场作用导致的能量变化 E', 即式(3.19). 由此式出发, 可以得到和式(3.1)同样的结果.

在磁场 $\boldsymbol{H}$ 作用下, 显示出的磁矩为 $\boldsymbol{M} = -\frac{\partial E'}{\partial \boldsymbol{H}}$, 得到抗磁磁化率 $\chi = \frac{\boldsymbol{M}}{\boldsymbol{H}}$. 如电子在原子核的运动轨道是球对称的, 则式(3.19)中 $<n|(x_i^2 + y_i^2)|n>$ 是电子运动轨道在垂直 z 轴平面上投影面积的平均半径, 即有 $x_i^2 + y_i^2 = 2r_i^2/3$（r_i 为轨道半径）. 因此得到抗磁磁化率

$$\chi = \frac{\boldsymbol{M}}{\boldsymbol{H}} = \frac{-(\partial E'/\partial \boldsymbol{H})}{\boldsymbol{H}} = -\frac{Ne^2}{6mc^2} \sum_i r_i^2, \qquad (3.20)$$

此结果与式(3.1)的结果一致, 只是式(3.20)用了 CGS 单位, 而式(3.1)用了是 SI 单位, 两者相差系数 $\mu_0^2c^2$. 注意 r_i^2 表示轨道半径平均值的平方, 由于原子中电子的分布不是球对称的, 所以平均轨道半径不易准确计算出, 但给出的 χ 值的数量级是可靠的, 且理论结果和实验值在与原子及离子的大小成正比方面也是一致的.

式(3.18)是二级微扰能, 由于数量级比 $E_{n'}^0 - E_n^0$ 小得多, 故在初步计算时只认为 $E' = E_1$, 而忽略了 E_2. 如果要讨论抗磁磁化率与温度的关系, 则要计入二级微扰结果. 要使 $E' = E_1 + E_2$, 则有

$$\chi = -\frac{Ne^2}{6mc^2} \sum_i r_i^2 + \frac{2N}{3} \sum_{n \neq n'} \sum_i \frac{|<n'|\mu_{jz}^{(i)}|n>|^2}{(E_{n'}^0 - E_n^0)}.$$

一个原子的磁矩在量子化方向（一般为 z 方向）的分量 $m_{Jz} = \sum_i \mu_{jz}^{(i)}$, 由于磁场作用, 经过平均得 $<n'|m_{Jz}|n> = m_A/3$, 其中 m_A 是原子在磁场方向的磁矩. 在

闭（满）壳层情况，$m_A = 0$，而 $\sum_i |<n'|\mu_{jz}^{(i)}|n>|^2 \neq 0$. 因平方平均后相加，不会有正负抵消，所以

$$2N\sum_{n\neq n'}\frac{|<n'|m_A|n>|^2}{(E_{n'}^0 - E_n^0)} \neq 0,$$

从而有

$$\chi = -\frac{Ne^2}{6mc^2}\sum_i r_i^2 + \frac{2N}{3}\sum_{n\neq n'}\frac{|<n'|m_A|n>|^2}{(E_{n'}^0 - E_n^0)}. \qquad (3.21)$$

第二项与温度有关系，但在温度不是太高（低于 10^3 K）时，由于分母 $E_{n'}^0 - E_n^0$ 比分子大得多，所以在式(3.21)中影响很小. 因此，一般抗磁磁化率可认为与温度无关.

3.4.2 顺磁磁化率

在讨论物质的顺磁磁化率时，原子具有内禀（或固有）磁矩. 这时仍然可用式(3.17)给出的哈密顿量，并认为外加磁场 H 不是很强. 为便于计算，把它改写成与 H 有关的幂级数形式，即 $\mathcal{H} = \mathcal{H}_0 + H\mathcal{H}_1 + H^2\mathcal{H}_2 + \cdots$，其中

$$\mathcal{H}_0 = -\sum_i \frac{\hbar^2}{2m}\nabla^2 + V,$$

$$\mathcal{H}_1 = \sum_i \frac{e}{2mc}(L_{iz} + 2S_{iz}) = \sum_i \frac{e}{2mc}J_{iz} = \sum_i m_J\mu_B, \qquad (3.22)$$

$$\mathcal{H}_2 = \sum_i \frac{e^2}{8mc^2}(x_i^2 + y_i^2),$$

相应有电子体系的微扰能

$$E_n = E_{n0} + HE_{n1} + H^2E_{n2} + \cdots,$$

其中

$$E_{n1} = -\mu_B <n|m_J|n>,$$

$$E_{n2} = \frac{-\mu_B^2\sum_{n\neq n'}<n'|m_J|n>|^2}{(E_{n'}^0 - E_n^0)} + \left(\frac{e^2}{8mc^2}\right)\sum_i <n|(x_i^2 + y_i^2)|n>. \qquad (3.23)$$

微扰能具体表示为

$$E_n = E_{n0} - \mu_B H<n|m_J|n> - \mu_B^2 H^2\sum_{n\neq n'}\frac{<n'|m_J|n>|^2}{(E_{n'}^0 - E_n^0)} + \cdots, \quad (3.24)$$

态 $|n>$ 和 $|n'>$ 分别表示态 $|n,J,m_J>$ 和 $|n',J',m_{J'}>$，求和时不计及 $n=n'$ 项. 知道微扰能，就可以求原子中电子体系的相和，如式(3.4)所示，但这时取权重因子 $g_n = 1$，则有

$$Z(H,T) = \sum_n \exp\left(-\frac{E_n}{kT}\right)$$

$$= \sum_n \exp\left(-\frac{E_{n0}}{kT} - \frac{E_{n1}}{kT}H - \frac{E_{n2}}{kT}H^2 + \cdots\right)$$

$$= \sum_n \exp\left(-\frac{E_{n0}}{kT}\right)\exp\left(-\frac{E_{n1}}{kT}H\right)\exp\left(-\frac{E_{n2}}{kT}H^2\right)\cdots.$$

由于磁场不是很强($<10^7$ A/m),则$(E_{n1}/kT)H$ 和$(E_{n2}/kT)H^2$ 都比 1 小得多,因此在上式中只取到 H^2 项来计算 z 即可. 分别将 $\exp[-(E_{n1}/kT)H]$ 和 $\exp[-(E_{n2}/kT)H^2]$ 展开成级数得

$$\exp\left(-\frac{E_{n1}}{kT}H\right) = 1 - \frac{E_{n1}}{kT}H + \frac{1}{2}\left(\frac{E_{n1}}{kT}H^2\right) + \cdots,$$

$$\exp\left(-\frac{E_{n2}}{kT}H^2\right) = 1 - \frac{E_{n2}}{kT}H^2 + \cdots.$$

在上述两级数中只取到 H^2 项,则

$$Z(H,T) \approx \sum_n \exp\left(-\frac{E_{n0}}{kT}\right)\left(1 - \frac{E_{n1}}{kT}H + \frac{1}{2}\frac{E_{n1}}{kT}H\right)^2\left(1 - \frac{E_{n2}}{kT}H^2\right)$$

$$\approx \sum_n \exp\left(-\frac{E_{n0}}{kT}\right)\left(1 - \frac{E_{n1}}{kT}H + \frac{E_{n1}}{2kT}H^2 - \frac{E_{n2}}{kT}H^2\right)$$

$$= \sum_n \exp\left(-\frac{E_{n0}}{kT}\right)\left[1 + \frac{\mu_B H}{kT}<n|m_{Jz}|n>\right.$$

$$+ \frac{\mu_B^2 H^2}{kT}\sum_{n \neq n'}\frac{|<n'|m_{Jz}|n>|^2}{E_{n'}^0 - E_n^0} - \frac{\mu_B^2 H^2}{2k^2 T^2}|<n|m_{Jz}|n>|^2$$

$$\left. - \frac{H^2}{kT}\frac{e^2}{8mc^2}\sum_i <n|(x_i^2 + y_i^2)|n> + \cdots\right].$$

上式可以简化. 由于 $\sum_i <n|(x_i^2 + y_i^2)|n>$ 为抗磁性磁化项,可以不考虑,另外因为顺磁状态物质不存在自发磁化,因而

$$\sum_n \left[\exp\left(-\frac{E_{n0}}{kT}\right)\right]\left(\frac{\mu_B H}{kT}\right)<n|m_{Jz}|n> = 0,$$

最后得到

$$Z(H,T) = z_0 + \sum_n\left[\exp\left(-\frac{E_{n0}}{kT}\right)\right]\left[\frac{-\mu_B^2 H^2}{2k^2 T^2}|<n|m_{Jz}|n>|^2\right.$$

$$\left. + \frac{\mu_B^2 H^2}{kT}\sum_{n \neq n'}\frac{|<n'|m_{Jz}|n>|^2}{(E_{n'}^0 - E_n^0)} + \cdots\right], \tag{3.25}$$

其中 $Z_0 = \sum \exp(-E_{n0}/kT)$,表示原子中电子体系未受到微扰($H=0$)时的相和. 现考虑一个 N 原子体系,除了受磁场 H 作用外,不考虑其间的相互作用,则该体系的相和为

$$Z = Z_0^N \left\{ 1 + \frac{\mu_B^2 H^2}{kTZ_0} \sum_n \left[\exp\left(-\frac{E_{n0}}{kT}\right) \right] \left[\frac{1}{2kT} |<n|m_{Jz}|n>|^2 \right. \right.$$
$$\left. \left. + \sum_{n \neq n'} \frac{|<n'|m_{Jz}|n>|^2}{(E_{n'}^0 - E_n^0)} \right] \right\}^N, \tag{3.26}$$

{ }内的最后一项为抗磁性磁化能,在顺磁体中使顺磁磁化率有少量抵消;倒数第二项为高频项,在讨论稀土离子磁化率时比较重要. 由于 $M = kT \frac{\partial}{\partial H} \ln Z$,从式(3.26)可求出

$$M = kT \frac{\partial}{\partial H} \ln Z_0^N + kT \frac{\partial}{\partial H} \ln A^N,$$

其中 Z_0 与 H 无关,且 A 表示式(3.26)中{ }内的量,有

$$A = 1 + \frac{\mu_B^2 H^2}{kTZ_0} \sum_n \left[\exp\left(-\frac{E_{n0}}{kT}\right) \right] \left[\frac{1}{2kT} |<n|m_{Jz}|n>|^2 \right.$$
$$\left. + \sum_{n \neq n'} \frac{|<n'|m_{Jz}|n>|^2}{(E_{n'}^0 - E_n^0)} \right],$$

故

$$M = \frac{N\mu_B^2 H}{kTZ_0} \sum_n \exp(-E_{n0}/kT) \left[|<n|m_{Jz}|n>|^2 \right.$$
$$\left. + \frac{2kT}{A} \sum_{n \neq n'} \frac{|<n'|m_{Jz}|n>|^2}{E_{n'}^0 - E_n^0} \right]. \tag{3.27}$$

由于 A 等于 1 与很小的量之和,可以认为 $A \approx 1$,因而得到

$$\chi = \frac{M}{H} = \frac{N\mu_B^2}{kTZ_0} \sum_n \exp\left(-\frac{E_{n0}}{kT}\right) \left(|<n|m_{Jz}|n>|^2 \right.$$
$$\left. + 2kT \sum_{n \neq n'} \frac{|<n'|m_{Jz}|n>|^2}{E_{n'}^0 - E_n^0} \right). \tag{3.27'}$$

式(3.27′)是顺磁磁化率的普遍表示,称为朗之万-德拜(Langevin-Debye)公式. 式(3.27′)第一项为原子磁矩的顺磁磁化率,在 $m_{Jz}\mu_B H \ll kT$ 时是磁化率的主要贡献项. 考虑到

$$\mu_B^2 \sum_n |<n|m_{Jz}|n>|^2 = \mu_B^2 \sum_n |<n,J,m_J|m_{Jz}|n,J,m_J>|^2$$
$$= \frac{1}{3} \sum_n |<n,J,m_J|\mu_A|n,J,m_J>|^2,$$

其中 μ_A 为原子的内禀磁矩,经过对 $\mu_B^2 \sum_n |<n|m_{Jz}|n>|^2 \exp(-E_{n0}/kT)$ 计算后,则有

$$\chi = \frac{M}{H} = \frac{N\mu_{eff}^2}{3kT}, \tag{3.28}$$

式中 $\mu_{eff}^2 = (P_{eff}\mu_B)^2$,$P_{eff}$ 由原子在基态的 L-S 耦合以及 L 和 S 在磁场中单独作

用的大小来决定. 如果对 3d 族元素, L-S 耦合很弱, 则有 $P_{\text{eff}}=(m_L+2m_S)\mu_B H$, 表示 m_L 和 m_S 与磁场作用是独立的. 这样式 (3.27) 中, 对 $\sum\limits_n \exp(-E_{n0}/kT)|<n|m_{Jz}|n>|^2$ 的计算变成对 $\sum\limits_L m_L\mu_B\exp(-m_L\mu_B/kT)$ 和 $\sum\limits_S m_S \times \mu_B\exp(-2m_S\mu_B/kT)$ 的独立计算, 其中对轨道磁量子数 m_L 求和取值为 $-L$, $-L+1$, $-L+2$, $\cdots$, $L-1$, L; 同样对自旋磁量子数 m_S 求和取值为 $-S$, $-S+1$, $\cdots$, $S-1$, S. 因此有

$$\chi=\frac{\partial}{\partial H}\left[\frac{N\sum\limits_L m_L\mu_B\exp\left(-\dfrac{m_L\mu_B H}{kT}\right)}{\sum\limits_L \exp\left(-\dfrac{m_L\mu_B H}{kT}\right)}\right.$$
$$\left.+\frac{N\sum\limits_S 2m_S\mu_B\exp\left(-\dfrac{2m_S\mu_B H}{kT}\right)}{\sum\limits_S \exp\left(-\dfrac{2m_S\mu_B H}{kT}\right)}\right],$$

由于 $\mu_B H\ll kT$, 可将分子和分母展开成级数, 最后得到

$$\chi=\frac{N\mu_B^2}{kT}\left(\sum_L \frac{m_L^2}{2L+1}+4\sum_S \frac{m_S^2}{2S+1}\right). \tag{3.29}$$

对 $\sum\limits_L m_L^2$ 求平均时, L 有 $2L+1$ 个可能取向, 再计入其本征值 $L(L+1)$, 得

$$\sum_L m_L^2=\frac{(2L+1)L(L+1)}{3};$$

相应地 S 有 $S(S+1)$ 可能取向, 有

$$\sum_S m_S^2=\frac{(2S+1)S(S+1)}{3}.$$

代入式 (3.29), 得顺磁磁化率为

$$\chi=\frac{N\mu_B^2}{3kT}[4S(S+1)+L(L+1)]$$
$$=\frac{N\mu_{\text{eff}}^2}{3kT}=\frac{N(P_{\text{eff}}\mu_B)^2}{3kT}. \tag{3.30}$$

由此给出

$$P_{\text{eff}}^2=4S(S+1)+L(L+1). \tag{3.31}$$

式 (3.30) 与 (3.13) 类似. 如 $L=0$, 则式 (3.30) 与 (3.13) 相等.

如 L-S 耦合较强, 采用总角动量的磁量子数 m_J 来计算:

$$\chi=\frac{\partial}{\partial H}\left[\frac{N\sum\limits_J m_J\mu_B\exp(-m_J\mu_B H/kT)}{\sum\limits_J \exp(-m_J\mu_B H/kT)}\right].$$

将 g_J 计入后, 可得到式 (3.13) 的结果. 稀土元素的磁性均属这种情况 (Gd 除

外,因它的电子组态为 $4f^7 6s$,正好使 $L=0$).

如考虑到式(3.25)中的第二项对顺磁磁化率有贡献,则有

$$\chi = \frac{N\mu_{\text{eff}}}{3kT} = \frac{N(P_{\text{eff}}\mu_{\text{B}})^2}{3kT} + V(\chi), \qquad (3.30')$$

其中 $V(\chi)$ 项为范弗莱克顺磁性的贡献,它不随温度变化而变化,而第一项也有人认为是来自朗之万的顺磁性项.

3.4.3 泡利顺磁性和自由电子顺磁磁化率

在上面讨论原子和离子的顺磁性时,都假定电子是局限在原子核附近,而自由电子对磁性没有贡献,而且原子的内禀磁矩都是整数,但是结果只对绝缘体(氧化物或金属盐类等物质)有效. 对 3d 族金属和合金来说,原子的磁矩都不是整数,因为其原子的外层(如 4s 或部分 3d)电子并不局限在原子核附近,而是在这类物体中巡游.

为了解释金属中原子磁矩的非整数问题,20 世纪 30 年代斯托纳(Stoner)、莫脱(Mott)和斯莱特(Slater)等人创建了能带模型和理论. 详细结果将在后面的巡游电子模型理论一章中讨论. 这里将只讨论金属中导电电子的磁化率,即泡利顺磁性,以便对金属中自由电子的磁性有一个基本的了解.

量子理论指出,金属中导电电子可看成"自由电子",服从费米统计. 为简单起见,假定每个原子只具有一个导电电子. 在绝对温度 0 K 时,电子将从最低的能量状态开始依次排布,在相空间中,每个体积为 h^3 的相格中只能有两个电子(h 为普兰克常数). 因此,电子在相空间中占据的体积为球形,球表面对应的能量最大,球面为等能面,称为费密面. 球面能量记为 E_{F},称为费密能,其量级在 $10^4 \sim 10^5$ K 之间,常称为费米能级. 球体内单位体积中的电子数 n 与 E_{F} 有关.

在动量空间中,电子的数目可用以最大动量 $P_{\text{F}} = (2mE_{\text{F}})^{1/2}$ 为半径的球体来表示,则单位体积内的电子数为

$$n = 2 \times \frac{4\pi}{3} \frac{P_{\text{F}}^3}{h^3} = \frac{8\pi}{3h^3}(2mE_{\text{F}})^{3/2}, \qquad (3.32)$$

式中 m 为电子质量. 考虑在能量 E 和 $E+dE$ 间隔中电子数为 dn,则

$$dn = \frac{4\pi}{h^3}(2m)^{3/2}E^{1/2}dE = N(E)dE,$$

其中 $N(E)$ 为电子按能量分布的密度,称为电子态密度,即

$$N(E) = \frac{4\pi}{h^3}(2m)^{3/2}E^{1/2}. \qquad (3.33)$$

由于电子自旋取向不同,用"+"和"-"表示自旋正和负两种取向,则 $N(E)$ 分成了 $N_-(E)$ 和 $N_+(E)$ 两种取向的态密度. 在 0 K 且 $H=0$ 时,$N_-(E) = N_+(E)$. 由式(3.33)可知,自由电子的态密度与能量的关系呈抛物线形,如图 3.9(a)所

示. 当 $H \neq 0$ 时,自旋取向与磁场方向相反的电子具有较高的能量,反之能量较低. 这时正、负取向电子的态密度分布有点改变,如图 3.9(b) 所示. 由于自旋取向为负的电子在磁场中能量较高,就有一部分电子向低能量,即向与磁场一致方向的状态转移. 在正、负电子的费米能级相等后转移停止,但转移的结果使得两种态密度中电子数目不相等,导致金属中自由电子的磁矩不能抵消而具有磁性. 总的表现为顺磁性,因泡利首先发现,故称泡利顺磁性.

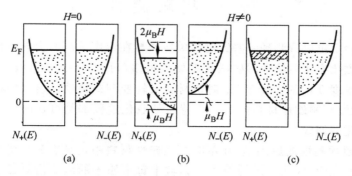

图 3.9　导电电子状态密度和能量的函数关系. (a) $H=0$, $T=0$ K 时, $N_+ = N_-$;(b) $H \neq 0$ 后,能量的差别为 $2\mu_B H$;(c) $H \neq 0$,平衡后, $N_+ \neq N_-$

由于电子在磁场作用下,正、负自旋的态密度发生变化,其变化分别为

$$\Delta N_+ (E) = N_+ (E) \mu_B H = (1/2) N(E_F) \mu_B H,$$

$$\Delta N_- (E) = - N_- (E) \mu_B H = -(1/2) N(E_F) \mu_B H.$$

由此得到磁化强度

$$M = [\Delta N_+ (E) - \Delta N_- (E)] \mu_B = N(E_F) \mu_B^2 H$$

$$= \frac{4\pi}{h^3} (2m)^{3/2} E_F^{1/2} \mu_B^2 H, \tag{3.34}$$

并得到自由电子顺磁磁化率

$$\chi = (4\pi/h^3)(2m)^{3/2} E_F^{1/2} \mu_B^2.$$

由于 $n = \dfrac{8\pi}{3h^3}(2mE_F)^{3/2}$,因此有

$$\chi = \frac{12m\mu_B^2}{h^2} \left(\frac{\pi}{3}\right)^{2/3} n^{1/3}. \tag{3.35}$$

这个结果与式(3.9′)比较要大三倍. 也就是说,金属中自由电子的顺磁性比其抗磁性大三倍. 由于只有在费米面附近的电子才能参与对磁化的贡献,因此从式(3.32)知

$$n^{2/3} = \frac{2mE_F}{h^2} \left(\frac{8\pi}{3}\right)^{2/3}.$$

将 m 用 n 替换后可以求得

$$\chi = \frac{3n\mu_B^2}{2E_F} = \frac{3n\mu_B^2}{2k\theta_{el}},\tag{3.36}$$

其中 θ_{el} 为费米面附近电子的温度,要比 10^3 大得多,因此磁化率在一般温度情况下不随温度改变而改变.

§3.5 超 顺 磁 性[3]

在实验上可以观测到一些铁磁性单畴颗粒在温度较高时会转变成顺磁性,但其顺磁磁化率比传统的顺磁磁化率要大得多(可大 1~2 个量级),而且存在一个冻结温度 T_B,在 T 低于 T_B 时该材料又转变到铁磁性.人们将这种特性称为超顺磁性.超顺磁性材料的另一个特点是磁化过程都是可逆的,即磁化一周不会出现磁滞回线.

出现超顺磁性的原因是,在单畴颗粒磁性材料中仍具有磁晶各向异性,并且具有自发磁化,即在一定的温度下颗粒中每个原子的磁矩沿易磁化轴取向.在温度较高时,自发磁化仍然保持,但颗粒中磁矩的相互取向不一定与易磁化轴取向一致,可以整体变动,因为这时颗粒本身是不动的(磁性液体中颗粒会动).在热运动能超过各向异性能时,每个单畴颗粒的有效磁矩取向具有一定的随机性,与顺磁性很相似,因而这些单畴颗粒材料在磁场作用下表现为顺磁性,它的转变温度 T_B 称为冻结温度.由于有效磁矩较大,所以给出的有效磁化率较大,称为超顺磁性.

超顺磁性的主要特点:一是没有磁滞,即磁化一周不显示磁滞回线,因为它本质属于顺磁性,只是磁化率比一般顺磁性大得多;二是磁性随温度的变化关系遵从朗之万函数描述.对一个单畴颗粒来说,其中每个磁性原子的磁矩为 μ,但因温度较高,原子磁矩取向不一致.颗粒的总磁矩为 $m=M_SV$,其中 V 为颗粒的体积,M_S 为颗粒材料的自发磁化强度;或者 $m=n\mu$,其中 n 是一个单畴颗粒中磁性原子数目.假定各颗粒之间的互作用可忽略,这样在磁场作用下测得的磁化曲线表现顺磁特性.在磁场 H 作用下,超顺磁性体系的有效磁矩 M_{eff} 可用朗之万函数描述,即

$$M_{eff}(T) = Nm\left[\coth\left(\frac{mH}{k_BT}\right)\frac{-k_BT}{mH}\right],\tag{3.37}$$

其中 N 为磁体中总颗粒数.实际上,单畴颗粒的各向异性仍存在,各颗粒之间可能存在一个有效的各向异性,故它可能会促进磁化.这样,在方程中所用的 H 就是外磁场 H_a 与等效磁场 H_e 之和,即 $H=H_a+H_e$.

另外,颗粒的尺寸并不完全相同,因而各颗粒的磁矩不等,就要在函数中引

进颗粒尺寸分布或有效磁矩的分布.

有一个很重要的问题,即在目前生产和使用的磁性材料中,有不少情况用到单畴颗粒. 在一定的尺寸之下,材料不出现磁畴结构. 对磁晶各向异性强的材料而言,单畴颗粒尺寸较大;随着温度升高相应的各向异性降低,单畴尺寸降低. 磁性颗粒可能会变成超顺磁性颗粒,同时相应的超顺磁性颗粒的尺寸随温度上升而增大. 这样,随温度升高,所使用的单畴颗粒是否会变成超顺磁性颗粒? 因此,就要求在不同温度下对生成超顺磁性颗粒的临界尺寸有所估计,这对生产出的单畴颗粒材料是否能高效地发挥效益很关键.

上面已讨论过,单畴颗粒中存在自发磁化,即原子磁矩沿磁晶各向异性轴取向,而且在超顺磁态时,自发磁化不变. 在固体材料中颗粒不能转动,只是磁矩的整体取向可随机地变动. 其变化的概率 p 可以表示为

$$p = \nu_0 \exp(- KV/k_B T),\qquad(3.38)$$

其中 ν_0 是频率因子($\sim 10^9$ 量级),K 是磁晶各向异性常数,V 是颗粒的体积. 假定我们要求颗粒磁矩的取向一年(1a)内不变,或者一秒(1s)内不变,则可从上式计算出临界体积或尺寸的大小. 如果是一年不变,$p = \dfrac{1}{1a} = \dfrac{1}{3.15 \times 10^7 s}$;如果是一秒不变,$p = 1$. 由式(3.38)可分别得到一年或一秒内不变时超顺磁性颗粒的临界半径 R_c,假定室温且 $K = 10^5$ J/m^3,所谓一年或一秒内不变是指偏差小于 10%. 由式(3.38)有

$$\ln(p/\nu_0) = - KV/k_B T.$$

令 p 分别取 $1/(3.15 \times 10^7)$ 和 1,且 $\nu_0 = 10^9$,由 $V = 4\pi R_c^3/3$,可计算出

$$R_c(1a) \approx \left(\frac{8.5 k_B T}{K}\right)^{1/3} \approx \begin{cases} 7.1 \text{ nm}, & K = 10^5 \text{ J/m}^3, \\ 10 \text{ nm}, & K = 4 \times 10^4 \text{ J/m}^3; \end{cases}$$

$$R_c(1s) \approx \left(\frac{5 k_B T}{K}\right)^{1/3} \approx \begin{cases} 6 \text{ nm}, & K = 10^5 \text{ J/m}^3, \\ 10 \text{ nm}, & K = 2.3 \times 10^4 \text{ J/m}^3. \end{cases}$$

可以看到,R_c 与 $T^{1/3}$ 成正比,与 $K^{1/3}$ 成反比. 由于 $K(T) \sim T^n$ 关系,对立方晶体 $n = 10$,对单轴晶体 $n = 3$,因此随温度上升 $K(T)$ 下降很快,使得 R_c 随温度上升而增大较快.

从以上讨论的几种磁性可看到,原子磁矩在物质中的分布是无序的,故称之为无序磁性. 在以后的章节中主要是讨论有序磁性的问题,而有关抗磁性和顺磁性问题,除特殊必要外,就不再讨论了.

§3.6　铁　磁　性

用磁化的强弱来对磁性分类最早是由法拉第(M. Faraday)提出的,当时只知

道铁的磁性很强. 直到 20 世纪初, 人们对磁性的认识才有了很大的进展, 但并没有发现其他新的磁性物质, 即只知存在着铁、镍、钴等强磁性物质, 其磁性与温度的关系如图 3.10 所示. 在高温满足居里-外斯定律情况下, 结果如式(3.39)所示. 在居里温度以下, 磁化强度与温度的关系比较复杂, 有关其磁性的讨论见第四章.

$$\chi = \frac{C}{T - T_{\mathrm{p}}}. \tag{3.39}$$

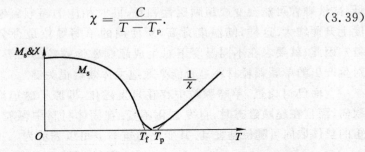

图 3.10 材料的饱和磁化强度 M_{s} 及高温顺磁性磁化率 χ 与温度的关系, 其中 T_{p} 是顺磁居里点, T_{f} 是铁磁居里点

§3.7 反 铁 磁 性

20 世纪 30 年代, 人们开始对一些金属和氧化物(如 MnO, 1935 年)的反铁磁性进行研究, 发现它们具有与顺磁性类似的磁化率数值, 但 χ-T 关系很不相同. 将图 3.11, 图 3.12 与图 3.10 比较后可看到, 反铁磁体的磁化率与温度的关系为 $\chi = C/(T - T_{\mathrm{N}})$, 在 $T > T_{\mathrm{N}}$ 后才与顺磁性情况相似, T_{N} 是反铁磁性与顺磁性间的转变温度, 又称为奈尔(Neel)温度, 低于 T_{N} 时物质表现出反铁磁性, 这时 χ 随温度上升而上升. 单晶体材料磁化的难易与方向有关, 这表明原子

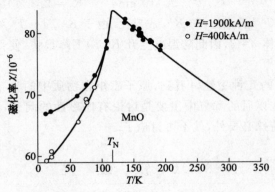

图 3.11 反铁磁的磁化率与温度关系曲线

磁矩的方向是固定且有序排列的. 在垂直或平行于该方向上加磁场,所得结果分别写成 $\chi_\perp$ 和 $\chi_\parallel$. 从图 3.12 上看出,前者不随温度变化,后者与顺磁性相反. 一些金属(如 Mn,Cr)和合金(如 FeMn,NiMn)也是反铁磁性的. 理论上对氧化物和金属的反铁磁性做了较好的解释,而实际应用并不多,只是近二十年来在多层膜中将反铁磁合金(如 FeMn,NiMn)或氧化物用做软磁磁性膜的钉扎层,并得到好的效果.

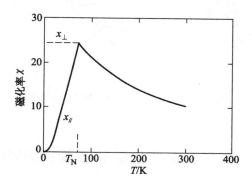

图 3.12 MnF_2 反铁磁单晶的磁化率 χ 随温度 T 变化的曲线,
$\chi_\perp$ 和 $\chi_\parallel$ 为垂直和平行磁场时的磁化率

在本章附录三中给出了三个有关反铁磁性磁化过程的图,主要为了解释 χ,$\chi_\perp$ 和 $\chi_\parallel$ 在磁场强度不同时的特点,以及多晶体和单晶体的磁化率关系

$$\chi = 2\chi_\perp/3 + \chi_\parallel/3.$$

§3.8 亚铁磁性

亚铁磁性材料是尖晶石结构、石榴石结构和六角结构等几种铁氧体系列的总称. 在 20 世纪 30 年代就有人研究了钡铁氧体($BaFe_{12}O_{19}$)的磁性和结构. 40 年代,人们对尖晶石铁氧体($MgAl_2O_4$)进行了广泛研究,50 年代又发现了石榴石结构铁氧体($Y_3Fe_5O_{12}$).四五十年代,人们对亚铁磁性材料的研究、开发和应用形成了高潮,而这对无线电电子工业技术、电话、电视、通信、雷达等方面的巨大发展起了关键作用.

从磁性的起源来看,亚铁磁性是未被抵消的反铁磁性,因彼此相反的两个磁矩的强度差别较大,使材料表现出较强的磁性,表观上看与铁磁性一样,具体见图 3.13. M_A 和 M_B 表示 A 和 B 晶位的磁矩,其取向彼此相反. M_s 为饱和磁化强度,$M_s = M_A + M_B$,因 M_A 与 M_B 的方向相反,绝对值有较大差别,因而具有较大的磁化强度.又因 M_A 和 M_B 随温度变化关系的不同,可能显示出抵消温度 T_d,其中 T_C 为居里温度(参见图 3.13(b)).

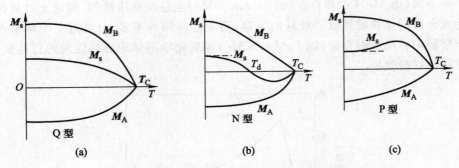

图 3.13　亚铁磁材料的三种 M_s-T 曲线

§3.9　稀土金属的螺旋磁结构

　　稀土金属中 Gd,Ho,Tb,Dy 和 Tm 在低温下都具有较强的磁性,其原子磁矩的排列规律虽然复杂,但仍有一定的规律可循.图 3.14 给出了磁矩旋转变化的特点,称该磁矩为螺旋磁结构或调制结构磁矩.

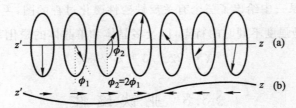

图 3.14　(a)螺旋磁结构;(b)正弦调制结构[4]

　　从铁磁性到稀土磁性的简单讨论可知,这几类物质磁性较强,原子磁矩在空间的取向都是有序排列的,因此称这几类物质的磁性为有序磁性,以区别于顺磁性.为什么会有规律排列呢? 这些将在下面章节中讨论.

§3.10　非晶态金属及其合金中非共线磁结构

　　在 X 光发现之后,通过 X 光衍射实验研究,解决了金属是晶体还是非晶体的争论,同时也引发了人们对如何获得非晶态金属和合金的兴趣.1960 年,杜威茨用快速淬火方法制成了非晶态铁箔,之后非晶态合金的制备技术有了飞快发展.人们尤其对掺有 20％ 的 B,Si,P 的非晶态铁基和钴基的合金结构、快淬制备工艺、电磁特性及应用等方面进行了广泛和深入的研究,同时还对非晶硅半导体薄膜的光电特性做了系统研究.

对于非晶态磁性合金来说,如以某一原子为中心,则只在其 5 或 6 个原子间距范围内呈现短程的规则排列关系,即显示短程序的结构.研究发现,过渡金属(用 T 表示)与类金属(用 M 表示)的磁结构是共线的,过渡金属与稀土金属(用 R 表示)的磁结构是非共线的,详细情况见第八章的讨论.

附录一　朗之万函数的导出

（1）运算中所要用到的几个基本公式：

$$\frac{\mathrm{d}}{\mathrm{d}x}\ln Z = Z^{-1}\frac{\mathrm{d}Z}{\mathrm{d}x},$$

$$\mathrm{d}(a\mathrm{e}^x) = a\mathrm{e}^x\mathrm{d}x,$$

$$\coth a = \frac{1}{a} + \frac{a}{3} - \frac{a^3}{45} + \cdots.$$

（2）$\boldsymbol{\mu}_i$ 为第 i 个原子的磁矩,$\boldsymbol{H}$ 为外磁场.在磁场中的静磁能为

$$E_i = -\boldsymbol{\mu}_i \cdot \boldsymbol{H} = -\mu_i H\cos\theta_i,$$

其中 θ_i 为 $\boldsymbol{\mu}_i$ 与 $\boldsymbol{H}$ 的夹角.由于 $\boldsymbol{\mu}_i$ 在空间中是无规分布的,所以 N 原子体系的相和 Z 可用玻尔兹曼统计在该空间积分得出：

$$Z = \left[\int_0^{2\pi}\mathrm{d}\phi\int_0^{\pi}\mathrm{e}^{-E_i/kT}\sin\theta\mathrm{d}\theta\right]^N.$$

将 $E_i = -\mu_i H\cos\theta_i$ 代入,略去下标 i,则有

$$Z = \left[2\pi\int_0^{\pi}\mathrm{e}^{\mu H\cos\theta/kT}\sin\theta\mathrm{d}\theta\right]^N.$$

令 $a = \dfrac{\mu H}{kT}$,$x = \cos\theta$,则上述积分为

$$Z = \left(2\pi\int_{-\frac{\pi}{2}}^{\frac{\pi}{2}}\mathrm{e}^{\frac{\mu H\cos\theta}{kT}}\sin\theta\mathrm{d}\theta\right)^N = \left(2\pi\int_{-1}^{1}\mathrm{e}^{ax}\mathrm{d}x\right)^N$$

$$= \left[\frac{2\pi}{a}(\mathrm{e}^a - \mathrm{e}^{-a})\right]^N = \left(\frac{4\pi}{a}\sin ha\right)^N.$$

因为

$$M = kT\frac{\partial}{\partial H}\ln Z,$$

$$\ln Z = N\ln\left(\frac{4\pi}{a}\sinh a\right),$$

$$\frac{\partial}{\partial H}\ln Z = \frac{N\mu}{kT}\left(\coth a - \frac{1}{a}\right) = \frac{N\mu}{kT}L(a),$$

得到朗之万函数

$$L(a) = \coth a - \frac{1}{a}.$$

附录二　布里渊函数和居里定律的导出

对

$$Z = \Big[\sum_{m_J=-J}^{J} \exp\Big(\frac{m_J \alpha}{z}\Big)\Big]^N,$$

$$\alpha = \frac{g_J J \mu_B H}{kT}, \tag{3.40}$$

式中 m_J 求和，$m_J = -J, -(J-1), \cdots, J-1, J$，则

$$Z = [\mathrm{e}^{-\alpha} + \mathrm{e}^{-\frac{(J-1)}{J}\alpha} + \cdots + \mathrm{e}^{\frac{J-1}{J}\alpha} + \mathrm{e}^{\alpha}]^N$$

$$= \Big[\frac{\mathrm{e}^{-\alpha}(1 - \mathrm{e}^{\frac{(2J+1)}{J}\alpha})}{1 - \mathrm{e}^{\alpha/J}}\Big]^N$$

$$= \Big(\frac{\mathrm{e}^{\frac{2J+1}{2J}\alpha} - \mathrm{e}^{-\frac{2J+1}{2J}\alpha}}{\mathrm{e}^{\frac{\alpha}{2J}} - \mathrm{e}^{-\frac{\alpha}{2J}}}\Big)^N = \Big(\frac{\sinh\dfrac{2J+1}{2J}\alpha}{\sinh\dfrac{\alpha}{2J}}\Big)^N,$$

$$M = NJg_J\mu_B\Big\{\frac{2J+1}{2J}\coth\Big[\frac{(2J+1)\alpha}{2J}\Big] - \frac{1}{2J}\coth\frac{\alpha}{2J}\Big\}$$

$$= NJg_J\mu_B B_J(\alpha), \tag{3.41}$$

从而得到布里渊函数(3.12). 若 $\alpha \ll 1$，则

$$B_J(\alpha) \cong \frac{J+1}{J}\frac{\alpha}{3}.$$

代入式(3.41)，得

$$M = \frac{Ng_J^2 J(J+1)\mu_B^2 H}{3kT}.$$

因此得出居里定律的表示，即

$$\chi = M/H = C/T,$$

其中

$$C = Ng_J^2 J(J+1)\mu_B^2/3k = N\mu_J^2/3k.$$

附录三　关于反铁磁性特点的图解及
$\chi = 2\chi_\perp/3 + \chi_{/\!/}/3$ 的计算

(1) 图 3.15(取自参考文献[4]中的图 4.13)给出了反铁磁单晶体 $\chi_{/\!/}, \chi_\perp$

与温度的关系,其中(D)表示高对称轴.在磁场基本不变情况下,随着温度上升,磁矩的取向受热运动影响增大.对 $\chi_{/\!/}$ 情况来说,在磁场方向反磁化的有效场减小,反向磁矩有所降低,因而 $\chi_{/\!/}$ 上升.但 $\chi_{\perp}$ 仍为常数,这是因为反铁磁各向异性能远大于 kT 和静磁能($MH\cos\theta,\theta\approx\pi/2$)所致.在温度$>T_N$ 后,磁化与顺磁性的表现很相似.

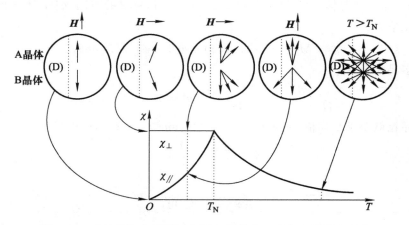

图 3.15　反铁磁体在不同温度下 A 晶位和 B 晶位上的取向示意

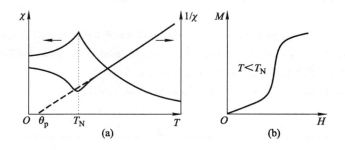

图 3.16　反铁磁多晶体:(a) χ,$1/\chi$ 随温度 T 上升的变化关系;(b)$T<T_N$ 时的 $M\text{-}H$ 曲线.图(a)所用的磁场都不太大,图(b)的情况是磁场很大时,磁化强度的数值可能发生陡然上升的过程.取自参考文献[4]中的图 4.14

(2) 关于 $\chi=2\chi_{\perp}/3+\chi_{/\!/}/3$ 的计算.

假设外磁场 H 与某一个小晶体的易磁化轴有一定的角度 θ,因磁场相对各向异性等效场很小,则在 H 方向的静磁化强度 $M=M_{/\!/}\cos\theta+M_{\perp}\sin\theta$,且有 $M_{\perp}\cos\left(\dfrac{\pi}{2}-\theta\right)=M_{\perp}\sin\theta$,其中 $M_{/\!/}$ 和 $M_{\perp}$ 分别是磁场平行于和垂直于一个单晶

体的各向异性轴时所得到的磁化强度. 对一个单晶体来说，$M_{/\!/}(0\ \mathrm{K})=0$，而 $M_{\perp}(0\ \mathrm{K})=M_{\perp}(T\leqslant T_{\mathrm{N}})$. 对于多晶体，外磁场 $\boldsymbol{H}$ 可分解成平行和垂直于各个单晶体的各向异性轴的磁场 $\boldsymbol{H}_{/\!/}$ 和 $\boldsymbol{H}_{\perp}$，由这两个分磁场所产生的磁化强度分别为 $M_{/\!/}$ 和 $M_{\perp}$，则 $\chi_{/\!/}=M_{/\!/}/H_{/\!/}$，$\chi_{\perp}=M_{\perp}/H_{\perp}$. 因为 $M=M_{/\!/}\cos\theta+M_{\perp}\sin\theta$，在多晶反铁磁性材料中有非常多的小晶粒，单晶得到的磁化强度 $M_{/\!/}$ 和 $M_{\perp}$ 是相同的，而在多晶体中磁化结果不同，就是 $\cos\theta$ 和 $\sin\theta$ 的不同，因而对一个晶粒的磁化率为

$$\chi = M/H = (M_{/\!/}/H)\cos\theta + (M_{\perp}/H)\sin\theta,$$

对很多晶粒就有

$$\chi = \frac{M_{/\!/}\cos\theta}{H_{/\!/}}\cos\theta + \frac{M_{\perp}\sin\theta}{H_{\perp}}\sin\theta = \chi_{/\!/}\cos^2\theta + \chi_{\perp}\sin^2\theta.$$

很多晶粒就要求平均值 $<\cos^2\theta>=1/3$ 和 $<\sin^2\theta>=2/3$，所以得到

$$\chi = \frac{2}{3}\chi_{\perp} + \frac{1}{3}\chi_{/\!/}.$$

参 考 文 献

[1]　近角聪信. 磁性体手册(上册). 黄锡成，金龙焕，译. 北京：冶金出版社，1984.

[2]　Van Vleck J H. The Theory of Electric and Magnetic Susceptibilities. London：Oxford Press，1932.

[3]　Vonsovskii S V. Magnetism，vol. 2. Jerusalem：John Wiley & Sons，1974：975.

[4]　E du Tremolet de，et al. Magnetism I-Fundamental. Kluwer Academic Publishers，2002.

[5]　C. 基特耳. 固体物理引论. 北京：人民教育出版社，1962.

[6]　Kubo R. Solid State Physics. New York：McGraw-Hill，1968.

第四章 物质的铁磁性起源

本章将讨论人们所熟知的金属 Fe,Co 和 Ni 的铁磁性及其磁性的起源,先介绍磁性的基本表现,然后从理论上分析其原因,同时对金属中呈现的反铁磁性做简单的解释.

§4.1 铁磁物质的内禀磁性和 M-H 关系

所谓内禀是指物质所固有的,外界条件的变化对它没有影响,或影响很小.这些磁性的固有参量为饱和磁化强度 M_s、居里温度 T_C 和温度特性 $M_s(T)$,前两个量只与材料的成分、结构有关,而温度特性 $M_s(T)$ 与测量方法和外界条件无关.

图 4.1 和图 4.2 所示的饱和磁化强度与温度关系曲线说明,不同金属的磁性实验测量得到的 M-T 曲线都相似.若用约化的参数 M/M_s 和 T/T_C 来作图,则所得结果基本上都在一个曲线上.这说明它是材料内禀磁性的反映.

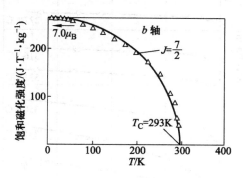

图 4.1 Gd 的理论和实验结果

既然是饱和磁化,那一定有较强的外磁场作用,但它比自发磁化的内场(所谓分子场)要小得多,可忽略其影响.如要获得精确结果,可从接近 0 K 开始测量磁化曲线,直到饱和磁化为止;再改变温度,重复测量磁化曲线,直到接近居里温度.将每个温度下测量的磁化曲线从高磁场外推到 H 为零,在纵轴上得到交点 $M=M_s$(相当 $H=0$ 时的自发磁化强度),见图 4.3.不同温度下测量并外推后得到的 $M_s(T)$ 曲线如图 4.4 所示.由此测出近 0 K 下 $H=0$ 时的磁化强度

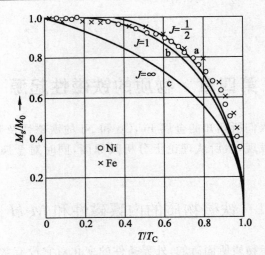

图 4.2　Fe, Ni 实验值和理论计算值

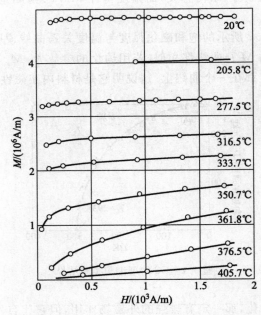

图 4.3　不同温度下 Ni 的磁化强度 M 与磁场强度 H 的关系

M_s($=M_0$, M_0 为 0 K 时的自发磁化强度). 实际上,在低温下饱和磁化强度和自发磁化强度相等,因而常常在书写和讨论时,很少严格区分它们(注意:在高温和强磁场下是有严格区别的). 自发磁化强度表示单位体积中所有原子磁矩的总和,对铁磁性物质来说,是所有原子磁矩都沿同一个方向取向的结果. 在 $T \neq$

0 时,M_s 有所减小,这是因为热运动的干扰使原子磁矩不能完全平行于某个方向.随着温度不断升高,M_s 一再降低,最后在 $T=T_C$ 处消失,这里 T_C 为居里温度.上述两个图中的 M_s,严格地说应是所测量的自发磁化强度(饱和磁化强度外推到 $H=0$ 的 M_s 值,可参见图 4.3).在 300 K 以下,$H=0$ 或较大时 M_H 和 M_s 差别不大,但在高温时就有了一定差别,M_s 略低于 M_H;温度再升高一些后,差别随之加大,两者显然不同;到 376℃以上就完全变为顺磁性了.

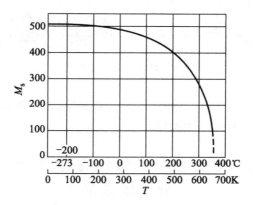

图 4.4　金属 Ni 的 M_s 与 T 的关系曲线,M_s 的值是外推
到 $H=0$ 时的饱和磁化强度,得到 $T_C=358$℃

　　由于 $\chi\approx0$ 时的温度都要在 T_C 以上,不遵从居里定律 $\chi=C/T$,故要用 $\chi=C/(T-T_C)$ 来描述,这个结果称为居里-外斯(Curie-Weiss)定律.图 4.5 和图 4.6 分别给出了 Gd 和 Fe,Co,Ni 材料在 T_C 以上的 χ-T 曲线,其中 θ_p 为高温顺磁性向下外推的结果,称为顺磁居里温度.要注意,Fe 的高温 γ 相具有反铁磁性,只要将直线向低温延长就会看到,它将与温度轴在负温度区相交.

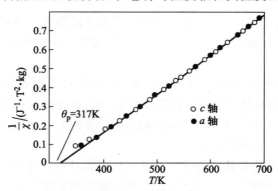

图 4.5　Gd 的高温顺磁磁化率

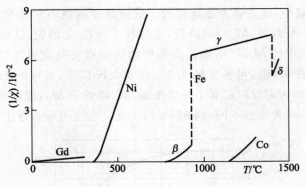

图 4.6　高温区的顺磁磁化率

　　实际还有两个与磁性有密切关系的内禀参量:磁晶各向异性和磁致伸缩.我们将在第九章对它们做详细的讨论.

§4.2　铁磁性自发磁化的起因——外斯 分子场理论

4.2.1　外斯的假说

　　为什么大多数原子组成的物质不具有较强的磁性,而只有 Fe,Ni,Co 金属及其合金才有?为什么铁磁性磁化率比顺磁性磁化率大好几个量级?为什么一般情况(除永磁体外)强磁性并不表现出来,但在不大的外磁场作用下,却表现出很强的磁性?为回答这几个问题,法国人 Pierre Weiss(外斯)于 1907 年提出了一个假说,后称为外斯分子场理论,用来解释上面所提出的问题.其假说有以下两个基本点:

　　① 在铁磁物质中存在很强的分子场,使原子磁矩有序排列,称之为自发磁化,因此可在一般的磁场作用下表现出很强的磁性,即对外显示有较大的磁矩 M(或磁化强度).

　　② 在一个物体内有很多自发磁化小区,每个自发磁化区的体积很小(约 10^{-9} cm³),称之为磁畴.磁畴内的磁矩取向一致,各磁畴间磁矩取向不同,但有一定关系.在外磁场 $H=0$ 时,所有磁畴的磁矩总和为零,即磁矩 $M=0$,因而无外磁场作用时不表现出强磁性.

　　所谓分子场是指在铁磁物质中存在一个很大的等价磁场,能使各原子磁矩取向一致.假定分子场大小为 $H_m=\lambda M$,其中分子场系数 $\lambda=T_p/C$,T_p 为铁磁物质在高温顺磁性时转变为铁磁性的温度(以 Fe 为例,T_p 比由低温升温到铁磁性消失时测出的居里温度 $T_C=1043℃$ 要高出几十度,参见图 3.10),C 为居里常数. 对铁来说,$T_p=1101℃$,可以估算出 $H_m=773$ T. 这个数值非常大,而目前实验室能产生的脉冲磁场最大可达 100 T. 因此,正如我们在前面所提到的,温度较低时在外磁场作用下,实验测量出的饱和磁化强度与自发磁化强度没有什么差别.

4.2.2 外斯分子场理论

铁磁性理论的基本任务,即要回答的问题是:① 产生自发磁化的原因(或称机理);② 自发磁化转变的温度(居里温度 T_C);③ 自发磁化强度随温度的变化. 这些理论最终要经实验验证合理与否.

由分子场理论可以半定量地给出自发磁化强度随温度变化的关系,即前面讨论物质的顺磁性时有 $M=N\mu_z B_J(\alpha)$. 在讨论铁磁物质时,可以利用这个结果,所不同的是用 H_m 代替 H,令 $H_m=\lambda M_s$,λ 为分子场系数,则有

$$M(T) = N g_J J \mu_B B_J(\alpha), \tag{4.1}$$

式中布里渊函数

$$B_J(\alpha) = \frac{2J+1}{2J}\coth\frac{(2J+1)\alpha}{2J} - \frac{1}{2J}\coth\frac{\alpha}{2J},$$

其中

$$\alpha = \frac{g_J J \mu_B H_m}{kT} = \frac{g_J J \mu_B \lambda M(T)}{kT},$$

或写成

$$M(T) = \frac{\alpha kT}{g_J J \mu_B \lambda}.$$

当 $T\to 0$,$\alpha\to\infty$,$B_J(\infty)\to 1$ 时,得到

$$N g_J J \mu_B = M(0).$$

因此,在 $T\neq 0$ 时,将 $M(T)=M(0)B_J(\alpha)$ 和 $M(T)=\alpha kT/(g_J J\mu_B\lambda)$ 两式建立一个联立方程组

$$\frac{M(T)}{M(0)} = B_J(\alpha), \tag{4.2}$$

$$\frac{M(T)}{M(0)} = \frac{kT\alpha}{N\lambda(g_J J\mu_B)^2}. \tag{4.3}$$

式(4.1)与(3.11)形式上完全相同,但 α 中所含的磁场 H 不同,式(3.11)中 H 只是外加磁场,而式(4.1)中 H 主要为分子场 H_m,与 M 成正比. 也可以再加上外加磁场 H,得到有效场 $H_{eff}=H_m+H$. 由于式(4.2)和(4.3)都是描述 $M(T)$ 随 α 变化的函数,在某一温度 T 下,同时满足两式的解就是所要求的 $M(T)$. 联立方程组实际上很难求解,过去常常用图解法来解之,现在计算机数值解法比较

方便,但所得结果在本质无任何变化.后来 Whitaker 对 $J=1/2,1$ 的情况给出了解析解.[1]

下面简单地介绍一下图解法的基本过程(参见图 4.7 和图 4.8),以便了解前人的工作和研究的情况.从图 4.8 可看到,在同一温度下,不同的外加磁场给出的直线斜率相同,只是不通过 0 点.温度 T 改变时,交点位置不同.温度为 0 时,与曲线交于无限远,随着温度升高,交点向左移动.在 $T=T_C$ 时,直线与曲线在 0 点相切.这样就要做很多的图和标定出其交点的 M_A/M_0 的大小以及对应的温度,从而得到 M_s-T 关系曲线,结果如图 4.1,图 4.2 和图 4.4 所示.

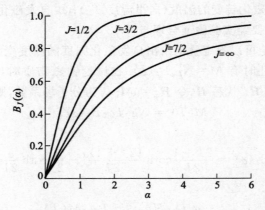

图 4.7 J 不同时 $B_J(\alpha)$ 与 α 的关系曲线

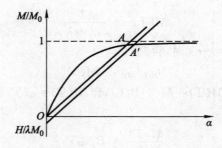

图 4.8 式(4.2)在某 T 下两条直线分别为 $H=0$ 和 $H\neq0$ 时与 $B_J(\alpha)$ 的相交情况,交点分别为 A 和 A',但差别很小

对不同的 J 来说,得到 M 随温度的变化值有点差异,而且 M 随温度的变化关系也与实验有较大出入,只有 $J=1/2$ 的情况在中温区比较一致,参见图 4.9.

从式(4.1)具体解得:① 在温度较高的时候,当 $T \leqslant T_C$ 时表现为 $T^{1/2}$ 关系,即

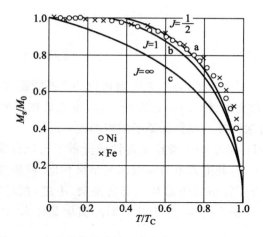

图 4.9 自发磁化强度随温度变化的理论和实验曲线

$$M = M_0(1 - bT^{1/2}),\qquad(4.4)$$

其中 b 为常数.② 在很低温度的时候,表现为指数关系,即

$$M = M_0(1 - c\mathrm{e}^{-T_\mathrm{C}/T}),\qquad(4.5)$$

其中 c 为常数.实验结果与上述关系有较大的不同.实际情况是,在高温区,M 与 T^n 成比例,其中 $n \approx 1/3$;在低温区,M 随 $T^{3/2}$ 升高而下降.③ 高温顺磁性.由于温度在 T_C 附近,

$$\alpha \ll 1,\quad \coth\alpha = 1/\alpha + \alpha/3,$$

则

$$B_J(\alpha) = \frac{2J+1}{2J}\frac{2J+1}{6J}\alpha - \frac{\alpha}{12J^2}$$

$$= \frac{J+1}{3J}\alpha.$$

考虑到 $H_\mathrm{m} + H = \lambda M(T) + H$,由式(4.1)得

$$M(T) = M(0)(J+1)\frac{\alpha}{3J} = \frac{Ng_JJ\mu_\mathrm{B}(J+1)g_JJ\mu_\mathrm{B}[\lambda M(T) + H]}{3JkT},$$

因此有

$$M(T)[3kT - Ng_JJ\mu_\mathrm{B}(J+1)g_JJ\mu_\mathrm{B}\lambda] = Ng_JJ\mu_\mathrm{B}(J+1)g_JJ\mu_\mathrm{B}H.$$

在温度较高时,从上式计算得到高温磁化率为

$$\chi = \frac{M}{H} = \frac{Ng_JJ\mu_\mathrm{B}(J+1)g_J\mu_\mathrm{B}}{3kT - Ng_JJ\mu_\mathrm{B}(J+1)g_J\mu_\mathrm{B}\lambda}$$

$$= \frac{C}{T - T_\mathrm{C}},\qquad(4.6)$$

此关系式称之为居里-外斯定律,k 为玻尔兹曼常数,其中

$$C = \frac{Ng_J^2\mu_B^2 J(J+1)}{3k}, \tag{4.7}$$

$$T_C = \frac{Ng_J^2\mu_B^2 J(J+1)\lambda}{3k} \quad \text{或} \quad T_C = \lambda C. \tag{4.8}$$

这个结果在 T_C 以上是正确的,也就是前面讨论的高温顺磁性的图所示的结果. 式(4.6)中的 C 与前面的式(3.13)是完全一样,也就是在温度高于 T_C 后,用测量顺磁磁化率的方法同样可以得到原子磁矩的大小.

总的说来,Weiss 分子场从理论上定性地分析了出现自发磁化的原因以及 M_s 随温度变化的关系,其形式也与实验测量结果相似. 但稍微要求严格一些的话,就会发现理论与实验结果还是有一定的差别. 不过,在当时来说,这是人们对强磁性认识的一个很大进步. 至于分子场的实质是什么,仍然是一个尚未解决的基本问题.

§4.3　局域电子交换作用模型——海森伯交换作用模型

在量子力学建立以后,人们才有可能比较正确地认识和了解磁性起源,解决分子场的实质是什么的问题. 下面将逐步介绍这个问题是如何解决的.

4.3.1　氢分子模型[2]

海特勒-伦敦(Heitler-London)用量子力学讨论氢分子结合能时,导出了交换能量项. 海森伯(Heisenberg)利用此结果作为建立铁磁性量子理论的出发点,给出了海森伯交换作用模型. 下面先概括地介绍氢分子模型的能量表示,再介绍海森伯交换作用模型.

如图 4.10 所示,在两个氢原子组成的氢分子体系中,当第 1 个和第 2 个氢原子无相互作用时,其自身的能量都一样,能量 E 的算符写成 $H_{01} = H_{02} = H_0$,H_0 表示任一个氢原子的哈密顿量:

$$H_0 = p^2/(2m) + V(r),$$
$$p^2\phi = -\hbar^2\partial^2\phi/\partial r^2,$$

其中算符 $p^2 = -\hbar^2\partial^2/\partial r^2$,$\phi$ 为氢原子波函数. 两个独立氢原子的能量算符为

$$H_{01} = -\frac{\hbar^2}{2m}\nabla_1^2 - \frac{e^2}{r_{a1}},$$

$$H_{02} = -\frac{\hbar^2}{2m}\nabla_2^2 - \frac{e^2}{r_{b2}}.$$

组成氢分子后,由于有相互作用,合起来的哈密顿量(即能量算符)为

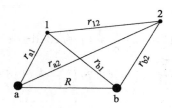

图 4.10 氢分子中原子核和电子间的距离

$$H = \frac{-\hbar^2}{2m}(\nabla_1^2 + \nabla_2^2) - \frac{e^2}{r_{a1}} - \frac{e^2}{r_{b2}} + \frac{e^2}{R} + \frac{e^2}{r_{12}} - \frac{e^2}{r_{b1}} - \frac{e^2}{r_{a2}}$$

$$= 2H_0 + e^2/R + H_1, \tag{4.9}$$

$$H_1 = \frac{e^2}{r_{12}} - \frac{e^2}{r_{b1}} - \frac{e^2}{r_{a2}}, \tag{4.10}$$

式中 e^2/R 项是两个氢原子核电荷的互作用项, H_1 是两个氢原子组成氢分子后,电子能量的变化部分. 采用单电子波函数近似来组成氢分子电子波函数,结果为 $\psi = c_1\phi_1 + c_2\phi_2$,其中 $\phi_1 = \phi_a(1)\phi_b(2)$, $\phi_2 = \phi_a(2)\phi_b(1)$, $\phi_a(1)$ 和 $\phi_b(2)$ 是氢原子 a 和 b 的单电子波函数. ψ 有两种组合: $\psi_s = \phi_a(1)\phi_b(2) + \phi_a(2)\phi_b(1)$ 为单态; $\psi_t = \phi_a(1)\phi_b(2) - \phi_a(2)\phi_b(1)$ 为三态. 从薛定谔方程 $H\Psi = E\Psi$ 可求出氢分子基态能量 E,单态的能量比三态的低得多,因而单态为基态,很稳定.

氢原子基态能量为 $E_0 = -13.6$ eV,组成氢分子后,由于多出了四项相互作用能,其能量变为

$$E = 2E_0 + \frac{e^2}{R} + \frac{K \pm A}{1 + S^2}, \tag{4.11}$$

$E_n = -\dfrac{me^4}{2\hbar^2 n^2}$, $n = 1, 2, 3, \cdots$. $n = 1$ 即为氢原子基态能量 E_0. 多出的能量项 e^2/R 为核互作用能, K 为库仑作用能, A 为交换能,而 S 为重积分,具体表示为

$$K = \iint \phi_a^*(1)\phi_b^*(2)\left(\frac{e^2}{r_{12}} - \frac{e^2}{r_{a2}} - \frac{e^2}{r_{b1}}\right)\phi_a(1)\phi_b(2)\,\mathrm{d}\tau_1\mathrm{d}\tau_2, \tag{4.12}$$

$$A = \iint \phi_a^*(1)\phi_b^*(2)\left(\frac{e^2}{r_{12}} - \frac{e^2}{r_{a1}} - \frac{e^2}{r_{b2}}\right)\phi_a(2)\phi_b(1)\,\mathrm{d}\tau_1\mathrm{d}\tau_2, \tag{4.13}$$

$$S = \iint \phi_1^* \phi_2 \,\mathrm{d}\tau_1\mathrm{d}\tau_2. \tag{4.14}$$

K 的物理意义比较易懂,从式(4.12)看到, K 中的三项都可与经典的库仑作用相对应. K 中第一项为

$$\iint \phi_a^*(1)\phi_b^*(2)\frac{e^2}{r_{12}}\phi_a(1)\phi_b(2)\,\mathrm{d}\tau_1\mathrm{d}\tau_2,$$

因为 $e|\phi_a(1)|^2$ 和 $e|\phi_b(2)|^2$ 分别是 a 原子的电子云密度 ρ_{a1} 和 b 原子的电子云密度 ρ_{b2},所以 K 中第一项是两个电子云团相互排斥的库仑位能(>0). K 中第

三项可变成

$$\iint \phi_a^*(1)\phi_b^*(2)\frac{e^2}{r_{b1}}\phi_a(1)\phi_b(2)d\tau_1 d\tau_2,$$

$$= \iint \phi_a^*(1)e|\phi_b(2)|^2\frac{e}{r_{b1}}\phi_a(1)d\tau_1 d\tau_2,$$

$$= \iint \rho_{a1}e|\phi_b(2)|^2\frac{1}{r_{b1}}d\tau_1 d\tau_2$$

$$= \left[e\int|\phi_b(2)|^2 d\tau_2\right]\int\frac{\rho_{a1}}{r_{b1}}d\tau_1$$

$$= e\int\frac{\rho_{a1}}{r_{b1}}d\tau_1.$$

最后的结果可看成 b 原子核(电荷为 e)对 a 原子电子云 ρ_{a1} 吸引作用的库仑位能,因为 r_{b1} 是 b 原子核到 a 电子云各点的距离. 同样,K 中第二项的结果相应为 $e\int\frac{\rho_{b2}}{r_{a2}}d\tau_2$,表示 a 原子核对 b 原子电子云 ρ_{b2} 吸引作用的库仑位能. 由此看到,K 中三项都代表经典库仑能.

4.3.2 交换积分 A 的物理意义

式(4.13)记为 A,称为交换积分,它没有"经典"对应的物理说法,完全来自量子力学的效应,来源于全同粒子的特性,即来源于电子 1 和电子 2 交换后状态的不变性.

先看一下 $e\phi_a^*(1)\phi_b(1)$ 表示的特点. 可将它看成一种交换电子云密度 $\rho_{ab}(1)$. 这种电子云只能出现在 a 电子云和 b 电子云相重叠的地方,因为在该处的 $\phi_a(1)$ 和 $\phi_b(1)$ 都不为零. 而在不重叠的地方,不是 $\phi_a^*(1)$ 就是 $\phi_b(1)$ 等于零,从而 $\rho_{ab}(1)=0$. 因此,积分 A 的第一项是两团电子云相互排斥的作用能.

积分的第二项为

$$\int\frac{\rho_{ab}(1)}{r_{a1}}d\tau_1\int e\,\phi_a(2)\phi_b^*(2)d\tau_2 = S^*e\int\frac{\rho_{ab}(1)}{r_{a1}}d\tau,$$

这个式子表示 a 原子核对交换电子云作用能乘上重叠积分 S^*.

第三项与第二项类似,表示 b 原子核对交换电子云作用能乘上重叠积分 S.

我们解释了在计算结果中出现的而在经典力学中不存在的能量项,即交换能项 A,它包含的三个式子都与电子交换有关. 它是在量子力学中,在电子全同性和泡利原理所要求的条件下出现的. 一般情况下重叠积分 S 比 1 小得多,因此能量式(4.11)可写成

$$E_1 = 2E_0 + e^2/R + (K-A), \tag{4.15a}$$

$$E_2 = 2E_0 + e^2/R + (K+A), \tag{4.15b}$$

或写成互作用能量增量

$$\Delta E' = E_i - 2E_0 - e^2/R = K \pm A, \quad i = 1, 2, \tag{4.16}$$

其中 e^2/R 是两个氢核之间的库仑作用能,因核间距变化很小,可看成常数.这个能量增量 $\Delta E'$ 表示两个氢原子组成氢分子前后,因能量 $K \pm A$ 不同而有两种组合态,即单态和三态,它们与电子的自旋取向密切相关.

4.3.3　自旋取向对能量的影响

由于两个氢原子在组成氢分子时,氢原子中电子自旋的相互取向(即平行或反平行耦合)对体系的能量有很大影响,即式(4.15)中的能量 E_1 和 E_2 的高低与自旋取向有关,它影响到氢原子在构成氢分子时成键态的不同以及氢分子能量的高低.

氢分子中有两个电子,可将其自旋算符记为 $\boldsymbol{\sigma}_1$ 和 $\boldsymbol{\sigma}_2$,单位是 $\hbar$,数值是 1/2 或 $-1/2$.耦合后的总算符为 $\boldsymbol{\sigma} = \boldsymbol{\sigma}_1 + \boldsymbol{\sigma}_2$.另外,$\sigma^2$ 也是自旋算符,其本征值为 0 和 1,如估算出算符的点积 $\boldsymbol{\sigma}_1 \cdot \boldsymbol{\sigma}_2$ 的本征值,就可得出不同耦合状态(两个电子自旋取向)的影响.由于 σ_1^2 和 σ_2^2 本征值均为 3/4,$\sigma^2 = (\boldsymbol{\sigma}_1 + \boldsymbol{\sigma}_2)^2 = \sigma_1^2 + \sigma_2^2 + 2|\boldsymbol{\sigma}_1 \cdot \boldsymbol{\sigma}_2|$,由此得到

$$2|\boldsymbol{\sigma}_1 \cdot \boldsymbol{\sigma}_2| = \sigma(\sigma+1) - (\sigma_1^2 + \sigma_2^2) = \sigma(\sigma+1) - 3/2.$$

当 $\sigma = 0$ 时,$2|\boldsymbol{\sigma}_1 \cdot \boldsymbol{\sigma}_2| = -3/2$,两自旋反平行;当 $\sigma = 1$ 时,$2|\boldsymbol{\sigma}_1 \cdot \boldsymbol{\sigma}_2| = 1/2$,两自旋平行.如将式(4.16)的 $\Delta E'$ 看成算符 H' 的本征值,则有:当 $\sigma = 0$ 时,H' 的本征值为 $K + A$;当 $\sigma = 1$ 时,H' 的本征值为 $K - A$.由此可得到与两自旋之间的取向有关的能量算符

$$H' = K - A/2 - 2A\boldsymbol{\sigma}_1 \cdot \boldsymbol{\sigma}_2 = \text{常数} + H_{\text{ex}}. \tag{4.17}$$

由于 K 和 A 都是常数,上式中第三项是与自旋耦合和交换作用密切相关的算符,因而得出只与交换作用能有关的算符(称为交换作用算符)

$$H_{\text{ex}} = -2A\boldsymbol{\sigma}_1 \cdot \boldsymbol{\sigma}_2. \tag{4.18}$$

从上面讨论和用式(4.16)计算组成氢分子后的能量可知,如 $\Delta E' < 0$,即 $K + A < 0$,并要求 H_{ex} 的本征值 $E_{\text{ex}} < 0$,从上式可得出两种结果:① 如两个电子的自旋取向反平行耦合($S = 0$),则 A 必须小于零;② 如两个电子的自旋取向平行耦合($S = 1$),则 A 必须大于零.实际上,氢分子中两个电子的自旋耦合是反平行的,所以是 $S = 0$ 和 $A < 0$.

总结前面的讨论,可以给出含有自旋的氢分子波函数

$$\psi(r, s) = \psi(r)\chi(s),$$

其中

$$\psi(r) = \phi_{\text{a}}(1)\phi_{\text{b}}(2) + \phi_{\text{a}}(2)\phi_{\text{b}}(1),$$

$$\chi_{\text{a}}(s) = \chi_+(1)\chi_-(2) - \chi_+(2)\chi_-(1).$$

氢分子的电子自旋 $S = s_1 + s_2$，其中 s_1, s_2 分别为两个氢原子的电子自旋量子数. 在基态情况，$S = 0$，表明自旋取向相反，氢分子波函数是反对称的，且为单态的，相应于式（4.15）中 $E_2 < E_1$. 如果 $S = 1$，就具有三重态，它属于激发态，即 $A > 0$，因而能量较高，也就是式（4.15）中 $E_2 > E_1$.

图 4.11 给出了单态和三重态的能量（分别为 $E_{\uparrow\downarrow}$ 和 $E_{\uparrow\uparrow}$）与电子距离原子核远近之间关系的理论计算结果，同时还给出了基态能（即 $E_{\uparrow\downarrow}$）的实验值. 经比较后可看到，氢原子结合成氢分子后，两个电子的自旋处于反平行排列时（基态）能量远低于其自旋相互平行排列的能量（激发态）.

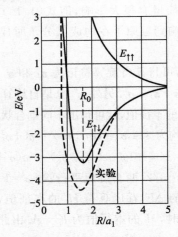

图 4.11　氢分子结合能，a_1 为电子的轨道半径，R 为两氢

原子间距，R_0 为结合能最低时的 R

根据氢分子中两个电子的自旋是反平行取向的结果，设想要使原子间电子自旋取向平行耦合，必须 $A > 0$. 由此推论，在一个体系中，如果原子之间交换作用常数 $A > 0$，则有可能出现原子之间磁矩平行排列的基态.

4.3.4　局域电子交换作用模型——海森伯交换作用模型

在海森伯交换作用模型中，要求原子中的电子都局限于原子核的附近，并假定：（1）体系中存在 N 个原子，原子之间距离很大，除考虑交换作用外，其他相互作用可忽略. 所有原子最外层轨道上只有一个电子，故 $S = 1/2$. 因此，每个原子只有一个电子自旋磁矩对铁磁性有贡献.（2）体系无极化状态，即不存在两个电子同处于一个原子的最外层轨道上，因此只考虑不同原子中的电子交换作用（氢分子模型）.

经过较复杂的计算后，海森伯对自发磁化的起源给出了以下结果（详细讨论请参看绪论中参考文献[7]的第 3 章)：(1) 交换积分 $A>0$ 是产生自发磁化的必要条件，给出了分子场的物理意义；(2) 利用 N 个原子体系的交换能 E_{ex}，得到了铁磁物质自发磁化强度与温度的关系，这个关系只在高温时才正确，实际上与分子场理论得到的结果一样，所不同的是给出了分子场的本质.

根据第一个假定，N 个原子的体系中原子间的交换作用为

$$H_{ex} = -2 \sum_{i,j} A_{ij} \boldsymbol{\sigma}_i \cdot \boldsymbol{\sigma}_j. \tag{4.19}$$

考虑到近邻作用和对称性，$A_{ij}=A_{i,i\pm1}=A$，则 $H_{ex}=-2A\sum_{近邻}\boldsymbol{\sigma}_i \cdot \boldsymbol{\sigma}_j$. 经简化后，其求和项仍有 $NZ/2$ 项，其中 Z 为配位数. 如以 $\boldsymbol{\sigma}_j$ 为中心，其近邻作用都是等价的，则 $\sum A_{ij}\boldsymbol{\sigma}_i \cdot \boldsymbol{\sigma}_j = 2A\sum \boldsymbol{\sigma}_i \cdot \boldsymbol{\sigma}_j$. 以 j 原子为中心，附近其他的电子与 j 原子的电子之间只是近邻交换作用，则式(4.19)可表示为

$$H_{ex}^{(j)} = -\left(2\sum_{近邻} A_{ij}\boldsymbol{\sigma}_i\right) \cdot \boldsymbol{\sigma}_j = -\mu H_m,$$

这里

$$\mu H_m = 2A\left(\sum_{近邻}\boldsymbol{\sigma}_i\right) \cdot \boldsymbol{\sigma}_j,$$

其中 $\mu=g\mu_B$，H_m 为分子场. 将自旋算符 $\boldsymbol{\sigma}_i$ 用自旋磁矩表示，则有

$$<\boldsymbol{\sigma}_i> = (\mu/g\mu_B)\sum<\boldsymbol{\sigma}_i> = Z\mu/g\mu_B.$$

其中 Z 为近邻数，故

$$H_m = \frac{2A}{g\mu_B}\sum\boldsymbol{\sigma}_i = \frac{2ZA\mu}{g^2\mu_B^2} = \frac{2ZAN\mu}{Ng^2\mu_B^2} = \frac{2ZA}{Ng^2\mu_B^2}M = \lambda M, \tag{4.20}$$

其中 $N\mu=M$，于是得到分子场系数

$$\lambda = \frac{2ZA}{Ng^2\mu_B^2}. \tag{4.21}$$

由此可知，分子场与交换作用有密切关系，因而其本质与电子间的静电作用密切关联，它由量子效应(电子的全同性和泡利原理)所致. 实际的铁磁性或反铁磁性物体中磁性原子都具有多个未配对电子，其未被抵消的自旋数有

$$S_i = \sum_p \boldsymbol{\sigma}_{ip}, \quad S_j = \sum_q \boldsymbol{\sigma}_{jq}.$$

两原子间的交换作用 H_{ex} 有三项，其中两项是原子内电子间的交换作用：

$$2\sum_{p\neq p'} A_{ip'ip}\boldsymbol{\sigma}_{ip} \cdot \boldsymbol{\sigma}_{ip'}, \quad 2\sum_{q\neq q'} A_{jq'jq}\boldsymbol{\sigma}_{jq} \cdot \boldsymbol{\sigma}_{jq'},$$

其交换积分恒为正，这要求原子内未被抵消的自旋要合成最大的 S，才能使体系能量最低，这也就是洪德定则第 1 条；第三项为 $2\sum A_{ipjq}\boldsymbol{\sigma}_{ip} \cdot \boldsymbol{\sigma}_{jq}$，即原子间交换作用，如 i,j 两原子的总自旋数分别为 S_i 和 S_j，则原子间交换作用项可写成 $-2A_{ij}S_i \cdot S_j$，其中

$$A_{ij} = \frac{1}{(2S)^2} \sum_{p,q} A_{ipjq}.$$

最终交换作用可写成

$$H_{\text{ex}} = -2 \sum_{i \neq j} A_{ij} \boldsymbol{S}_i \cdot \boldsymbol{S}_j, \tag{4.22}$$

式(4.22)即是海森伯局域电子交换作用模型算符的数学表示. 很明显,如要出现自发磁化(即自旋平行取向),A 必须大于零. $A > 0$ 的条件依赖于两原子核的间距 R_{ij}、电子与两原子核的间距 r_i 和 r_j 以及波函数的特性(轨道形状).

在式(4.8)曾给出 $T_C = \lambda C$,将式(4.21)代入式(4.8),可得到

$$T_C = \frac{2ZA}{3k}. \tag{4.23}$$

海森伯局域电子交换作用模型所能给出的自发磁化与温度的关系并未超过分子场理论的结果. 因为在计算时磁矩所受的作用为 H_m,只是在式(4.3)中将 H 用 H_m 代替,并取 $J = S = 1/2$,所以式(4.1)变为

$$\frac{M}{M_0} = \tanh\left(\frac{\mu_{\text{B}}H}{kT} + \frac{ZA}{2kT}\frac{M}{M_0}\right), \tag{4.24}$$

相当于 $S = 1/2$ 情况的居里-外斯定律给出的自发磁化. 温度很低时,有

$$y = \frac{ZA}{2kT}\frac{M}{M_0} \to \infty,$$

可得 $M = M_0(1 - e^{-\gamma/T})$,其中 γ 为包含 T_C 的常数. 从理论和实际比较可看出(参见图 4.12),在外磁场 $H = 0$ 时,M 与温度关系为

$$\frac{M}{M_0} = \tanh\left(\frac{ZA}{2kT}\frac{M}{M_0}\right). \tag{4.25}$$

在 T 很低情况,M 随温度变化比实际慢得多;T 较高时,M 随温度降低得过速.

在居里温度附近,$y \to 0$,海森伯理论给出

$$M/T = CM_0(T_C - T)^{\beta},$$

其中 $\beta = 1/2$,而根据大多数实验结果,$\beta \approx 1/3$. 海森伯理论($J = 1/2$)给出的 Fe 和 Ni 在低温下约化的磁化强度 $M(T)/M(0)$ 与温度 T/T_C 的关系如图 4.12 所示,其中实线为不同理论值,虚线为实验结果.

理论上给出 $T_C = 2ZA/3k$,但用 A 的计算值来定 T_C 值很不准确,甚至计算出 Fe 的 A 值很低,换算的 T_C 只有 100 K 左右[4],因而人们都是由 T_C 的实验值来估计材料的 A 值. Fe 和 Co 的 A 值在 $1 \sim 2 \times 10^{-14}$ erg/原子对之间.

海森伯理论使人们基本清楚了分子场的机制,并且它在解决磁性物质的基本问题方面比较简便,因而分子场理论不断得到发展,至今已成为较实用的一

① 对于 T_C 与 A 的详细关系,请参看文献[5].

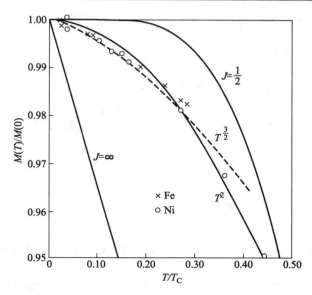

图 4.12　低温下约化的磁化强度 $M(T)/M(0)$ 与约化的温度 T/T_C 的实验和理论曲线

种磁学理论,现称它为有效(或称平均)场理论.

　　Bate-Slater 根据海森伯理论估算了交换作用常数 A 与原子的原子间距 R 和 $3d$ 或 $4f$ 轨道半径 r 比值之间的变化关系,如图 4.13 所示,其中 r_d 为 $3d$ 电子轨道半径.如 R/r_d 的比值大,因 $A \ll kT$ 而成顺磁性.如 A 为负值,则为反铁磁性,因此可以定性地说明金属磁性的不同特点.

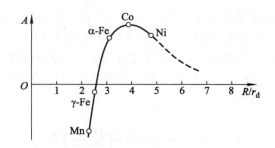

图 4.13　Bate-Slater 给出的交换作用常数 A 与 R/r_d 之间的关系

　　图 4.14 为 Neel 给出的一些金属及合金中局域电子交换作用常数 A 与 $R-2r$ 的关系曲线:在 $R-2r$ 数值小时,$A<0$,金属呈反铁磁性;在 $R-2r$ 数值大时,自发磁化的温度可能较低,如 Gd 的居里温度为 290 K(在室温附近).两个图给出的结果从原则上讲没有多大区别,但因横坐标的选择不同,而使金属在曲线上的位置有所不同.另外,因为海森伯理论近似性较大,这两个图所给出的

理论性结果仅做参考.

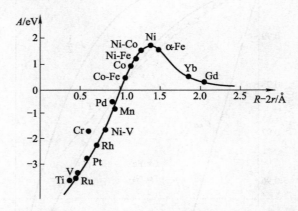

图 4.14 Neel 给出的一些磁体的交换作用常数 A 与 $R-2r$ 的关系曲线

从实验的 M_s-T 曲线(参见图 4.12)可看出,分子场理论的结果与实际情况相差较大. 20 世纪 30 年代,Bloch 用自旋波理论得到低温下与实验符合较好的理论结果,他给出在条件 $T \leqslant 0.3T_C$ 下,自发磁化强度与温度关系为

$$M_s(T) = M_0(1 - aT^{3/2}), \tag{4.26}$$

其中 a 为常数. 该理论与实验符合得很好. 根据式(4.26)与实验结果符合的结果,也证明了局域电子模型基本正确. 当温度升高后,就要考虑自旋波相互作用. 如温度在 $0.3 \sim 0.5T_C$ 范围,式(4.26)中要增加 $-T^{5/2}$ 和 $-T^{7/2}$ 项.

如果能改变物质的结构或是改变材料中原子间距使 $A > 0$,就有可能产生新的铁磁材料,MnBi 合金就是一个例子. Mn 是面心立方结构,一般都表现为反铁磁性,Bi 是抗磁性金属,用 1∶1 的原子百分比组成 MnBi 合金后,因其具有六角密堆结构而表现为铁磁性,居里温度为 358℃,并具有较强的单轴磁晶各向异性. 在 90 年代,一些人工制备的金属多层薄膜也可以使其晶格结构变成有利于形成自发磁化的结构.

§4.4 布洛赫自旋波理论

4.4.1 自旋波的物理图像和理论结果

布洛赫(F. Bloch)在 20 世纪 30 年代提出了自旋波理论,用以解释低温下磁化强度随温度变化的关系. 在 50 年代,人们用磁共振方法和中子衍射方法,从实验上证实了自旋波的存在.

自旋波是因电子自旋之间存在交换作用而在磁性体中自发产生的一种重

要的元激发,又称为磁波子(magnon).按局域电子交换作用理论,自旋在基态下是平行排列的,如有热扰动,将有少量自旋倒向.基于此看法,计算出的磁化强度随温度的变化关系与实验不符.布洛赫于 1936 年提出的自旋波理论认为:在很低的温度下,因某种扰动使一个局域的自旋倒向,该倒向的自旋与邻近的自旋形成很大的交换作用能,因而周围的自旋会力图使已翻转了的自旋重新回到原来的状态,如温度很低,这种翻转的概率很小;而一个翻转了的自旋也有可能使它周围的自旋发生翻转,并与之平行,不过概率相对更小.尽管温度很低,自旋翻转的概率很小,但在磁体中总是存在这种翻转的可能,并且会在体内各个地方随机地出现.而这种自旋翻转随时间在不同地方发生的过程,可看成好像由一个地方传播到另一个地方,这就与波的传播概念联系起来了.

如果体系有 N 个自旋,大家都有同等的概率倒向,假如实际上在某个时刻只有一个倒向,则可认为各自旋的倒向概率为 $1/N$. 就平均结果来看,可认为所有的自旋在其量子化轴方向的投影减小了 $2s/N$(s 为一个电子的自旋量子数).相应体系的总磁矩由 $M_0 = N\mu_B$ 减小为 $M = (N-2s)\mu_B$.

如用准经典图像来看自旋波的话,一个自旋与其四邻的自旋在相互取向上会产生一个很小的角度,并因交换作用,相邻的自旋会尽量使该自旋趋于平行排列.但是,这是一种相互作用,故也有可能是使其相邻的自旋又对各自的近邻形成很小角度,并偏离了原来的平行状态.这就把原以为受扰动要倒向的自旋看成并不倒向,而只是与周围的自旋取向稍稍偏离一个很小的角度,这一偏离的结果又影响到其他的自旋,并不断扩大,因而可看成以波的形式遍及整个磁体,形成自旋波.图 4.15 给出了一维自旋链中自旋波行波的示意图,其中 S 为自旋量子数,θ 为两自旋夹角.图上示出了自旋的取向偏离原来相互平行的状态,并等概率地分布在所有格点上,从而形成一种集体激发,具有波的特性,可用 $\exp[\mathrm{i}(\omega t - \boldsymbol{k} \cdot \boldsymbol{r})]$ 表示,其中 $\boldsymbol{k}$ 为波矢,其大小 k 与波长 λ 的关系为 $k = 2\pi/\lambda$. 当 $\lambda = 2a$ 时,k 为上限,a 为两个自旋的间距.另外,它还具有动量 $\hbar\boldsymbol{k}$ 和能量 $\hbar\omega_k$,因能量是量子化的,故其又称磁波子(magnon),并遵从玻色统计.

如温度较低,可以存在一些相互独立的自旋波,其波矢为 $\boldsymbol{k}_1, \boldsymbol{k}_2, \cdots$,则体系的自旋波总能量可简单地叠加,即 $E = \sum n_k E_k$,其中 n_k 和 E_k 分别是波矢为 $\boldsymbol{k}$ 的自旋波的个数和能量.这样,体系的总自旋波总数 $n = \sum n_k$(对可能的 k 求和).根据玻色统计,可得到温度 T 时的自旋波数 $<n> = [\exp(\beta E_k) - 1]^{-1}$,$\beta = 1/k_B T$. 在长波极限情况,$E_k = Dk^2$,其中 $D = 2ASa^2$,D 的大小表示自旋波激发的难易程度,称为自旋波劲度系数.用自旋波理论解释低温下自发磁化随温度的变化关系问题时,在 $T \leqslant 0.3 T_C$ 范围内得到自发磁化强度与温度关系的结果为

$$M_s(T) = M_0(1 - aT^{3/2}),$$

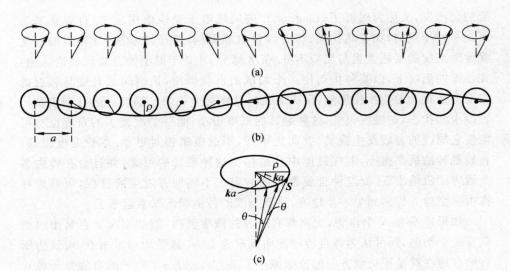

图 4.15　一维自旋波，自旋之间偏离彼此平行时的(a)侧视图，
(b)俯视图和(c)自旋进动与 ka 的关系示意图

其中 a 与 $\left(\dfrac{k_{\mathrm{B}}}{2AS}\right)^{3/2}$ 成正比，具体比例数值与晶格结构有关．上式与式（4.26）相同．

　　式（4.26）在较低温度区内与实验符合得较好，见图 4.12 中 $T^{3/2}$ 曲线，这也从实验上证明了局域电子模型的合理性．当温度升高后，就要考虑自旋波相互作用，戴森、加布里柯夫等对此进行了讨论，给出：温度在 $0.3\sim0.5T_{\mathrm{C}}$ 范围内，式（4.26）中要增加 $-bT^{5/2}$ 和 $-cT^{7/2}$ 项，其中 b,c 为与 A 有关的常数．在较高温度时，M_{s} 随温度的变化可写成

$$M_{\mathrm{s}}(T) = M_0(1 - aT^{3/2} - bT^{5/2} - cT^{7/2} - \cdots). \tag{4.27}$$

上述证论的为热激发型的自旋波，用布里渊散射、中子衍射等实验方法均可观测到自旋波的存在．

4.4.2　自旋波半经典理论简介

　　为简单起见，先以一维自旋波链为例，结合简单的数学运算，导出各种状态下自旋波的数量及其相应的能量，再经过统计运算得出式（4.26）所示的 $T^{3/2}$ 律．

　　电子具有自旋，相应的磁矩 $\mu_{\mathrm{s}} = \gamma_{\mathrm{s}}[s(s+1)]^{1/2}\hbar$，在磁场作用下绕磁场进动，其运动方程为（公式源自第十四章 §14.1）

$$\frac{\mathrm{d}\boldsymbol{\mu}_{\mathrm{s}}}{\mathrm{d}t} = \gamma\boldsymbol{\mu}_{\mathrm{s}} \times \boldsymbol{H},$$

其中 H 表示磁场. 如用自旋量子数 S 来代替 μ_s，则上述进动方程可写成

$$\frac{\mathrm{d}S}{\mathrm{d}t} = \gamma\, S \times H,\qquad(4.28)$$

具体参见图 4.16.

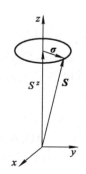

图 4.16　自旋的进动

　　在讨论分子场的物理实质时，推论出它是电子间交换作用，等价为磁场效应. 因此，式(4.28)中的磁场在一维线链的情况可按照式(4.20)写成

$$\gamma H = \frac{2A}{\hbar}(S_{n+1} + S_{n-1}),$$

其中自旋 S_{n+1}, S_{n-1} 为 S_n 的近邻，从而式(4.28)可改写成

$$\frac{\mathrm{d}S_n}{\mathrm{d}t} = \frac{2A}{\hbar}S_n \times (S_{n+1} + S_{n-1}).\qquad(4.29)$$

S 是电子的自旋算符，在 z, x 和 y 方向的分量为 S^z, S^x 和 S^y，并且因 S 绕 H（即 z 方向）进动，轨道半径很小，有 $S^z \gg S^x, S^y$.

　　在一个一维点阵中，如果温度为 0 K，则所有电子自旋磁矩进动频率相同，没有位相差. 在温度高于 0 K 后，假定第 n 个格点上的自旋发生了翻转，而把这种翻转看成自旋进动位相不同的，但有一定的关系和变化规律，如图 4.15 所示，不同自旋端点的连线呈波浪形状，也反映了各自旋进动存在着位相差，可认为一个自旋翻转激发出一个自旋波.

4.4.3　自旋波色散关系和能量

　　上面将第 n 个格点上电子的自旋写成 S_n，它在进动过程中只是 S_n^x 和 S_n^y 分量随时间改变（方向和大小都变），而 S^z 分量可认为基本不变（$S_n^z = S^z$）. 因此，式(4.29)写成分量形式时其中的 $\mathrm{d}S^z/\mathrm{d}t = 0$，这样式(4.29)给出的分量式中只保留一级小量即可，所以有

$$\mathrm{d}S_n^x/\mathrm{d}t = -(2A/\hbar)S^z \times (S_{n+1}^y - 2S_n^y + S_{n-1}^y),$$

$$\mathrm{d}S_n^y / \mathrm{d}t = (2A/\hbar)S^z \times (S_{n+1}^x - 2S_n^x + S_{n-1}^x).$$

令 $S^+ = S^x + \mathrm{i}S^y$，上述两个方程合并为一个 S^+ 的方程：

$$\mathrm{d}S_n^+ / \mathrm{d}t = -(2A/\hbar)S^z \times [(S_{n+1}^y - 2S_n^y + S_{n-1}^y) - \mathrm{i}(S_{n+1}^x - 2S_n^x + S_{n-1}^x)]$$

$$= -(2A/\hbar)S^z \times [(S_{n+1}^y - \mathrm{i}S_{n+1}^x) - 2(S_n^y - \mathrm{i}S_n^x) + (S_{n-1}^y - \mathrm{i}S_{n-1}^x)].$$

等式两边各乘以虚数 i，得

$$\mathrm{i}\hbar \mathrm{d}S_n^+ / \mathrm{d}t = -2AS^z \times [(\mathrm{i}S_{n+1}^y + S_{n+1}^x) - 2(\mathrm{i}S_n^y + S_n^x) + (\mathrm{i}S_{n-1}^y + S_{n-1}^x)]$$

$$= -2AS^z \times (S_{n+1}^+ - 2S_n^+ + S_{n-1}^+). \tag{4.30}$$

由于 n 是任意整数，因此式(4.30)代表了无限多个形式相同的线性齐次方程，解的形式可认为具有波动特点，即

$$S_n^+ \sim \exp[\mathrm{i}(nka - \omega t)] = \mathrm{e}^{\mathrm{i}(nka - \omega t)}, \tag{4.31}$$

其中 a 为两相邻格点的间距. 将式(4.31)代入式(4.30)，得到

$$\hbar\omega = -2AS^z(\mathrm{e}^{\mathrm{i}ka} - 2 + \mathrm{e}^{-\mathrm{i}ka}) = 4AS^z(1 - \cos ka) = 8AS^z \sin^2(ka/2). \tag{4.32}$$

因为自旋进动的轨道面半径 S_n^+ 比 S 要小得多，各个相邻自旋之间存在交换作用，而各自进动的频率为 ω，则 ka 就是相邻自旋进动过程的位相差. 从式(4.31)可进一步看出

$$S_n^x \backsim \cos(nka - \omega t), \quad S_n^y \backsim \sin(nka - \omega t). \tag{4.31'}$$

得到上述结果只表示存在一种频率为 ω 的自旋波，也就是图 4.15 所示出的情况. 对一维情况，如有 N 个格点(每个点上有一个自旋)，k 的取值可由边界条件 $S_n^+ = S_{n+Na}^+$ 确定，即

$$k = 2p\pi/Na, \quad p = 0, \pm 1, \pm 2, \pm 3, \cdots, \pm(N-1)/2, N/2. \tag{4.33}$$

一维情况下自旋波的传播方向与自旋取向垂直，但对于二维和三维情况，可激发出不同方向和频率的自旋波，其频率可用 ω_k 表示，$\boldsymbol{k} = (k_x, k_y, k_z)$. 在长波极限条件下，式(4.32)可变为

$$E_k = \hbar\omega_k = 2ASa^2 k^2, \tag{4.34}$$

E_k 是波矢为 $\boldsymbol{k}$ 的自旋波能量，与 k^2 成正比. 铁磁体中自旋波的色散关系为

$$E_k = Dk^2, \tag{4.35}$$

$$D = 2ASa^2. \tag{4.35'}$$

上面已提到 D 为劲度系数，其大小表明激发自旋波的难易程度.

考虑到在一个体积为 V 的晶体中相同波矢 $\boldsymbol{k}$ 的自旋波可能有多个(设有 n_k 个)，如自旋波之间相互作用很小(近似独立)，在体系中所激发出的自旋波总数 n 和总能量 E 应该是对 k 求和，即

$$E = \sum_k n_k E_k, \tag{4.36}$$

$$n = \sum_k n_k. \tag{4.37}$$

自旋波又称磁波子,可看成准粒子,它遵从玻色统计.由于每一个 n_k 数值的平均值为

$$< n_k > = 1/(\mathrm{e}^{\beta E_k} - 1),$$ (4.38)

式中 $\beta = 1/k_B T, k_B$ 为玻尔兹曼常数,这样式(4.37)可当成

$$< n > = \sum_k < n_k >.$$

$<n>$ 表示自旋波总数,也是磁体在某一较低温度下自旋倒向的数目.磁体的磁化强度与 0 K 温度相比要有所减弱,可以表示为

$$M(T) = \frac{g\mu_B}{V}(NS - < n >),$$

或考虑到 $M_0 = \frac{g\mu_B}{V}NS$,写成

$$\frac{M_0 - M(T)}{M_0} = \frac{\Delta M(T)}{M_0} = \frac{\sum_k < n_k >}{NS}.$$ (4.39)

由式(4.39)可看出,磁化强度的降低可以归结为温度 T 对自旋波个数统计平均值的影响.为了计算 $\sum_k < n_k >$,可将求和改成积分,以使计算简化.因为在一个宏观大(设其边长为 L)的晶体中有 N 个原子,每个原子中只有一个电子参与交换作用,并提供磁性.k 的取值为 $2\pi/L$,因 N 非常大,k 与 $k + \mathrm{d}k$ 的间隔内的状态数为 $L\mathrm{d}k/2\pi$,利用式(4.38)和(4.35),可得

$$\sum_k < n_k > = \sum_k \frac{1}{\mathrm{e}^{\beta E_k} - 1} \approx \frac{L}{2\pi} \int_0^\infty \frac{\mathrm{d}k}{\mathrm{e}^{\beta E_k} - 1}.$$ (4.40)

令 $\beta D k^2 = x, \mathrm{d}k = (1/2)(\beta D x)^{-1/2} \mathrm{d}x$,则有

$$\sum_k < n_k > = \frac{L}{4\pi(\beta D)^{1/2}} \int_0^\infty \frac{x^{-\frac{1}{2}} \mathrm{d}x}{\mathrm{e}^x - 1}.$$ (4.41)

上面讨论的是一维链状结构的自旋波激发和对磁性的影响,而式(4.41)积分由 0 到 ∞ 是发散的,因而表明一维情况下,自旋波理论不可能得出自发磁化的结论.

4.4.4 $T^{3/2}$ 定律的导出

这里考虑三维情况,图 4.17 示出了三维 k 空间中一个球体,每个态在 k 空间占据的体积为 $(2\pi)^3/V$,在半径 k 和 $k + \mathrm{d}k$ 形成的球壳中,状态数为 $\frac{V}{(2\pi)^3} \times 4\pi k^2 \mathrm{d}k$,则式(4.41)的积分变成三维形式

$$\sum_k < n_k > = \frac{V}{4\pi^2(\beta D)^{3/2}} \int_0^\infty \frac{x^{\frac{1}{2}} \mathrm{d}x}{\mathrm{e}^x - 1},$$ (4.42)

其结果为

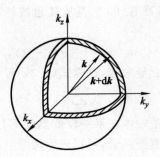

图 4.17　k 空间的球体

$$\int_0^\infty \frac{x^{\frac{1}{2}}\mathrm{d}x}{\mathrm{e}^x-1} = \zeta\left(\frac{3}{2}\right)\Gamma\left(\frac{3}{2}\right) = 2.612\times\left(\frac{\sqrt{\pi}}{2}\right). \tag{4.43}$$

上式中 ζ 为黎曼（Riemann）函数，即 $\zeta(a)=\sum\limits_{n=1}^{\infty}n^{-a}$. 当 $a\leqslant 1$ 时，$\zeta(a)=\infty$ ；
$\zeta\left(\frac{3}{2}\right)=2.612,\zeta(2)=1.645,\zeta\left(\frac{5}{2}\right)=1.341,\zeta(4)=1.082,\cdots$. 又 Γ 为伽玛函
数，$\Gamma(a)=\int_0^\infty \mathrm{e}^{-t}t^{a-1}\mathrm{d}t$，且 $\Gamma(a+1)=a\Gamma(a)$，以及 $\Gamma(1)=\Gamma(2)$，$\Gamma\left(\frac{1}{2}\right)=\sqrt{\pi}$.

　　将式（4.43）代入式（4.42），得到

$$\sum_k <n_k> = V\left(\frac{k_\mathrm{B}T}{8\pi ASa^2}\right)^{3/2}\zeta\left(\frac{3}{2}\right).$$

考虑到晶体有简单立方、体心立方、面心立方结构等不同特点，则 $V=Na^3/f$，其中 f 相应为 $1,2,4$. 这样从式（4.39）得到

$$\frac{\Delta M(T)}{M_0} = \frac{1}{NS}\sum_k <n_k> = \frac{\zeta\left(\frac{3}{2}\right)}{fS}\left(\frac{k_\mathrm{B}}{8\pi AS}\right)^{3/2}T^{3/2} = aT^{3/2}. \tag{4.44}$$

这就是式（4.26）给出的结果，其中

$$a = \frac{\zeta(3/2)}{fS}\left(\frac{k_\mathrm{B}}{8\pi AS}\right)^{3/2} = \frac{0.0587}{fS}\left(\frac{k_\mathrm{B}}{2AS}\right)^{3/2}. \tag{4.45}$$

有关自旋波理论和实验测量方法的详细讨论，请参看文献[3]的第 4 章第 4 节.

参 考 文 献

[1]　Whitaker M A B. Am. J. Phys. ,1989,57:45.

[2]　郭敦仁. 量子力学初步. 北京：人民教育出版社，1978.

[3]　戴道生，钱昆明. 铁磁学（上册）. 北京：科学出版社，1992.

[4]　Freeman A J J, Watson R E. Phys. Rev. ,1961,124:1439.

[5]　Weiss P R. Phys. Rev. ,1948,74:1493.

第五章 巡游电子模型——能带理论

在前面讨论泡利顺磁性时,给出了金属中外层自由电子的能带和态密度的概念及数学表示. 在本章中,将基于能带理论讨论过渡金属的磁性和原子磁矩不为整数的问题.

§5.1 金属(及合金)磁性材料中原子磁矩非整数

海森伯理论初步地成功解决了铁磁体的自发磁化机制,其自发磁化强度随温度的变化关系与分子场理论的结果一致,并给出了居里温度以上的温度关系也满足居里-外斯定律,即

$$\chi = \frac{C}{T - T_p}, \quad T_p = \frac{2ZA}{3k},$$

其中 T_p 为顺磁居里点,理论的立足点是电子必须局限在原子附近,因此称之为局域电子交换作用模型. 其成功之处在于解决了分子场的实质,但在其他方面并没有给出比分子场理论更多的东西. 为解决自发磁化(或磁矩 M)与温度的关系问题,在此模型的基础上,Bloch 提出了自旋波理论,较合理地得出了低温下 M_s 随温度的变化关系,但对过渡金属中原子磁矩不是整数的情况却无法说明. 实验结果表明:在金属中,Fe,Co 和 Ni 原子的磁矩分别为 2.2,1.7 和 0.6 个玻尔磁子(μ_B). 如按局域电子交换作用模型理论,应分别应为 4,3 和 2 个玻尔磁子(μ_B). 此数值与氧化物磁性体中金属离子的磁矩大小一致,因为氧化物基本是非导电体,满足电子局限在原子附近的条件. 金属磁性材料一般都是导体,其中的外层电子可自由地在磁性金属中运动,导致原子的平均磁矩不一定是整数.

§5.2 金属中自由电子和能带模型

为解决金属中原子磁矩不是整数的问题,20 世纪 30 年代斯托纳(Stoner)[1]、莫特(Mott)[2]和斯莱特(Slater)[3]等建立了能带磁性理论,用以讨论金属的磁性. 能带磁性理论的立足点是,金属中对磁性有贡献的电子(3d 电子)不是局域的,而是可在金属中自由运动(称之为巡游电子). 因此,这种理论称为巡游电子模型(或称能带磁性)理论.

在过渡金属中,3d 和 4s 电子可自由地在晶格中运动(即巡游),设其能量为

$$E = \frac{\hbar^2 k^2}{2m'},\tag{5.1}$$

式中 m' 为电子的有效质量. 如 m 是自由电子的质量,$\alpha = m'/m$ 表示电子在晶格中运动的自由程度. 假定电子完全自由,则 $\alpha=1, m=m'$. 在量子力学中,可将电子运动看成波动过程,k 叫做波矢,$k\hbar$ 是准动量,记为 $p=k\hbar$. 因能量与动量的关系为 $E=p^2/2m$,所以得到式(5.1).

同一能量 E 的电子有一定的分布,为此将能量为 E 的自由电子的密度用 $N(E)$ 表示,称为态密度. 如单位体积中有 n 个自由电子,在一个 k 状态中可有两个电子,因此

$$n = \frac{N}{V} = \frac{8\pi p^3}{3h^3}.$$

由式(5.1)得

$$p = (2mE)^{1/2},$$

因此 p 换成 E 后有

$$n = \frac{8\pi}{3h^3}(2mE)^{3/2},$$

从而有

$$\delta n = \frac{\partial n}{\partial E}\delta E = N(E)\delta E = \frac{4\pi(2mE)^{1/2}2m}{h^3}\delta E.$$

$N(E)$ 就是态密度,所以对自由电子而言,

$$N(E) = \frac{4\pi(2m)^{3/2}E^{1/2}}{h^3}\tag{5.2}$$

代表了能量为 E 的自由电子密度. 如用 $N(E)$ 和 E 来绘图,它呈抛物线形,如图 5.1 所示,E_F 为费米能级.

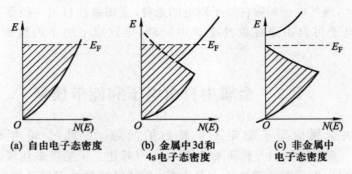

(a) 自由电子态密度　　(b) 金属中3d和　　　(c) 非金属中
　　　　　　　　　　　　　　4s电子态密度　　　　电子态密度

图 5.1 金属和非金属能带示意图,其中 E_F 为费米能级

图 5.2 是不同材料的 X 射线的发射谱,结果与图 5.1 所给出的形状相似. 对于一些 3d 和 4s 电子能带都未填满的金属来说,情况与图 5.1 有些相似.实际金属中能带在能量较高的一端呈急剧下降形式,如 Na,Mg,Al;而非金属的能带是缓慢下降的,如 Si.实验结果反映电子填充的特点不同,前者在能带的高端有较大的态密度,显示出能带并未填满,如图 5.1(a)和(b)所示,它属于金属型能带结构,而图 5.1(c)所示属非金属型能带.

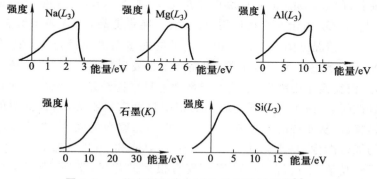

图 5.2 一些金属和非金属的 X 射线发射谱[4].

对一般金属材料而言,用能带理论就能比较好地解释它的电导、热学等特性,尤其是半导体,它是能带理论应用比较成功的领域.但对金属磁性材料来说,只有考虑了自旋的取向后才能说明金属和合金的原子磁矩的非整数性及其内禀磁性.为此,将能带分成正(+)和负(−)自旋带.在铁磁性情况下,因朝上或下的自旋数目不等,也有称之为多自旋(+)和少自旋(−)带,用 ↑ 和 ↓ 来表示的,具体如图 5.3 所示.图中 Δ 表示存在交换作用使能带的最低起始能级不相等,称为交换劈裂.因而,取向为 + 和 − 的两类自旋分别处在正和负能带中,其态密度分别写成 $N_+(E)$ 和 $N_-(E)$,相应地表示能量为 E 而自旋取向为 + 和 − 的两类电子的态密度.在无外场和不考虑交换劈裂时,$N_+(E)=N_-(E)$,也

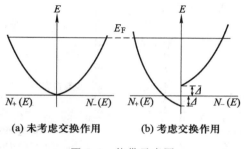

图 5.3 能带示意图

就是正、负带的带底能量相等,见图 5.3(a). 这样,电子的自旋磁矩相抵消,即取向＋和一的电子自旋数相等,不显示磁性. 电子在能带中的填充过程是由低能到高能的,以费米能 E_F 为界. 在 $T=0$ K 时,E_F 以上电子数为零. 若电子要由 $N_+(E)$ 变到 $N_-(E)$ 或反之,则只能在 E_F 附近才能发生,但这将使体系的能量增大,所以不考虑交换作用就不可能出现自发磁化.

斯莱特首先指出,由于存在交换作用,相当于晶体中存在一个内磁场,使正自旋的能量降低. 因此,正向自旋电子的态密度 $N_+(E)$ 对应的最低能量要比 $N_-(E)$ 对应的低. 由于有交换作用,故造成了能带劈裂,用 Δ 表示劈裂的大小. 能带劈裂后的情况见图 5.3(b). 由于电子的能量最大不超过 E_F 值,使得 $N_+(E)$ 和 $N_-(E)$ 的电子填充数不等,因而产生自发磁化. 至于是铁磁还是反铁磁自发磁化,由交换作用决定. 早期的能带理论只讨论铁磁性耦合,因而这里不讨论反铁磁性问题. 由于两个不同取向的带中自旋数目不等,未被抵消的自旋数不一定是整数,从而解决了过渡金属的磁矩不为整数的问题. 图 5.4 给出了接近实际的能带图像,是理论计算出的金属 Fe,Co 和 Ni 的能带结构. 可以看到,其结构比较复杂,不同能量处的态密度有很大的起伏,正、负带的结构基本相同,但相对费米能 E_F 有一个位移. 图中的虚线为态密度的积分,反映了不同能级处的电子数.

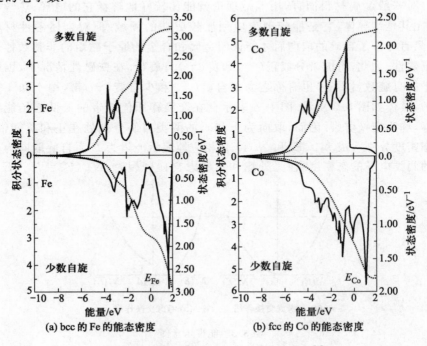

(a) bcc 的 Fe 的能态密度   (b) fcc 的 Co 的能态密度

图 5.4 理论计算的 Fe,Co 和 Ni 的能带[7]

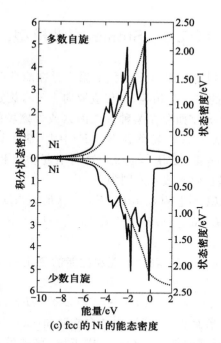

(c) fcc 的 Ni 的能态密度

图 5.4　理论计算的 Fe, Co 和 Ni 的能带[7]（续）

从劈裂的能带可以明显看到, 两个能带中的电子总数是不相等的. 可以认为每个原子中平均有 $n = n_+ + n_-$ 个电子, 而 $n_+ - n_- = m$ 表示了未被抵消的自旋数, $m\mu$ 就是每原子的磁矩. 对一些过渡金属中 3d, 4s 能带进行计算, 得到的电子分布情况见表 5.1, 实际上不同理论的计算结果稍有一些差别.

表 5.1　过渡金属中 3d, 4s 能带的电子分布估算结果

元素	电子态	电子分布				未填满空穴数		未抵消自旋数 或原子磁矩数
		$3d^+$	$3d^-$	$4s^+$	$4s^-$	$3d^+$	$3d^-$	
Cr	$3d^4 4s^2$	2.7	2.7	0.3	0.3	2.3	2.3	0
Mn	$3d^5 4s^2$	3.2	3.2	0.3	0.3	1.8	1.8	0
Fe	$3d^6 4s^2$	4.8	2.6	0.3	0.3	0.2	2.4	2.2
Co	$3d^7 4s^2$	5.0	3.3	0.35	0.35	0	1.7	1.7
Ni	$3d^8 4s^2$	5.0	4.4	0.3	0.3	0	0.6	0.6
Cu	$3d^{10} 4s^1$	5.0	5.0	0.5	0.5	0	0	0

§5.3　Stoner 能带模型

对 3d 过渡金属,当动能 $E_k < E_F$ 时,如果不存在能带劈裂且无外磁场作用,则 $N_+(E)$ 和 $N_-(E)$ 的态密度相等,即相应取向＋的自旋数 n_+ 和取向－的自旋数 n_- 相等,写成 $n_+ = n_-$. 如存在某种内在因素或外磁场的作用,使得在 E_F 附近有 δE 带宽的电子从 $N_-(E)$ 转移到 $N_+(E)$ 中去(参见图 5.5),两个能带中的自旋数也相应有一点改变,使得 $n_+ \neq n_-$. 这将引起动能和势能的改变,假定改变结果是 $n_+ > n_-$,则它们的改变分别为

$$\Delta E_k = [N(E_F)\delta E]\delta E = N(E_F)(\delta E)^2, \tag{5.3}$$
$$\Delta E_P = U[n/2 + N(E_F)\delta E][n/2 - N(E_F)\delta E] - Un^2/4 = -UN^2(E_F)(\delta E)^2, \tag{5.4}$$

其中 U 为关联能,ΔE_k 和 ΔE_P 表示动能和位能的变化. 总能的变化为上述两者之和,即

$$\Delta E = N(E_F)[1 - UN(E_F)](\delta E)^2. \tag{5.5}$$

式(5.5)表明,要将费米面处 δE 薄层中的自旋取向－(负)的电子移动到自旋取向＋(正)的能带中,所需的能量与 $(\delta E)^2$ 成正比. 移动后的结果是否处于稳定状态由 ΔE 决定.

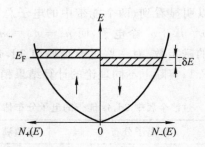

图 5.5　在 E_F 附近电子转移情况

5.3.1　Stoner 自发磁化的条件

由于内在的因素使费米面附近 $N_-(E)$ 的一部分电子迁移到 $N_+(E)$ 中,体系的动能和势能因之发生了相应的变化,从而得到式(5.5). 这一变化导致 $n_+ \neq n_-$,并且 $n_+ > n_-$. 如果 $\Delta E < 0$,则 $1 - UN(E_F) < 0$,说明变化后体系状态稳定,也就表明可以存在自发磁化,即磁性态是稳定的;相反,若 $\Delta E \geqslant 0$,则非磁性态是稳定的,即净磁矩为零. 从式(5.5)可得出存在自发磁化的条件为[1 −

$UN(E_F)]<0$,称之为 Stoner(斯托纳)判据. 式中 U 为关联能,它代表金属中电子之间的强关联作用能. 对不同的材料,U 不同,但 U 的物理图像不如交换作用那样直观.

如图 5.5 所示,在 E_F 附近,如有 $N_-(E)\delta E$ 电子从负(一)自旋带转移到正(十)自旋带,转移到正自旋带的电子不可能处在 E_F 之上,因而能带底就下移,而负自旋带的能带底就上移,使得正、负自旋带中电子数不等,参看图 3.9(b) 和 5.3(b),从而形成自发磁化.

5.3.2 顺磁磁化率

如对非磁性态加外磁场强度为 H 的磁场,这时两种不同取向的自旋态密度对应的能量会有变化,即

$$E_{k_+} = E_k + Un_- - sg\mu_B H/2, \tag{5.6}$$
$$E_{k_-} = E_k + Un_+ + sg\mu_B H/2. \tag{5.7}$$

正(十)和负(一)自旋带中电子数变化了,而 E_F 之上仍不存在电子,这样正自旋带和负自旋带的带底必须分别朝下和朝上各移动 δE(参见图 5.3 和 3.9(b)),其能量差为 $2\delta E = E_{k_-} - E_{k_+}$,可由式(5.7)减去式(5.6),得

$$2\delta E = U(n_+ - n_-) + sg\mu_B H.$$

在费米面附近 $n_+ - n_- = 2N(E_F)\delta E_F$,表示负自旋能带中有 $N(E_F)\delta E_F$ 个电子转移到正自旋能带中,因此两个带的电子数差别为 $2N(E_F)\delta E_F$ 个电子,这样就得到

$$2\delta E = 2UN(E_F)\delta E + sg\mu_B H.$$

$$\delta E = \frac{sg\mu_B H}{2[1 - UN(E_F)]}. \tag{5.8}$$

将式(5.8)代入式(5.5),得

$$\Delta E = \frac{(sg\mu_B H)^2 N(E_F)}{4[1 - UN(E_F)]}. \tag{5.9}$$

另外,根据物质磁化后其内能的变化 ΔE 与磁化率 χ 和磁场强度 H 的关系

$$\Delta E = \chi H^2/2,$$

得到顺磁磁化率

$$\chi = \frac{(sg\mu_B)^2 N(E_F)}{2[1 - UN(E_F)]}. \tag{5.10}$$

§5.4 磁 性 解

根据 Stoner 判据 $\Delta E < 0$,可以得到存在铁磁性的稳定条件为

$$1 - UN(E_F) < 0 \quad 或 \quad UN(E_F) > 1.$$

下面讨论 $T=0$ 和 $T\neq0$ 情况下的磁性解,它与能态密度 $N(E)$、电子数 n_+ 和 n_- 密切相关.电子数 n_+ 和 n_- 的能量分别为

$$E_{n_+} = E - (mU + \mu_B H),$$
$$E_{n_-} = E + (mU + \mu_B H), \tag{5.11}$$

其中 $m = M/N\mu_B$ 为相对磁化强度,U 相当交换劈裂能,因此令 $U = k_B\theta'$,这里 k_B 为玻尔兹曼常数,θ' 为温度,量级与铁磁性物质的居里温度相当.

$T\neq0$ 情况下,整个体系中电子数 N 与磁矩大小、电子的费米分布函数有关:

$$N = n_+ + n_- = \int_0^\infty \frac{N(E)\,\mathrm{d}E}{\exp\left(\dfrac{E - mU - \mu_B H}{k_B T} - \eta\right) + 1}$$
$$+ \int_0^\infty \frac{N(E)\,\mathrm{d}E}{\exp\left(\dfrac{E + mU + \mu_B H}{k_B T} - \eta\right) + 1}. \tag{5.12}$$

如对自由电子,态密度为

$$N(E) = (3N/4)(E_F)^{-3/2} E^{-1/2},$$

且

$$\eta = E_F'/k_B T,$$

其中 E_F 和 E_F' 分别为 $T=0$ 和 $T\neq0$ 时的费米能,则有

$$N = \frac{3N}{4}\left(\frac{k_B T}{E_F}\right)^{3/2}\left\{\int_0^\infty \frac{x^{1/2}\,\mathrm{d}x}{\exp(x - \beta - \beta' - \eta) + 1}\right.$$
$$\left. + \int_0^\infty \frac{x^{1/2}\,\mathrm{d}x}{\exp(x + \beta + \beta' - \eta) + 1}\right\},$$

其中

$$x = E/k_B T, \quad \beta = mU/k_B T = m\theta'/T, \quad \beta' = \mu_B H/k_B T. \tag{5.13}$$

下面定义一个函数:

$$F_{1/2}(\eta) = \int_0^\infty \frac{x^{1/2}\,\mathrm{d}x}{\exp(x - \eta) + 1}.$$

已知磁矩 $M = (n_+ - n_-)N\mu_B$,再根据所定义的函数,可以得到

$$N = \frac{3N}{4}\left(\frac{k_B T}{E_F}\right)^{3/2}\left[F_{1/2}(\eta + \beta + \beta') + F_{1/2}(\eta - \beta - \beta')\right], \tag{5.14}$$

$$M = \frac{3N\mu_B}{4}\left(\frac{k_B T}{E_F}\right)^{3/2}\left[F_{1/2}(\eta + \beta + \beta') - F_{1/2}(\eta - \beta - \beta')\right]. \tag{5.15}$$

当外磁场强度 $H=0$,从式(5.14)和(5.15)分别得到

$$\frac{4}{3}\left(\frac{E_F}{k_B T}\right)^{3/2} = F_{1/2}(\eta + \beta) + F_{1/2}(\eta - \beta),$$

$$\frac{4m}{3}\left(\frac{E_F}{k_B T}\right)^{3/2} = F_{1/2}(\eta + \beta) - F_{1/2}(\eta - \beta).$$

从上述两式可以解出

$$F_{1/2}(\eta+\beta) = \frac{2}{3}\Big(\frac{E_F}{k_B T}\Big)^{3/2}(1+m),$$

$$F_{1/2}(\eta-\beta) = \frac{2}{3}\Big(\frac{E_F}{k_B T}\Big)^{3/2}(1-m),$$

则相对自发磁化强度为

$$m = \frac{F_{1/2}(\eta+\beta) - F_{1/2}(\eta-\beta)}{F_{1/2}(\eta+\beta) + F_{1/2}(\eta-\beta)}. \tag{5.16}$$

由于 $\eta \gg \beta$,可以将函数 $F_{1/2}(\eta+\beta)$ 和 $F_{1/2}(\eta-\beta)$ 简化为

$$F_{1/2}(\eta\pm\beta) = F_{1/2}(\eta) \pm \beta F'_{1/2}(\eta) + (1/2!)\beta^2 F''_{1/2}(\eta)$$
$$\pm (1/3!)\beta^3 F'''_{1/2}(\eta) + \cdots, \tag{5.17}$$

由于 $\eta \gg 1$,$F_{1/2}(\eta)$ 可展开成级数,即

$$F_{1/2}(\eta) = (2/3)\eta^{3/2}(1 + \pi^2/8\eta^2 + 7\pi^4/640\eta^4 + \cdots). \tag{5.18}$$

总之,经过适当的简化和运算,可以得到:

①　在高温,即接近铁磁物质的居里温度时,有

$$M = M_0 \frac{3\pi}{\sqrt{8}} \frac{k_B T_C}{E_F} \Big[1 - \Big(\frac{T}{T_C}\Big)^2\Big]^{1/2}.$$

这个结果与分子场理论的结果不同,分子场结果正比于 $[1-(T/T_C)]^{1/2}$.

②　在低温下,有

$$\frac{M}{M_0} = 1 - \frac{9\pi^2}{8}\Big(\frac{k_B T}{E_F}\Big)^2.$$

相比于自旋波理论给出的 M/M_0 随 $T^{3/2}$ 的增大而减小,Stoner 理论给出 M/M_0 随 T^2 的增大而减小. 原因是在能带理论中,磁化强度的变化是单电子激发过程,也就是在费米面附近的自旋取向为正或取向为负的电子可以彼此跃迁到对方的副带中,即在 $T \neq 0$ 时,n_+ 可跃迁到 $N_-(E)$ 态,n_- 可跃迁到 $N_+(E)$ 态. 由于两者概率不等,总体上是使自发磁化降低,所以两种理论的激发机制不同,得到的结果不同.

§5.5　过渡金属合金磁性

当 Fe,Co,Ni 与非磁性金属(如 Cu,Zn,Al 等)组成二元合金时,整个合金的磁矩减少,且与非磁性金属的价电子数成正比. 图 5.6 示出了金属 Ni 中分别加 Cu,Zn,Al,Si 后形成合金的原子磁矩随非磁性原子含量的变化,可以看到 Ni 原子的磁矩呈直线下降,下降速率与价电子数成正比.

Mott 首先用刚性能带模型解释了 Ni-Cu 合金的磁性变化. 该模型认为,Ni 的 4s 和 3d 能带在与非过渡金属形成合金时不发生变化. 而 Cu,Zn,Al,Si 的价

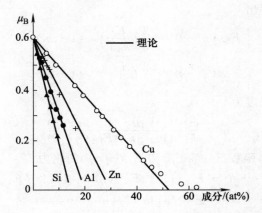

图 5.6　Ni-Cu,Ni-Zn,Ni-Al,Ni-Si 合金的磁矩与成分的关系[5]

电子数为 1,2,3 和 4,在与 Ni 组成合金后,这些电子进入 Ni 的 4s 和 3d 能带中,能带结构虽未发生变化,但使 Ni 能带中未被抵消电子的减少数目与增加电子的数目基本相等,从而使合金磁矩降低,数值变为

$$n = n_0 - cV_i,$$

其中 $n_0 = 0.6$,c 和 V_i 分别为进入 Ni 能带的非磁性原子百分数和价电子数. 但有些金属,如 Cr,在与 Ni 组成合金后,其磁性的变化不能用刚性能带模型来解释,因为 Cr 是具有自旋密度波的反铁磁体. 合金 Fe-Co 也不大适合刚性能带模型,因为 Fe 不具有完全巡游磁性. Fe 和 Ni 的能带结构有很大的差别(参见图 5.4),前者的两个能带都未填满,后者只有一个未填满. 图 5.7 给出了由实验结果总结出的二元磁性合金的磁矩变化曲线,称为斯莱特-泡令(Slater-Pauling)曲线. Fe,Co 和 Ni 金属的磁矩值分别为 $2.2\mu_B$,$1.7\mu_B$ 和 $0.6\mu_B$. 对于 Co 和 Ni,在形成合金后,其磁矩大小基本上是按两者的成分比例叠加所得的数值,并且以左高右低的直线关系下降. Co,Ni 与 Cu,Zn 等过渡金属组成的合金的磁矩大小也可按上述方法得到,也可用刚性能带模型来解释.

　　对于 FeCo,FeNi 合金,在 Fe 的成分占多数时,合金中 Fe 原子磁矩增大. 中子衍射实验结果认为,在 Co,Ni 被视为掺杂原子时,其磁矩并未增加,反而是 Fe 原子的磁矩有所增加,还有 FePd,FePt 合金也具有这种特性. 由于 Fe 占主导,其结构为 bcc(体心立方),而 +(正)自旋能带在费米面有 0.2 电子空位(参见表 5.1),有利于杂质电子填入,使得 FeCo 合金的原子磁矩大于 $2.4\mu_B$. FeNi,FePt,FePd 合金中 Fe 原子的磁矩也有所增大.

　　对于 FeNi 合金,在含有 30%～35% Ni 时存在结构转变,使合金的磁性很不稳定,原子磁矩急剧减小,同时合金表现出热膨胀反常,即热膨胀系数基本为零,称为因瓦(Invar)效应. 由于磁性不稳定,在图 5.7 横坐标 26.7 处曲线不连

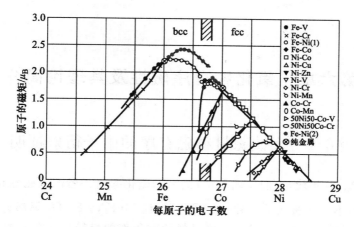

图 5.7 斯莱特-泡令曲线[6]

续.在 Ni 成分大于 35% 后,合金为 fcc(面心立方)结构,因而含 Ni 更多的 FeNi 合金的磁矩变化与 CoNi 的情况一致.而上述结构的变化与合金的化学成分可能有联系,在 FeCo 合金中 Co 含量较多时,也因结构转变使磁矩发生突变,在图上可看到在电子数为 26.7 附近处曲线折断.

当 V,Cr,Mn 等与 Fe,Co,Ni 分别形成合金后,因 V,Cr 都是 bcc 结构,d 电子数较少,组成合金后 V,Cr 的原子核磁性受影响较大,因而使合金的磁性减小较快,均呈直线下降,只有 Mn 和 Ni 形成的合金的磁矩变化比较特殊.加少量的 Mn 时,合金磁矩基本不变,加多了就减小得很快.它可能与基质形成铁磁性耦合,使合金磁矩缓慢降低,详细解释请参见文献[6].

参 考 文 献

[1] Stoner R C. Proc. Roy. Soc. ,1936,A:154.

[2] Mott N F. Proc. Phys. Soc. ,1935,47:571.

[3] Slater J C. Phys. Rev. ,1936,49:537.

[4] 黄昆,韩汝琦. 固体物理学. 北京:高教出版社,1988.

[5] 郭贻诚. 铁磁学. 北京:高等教育出版社,1965.

[6] 近角聪信. 铁磁性物理. 葛世慧,译. 兰州:兰州大学出版社,2002.

[7] 冯端,翟宏如. 金属物理学(第四卷):金属磁性. 北京:科学出版社,1998.

第六章 氧化物有序磁性及其理论简介

§6.1 反铁磁材料磁有序的中子衍射证明

20 世纪 30 年代,人们发现 MnO 的顺磁磁化率与一般的顺磁性相反,低温的 χ-T 曲线有一个极大值,如图 3.12 所示,且 MnF_2,γ-Fe_2O_3 等都有类似的情况. 经研究后称之为反铁磁性. 这些材料的磁化率的量级比顺磁性材料的大得不多,在很低的温度时随温度升高而增加,在一特定温度达到极大,该温度称为反铁磁↔顺磁性转变温度,用 T_N 表示,也称为奈尔(Neel)温度. 温度再上升则磁化率下降,并具有与顺磁性类似的温度特性. 一般情况下 T_N 不受外加磁场的影响. 图 3.13 显示了 MnO 单晶体磁化率 $\chi_\perp$,$\chi_\parallel$ 与 T 的关系,两者很不相同,并可证明

$$\chi_{多晶体} = \frac{1}{3}(2\chi_\perp + \chi_\parallel).$$

这说明 Mn 原子磁矩在晶体内是有序排列的. 1948 年,人们用中子衍射对 MnO 做了实验,证明了 Mn 原子磁矩在空间确实具有周期性排列. 图 6.1 给出了两组衍射峰:一组在 $T=80$ K,即低于 T_N(122 K),峰的间距给出了磁有序单胞的周期性结构,参见图 6.1(a);另一组在 $T=293$ K$>T_N$,是 MnO 单胞的周期性结构,其原子间距要小一倍,参见图 6.1(b). 这表明,低温下(晶格上的核电荷)衍射峰的间距比磁矩衍射给出的峰的间距要大一倍. 中子束在进入晶体后,要受到原子核的散射和磁散射. 低温时,磁矩排列呈有规律的周期性变化,也会形成有规律的衍射峰. 因为低温存在磁散射,其周期比核散射大一倍(8.85 Å),所以同样的衍射峰(111)和(311)的间距比核散射小一半;当温度高时,磁有序消失,只有核散射的峰,这表明核的间距为 4.43 Å.

MnO 的磁有序的中子衍射谱表明:上面的峰是 Mn 的磁矩在(111)和(311)面对中子的衍射形成的,可计算出磁有序的空间周期 $a_m=8.85$ Å. 这种磁矩排列的周期性常常称为磁点阵(磁格子). 下面的峰同样是(111)和(311)面衍射结果,它是由 Mn 的原子核对中子的衍射形成的,可计算出晶格常数 $a_0=4.43$ Å. 可从图 6.2 看到,Mn 原子面间距比磁矩平行的面间距小一半,比衍射峰间距大一倍.

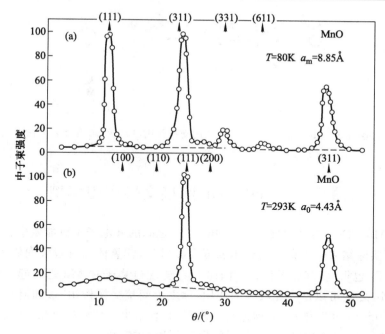

图 6.1 MnO 的中子衍射结果. a_m 为磁性原子间距, a_0 为原子间距, θ 为衍射角

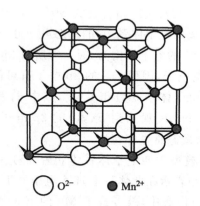

图 6.2 MnO 晶体中 Mn 原子磁矩取向示意图

图 6.2 给出了 MnO 晶体结构和 Mn 原子磁矩取向的周期性. MnO 晶体为面心立方结构. Mn^{2+} —O^{2-} —Mn^{2+} 耦合有两种:180° 和 90° 键合(参见图 6.3). Mn^{2+} 处于 6 个 O^{2-} 组成的八面体中. O^{2-} 有 6 个 p 电子,自旋和轨道角动量都抵消,不贡献磁性. Mn^{2+} 有 5 个 d 电子,其自旋平行排列.实验结果得出(111)面上 Mn^{2+} 离子磁矩相互平行,相邻的(111)面上的磁矩彼此反平行,因而使整个磁体具有反铁磁性.

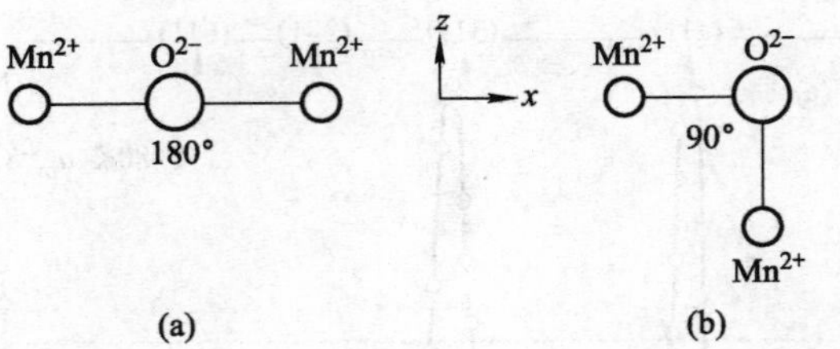

图 6.3　Mn^{2+} 通过 O^{2-} 与 Mn^{2+} 的交换作用:180°和 90°作用示意图

§6.2　Anderson 间接交换作用模型

从 Mn—O—Mn 排列情况看,Mn—Mn 之间的 d 电子不可能发生直接交换作用,可实际结果是有很高的奈尔温度 T_N.另外,铁氧体具有很大的铁磁性,居里温度 T_C 也很高,其原因何在? 因而人们设想 O 离子在 Mn 之间起了媒介作用,使 Mn 之间可以产生比较强的作用,称之为间接交换作用.参加研究的人不少,而 Anderson(安德森)的理论易于理解,并且给出了较好的结果.图 6.3 给出了两种 Mn 和 O 的成键情况,分别称为 180°和 90°键合.

下面只介绍该理论的基本物理图像.在 180°键合中,从 O^{2-} 中取出 2 个 p 电子,记为 p 和 p';从分布在其左边和右边的 Mn^{2+} 离子中各取一个 d 电子,记为 d_1,d_2.这 4 个电子组成四电子体系.它的基态电子分布为 $d_1 pp' d_2$.氧原子的电子结构为 $2s^2 2p^4$,但 O^{2-} 的电子结构为 $2s^2 2p^6$,所以 2p 轨道已填满.这样,只有 Mn 的 3d 轨道可容纳电子,因而 O^{2-} 的 2p 电子有可能迁移到 Mn 的 3d 轨道,从而形成激发态.四电子体系变为 $d_1 d_1' pd_2$,其中 d_1' 表示 p'电子迁移到 Mn 的 3d 轨道.对 MnF_2 用 NMR 观测到 F(氟)的 2p 电子有 2.5% 的概率处在 Mn^{2+} 的 3d 轨道,所以激发态总是存在的.

图 6.4 为间接交换模型中四电子体系建立后,经过一定的作用,达到平衡过程的示意图,其中图(a)表示在此体系中,4 个电子处于未激发态,如果 p'电子迁移到左边 Mn^{2+} 的 d 轨道态中,就变成了 Mn 的第 6 个电子 d_1',这时会引起 Mn 原子内 d 电子间强烈的交换作用,这个电子的自旋与原来的 5 个电子的自旋是平行排列(相应能量为 $E_{\uparrow\uparrow}$)还是反平行排列(相应能量为 $E_{\uparrow\downarrow}$),取决于能量变化是否对体系的稳定有利.如果 3d 轨道中电子数目已达半满(5 个电子或更多),则 $E_{\uparrow\uparrow} \gg E_{\uparrow\downarrow}$,$d_1$ 和 d_1' 两电子的自旋必取反平行;反之,则 $E_{\uparrow\uparrow} \ll E_{\uparrow\downarrow}$,$d_1$ 和 d_1' 两电子自旋取向彼此平行.另外,O^- 的一个 2p 轨道中只有一个 p 电子,它会与右边 Mn^{2+} 中的 d_2 电子发生直接交换作用,这个交换积分一般为负值,所以 p 和 d_2 的自旋相互取向反平行,这相当于图 6.4 中(b)的结果.因

O^{2-} 中的 p 和 p′ 电子的自旋必取反平行排列,从而使 d_1 与 d_2 的自旋排列方式受到限制(只能反平行),而达到如图(c)所示的平衡状态,即基态.这里 p 电子起了桥梁作用而产生 d 电子间接交换作用.注意:起始状态是理论假设,经过讨论和计算,得到的最终图像是理论结果.

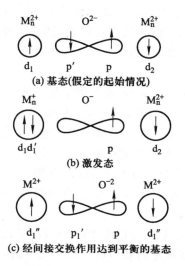

(a) 基态(假定的起始情况)

(b) 激发态

(c) 经间接交换作用达到平衡的基态

图 6.4　MnO 中四电子体系经交换作用达到平衡过程的示意图

从上述模型可给出一对 Mn 原子中电子间接交换作用的能量算符为

$$H_{ex} = -(A/2)\boldsymbol{S}_1 \cdot \boldsymbol{S}_2, \qquad (6.1)$$

$$A = \left(\frac{1}{E^2_{\uparrow\downarrow}} - \frac{1}{E^2_{\uparrow\uparrow}}\right)b^2 J, \qquad (6.2)$$

其中

$$b = \int \psi_d(r_1) V(r) \psi_p(r') d\tau,$$

$$J = \iint \psi_d(r_1) \psi_p(r) (e^2/r_{12}) \psi_d(r_2) \psi_p(r') dv_1 dv_2,$$

式中 b 为迁移积分;$V(r)$ 是电子在晶体场中受到周期势场作用后的势能,与自旋无关;$\psi_d(r_1)$ 和 $\psi_d(r_2)$ 分别为 Mn 离子中 d_1 和 d_2 电子的波函数;$\psi_p(r)$ 和 $\psi_p(r')$ 分别为氧离子中 p 和 p′ 电子的波函数,e^2/r_{12} 为 Mn 离子中 d_2 电子和氧离子中 p 电子的互作用势;J 为 d_2 和 p 电子的直接交换积分,与前面所讨论的交换作用基本相同,称为势交换,一般为负值;$E^2_{\uparrow\downarrow}$ 和 $E^2_{\uparrow\uparrow}$ 是 p 电子进入 d 轨道的交换作用能,一般称为动交换.因为 $E^2_{\uparrow\uparrow} \gg E^2_{\uparrow\downarrow}$,所以 $A < 0$.因此得到 Mn—Mn 之间的电子自旋磁矩只能反平行取向.

根据上述所讨论的过程可以看到,MnO 的 Mn^{2+}—O^{2-} 180° 键合使 Mn^{2+} 的

自旋反平行排列.如只考虑这一作用,对于 V^{2+},Cr^{3+},Cr^{4+},Mn^{3+} 等氧化物,其 3d 壳层中电子不满 5 个,p 电子迁移到 d 壳层后,其自旋与 d_1 取向一致.如果 p 与 d_2 两电子的交换作用是负的,则将出现铁磁性.实验观测到 VCl,CrCl,CrO_2 是铁磁性,但如 Cr_2O_3,MnO_2,γ-Fe_2O_3,CrS 等,许多 3d 壳层中,不满 5 个电子的金属离子所形成的氧化物是反铁磁性的.1950 年,Anderson 的理论没有充分考虑 3d 电子波函数的对称性和晶场作用,因而在 p 电子迁移到 d 电子轨道的可能性以及 p—d 电子的交换积分 J_{pd} 的正负方面有一定的偏差,这说明理论的近似性和事物的复杂性.

后来,Anderson,Goodenough 等人做了进一步的研究.对上面给出的一些 3d 金属来说,是铁磁性还是反铁磁性,与晶体结构和 3d 电子轨道的空间特点密切相关.很多氧化物中的金属离子都被氧离子包围,其对称形式有八面体、四面体、六面体、十二面体等,这些结构有不同的对称特点,从而形成有利于或不利于某种 d 轨道与 p 轨道之间电子的迁移,以及相应发生交换作用的形式.后来他们将得到的一些研究结果,总结成半经验的规律,较好地解释一些氧化物的反铁磁性或铁磁性的起因.

发现反铁磁性材料虽然至今已有 80 年左右,但其实际应用还不多;近十多年来,由于金属多层膜巨磁电阻效应的广泛应用,反铁磁合金(FeMn,NiMn 等)有了较大的用武之地.

附带说一句,间接交换作用有时又称超交换作用,只是名词不同,内容是相同的.

§6.3　奈尔定域分子场理论

在 Anderson 的间接交换理论出现之前,奈尔(Neel)于 1936 年在已建立的定域分子场理论基础上,对一些氧化物的磁性做出了解释,并预言可能存在反铁磁自发磁化以及比热反常现象.下面简单介绍其理论的基本物理图像和结果.

先考虑一个体心立方晶体,实际上可将该晶体看成两个简单立方的重叠.称体心为 A 位,称八个角上的位置为 B 位.再假定占据这两种位置的是各自相同的金属离子,A 位的最近邻是 B 位,反之 B 位的最近邻是 A 位.那次近邻就是相同的位置(如 AA 和 BB),只是 A 和 A,A 和 B 以及 B 和 B 之间的交换作用都不相同(包括数量和正负方向).这样,作用在 A 位的分子场是由最近邻 B 位和次近邻 A 位产生的,因交换作用是近邻作用,故只考虑到次近邻即可.这样,可将作用在 A 位上的分子场写为

$$\boldsymbol{H}_{mA} = -\lambda_{AB}\boldsymbol{M}_B - \lambda_{AA}\boldsymbol{M}_A, \tag{6.3}$$

对 B 位的分子场相应为

$$\boldsymbol{H}_{mB} = -\lambda_{BA}\boldsymbol{M}_A - \lambda_{BB}\boldsymbol{M}_B, \tag{6.4}$$

式中 $\lambda_{AB} = \lambda_{BA}$，而对同类原子有 $\lambda_{ii} = \lambda_{AA} = \lambda_{BB}(i=A,B)$，这些都称为分子场系数；$\boldsymbol{M}_A$ 和 $\boldsymbol{M}_B$ 分别代表 A 位和 B 位上离子的磁矩. 考虑到 A 位受到 $\boldsymbol{M}_B$ 作用所产生的分子场与 $\boldsymbol{M}_A$ 的取向相反，即反铁磁体情况，则式(6.3)中给出的分子场系数 λ_{AB} 必须为正值，但 λ_{AA} 和 λ_{BB} 可正可负.

如有外磁场 $\boldsymbol{H}$ 作用在该晶体上，则在 A 和 B 位上的总磁场分别为

$$\boldsymbol{H}_A = \boldsymbol{H} + \boldsymbol{H}_{mA} = -\lambda_{AB}\boldsymbol{M}_B - \lambda_{ii}\boldsymbol{M}_A + \boldsymbol{H},$$
$$\boldsymbol{H}_B = \boldsymbol{H} + \boldsymbol{H}_{mB} = -\lambda_{AB}\boldsymbol{M}_A - \lambda_{ii}\boldsymbol{M}_B + \boldsymbol{H}. \tag{6.5}$$

如只单独看一个晶位，例如 A 位上的磁化情况，它与铁磁体相当(单独考虑 B 位也一样). 根据外斯分子场理论所得的结果(参见式(4.1))，令 n 为立方晶体中磁离子的总数，则有

$$M_A = \frac{ngJ\mu_B}{2}B_J(y_A), \tag{6.6}$$

$$y_A = \frac{gJ\mu_B}{k_BT}H_A, \tag{6.7}$$

其中 $n/2$ 表示 A 位上的磁离子数(即占总数的一半). 同样得到

$$M_B = \frac{ngJ\mu_B}{2}B_J(y_B), \tag{6.8}$$

$$y_B = \frac{gJ\mu_B}{k_BT}H_B. \tag{6.9}$$

6.3.1　反铁磁转变温度——奈尔温度

按照第四章用外斯分子场理论讨论铁磁性结果的过程，在 y_A 和 y_B 都比 1 小很多的情况下给出

$$\boldsymbol{M}_A = \frac{n(g\mu_B)^2J(J+1)\boldsymbol{H}_A}{6k_BT},$$

$$\boldsymbol{M}_B = \frac{n(g\mu_B)^2J(J+1)\boldsymbol{H}_B}{6k_BT},$$

其中 $\boldsymbol{H}_A$ 和 $\boldsymbol{H}_B$ 如式(6.5)所示. 考虑到 $\boldsymbol{H}=0$ 的情况，以及如式(4.7)所示的居里常数 C，同样这里也得到常数 C，具体表示为

$$C = \frac{ng^2\mu_B^2J(J+1)}{3k_B}. \tag{6.10}$$

这样 $\boldsymbol{M}_A$ 和 $\boldsymbol{M}_B$ 可分别可写成

$$\boldsymbol{M}_A = \frac{C}{2T}(-\lambda_{AB}\boldsymbol{M}_B - \lambda_{ii}\boldsymbol{M}_A), \tag{6.11}$$

$$\boldsymbol{M}_B = \frac{C}{2T}(-\lambda_{AB}\boldsymbol{M}_A - \lambda_{ii}\boldsymbol{M}_B). \tag{6.12}$$

式(6.11)和(6.12)联立成二元一次方程组,在条件 $\boldsymbol{M}_A = -\boldsymbol{M}_B$ 下,可解得

$$T_N = C(\lambda_{AB} - \lambda_{ii})/2, \quad i = A, B, \tag{6.13}$$

这里 T_N 是反铁磁转变为顺磁(反之亦然)温度,称为奈尔温度.基于式(6.6),(6.7),(6.8)和(6.9),可以讨论反铁磁体高温和低温的磁特性.

6.3.2　高温顺磁性

在温度高于 T_N 时,$\mu_B H \ll k_B T$,H 为外加磁场强度,磁矩沿外加磁场方向取向,λ_{AB} 和 λ_{ii} 为负值,磁矩可以用标量式求出:

$$M = M_A + M_B = \frac{n(g\mu_B)^2 J(J+1)}{6k_B T}(2H - \lambda_{AB}M - \lambda_{ii}M).$$

将上式右边的 M 项移到等式的左边,合并后有

$$M\left\{1 + \left[\frac{n(g\mu_B)^2 J(J+1)}{6k_B T}\right](\lambda_{AB} + \lambda_{ii})\right\} = \left[\frac{n(g\mu_B)^2 J(J+1)}{3k_B T}\right]H,$$

从而得到顺磁磁化率

$$\begin{aligned}\chi = M/H &= \left[\frac{n(g\mu_B)^2 J(J+1)}{3k_B}\right] \\ &\div \left[T + \frac{n(g\mu_B)^2 J(J+1)(\lambda_{AB} + \lambda_{ii})}{6k_B}\right] = \frac{C}{T - \Delta},\end{aligned} \tag{6.14}$$

其中

$$C = \frac{n(g\mu_B)^2 J(J+1)}{3k_B},$$

$$\Delta = -\frac{n(g\mu_B)^2 J(J+1)(\lambda_{AB} + \lambda_{ii})}{6k_B} = -\frac{C(\lambda_{AB} + \lambda_{ii})}{2}.$$

磁化率的形式与铁磁体的结果一样,但 Δ 是负值,不能代表 T_N,只是 $\frac{1}{\chi}$-T 曲线的渐近线外推到与 T 轴相交处的点,具体见图 6.5,其中 T_p 为顺磁居里点.

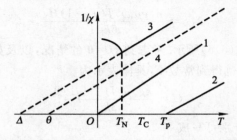

图 6.5　各种磁性物质的顺磁磁化率倒数与温度的关系.曲线 1 为典型的顺磁性;曲线 2 为居里温度以上的顺磁性;曲线 3 为奈尔温度以上反铁磁物质的顺磁性;曲线 4 为亚铁磁物质在居里点以上的顺磁性

6.3.3　奈尔温度以下的磁性

在奈尔温度以下存在反铁磁自发磁化,由于 A 位和 B 位的磁矩大小相等,方向相反,所以 $\boldsymbol{M}_A = -\boldsymbol{M}_B$. 如外加磁场 H 的方向与 $\boldsymbol{M}_A$ 一致,则 H 与 $\boldsymbol{M}_B$ 方向相反. 这时作用在 A 位和 B 位上的磁场 $\boldsymbol{H}_A$ 和 $\boldsymbol{H}_B$ 并不相等. 考虑到外磁场强度 H 比分子场要小得多,则 $B_J(y_A)$ 可用 $B_J(y_{A0})$ 级数展开表示:

$$B_J(y_A) = B_J(y_0) + B_J'(y_0)(y_A - y_{A0}) + \cdots,$$

其中 y_A 和 y_{A0} 分别表示外磁场存在与否情况下布里渊函数的变量. 同样对 $B_J(y_B)$ 也有这样的式子. 令 $H = 0$ 时, $y_0 = y_{A0}$, 则 $y_{B0} = -y_0$.

经过计算,可得到 $0 < T < T_N$ 时,若外磁场平行于 $\boldsymbol{M}_A$ 和 $\boldsymbol{M}_B$,则单晶体的磁化率为

$$\chi_{/\!/} = \frac{n(Jg\mu_B)^2 B_J'(y_0)}{[k_B T + (\lambda_{AB} + \lambda_{ii})(Jg\mu_B)^2 B_J'(y_0)/2]}. \tag{6.15}$$

当外磁场垂直于 $\boldsymbol{M}_A$ 和 $\boldsymbol{M}_B$ 时,可得到

$$\chi_\perp = 1/\lambda_{AB}, \tag{6.16}$$

这样,当外磁场加在任一方向时,单晶体的磁化率为

$$\chi_{单晶} = \chi_{/\!/} \cos^2\theta + \chi_\perp \sin^2\theta. \tag{6.17}$$

对于多晶体来说,可对式(6.17)的角度求平均,得

$$\chi_P = \frac{\chi_{/\!/}}{3} + \frac{2\chi_\perp}{3}. \tag{6.18}$$

在 $T = T_N$ 时, $\chi_P = \chi_\perp = 1/\lambda_{AB}$; 在 $T = 0$ K 时, $\chi_P = \frac{2}{3}\chi_\perp = \frac{2}{3\lambda_{AB}}$.

上述结论可以说明图 3.12 和图 3.13 所给出的实验结果. 详细的计算请参见文献[1,2].

§6.4　亚铁磁性(未抵消的反铁磁性)材料的基本特性

20 世纪 30 年代,人们发现了磁铅石结构的永磁氧化物磁体,40 年代发现了尖晶石结构软磁铁氧体,50 年代又发现石榴石结构微波磁性材料. 综合起来,这些都是电阻率很高且磁性也很强的金属氧化物磁性材料,它们成为磁性材料中一个非常热门的研究领域. 人们将这几种氧化物磁性材料统称为铁氧体磁性材料. 因为这类磁性材料中具有两个或两个以上的次晶位(或称为次晶格),在各次晶位上的金属原子或离子的磁矩大小不等,即 $M_A \neq M_B$,且方向相反,因而不能互相抵消,并具有较强的磁性,所以称为亚铁磁性材料,有时又称为未被抵消的铁磁性材料,也统称为铁氧体(ferrite).

　　亚铁磁性材料有三大类：① 尖晶石结构铁氧体（化学分子式为 MFe_2O_4，M 为 Mg 或二价过渡金属，一个晶胞中含有 8 个分子式的离子）；② 石榴石铁氧体（化学分子式为 $R_3Fe_5O_{12}$，R 为稀土元素，一个晶胞中含有 8 个分子式的离子）；③ 磁铅石铁氧体（化学分子式为 $BaFe_{12}O_{19}$，一个晶胞中含有 2 个分子式的离子）．这些磁性材料都具有未抵消铁磁性，除 Fe_3O_4 外，它们的电阻率很高（$>10^5\ \Omega m$），前两种磁体可用做高频和微波器件中的磁性材料．

6.4.1　尖晶石结构铁氧体

　　图 6.6 给出了尖晶石铁氧体晶胞中的离子分布，在一个晶胞中有 32 个氧离子和 24 个金属离子，其中 16 个金属离子占据氧离子组成的八面体中心位置（B 位），8 个金属离子占据氧离子组成的四面体中心位置（A 位）．这样，就存在 A—O—B，B—O—B，A—O—A 等五种间接交换作用（前三种分别称为 AB，BB，AA 作用）见图 6.7．五种作用形式中，起主要作用的是三种键长和键角的情况（参见图 6.7）．所以，在考虑了它们的电子波函数叠加概率等因素后，可以估算出 A—B 作用最强，并使 A 和 B 离子的磁矩取向相反，B—B 作用强度次之，A—A 最弱．综合这些作用的结果后，给出 B(A) 位上的离子间磁矩相互取平行排列．由于 B 位和 A 位中的离子数和磁矩大小都不相等，两者的磁矩取向相反，因而总磁矩不抵消，使整个材料具有强磁性，这种磁性又称为未被抵消的反铁磁性．

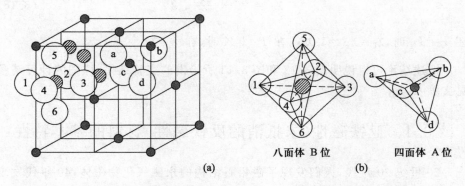

图 6.6　(a) 尖晶石结构的晶胞中离子分布；(b) 尖晶石结构中四面体和八面体结构

　　在 A—B 作用中又可将 B 分成两种情况，记为 B' 和 B″，这种模型称为 3-次晶位（或晶格）模型．表 6.1 给出了基于 3-次晶格（即将 B 位分成 B' 和 B″ 两种晶位）模型，计算出的不同铁氧体材料中几种间接交换作用常数，表明 $J_{AB'}$ 和 $J_{AB'}$ 都为负值，且绝对值也比较大．在其他几种交换作用常数中，只有 $J_{B'B'}$ 为正值，也比较大．这两个结果说明，在 B 位中的磁性离子的磁矩一定是彼此取向一致，

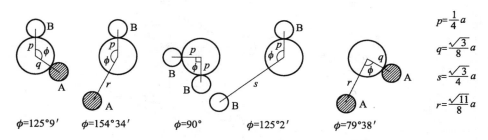

$$p = \frac{1}{4}a$$
$$q = \frac{\sqrt{3}}{8}a$$
$$s = \frac{\sqrt{3}}{4}a$$
$$r = \frac{\sqrt{11}}{8}a$$

$\phi = 125°9'$ $\phi = 154°34'$ $\phi = 90°$ $\phi = 125°2'$ $\phi = 79°38'$

图 6.7 尖晶石铁氧体中间接交换作用的五种情况,左边的三种较为重要

而 A 和 B 位的离子磁矩一定是反平行排列. 总的说来,计算比较困难,因为从晶格结构来看,A—B,B—B 和 A—A 之间通过氧离子所形成的夹角基本固定不变,而占据 A 或 B 位的金属离子的轨道态并不相同,它与氧离子的 p 轨道,以及与近邻的金属离子中的 d 电子轨道态可能的交叠情况不同,具体可参看图 6.8. 该图给出了以 B 位上 Fe^{2+} 离子为中心,与其他近邻 A 位上 Fe^{3+} 离子的轨道态对应的情况.

表 6.1 基于 3-次晶格模型,不同铁氧体的间接交换常数及每个铁氧体的晶格参数 a

	J_{AA}/K	$J_{AB'}/K$	$J_{AB''}/K$	$J_{B'B'}/K$	$J_{B'B''}/K$	$J_{B''B''}/K$	$a/\text{Å}$
$Li_{0.5}Fe_{2.5}O_4$	−20		−29			−8	8.332
$MnFe_2O_4$	−14.6	−19.1				−10	8.512
Fe_3O_4	−21	−23.8	−28	48.4	−13.2	−10	8.392
$CoFe_2O_4$	−15	−22.7	−26	46.9	−18.5	−7.5	8.380
$NiFe_2O_4$	−15	−27.4	−30.7	30.0	−2.7	−5.4	8.332
$CuFe_2O_4$	−15	−28	−24	20	−6	−8	8.372

从图 6.8 可看到,中间是一个 B 位,上下及四周为 6 个氧离子,它们组成八面体空间. B 位被 Fe^{2+} 离子占据,它受到氧离子的作用,这使 Fe^{2+} 或 Fe^{3+} 的 3d 电子轨道能级不相等,劈裂成两个能级,较低的是 t_{2g},有三个轨道态: d_{xy}, d_{yz} 和 d_{zx};较高的能级用 e_g 表示,有两个轨道态,即 d_{z^2} 和 $d_{x^2-y^2}$ 态. 在 t_{2g} 和 e_g 之间进行的 A—B 作用的概率最大,B—B 作用在 d_{zx} 和 d_{zx} 间进行,因此 A—B 作用的概率比 B—B 作用的大得多. 因此,磁性转变温度(在亚铁磁性材料中常常称为奈尔点,下同)的高低主要由 A—B 金属离子的间接交换作用的强度确定.

Co^{2+}·,Ni^{2+} 离子总是占据 B 位,与 A 位的 Fe^{3+} 离子的交换作用也很强,使材料具有较高的居里温度. $MnFe_2O_4$ 中的 Mn^{2+} 一般占据 A 位,具有 5 个 d 电子,这与 Fe^{3+} 离子很相似,都是具有 5 个 d 电子,但 Mn^{2+} 离子的加入,会使

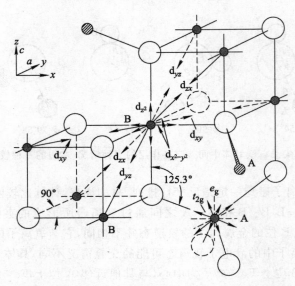

图 6.8　八面体中 Fe 离子的不同轨道态与近邻的离子轨道态对应的方向[3]

奈尔温度有所降低. 其重要原因之一是离子半径较大, 使 A—B 交换作用有所降低, 因此导致 $MnFe_2O_4$ 铁氧体奈尔点(300℃)要比 Fe_3O_4 铁氧体的奈尔点(585℃)低得多. 而 Co_3O_4 和 Mn_3O_4 的奈尔点都很低(4 K 和 43 K). 这是因为 Co^{3+} 在八面体中 6 个 d 电子都处于 t_{2g} 轨道态, 使得自旋磁矩抵消, 而呈抗磁性, 导致奈尔点很低. Mn_3O_4 中的 Mn^{3+} 离子都处在八面体中, 而 Mn^{3+} 离子导致 B 位发生 John-Teller 畸变(这个问题在本章 §6.6 中将详细讨论), 使整个晶体体积变大, 从而导致奈尔点下降. 由此可见, 在氧化物磁性材料中, 金属离子的属性对材料影响很大. 对此, 在下面离子替代一节中还会详细讨论到.

6.4.2　亚铁磁性体的奈尔分子场理论结果

上面已经明确指出, 占据 A 位和 B 位的离子数目不等, 所具有的磁矩大小也不等, 因此材料显示较强的磁性. 但各个晶位上的离子磁矩随温度上升而减小的速率并不一样, 这就使材料的总磁化强度随温度的变化出现多种形式.

奈尔用分子场理论来讨论亚铁磁性的表现时, 得到了六种可能的 M_s-T 形式. 但在实验上只发现有三种形式, 其中 M 形与常见的 M_s-T 曲线一样, 此外还有两种称为 N 形和 P 形, 具体分别如图 6.9(a)和(b)所示. 不过具有 P 形 M_s-T 曲线的材料很少见, 而 N 形曲线后来在石榴石铁氧体中常有所见.

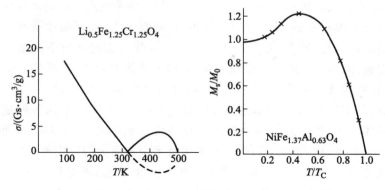

图 6.9　(a) N 形 σ-T 曲线[4];(b) P 形 M_s-T 曲线[5]

6.4.3　石榴石铁氧体

在石榴石铁氧体晶胞中有 96 个氧离子,分别组成四面体、八面体、十二面体三种空位;有 24 个铁离子占据四面体空位(称为 d 位),16 个铁离子占据八面体空位(称为 a 位),24 个稀土离子占据十二面体空位(称为 c 位).三种位置图像如图 6.10 所示.图 6.10(a)显示三种位置的空间分布,图 6.10(b)给出晶胞图形.一个石榴石结构的晶胞为面心立方体,边长约为 1.25 nm.

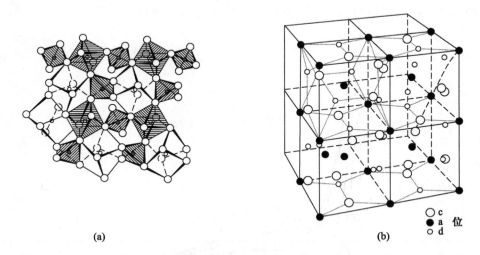

图 6.10　(a)石榴石结构中多面体的配位和它们的排列,在多面体边上的点表示相等长度.Fe^{3+} 离子位于四面体和八面体中(阴影)[6].(b) 石榴石结构中的一些特定位置[7]

根据 Anderson 的间接交换作用理论知,d 位和 a 位间的间接交换作用最强

（实际就是前面说的 A 位和 B 位），所以 d 位和 a 位中铁离子的磁矩取向相反，c 位中稀土离子如有磁矩，其取向与 a 位相同. 将低于 T_N 以下磁性抵消的温度称为抵消温度，或叫抵消点（用 T_{comp} 表示）. 由于 a 和 d 位的铁离子在整个晶体中占绝大多数，两者之间的交换作用最强，在整个晶体中占主导. 尽管 c 位中的离子不同，只要铁离子的含量基本不变，则其居里温度变化不大，一般在 $280 \sim 290℃$ 之间. $YIG(Y_3Fe_5O_{12})$ 是这类材料的代表，它以及替代 Y 的各种复合石榴石磁性晶体系列，在微波磁学和技术应用方面起到很关键的作用. 另外，YAG $(Y_3Al_5O_{12})$ 晶体，称为钇铝石榴石，在磁光技术中有很大的应用价值.

对大部分石榴石铁氧体来说都存在抵消温度 T_{comp}（参见图 6.11），这是因为石榴石晶体中存在三种晶位：四面体（d 位），八面体（a 位）和十二面体（c 位）. 一个化学式中的 5 个 Fe^{3+} 离子，有 3 个占据 d 位，2 个占 a 位，稀土离子占 c 位. 三种位置上的磁矩取向是 a 位和 c 位相同，并都与 d 位相反，因而合磁矩为

$$M_s = M_a + M_c - M_d. \tag{6.19}$$

由于低温下稀土离子磁矩较大，使 $M_a + M_c > M_d$；随温度上升，在远低于 T_N 时稀土离子的磁矩就很快减得很小，因而出现 $M_a + M_c < M_d$. 于是在远低于 T_N 情况可能存在使 $M=0$ 的温度，在此温度各磁矩之和 $M_a + M_c + M_d = 0$. 虽然这些材料的合磁矩为零，但仍存在自发磁化，即各位置上的磁矩是有序排列的. 在此温度材料仍是铁磁性，矫顽力很大，磁晶各向异性不为零.

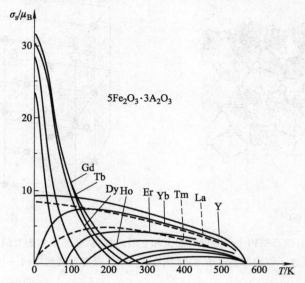

图 6.11　稀土金属石榴石铁氧体的比磁化强度与温度的曲线，其中 A 是稀土离子[8]

目前抵消温度是二级还是一级相变点不能一概而论,要对具体材料做具体分析才能确定(参看第一章的文献[3]).

6.4.4　磁铅石铁氧体

磁铅石铁氧体的分子式为 $BaFe_{12}O_{19}$,常常称为钡铁氧体,它具有较强的永磁特性,具有复杂的六角结构.由于具有 $120°$ 旋转对称性,可将六棱柱体积三分之一的菱形柱体作为一个晶胞,每个晶胞中有 2 个 Ba^{2+},离子 24 个 Fe^{3+} 离子和 38 个 O^{2-} 离子.按其沿 c 轴的空间对称特点可分成 S 块和 R 块.R 块为 $(BaFe_6O_{11})^{2-}$,其中包含了 Ba 离子层(BaO_3)和上下两个氧层(O_4);S 块为 Fe_6O_8,即$(2Fe_3O_4)^{2+}$和相当尖晶石结构中<111>方向的层面.另外,也有人将只含 Ba 的叫 Ba 层,其他叫 S 层.先不管具体结构,但知道 S 块就是尖晶石结构,加上整个晶体中 Fe 占绝大多数(92at%),Fe—O—Fe 交换起主要作用,决定材料 T_N 的高低,实际的 T_N 在 $500℃$ 左右,而且 Sr,Pb,Ca 和稀土离子取代 Ba 之后,T_N 的变化都不太大.

有关磁铅石铁氧体的结构、磁性、烧结工艺等,将在第十六章进行详细讨论.

§6.5　亚铁磁磁性材料中金属离子的替代

从上面所讨论的整个内容来看,这类氧化物材料的居里温度(或奈尔温度)都是由金属离子之间的间接交换作用决定的.不同的金属离子会对这类材料的磁特性有不同影响.在讨论离子替代的结果时,都与晶体结构和 3d 电子轨道的对称性密切相关.但这类深层次的原因并不那么直观,涉及电子轨道态的占据规律以及电子能级在晶体场中的劈裂等基础知识,而且与需要了解的实际应用基本知识关系不太密切.故下面只讨论替代的一些基本的规律和结果.

20 世纪 40 年代,人们在成分为 Fe_3O_4 的天然磁铁矿和天然尖晶石 $MgAl_2O_4$ 中,用一些二价或三价金属离子来部分替代铁离子,制成了多种人工尖晶石磁性材料.之后对 $Y_3Fe_5O_{12}$ 石榴石材料进行了类似的替代,也得到了多种人工石榴石材料.人们对 $BaFe_{12}O_{19}$ 的研究从 30 年代就开始了,直到 60 年代这方面的广泛研究才逐步转变成细致的专业研究.采用离子替代的方法,可以深入研究各金属离子在铁氧体的不同次晶位的作用以及其对磁性的影响,为进一步研制出优异的磁性材料提供科学的依据,进而扩展了材料的系列和品种.

6.5.1　二价金属离子 Me^{2+} 对铁离子替代

由于各类铁氧体中都具有八面体(B)和四面体(A)次晶位,并为各种二价过渡金属所占据,所以重点讨论这类离子占据 A 或 B 位的规律有一定的普遍意义.

不同的二价金属离子 Me^{2+} 替代铁离子时,可能会优先进入 A 或 B 位,也可能只占某一种位置,例如 Mn^{2+} 大部分进入 A 位,少部分(20%at)进入 B 位.这样,如用圆括弧和方括弧分别代表尖晶石铁氧体中的 A 位和 B 位.将一个 Mn^{2+} 代替 Fe^{3+},则其化学分子式为

$$(Mn_{1-x}^{2+}Fe_x^{3+})[Mn_x^{2+}Fe_{2-x}^{3+}]O_4,$$

称之为锰铁氧体.如用 Zn^{2+} 替代 Fe_3O_4 中的一部分 Fe^{3+},Zn^{2+} 只占 A 位,则有

$$(Zn_{1-x}^{2+}Fe_x^{3+})[Fe_x^{2+}Fe_{2-x}^{3+}]O_4;$$

如用 Zn^{2+} 替代锰铁氧体中的一部分 Mn^{2+},则化学分子式一般为

$$(Mn_{1-x}^{2+}Zn_x^{2+})[Fe_x^{2+}Fe_{2-x}^{3+}]O_4, \tag{6.20}$$

称之为锰锌铁氧体.

这种用分子式表示铁氧体成分的方式,在材料研究和产品开发中很普遍.如用 Ni^{2+} 离子替代 Fe^{2+} 离子,则有 $(Fe^{3+})[Ni^{2+}Fe^{3+}]O_4$.因 Ni^{2+} 只占 B 位,按实验结果和理论分析,可以将金属离子按优先进入四面体的次序写成从左到右的顺序,也就是最不可能进入四面体的离子应排在最后面,或者说,按优先占据八面体晶位的次序从右到左排,具体的排列为:Zn^{2+},Cd^{2+},Mn^{2+},Fe^{3+},V^{3+},Co^{2+},Fe^{2+},Cu^+,Mg^{2+},Li^+,Al^{3+},Cu^{2+},Mn^{3+},Ti^{4+},Ni^{2+},Cr^{3+}.

表 6.2 给出了几种尖晶石铁氧体中离子占位的情况及各离子对每个分子式磁矩的贡献.从表中可以看到,每个离子的磁矩与局域电子模型的结果基本一致,也有一些不相等的情况,这可能是轨道磁矩并未完全冻结,从而对每个原子磁矩有小部分贡献所致.

表 6.2 几种尖晶石铁氧体的离子分布及分子磁矩 m

铁氧体	假定离子分布		磁矩		分子磁矩 m	
	A 位	B 位	A 位	B 位	理论值	实验值
$MnFe_2O_4$	$Fe_{0.2}^{3+}+Mn_{0.8}^{2+}$	$Mn_{0.2}^{2+}+Fe_{1.8}^{3+}$	1+4	1+9	5	4.6~5
$FeFe_2O_4$	Fe^{3+}	$Fe^{2+}+Fe^{3+}$	5	4+5	4	4.1
$CoFe_2O_4$	Fe^{3+}	$Co^{2+}+Fe^{3+}$	5	3+5	3	3.7
$NiFe_2O_4$	Fe^{3+}	$Ni^{2+}+Fe^{3+}$	5	2+5	2	2.3
$CuFe_2O_4$	Fe^{3+}	$Cu^{2+}+Fe^{3+}$	5	1+5	1	1.3
$Li_{0.5}Fe_{2.5}O_4$	Fe^{3+}	$Li_{0.5}^++Fe_{1.5}^{3+}$	5	0+7.5	2.5	2.5~2.6
$MgFe_2O_4$	Fe^{3+}	$Mg^{2+}+Fe^{3+}$	5	0+5	0	1.1
$ZnFe_2O_4$	Zn^{2+}	Fe_2^{3+}	0	5+5	(10)	0
$CdFe_2O_4$	Cd^{2+}	Fe_2^{3+}	0	5+5	(10)	0

由于各种离子的磁矩有大有小,而且交换作用 J_{AB} 的强度也不相同,因而材料的 M_S 和 T_N(即相当于金属的 T_C)也都有所不同.掺锌的复合铁氧体中离子占位情况可表示为

$$(Zn_x^{2+}Fe_{1-x}^{3+})[Me_{1-x}^{2+}Fe_{1+x}^{3+}],\qquad (6.21)$$

其中 Me 表示 Co,Ni,Mg,Mn 和 $0.5(Li^+ Fe^{3+})$ 等二价离子.可以从上述占位规律得到单个分子的磁矩大小 m 为

$$m = m_B - m_A = [10x - m_{Me}(1-x)]\mu_B,\qquad (6.22)$$

其中 m_A,m_B 分别是 A,B 位上的金属离子的总磁矩,m_{Me} 为掺杂金属离子的磁矩,x 为掺锌量.由理论式(6.22)可知,m 随 Zn 掺入量 x 的增加而增加.实际结果并不完全是这样,而是在 $x \geqslant 0.4$ 之后 m 开始下降.具体变化如图 6.12 所示[9],图中的虚线所示的是按式(6.22)的计算值,实线是实验结果.在 $x \geqslant 0.4$ 以后,使 m 变小的原因是:Zn 是非磁性离子,在掺入量较多后($x \geqslant 0.4$),A—B 作用强度降低,B—B 作用相对上升,与 A—B 作用差不多强,使 B 位中的磁性离子取向由原来的平行排列逐渐变成非平行排列(一般呈三角磁结构),从而使得曲线转变成弧形,如掺入更多的 Zn,可使 B 位中离子磁矩转变成反平行排列.这样,不但 m_B 大为降低,而 m_A 也逐渐降低,所以单个分子的磁矩值呈直线下降.Yafet 和 Kittel 认为 A 和 B 位上磁矩彼此形成了三角形排列,称做三角磁结构.在 Zn^{2+} 离子含量接近 1.0 时,B 位上离子磁矩变成了反平行排列,A 位上 Zn^{2+} 离子不具有磁性,故材料的磁矩抵消,成为非磁性材料,实质上是反铁磁结构.

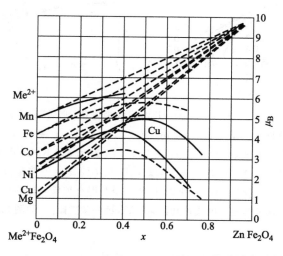

图 6.12 混合铁氧体 $Me_{1-x}^{2+}Zn_xFe_3O_4$ 的绝对饱和磁矩与含 Zn 量 x 的关系.Me^{2+} 为过渡金属(取自第一章中文献[3]的图 8.55)

　　在实际应用中,常用一定数量的 Zn^{2+} 离子来替代 $MnFe_2O_4$ 或 $NiFe_2O_4$ 中的 Mn 或 Ni 离子,以制成 Mn-Zn 或 Ni-Zn 铁氧体,使之具有很高的磁导率或成为高频磁性材料.

　　关于磁性离子互相替代的问题,由 $MnFe_2O_4$ 和 $NiFe_2O_4$ 两种铁氧体混合后的结果可以推知.混合前前者的磁矩较高,而奈尔点较低;后者却与之相反,磁矩低,奈尔点高.如将它们按不同成分比例混合,制成 NiMn 铁氧体,这种混合型材料的磁矩和奈尔点总是比最高的要低一些,又比最低的高一些.这可以从图6.13所示结果看出.

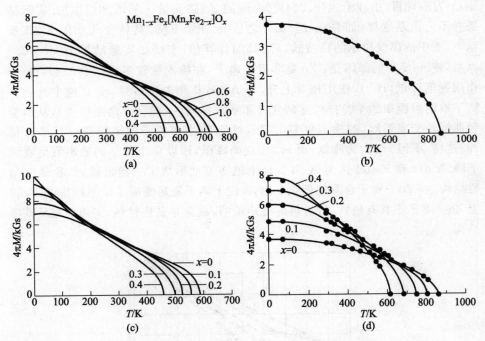

图 6.13　图(b)给出了 $NiFe_2O_4$ 的 M_s-T 曲线的理论值(实线)和实验值(⋯),其中 T_N =858 K. 图(a)给出了 $(Mn^{2+}_{1-x}Fe^{3+}_x)[Mn^{2+}_xFe^{3+}_{2-x}]O_4$ 的 M_s-T 曲线. $x=0$ 和 1 分别对应于 $MnFe_2O_4$ 和 Fe_3O_4 材料,对应的 T_N 分别为 573 K 和 858 K. 图(d)给出了 $Fe_{1-x}Zn_x[Ni_{1-x}Fe_{1+x}]$ 和 $NiFe_2O_4$ 的 M_s-T 曲线,以及 T_N 在不同 x 时的变化情况. 图(c)给出了 Mn-Zn 铁氧体在 x 不同时的 M_s-T 曲线. 这些都说明混合型铁氧体的磁性可近似地认为是两个单一铁氧体磁性的代数和结果(取自第一章文献[3]的图 8.60—8.63)

6.5.2　关于石榴石铁氧体中的离子替代

　　石榴石结构中有三个次晶位 a,c,d. 由于 a(八面体)和 d(四面体)晶位中

Fe^{3+} 离子间的交换作用最强,而且是负的,所以在这两个晶位上的 Fe^{3+} 离子的磁矩取向彼此相反. c(十二面体)晶位的离子(主要是稀土元素)的磁矩取向与 a 和 d 位上的合磁矩的方向相反. 这样,在四分之一个晶胞(相当于两个分子式 $2R_3Fe_5O_{12}$,其中 R 为稀土离子)的磁矩大小可以由式(6.19)得出:

$$m_s = 6m_c - (6m_d - 4m_a) = 6m_c - 10\mu_B, \tag{6.23}$$

因为 $m_d = m_a = 5\mu_B$. 由上式可看到,在 Y 离子被 m_c 较大的稀土离子(如 Dy,Tb,Ho)替代之后,在温度由低变高过程中,在某个温度附近 m_s 可能会改变符号(即有效磁矩会改变正反方向),也就是在 T_N 之下的某个温度出现 $m_s = 0$ 的现象,该温度为抵消温度,用 T_{comp} 表示. M_s-T 曲线的特点如图 6.11 所示(除 YIG 外).

　　为什么有较大磁矩的稀土离子替代 Y 离子后会出现抵消温度? 因为稀土离子磁矩较大,而它们之间的交换作用 J_{cc} 的强度最弱,容易受温度的影响而取向不一致,但它又同时受到 Fe 离子的影响,磁矩并未完全混乱或抵消为零,只是随温度上升而很快降低. 原来在低温时 $6m_c > 10\mu_B$,而到高温时变成 $6m_c < 10\mu_B$,小得多,在 $6m_c = 10\mu_B$ 时就给出了抵消温度 T_{comp}.

　　对稀土离子的磁结构(即磁矩取向)的研究发现,该磁结构在 $T_{comp} \pm 5$ K 范围转变成伞状结构. 这是一级还是二级相变,人们对此有不同的看法. 对 TbIG 晶体的 X 光衍射研究表明,在 T_{comp} 附近晶格常数有点变化,从而有人认为是一级相变,但这也可能与磁致伸缩或磁晶各向异性有关,总之有待进一步研究(参看第一章的文献[3]).

6.5.3　磁铅石结构铁氧体中的离子替代

　　用 Sr,Ca,La 替代 $BaFe_{12}O_{19}$ 中的 Ba,可以使其永磁性能有一定的改善. Sr,Ca,Pb 可完全替代 Ba,同样可获得均匀六角结构的晶体,而稀土元素中只有 La 部分替代 Ba 后效果较好,但替代量也不能超过 0.5 个离子,而且要配合同等数量的 Co,Ni,Zn 等二价离子,以便保持价平衡. 因为加入的二价金属离子占据了 Fe^{3+} 的晶位. 由于这种替代的数量很少(一般不超过 5%at),所以对磁性和居里温度影响不大. 替代的目的主要是为增大单轴磁晶各向异性,并以此来提高矫顽力及改善其温度系数.

　　总的说来,适当地采用离子替代来改变材料的化学成分,就可能改善磁性材料的内禀磁性. 有关更具体的替代结果将在本书的第十六章详细讨论.

§6.6　钙钛矿结构氧化物和双交换作用

　　稀土锰氧化物 $RMnO_3$(R 为稀土元素)具有天然钙钛矿晶体结构[13],一般情况下是非导体,并具有反铁磁性. 当 R 被部分二价碱土金属替代后,就会形成掺杂

的稀土锰氧化物 $R_{1-x}A_xMnO_3$（A＝Ca，Sr，Ba，Pb）．发现 x 在 $0.2\sim0.5$ 之间时，该氧化物低温下同时具有铁磁性和金属导电性，即发生了反铁磁性向铁磁性的转变和绝缘体向金属性的转变[10]，这种转变可用双交换作用模型来解释[11]．

　　从两个磁离子以氧离子为媒介发生间接交换作用的意义上讲，双交换作用也是一种间接交换作用．它是 1950 年 Zener 在解释具有钙态矿结构的稀土氧化物 $R_{1-x}A_xMnO_3$ 的磁性和电性转变时提出来的[11]．为什么称其为双交换作用，将在下面说明．例如 $CaMnO_3$ 和 $LaMnO_3$ 这两种氧化物，它们同样都具有反铁磁和绝缘体特性，理想情况下为立方结构（参见图 6.14）．由于锰在氧形成的八面体包围中，其 3d 电子能级因 Jahn-Teller 效应而分裂为 t_{2g} 和 e_g 两个能级（参见图 6.15），前者较低，被 3 个电子占据，后者被 1 个电子占据，其晶格结构也畸变为正交（orthorhombic）结构或菱面体（rhombohedral）结构．

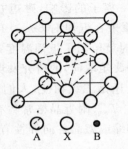

图 6.14　理想的 ABO_3 钙钛矿结构，典型的 A 和 B
可分别为 La^{3+} 和 Mn^{3+} 离子，X 为 O^{2-} 离子

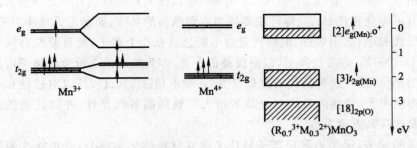

图 6.15　Mn 离子的 d 电子的结构．对 Mn^{3+} 存在 Jahn-Tellel 畸变，使 t_{2g} 能级分裂．
对 Mn^{4+} 来说，不存在这一畸变，t_{2g} 是简并的

6.6.1　Jahn-Teller 效应

　　基于固体理论，在固体中由于晶场作用，使 d 电子的五重简并态能级分裂

为 e_g 和 t_{2g} 态,但仍具有较高的能量. 1937 年,Jahn 和 Teller[12] 提出理论,认为为了降低内能,固体要发生晶格畸变,使 t_{2g} 态再分裂为一个单态和一个双态,人们称之为 Jahn-Teller 畸变或效应. 在 LaMnO₃ 和 CaMnO₃ 中,由于 Mn^{3+} 离子有 4 个电子,1 个分布在较高的 e_g 能级,3 个分布在较低的 t_{2g} 能级,总体上体系的能量仍比较高,因而发生晶格畸变 t_{2g} 能级再分裂为一个能量较低的单态和能量较高的双态,这样体系能量较低. 在 LaMnO₃ 与 CaMnO₃ 以 $(1-x):x$ 混合后,可形成 $La_{1-x}Ca_xMnO_3$ 氧化物,其中 $x=0.2\sim0.5$. 在混合形成的 La, Ca 和 Mn 氧化物中,有较多的 Mn^{4+} 离子,这时有部分 e_g 能级是空的,因而 Jahn-Teller 效应降低,晶格结构向高对称性转变,如向四面体或立方结构转变. 这时体系中具有三价和四价的锰离子,显示出铁磁性和金属性. 其铁磁↔顺磁转变温度(即居里温度 T_C)和导体↔绝缘体转变温度(T_P)很相近,参见 $La_{1-x}Sr_xMnO_3$ 的实验结果(图 6.16 和图 6.17). 上述特性及其转变具有一定的普遍性[13].

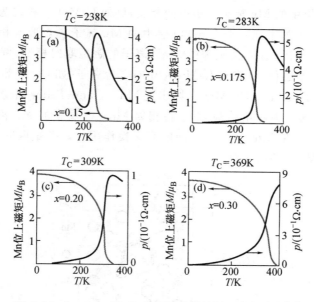

图 6.16 $La_{1-x}Sr_xMnO_3$ 的电阻和磁性随温度的变化[35]

6.6.2　双交换作用

间接(超)交换和双交换在物理图像上相同,都是过渡金属离子中间有一个氧离子,在钙钛矿中表示为 Mn^{3+}—O^{2-}—Mn^{3+},未掺杂时是共价键结合的. 其特点是假定 p 与 d_1 电子自旋取向相同,而 p′ 与 d_2 电子自旋取向可以相反(σ 键)也可以相同(π 键). 前者使同一个 Mn—O 层中的 Mn 离子磁矩取向一致,而相

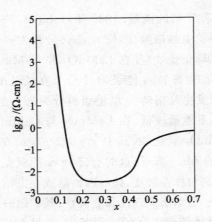

图 6.17 $La_{1-x}Sr_xMnO_3$ 的电阻率随成分的变化[10]

邻的 Mn—O 层中的 Mn 离子磁矩取向相反,例如 $LaMnO_3$,称之为 A 型反铁磁体,参见图 6.18. 如果同一个 Mn—O 层中的 Mn 离子磁矩取向相反,即 Mn^{3+}离子的磁矩与其上下左右最近邻的 Mn^{3+} 离子的磁矩取向相反,例如 $CaMnO_3$,称之为 G 型反铁磁体. 考虑在 $LaMnO_3$ 中有二价离子(如 Ca^{2+})部分($x=0.2\sim$ 0.5)取代 La,形成 $La_{1-x}Ca_xMnO_3$,则出现 Mn^{4+},Jahn-Teller 畸变基本消失,晶体由正交结构转变为三角结构. 由于在相邻 Mn—O 层中的 Mn 离子有一部分变为四价 Mn^{4+},在 Mn^{3+} 和 Mn^{4+} 间的双交换作用使其磁矩取向一致,出现铁磁性(参看文献[3]的第 3 章).

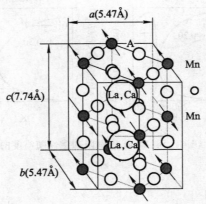

图 6.18   (La 或 Ca)MnO_3 结构和离子占位图. Mn—O 层中 Mn 离子磁矩的取向相同,相邻 Mn—O 层之间取向相反,为 A 型反铁磁性. 如为 $CaMnO_3$ 时,层内和层间左右四邻的 Mn 离子磁矩的取向都相反,称 G 型反铁磁性

在出现 Mn^{4+} 离子后,Mn^{3+} 离子 e_g 态中的 d 电子可转移到氧离子的 2p 态,则该 Mn^{3+} 离子就变为 Mn^{4+} 离子. 而由于 2p 态电子可转移到邻近的 Mn^{4+} 离子中,使 Mn^{4+} 离子变成 Mn^{3+} 离子. 这种 Mn^{4+} 离子与 Mn^{3+} 离子间的电子转移过程并不消耗能量,因而具有巡游电子的特性. 这一结果使氧化物的电阻率大大下降,因此发生绝缘体$\leftrightarrow$导体转变. 它可用 Mn 离子中 d 电子占据态示意图(图 6.19)来说明.

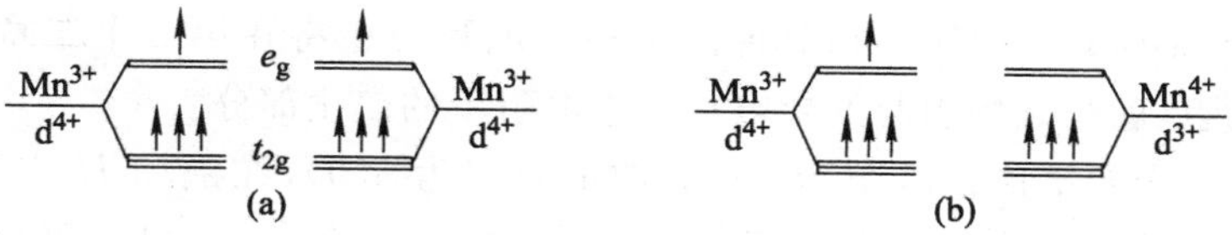

图 6.19　Mn 离子中 d 电子的占据态示意情况. Mn 之间为 O 离子位置

如图 6.19(a)所示,在未掺杂时,e_g 电子和 O_{2p} 电子有很强的杂化,d 电子之间作用能较大,e_g 电子不可能在相邻 Mn 离子间转移,也就是 $d_i^n d_j^n \leftrightarrow d_i^{n-1} d_j^{n+1}$ 过程不可能发生.

如图 6.19(b)所示,掺杂后,同时存在 Mn^{3+} 和 Mn^{4+} 离子,一个电子可通过 O^{2-} 在 Mn 离子间转移,并不消耗能量,因而 $d^{4+} + e \leftrightarrow d^{3+}$ 过程容易发生,从而出现绝缘体$\leftrightarrow$导体转变.

双交换作用与间接(超)交换作用的区别在于:在键合上认为,两边 Mn 的 d 电子都与 O 的 p 电子发生交换作用,而且 p 电子进入到 d 轨道的概率也比离子键情况大得多.

上面简单说明了绝缘体$\leftrightarrow$导体转变的原因. 就磁性而言,不存在 Mn^{4+} 离子时,在垂直 c 轴的 Mn—O 层上 Mn^{3+} 离子的磁矩是彼此平行排列的(A 型反铁磁性),而与其相邻的 Mn—O 层上的 Mn 离子磁矩是反平行排列(参见图 6.4). 出现 Mn^{4+} 离子之后,在两相邻的 Mn—O 层中,可能形成 Mn^{4+}—O—Mn^{3+} 键合,这时如有一个 2p 电子进入 Mn^{4+} 离子的 3d 轨道,其自旋必须与 3d 电子的自旋取向一致,而氧离子 2p 轨道的另一个电子 p' 的自旋与 Mn^{3+} 离子的 3d 电子发生直接交换作用,因直接交换作用常数 $J<0$,所以 p'—d 是反平行取向的. 又因 p—p' 是反平行取向的,因而导致 Mn^{4+} 离子和另一层的 Mn^{3+} 离子的磁矩变成平行排列,这就使层与层之间的磁矩都呈出现平行排列,所以转变为铁磁性. 总的说来,Zener 的双交换作用模型原则上解释了掺杂的 $La_{1-x}A_x MnO_3$(A $=Ca,Sr,Ba,Pb$)混合氧化物,在 0 K 到转变温度(T_c 或 T_p)之间,同时具有绝缘体$\leftrightarrow$导体和反铁磁性$\leftrightarrow$铁磁性转变的特性.

§6.7　磁性钙钛矿结构氧化物的庞磁电阻效应
与自发体磁致伸缩

6.7.1　庞磁电阻效应

首先要指出的是,这里只讨论钙钛矿氧化物的庞磁电阻(colossal magnetoresistance,CMR),而其他的各种磁电阻问题将在第二十二章中讨论. 所谓磁电阻,就是磁场引起的导电材料中电阻率的变化部分.

假定一个导电体在磁场 $H=0$ 时的电阻率为 $\rho(0)$,在磁场 H 中其电阻率为 $\rho(H)$,这样可得到其磁电阻率为 $\Delta\rho=[\rho(H)-\rho(0)]$. $\Delta\rho$ 可正可负,而对我们将要讨论的 CMR 来说都是负的. 为了便于比较各种材料磁电阻效应的大小,采用百分比的方式来计算磁电阻(magnetoresistance,MR)效应,即

$$MR = \frac{\rho(H)-\rho(0)}{\rho(0)}\times 100\%. \tag{6.24}$$

由于 $\rho(H)$ 的数值变化很大,最大可变成零,实际的 MR 可接近 100%. 还可用

$$MR = \frac{\rho(H)-\rho(0)}{\rho(H)}\times 100\% \tag{6.25}$$

来表示 MR 的大小,这样 $\Delta\rho/\rho$ 就变得非常大. 实验上,已测得 MR 值中,最大可达 $10^6\%$[14],因此称之为庞磁电阻. 但要注意,这是在很高的磁场($5\sim 10$ T)下获得如此大的 $\Delta\rho$ 值的.

6.7.2　庞磁电阻实验结果

$R_{1-x}A_xMnO_3$ 系列(R 为稀土元素,A 为碱土金属)表现的物理特性有两个:一是掺杂后磁性的转变(由反铁磁性转变为铁磁性);二是导电性质的转变(由绝缘体转变为导体). 而这两个特性随温度升高后,基本上在相近的温度(即居里温度 T_C)转变成非磁性(铁磁性转变为顺磁性)和由导体转变为半导电体或绝缘体(用 T_p 表示这个温度,$T_C \approx T_p$). 这是该材料体系的基本物理特性,是结构引起磁性和导电机制同时转变的问题. 人们在 20 世纪五六十年代初步解决了这两个转变的机理问题,但要满意地解决是非常难的. 到 90 年代中期,因发现掺杂钙钛矿氧化物的 CMR 效应后,人们对它产生极大的兴趣,大多数的研究者都希望能同时解决导电机制转变和产生 CMR 的原因.

从产生 CMR 的特点来看,它是在居里温度附近,在较强的磁场(一般要好几个特斯拉)作用下出现的现象. 图 6.20 给出了比较典型的 CMR 值和特点. 可以看到,在 T_C 和 T_p 附近磁性和电阻率的变化都很快,有陡然下降和上

升的特点；也看到只是在居里温度附近才显示很大的磁电阻. 同时磁性和导电机制转变温度也因磁场的作用而向高温移动好几十开（K）. 要注意，加磁场可使原来 T_C 温度时的电导率下降好几个数量级，而在较低于原来 $T_C(H=0)$ 温度处显示的磁电阻效应却不大，所以这是一个比较特殊（与其他的磁电阻、巨磁电阻不同）的现象. 我们认为，对这一特点进行深入研究是解决产生 CMR 原因的关键.

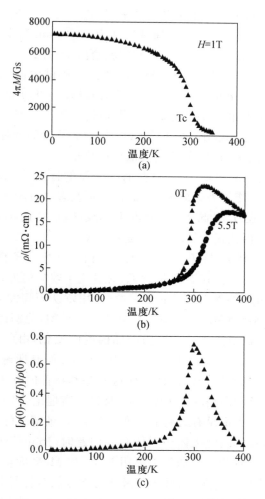

图 6.20　$La_{0.65}(CaPb)_{0.35}MnO_3$ 的（a）磁化强度（$4\pi M_s$），

（b）电阻率（$H=0\ T$ 和 $H=5.5\ T$），（c）磁电阻随温度变化的关系曲线[15]

6.7.3　磁性和导电机制转变以及产生 CMR 机制的研究

相当多的研究者用极化子模型[15-23],即所谓的极化子输运来解释导电机制. 但对产生极化子的原因有不同的看法. 如 Coey[15]认为,由于 R 离子和 A 离子之间存在势涨落,使扩展态波包局域化,此波包相当大,成为大自旋极化子或大自旋分子. 它的运动和温度有关,在低于 T_C 时是扩展的,高于 T_C 时是局域的. 但这时波包附近的电子可以越过位垒(波包边界)移动,并给出电阻率 $\rho \sim \exp(T_C/T)^\nu$,其中 $\nu \approx 1/4$,电子的局域尺度为 0.02 nm. 这个尺度似乎太小,且这里 $\nu = 1/4$ 与实验结果不相符[9],也有实验给出 $\nu = 1/2$.

Park 等人[19]基于对 La—Ca—M—O 的光电子谱的研究结果,认为 Ca 离子的势场无序和 Mn 3d 电子的强关联作用,而导致 e_g 电子强局域化,从而导致晶格畸变而形成小极化子. Billinge 等人[20]通过中子衍射研究了 La—Ca—M—O 的原子对分布函数,给出 O—O 和 O—Mn 原子对的间距涨落可达 0.012 nm,这有助于形成小极化子,并称之为晶格极化子.

也一些人认为,La—Ca—M—O 具有半金属的特点[21],即多数自旋能带具有金属性,少数自旋能带为绝缘态[22],载流子可在多数自旋带中迁移,但并不改变自旋取向. 因而在 T 略低于 T_C 时电阻率较高,而在磁场作用下,磁耦合很强,自旋散射很弱,因此使电导增加,于是产生 CMR.

Millies 等人[23]认为,在温度高于 T_C 时,由于强电声子耦合使导带中电子局域化,而形成极化子,但在温度低于 T_C 时极化子效应消失,从而形成金属态. 这种转换发生的可能性是由电子的巡游性(可用跳跃矩阵元 t_{eff} 表示)和其自陷俘能 $E_{J,T}$ 的无量纲比例常数 λ_{eff} 所控制. 基于这一模型,他们计算了不同 t_{eff} 和不同 λ_{eff} 情况下,通过磁场作用后的电阻率随温度的变化,由此解释了出现 CMR 的可能性. 问题在于,其立足点是 John-Teller 效应. 而有理论证明,在解释绝缘体↔导体转变和反铁磁性↔铁磁性转变这一基本特性时并不需要 John-Teller 效应,如局域势涨落和晶格畸变模型[24]以及相分离理论[25]. 后来也有人对这方面的理论做了改进,但都没有脱离上述理论框架. 详细情况可见文献[26].

更有人指出,在解决绝缘体↔导体转变问题时,John-Teller 畸变并不是必要的[25,26]. 虽然转变成导体后原则上可用 Mn^{3+} 和 Mn^{4+} 间电子迁移来解释,但其具体的输运特点并未清楚. 用极化子来作为输运的载体只是一种可能的输运方式,而与产生磁电阻效应的原因没有多大的关联.

总之,至今有不少人力图用一个物理模型来解释这两个不同范畴的问题,但基本上都没有取得实质性结果,究其原因主要是没有把 R—A—Mn—O 氧化物中存在的复杂现象分清类别,并用各个击破的办法来解决问题,从而造成困局. 因此我们认为,要立足于正是磁场作用使 T_C 的移动导致了导电性质的变化这一观点,才可能较直观地了解产生 CMR 的原因.

6.7.4 磁致伸缩实验结果与 CMR 的关系

首先,掺杂使 La—Mn—O 发生磁性转变和导体↔绝缘体转变,是结构转变和化学作用变化引起的问题. Zener 用双交换作用模型原则上解决磁性转变问题,对原来反铁磁性经掺杂后转变为铁磁性的解释在原则上说得过去. 后来 Goodenough 提出 Mn 的 d 电子和 O 的 p 电子杂化,即"半共价键耦合"理论,在解释可能存在反铁磁有序类型及其转变问题和电导机制转变问题上取得了一定的成功[27]. 在 20 世纪 90 年代重新兴起的,研究钙钛矿结构掺杂 La—Mn 氧化物的磁性转变和导电性质转变问题时,不少人对 Zener 理论进行了修正,但都未能正确地解释 CMR 的起因.

在 1995 年曾有人提出磁致伸缩可能导致 CMR[28],但因为当时有关这方面的实验根据还不多,故未能引起足够的重视. 之后不少人在体磁致伸缩和热膨胀反常方面做了一些实验,结果表明该机制很可能与产生 CMR 的机制有关联,值得深入研究.

下面将着重讨论产生 CMR 的可能原因(或叫机制).

从获得的 CMR 实验结果可看到(参见图 6.21),在 $H=0$ 和 $T_c \sim 280℃$ 时,电阻率为 3.5×10^{-2} $\Omega \cdot cm$;在 $H=4T$ 和 $280℃$ 时,电阻率下降了一个量级(<0.5

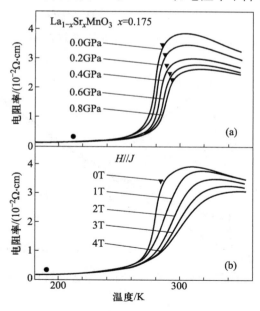

图 6.21 La-Sr-Mn-O 晶体的电阻率在不同压力(a)和磁场(b)作用下随温度的变化曲线. 倒三角标示处为居里温度,圆点标示了该氧化物由正交转向菱面体结构的温度,两图上的温度差是由于热滞效应所致[29]

$\times 10^{-2}$ $\Omega \cdot$ cm),而 T_C 已移动到 320℃ 以上. 可以看出,在较强磁场作用时,材料的导电特性因 T_C 升高而恢复为金属性. 从图 6.21 还看到,压力作用的效果和磁场基本一致,使 T_C 上升,产生很大的磁电阻效应[29]. 这种 T_C 移动很大的特性在其他各类磁性材料中根本不可能发生. 即使在很大的压力和高磁场的作用下,也只能使 T_C 移动 2~3 K[31]. 我们认为,掺杂的稀土锰氧化物的 T_C 在磁场或压力作用下上升好几十开尔文,可能是在 T_C 附近存在着较大的体磁致伸缩效应和反常的热膨胀效应. 只有这样才能导致材料在较高的磁场或外界压力作用下发生较大的体积收缩. 这一特殊的结果与材料的体磁致伸缩密切关联,因此我们将从材料的内禀磁性变化的角度对产生 CMR 可能的机理做一些探讨.

　　理论和实验已经证明[30],在居里温度附近,同时存在体磁致伸缩和反常热膨胀效应,但对于一般的磁性材料它们变化的量级都比较小(在 10^{-5} ~ 10^{-7} 范围内). 从温度和磁场对钙钛矿结构影响的实验结果来看,在居里温度附近存在很大的热膨胀,具体见图 6.22[31],其中细线表示正常线性热膨胀,而粗线是实验给出的反常热膨胀现象. 如考虑到磁场的影响,可以从图 6.23[31] 看到,不存在外磁场时,在居里温度附近,材料在磁性转变过程中的体积陡然变大;同时看到存在线性热膨胀系数的峰值. 在外磁场作用下,这种反常热膨胀变得很小,并使居里温度上升. 同时,在居里温度附近表现出很大的体磁致伸缩. 它表明在磁性转变时,这类氧化物确实存在巨大的自发体磁致伸缩(在 10^{-3} ~ 10^{-5} 范围内)[32],比一般常见的金属和铁氧体磁性材的体磁致伸缩大两个量级.

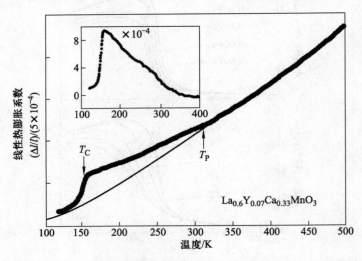

图 6.22　(LaYCa)MnO₃ 的线性膨胀与温度的关系. 嵌入的小图是反常值与温度的关系

接下来讨论体磁致伸缩引起 CMR 问题.

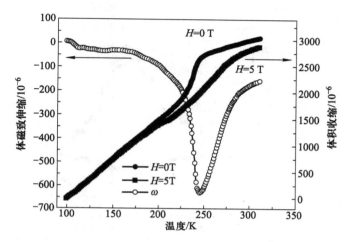

图 6.23 外加磁场使 $La_{0.1}Ca_{0.3}MnO_3$ 的体积收缩和膨胀以及体磁致
伸缩（○所示）随温度的变化[31]

理论已证明[33]，体磁致伸缩与自旋之间的交换作用密切相关. 在钙钛矿氧化物中，Mn 均处在氧组成的八面体中，因此 Mn—Mn 之间的交换作用由 Mn—O 键的长度决定. 实验结果表明，在居里温度附近键长的变化也比较明显. 从图 6.24 上可见到，温度对 c 轴的影响很小（0.35%），而对另外两个轴的影响就比较大（2.7%），且接近 T_C 时变化很突出. 假定在略低于 T_C 处将材料的温度固定，并施加较大的外磁场. 由于磁致伸缩较大，从而引起 Mn—O 键的长度有所缩小. 这必定导致 T_C 改变，那么是使 T_C 升高还是降低呢？根据图 6.24 的结果，T_C 只能是升高. 因为总体上使体积缩小，而只能保持磁有序状态才能使体系能量较低，相应地也会使导电性能延迟发生转变. 从大量的实验结果可知，磁场作用总是使掺杂钙钛矿 Mn 氧化物的 T_C 上移达几十开，同时也使金属性导电保留在相应的温度. 这样就使得在原来（$H=0$）T_C 时的电阻率下降很多，由于在 $H=0$ 和 H 很大的两种状态下，材料的电阻率差别很大，于是表现出 CMR.

概括地说，在 T_C 附近（温度略比 T_C 低），$H=0$ 时，电阻率比较大，因为材料已发生了一定的金属性向半导体（或绝缘体）转变；而在强磁场作用下，磁致伸缩的作用使 T_C 上升较大，在原来 $H=0$ 时的温度附近，已转变为非金属性的导电机制，在 T_C 上升后只得又转变成金属性导电机制，这时电阻率比 $H=0$ 时的要低很多，因而就产生 CMR.

产生 CMR 的问题看来已经很清楚，即纯属磁场引起体磁致伸缩并相应发生八面体畸变，使 T_C 有较大的上移，同时也使原来 $H=0$ 时 T_C 处的高电阻特

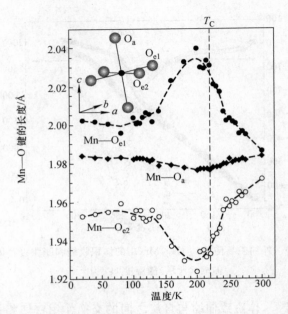

图 6.24 磁场 $H=0$ 时，Mn—O 键的长度在 20～300 K 温度区间的变化，c 轴方向的变化很小(0.008Å)，其他两个方向的键长变化较大(0.05Å)．样品成分为 $La_{0.875}Sr_{0.125}MnO_3$，$T_C=220$ K[34]

性(记做 ρ_0)变为金属性导电特性(记做 ρ_H)；而 CMR 的数值是固定在原 T_C($H=0$)附近温度下测量的结果，于是表现出磁电阻效应($\rho_H-\rho_0$)/ρ_H 很大，即表现为 CMR 特性.

至于八面体畸变为什么会使导电机制转变，是大、小极化子转变，还是局域化、退局域化转变，还是其他原因，这是导电机制转变要专门研究的问题.

参 考 文 献

[1] Smart J S. Effective Field Theories of Magnetism. Philadelphia：W. B. Saunders Company,1966.

[2] 戴道生,钱昆明. 铁磁学(上册). 北京：科学出版社,1992.

[3] Goodenough J B. Magnetism and the Chemical Bond. New York：Spinel Structures John Wiley & Sons Inc. ,1963.

[4] Gorter E W. Philips Res. Rep. ,1954,9：206.

[5] Smart J S. Amer. J. Physics,1955,28：356.

[6] Sayetat F,et al. J. Magn. Magn. Mat. ,1984,46：219. 李荫远,李国栋. 铁氧体物理学. 修订本. 北京：科学出版社,1978.

［7］　Geller S,et al. Phy. Rev. ,1963,131:1080.

［8］　Bertant F,Parthenet R. Proc. IEE B,1956,104:261.

［9］　Yafet Y, Kittel C. Phys. Rev. ,1952,87:290.

［10］　Jonker G H,J H. Van Santen Physica,1950,16:337.

［11］　Zener C. Phys. Rev. ,1951,82:403.

［12］　Jahn H A,Teller E. Proc. Roy. Soc. ,1937,161:220.

［13］　戴道生,熊光成,吴思诚. 物理学进展.1997,17(2):201.

［14］　Liu J Z, et al. Appl. Phys. Lett. ,1995,66:3218.

［15］　Coey J M D,Viret M,Ranno I. and Ounadjela K. Phys. Rev. Lett. ,1995,75:3910.

［16］　von Helmolt R,et al. Phys. Rev. Lett. ,1993,71:2331.

［17］　Zhang S F. J. Appl. Phys. ,1996,79:4542.

［18］　Xiong G C, et al. CCAST(World Laboratory)Workshop Series,1996,62:78.

［19］　Park J H,et al. Phys. Rev. Lett. ,1996,76:4215.

［20］　Billinge S J L, et al. Phys. Rev. Lett. ,1996,77:715.

［21］　Pickett W E, Singh D J. Phys. Rev. B,1996,53:1146.

［22］　Irkhin V Yu, Kastsenel M I'son. Sov. Phys. Usp. ,1994,37:659.

［23］　Millies A J,et al. Phys. Rev. Lett. ,1996,77:175.

［24］　Sheng L,Xing D Y,Sheng D N, Ting C S. Phys. Rev. Lett. ,1977,79:1710.

［25］　Uehara M, et al. Nature,1999,399:560.

［26］　刘俊明,王克锋. 物理学进展.2005,25(2):82.

［27］　Goodenough J B. Phys. Rev. ,1955,100:564.

［28］　Xiong G C, Dai D S. Aspects of Modern Magnetism. Singapore:World Scientific,1995.

［29］　Marimoto Y, et al. Phys. Rev. B,1995,52:16491.

［30］　Белов К П. Магнитострикционны Явл101115ения и их Технические Приложени. 莫斯科:科学出版社,1987.

［31］　Ibama M R,et al. Phys. Rev. Lett. ,1995. 75:3541.

［32］　Wang J H,et al. Solid State Commun. ,1998,108:701.

［33］　近角聪信.铁磁性物理.葛世慧,译. 兰州:兰州大学出版社,2002.

［34］　Argyriou D N,et al. Phys. Rev. Lett. ,1996,76:3826.

［35］　Urushibara A, et al. Phys. Rev. B,1995,51:14103.

第七章 RKKY 交换作用——稀土金属自发磁化理论

§7.1 稀土金属的磁结构

在稀土金属中,对磁性有贡献的 4f 电子是局域的,它们与原子核的距离只有 $0.5 \sim 0.6$ Å(1 Å$= 0.1$ nm). 4f 层以外有 $5p^6$, $5d^1$, $6s^2$ 等电子壳层对它起了屏蔽作用. 因此,不同原子中的 4f 电子间不可能存在直接交换作用,但其自发磁化可用 s-f 电子交换作用模型来说明. 该模型考虑了二级微扰的贡献,和磁晶各向异性结合起来可以较好地说明稀土金属磁结构的多样性,见图 7.1. 该理论由 Ruderman(茹德曼), Kittle(基特尔), Kasuya(糟谷忠雄)和 Yosida(芳田奎)的理论结果相继而成,故简称为 RKKY 交换模型.

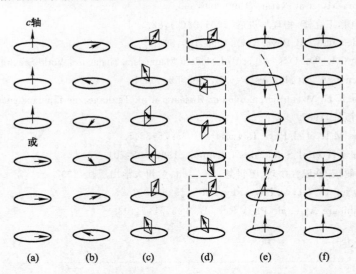

图 7.1 重稀土金属中非共线磁结构示意图,同一元素在不同温度具有不同的磁结构. (a) 铁磁性(磁矩平行或垂直晶面);(b) 简单螺磁性;(c) 铁磁螺磁性(锥面);(d) 复杂螺磁性(反向锥面);(e) 正弦形纵向自旋玻璃;(f) 方波模(反向畴)

不同的稀土金属的磁结构很不同[8].

Gd：在 0～160 K 时，是锥体磁结构，磁矩与 c 轴交角为 56°；在 160～225 K 时，为平面螺旋磁结构；在 225～293 K（T_C）时，磁矩与 c 轴平行.

Tb：在 0～215 K（$=T_C$）时，为铁磁性，磁矩平行 c 轴；在 220～230 K（T_N）时，为螺旋磁性，旋转周期约 18 个原子层（不是整 18 层），而且周期层数随温度升高会变.

Dy：在 0～85 K 时，铁磁性，之后为螺旋磁结构；在 178 K（T_N）时，有序磁性消失.

Ho：在 0～20 K 时，为锥形螺旋磁结构，磁矩在面上；随温度升高其旋转周期由 35 层变为 50 层；在 20～133 K 时磁矩与 c 轴有一定角度，磁矩在面上的分量为 $9.7\mu_B$，在 c 轴向分量为 $1.7\mu_B$.

§7.2　RKKY 交换作用

1954 年，Ruderman 和 Kittel 在解释 Ag^{100} 核磁共振吸收线增宽现象时，引入了核自旋与导电电子间存在交换作用，该交换作用进而使核自旋之间产生交换作用，导致共振线宽增大[1]. 后来，Kasuya[2] 和 Yosida[3] 在此模型基础上研究了 Mn-Cu 合金核磁共振的超精细结构问题，提出：Mn 的 d 电子和导电电子之间交换作用使电子极化，从而导致 Mn 原子中 d 电子与近邻的 d 电子存在间接交换作用. 附带指出一下，s-d 电子交换作用的思想，在 1934 年由 Vonsovskii 等提出[4]，目的是想解决 3d 过渡族中磁性原子磁矩不是整数的问题，但并未取得想要达到的结果.

其实，这一间接交换作用模型更适用于解释稀土金属的磁结构，之后就称为 RKKY 模型. 基本特点是：4f 电子是局域的，并具有很强的磁性，而 6s 电子是巡游的，4f 电子与 6s 电子发生交换作用，使 6s 电子极化，这一极化了的 6s 电子的自旋取向对近邻的 4f 电子自旋取向有影响，就形成以游动的 6s 电子为媒介，使磁性原子（或离子）中局域的 4f 电子自旋与其近邻磁性原子的 4f 电子自旋产生交换作用，这也是一种间接交换作用. 如以 S_1 和 S_2 表示两近邻磁原子中 4f 局域电子自旋算符，则此交换作用可以写成

$$-2J(R_{12})S_1 \cdot S_2 \tag{7.1}$$

形式，其中 R_{12} 为两磁性原子的距离，$J(R_{12})$ 为交换积分，随 R_{12} 的增大而呈现正负振荡变化. 经计算可得

$$J(R_{mn}) = -AF(2k_F R_{mn}), \tag{7.2}$$

$$A = 3Ne|j(0)|^2 \frac{k_F^3}{2\pi E_F}, \tag{7.3}$$

$$F(2k_F R_{mn}) = \frac{[2k_F R_{mn}\cos(2k_F R_{mn}) - \sin(2k_F R_{mn})]}{(2k_F R_{mn})^4}, \tag{7.4}$$

其中 $R_{mn} = |\boldsymbol{R}_m - \boldsymbol{R}_n|$，函数 $F(2k_F R_{mn})$ 按 R_{mn}^{-3} 衰减，并以 $(2k_F)^{-1}$ 为周期振荡，$\cos(2k_F R_{mn})$ 相当于 $\cos(2\pi R/\lambda)$，$\sin(2k_F R_{mn})$ 相当于 $\sin(2\pi R/\lambda)$，k_F 为费米波矢值，$j(0)$ 为 4f 电子与 6s 电子的交换作用积分. 因 $F(2k_F R_{mn})$ 是 R 的波动函数，所以 $J(R_{mn})$ 是 R 的波动函数，它反映了自旋极化的空间变化，以图 7.2 所示的波动形式在空间变化. 对六角结构的钴金属的实验结果也证明了电子自旋极化的波动性，见图 7.3. 这一结果说明稀土金属的原子磁矩排列可以存在空间周期性的变化. 对于不同的稀土元素，自发磁化的表现给出了磁结构形式不同，这是由这些元素的磁晶各向异性不同所致. 详细讨论请参看文献[5].

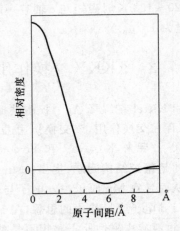

图 7.2　RKKY 交换作用的振荡形式

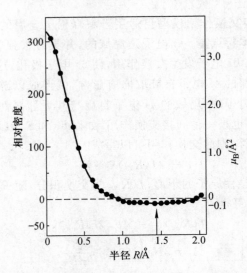

图 7.3　六角结构 Co 金属中电子极化密度随距离变化的实验结果[6]

§7.3 磁矩的取向与磁晶各向异性

根据简单的原子对模型对各向异性的解释,可以给出交换作用是产生磁晶各向同性的原因[8]. 因此,磁矩在晶体中的取向与磁体的磁晶各向异性密切相关(暂不考虑形状和应力等其他影响).

前面已指出,在稀土金属中 4f 电子距原子核很近,由于分布在外层的 $5p^6 5d^1 6s^2$ 电子的电屏蔽作用,其受外界其他原子核的电场作用远小于 Fe,Co, Ni 中 3d 电子的情况,因而其轨道磁矩没有冻结.同时 4f 电子轨道磁矩与自旋磁矩有很强的耦合,通常用 $\lambda \boldsymbol{L} \cdot \boldsymbol{S}$ 表示其强度.除了 Gd 具有 7 个电子,$L=0$ 和 $S=7/2$ 外,其他稀土金属的 $\lambda \boldsymbol{L} \cdot \boldsymbol{S}$ 强度都要比其晶场强度大两个量级.

稀土金属的晶格结构(除 Eu 为 bcc 外)都属六角晶系.由于晶场对 4f 电子轨道运动的影响,产生了较大的磁晶各向异性,因而使重稀土元素的自旋构形比轻稀土要复杂得多.这是因为轻稀土的 $\boldsymbol{J}=\boldsymbol{L}-\boldsymbol{S}$ 比较小,而重稀土的 $\boldsymbol{J}=\boldsymbol{L}+\boldsymbol{S}$ 比较大.又因 f 电子的轨道量子数 $l=3$,其可能的取向有 $2m_l+1$ 个,$m_l=0$, $\pm 1,\cdots,\pm l$.再者,其未满壳层的电子的光谱项除了 Gd($L=0,S=7/2$)外,对重稀土 Tb($L=3,S=3$)为 $^7F_6$,对 Dy($S=5/2,L=5$)为 $^6H_{15/2}$,对 Ho($S=2,L=6$)为 $^5I_8$,对 Er($S=3/2,L=6$)为 $^4I_{15/2}$,对 Tm($S=1,L=5$)为 $^3H_6$.从光谱项可看到,电子的轨道面与 J_z 的交角情况较为复杂,例如 Gd 和 Tb 具有轴取向的螺磁性,以后的 Dy,Ho,Er 和 Tm 的磁结构也都比较复杂.

轻稀土原子 La 没有 4f 电子,所以无磁性,Ce 的 $g_J=2.14$,实测得磁矩为 $0.6\mu_B$. 在 12.5 K 以下时,它们的磁矩在 c 平面为铁磁性,沿 c 轴是反铁磁性,所以实际上具有自发磁化.

下面简单地从理论上来分析一下晶体电场和磁晶各向异性对磁结构的影响.众所周知,在晶体中,原子核处于晶格的格点上,电子围绕其四周运动(玻尔模型),或是按不同的概率分布(用电子波函数描述).假定每个原子或离子的未满壳层中只有一个电子,这类电子要受到近邻离子的核库仑场作用.由于离子的电子结构基本相同(为简单起见,设为纯 3d 或 4f 金属)和晶体对称性特点,可以将这种近邻作用场等价为晶体内的一种电场,称为晶场.它对电子运动起到的影响属微扰性质,但对各向异性的取向却起决定性影响.用单电子近似,体系的哈密顿量为

$$\hat{H} = \hat{H}_0 - eV(\boldsymbol{r}) + \lambda \boldsymbol{L} \cdot \boldsymbol{S}, \tag{7.5}$$

$$V(\boldsymbol{r}) = \frac{\sum_j q_j}{|\boldsymbol{R}_j - \boldsymbol{r}|}, \tag{7.6}$$

其中 q_j, $\boldsymbol{r}$, $\boldsymbol{R}_j$ 的意义如图 7.4 所示,e 为电子电荷,原子核位于原点 O,与该核相距 R_j 的核 j 所带电荷为 q_j. 式(7.5)中 $\lambda \boldsymbol{L} \cdot \boldsymbol{S}$ 为自旋轨道耦合,它决定磁晶各向异性的强弱,其右侧后两项相对 $\hat{H}_0$ 是微扰项.

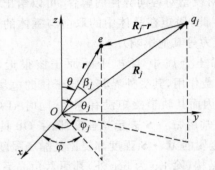

图 7.4　晶场势 $V(\boldsymbol{r})$ 中 q_j, $\boldsymbol{r}$, $\boldsymbol{R}_j$ 的示意图

7.3.1　晶场作用

下面先导出 $V(\boldsymbol{r})$ 的表达式,并讨论其作用.

将 $|\boldsymbol{R}_j - \boldsymbol{r}|^{-1}$ 展开成勒让德(Legendre)多项式,当 $R_j \gg r$ 时,有

$$\frac{1}{|\boldsymbol{R}_j - \boldsymbol{r}|} = \frac{1}{R_j}(1 + \alpha_j^2 - 2\alpha_j \cos\beta_j)^{1/2}$$

$$= \sum_{k=0}^{\infty} \frac{r^{-k}}{R_j^{k+1}} P_k(\cos\beta_j), \tag{7.7}$$

其中 $\alpha_j = r/R_j$, k 为勒让德函数的阶数. 由于

$$\cos\beta_j = \cos\theta\cos\theta_j + \sin\theta\sin\theta_j\cos(\varphi - \varphi_j),$$

可得

$$\frac{1}{|\boldsymbol{R}_j - \boldsymbol{r}|} = \sum_{m=-k}^{k} \frac{(k-m)}{k+|m|} P_k^m(\cos\theta) P_k^{|m|}(\cos\theta_j)$$

$$\times P_k^{|m|}(\cos\theta_j)\exp(im\varphi)\exp(-im\varphi_j). \tag{7.8}$$

将式(7.7)和(7.8)代入 $V(\boldsymbol{r})$,得到

$$V(\boldsymbol{r}) = \sum_{k=0}^{\infty} \sum_{m=-k}^{k} A_{km} r^k Y_{km}(\theta, \varphi), \tag{7.9}$$

其中

$$A_{km} = \frac{4\pi}{2k+1} \sum_j \frac{q_j}{R_j^{k+1}} Y_{km}^*(\theta, \varphi) \tag{7.10}$$

为晶场系数,Y_{km} 为球谐函数. 根据稀土金属的晶体结构(即六角晶系所具有)的对称性,经过对称操作和运算[5],因 $k = 0, 2, 4, 6$,最后可以得到六角晶系的晶场

表示为

$$V(\boldsymbol{r}) = A_{20}r^2Y_{20}(\theta,\varphi) + A_{40}r^4Y_{40}(\theta,\varphi) + A_{60}r^6Y_{60}(\theta,\varphi)$$
$$+ A_{66}r^6[Y_{66}(\theta,\varphi) + Y_{6-6}(\theta,\varphi)]. \tag{7.11}$$

7.3.2 重稀土的磁结构

重稀土情况比较复杂,晶场总是比 $\lambda\boldsymbol{L}\cdot\boldsymbol{S}$ 项要小两个数量级.但它对磁矩的取向起关键作用.由于每个晶场系数 A_{km} 在晶体中具有轴向或面取向的不同情况,再加上 J 的量子化方向并不与轴或面一致,从而导致重稀土元素的磁结构(即无外磁场情况磁矩的空间分布)有各自的特点.下面给出了几个系数的数值:

$$A_{20} = -300 \text{ cm}^{-1}/\text{Å}^2, \quad A_{40} = -60 \text{ cm}^{-1}/\text{Å}^2,$$
$$A_{60} = +15 \text{ cm}^{-1}/\text{Å}^2, \quad A_{66} = -45 \text{ cm}^{-1}/\text{Å}^2,$$

其中 $\text{Å}^2 = (0.1 \text{ nm})^2$.表 7.1 给出了一些重稀土元素的晶场系数表现出的各向异性情况[7].由于 A_{20} 比其他的系数要大一些,所以就决定了 Tb,Dy 和 Ho 主要具有易磁化面各向异性(面各向异性),同时还具有螺旋磁结构.而 Er 和 Tm 以轴向各向异性为主,但磁矩沿 c 轴的取向具有正负相间的周期性振荡的特点.更需要注意的是,晶场系数随温度变化而变化,因而在很低温度时或某些温度下,其磁结构会发生转变.

表 7.1　重稀土元素的晶场系数对各向异性的影响,其中 $\perp$, $/\!/$ 和 < 分别指与 c 轴垂直,平行和成一定角度

	Tb	Dy	Ho	Er	Tm
A_{20}	$\perp$	$\perp$	$\perp$	$/\!/$	$/\!/$
A_{40}	$/\!/$	<	<	$/\!/$	$/\!/$
A_{60}	$/\!/$	<	$/\!/$	<	$/\!/$
A_{66}	30°	0	30°	0°	30°

由于 RKKY 作用使磁矩取向有波动性,从而使磁结构在不同晶面有一个旋转角度,故晶体具有螺旋磁结构.另外,其旋转角度也与温度有关.例如,在 Dy 中低温时每层转 25°,随温度升高变为 43°.对于 Ho,磁矩与 c 轴交角由 35° 升至 50°[8].Er 和 Tm 具有轴向各向异性.

由于在温度很低时,系数 A_{40},A_{60} 等也对各向异性有一定影响,所以会出现比较复杂的磁结构.详细情况可参看文献[8]中的论述,还有文献[9]给出了对各个稀土原子磁结构的具体描述.总的说来,根据实验结果,除 La 和 Pr 不具有磁性外,其他稀土金属都有各自独特的磁特性,目前的理论还不能完全解释清

楚这些复杂的表现.

§7.4　稀土永磁体的磁性和晶体结构

　　稀土金属与各类金属(如碱金属、碱土金属、过渡金属)等都可形成金属间化合物.不过,在这一节中我们只限于讨论 Fe 或 Co 与稀土金属形成的金属间化合物,如 RCo_5,R_2Co_{17},$Nd_2Fe_{14}B$ 等永磁合金的磁性和结构,其中 R 代表稀土金属.

　　RCo_5 型金属化合物具有六棱晶体结构,如图 7.5 所示.稀土原子占据六棱柱的顶角,Co 在体内和面上,绕 c 轴具有三重旋转对称.图 7.5 可看成由 3 个菱形柱体组成,其中每个菱形柱体就是 1 个晶胞,它包含 1 个稀土原子 R 和 5 个 3d 磁性原子(例如 Co). 由此可看出,Co 原子间距最近,R—Co 原子间距次之,R—R 原子的间距相比之下要大于其他的间距.由此可计算出 Co—Co,Co—R 和 R—R 原子间的交换作用的强弱:Co—Co 最强,Co—R 居中,R—R 最弱.同时还得出,3d 过渡金属的磁矩是相互平行取向的,稀土原子的磁矩也是相互平行排列的.至于过渡金属与稀土原子之间,它们的磁矩的取向,对轻稀土原子来说,两者是彼此平行排列,而对重稀土原子来说,两者的磁矩是反平行排列.这一理论结果为实验所证实[10].

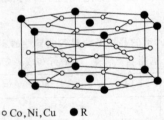

○ Co,Ni,Cu　● R

图 7.5　稀土和过渡金属组成金属间化合物 RCo_5 的晶体结构

　　根据交换作用理论可知,过渡金属中 d—d 电子之间是直接交换作用,即使 d 电子具有一定的巡游特性,但它们之间具有强关联作用,它基本上可理解为一种交换作用,而且是正的,因此 d 电子的磁矩是平行排列.对于稀土元素来说,4f 电子之间仍然遵循 RKKY 作用,所以 4f 电子磁矩是平行排列的.

　　为什么对轻重稀土金属来说,它们的磁矩与 Co 原子磁矩的相互取向有完全不同的结果,即轻稀土原子磁矩与 Co 磁矩平行排列,重稀土的磁矩与 Co 的磁矩是反平行取向?根据洪德定则知道,轻和重稀土原子的总角动量分别是 $J=L-S$ 和 $J=L+S$.另外,3d—4f 电子自旋之间的交换作用是以合金中的自由电子为媒介进行的,它类似于 RKKY 作用.要注意,这里所得到的结论是指"电子自旋磁矩之间是反平行排列的".而轻稀土金属的 4f 轨道磁矩却与其自旋磁矩之间相互取向大于 90°,参看图 7.6.这个图实际上与图 2.4 是相同的,只不过这里用[$L(L+1)$]$^{1/2}$,[$S(S+1)$]$^{1/2}$ 和[$J(J+1)$]$^{1/2}$ 表示长度,分别代替了图 2.4 中的 L,S 和 J,而且这里的 L,S 和 J 为具体的量子数,以及它们的相互取向耦合形式,可参看文献[8].

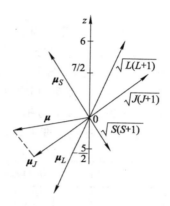

图 7.6　Sm^{3+} 离子的 L-S 耦合,$\boldsymbol{\mu}_J$ 和 $\boldsymbol{\mu}_S$ 交角大于 90°的示意图

图 7.6 表示稀土 Sm^{3+} 离子的 L-S 耦合形式,其中 $L=6$,$S=5/2$,故 $J=7/2$.由此得到 $\boldsymbol{\mu}_J$ 的方向和大小. 由于 $g_J=2/7$,所以 Sm 的磁矩不大,理论结果小于 $1\mu_B$,实验结果为 $1.3\sim1.61\mu_B$. 从图可看到,Sm 的 $\boldsymbol{\mu}_J$ 与 $\boldsymbol{\mu}_S$ 方向相反(大于 90°),又因 Sm 的 $\boldsymbol{\mu}_S$ 与 Co 的 $\boldsymbol{\mu}_S$ 取向相反,所以 Sm 原子的 $\boldsymbol{\mu}_J$ 与 Co 原子的 $\boldsymbol{\mu}_S$ 取向相同,为铁磁性耦合.因为重稀土原子的 $\boldsymbol{\mu}_J$ 与 $\boldsymbol{\mu}_S$ 的交角小于 90°,所以 Co 原子的磁矩与重稀土原子磁矩的取向相反.图 7.7 给出了 Dy 的 $S,L,J=L+S$ 及其相应的

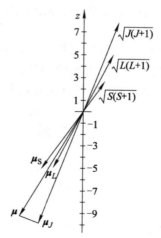

图 7.7　Dy 原子的 $\boldsymbol{\mu}_S$,$\boldsymbol{\mu}_L$ 和 $\boldsymbol{\mu}_J$ 的相互取向示意图

$\boldsymbol{\mu}_S, \boldsymbol{\mu}_L$ 和 $\boldsymbol{\mu}_J(\boldsymbol{\mu}_J = \boldsymbol{\mu}_S + \boldsymbol{\mu}_L)$ 的方向,可见 Dy 原子的 $\boldsymbol{\mu}_S, \boldsymbol{\mu}_L$ 和 $\boldsymbol{\mu}_J$ 基本在同一个方向.因此 $\boldsymbol{\mu}_J$ 和 Co 原子的磁矩 $\boldsymbol{\mu}_S$ 是反平行取向.

关于 R_2Co_{17} 的晶体结构将在第十九章图 19.14 给出.这里只说明一点,该金属间化合物可能具有两种结构,即 Th_2Ni_{17} 型和 Th_2Zn_{17} 型.前者为六角晶体,后者是菱面体结构.

根据上面的结果,可以比较容易地计算出稀土合金的自发磁化强度,还可以用分子场理论计算合金的磁矩随温度变化的关系[11],也可以解释一些重稀土过渡金属合金可能出现的抵消温度的现象.图 7.8 给出了 Co_5Dy 和加少量 Cu 替代 Co 后,化合物的磁矩随温度变化的关系,其中磁矩最低处表示抵消温度.对 Co_5Dy 来说,在 147 K 处 Co 的磁矩与 Dy 的相等,方向相反,随着温度升高 Dy 的磁矩逐渐减小,随着 Cu 加入后,抵消温度上升,Cu 加得越多,上升越大.

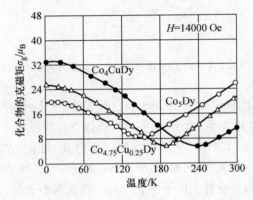

图 7.8　$Co_5Dy, Co_{4.75}Cu_{0.25}Dy$ 和 Co_4CuDy 金属间化合物的克磁矩 σ_g 随温度的变化.磁矩最低处为抵消温度[10]

前面已经指出,稀土原子中自旋轨道耦合作用很强,因为在稀土金属间化合物中,该原子仍保持很强的磁晶各向异性.同时因化合物的晶体结构仍保持六角密堆形式,所以材料中的磁晶各向异性主要由稀土元素的基本特性决定.

参 考 文 献

[1] Ruderman M A, Kittel C. Phys. Rev. ,1954,96:99.

[2] Kasuya T. Prog. Theor. Phys. (Kyoto),1956,16:45.

[3] Yosida K. Phys. Rev. ,1957,106:893.

[4] Shubina S P, Vonsovskii S V. Proc. Roy. Soc. ,1934,A145:159.

[5] 戴道生,钱昆明. 铁磁学(上册).北京:科学出版社,1992.

[6] Moon R M. Phys. Rev. A, 1964, 136:195.

［7］　Elliot R J. Magnetism，Vol. 2A. San Diego：Academic Press，1965.

［8］　近角聪信. 铁磁性物理. 葛世慧，译. 兰州：兰州大学出版社，2002.

［9］　近角聪信. 磁性体手册（中册）. 杨膺善，韩俊德，译. 北京：冶金工业出版社，1984.

［10］　Neshitt E A，et al. J. Appl. Phys. ，1962，33(5)：1674.

［11］　林勤. 稀土金属间化合物的磁性. 北京大学物理系磁学讲义，1990.

第八章　非晶态金属合金的磁性

非晶态固体指原子在空间排布长程无序（通俗地说，即没有晶格结构）的物体，根据其原子或分子在空间的分布特点可分为传统的玻璃、非晶态金属（包括合金，又称金属玻璃）、非晶态半导体和高分子聚合物等四大类．众所周知，玻璃和塑料在非晶态材料中占有绝对的优势和重要地位．对非晶态金属及合金磁性材料的研究是从 20 世纪 60 年代才开始的，但在材料基本磁性研究和应用（如电力输送、高频器件等）等方面都取得巨大发展．

非晶态金属及其合金与晶态金属在结构上有着原则区别，即前者不具备平移对称性（长程无序），不存在晶粒边界，因而在力学、电学、耐腐蚀等特性方面表现异常．由于不存在长程序，在非晶态铁磁金属合金中是否存在自发磁化，即对自旋长程有序有何影响？由于不存对称性，原子的空间分布是怎样的？怎样才能确切地探测和描述它们的结构？这些问题都令人们产生了极大的兴趣．

自 20 世纪后半叶至今，人们对非晶态固体的化学、力学、半导体、超导、磁学等特性，以及原子空间排列（也称原子结构）等，都做了深入和广泛研究，取得了非常丰富的成果．本章只对非晶磁性合金的以下四个方面做简要的介绍：制备和结构、合金的自发磁化、原子磁矩的变化以及稀土元素与 Fe 或 Co 组成合金的磁结构．详细讨论可参看文献[1—5]中的有关章节．有关应用的问题将在第二十章加以讨论．

§8.1　非晶态合金的制备工艺和结构

8.1.1　制备工艺

在制备技术上需要将液态合金从高温熔态急速淬火（其冷速高达 10^5 ℃/s 或更快，如制备非晶态金属薄膜冷速需 10^8 ℃/s 以上），使原子来不及排列整齐，即缺乏平移和其他对称性．但在这种固态金属合金中，原子间仍具有一定的配位关系，比液态情况要规则一些．对非晶固体摄取劳埃像，一般只显示出一个很宽的衍射环图像，而不是具有规则点阵形式的对称图像．这种 X 光衍射实验是判断合金是否具有非晶态的重要依据，也就是只显示一个晕环的情况表示整个固态合金都处于非晶状态．精确的验证要用电子束衍射技术，或是扩展 X 射线吸收精细结构谱（extended X-ray absorption fine structure，EXAFS）．

常见的非晶态磁性合金的主要类型是以 3d 金属 Fe,Co 或 Ni 为基,掺入 20%左右的类金属 B,C,Si 或 P,在熔炼后,以高速冷却方式制成薄带状材料. 一般带厚在 30～50 μm,宽度可根据需要控制在几十厘米以下(具体制备问题请参看第二十章).

由于加入 20%左右的类金属后,合金处在共晶点成分附近,可使其熔点由纯金属的熔点 1400～1500 ℃ 降到略高于 1100 ℃,参看图 8.1.这有利于形成非晶合金,并使得其磁性的居里温度较高,一般为 400℃上下,同时具有一定的磁性.

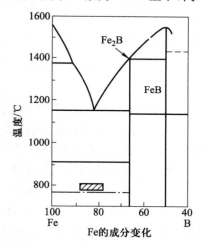

图 8.1　Fe-B 相图,B 含量接近 20 at%处共晶点温度约为 1150℃, 在此温度附近将熔态合金快淬,易形成非晶态材料

利用将纯金属(如 Fe,Co)蒸发在冷底板上的成膜技术,可以制备出非晶态纯金属薄膜,但稳定性很差,很容易晶化(<10 K).另外,可用 Fe 或 Co 与稀土金属制成合金薄膜,其晶化温度可达 400℃或更高.

典型的非晶磁性合金的成分和物理性能见表 8.1.该表综合了本征磁性、技术磁性和电阻率等常见而又重要的非晶合金的基本磁性,其中数据来自 20 世纪七八十年代公开发表的文献和专著,取舍原则是以大部分实验可以做到而不是最好性能的指标.

表 8.1　几种典型的非晶态磁性合金的成分和基本电磁性能

合金成分	T_C/℃	M_s/(A/m)	H_c/(A/m)	λ_s	ρ/($\Omega \cdot$ m)	W/(W/kg)[①]
$Fe_{80}B_{20}$	354	1.62×10^7	3	30×10^{-6}	145×10^{-8}	0.4
$Fe_{78}Si_8B_{14}$	415	1.56	2.3	27	137	0.2
$Fe_{57}Co_{18}Si_1B_{14}$	415	1.8	4	35	123	0.5

合金成分	$T_C/℃$	$M_s/(A/m)$	$H_c/(A/m)$	λ_s	$\rho/(\Omega \cdot m)$	$W/(W/kg)^①$
$Fe_5 Co_{70} Si_{15} B_{10}$			0.5	0.1		
$Fe_{40} Ni_{40} P_{14} B_6$	250	0.78	0.48	11		
$Fe_{40} Ni_{38} Mo_4 B_{18}$	353	0.88	0.56	9		
晶态取向硅钢	740	2.04	2.3		50	1.5

① $W/(W/kg)$ 为损耗/(瓦/公斤).

8.1.2　非晶态固体的结构[2,4,5]

怎样来了解和研究非晶态固体的结构(即原子的分布及原子的近邻配位问题)呢?

对于晶体,在发现 X 光之前,人们是从不同解理面的外形观察并结合理论模型,给出晶体的对称性以及原子的排列的.在发现 X 光后,发展出一整套 X 光结构分析的技术和理论,能清楚地了解晶体中原子所在位置,从而清楚地知道以某原子为参考的附近原子的具体情况,如原子类型、近邻数、键长和键角、原子数密度等.

对于非晶态金属及合金来说,由于缺乏长程有序和平移对称性,而且 X 光衍射图像只能给出一个很宽的衍射环,很难确切知道非晶体中原子的分布状态.但是,它与气体完全无规分布状态不同,原子间的分布仍具有短程有序,这就使我们有可能借助已有的描述晶体结构的知识来研究其结构:建立结构模型和导出描述非晶固体中原子的分布状态的数学函数,也就是径向分布函数;利用 X 光结构分析的实验结果,给出可能的分布状态,检验和选取理论的合理部分,逐步明确非晶态固体的原子分布(或称非晶态固体结构).因为非晶态固体的类型较多[5],以下讨论只限于非晶态金属合金结构.

1. 径向分布函数

对晶体来说,在均匀和各向同性条件下,体积为 V 的固体中如有 N 个原子,则原子数密度为 ρ_0($\rho_0 = N/V$).假定一个原子以 O 点为中心,在距离 O 点 r 处,厚为 dr 的球壳中的原子数为 $\rho_0 4\pi r^2 dr$.这个数值是确定的.但是,对非晶态固体来说,由于原子分布不均匀,$\rho_0 4\pi r^2 dr$ 的数值是不确定的.对非晶体来说,如在 r 处的原子数密度为 $\rho(r)$,则在 r 和 $r+dr$ 为半径的球壳内原子数为

$$4\pi r^2 \rho(r) dr = 4\pi r^2 \rho_0 g(r) dr. \tag{8.1}$$

式(8.1)的结果也可以看成在球壳内发现另一个原子的概率.$4\pi r^2 \rho(r)$ 称为径向分布函数(radial distribution function,RDF).$g(r)$ 与以 O 为中心在 r 处找到另一个原子的概率 $p(r)$ 有关,它可写成

$$p(r) = (N/V)^2 g(r),\qquad(8.2)$$

其中 $g(r) = \rho(r)/\rho_0$，称为双体分布函数（pair distribution function），或称关联函数（correlation function）. 在研究非晶态固体的结构时常常用 $g(r)$ 和 RDF 来描写非晶态固体的结构. 图 8.2 示出了气态、液态、非晶体和晶体的原子分布状态以及相应的 $g(r)$ 曲线形状的示意图. 可以看到，液态和非晶体的 $g(r)$ 类似，而气态的情况是当 r 大于原子半径后，在 r 方向上只可能发现一个原子. 而对晶体来说，在特定的间隔距离内，总是具有固定数量的原子. 对非晶态合金和液体来说，在第一近邻处发现原子的数目较多，随着 r 的增大发现原子数目越来越少，直到只能发现一个原子. 在液态和非晶体之间，也有一些不同，液态的 $g(r)$ 函数其第一峰（由左起计算起，下同）高度较低，而且峰的高度随 r 增大而减小得较快些.

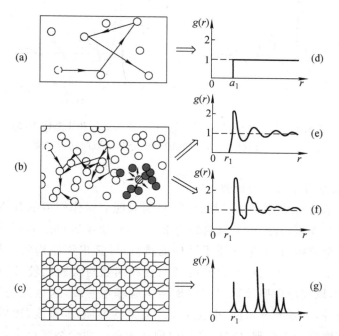

图 8.2　(a)，(b)，(c)分别表示气态、液态和非晶体、晶体的原子分布图像；(d)，(e)，(f)和(g)分别表示气态、液态、非晶体和晶体的 $g(r)$. 在此图像中没有给出液态和非晶体中原子分布的区别[1,2]

根据图 8.3 的结果，通过对径向分布函数在最近邻距离范围内积分，可以计算出非晶体中，以任一个原子为中心，其最近邻原子的平均数目为

$$N_{最近邻} = \int 4\pi r^2 \rho(r)\,\mathrm{d}r.$$

对各种金属合金的实验结果给出的平均最近邻数在 11.4～13 之间. 由此可认为,非晶态金属中原子具有紧密堆积特点(与晶态六角密堆相近),并可以此为进一步研究其结构的重要依据. 另外,还可以计算出最近邻原子间的平均间距.

从图 8.3 中非晶体与液态的 $g(r)$ 的比较可以看出,液体的第一峰峰值较低,整个曲线的波动幅度也略小一些. 这表明液体的短程有序相对要比非晶体的低一些. 仅从 $g(r)$ 的结果并不能得到原子在空间详细的排列情况. 要进一步了解可能的非晶态固体的三维结构情况,就必须与模型理论的结果结合来,才可能去分析非晶体结构的细节. 在理论模型结构经过实验验证后,才能得出对非晶体结构的正确认识.

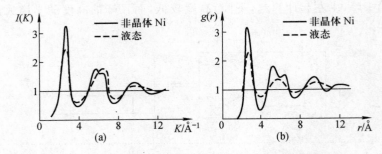

图 8.3 从 X 光衍射实验结果分析得出的液态和非晶体 Ni 的
(a)干涉函数比较结果和(b)双体分布函数的比较结果

2. 非晶态固体的结构模型

要了解非晶体中原子的三维排列,目前只能靠制作模型的办法. 首先基于原子间的相互作用特性,加上其他的约束条件,给出某种可能的原子排布,即所谓的理论模型结构. 再依据该原子结构的特点,计算出该结构的非晶态固体的一些物理性质,将从理论计算得到的径向分布函数与实验比较,以判断模型的正确程度. 如果理论模型计算得的结果与实验基本一致,这也只是模型比较合理的必要条件,不是充分条件. 也就是说还有其他性质,如密度、边界条件等,还要看这些方面它是否合理. 例如,微晶模型认为在一两个纳米尺度内,原子排列与通常的晶体相同,因而具有短程有序,只是晶粒非常小,称之为微晶. 经过一些人的努力,制作出的微晶模型所给出的理论径向分布函数与实验的基本一致,但是因各微晶之间无规排列理论,而无法解决在各微晶粒之间晶粒边界的耦合问题,与实际不相符合,因而认为微晶模型不适用于非晶态金属合金的情况. 详细讨论请见文献[4]. 下面将详细介绍硬球密堆模型[4].

1959 年,Bernel 首先用同样大小钢球堆积的方法来模拟金属液体或分子液体的结构,这些钢球无规地堆成了均匀且连续的液体模型,在各钢球之间不再有可容纳一个钢球的空间. 后来 Cargill 将模型的径向分布函数和密度与非晶态 Ni—P 合金的实际情况做了比较, 认为符合得较好. 人们将这种钢球堆积模型称为硬球无规密堆模型(model of dense random packing of hard spheres, RDPHS), 常常简称为硬球密堆模型, 后来它就成为研讨非晶态金属及合金结构的一种主要模型.

具体建造硬球密堆模型的做法如下: 把钢球放入容器中, 容器壁要有弹性(如气球、橡皮袋子, 或将容器壁压成波纹状等). 如容器壁坚硬光滑, 则在堆积过程中会造成硬球的规则排列趋势, 而不适用. 在容器中装入一定量的硬球形成无规密堆积后, 将所有的硬球用蜡固定. 在去掉容器外壁后, 逐个测量出距离容器壁较远的硬球的具体坐标(这是为了减少器壁的影响和简化繁重的工作).

硬球无规密堆形成的三维非晶体有个重要特征, 即堆积的密度上限为 0.6366±0.0004(或 0.0005), 如何要堆到这个上限, 没有规律可依, 只是靠经验. 这个密度值比晶体的密度值 0.7405 要小得多. 而在二维空间中任何密排都是规则的, 只有在三维空间才有可能堆积成硬球无规密堆.

在三维的硬球无规密堆模型中, 可能呈现出五种多面体结构, 具体如图 8.4 所示, 其中四面体占比最大, 为 73.0%, 八面体占 20.3%, 其他三种多面体占比很少. 在晶体中, 一般八面体的占比要高于四面体的占比, 这是因为晶体具有长程有序性(均匀性). 这五种多面体常常称为贝尔纳(Bernal)多面体.

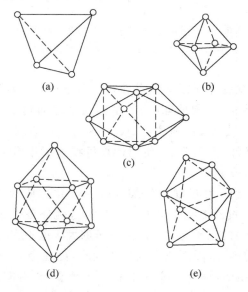

(a)　　　　　　　(b)

(c)

(d)　　　　　　　(e)

图 8.4　五种 Bernel 多面体的具体结构图形

图 8.5 给出了 Ni-P 非晶体的分布函数的实验曲线与用 327 个硬球无规密

堆模型计算出的分布函数曲线的比较结果.可以看到,两者在不同近邻处锋的
位置基本一致,高度的变化也大致相似.但仍存在一些差别,如二峰虽都是分裂
状态,但其高低正好相反.硬球无规密堆模型的第二峰所在位置是 $2r_1$,而实验
曲线的第二峰位置是 $1.9r_1$.这是因为实际的原子密堆是可压缩的.另外,允许
各种多面体相连接时,边长与理想值有一定的偏离.更主要的是,原子之间存在
相互作用的,因而有可压缩性,而硬球是不可压缩的.因此,认为硬球无规密堆
模型只是零级近似.为此,在模型中引入了作用势,使密堆的硬球之间有一定的
松弛,由此计算得到的分布函数与实际结果比较一致.

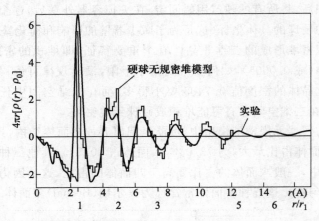

图 8.5　硬球无规密堆模型和非晶态 $Ni_{70}P_{30}$ 合金的 $4\pi r^2[\rho(r)-\rho_0]$ 的比较[31],
模型是 Finney 用 327 个硬球堆成的[32]

计算机技术的发展,使原来制作模型的繁重过程变得轻松.Bennett 用硬球
逐步沉积的方法,将原子(硬球球心)的坐标逐个地加到模型中,每个原子(硬
球)取一定的半径 r_0,令 $r < r_0$ 时位势 $U(r) \to \infty$,$r > r_0$ 时 $U(r) \to 0$,还要加上其
他的规定,如边界条件、作用势等,使用计算机技术制作出了非晶体结构模型,
并给出径向分布函数.

实际非晶体情况是:在过渡金属(如 Fe,Co,Ni 等)或贵金属(如 Ag,Au,Cu
等)中掺入 20at% 左右的类金属 B,C,Si,P 等,才能制备出稳定的非晶态合金.
过渡金属(或贵金属)的原子与类金属的原子的大小差不多,而在形成非晶态合
金时,它们是共价键耦合,因而类金属体积变小,处在金属原子密堆的间隙中.
在硬球无规密堆模型中,每个硬球平均有 3.38 个空洞.而模型中的三棱柱体占
3.8%,阿基米德反棱柱占 0.5%,四角十二面体占 3.7%.如认为在实际合金情
况不出现这三种多面体,从总体来说,就多出了三种空洞(约为 8%),使得三种
空洞共有 $3.38 \times 8\% = 27\%$ 的原子(体积比)空间.这样,20% 的类金属就占据在

这部分空间中,从而使得实际的非晶态金属合金比较稳定.

随着制作模型方法的不断改进,通过对结构的测定和模型的研究,到 20 世纪 80 年代,人们对非晶态固体(包括合金)的微观结构已经有了基本的认识,所建立的模型可以反映非晶态金属结构的一些主要特点.但仍然存在一些问题,如分布函数对结构局部的涨落或缺陷的反应不敏感,不同的制备非晶态合金的方法(如快淬和镀膜)所给出的结构可能有差别,而目前理论模型和实验都无法判别为什么会有差别.更进一步来说,可能非晶态材料的结构并不具有唯一性,这些都需要更深入的研究.从目前的技术水平和理论基础来说,也许还未能达到能够较彻底解决现存疑难的时候.因为,现在的模型充其量只是对一种"理想结构"的模拟,不可能得到与实际完全符合的结果.在 20 世纪 80 年代以后,非晶态合金及其纳米晶材料已广泛应用于电力、电子技术等领域,而结构的研究工作却处在艰难的境地,但人们坚信在适当的时机会出现"柳暗花明"的春天.

§8.2　非晶态合金的自发磁化及其与温度的关系[6−9]

8.2.1　非晶态合金磁性的实验结果

早先人们认为,非晶态物体中原子排列只有短程有序性,而磁有序是长程的,因而不可能存在自发磁化.1960 年,Gubannov 基于准化学理论[10],预言了自发磁化的可能.根据非晶态合金结构的特点,近邻原子的配位与六角密堆结构相似,即其配位数最大可能在 11∼13 之间,短程有序的范围在 5∼7 个原子间距.由于交换作用是近程作用,只要最近邻和次最近邻的作用是正值(或次近邻交换作用为负值,但比较弱),就有可能发生自发磁化.基于这种认识,在讨论自发磁化及其随温度变化时,仍然可以借用处理晶态物质的理论和方法,不过要考虑近邻原子配位数涨落的影响.这样一来,我们就可借用前面讨论过的局域电子模型或巡游电子模型,加上原子配位数的涨落导致交换作用的涨落影响,来描述非晶态合金的自发磁化等问题.

图 8.6 给出了几种非晶态合金的约化磁化强度$[M_s(T)/M_s(0)]$与约化温度(T/T_C)的关系曲线.与晶态 Ni 的结果比较可看出,随温度上升非晶态合金的磁性降低较快,并与分子场理论结果的差别也较大.产生较大差别的原因与存在短程有序的情况有关.非晶态镍的自发磁化强度与晶态的情况相差最多,可能是原子近邻的无规分布与纯金属的情况差别比较大所致.

在纯金属中掺入类金属(B,C,P,Si)后,就比较易于制备非晶态合金,但也使得合金中磁性原子的磁矩和居里温度有所降低.图 8.7(a)和图 8.7(b)分别给出了 Fe 基($Fe_{80}B_{20-x}M_x$ 或 $Fe_{80}P_{20-x}M_x$)和 Co 基($Co_{80}B_{20-x}M_x$)非晶态合金

的居里温度与加入类金属量的原子百分比的关系. 在图 8.7(a)中,M 表示 Ge,
Si,C 替代部分 B 和 P 的结果,当 $x=20$ 时,就是 $Fe_{80}B_{20}$ 和 $Fe_{80}B_{20}$ 成分的非晶
态合金;当 $x<20$ 时,就是 Fe-C-P,Fe-C-B 等非晶态合金系列. 而在图 8.7(b)
中,为 Co-B-M 非晶态合金系列. 由图 8.7(a)可看到,P 的加入使居里温度下降
较快,而 B 和 C 引起 T_C 的下降比 P 要慢得多. 其原因将在对合金磁矩的影响
问题中再作讨论.

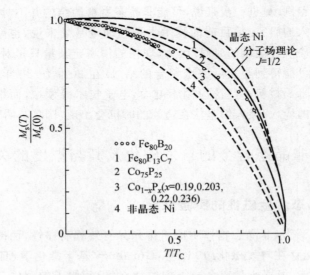

图 8.6   一些合金的自发磁化与温度关系

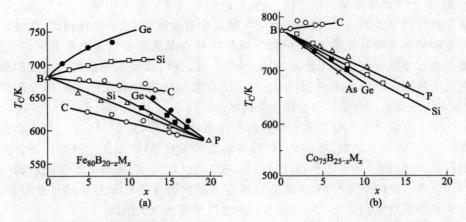

图 8.7   (a) Fe 基非晶态合金的 T_C 与类金属的关系,M 取 C,Si,Ge;(b) Co 基非晶
态合金的 T_C 与类金属的关系,其中 B 为 B_{20} 时的 T_C 值,即为 $Fe_{80}B_{20}$ 的结果;P 相当
于 $Fe_{80}P_{20}$ 合金或 $Fe_{80}P_{20-x}M_x$,M 取 C,Si,Ge

总的看来,非晶态合金的居里温度比晶态合金的要低一些,这可以从图 8.8 看出,它们的确具有比较明显的差别.图中虚线所示的是晶态合金的居里温度,非晶态合金的居里温度比相应的晶态合金的居里温度低 300 K 左右.这是因为 20% 的类金属掺杂不仅带来了最近邻交换作用原子对数涨落,也有可能导致次近邻的交换作用由铁磁性变为反铁磁性,从而使得居里温度大幅下降.

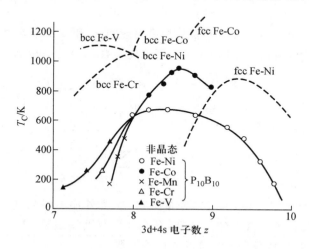

图 8.8　不同非晶态合金系列 FeNi,FeCo 与晶态合金 Fe-Ni,Fe-Co 系列的居里温度随 3d＋4s 电子数的变化关系.实线为非晶态合金的数据,其中 FeTP$_{10}$B$_{10}$ 中 T 为 V,Cr,Mn,Co,Ni 的数据用符号分别表示;虚线为晶态合金的数据

再具体比较还可看出,非晶态合金的 T_c 与电子数的关系曲线很平滑,而晶态合金有断裂.就整个曲线走向看,通过与晶态 Fe-Co 和 Fe-Ni 相比非晶态向左平行移动了一个电子数左右,这与加入 B,P 等类金属有关.而将 V,Cr,Mn 掺入 Fe-Co 等 Fe 合金后,居里温度下降得比晶态合金要快一些,这可能与部分发生反铁磁交换作用有关.

8.2.2　非晶态合金的自发磁化理论

从图 8.6 看到,约化自发磁化强度随约化温度的上升而下降,其下降的速率比晶体的情况要快.就自发磁化的大小来说,Fe,Co 原子的磁矩也比晶体的要小,这是两者的主要区别.但在讨论非晶态自发磁化问题时,仍可借用讨论晶态情况下自发磁化时所得出的理论结果,关键是考虑最近邻原子间的交换作用有何不同.已知原子间交换作用为(参见式(4.22))

$$E_{ex} = -2A \sum \boldsymbol{S}_i \cdot \boldsymbol{S}_j,$$

这里 i 和 j 原子都具有磁性,但 $\boldsymbol{S}$ 量子化方向的 S^z 数值并不都相等,因为存在原子数密度涨落.另外,在求和时还需排除近邻为非磁性原子的情况.对磁性晶体 A 是常数,因为近邻数和距离都相同.而对于非晶态磁性合金来说,以任一原子为参考所给出的近邻间距和近邻数并不相同,因此各原子近邻的 A 值也不一致.这样,将 A 和 S 分别写成

$$A_{ij} = <A_{ij}> + \delta A_{ij}, \tag{8.3}$$

$$S_i^z = <S_i^z> + \delta S_i, \tag{8.4}$$

式中 $<A_{ij}>$ 和 $<S_i^z>$ 是对整个样品中所有可能的 A_{ij} 和 S_i^z 的平均值,因而是常数.引起涨落的部分是 δA_{ij} 和 δS_i,δ 是无量纲偏离系数.$<A_{ij}>$ 和 $<S_i^z>$ 可分别写成

$$<A_{ij}> = \frac{4\pi}{V}\int g(r)A_{ij} \, dr, \tag{8.5}$$

$$<S_i^z> = S<B_s(x)>, \tag{8.6}$$

其中

$$x = \frac{g_i\mu_B\left(S_i H + S_i \sum_{i=1}^{N} A_{ij} S_i^z\right)}{kT}, \tag{8.7}$$

S 为原子的总自旋数,$g(r)$ 为双体分布函数,H 为外加磁场强度,x 中的第一项是外磁场能,第二项相当于分子场能,$B_s(x)$ 为布里渊函数.下面从式(8.5)~(8.7)出发,讨论非晶态合金的自发磁化等问题.

(1) 居里温度和高温顺磁性.

在高温 $T>T_C$ 情况下,$x \ll 1$,可将式(8.6)写成

$$B_s(x) = \frac{(S+1)x}{3S}$$

$$= \frac{S+1}{3S} \frac{g_i\mu_B S<H+H_{wi}>}{kT},$$

$$<H_{wi}> = <\sum_{i=1}^{N} A_{ij}S_i^z> = N<A_{ij}><S_i^z>,$$

式中 $<H_{wi}>$ 为分子场平均值,右边的结果相当于在零级近似条件下的结果.由此可得到

$$<S_i^z> = \frac{CH}{(T-T_C)}, \tag{8.8}$$

$$T_C = \frac{S(S+1)}{3k} N<A_{ij}>, \tag{8.9}$$

$$C = \frac{g\mu_B S(S+1)}{3k}. \tag{8.10}$$

从形式上看,居里温度 T_C 和常数 C 与第四章对晶体的磁性讨论结果一样,但 S 值与晶体的有区别,应该是平均值.另外,此处的 T_C 值比同类晶态合金的 T_C 值要低一些,这是由于即使是零级近似,也因近邻数和近邻间距的不同,使

得$<A_{ij}>$的结果仍然要比晶体的小.

(2) T 略低于 T_C 的 $M_s(T)$.

在温度略低于居里温度时非晶态磁性合金发生自发磁化,在计算式(8.6)时要考虑配位数涨落对 B_s 的影响,也就是要考虑一级近似的影响.这样就有

$$\sum_{i=1}^{N} A_{ij} S_i^z = N < A_{ij} > < S_i^z >$$

$$+ \sum_{i=1}^{N} \delta A_{ij}(< S_i^z > + \delta S_i) + \sum_{i=1}^{N} < A_{ij} > \delta S_i^z$$

$$\approx N < A_{ij} > < S_i^z > + \sum_{i=1}^{N} \delta A_{ij} S_i^z.$$

上式第一项相当于晶态金属合金的求和,第二项为交换作用的一级近似,并在计算时忽略了二级小量和 $\lim_{N \to \infty} \dfrac{1}{N} \sum_{i=1}^{N} \delta S_i^z = 0$ 项.由此得到

$$x = x_0 + \Delta x,$$

$$x_0 = \frac{S}{k_B T}(g_i \mu_B H + N < A_{ij} > < S_i^z >),$$

$$\Delta x = \frac{S \sum_{i=1}^{N} \delta A_{ij} S_i^z}{kT}.$$

这里可看到涨落对布里渊函数 B_s 的影响

$$B_s(x) = B_s(x_0 + \Delta x),$$

由于 $x_0 \gg \Delta x$,因而可将 $B_s(x)$ 展开成泰勒(Taylor)级数

$$B_s(x) = B_s(x_0 + \Delta x) = B_s(x_0) + B_s'(x_0)\Delta x$$

$$+ \frac{1}{2}B_s''(x_0)(\Delta x)^2 + \cdots$$

$$= B_s(x_0) + (1/2)B_s''(x_0)(\Delta x)^2 + \cdots.$$

在计算上式时,取一级近似来计算 $(\Delta x)^2$,得

$$(\Delta x)^2 = \left(\frac{SN}{k_B T}\right)^2 < \sum_{i=1}^{N} \delta A_{ij}(< S_i^z > + \delta S_i) \sum_{i=1}^{N} \delta A_{ij}(< S_i^z > + \delta S_i) >$$

$$= \left(\frac{SN}{k_B T}\right)^2 < \delta A_{ij} \delta A_{ij} > (< S_i^z >)^2 = \delta^2 x_0^2, \qquad (8.11)$$

其中 δ 为偏离系数,

$$\delta^2 = \frac{< \delta A_{ij} \delta A_{ij} >}{< A_{ij} >^2}. \qquad (8.12)$$

根据第四章的结果,非晶态自发磁化随温度的变化为

$$M_s(T) = M_0 \left[B_s(x_0) + \frac{B_s''(x_0)\delta^2 x_0^2}{2} \right], \qquad (8.13)$$

或写成约化的形式

$$\sigma = \frac{M_s(T)}{M_0} = B_s(x_0) + \frac{B_s''(x_0)\delta^2 x_0^2}{2}. \tag{8.13'}$$

由式(8.13)可以看到,在温度低于居里温度(即 $T < T_C$)时,可通过偏离系数 δ 反映出自发磁化及其随温度的变化与交换作用涨落密切相关.一般 x_0 总是大于0,这就要求式(8.13′)第二项中的 $B_s''(x_0)$ 小于零.这样,只有交换作用涨落才能使 σ 下降得比晶态合金的要快一些.δ 越大,σ 下降越快.在导出式(8.13)结果时,假定 δ 值比较小,而实际上偏离系数 δ 可能比较大.对于 δ 较大的情况,式(8.13)不再适用,而改写为

$$\sigma = \frac{M_s(T)}{M_0} = \frac{1}{2}\left[B_s((1+\delta)x_0) + B_s((1-\delta)x_0)\right]. \tag{8.14}$$

当 $\delta = 0$ 时,就是晶态合金的自发磁化的结果.对于非晶态合金,假定 $\delta = 0.5$.而 $1 \pm \delta$ 情况在 B_s 曲线上的位置不同,从图8.9可看出,形式上的 σ 值是直线在 x_0 处的平均数值,而实际上在用图解法求解时,其真正的 σ 值还要低一些,而是两条直线的交点给出的 $\sigma(\tau, \delta = 0.5)$,其中 $\tau = T/T_C$.虽然理论讨论很不严格,但其结果能反映实际的情况.图8.10给出了 $Fe_{80}B_{20}$ 的 $M_s(T)/M_0$ 与 T/T_C 实验结果和理论计算的比较,可以看到两者基本相符.这说明交换作用涨落是决定非晶态合金自发磁化的关键因素.

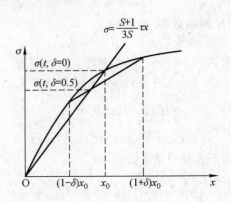

图 8.9　图解法求 $M_s(T)$

（3）低温下磁性与温度的关系.

在很低的温度下,磁化强度 M_s 随温度上升一般仍遵从布洛赫(Bloch)的 $T^{3/2}$ 定律,也就是因温度而激发产生了自旋波,使自旋不是一致平行排列.在非晶态合金中,由于交换作用的涨落,使自旋波的劲度系数要比晶态合金的数值小一些,表明自旋波较晶态情况要更容易被激发.

但是对非晶体来说,用中子衍射和自旋波共振两种实验方法测得的自旋波

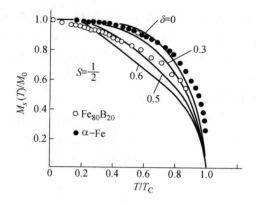

图 8.10　不同 δ 和 $S=1/2$ 的理论曲线与实验得到的 $Fe_{80}B_{20}$ 和
α-Fe 的饱和磁化强度随温度上升的变化关系

激发的劲度系数 D_s,与用 Bloch 的 $T^{3/2}$ 定律在低温测得的 D_m(由常数换算得出)不相等,而且是 $D_s > D_m$. 经过反复验证,这不是测量误差. 这可以解释为:由于中子衍射和自旋波共振实验是在某个固定温度下进行测量的,而从 $T^{3/2}$ 定律测量饱和磁化强度随温度变化关系中得到的 D_m,是在某个低温区间的结果,是平均值,故不相等. 但也有人认为,在非晶态合金中,第一近邻之间电子交换作用为铁磁性,而与次近邻之间的电子交换作用为反铁磁性,与因瓦(Invar)合金的情况类似所致. 有关 D_s 与 D_m 之间差别的真实原因还有待进一步深入研究和明确. 如有兴趣了解详细的讨论情况,请参看文献[7].

(4) 交换作用涨落对居里温度的影响.

式(8.9)示出 T_C 与 $<A_{ij}>$ 密切相关. 1970 年,Montgomery 等人[9] 在 Handrich 结果[6]的基础上,进一步研究了交换作用涨落对居里温度的影响. 他们用无序参数 $p=(\delta A)^2/3A_0{}^2$ 来表示涨落的大小,其中 A_0 表示交换作用的平均值. 对不同 p 值计算所得的 σ-T/T_0 曲线表明,p 越大,T/T_0 越低,其中 T_0 为磁性合金 $p=0$ 时的居里温度,具体参看图 8.11 所示结果.

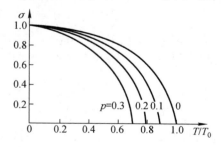

图 8.11　理论计算的不同 p 值时 σ-T/T_0 曲线的变化情况

这里交换作用涨落可能是由两个原因引起的：① 磁性原子的磁矩涨落，源于非磁性原子的无序分布，它相当于化学短程有序，这是任何晶态和非晶态合金都可能具有的特性；② 局域结构的涨落，即拓扑短程有序的涨落，或者叫近邻原子数目的涨落（原子磁矩大小不变），它只在非晶态合金中出现. 如将近邻原子数定为 Z，则在 p 值不大时，T_C 可表示为

$$T_C = T_0[1 - 6p/Z],\qquad (8.15)$$

其中 T_0 为 $p=0$ 时的居里温度. 图 8.11 给出了不同 p 值计算出的 σ 与 T_C/T_0 的关系曲线，它表明随 p 值增大居里温度下降.

§8.3 非晶态合金中原子磁矩的变化

非晶态金属及其合金的磁矩与其中每一种磁性原子贡献的磁矩大小有直接关系. 研究每个原子（主要是 Fe，Co，Ni）在不同合金中实际磁矩的大小，对了解该原子周边的环境和其他原子（如类金属原子）的影响很有意义.

8.3.1 过渡金属原子磁矩的变化

通过测量不同温度下磁性材料的磁化曲线，直到饱和磁化后，再分别将所得到的磁化曲线外推到磁场为零，以求得在某温度 T 时的自发磁化强度的数值 $M(0,T)$；然后将得到的不同温度下的 $M(0,T)$ 绘制成 M-T 曲线，并将曲线外推至 0 K，这时所得的磁矩值就是材料具有的最大自发磁化值 M_0，表示 $H=0$，$T=0$ 时的自发磁化强度. 这是早年的测量自发磁化的方法. 现在比较简便，只需在很低的温度（如 1.5 K）下测量材料的饱和磁化曲线，将结果外推到 $H=0$ 即可得到自发磁化强度 $M_s(1.5\,\mathrm{K},0)=M_0$.

如果材料中只含一种磁性原子，则原子磁矩 μ_m 为

$$\mu_m = \frac{M_s}{n\mu_B} = \frac{M_s W}{N\rho\mu_B},\qquad (8.16)$$

其中下标 m 代表某具体原子，$n=N\rho/W$，而 N,W,ρ 分别为摩尔体积中的原子数、摩尔量、密度，$N=6.023\times10^{23}$. 以 Fe 为例，$M_s=1.75\times10^6$ A·m（或 1750 Gs），$W=55.8$ g. 代入式(8.16)，得 $\mu_{Fe}=2.22\mu_B$.

如果是二元晶态合金，用 $A_{1-x}B_x$ 表示其成分，A 为磁性原子，B 为非磁性原子，则有

$$\mu_A = \frac{M_s}{n}(1-x) = \mu_m(1-x).\qquad (8.17)$$

例如，对 $Fe_{1-x}Cu_x$ 合金可以得到 μ_A，用以表示合金中铁成分不同时的磁矩，具体可见前面第五章的讨论. 如两者都是磁性原子，也可以按成分的比例计算出

μ_A 和 μ_B 的大小.

　　对于二元 T-M(T 为过渡金属,M 为类金属)非晶态合金(如 $Fe_{1-x}B_x$),T(如 Fe)原子磁矩因受到 M(如 B)原子的影响,而使合金中的 T(如 Fe)原子磁矩发生变化.由于非晶态过渡金属合金的磁矩是共线排列,原以为可直接按成分的比例来估算 B 的影响,但实际不是这样的.根据实验结果,$Fe_{1-x}B_x$ 非晶态合金在 $x \leqslant 0.17$ 时,Fe 原子的磁矩在合金中的数值不变,即为 $2.2\mu_B$;在 $x > 0.17$ 时,Fe 原子磁矩为 $2.0\mu_B$.而对 CoB 来说,以加入 B 的成分比例 0.2 为界,Co 的磁矩由 $1.7\mu_B$ 降到 $1.0 \sim 1.5\mu_B$.对于 Ni 的变化,例如 $Ni_{80}B_{20}$,$Ni_{80}P_{20}$ 等,都由 $0.6\mu_B$ 降为 $0\mu_B$.

　　总的说来,由于结构涨落和化学短程有序的影响,非晶态合金中 Fe,Co,Ni 金属原子磁矩的数值比晶态的情况要减小一些,其差别见图 8.12.该图给出的 $(FeCo)_{80}M_{20}$ 等为非晶态合金中,M 代表类金属 B 或 P;T 代表过渡金属 V,Cr,Mn,并与 Fe 或 Co 组成非晶态合金.其磁矩与电子数增加的关系总是与晶态合金的变化曲线平行(晶态合金磁矩的变化特点已在第五章 §5.5 讨论过).不过,非晶态合金的磁矩数值曲线,由于 B 的影响向左移动了约 0.4 个电子.而 P 的影响比较大一些,这可以认为是 B,P 类金属中电子转移到 Fe,Co,Ni 原子(的 3d 能带)中所致.

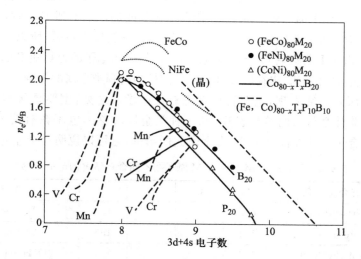

图 8.12　不同合金系列的原子磁矩数值与外层(3d+4s)电子数的关系曲线.细小点的虚线为晶态合金的数值;粗虚线(除注明"晶")为 $Fe_{80-x}T_xB_{10}P_{10}$ 以及 $Co_{80-x}T_xB_{10}P_{10}$ 的结果,T 为 V,Cr,Mn;实线为 $Co_{80-x}T_xB_{20}$ 的结果

　　对于非晶态合金来说,最大的特点是不存在晶格结构,因而不存在结构转变的影响,所以图 8.12 中磁矩变化过程没有折断,其降低的原因主要是类金属

加入后稀释了磁性所致. 但不同的类金属所提供的稀释电子数不同,而对 Fe, Co 和 Ni 的稀释效果也有差异.

8.3.2　硬带模型电荷转移理论

过渡金属及其合金磁性的特点主要是每个磁性原子的磁矩不是整数,我们在第五章基于能带理论对其做了讨论. 因此,对于非晶态过渡金属合金的磁性问题,很容易就想到用能带理论来解释. 同样认为,Fe,Co 和 Ni 在掺入了 20% 的类金属原子后,形成的过渡金属合金也具有刚性带特性,即能带结构不变,称之为硬带模型. 根据第五章的讨论知道,Fe,Co,Ni 的 3d 能带分别有 2.6,1.7 和 0.6 个空位(或叫空穴). B,P,C 等类金属的 s 和 p 电子可以转移到 3d 能带的空位中,使得 3d 带中的空位数降低,导致 Fe,Co,Ni 等金属原子磁矩的数值减小,因而称该理论为电荷转移理论. 综合上述两种想法,统称为硬带模型电荷转移理论.

B 和 P 的外层电子组态分别是 $2s^2 2p^1$ 和 $3s^2 3p^3$,因而由 B 和 P 可以转移 1~3 和 3~5 个电子到过渡金属原子中. 对 $T_{80}B_{20}$ 的非晶态合金而言,可有 0.2~0.6 个电子转移到 T(T 为 Fe,Co 和 Ni)原子能带的空位中. 而实验上得到的 Fe 原子磁矩为 $2.0\mu_B$,这表明由 B 转移到 Fe 的电子大部分是对等地填充到 Fe 的正负能带中的,以致 Fe 原子的磁矩下降不多. 特别是在 B 的加入量不到 17% 时,Fe 的磁矩并不减小. 对于 Co 和 Ni 而言,因其正带已填满,只能填入负带,所以它们的磁矩直线下降. 由于 P 可以转移 3~5 个电子,所以使金属原子的磁矩随 P 的加入而下降得比较快. 这样看来,电荷转移理论可以定性地解释类金属的影响.

经过深入研究发现,电荷转移理论有很多矛盾之处,主要是从不同的非晶态合金实验计算得出的结果发现,同一种类金属转移的电子数有较大的差异. 表 8.2 综合了一些非晶态 T-M 合金研究的结果,它可以说明这个差异.

表 8.2　非晶态 T-M 合金中 M 原子在不同合金情况的电荷转移数

非晶态合金系列	B	C	Si	P	作者
$(FeNi)_{80}(PB)_{20}$	0.3			1.0	Becker[11]
FeBP	1.4			1.6	Durand[12]
FeCoBP,FeNiBP	1.6			2.4	O'Handley[13]
CoP				5	Kanabe[14]
CoP				2	Cargill[15]
$Fe_{80}B_{20-x}M_x$	1.1	1.3	0.9	1.6	Mitere[16]
$Fe_{80}P_{20-x}M_x$	1.1	1.3	0.9	1.6	Mitere[16]
FeSiB	0.6	1.0			Hoselitz[17]

在 Fe-B,Fe-P 和 Co-B 非晶态合金中掺入另外的类金属 M(M 为 C,Si,Ge,As 等)元素,以替代 B 或 P,则实验结果表明,这些元素中转移到 Fe 中的电子都要比 P 的少,而与 B 相比,C 较多,Si 和 Ge 较少;而 Co-B 的情况却相反,C 转移的电子数要略少一些,Si 和 Ge 却较多一些.要注意的是:C,Si 和 Ge 的外层电子数要比 B 多一个或两个,这也说明,电荷转移理论有一定的不确定性,具体见图 8.7(a)和(b).

对 FeB 非晶态合金的光电子谱(用 XPS 表示)研究结果表明,Fe 原子 3d 能带的束缚态能量与 B 的成分关系不大,即谱线形状相似,B 的影响只是使谱线的峰值向能量低处移动,这只使费米能级降低,而不存在电荷转移.这只是初步看法,还需要更详细的研究,才可能得到比较合理的结论.

8.3.3　分子轨道理论

在上面讨论 Fe,Co,Ni 等原子磁矩的变化原因时,假定是硬带模型.由于金属的能带结构是基于金属之间的金属键耦合而成的,若在金属中掺入了 B,C,Si,P 等类金属,并形成了非晶态合金,则它们之间的相互作用不同于金属与金属之间的键合,考虑用共价键结合比较合适.

在第四章讨论氢分子模型时得到结论是,两个氢原子形成氢分子后非常稳定,这是因为每个氢原子都具有一个未配对电子,当两个氢原子各自贡献出一个电子,组成分子后共同围绕两个氢核运动,这种耦合称为共价键耦合.两个电子都围绕两个核运动,具有分子轨道运动的特点,也是共价键合的一种形式.

共价键耦合的特点是具有饱和性(即电子配对)和方向性(即原子间的键合有严格的角度).因此,晶体对其结构有明确要求.对于非晶态合金来说,由于存在短程有序性,在近邻之间有可能形成共价键合.基于上述原则,Messmer 用 Slater 自洽场 Xα 势的方法[18]讨论了三种原子团(Fe_2Ni_2,Fe_2Ni_2B 和 Fe_2Ni_2P)的成键情况,给出了朝上(+)和朝下(-)的自旋占据 3d 轨道的数目,从而计算出原子团或原子的磁矩大小以及类金属原子和金属原子成键的可能性.上述三个原子团的具体结构如图 8.13 所示.Fe_2Ni_2 原子团相当 $Fe_{50}Ni_{50}$ 晶态合金,Fe 和 Ni 分别占据立方体的顶角,而 B 或 P 掺入后占据体心位置.先计算不掺 B 或 P 的 Fe 和 Ni 原子团中的 3d 和 4s 电子轨道能级,得出朝上和朝下自旋数分别为 $n_+ = 21$ 和 $n_- = 15$,其差值除以原子数 $Ne(=4)$,就得到每个磁性原子的平均磁矩 $\mu_n = (21-15)\mu_B/4 = 1.5\mu_B$.与 $Fe_{50}Ni_{50}$ 晶态合金实验结果 $1.65\mu_B$ 比较,理论值小 10%.这是因为原子团中只有 4 个原子,数目太少了,也可能是结构不同(晶态是面心立方结构,模型是四面体结构)的影响.总之,可以根据实验结果做出修正,即增大 10%,从而给出原子团中原子的平均磁矩为 $1.65\mu_B$.之后计算掺 B 的原子团中,B 的 2p 以及 Fe 和 Ni 的 3d 和 4s 电子轨道能级,发现 B 与 Ni 和 Fe 成键后,使金属原子外层电子的能级展宽,并且能级也比未成键情况低 1 eV,具体见图 8.14 所示. 这样,使正负自旋电子数的差别发生了变化. 考虑到理论计算中的误差,掺 B 后原子团中每个磁性原子的磁矩最大和最小可能的数值分别为

$$(\mu_n)_{\max} = (21.6 - 15.4)\mu_B/4 = 1.55\mu_B, \tag{8.17}$$
$$(\mu_n)_{\min} = (21 - 16)\mu_B/4 = 1.25\mu_B.$$

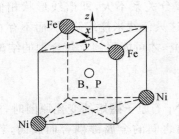

图 8.13　三个原子团的具体结构

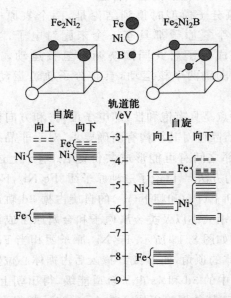

图 8.14　Fe_2Ni_2 和 Fe_2Ni_2B 原子团外层电子的能级劈裂计算结果. 虚线表示未填充电子的金属 Fe 和 Ni 原子的能级,掺入 B 后能级向下移动约 1 eV(取自文献[19]的图 11.19)

　　由于要加 10% 的实验结果的修正,故分别得出 $1.71\mu_B$ 和 $1.38\mu_B$ 的结果. 后一个结果与实际的非晶态合金 $Fe_{40}Ni_{40}B_{20}$ 的实验值接近.

　　在理论计算时,Fe—B 和 Ni—B 的间距对计算结果影响很大,上述计算是在间距 0.213 nm 的结果,而 Fe—Ni 之间的距离影响要相对小得多.同样也计算了掺入 P 后的结果.

　　另外,可以根据电荷密度的分布知道,B—Ni 成键的倾向比 B—Fe 成键的倾向大,因为密度大的地方表示键合倾向大,反之亦然.

　　分子轨道理论方法计算的结果与实验结果比较符合,不少人用这个理论方法计算了不同原子团的结果.有兴趣的读者可参看 Corb 等人[20]对 Co$_6$B 的计算以及 O'Handley 等人[21]对 CoMnB 非晶态合金的计算.看来,这个理论计算结果比电荷转移理论要合理一些,但没有电荷转移理论简单、直观.总之,两者都有较大的近似性.

§8.4　非晶态 Fe 族金属-稀土族金属合金的磁性

　　在第五章曾经指出,大多数稀土金属(用 R 表示)在低温具有很强的磁性和很强的磁晶各向异性,并具有复杂的磁结构.因为除 Gd 外,它们都具有较强的单离子磁各向异性.当它们自身,或是与其他非磁性金属组成非晶态合金后,由于交换作用相对较弱,使其磁结构(即磁矩在空间的排列)具有多种形式.当它们与 Fe 族金属 T(T 为 Fe 或 Co)组成 T-R 非晶合金后,其磁性比 T-M(M 代表类金属)的要复杂些,在讨论其磁特性时,除了局域交换作用的影响外,还要考虑局域晶场效应(即局域磁晶各向异性)的影响.由于在 20 世纪 70 年代,Co 和 Gd 等稀土元素组成非晶态合金薄膜后,可以用作磁泡材料和磁光存储介质,因而引起人们很大的兴趣.下面只简单介绍 R-T 非晶态合金的磁性,有关其他合金的磁特性请参看文献[3]的第六章.

8.4.1　T-Gd 的磁结构和磁性

　　稀土金属中 Gd 的轨道量子数 $L=0$,所以磁晶各向异性很弱.在与 Fe(或 Co)形成合金后,由于 Gd 与 Fe(或 Co)之间的交换作用呈反铁磁性,所以 Gd 原子磁矩取向与过渡金属原子磁矩的方向相反.在 T-Gd 合金中,有 T-T,T-Gd 和 Gd-Gd 三种交换作用,以 T-T 最强,Gd-Gd 最弱.因 Fe(或 Co)原子磁矩取向在非晶态合金中具有长程有序和平行排列,Gd 的磁矩也因此具有平行排列的特点,但方向相反.所以合金的磁性具有亚铁磁性的特征.图 8.15 给出了非晶态合金 Gd$_{22}$Co$_{78}$中各原子磁矩和总磁矩随温度的变化关系.可以看到,在低温下 Gd 的磁化强度的贡献比 Co 大,但在升温过程中,其磁化强度降低得比较快,在高于室温出现了抵消点.同时还说明,合金中两种原子的磁矩各自取向是一致的,具有共线的亚铁磁性磁结构.图中虚线分别表示 Gd 和 Co 的磁矩随温度的变化关系,它们可用分子场理论计算得出. 对于 Fe-Gd 非晶态合金也具有这种磁结构[22].

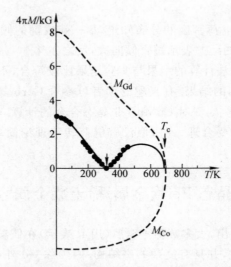

图 8.15　非晶态合金 $Gd_{22}Co_{78}$ 的磁化强度随温度的变化关系,●是实验结果[22]

8.4.2　过渡金属(T)-重稀土金属(R_H)非晶态合金的磁性及磁结构

在 T-R_H 非晶态合金中,Fe 和 Co 的磁矩取向总是与重稀土离子的磁矩取向相反,又由于重稀土金属具有很强的单离子磁晶各向异性,并且比 T-R_H 间的交换作用大得多,因此重稀土原子磁矩的取向是无规的,并与 Fe(或 Co)磁矩取向是非共线的,之间角度大于 90°. Coey 等人用 Mossbauer 谱方法研究了 $DyCo_{3.4}$ 非晶态合金[23],得到 Dy 磁矩在磁体内取向分散于顶角为 140° 的锥体中,并与 Co 磁矩取向相反. 图 8.16 给出了 Dy-Co 和 Ho-Co 非晶态合金在 0 K 时自发磁化强度随 Co 含量变化的情况. 结果表明:① 在 0 K 温度时,Co 含量在接近 72% 和 77% 时合金磁矩为零;② 随 Co 成分降低仍有可能使合金的磁矩抵消. 这暗示 Co 含量高时的原子磁矩要比含量低时的磁矩大,才会出现上述两种磁矩抵消的结果. 也可以认为,在 Co 含量减少后,稀土原子磁矩取向分散度变大,Co—Dy(Ho)交换作用减弱导致了重稀土原子磁矩的分散角度大. 目前人们还不很清楚确切的原因是什么.

经过对 Fe,Co,Ni 与稀土金属组成的非晶态合金的磁性研究,发现其磁结构相当复杂和多样化,具体有散反铁磁性(asperomagnetism,如 TbAg 合金)、亚铁磁性、散亚铁磁性(sperimagnetism,如 DyCo,DyFe 合金)、散铁磁性(speromagnetism,如 DyNi,NdCo 合金). 图 8.17 给出了各种磁结构的特点示

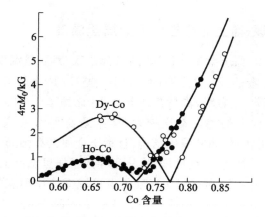

图 8.16　Dy-Co 和 Ho-Co 非晶态合金在 0 K 温度下磁化强度
随 Co 成分变化的关系曲线[22]

意. 对于图中 NdFe 的磁结构,Coey 等人[24]认为属散亚铁磁性,原因可能是 Nd
有小部分磁矩与 Fe 的磁矩方向差别大于 90°. 但笔者认为,从 Nd 的有效磁矩取
向看,仍然与 Fe 的磁矩方向一致,而且在低温时 Nd 的总磁矩也比 Fe 的磁矩
大,但在温度上升过程中不出现抵消点,考虑到轻稀土原子与 Fe,Co 的交换作
用结果是铁磁性的,因而不宜将其磁结构归类到散亚铁磁性中(对于 Nd 与非磁
性金属形成的非晶态合金而言,其磁结构应归于散亚铁磁性). 更主要的问题
是,从磁性测量实验结果分析得出的这些磁结构,可以解释其磁化的基本规律,
这基本上得到大家的认可,但是至今中子衍射实验结果都未能直接证明有如上
述分析的磁结构.

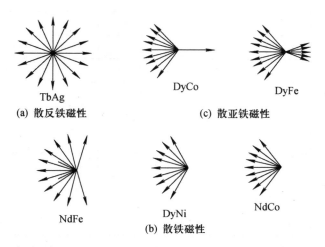

图 8.17　非晶态稀土-过渡金属合金各种可能的磁结构示意图

8.4.3　过渡金属-稀土非晶态合金的居里温度

　　Fe(或 Co)与 R(稀土金属)组成非晶态合金后,其居里温度 T_C 表现很不相同,Fe-R 非晶态合金的 T_C 比晶态的低,而一些 Co-R 非晶态合金的情况却相反,在 Co 含量为 2/3 左右时,非晶态合金的 T_C 比晶态合金的高,而且这种与晶态合金 T_C 的或高或低的差别都比较大,具体见表 8.3.有人认为这种差别在于:Co 的交互作用较强,属共线磁结构,且稀土金属具有强局域各向异性涨落,影响了 Co 的易轴取向,使共线性增强,从而导致了居里温度上升.而 Fe 属散铁磁性结构,受到的影响小,所以居里温度仍由局域交换作用涨落确定,因而和前面讨论的结果一致,比晶态合金低.图 8.18 给出了晶态和非晶态 RFe₂ 合金居里温度的比较,可以看到 GdFe₂ 的 T_C 最高,其非晶态合金的磁性是共线结构的,而其他合金均存在强局域各向异性涨落,故 T_C 表现是逐渐降低,这说明这种涨落影响不大.这只是一种看法,真正的原因还有待于进一步研究.

表 8.3　几种稀土 Fe 和 Co 合金的居里温度数值(取自文献[1]的表 9.1)

(单位:K)

合金成分	T＝Fe		T＝Co	
	晶态	非晶态	晶态	非晶态
GdT₂	785	500	409	550
GdT₃	728	460	612	750
Gd₆T₂₃	659	420	—	—
TbT₂	711	383	256	＞600
TbT₂	648	393	506	＞600
Tb₆T₂₃	574	387	—	—
DyT₂	638	315	—	—
DyT₃	600	333	450	＞900
Dy₆T₂₃	524	351	—	—
HoT₂	612	195	85	600
HoT₃	567	290	418	600
Ho₆T₂₃	501	300	—	—
ErT₂	575	105		
TₘT₂	565	＜50		

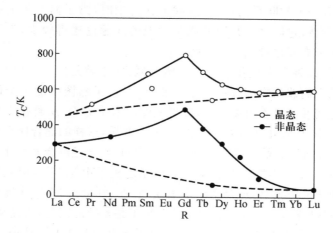

图 8.18 RFe₂ 合金的磁有序温度,其中虚线表明非晶态稀土的本底趋势

§8.5 几种自发磁化理论模型的相互联系

这一节将对物质磁性起源讨论内容做个小结. 到此为止,我们重点讨论了 3d 和 4f 族金属及其合金,以及它们的氧化物等物质的自发磁化起源,即自旋有序排列的起因. 我们认为自发磁化主要是组成该物体的原子中电子自旋之间交换作用所致. 虽然是基于不同的具体材料,只讲它们之间的区别,且共有四种理论模型,看起来很少有共同点,这就像在图 8.19 中用实线画的四个圆圈的情况,彼此之间交集很少,特别是海森伯模型和能带理论有很多的差别,但实际上

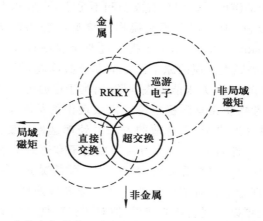

图 8.19 几种自发磁化理论之间的联系(引自文献[25]的图 37.8)

事物本身是有一定的联系的,只不过我们在讨论时,为了简单和突出每个具体事物的物理特性,它们之间共同的或是相似的问题论述得较少,否则就会分散注意,也不利于掌握住最本质的原因.

应该说这几种自发磁化理论有一定的联系,也就是图 8.19 中虚线画的圆圈情况,可见它们彼此之间存在一定的相互渗透.虽然图中的 4 个箭头各指一方,但它们之间并不是不可逾越的,如果从左向右上方看,从直接交换作用转向 RKKY 理论,其中 4f 电子局域,5d 和 6s 电子巡游,这样的混合体系中是以局域的 4f 电子为主而形成稀土原子间的交换作用的.至于过渡金属氧化物中的间接(超)交换作用,也与之类似,即使氧的 p 电子起到了中介作用,但它只是在小范围内移动.再向右方发展,就是巡游电子模型.在 20 世纪 30 年代提出能带理论的目的是想解决 Fe,Co,Ni 金属原子的磁矩不是整数的问题,因而从 3d 电子都是巡游电子,实际上并不那样简单,Fe 原子中的 3d 电子可能有一部分是局域的[26].

海森伯提出局域电子交换作用理论,其结果和意义在于解释 Fe 族金属中自发磁化的起因.而且 Bloch 的自旋波理论也给予局域电子交换作用模型以有力的支持.直到 20 世纪 50 年代,除了无法解决金属磁性原子磁矩不是整数的难题外,局域电子交换作用模型占有巨大的优势.到了 60 年代,巡游电子模型理论有了很大的进展,加上在对金属 Fe 的交换作用积分 A 进行较严格理论计算后给出的 T_c 值太低(≈ 100 K)[27],引起了人们对能带理论的深入和广泛研究.

总的说来,局域电子交换作用模型在解释氧化物磁性的自发磁化和基本磁性是成功的,没有多大的争议,而在解释金属的自发磁化和基本磁性时,局域电子交换作用模型和巡游电子模型都有成功和不足之处.虽然人们对这两个模型的不足都想努力改进,但局域电子交换作用模型的努力改进收效不多,例如 Shubin 和 Vonsovskii 等人在 1934 年提出过渡金属中存在 4s-3d 电子交换模型[28],目的是想解决磁性金属的原子磁矩的非整数问题,但因 d 电子并不是局域的以及 s-d 是长程作用,并未能解决问题.而基于巡游电子模型理论则有很多发展,认为各种磁性物质在有限稳定范围内表现出的基本磁性,是由该物质中固有自旋涨落的性质所决定,用合适的方法来处理这种自旋涨落,就可以对金属及其合金的基本磁性做出描述,并可将局域电子和巡游电子两种模型之间的矛盾统一起来,具体情况请参看文献[25,29].实际情况并未像 Moyuya 所想的那样简单,主要是理论上在对弱磁性的一些合金进行处理时,认为它们是完全的巡游电子模型就可以得到满意的结果.但对于强磁性金属 Fe,Co 来说,3d 电子只是部分巡游,存在一定的 3d 局域电子对 4s 电子的极化作用[26],使得问题变得很复杂,尽管理论的计算过程做了一些近似,使结果看来比较与实际符合,但是直到现在人们还没有看到所谓的"统一理论"的明确迹象,因为在客观上人们目前对这些问题还没有研究清楚.

此外,根据居里-外斯定律(4.6)中给出的常数 $C = N\mu^2$,结合高温实验测量得到的结果,很多金属磁性物体中的原子磁矩大小记为 P_c ,以及从绝对零度测量得到的原子磁矩记为 P_s .如将两种测量得到的原子磁矩的比值 P_c/P_s ,与该磁体的居里温度 T_C 做出关系曲线,结果如图 8.20 所示.可以看到,在 P_c/P_s-T_C 近似双曲线上,合金的磁性都适于用巡游电子模型理论来解释;凡是比值基本落在直线上的金属及合金,其磁性应该适于用局域电子交换作用模型来解释,这个曲线是 Rhodes 和 Wohlfarth 提出的[30].从曲线上可以看到,大部分合金的磁性可以用巡游电子模型来说明,因而这个图又称为 Rhodes-Wohlfarth 判据.而 Fe 却处在 $P_c = P_s$ 的两条线的交汇处,这个结果可能反映了 Fe 的磁性具有两种模型的特征.

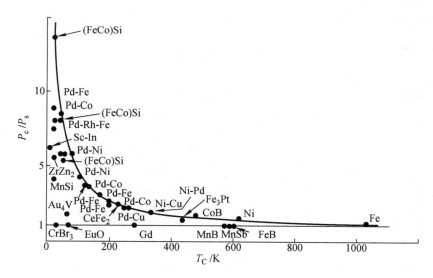

图 8.20　P_c/P_s-T_C 关系曲线(取自文献[25]的图 36.22)

最后需要说明的是,RKKY 交换作用模型的前身是:为了解释 Ag^{100} ,Mn-Cu 合金的核磁共振吸收谱线的增宽,人们提出核磁矩对 S 电子极化导致核自旋磁矩的极化.后来引入 s-f 交换理论解释稀土元素的磁结构时取得很好的结果.因为 f 电子是局域的,所以这是对 s-d 交换的某些借鉴.实际上,RKKY 理论只是原则上说明稀土金属磁结构的特点,但对其复杂性和多样性也未能深入地解决.

间接交换模型在解释磁性氧化物材料的磁有序时比较成功,有明确的局域电子特性.但一些掺杂的钙钛矿结构的稀土氧化物材料,特别是 $R_{1-x}A_x MnO_3$

（R 表示稀土元素，A 为 Ca，Sr，Pb 等）在 $x=0.2\sim0.5$ 范围内存在反铁磁↔铁磁转变和绝缘体↔金属转变的现象，使间接交换作用模型遇到一定的挑战.因为这类氧化物的电阻率可低至 $10^{-8}\sim10^{-6}\Omega\cdot m$，从而使人想到它们之中的电子也可能具有一定的巡游性.这说明存在局域电子交换作用模型和巡游电子模型在同一个磁体中也可以发生转换的可能性.

　　总的说来，就金属及其合金的磁性理论来说，巡游电子模型和局域电子交换作用模型有相当成功之处，但也还有些未能解决的问题.两个模型并行了近 80 年，目前还看不到有统一成为一个理论的具体可能.也许并不一定要统一，因为磁性现象太多样化了.它们的并行也可能是有好处的，起到相辅相成的作用.总之，无论是理论，还是实验和应用，磁学这个领域总是有很多的未知待研究和开发.远的不说，就说从现在到 2030 年，在凝聚态物理中纳米科学和材料、自旋电子学这两大学科，是人们公认的最具有巨大发展可能的学科，而在这两个学科中磁学是走在最前面的分支学科.

参 考 文 献

[1]　戴道生，韩汝琦.非晶态物理.北京：电子工业出版社，1989.

[2]　王文采，戴道生，韩汝琦.非晶态物理.北京：电子工业出版社，1989：8—73.

[3]　Moorjani R，Coey J M D. Magnetic Glasses. Amsterdam：Elsevier Science Publishers B. V.，1984.（中译本：磁性玻璃.赵见高，等，译.北京：科学出版社，1992.）

[4]　郭贻诚，王震西.非晶态物理学.北京：科学出版社，1984.

[5]　R. 泽仑.非晶态固体物理学.黄昀，等，译.北京：北京大学出版社，1988.

[6]　Handrich K. Phys. Stat. Sol.，1969，32：K55.

[7]　戴道生，韩汝琦.非晶态物理.北京：电子工业出版社，1989：339—397.

[8]　Kaneyoshi T. Amorphous Magnetism. Boca Raton：CRC Press，1984.

[9]　Montgomery C G，et al. Phys. Rev. Lett.，1970，25：669.

[10]　Губанов Г И. Физ. Твед. Тел.，1960，2：502.

[11]　Becker J J，et al. IEEE Trans. Mang. 1977，MAG-13：968.

[12]　Durand J，et al. Amorphous Magnetism Ⅱ New York：Plenum Publishing Corporation. 1977：275.

[13]　O'Handley R C，et al. Appl. Phys. Lett.，1976，29：330.

[14]　Kanabe T，et al. J. Phys. Soc. Jap.，1968，24：1396.

[15]　Cargill Ⅲ G S，et al. J. Phys.，1974，35(4)：269.

[16]　Mitere M，et al. Phys. Stat. Sol. (a)，1976，49：K163.

[17]　Hoselitz K. JMMM，1980，20：2091.

[18]　Messmer R P. Phys. Rev.，1981，B23：1616.

[19]　O'Handley R C. Modern Magnetic Materials：Principles and Applications. New York：

John Wiley & Sons,Inc. ,2000.(中译本:R. C. 奥汉德力. 现代磁性材料原理和应用. 周永洽,等,译. 北京:化学工业出版社,2002).

[20] Corb B W,et al. J. Appl. Phys. ,1982,53:7728.

[21] O'Handley R C,et al. J. Appl. Phys. , 1982, 53: 8231; Stat. Sol. Commun. , 1981, 38:707.

[22] K. 穆加尼,J. M. D. 科埃. 磁性玻璃. 赵见高,等,译. 北京:科学出版社,1992.

[23] Robert G E,et al. IEEE Trans. Mag. ,1977,MAG-13:1535.

[24] Coey J M D,et al. Phys. Rev. Lett. ,1976,36:1061.

[25] 冯端,翟宏如. 金属物理学(第四卷):超导电性和磁性. 北京:科学出版社,1998.

[26] Stearns M B. Physica B+C,1977,91:37—42.

[27] Freeman J J,Watson R E. Phys. Rev. ,1961,124:1439.

[28] Shubin S A,Vonsovskii S V. Proc. Roy. Soc. 1934,A145:159; Ж. Э. Т. Ф. 1946, 16:981.

[29] 守谷亨(Moriya T). 物理学进展,1984,4(2):255.

[30] Rodes P,Wolhfarth E P. Proc. Roy. Soc. ,1963,A273:247.

[31] Cargill Ⅲ G S. J. Appl. Phys. ,1970,41:12.

[32] Finney J I. Proc. Roy. Soc. Ser. 1970,A319:478.

第二部分

磁性在外磁场作用下的变化
——技术磁化理论

第九章　强磁性物质中的几种能量

磁体处于平衡状态时其内能总是最低,因而该磁体的性能稳定.在受到外界磁场、应力等作用时,磁体将因内能发生变化而向新的平衡态转变,故热力学和统计物理是研究技术磁性的基本方法,因此要了解和掌握磁体中的各种内能和相应的作用.

在铁磁性物体中普遍存在磁晶各向异性、磁致伸缩和退磁效应,以及在原子磁矩之间不完全平行(即存在一个很小的角度)时产生的交换能增量.这些特性都与物体内的能量相关联.这些能量对材料中磁畴结构的形成和在磁场(或应力)作用下产生的磁化过程起决定性作用.在材料应用和器件设计时,都要利用这些性质及其变化的基本特点来达到最佳的目标.因此,要对这些与磁状态有关的能量及其物理实质和它们的定量表示进行讨论,以便在材料设计和制作方面取得更大的效益.为简单起见,下面的讨论都是以晶体结构较简单的铁磁性材料为例,所得到的结论对其他亚铁磁性和稀土合金磁性材料也是适用的.

通过讨论,希望对这些能量的物理意义有明确的理解,对具体的数学表示和给出的物理图像要清楚,对每个公式的物理意义要明确,至于对形成这些能量的机理或起因,只要有初步的了解就可以了.

§9.1　磁晶各向异性和磁晶各向异性能

对磁性单晶体进行磁化时,发现磁化曲线($M\text{-}H$ 关系)的形状与加在单晶体上的磁场 $\boldsymbol{H}$ 和晶轴方向的夹角有关.图 9.1(a)～(c)给出了 Fe,Ni 和 Co 的结构及主晶轴方向.由图 9.1(d)～(f)三组磁化曲线可看出磁性的变化随方向而异.引起这种现象的内在特性称为磁晶各向异性.它表明在某个方向容易磁化(磁化到饱和所需的磁场较低),在另一些方向不易磁化.最容易磁化的方向称为易磁化方向(或易磁化轴),如 Fe 的易磁化轴为<100>,Co 的为<0001>,Ni 的为<111>.而最难磁化的方向称为难磁化方向(或难磁化轴).Fe 的难磁化方向为<111>,Ni 的为<100>.对于 Co,最难磁化的平面是与 c 轴垂直的平面,称为难磁化面.

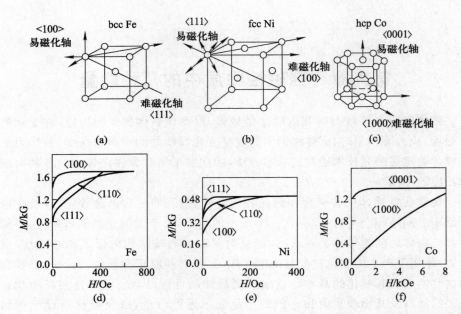

图 9.1 （a）铁单晶体结构（体心立方）；（b）镍单晶体结构（面心立方）；（c）钴单晶体结构（六角结构）；（d）～（f）Fe,Ni,Co 在易和难磁化方向的磁化曲线（取自文献[1]的图 6.1）. 1Oe＝79.6 A/m

9.1.1 立方晶系

难磁化和易磁化两个方向的差别反映在磁场将磁体磁化时所做的功不同，因而所需的能量不同. 在某个方向的各向异性能用 E_K 来表示，根据立方晶体的对称性，在任一方向磁化时，在取前两项的近似情况下，各向异性能 E_K 与磁矩的方向（常常用方向余弦表示）相关，可表示为

$$E_K = E_0 + K_1(\alpha_1^2\alpha_2^2 + \alpha_2^2\alpha_3^2 + \alpha_3^2\alpha_1^2) + K_2\alpha_1^2\alpha_2^2\alpha_3^2 + \cdots, \quad (9.1)$$

其中 K_1 和 K_2 为磁晶各向异性常数，E_0 是常量，与角度无关，可以不计入，α_1，α_2，α_3 为 M_s 所在（即磁化）方向的方向余弦，即

$$\alpha_1 = \sin\theta\cos\varphi, \quad \alpha_2 = \sin\theta\sin\varphi, \quad \alpha_3 = \cos\theta.$$

采用直角坐标做参照系（参见图 9.2），θ 为 M 与 z（某一易磁化轴）的交角，φ 为 M 在 Oxy 平面上投影方向与 x 轴的交角. 下面简单解释式（9.1）的导出.

由于磁化与晶体的对称性有密切关系，与晶体中心对称的方向磁化是等价的. 也就是只存在 α_i，$\alpha_i\alpha_j$（$i,j＝1,2,3$）和 $\alpha_1\alpha_2\alpha_3$ 的偶次项. 我们先写出可能的有关项，具体为

$$E_K = B_0 + B_1(\alpha_1^2 + \alpha_2^2 + \alpha_3^2) + B_2(\alpha_1^2\alpha_2^2 + \alpha_2^2\alpha_3^2 + \alpha_3^2\alpha_1^2)$$

$$+ B_3(\alpha_1^4 + \alpha_2^4 + \alpha_3^4) + B_4\alpha_1^2\alpha_2^2\alpha_3^2$$
$$+ B_5(\alpha_1^4\alpha_2^2 + \alpha_1^2\alpha_2^4 + \alpha_2^4\alpha_3^2 + \alpha_2^2\alpha_3^4 + \alpha_3^4\alpha_1^2 + \alpha_3^2\alpha_1^4)$$
$$+ B_6(\alpha_1^6 + \alpha_2^6 + \alpha_3^6) + \cdots. \tag{9.1'}$$

进行如下一些化简及合并项的运算:

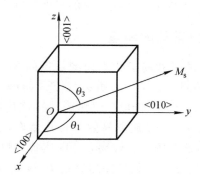

图 9.2　磁矩取向的方向余弦

(1) 由方向余弦的特性有 $\alpha_1^2 + \alpha_2^2 + \alpha_3^2 = 1$;

(2) $\alpha_1^4 + \alpha_2^4 + \alpha_3^4 = (\alpha_1^2 + \alpha_2^2 + \alpha_3^2)^2 - 2(\alpha_1^2\alpha_2^2 + \alpha_2^2\alpha_3^2 + \alpha_3^2\alpha_1^2)$
$$= 1 - 2(\alpha_1^2\alpha_2^2 + \alpha_2^2\alpha_3^2 + \alpha_3^2\alpha_1^2);$$

(3) $\alpha_1^4\alpha_2^2 + \alpha_1^2\alpha_2^4 + \alpha_2^4\alpha_3^2 + \alpha_2^2\alpha_3^4 + \alpha_3^4\alpha_1^2 + \alpha_3^2\alpha_1^4$
$$= \alpha_1^2\alpha_2^2(\alpha_1^2 + \alpha_2^2) + \alpha_2^2\alpha_3^2(\alpha_2^2 + \alpha_3^2) + \alpha_3^2\alpha_1^2(\alpha_3^2 + \alpha_1^2)$$
$$= \alpha_1^2\alpha_2^2(1 - \alpha_3^2) + \alpha_2^2\alpha_3^2(1 - \alpha_1^2) + \alpha_3^2\alpha_1^2(1 - \alpha_2^2)$$
$$= \alpha_1^2\alpha_2^2 + \alpha_2^2\alpha_3^2 + \alpha_3^2\alpha_1^2 - 3\alpha_1^2\alpha_2^2\alpha_3^2;$$

(4) $\alpha_1^6 + \alpha_2^6 + \alpha_3^6 = 1 - 3(\alpha_1^2\alpha_2^2 + \alpha_2^2\alpha_3^2 + \alpha_3^2\alpha_1^2) + 3\alpha_1^2\alpha_2^2\alpha_3^2.$

将各个项的系数合并,并对比式(9.1)和(9.1′)中相应的系数,结果有
$$E_0 = B_0 + B_1 + B_3 + B_6, \quad K_1 = B_2 - 2B_3 + B_5 - 3B_6,$$
$$K_2 = B_4 - 3B_5 + 3B_6.$$

可以看出,在 $\theta = 0$ 时能量最小,因为对 Fe 来说 K_1 和 K_2 为正,对 Ni 来说只有 K_1 和 K_2 为负时,在<111>方向能量最低.由此可看出,式(9.1)是可以正确表述立方晶系磁体的磁晶各向异性能的.

9.1.2　六角晶系

对六角结构晶体而言,如 Co 的情况,磁晶各向异性引起的磁化能量与角度的关系表示为
$$E_K = K_{u1}\sin^2\theta + K_{u2}\sin^4\theta + K_{u3}\sin^6\theta + K_{u4}\sin^6\theta\cos6\varphi + \cdots, \tag{9.2}$$
其中 θ 为磁化方向与 c 晶轴的交角,φ 是磁化强度 M 在与 c 轴垂直的平面内的

方位角. $K_{ui}(i=1,2,\cdots)$ 为单轴(磁晶)各向异性常数. 一般认为不存在面上各向异性,只是有易磁化轴或易磁化面之分,这时 K_{u4} 项可不计入.

如只考虑第一项,当磁性物质中存在自发磁化时,其取向总在易磁化轴方向($K_{u1}>0$),或在面上($K_{u4}<0$). 如 $K_{u1}<0$,而 $K_{u2}>0$,则磁矩可能在一个锥面上具有稳定的取向. 部分重稀土金属在一定的温度区间内就具有这种特性.

9.1.3　磁晶各向异性常数的测量

除了由图 9.1 所示的难和易磁化方向测量得的 M-H 曲线可估算出各向异性常数外,比较准确的测量方法为转矩法. 图 9.3(a)为单轴晶体圆片,面上含有易磁化轴[0001]和难磁化轴[1000]. 用弹簧丝将该片悬挂在均匀磁场中,整个晶片都与外加磁场 H 平行. M 偏离易磁化轴 α 角度,这是因 M 受 H 作用产生力矩 $L=M\times H$ 所致,这时圆片也转动 α 角度达到与弹簧丝的扭力平衡,交角 θ_0 为 M 原始状态($H=0$)时的位置与外加磁场 H 的交角. 在磁场作用下,H 与 M 的交角变为 $\theta=\theta_0-\alpha$. 力矩大小为 $L=-K_u\sin2\theta$. 因此,在强磁场作用下,测量不同 θ_0 时的转矩值 $L(\theta)$,可得到图 9.3(b)所示的转矩曲线. 因 $L=dE/d\theta$,故有 $E=K_u\sin^2\theta$. 结果与式(9.2)的第一项相同. 由此可知,测量结果近似地给出了各向异性能的大小,也说明式(9.2)是合理的.

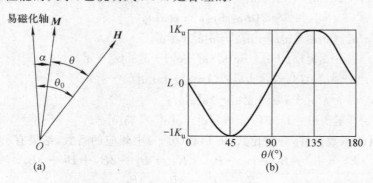

图 9.3　(a) 易磁化轴,M 和 H 都在晶片的平面上;(b) 单轴晶体的磁转矩曲线,其中斜率>0 的 90°位置为难磁化方向,0°和 180°处为易磁化方向[2]

图 9.4 给出了立方晶体中(110)面的转矩曲线. $L=0$ 处为 K 的极大或极小值点. 斜率为负的 0°,180°交点之外为[001]和[00$\bar{1}$]方向,表明能量极小,为易磁化方向;还有 90°交点处为[$\bar{1}$10],能量较低. 另两个斜率为正的交点在 54.7°和 125.3°处,能量极大,分别为[$\bar{1}$11],[$\bar{1}$1$\bar{1}$]难磁化方向.

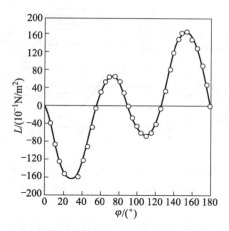

图 9.4 硅钢片单晶(110)面上的转矩曲线[2]

用铁磁共振方法也可以测量各向异性常数. 图 9.5 给出了铁磁共振磁场 H_r 与测量过程中 θ 变化的关系. 由于 $K<0$,所以共振磁场 H_r 小的地方为易磁化轴[111], H_r 大的地方为难磁化轴[001],参见第十四章式(14.7).

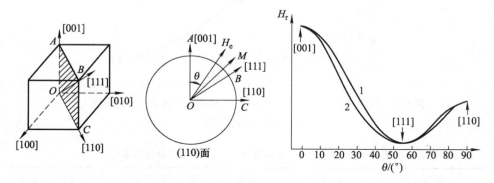

图 9.5 用铁磁共振方法测量的共振磁场与[001]
轴角度的关系(将在第十四章做详细讨论)

不论是哪种结构的晶体,$K_i(i=1,2,)$,K_u 与温度都有很强的依赖关系,在低温变化很快,有些材料的 K 值还会随温度 T 升高而变号,具体见图 9.6,它给出的 Fe,Ni 和 Co 单晶体的各向异性常数 K_1 和 K_2 随温度变化的曲线. 图 9.6 中虚线和实线分别为实验值和计算值,它们在变化趋势上相差不大,但在数值上有一定差别. 对立方晶系而言,有 $K_1(T)/K_1(0)\approx[M_s(T)/M_s(0)]^{10}$ 的变化关系,见图 9.7;对单轴晶系而言,有 $K_u(T)/K_u(0)\approx[M_s(T)/M_s(0)]^3$ 的变化关系. 表 9.1 给出了一些磁性材料在室温的 K_1,K_2 和 K_u 值. 由于氧化物磁性

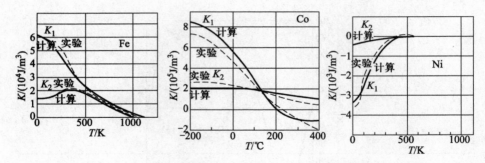

图 9.6　Fe,Co,Ni 的磁晶各向异性常数 K_1 和 K_2 随温度 T 变化的曲线.
虚线为实验值,实线为计算值

材料测量样品本身的差异和测量方法等因素,很多结果并不太一致.虽然该表
给出的数据来自不同的文献,但结果基本可靠,可供参考.

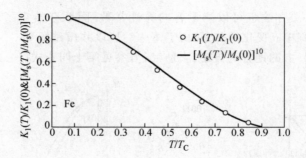

图 9.7　铁的 $K_1(T)/K_1(0)$ 与 $[M_s(T)/M_s(0)]^{10}$ 随 T/T_C 的变化关系
（取自文献[3]的图 38.10）

表 9.1　一些材料在不同温度下的磁晶各向异性能常数[①]

材料名称	晶体结构	温度	$K_1/(10^4\ \mathrm{J/m^3})$	$K_2/(10^4\ \mathrm{J/m^3})$
Fe	立方	293 K	+4.72	0.75
Ni	立方	300 K	−5.7	−2.3
超坡莫合金	立方	室温	+0.015	—
坡莫合金(70%Ni)	立方	室温	+0.070	−1.7
Fe-4%Si 电工钢	立方	室温	+3.2	
Fe_3O_4	立方	室温	1.1~1.3	
$MnFe_2O_4$	立方	室温	−0.28	—
$Mn_{0.45}Zn_{0.55}Fe_2O_4$	立方	室温	−0.038	

续表

材料名称	晶体结构	温度	$K_1/(10^4\ \text{J/m}^3)$	$K_2/(10^4\ \text{J/m}^3)$
$NiFe_2O_4$	立方	室温	-0.7	
$CoFe_2O_4$	立方	室温	$+27.0$	30.0
$Y_3Fe_5O_{12}$	立方	4.2 K	-0.25	-0.023
$Fe_{78}(B,Si)_{22}$	非晶体	室温	$+0.3$	
Co[2]	六方	288 K	$+45.3$	$+14.4$
Gd[2]	六方	4.2 K	-120	80
Tb[2]	六方	4.2 K	-5650	-460
Dy[2]	六方	4.2 K	-5500	-540
$BaFe_6O_{19}$[2]	六方	293 K	$+33.0$	
$Co_2BaFe_{16}O_{27}$[2]	六方	室温	-186	$+75$
$Co_2Ba_3Fe_{24}O_{41}$[2]	六方	293 K	$(K_{u1}+2K_{u2})=-18$	
$SmCo_5$[2]	六方	0 K	$+1050$	≈0
$Nd_2Fe_{14}B$[2]	四方	室温	500	
$TbFe_2$[2]		室温	-760	

① 数据取自文献[4]的表 7.4,文献[5]的第 12 节,文献[6]的表 3.3 和文献[7]的表 23.1.
② 材料为单轴晶体.

9.1.4 各向异性等效场

由于存在磁晶各向异性,磁性物质发生自发磁化时,其磁化方向不能任意取向,而只能在几个易磁化轴的方向.这好像存在一个内禀磁场,其作用使磁矩只能沿易磁化轴取向.磁晶各向异性就起到这种作用.因此,可以将磁晶各向异性等价为"有效磁场",具体做法的根据是,如在易磁化轴有一个磁场 H,则有静磁能 $E_k=-\boldsymbol{J}_s\cdot\boldsymbol{H}=-J_sH\cos\theta=-\mu_0MH\cos\theta$(磁偶极矩 $\boldsymbol{J}_s=\mu_0\boldsymbol{M}_s$).而 $E_k=K_u\sin^2\theta$.由于 θ 是 $\boldsymbol{J}_s$ 和易磁化轴夹角,一般是 $\theta=0°$.现假定 θ 有很小变化,因而 $E_k=K_u\theta^2$.由于 $\theta=0$ 处 $E_k=0$,因而用 $E_k=-J_sH(1-\cos\theta)$ 的形式,故 $E_k=J_sH2\sin^2(\theta/2)=2J_sH(\theta/2)^2=(J_sH/2)\theta^2$.所以 $K_u=J_sH/2$.这就得到单轴各向异性能与磁场等价的关系为 $H_k=2K_u/J_s=2K_u/\mu_0M_s$,并称 H_k 为各向异性等效场.据此,可计算得到立方晶系等效场为

$$H_k=-4K_1/3J_s=4|K_1|/3\mu_0M_s,\quad K_1<0; \tag{9.3}$$

$$H_k=2K_1/J_s=2K_1/\mu_0M_s,\quad K_1>0. \tag{9.4}$$

六角晶系等效场为

$$H_k = 2K_u/J_s = 2K_u/\mu_0 M_s, \tag{9.5}$$

其中 $K_u > 0$ 为易磁化轴,$K_u < 0$ 为易磁化面.

9.1.5　磁晶各向异性的起因

　　对磁晶各向异性产生原因的研究表明,由于原子核带正电,并具有空间周期性分布,从宏观来看,必然与晶体的对称性有密切关系,故磁矩只能沿主晶轴方向取向.而为什么同属立方结构的 Fe 和 Ni,它们的各向异性常数 K_1 的符号(所起的作用)相反呢? 对此问题需要从微观上来着手进行讨论.在局域电子交换作用模型情况下,用单电子模型来讨论铁氧体的磁晶各向异性取得了一定的成功.对于金属的磁晶各向异性,基于"自旋对"模型和自旋轨道耦合作用可以给出理论解释.

　　1. 金属中磁晶各向异性机制

　　早先阿库洛夫提出"自旋对"模型来定性地说明金属 Fe 和 Ni 的磁晶各向异性,实际就是利用偶极矩相互作用,因而计算出的各向异性结果比实际要小得多.图 9.8 给出了"自旋对"示意图."自旋对"与晶轴方向的交角为 φ,距离为 r 的偶极子的互作用能可表示为

$$E_d = \frac{\mu_1 \mu_2}{r^3} - \frac{3(\mu_1 r)(\mu_2 r)}{r^5},$$

其中 $\mu_1 = \mu_2 = \mu$.如两自旋相互平行取向,则有

$$E_d = \frac{\mu^2}{r^3}(1 - \cos^2 \varphi).$$

对于一个有限大的金属磁体,总的各向异性能为

$$E_k = \sum_{i,j} \frac{\mu^2 (1 - \cos^2 \varphi_{ij})}{r_{ij}^3}.$$

对于立方对称的晶体,上式求和结果为零,即 $E_k = 0$.其他情况结果也比实际小得多.

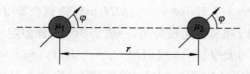

图 9.8　"自旋对"示意图

　　后来人们发现,自旋-轨道耦合是产生磁晶各向异性的主要原因.对于过渡金属来说,由于 3d 电子轨道角动量受晶场的作用基本上是冻结的,但又不是完

全冻结,这样 $\lambda \boldsymbol{L} \cdot \boldsymbol{S}$ 耦合项中系数 λ 比较小,而对于稀土金属来说,其 4f 电子轨道角动量没有冻结,自旋轨道耦合能比过渡金属的大两个量级.

因为 3d 电子轨道角动量基本冻结,但不是完全冻结,所以自旋-轨道耦合较弱(10^2/cm).由于过渡金属中 d 电子所受到的晶场作用很强(10^4/cm),因而其原子磁矩的取向与晶轴方向有很大的关系,但因 $\lambda \boldsymbol{L} \cdot \boldsymbol{S}$ 较弱(10^2/cm),所以磁晶各向异性比较小.稀土金属自旋-轨道耦合很强(10^4/cm),虽然晶场较弱(10^2/cm),但因轨道面取向受晶场影响,不可能任意取向,因而使原子磁矩的取向与晶轴密切相关,所以稀土金属的磁晶各向异性很大.

Fe,Ni,Co 中对磁性起主要贡献的 3d 电子是巡游的,在讲铁磁体能带结构时提到交换劈裂,这种作用是各向同性的.考虑自旋轨道耦合作用后,交换作用会使能带在费米能级附近发生劈裂,而且是各向异性的.具体金属磁性材料的各向异性强弱,在正确选定能带结构后,可以从理论上进行精确的计算,但难度都比较大.图 9.7 上的理论曲线就是基于这种作用的计算结果.

2. 铁氧体的磁晶各向异性机制

由于铁氧体中的磁性金属离子是处在氧离子所组成的四面体或八面体中的,而不存在磁性离子自旋之间的直接交换作用,所以"自旋对"模型不适用于铁氧体材料.

由于金属离子处在较强的非磁性氧离子的晶场之中,使该金属离子的自旋取向受其他金属离子自旋的影响很小.以 $CoFe_2O_4$ 为例,Co^{2+} 离子处在氧离子八面体晶场,同时又受到次近邻 Fe^{3+} 离子三角晶场的作用,其物理图像如图 9.9 所示.Co^{2+} 磁矩的取向受这些晶场的影响很大,且这些晶场在磁体中单独地起作用,即磁体的磁晶各向异性是各种磁离子的各向异性的代数和,即

$$K_1 = \sum_i N_i K_{1i}, \quad K_2 = \sum_i N_i K_{2i},$$

其中 N_i 指 i 类离子数,K_{1i}, K_{2i} 为 i 类离子的各向异性常数.这种模型称为"单离子"各向异性模型.

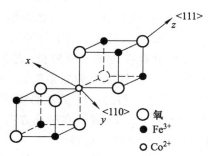

图 9.9 氧化物中 Co^{2+} 处在八面体间隙位置,Fe^{3+} 处在四面体间隙位置

　　单离子模型中,磁性离子的自旋-轨道耦合强度与金属的情况相近,但其耦合磁矩的取向与 d 电子的基态能级的状态密切相关.因为在计算各向异性能 $<m_s,m_l|\lambda\boldsymbol{L}\cdot\boldsymbol{S}|m_l,m_s>$ 时,用到 $<m_l|$ 的基态波函数.

　　由于 Co^{2+} 的光谱项为 F,其基态能级为双态,因而具有很强的各向异性 $(10^{-15}\,erg/离子)$.Fe^{2+} 光谱项为 D,在立方和三角晶场作用下,基态为单态,其各向异性相对要小得多 $(10^{-17}\,erg/离子)$.各金属离子的磁晶各向异性的大小可以用量子力学计算得到,详细计算请参看文献[4]的第 7 章.

　　单离子模型的基本特点是:在铁氧体磁体中,存在几种磁性离子,它们的各向异性大小不同,而且所占比例也有很大差别.要求得它们对磁体各向异性能的贡献,可以先分别计算出各种磁离子各向异性的总合,再用代数和计算得出磁体各向异性的数值.这一特性在调节和改善铁氧体的磁导率或矫顽力方面有很大的用处.具体做法可参看本书第十五章的讨论.

§9.2　磁致伸缩和磁弹性能

　　磁体在磁场中磁化时,在磁化方向上会产生长度变化,称之为磁致伸缩效应,1842 年由焦耳发现.因为是材料线度的变化,故称为线磁致伸缩,以区别于体积改变的体磁致伸缩.通过实际测量发现,在偏离磁化方向的其他方向,被测样品也会发生伸长或缩短,但要比磁化方向的变化小一些,不过在垂直磁场方向却变为与之相反的缩短或伸长.详细讨论请参看文献[5]的第 14 节.

9.2.1　线磁致伸缩

　　从实验结果知,材料因磁致伸缩引起的长度变化 $\Delta L=L-L_0$ 是很小的,其中 L_0,L 分别表示磁场为零和非零时材料的长度.常常用长度变化的相对值来表示磁致伸缩系数,即

$$\Delta L/L_0 = \lambda = (L-L_0)/L_0, \qquad (9.6)$$

它表示在 L_0 方向伸缩的大小.在饱和磁化后,称之为饱和磁致伸缩系数,用 λ_s 表示,其值一般在 $10^{-7}(Ni_{78}Fe_{18}Mo_4$ 合金$)\sim 10^{-5}(Ni)$ 之间,少数稀土合金材料可达 $10^{-4}\sim 10^{-3}(TbFe_2)$.如材料在磁场方向伸长(或缩短),则在垂直磁场方向缩短(或伸长),其体积基本未变(体磁致伸缩系数 $\omega\approx 0$),所以称为线磁致伸缩.图 9.10 给出了四种金属磁性材料的 λ-H 关系曲线.可以看到 Fe 的 λ 为正,Ni 的 λ 为负.这说明,在磁化过程中,Fe 样品在磁化方向伸长,Ni 样品在磁化方向缩短.Co 缩短的很小,说明磁致伸缩效应很小.

　　如在任一方向(设与磁场交角为 θ)测量一个多晶材料样品的线磁致伸缩,则其结果为

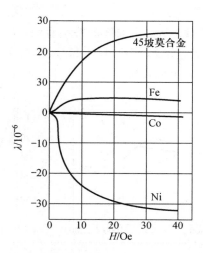

图 9.10　四种金属磁性材料的磁致伸缩系数与外磁场 H 的变化关系

$$\left(\frac{\Delta L}{L_0}\right)_\theta = \frac{3\lambda_s(\cos^2\theta - 1/3)}{2}. \tag{9.7}$$

所谓线磁致伸缩,就是指由于材料内部磁化状态的改变而引起的长度变化. 它与磁场之间角度变化的关系,对单晶体来说,用以描述的公式较复杂(具体角度关系如图 9.11 所示):

$$\lambda_s = \frac{3}{2}\lambda_{100}\left(\alpha_1^2\beta_1^2 + \alpha_2^2\beta_2^2 + \alpha_3^2\beta_3^2 - \frac{1}{3}\right)$$
$$+ 3\lambda_{111}(\alpha_1\alpha_2\beta_1\beta_2 + \alpha_2\alpha_3\beta_2\beta_3 + \alpha_3\alpha_1\beta_3\beta_1), \tag{9.8}$$

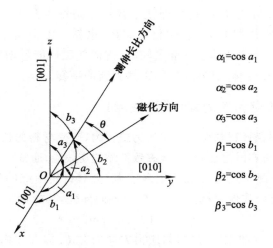

图 9.11　几种角度关系

其中 α_i 为饱和磁化强度的方向余弦,β_i($i=1,2,3$)为测量方向的方向余弦.具体测量的变化情况见图 9.12.从图上曲线的特点看到,Ni 的三个主晶轴的伸缩系数都是负值,而 Fe 的情况比较复杂,[100]和[111]相反,[110]是低磁化状态为正值,磁矩 M 较高时就向负值转变.

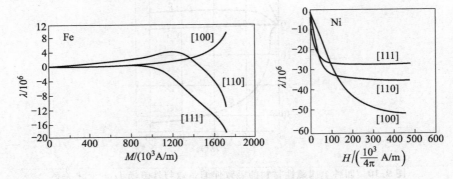

图 9.12 Ni 和 Fe 单晶体的磁致伸缩系数 λ 与磁场强度 H 的关系

9.2.2 产生磁致伸缩的原因

从前面介绍的磁致伸缩现象可以看到,磁化时使磁矩排列趋向一致,并引起磁体在磁矩的取向方向发生伸长或缩短.因此可认为,磁致伸缩源于磁矩之间的交换作用.实验还发现,在居里温度以上时一个球形单晶磁体不具有自发磁化,当温度降到居里温度之下后,该磁体自发地变成椭球形.这是因为磁体具有自发磁化,虽然它不显示磁性,但其内部存在非常多的自发磁化区,即下面要讨论的磁畴结构.由此看到,这种即使不存在外磁场也会引起磁性材料的自发形变的情况,必然与材料的自发磁化有关系,也就是由交换作用能的变化引起的.由于交换能的变化使体系中能量较高,进而使磁体能量增高产生了不平衡,而产生形变是为了使体系能量降低,以达到新的平衡.

9.2.3 压磁效应和应力能(磁弹性能)

反过来,如对磁性材料施加一定压力或张力,会使材料的长度发生变化,则材料内部的磁化状态亦随之变化.这是磁致伸缩的逆效应,通常称之为压磁效应.

磁性材料在制备过程中会产生内应力,会对材料内部的磁化状态有影响.设应力为 σ,它与磁致伸缩耦合,产生应力各向异性,其能量为

$$E_\sigma = -(3/2)\lambda_s \sigma \sin^2 \beta, \tag{9.9}$$

其中 β 为形变取向(即磁化方向)与应力方向的夹角.因存在内应力 σ,它与晶格应变(即 λ_s)耦合具有能量量纲,故这个能量称为应力能,也称为磁弹性能.由于

应力作用而使磁化方向的取向与应力有关,故也称为应力各向异性能,量级在 $10\sim10^4$ J/m³. 与式(9.2)第一项对比可知,它对磁性材料的磁化过程起到与磁晶各向异性相同的影响. 为使式(9.9)与式(9.2)中第一项相当,则 $(3/2)\lambda_s\sigma$ 与 K_{u1} 对磁矩取向的影响应相当,因而具有单轴各向异性的特征.

表示应力能的式(9.9)的推导:由于磁化而产生伸缩 $\Delta l/l$(表示单位伸缩长度),设存在应力 σ,其方向与原磁化方向之间夹角为 β,参见图 9.13.

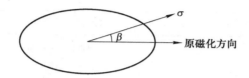

图 9.13　应力作用方向和原磁化方向的角度关系

应力的作用使得磁矩 **M**,从原所在的长轴方向变到与长轴交角为 β 的方向. 在该方向上磁体的每单位长度伸长了 $(\Delta l/l)_0-(\Delta l/l)_\beta$,这时应力 σ 所做的功为 $\sigma\mathrm{d}(\Delta l/l)$. σ 是单位面积的作用力,乘以在 σ 方向的长度变化就是内部弹性能的变化,用 $\mathrm{d}E$ 来表示磁化方向的内应力能与 σ 方向的应力能的差值. 引起改变的目的是为了降低体系的能量,所以有

$$-\mathrm{d}E=\sigma\mathrm{d}(\Delta l/l).$$

对上式从 E_0 到 E_β 积分后,根据式(9.7)有

$$E_\sigma=-(E_0-E_\beta)=\sigma\left[\left(\frac{\Delta l}{l}\right)_0-\left(\frac{\Delta l}{l}\right)_\beta\right]$$
$$=\sigma\left[\lambda_s-\frac{3}{2}\lambda_s\left(\cos^2\beta-\frac{1}{3}\right)\right]=\frac{3\sigma\lambda_s}{2}(1-\cos^2\beta).$$

由此得到材料内部存在应力且磁致伸缩系数 λ 不等于 0 时,就存在应力能,即式(9.9).

线磁致伸缩较大的材料可用做超声波发生器和接收器以及力、速度、加速度等传感器件. 例如,Ni 和 $NiFe_2O_4$ 已用于声呐器件. 在这些应用中,对材料性能的要求是:饱和磁致伸缩系数 λ_s 要大,灵敏度 $(\mathrm{d}B/\mathrm{d}\sigma)H$ 要高,磁-弹耦合系数 $|K|$ 要大. 表 9.2 列出了一些材料的磁致伸缩常数.

表9.2　一些材料在室温下的磁致伸缩系数[①]

单晶材料	$\lambda_{100}/10^6$	$\lambda_{111}/10^6$	$\lambda_0=(2\lambda_{100}+3\lambda_{111})/5$
Fe	20.7	−21.2	21
Ni	−45.9	−24.3	−35
Fe-Ni(85%Ni)	−3	−3	−3

续表

单晶材料	$\lambda_{100}/10^6$	$\lambda_{111}/10^6$	$\lambda_0 = (2\lambda_{100}+3\lambda_{111})/5$
Fe-Co(40%Co)	146.6	8.7	64
Fe_3O_4	−20	78	39
$Co_{0.8}Fe_{2.2}O_4$	−590	120	−164
$Ni_{0.8}Fe_{2.2}O_4$	−36	−4	−17

多晶材料	$\lambda_s/10^6$
Fe_3O_4	40
$MnFe_2O_4$	−5
$NiFe_2O_4$	−27
$CoFe_2O_4$	约 110~200
Mn-Zn 铁氧体	−0.5

① 数据取自文献[6]的表 3.4 和文献[4,5,7]的结果.

从磁弹性能与磁晶各向异性能对磁矩取向具有相同的作用来看,磁致伸缩的起源与磁晶各向异性的起源基本相同,都与磁矩间交换作用能的变化有关.

9.2.4 体磁致伸缩

体磁致伸缩是磁体在磁场作用下体积变化的效应,体磁致伸缩系数可表示为

$$\omega = (V - V_0)/V_0, \tag{9.10}$$

其中 V_0 和 V 分别为磁体被磁化前后的体积.在居里温度附近,ω 数值较大,变化范围在 $10^{-5} \sim 10^{-6}$ 之间,对钙钛矿锰氧化物可达 10^{-4}.当温度由高于 T_C 向低于 T_C 过渡时,磁性材料都要发生自发磁化,这时将伴随发生体磁致伸缩,又称自发体磁致伸缩.一般情况下,材料的体磁致伸缩对磁化过程影响不大,而线磁致伸缩的影响必须考虑.

由于线磁致伸缩和材料的内应力结合形成磁弹性能,并具有应力各向异性的作用,因而对磁化过程有影响,它反映在磁滞回线和磁化曲线的形状变化上,反映出磁化的难易程度.图 9.14 给出了 $Fe_{32}Ni_{68}$ 合金和 Ni 的磁化曲线和磁滞回线在施加应力与否的情况下形状的变化.由于 Ni 的 $\lambda_s<0$,而合金的 $\lambda_s>0$,所以对材料加拉应力($\sigma>0$)后产生的应力各向异性对磁化的作用正好相反.对 Ni,λ_s 为负,从而使磁化过程变得困难;对 $Fe_{32}Ni_{68}$ 合金,λ_s 为正,磁化更容易了.由此知,材料需要退火的原因是为了消除内应力,目的是为了获得非常低的应力各向异性,以便改善磁性能,使矫顽力降低.如要增加单轴各向异性,可以施

加应力,使弹性能增大,从而形成较强的单轴各向异性.

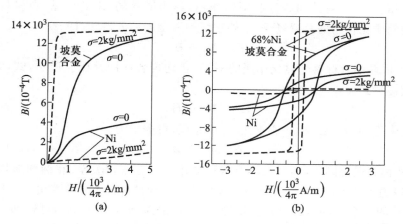

图 9.14 $Fe_{32}Ni_{68}$ 和 Ni 两种金属磁性材料受拉应力作用后,其磁化曲线和磁滞回线的变化特点. Ni 变得难磁化,而 $Fe_{32}Ni_{68}$ 合金变得更容易磁化了(取自文献[3]的图 38.22)

单晶体磁弹性能的表达式比较复杂,在实际情况用得不多,在此就不再讨论,有兴趣的读者可参看文献[4]的第 14 节.

§9.3 退磁场能和静磁场能

9.3.1 退磁场能

在磁性材料的应用中,对其性能作改进和进行器件设计时都必须计及退磁效应.过去在研究磁性材料被磁化以后的性质时,存在分子电流(相当电子的轨道运动电流)和磁荷两种观点.在基础物理课中已讨论过它们的物理意义,这两个模型从不同的角度描述同一现象,都对产生的退磁场做了讨论.

当外磁场对物体磁化时,产生的磁感应强度 B 与磁场强度 H 和磁化强度 M 的关系在 SI 单位制中为

$$B = \mu_0(H + M), \tag{9.11}$$

其中 $\mu_0 = 4\pi \times 10^{-7}$ H/m 为真空磁导率,B 的单位为 T,H 和 M 的单位均为 A/m. 在 CGS 单位制中,它们之间的关系为

$$B = H + 4\pi M, \tag{9.12}$$

其中 B 和 M 的单位均为 Gs,H 的单位为 Oe(1A/m$=4\pi \times 10^{-3}$Oe,1 T$=$1Wb/m^2$=10^4$Gs). 只要磁性材料的形状不是闭合或无限长的,当它被磁化时,其内部的磁场强度 H 总是小于外加的磁场强度 H_e,这是因为被磁化后材料内要产生

退磁场强度 H_d,其方向总是与磁化强度 M 相反,也就是与 M 所在部位的外磁场方向相反,因而对外加磁场起削弱作用,称为退磁场. 由此可见,在材料内部真正起到磁化作用的总磁场 H 是外磁场和退磁场的矢量和,即

$$H = H_e + H_d,\qquad(9.13)$$

其中 H 是真正对材料起磁化作用的磁场. 在均匀各向同性磁介质中,式(9.13)可写成标量式

$$H = H_e - H_d.\qquad(9.14)$$

退磁场强度与磁化强度 M 成正比,方向相反,可表示为

$$H_d = -NM,\qquad(9.15)$$

其中 N 称为退磁因子,与材料的形状和磁化方向有密切关系. 在椭球形均匀介质中,退磁因子大小可以计算出来,但对任意形状材料就无法计算出. 如设 a,b,c 为椭球的三个主轴,其方向的退磁因子分别记为 N_a, N_b 和 N_c,可得到三者的关系为

$$N_a + N_b + N_c = 1.\qquad(9.16)$$

对球形样品,有

$$N_a = N_b = N_c = 1/3;\qquad(9.17)$$

对细长的柱形样品$(a=b\ll c(z))$,有

$$N_a = N_b = 1/2,\quad N_c = 0;\qquad(9.18)$$

对非常薄的片状样品$(c(z)\ll a$ 和 $b)$,有

$$N_a \approx N_b \approx 0,\quad N_c = 1.\qquad(9.19)$$

图 9.15 绘出了短圆柱体和椭球体被磁化后所展现的磁力线,可看出体内和体外的方向相反,且在柱体内的磁力线分布不均匀,而在椭球体内的磁力线分布均匀.

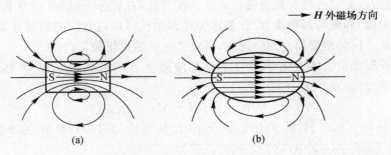

图 9.15　(a)短圆柱体和(b)椭球体被磁化后,其体内外磁力线的示意图

从图 9.15 还可以看出,体内存在的磁力线方向与体外的相反,也与外磁场方向相反. 这种现象是普遍的,只要不是环状和无限长磁体,都具有这一特性,

因此在磁体的两端就有正负磁极,并必然有退磁场.对形状不大规则的磁体,退磁场总是不均匀的,这时退磁场是一个张量.对形状比较简单的椭球体或细长的柱体,退磁场是矢量(有关退磁因子的计算和详细讨论可参看文献[5]).现在我们要解决的问题是退磁场的特点和影响如何? 以及如何准确测量出软磁性材料的真实磁化强度 M 或磁感应强度 B? 要做到这些,必须选择退磁场影响较小的磁体.因此,以环状样品(通常称为螺绕环)最好,细长形圆柱样品也可以(长度 L 比直径 D 大 20 倍以上).对于硬磁材料,因 L 和 D 的比值小,要求在测量时被测样品和外磁场应形成闭合回路,否则所测结果很不准确.这些会在以后的章节中详细讨论.

在退磁场 $\boldsymbol{H}_\mathrm{d}$ 基本均匀和大小知道后(主要由退磁因子 N 特点反映出来),退磁场能 E_d 可用积分求得

$$E_\mathrm{d} = \mu_0 \int H_\mathrm{d} \mathrm{d}M = \frac{\mu_0 N M^2}{2}. \tag{9.20}$$

退磁能也是一种场能,它对形成畴结构起到非常重要的作用.

9.3.2 磁场本身的静磁能及其对磁体作用产生的磁化能

当空间存在静磁场 $\boldsymbol{H}$ 时,由于本身的相互耦合作用,在它所存在的空间具有能量特征,称为静磁能,可表示为

$$E = \mu_0 \int H \mathrm{d}H = \frac{\mu_0 H^2}{2}. \tag{9.21}$$

外磁场对磁矩作用的能量为

$$E_\mathrm{M} = -\mu_0 \boldsymbol{H} \cdot \boldsymbol{M}_\mathrm{s} = -\mu_0 H M_\mathrm{s} \cos\theta = -\mu_0 H M, \tag{9.22}$$

其中 θ 为 $\boldsymbol{H}$ 和 $\boldsymbol{M}_\mathrm{s}$ 的夹角;$M = M_\mathrm{s} \cos\theta$ 为 $\boldsymbol{M}_\mathrm{s}$ 在 $\boldsymbol{H}$ 方向的投影,表示对磁化的贡献,也具有能量特征,称为磁化能.

§9.4 交换能增量

两个自旋在完全平行和有一定夹角 θ 时,能量的差别可表示为

$$\Delta E_\mathrm{ex} = -2AS^2 \cos\theta - (-2AS^2) = 2AS^2 (1 - \cos\theta).$$

如 θ 很小,则 $1 - \cos\theta = 2\sin^2(\theta/2) \approx \theta^2/2$.代入上式,得

$$\Delta E_\mathrm{ex} = 4AS^2 \sin^2(\theta/2) \approx AS^2 \theta^2. \tag{9.23}$$

它表示一对自旋之间夹角由 $0°$ 变为 θ 时的交换能增量. θ 较大时,交换能要写成 $E = -2AS^2 \cos\theta$.考虑两相邻自旋不相互平行(其角度计为 θ_{ij})时单位体积中所引起的交换能的增加,可以对不同交角的可能情况求和

$$E = -2AS^2 \sum \cos\theta_{ij}.$$

在讨论磁畴结构时,常常用到 θ 是很小角度的情况,因此用式(9.23)的形式,即

$$\Delta E_{\text{ex}} = 4AS^2 \sum \left(\frac{1}{2} \theta_{ij} \right)^2 = AS^2 \sum \theta_{ij}^2. \qquad (9.24)$$

上述前三种能量是磁性材料体系中与磁矩取向有关的自由能,它决定着磁化状态及其变化.特别是各向异性能(K)随温度上升而下降很快,其下降率要比 M_s 随温度的下降快三到十个量级.应力能和 M_s 也随温度变化,因此材料的温度特性主要由这几个参量的影响来决定.

§9.5 小 结

本章讨论了磁性材料中四种自由能的物理意义和表达式,它们对磁畴结构以及材料在磁场作用下的磁化过程起到决定性作用.各向异性能常数 K,交换能增量 ΔE_{ex} 和磁致伸缩系数 λ 是材料的内禀特性,后者与内应力结合成磁弹性能(λ_σ),可起到与 K 相似的各向异性能作用,它们直接影响材料的磁化过程.另外,λ 还决定材料在磁化时的形变大小.

退磁场和退磁能是静磁场能中重要的组成部分.只要材料的磁路不是闭合的,就会出现面磁荷(或者磁极).由于退磁能的存在,使材料必须分成很多自发磁化区,即磁畴.

参 考 文 献

[1] O'Handley R C. Modern Magnetic Materials:Principles and Applications. New York: John Wiley & Sons,Inc.,2000:179－217.

[2] 周文生.磁性测量原理.北京:电子工业出版社,1988.

[3] 冯端,翟宏如.金属物理学(第四卷):超导电性和磁性.北京:科学出版社,1998.

[4] 姜寿亭.铁磁性理论.北京:科学出版社,1993.

[5] 近角聪信.铁磁性物理.葛世慧,译.兰州:兰州大学出版社,2002.

[6] 北京大学物理系铁磁学编写组.铁磁学.北京:科学出版社,1976.

[7] Vonsovskii S V. Magnetism. Jerusalem:John Wiley & Sons Inc.,1974.

第十章　磁畴结构

　　磁性材料中存在自发磁化区(即磁畴),其类型和结构由材料中的各种自由能(如前面章节讨论过的四种)之和的极小及其变化来确定.因此,在讨论磁畴结构时,所用的是宏观热力学和统计物理学的方法.Brown 在 20 世纪 50 年代曾提出微磁学的理论(见第一章中文献[13]),该理论建立了一套方法,较之前的理论有一定的进步,但所得的结论并未有特别新的东西,只是在理论上较为严格.该理论没有传统热力学方法那么直观,数学计算上有一些困难.这里我们着重讲述磁化理论的基本概念和物理图像,因而用热力学和统计物理的方法比较简便.

§10.1　磁畴和畴壁结构

10.1.1　畴的类型

　　铁磁性物质在很弱的磁场中就可磁化,并显示出很强的磁性.有些软磁材料在 80A/m(1Oe)或更低的磁场就可磁化到饱和.这样弱的磁场不可能使不同取向的原子磁矩整齐地排列起来,只能使已经存在的、磁矩取向不同的自发磁化小区(区内磁矩取向一致)经过一定的磁化过程后,在各小区中磁矩方向趋于一致.这种自发形成的磁化小区称为磁畴.在居里温度以下,磁畴内各原子的磁矩取向基本一致.在外磁场为零时,各磁畴之间的磁矩取向相反或成一定的角度,总和起来使磁性材料处于磁中性状态.在两相邻磁畴内,磁矩取向彼此反向的畴称为 180°畴结构;如果取向相互垂直,则称为 90°畴.以 Ni 为例,由于自发磁化是沿易磁化轴(简称易轴)方向,而在立方晶体中,Ni 的易轴为[111]时,磁矩取 8 个等价方向,且沿同一个易轴的磁矩取向可以平行或反平行排列,这就形成 180°磁畴.另外,有 8 个等价的[111]方向,它们之间的交角有 71°和 109°两种.因它们与 90°接近,如沿这些晶轴形成畴,则各个畴之间的磁矩交角为 71°和 109°,故可认为接近 90°,而常常称为 90°畴.对于体心立方晶体,例如 Fe,易轴为[100],磁矩取向有 6 个等价方向,因而也会形成 180°和 90°畴.图 10.1 给出了这两种畴的示意结构.磁畴之间存在磁矩取向的过渡区,把这种过渡区称做畴壁.为什么形成畴?畴的大小和畴壁厚度如何估算?从图 10.1 看到,出现磁畴后磁体的静磁能下降,对(d)的情况,顶端为 90°畴,形成闭合磁路,虽然无静磁能,但因磁致伸缩,在 90°畴之间形成了应力,而产生了磁弹性能,对磁畴的大小也有影响.

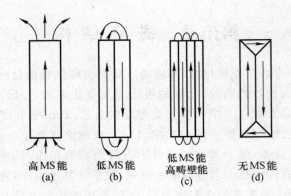

高 MS 能   低 MS 能   低 MS 能   无 MS 能
(a)   (b)   高畴壁能   (d)
                       (c)

图 10.1   180°畴(b,c)和 90°畴(d)的示意情况,MS 是静磁
(magnetostatic)的缩写(取自文献[1]的图 8.16)

从退磁效应讨论可知,一块铁金属磁体存在的自发磁化如不分畴,则在其磁矩取向的反方向存在退磁场,因而产生退磁能.根据式(9.20),如 $M_s=1.71\times10^6$ A/m(高斯 CGS 单位为 1710 $\mathrm{cm}^{-1/2}\cdot\mathrm{g}^{1/2}\cdot\mathrm{s}^{-1}$),则其退磁能为(设 $N=1$)

$$E_d = \mu_0 N M_s^2/2 = 1.8\times10^6\,\mathrm{J/m^3}$$
$$= 1.8\times10^7\,\mathrm{erg/cm^3}. \tag{10.1}$$

设铁磁材料的面积为 1 $\mathrm{m^2}$,厚度 $t=10^{-2}$ m,如不分畴,则材料中的退磁能为 $\sigma_d=E_d t=1.8\times10^4\,\mathrm{J/m^2}=1.8\times10^7\,\mathrm{erg/cm^2}$.这个能量很大,是不现实的.如果将它分成片状畴,如图 10.2 所示,磁畴宽度为 d,材料的长度为 L,考虑到退磁因子 N 为 $1.7d/L$,则可计算出该铁磁材料中单位面积的退磁能为(设 L 为单位长度,可写成 1m):

$$\sigma_d = 1.7(t\,d/L)\mu_0 M_s^2/2 = 1.07\times10^{-8}M_s^2 d. \tag{10.2}$$

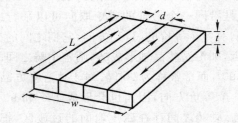

图 10.2   强磁性材料成畴的示意情况(取自文献[1]的图 8.17)

由此可见，σ_d 与 d 成正比，d 越小 σ_d 越低. 但不可能无限小下去，因在 180°（或 90°）畴之间，有一个磁矩取向由朝上（正）转到向下（负）的过渡区，参见图 10.3(b). 过渡区内磁矩不断转变角度（总共转 180°），这个过渡区称之为 180°畴壁. 图 10.3(a) 为两种能量与原子层数 N 的关系. 畴壁厚度为 δ，它与交换作用常数 A 成正比，与各向异性能常数 K 成反比. 这样就形成了另一种能量：畴壁能 γ. 退磁能因分畴而降低，但同时产生了畴壁能. 该能随畴壁厚度的增加而增加，因此只能从两者所需能量和的极小来决定分畴后磁畴结构的情况. 为此，首先要确定畴壁厚度 δ 的大小，有了厚度才能知道畴壁能 γ 的数值.

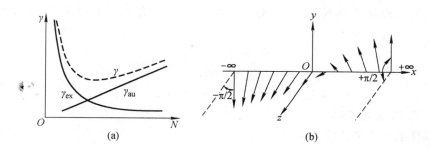

图 10.3　(a) 畴壁能 γ 与原子层数 N 的关系；(b) 180°畴壁内磁矩转向过程

10.1.2　畴壁能和畴壁厚度

在畴壁内磁矩转向使两相邻自旋间夹角 $\theta \neq 0$，可把两原子间的交换能简单地看成 $E_{ex} = -2AS^2\cos\theta$. 交换能增量为

$$\Delta E_{ex} = -2AS^2\cos\theta - (-2AS^2) = 2AS^2(1 - \cos\theta).$$

因 θ 很小，故 $\Delta E_{ex} \approx AS^2\theta^2$. 如畴壁有 N 个原子层厚，对 180°畴则 $\theta = \pi/(N-1)$. 在单位面积中有 $(N-1)/a^2$ 个原子对发生交换作用（a 为原子间距，$1/a^2$ 就是一层的原子数），由此得单位面积中的交换能

$$\gamma_{ex} = \frac{(N-1)\Delta E_{ex}}{a^2} = \frac{[(N-1)/a^2]AS^2\pi^2}{(N-1)^2} \approx \frac{AS^2\pi^2}{a^2N}. \tag{10.3}$$

因 N 很大，故可认为 $N \approx N-1$. 从交换能角度要求，θ 越小（即 N 越大）则能量越低（即畴壁越厚）越好. 但在过渡区存在各向异性，因此有各向异性能密度

$$\gamma_a = p|K|Na, \tag{10.4}$$

它要求 N 越小越好. 因为单位面积畴壁能 γ_w 为上述两种能量之和，即

$$\gamma_w = \gamma_{ex} + \gamma_a = \frac{AS^2\pi^2}{a^2N} + p|K|Na, \tag{10.5}$$

由于两者竞争使畴壁能有一个极小值，即 $d\gamma_w/dN = 0$，从而求出

$$N = \frac{\pi S}{a}\left(\frac{A}{p\,|K|\,a}\right)^{1/2}. \tag{10.6}$$

Na 就是畴壁厚度 δ, p 是分数,与结构有关(例如对于 Fe, $p = 1/8$),则可求得 180°畴壁厚度为

$$\delta = \pi S\left(\frac{A}{p\,|K|\,a}\right)^{1/2}. \tag{10.7}$$

将式(10.6)的 N 代入式(10.5),求出畴壁能

$$\gamma_{\mathrm{w}} \approx 2\pi S\left(\frac{Ap\,|K|}{a}\right)^{1/2}. \tag{10.8}$$

知道材料结构及 A 和 K 后,例如对金属铁,$p = 1/8$, $M_{\mathrm{s}} = 1.71 \times 10^6$ A/m, $K_1 = 4.81 \times 10^4$ J/m^3,可估算出

$$Na \approx 118 \text{ nm},$$
$$N \approx 400,$$
$$\gamma_{\mathrm{w}} = 1.59 \times 10^{-3} \text{ J/m}^2 = 1.59 \text{ erg/cm}^2,$$

其中 a 为 Fe 晶格常数.

具体的估算值请看本章附录二.

实际上,在畴壁内磁矩的转变角度不是均匀的,对 180°和 90°畴的情况也各有不同. 较严格的是两相邻原子的磁矩的转动角 $\theta = (\partial\theta/\partial x)a$,这样式(10.3)应写成

$$\gamma_{\mathrm{ex}} = \frac{AS^2}{a}\int\left(\frac{\partial\theta}{\partial x}\right)^2 \mathrm{d}x. \tag{10.3$'$}$$

γ_{a} 由 E_{K} 决定,E_{K} 可写成 $E(\theta)$,因而有

$$\gamma_{\mathrm{a}} = \int E(\theta)\,\mathrm{d}x, \tag{10.4$'$}$$

对 180°畴积分由 $-\infty$ 到 $+\infty$,也就是从 $-\pi/2$ 到 $+\pi/2$. 具体计算时,由于单轴晶体和三轴晶体的磁晶各向异性不同,而有较大的区别. 图 10.4 给出了它们的区别. 先看单轴晶体的角度变化与 x 的关系,图 10.4(b)中实线是 $\theta(x)$ 曲线,$x = 0$ 是畴壁的中心位置,这里斜率最大. 它表示每移动一个原子间距 a 后,磁矩的转角比其他位置的都要大,因为在这个方位上磁矩受到各向异性等效场的作用最强,所以变化最大. 在距 $x = 0$ 较远的地方,角度变化非常缓慢,这是因为各向异性等效场接近零. 如果 $\theta(x)$ 曲线的两端都要求 $\theta = 90°$ 时才确定为畴壁的边界,这也不符合实际. 因而取 $x = 0$ 处的切线与 $\theta = \pm 90°$ 的 x 轴正向交点为畴壁的起点和终点,两点的间距定为宽度,可以给出单轴晶体中 180°畴壁的厚度(计算见本章附录二):

$$\delta = \pi(A/K_{\mathrm{u1}})^{1/2}, \tag{10.7$'$}$$

其畴壁能为

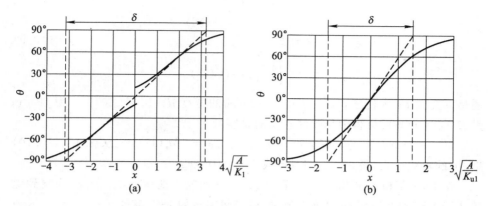

图 10.4　（a）三轴晶体和（b）单轴晶体的 $180°$ 畴壁内,不同位置
上磁矩转变角度快慢的比较

$$\gamma_{\mathrm{w}} = 4(AK_{\mathrm{ul}})^{1/2}. \tag{10.8$'$}$$

从图 10.4(a)所示的 $\theta(x)$ 曲线（实线）来看,在 $\theta(x)=45°$ 处曲线斜率最大. 这是因为在畴壁中心附近的 $\theta(x)=\pm45°$ 处,是 [110] 方向,它是 (100) 面上的难磁化轴,所以出现和上面相似的情况. 可以看到,经过 $\theta(x)=\pm45°$ 处的斜率汇合成一条线. 基于上述类似的讨论,可得到三轴晶体的 $180°$ 畴壁厚度为

$$\delta = 2\pi(A/K_1)^{1/2}, \tag{10.7$''$}$$

畴壁能为

$$\gamma_{\mathrm{w}} = 2(AK_1)^{1/2}. \tag{10.8$''$}$$

对比用不同方法得到的畴壁厚度和畴壁能的结果可看到,它们基本的因子 $(A/K_{\mathrm{ul}})^{1/2}$ 和 $(AK_1)^{1/2}$ 是完全一样的,不同之处在于系数的差别和各向异性常数的特性差别. 从物理的实质来说,分畴的原因与决定畴壁厚度的因素是相同的、确切的,而具体的数值差别并未全反映其真实的内涵. 这是因为实际材料可能存在复杂的因素,如应力及杂质的影响未考虑(下面将具体讨论).

从退磁能(10.2)式和畴壁能(10.8)式可计算出如图 10.3(a)所示的,单位面积(1 m^2)材料下生成的 $180°$ 磁畴的总能量为

$$\sigma = \sigma_{\mathrm{d}} + \sigma_{\mathrm{w}} = 1.7t\,d\mu_0 M_{\mathrm{s}}^2/2 + \gamma_{\mathrm{w}}t/d,$$

其中 t 为材料的厚度,d 为磁畴宽度. 由此看到,畴的宽度增大会降低畴壁能,而增加了退磁能. 因此,磁畴宽度 d 的数值由 $\mathrm{d}\sigma/\mathrm{d}d = 0$,即总能 σ 的极小来决定. 计算得

$$d = \begin{cases} \dfrac{10^4 \left(\dfrac{\gamma t}{17}\right)^{1/2}}{M_s} \text{(SI)} \\[3ex] \dfrac{\left(\dfrac{\gamma t}{17}\right)^{1/2}}{M_s} \text{(CGS)}. \end{cases} \quad (10.9)$$

还是以金属 Fe 为例子,如 t 为 10^{-2} m,则畴的宽度 $d=5.7\times10^{-6}$ m,为 $10~\mu$m 量级,得到分畴后材料中与磁性有关的总能量为

$$\sigma = 2M_s \times 10^{-4}(17\gamma t)^{1/2} \text{(SI)} \quad \text{或} \quad \sigma = 2M_s(17\gamma t)^{1/2} \text{(CGS)}. \quad (10.10)$$

用 Fe 的参数代入,得 $\sigma=5.6$ J/m^2 或 5.6×10^3 erg/cm^2.

在 1931 年和 1932 年,Bitter 和 Akulov 分别独立地用粉纹法首次观察到磁畴.图 10.5 给出了用粉纹法观察到的、带有封闭畴的 180°畴的照片.之后有 Kerr 效应法,近年来又有 Lorentz 显微镜和磁力显微镜(MFM)等方法.这里不讨论各种观察磁畴的方法,其详细介绍可参看文献[2]的磁畴结构部分内容.

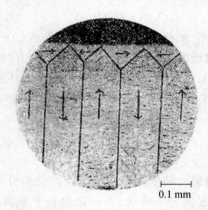

0.1 mm

图 10.5　硅钢单晶(001)面上的主畴(即 180°畴)和封闭畴[3],其中黑线是畴壁所在位置

上面在给出畴壁结构时,总是认为它们具有"平面"特征.可以证明,由于要降低静磁能和畴壁能,除特殊的情况(如柱形、波纹形畴壁和磁泡)外,磁畴总是平面结构的[12].

10.1.3　估计封闭的 180°畴的尺度

在简单的情况下无封闭的 180°畴如图 10.6 所示.前面已经估算了它的大小在微米量级.在单轴晶体中存在的多数为这类磁畴,因为其磁晶各向异性能较大.对磁晶各向异性能较低的材料,如 Fe-Ni 合金,3%~4%Si-Fe(硅钢片)等,在 180°畴的两端常常出现封闭的 90°畴,见图 10.7.因 180°畴的存在使材料表面出现正负交替的磁极,从而产生局域磁场,使附近的局部地区磁化,这就生

成封闭形磁畴,使材料体系的退磁能量降低.但是,由于封闭畴会受到两个主畴夹住(参见图 10.7),而无法伸缩,这就产生了应力,它与磁致伸缩耦合而形成磁弹性能,有时还有可能增加磁晶各向异性能.而这样的效果是使体系总和起来的能量有所降低.另外要看到,有了封闭畴,这将增加畴壁面积,为了不增加畴壁能,就要使 180°畴增加宽度.因此,可以估计到,有封闭畴的 180°畴的宽度比没有封闭畴的 180°畴的宽度要大些.

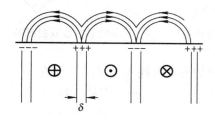

图 10.6 180°畴及畴壁附近出现的散磁场情况

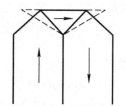

图 10.7 封闭畴受应力收缩

封闭畴沿磁矩方向伸长 $(\Delta l/l)_s = p/r_0$,其中 p 为圆球因磁致伸缩变成椭球后的长轴,r_0 为伸长前球的半径.由于受到两边主畴的压制无法伸长,因而产生的应力 σ 与 $\Delta l/l = e$ 成正比.设比例系数为 c,则有 $\sigma = c(\Delta l/l) = ce$,其中 c 为弹性模量.应力 σ 随压缩量的增加而增大,会对体系做功

$$E_\sigma = \int_0^e \sigma \mathrm{d}e = \int_0^e ce\,\mathrm{d}e = \frac{ce^2}{2}. \tag{10.11}$$

而 $e^2 = (\Delta l/l)^2$,假定在 [100] 方向伸缩,则可认为

$$E_\sigma = c\lambda_{100}^2/2. \tag{10.11'}$$

现在估计单位面积材料中有多少封闭畴(先设面积为 l^2,后令 $l=1$)以及其体积总和有多大.从图 10.8 可知,每个封闭畴的体积为

$$长 \times (底/2) \times 高 = [l \times (d/2) \times (d/2)] = ld^2/4.$$

上下共有 $2 \times l/d$ 个封闭畴,其总体积为

$$(ld^2/4)(2 \times l/d) = dl^2/2.$$

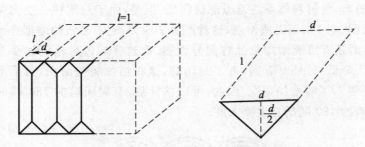

图 10.8　单位面积材料中封闭畴数目以及封闭畴体积的大小

由此得单位面积材料中的磁弹性能和畴壁能分别为

$$E_{\sigma l} = cdl^2\lambda_{100}^2/4,\qquad(10.12)$$

$$E_{\rm w} = \gamma l/d.\qquad(10.13)$$

单位面积中总能量为

$$E = E_{\rm w} + E_{\sigma l} = \gamma l/d + cdl^2\lambda_{100}^2/4.\qquad(10.14)$$

从 $\mathrm{d}E/\mathrm{d}d=0$ 可得到 $180°$ 畴的宽 d 的大小为

$$d = \frac{2}{\lambda_{100}}\Big(\frac{\gamma l}{c}\Big)^{1/2}.\qquad(10.15)$$

将 d 代入式(10.14),得到弹性能

$$E = \lambda_{100}(\gamma l c)^{1/2}.\qquad(10.16)$$

以 Fe 为例,$\gamma=1.59\times10^{-3}$ J/m,$\lambda_{100}=2.07\times10^{-5}$,$c=2.36\times10^{12}$ N/m^2,并设 $l=0.01$m,从式(10.15)计算得 $d=2.6\times10^{-4}$ m. 这个结果比无封闭畴情况大得多,即比前面的计算结果($d=5.7\times10^{-6}$ m)大 50 倍左右,而且能量 $E=0.127$ J/m^2($=1.27\times10^2$ erg/cm^2)也比式(10.10)的结果小得多. 有关 Fe,Co,Ni 晶体中不同类型的畴壁能密度和畴壁的厚度的估算结果见附录三中表 10.2.

10.1.4　树枝状畴

当 $180°$ 畴的磁矩与晶体表面不相互平行时,在晶面上就会出现 N 和 S 磁极. 这样在晶面上就会出现磁化,即表面上有一定的磁矩由 N 极指向 S 极,形成与原来的 $180°$ 畴相垂直的磁化区. 这就使静磁能降低,起到与封闭畴相同的作用. 这种畴看起来像树枝,如图 10.9 所示,因而称之为树枝状畴,其中中间的分界线是 $180°$ 畴壁. 这类畴多在立方晶体中出现.

图 10.9　树枝状畴照片(取自文献[10]的图 23.26)

10.1.5　条形磁畴和磁泡

　　前面所讨论的 180° 畴等现象都是磁矩与晶体面基本平行情况的结果. 对于一些单轴磁晶各向异性很强 ($K_u > \mu_0 M_s^2/2$ 或 $K_u > 2\pi M_s^2$) 的材料来说, 其 180° 畴内的磁矩是垂直晶体表面的. 这时观察到的磁畴图形为弯曲条状图形, 如图 10.10 所示. 这是用 Faraday 效应方法, 对 $BaFe_{12}O_{19}$ 薄片观察到的磁畴结构. 它与迷宫很相似, 所以又称为迷宫畴. 图中黑、白线条分别代表磁矩朝外和朝内方向, 具体指向是在观察时预先调定的, 总之黑白交界处是畴壁. 可以看到: 未加外磁场时, 黑、白线条粗细相同, 参见图 10.10(a); 加磁场后黑条纹大为减少, 如图 10.10(b) 所示; 磁场再加大些, 就只剩下很多黑色圆点, 如图 10.10(c) 所示. 假定磁场方向朝外, 这表明与磁场方向相反的磁畴数量减少, 或是体积减小. 在磁场达到一定大小时, 反方向磁畴只剩下很少一部分, 并且以圆柱形磁畴存在.

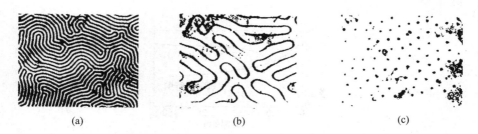

(a)　　　　　　　　　　(b)　　　　　　　　　　(c)

图 10.10　在 $BaFe_{12}O_{19}$ 薄片样品中用 Faraday 效应方法观察到的条形磁畴. 外磁场
(a) $H = 0$; (b) $H = 3600$ Oe(或 2.8×10^5 A/m); (c) $H = 3900$ Oe(或 3.10×10^5 A/m)
(取自文献[1]的图 13.19)

　　1967 年, 有人在 $YFeO_3$ 型铁氧体中于较低的磁场下观察到这种磁畴的变化情况, 并且还发现可以在一定磁场范围内控制其数量, 从而将那些圆柱形磁畴称为磁泡. 利用磁泡的产生、移动和消灭等技术, 可以制成计算机中移位寄存器件. 因它的体积很小(直径约为几微米), 速度较快(1 m/s), 而且不怕断电的影响,故多在军用计算机和飞机的黑匣子内用作内存器件.

磁泡用材料要求是杂质很低的单晶体薄片或较厚的薄膜($10^{-4} \sim 10^{-2}\,$cm之间).这对石榴石单晶体和薄膜单晶的制备技术和工艺的发展有很大的促进作用,详细情况可参阅文献[9].

10.1.6　Bloch 畴壁和 Neel 畴壁

当块状磁性材料在某一个维度变得很薄(一般 $10^{-5}\,$m 以下)时,就称之为薄膜材料,其技术特性的最主要变化是畴壁的结构从 Bloch 畴壁转变为 Neel 畴壁.由于 Bloch 畴壁内的磁矩转变方向时,在材料的表面产生磁极,要求其退磁能很小,而因这类畴壁的厚度比材料的厚度小得多($<10^{-2}$),故可以满足要求.但在薄膜材料中,就很难满足退磁能很小的条件,从而使得畴壁内的磁矩由垂直膜面的转变方式改成为平行膜面的方式,具体参看图 10.11.这时 Neel 畴壁的厚度要比薄膜的厚度大得多.可以估计出两种畴壁能与膜厚的关系,如图 10.12 所示.有关 Neel 畴壁的详细讨论和能量计算请看第二十一章 21.1.3 节.

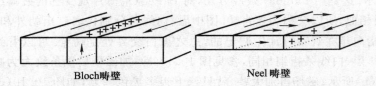

图 10.11　Bloch 畴壁和 Neel 畴壁中间处磁矩所示的方向
(取自文献[1]的图 8.8)

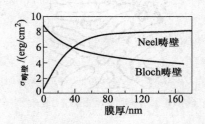

图 10.12　Bloch 畴壁和 Neel 畴壁的畴壁能与膜厚的关系(取自文献[1]的图 8.9)

10.1.7　磁畴的实验观测

前面提到,1931 年 Bitter 首先在实验上观察到磁畴图像.他用的是 Fe_3O_4 胶液技术.从图 10.6 可看到,180°畴之间的畴壁处存在散磁场,使非常细微的磁性颗粒受表面散磁场吸引而聚集在表面上的畴壁处.用反射式显微来观察磁畴的形貌时,可看到聚集很多颗粒的地方,它们之间有一定间距,并基本相等.因畴壁很窄,故所散发的磁力线强度(相当磁场 H)对磁性颗粒的吸引要求能克服热运动的能量.所以,既要求胶液中的磁性微粒非常小,但又不能太小,因为若颗粒太小则会因热运动而无法聚集,从而看不清楚畴壁所在位置.另外,在室温下各向异性常数 K 要大于或等于 10^4 J/m^3,这样不至于形成宽的磁畴壁,使杂散磁场较弱.因此,对 Fe_3O_4 磁粉来说,最小直径 $d_{min} \approx 7$ nm.颗粒尺寸也不能过大,颗粒过大从而具有较强的磁作用,则会互相吸在一起,不易分散,制成的胶液不能持久地悬浮.假定每个颗粒都是一个磁偶极子,可以计算出最大颗粒尺度不能超过 12 nm,即 $d_{max} \approx 12$ nm.理论估算与实际会有一些差别,应以实际情况为准.

将磁粉制成悬浮的胶液,滴在经过抛光的磁性金属(或合金)的表面上,用放大倍率几百倍的反射式显微镜(俗称金相显微镜)观察或进行拍照,就可得到如前面所示出的照片结果.这种观察磁畴的方法又称为粉纹法,Bitter 技术或胶液技术.各向异性较小的磁性材料(如坡莫合金)不适用于这一方法,而适用于磁光克尔效应法.

根据不同材料的情况,可用不同的观察磁畴的方法,如磁光技术(Kerr 或 Faraday 效应)、电子显微镜技术和中子衍射技术等.详细内容可参看文献[4].

§10.2 单畴颗粒

当磁性材料的尺寸在三维方向上都减小并成为颗粒状后,其原来分成磁畴的条件可能已不存在,这时它仍具有较大的自发磁化强度,并且只取一个方向,称该磁性颗粒为单畴颗粒.下面将讨论对不同结构的磁性材料而言,其单畴颗粒的临界尺寸与材料的特性有哪些关系.当颗粒的尺寸与临界尺寸相差非常小时,也就是颗粒尺寸接近畴结构的存在和消失这两种状态的转变尺度时,可用图 10.13 来表示这种情况.它反映了单畴和多畴颗粒的畴结构相互变化前后的情况.图 10.13(a) 是单畴颗粒;(b) 是磁晶各向异性较弱时,磁通取圆形封闭形式的多畴结构;(c) 是磁晶各向异性较强的三轴晶体,形成 90°畴使磁通封闭;(d) 是单轴磁晶各向异性的晶体,形成 180°畴,这时要考虑退磁能的作用,而各向异性能只是决定磁矩在颗粒中的取向.在达到临界尺寸时,后三种颗粒的能量应分别和(a)

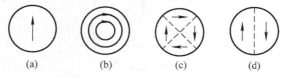

(a)   (b)   (c)   (d)

图 10.13 临界状态附近小颗粒的磁结构

的相等.

为计算和讨论方便,以下设颗粒均为球形. 在计算临界尺寸时,认为图 10.13 (b),(c)和(d)中颗粒所具有的能量分别与其处于单畴状态(即图 10.13(a)情况)基本相等. 这样,从四种颗粒的能量情况,可分别得到相应的单畴颗粒的大小.

图 10.13(a) 为单畴颗粒,在自发磁化状态只有退磁能,因单位体积的退磁能为

$$E_d = 1/2N\mu_0 M_s^2 = \mu_0 M_s^2/6,$$

其中 $N=1/3$. 若半径为 R,体积为 V,则颗粒的退磁能为

$$E_d V = \frac{\mu_0 M_s^2}{6} \frac{4\pi R^3}{3} = \frac{2\pi\mu_0 M_s^2 R^3}{9}. \tag{10.17}$$

以式(10.17)的结果作为参考,下面将给出计算结果.

图 10.13(b) 的情况是各向异性很小,磁矩在颗粒内不断地改变方向,但这样就在体内增加了交换能. 因一周为 2π,a 为原子间距,则一周内共有 $2\pi r/a$ 个原子,参看图 10.13(b). 因此每移动一个位置,其角度的变化为

$$\theta = 2\pi/(2\pi r/a) = a/r.$$

在 θ 不大时,根据交换能增量公式(9.24),每一对原子中电子的交换能

$$\Delta E_{ex} = AS^2 \theta^2,$$

则每一圈的交换能为

$$E_r = \frac{2\pi r}{a} AS^2 \theta^2 = \frac{2\pi a}{r} AS^2.$$

要知道在球状颗粒中共有多少个 θ^2,也就需要计算出共有多少圈. 因圈的大小是在变化的,即从 $r=0 \rightarrow R$,而柱体长为 $2(R^2-r^2)^{1/2}$,在半径为 r 的圆柱的环上有 $2(R^2-r^2)^{1/2}/a$ 圈,参看图 10.14,故一个环形柱体的交换能为

$$E_c = \frac{E_r \times 2(R^2-r^2)^{1/2}}{a} = \frac{4\pi AS^2 a(R^2-r^2)^{1/2}}{ar} = \frac{4\pi AS^2 (R^2-r^2)^{1/2}}{r}.$$

对球内的环数 n 积分,即从 0 到 R 得可计算得球体的交换能

$$E_{球} = \int E_c dn = \int_0^R \frac{E_c dr}{a} = \frac{4\pi AS^2 R}{a} \left(\ln \frac{2R}{a} - 1 \right). \tag{10.18}$$

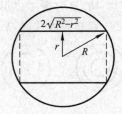

图 10.14   球中一个圆柱壳层

10.2.1　磁晶各向异性能较弱的颗粒的临界半径

下面讨论的是图 10.13(b)的情况. 前面已经说过,临界情况下,即这种材料的颗粒的尺寸等于单畴颗粒的尺寸时,可从式(10.17)等于式(10.18)的条件得出

$$\frac{2\pi\mu_0 M_s^2 R^3}{9} = \frac{4\pi A S^2 R}{a}\left(\ln\frac{2R}{a} - 1\right).$$

而 R 就是临界半径 R_c(即单畴颗粒尺寸),因此得到磁晶各向异性能较弱的单畴颗粒的临界半径为

$$\frac{R_c^2}{\ln\left(\dfrac{2R_c}{a}\right) - 1} = \frac{18 A S^2}{\mu_0 M_s^2 a}. \tag{10.19}$$

利用 Fe 的有关数据,可以得到 $R_c \approx 40$ nm.

对 Fe_3O_4,有 $M_s \approx 7\times10^5$ A/m, $A \approx 1\times10^{-21}$ J, $a \approx 4.0\times10^{-10}$ m, $S=2$. 利用该数据可以先得到

$$\frac{R_c^2}{\ln\dfrac{2R_c}{a} - 1} = 2.92 \times 10^{-16} \ \text{m}^2.$$

上式不易解,可先设定 R_c 为某值,代入方程,试用迭代办法计算. 因为一些常数不大准确,就用估计来计算其量级. 如设定 $R_c = 4$ nm,求得 $\ln(2R_c/a) = 3$,由方程(10.19)而解得 $R_c = 24.1$ nm. 这个结果与所设定值差别太大,不可取. 再设 $R_c = 20$ nm,解得 $R_c = 32.4$ nm,差别也很大. 令 $R_c = 40$ nm,解得 $R_c = 35.4$ nm. 如设定 $R_c = 35$ nm,解得 $R_c = 34.9$ nm. 最后一次的结果相差较小,可以认为 $R_c = 35$ nm. 这只是简单理论的数值,对实际的材料来说,由于单畴颗粒的形状不同,其具体大小都要根据测量结果确定. 计算的结果是一个参考值,它对材料的选取有一定指导意义.

10.2.2　立方晶体单畴颗粒的临界半径

畴结构如图 10.13(c)所示,由于磁畴内的磁矩都处在易磁化方向,不出现磁晶各向异性能. 假定没有内应力,且不存在磁弹性能,在畴壁与球面交界处有一定退磁能,但不起主要作用,则要考虑的只是畴壁本身的能量,面积为 $2\pi R^2$,畴壁能为

$$E = 2\pi R^2 \gamma_{90}, \tag{10.20}$$

其中 γ_{90} 为 90° 的畴壁能. 如式(10.20)等于式(10.17),即相当临界状态,则有

$$\frac{2\pi\mu_0 M_s^2 R^3}{9} = 2\pi R^2 \gamma_{90}.$$

由此得立方晶体单畴颗粒的临界半径为

$$R_c = \frac{9\gamma_{90}}{\mu_0 M_s^2}. \tag{10.21}$$

10.2.3 单轴晶体单畴颗粒的临界半径

畴结构如图 10.13(d) 所示情况时,这样的颗粒具有畴壁能和退磁能,则

$$E = E_\gamma + E_d = \pi R^2 \gamma_{180} + \frac{\frac{1}{2}\left(\frac{\mu_0 M_s^2}{6}\right) \times 4\pi R^3}{3} = \pi R^2 \gamma_{180} + \frac{\pi \mu_0 M_s^2 R^3}{9}, \tag{10.22}$$

其中 γ_{180} 为 180° 的畴壁能. 同样令式(10.22)等于式(10.17),则有

$$\frac{2\pi \mu_0 M_s^2 R^3}{9} = \pi R^2 \gamma_{180} + \frac{\pi \mu_0 M_s^2 R^3}{9}.$$

由上式得单轴晶体单畴颗粒的临界半径为

$$R_c = \frac{9\gamma_{180}}{\mu_0 M_s^2}. \tag{10.23}$$

式(10.21)和式(10.23)形式上很相似,但 γ_{90},γ_{180} 以及 M_s 有很大的不同,其数值会有不同结果. 最需要注意的是,这是一个估计的结果,所得的表达式的物理意义,即临界半径与磁性参量的关系和性质以及可能的趋势,基本上是合理的. 例如磁晶各向异性能高的材料,其 R_c 比较大. 具体的临界半径由实验测定. 理论分析的结果和公式的表述,也只能告诉大家一个关于 R_c 与 M_s,γ_{90} 或 γ_{180} 的关系,以及可能预期的结果. 对 Fe 和 Ni 的 R_c,比较严格的计算结果为

$$R_c = \frac{0.95}{M_s} \times \left(\frac{10A}{N_R}\right)^{1/2},$$

其中 A 为交换作用常数,N_R 为短轴 R 方向退磁因子. 下面给出了几个磁性物体的单畴颗粒尺寸的临界半径.

表 10.1 一些材料的单畴颗粒的临界半径

材料	A /$(10^{-11}\,\text{J/m})$	M_s /$(10^3\,\text{A/m})$	γ_{180} /(J/m^2)	R_c' /nm[①]	R_c /nm[②]	形状
Fe	2.1	1720	1.59×10^{-3}	14		球,椭球
Ni	1.1	510	2.4×10^{-3}	32		球,椭球
Co	2.6	1431	14.4×10^{-3}	11.4	50	球
SmCo₅	2.0	885	69.3×10^{-3}	16.8	680	球
MnBi	1.0	600	12×10^{-3}	17	250	球

① 考虑了退磁因子后的结果.

② Brown 微磁学理论计算结果.

现在讨论两种畴壁能对形成单畴颗粒尺寸的影响. 由于 γ_{90}（或 γ_{180}）与 A 和 K 的基本关系都与 $(AK)^{1/2}$ 成比例, 因此单畴颗粒的临界半径 R_c 与 $K^{1/2}$ 成正比, 与 M_s 成反比. 在讨论超顺磁性时, 给出了超顺磁颗粒的临界半径 r_0 与 $(T/K)^{1/3}$ 成正比. 这样, 在室温或温度不太高的情况下, 各向异性较大的材料, 如稀土永磁和 Ba 铁氧体等材料, 以及 M_s 相对较低时, 其 $R_c \geqslant 10^3$ nm, 而 $r_0 < 10$ nm. 因为 $R_c > r_0$, 所以不会表现为超顺磁性. 对于 Fe, 由于 M_s 较高, K_1 又不太大, 其 $R_c \approx 10$ nm, 因而在室温附近就可能表现为超顺磁性.

图 10.15 给出了 Fe, Ni 等矫顽力随温度升高而下降较快, 矫顽力的下降会导致 r_0 增大和 R_c 减小. 另外, 单畴颗粒的矫顽力也要下降, 所以在使用时要注意其特性的变化.

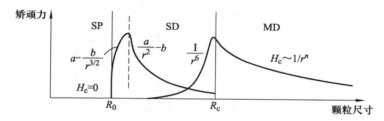

图 10.15　单畴颗粒和超顺磁性颗粒的尺寸与 H_c 的变化情况[2]

图 10.15 中 SP(supermagnetism) 为超顺磁性, SD(single domain) 为单畴, MD(multidomain) 为多畴; a 为颗粒长短轴比值, 在 1.08~1.42 之间, 其中 $b \sim NM_s$. 对图 10.15 中的一些数字关系的说明如下: 强各向异性颗粒的临界尺寸 $r_c \approx 9(AK)^{1/2}/\mu_0 M_s^2$, 弱各向异性 $r_0 \approx (9k_B/K_u)^{1/3}$ $r_c = \{(9A/\mu_0 M_s^2)[\ln(2r_c/a) -1]\}^{1/2}$. 颗粒之间无互作用时 $H_c \propto a - b/r^{3/2}$（上升段）, $H_c \propto a/r^2 - b$（下降段）; 存在交换耦合时 $H_c \propto 1/r^6$, 在 $r < r_0$ 时 $H_c = 0$（超顺磁性）.

总的看来, 畴壁厚度 δ 正比于 $(A/K)^{1/2}$, 畴壁能 γ_w 正比于 $(AK)^{1/2}$, 磁畴的宽度 d 正比于 $(\gamma_w^{1/2}/M_s)$, 磁畴的能量 σ 正比于 $(\gamma_w^{1/2})M_s$, 再加上单畴颗粒的尺寸等结果, 可以看到, 决定磁性材料磁畴结构的本征参量主要是 A, K 和 M_s. 少数情况要考虑磁弹性能 $\lambda_s \sigma$, 但其结果与单轴晶体的 K 值的作用完全相同.

§10.3　实际材料中磁畴的特点

前面所讨论的磁畴结构是单晶材料在较理想情况下的结果. 它虽然比实际的多晶体材料畴结构的复杂表现要简单得多, 但是所得的结果, 如形成畴的原因、磁畴的大小和可能的结构等基本原理, 都是分析和了解实际材料畴结构的基本依据.

　　在观察实际材料的磁畴形态时,会发现一些较复杂的图形.由于多晶体的各晶粒中磁矩取向不同,但又要使晶粒边界处尽可能不产生退磁场,从而会形成较复杂的磁畴结构,以使得整个磁体的磁矩矢量合为零.图 10.16 给出了多晶材料中磁畴结构的简单示意图.每一个晶粒分成若干片状的磁畴,可以看到,在晶粒边界处磁矩都转了角度,但磁通是连续的.因此,在晶粒边界处不会产生很多磁极,退磁能较低,结构比较稳定.

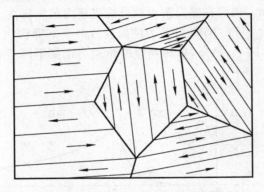

图 10.16　多晶体中畴结构的可能形式

　　实际的材料中情况比较复杂(参见图 10.17),在晶粒边界处也会产生楔形畴.它们对磁化过程将产生一定的影响.产生楔形畴的原因是,在晶粒边界或杂质的附近存在较大的退磁场,为降低退磁场能而形成附加畴,其磁矩方向与主磁畴中磁矩相反.实际仍有少量的漏磁(即退磁场),但已降低了大部分的退磁能.

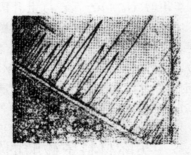

图 10.17　Co 的两个晶粒边界处主畴中的楔形畴(取自文献[8]的图 8.57)

　　如晶粒内有残留的杂质,在其两端会产生磁极,如图 10.18(b)所示,同时会在主畴内形成与主畴方向相反或成 90°角的磁畴,有时由于应力分布不均匀,也会对磁畴结构有影响.图 10.18(a)是观察到的楔形畴,而图 10.18(b)示意地绘出了杂质两端产生的磁极,因而在该杂质内就形成了由 S 向 N 方向的退磁场.
为了降低退磁能,而出现楔形磁畴,如图 10.18(c)或(d)所示的形状.

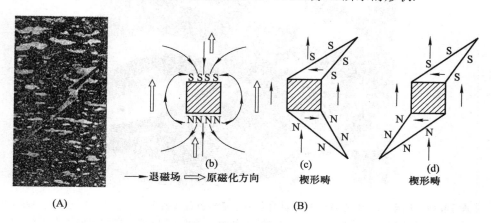

图 10.18 (a)实际观察到的材料中存在的杂质和(b)～(d)示意的
楔形畴形状(图(a)取自文献[10]的图 23.33)

由于磁化过程只是畴壁移动和磁矩转动,存在这种楔形畴将增加磁化功,
从而使材料的矫顽力增大,这将在讨论磁体的磁化过程时进行具体论述.如材
料中存在空穴,也会产生类似以上情况的畴结构.

§10.4 非晶态磁性合金的磁畴结构

非晶态合金薄带材料不具有长程有序,因为材料中可能存在内应力和感生
各向异性,使它具有单轴磁各向异性.制备出的非晶态合金薄带要经过适当的
热处理,以便改善材料的软磁特性(磁导率和矫顽力),主要是材料中磁畴结构
在处理前后有很大的变化.

制备出的非晶态合金薄带中存在较大的内应力,且它在带中的分布也不均
匀,因而使带中的磁畴结构较为复杂,除条形的 180° 畴外,还有较独特的迷宫畴
和星形畴,如图 10.19 所示.这类磁畴在整个薄带中所占比重不大(<10%),但
影响磁化过程.在材料经过热处理后,迷宫畴基本消失,条形畴占主要地位,但
不像晶体中那样规则.图 10.20 清晰地显示了迷宫畴的具体图形.

林肇华[7]从理论上分析和讨论了制备非晶态合金薄带中出现迷宫畴和星
形畴的原因.他认为这是由于非晶态合金中存在内应力,特别是在用急冷淬火
法获得的合金薄带中,内应力可达 $10^8 \sim 10^9$ N/m² (或 $10^9 \sim 10^{10}$ dyne/cm²). 对
Fe 基和 Co 基非晶态合金来说,磁致伸缩系数一般为正值,因此应力各向异性

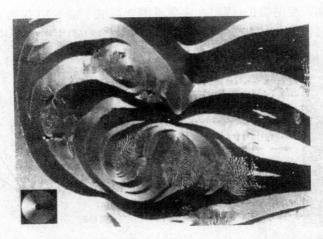

图 10.19　用极化电子显微镜观测到的 FeBSi 非晶态合金薄带的迷宫畴（见图的下半部分示出的细小黑白交错的区域）和星形畴（以某个点为中心，发散出去的粗的黑白条纹）
（取自文献[5]的图 11.8）

图 10.20　在 $Fe_{40}Ni_{40}P_{14}B_6$ 薄带上的一个冷凝坑区域，在 $H=0$ 情况下观测到的迷宫畴，左下方是一个很宽的条形畴（取自文献[6]的图 2）

的方向与应力一致，而在冷却过程中，大多数情况是应力取向在带面上，但方向有一定的分散性. 在这种情况下，180°畴不可能是平直的，看起来像是从某个中心辐射出来的状态，故称之为星形畴. 而在非晶态合金薄带的冷凝坑区域（相对整个薄带的冷却速率略慢一点的小区域）内，应力基本上是垂直带面（压应力）的，因而形成垂直带面的磁各向异性，故在这些地方出现垂直带面的 180°畴，而在带面上会观察到迷宫似的畴结构特点.

　　淬火制成的非晶态合金薄带，在适当的退火后，应力基本消除，形状引起的磁各向异性占主要地位,使得 $180°$ 畴变得更宽,而趋向与带长方向平行,迷宫畴也基本消失.详细讨论请参看文献[7].

§10.5　小　　结

畴结构的类型主要为 $180°$ 和 $90°$ 畴两大类.畴的宽度、畴壁的厚度以及畴壁能等都与交换能常数 A 和各向异性能常数 K 密切相关.另外,当 $|\lambda\sigma|$ 的大小接近 $|K|$ 时,弹性能也起到很重要的作用.

非晶态软磁材料的畴结构比较复杂,是因为不存在长程磁各向异性,加上应力各向异性又有一定的随机性.

单畴颗粒材料的应用日益广泛,一般情况下(以室温为参考),其临界尺寸 R_c 与 M_s^2 成反比,与畴壁能($180°$ 或 $90°$)成正比,因此与 $(AK)^{1/2}$ 成正比.对各向异性能较弱的材料来说,与 A/M_s^2 有直接关系.对 Fe,Co 等高 M_s 的金属来说,其 R_c 在 10 nm 上下,对 M_s 较低和 K 较强的材料来说, R_c 要大得多,可达微米量级,如钡铁氧体永磁材料.

附录一　退磁能的单位"J/m³"的由来

CGS 单位制中 $M_s=1732$Gs,SI 单位制中 $M_s=1.732\times10^6$A/m,并假定 $N=1$.由此得退磁能 $E_d=\mu_0 NM_s^2/2=2\pi\times10^{-7}(H/m)\times2.89\times10^{12}(A/m)^2=1.80\times10^6$(H$\times$A^2/m^3).亨利的定义来源于自感 L 的单位,根据自感电动势 $V=-LdI/dt$,则 H$=$V$\times$s/A,替代 H 后有 $E_d=1.8\times10^6$(V$\times$A$\times$s/m^3)$=1.8\times10^6$(J/m^3).

附录二　畴壁厚度式(10.7′)和畴壁能式(10.8′)的计算以及对 A 的估算

在畴壁内,自旋每移动一个原子间距 a,其取向的角度变化为 $a(\partial\theta/\partial x)$,这样两个原子的交换作用能增量 $\Delta E_{ex}=AS^2a^2(\partial\theta/\partial x)^2$.在简单立方体中,单位面积的两相邻原子的交换能为 $\Delta E_{ex}=AS^2a^2(\partial\theta/\partial x)^2/a^2=AS^2(\partial\theta/\partial x)^2$,则在单位面积畴壁内中,单位体积的交换能是对畴壁厚度积分再乘上畴壁数 $1/a$,因此得

$$\gamma_{ex} = \frac{AS^2}{a} \int_{-\infty}^{+\infty} \left(\frac{\partial \theta}{\partial x}\right)^2 dx.$$

晶体的各向异性能为 $E_k(\theta)$，则单位面积的畴壁中，各向异性能为

$$\gamma_a = \int_{-\infty}^{+\infty} E_k(\theta) dx.$$

因此单位面积畴壁能为

$$\gamma = \gamma_{ex} + \gamma_a,$$

其中

$$\gamma_{ex} = \left(\frac{AS^2}{a}\right) \int_{-\infty}^{+\infty} \left(\frac{\partial \theta}{\partial x}\right)^2 dx = A_1 \int_{-\infty}^{+\infty} \left(\frac{\partial \theta}{\partial x}\right)^2 dx,$$

$$\gamma_a = \int_{-\infty}^{+\infty} E_k(\theta) dx,$$

$$A_1 = \frac{AS^2}{a}.$$

设 θ 沿 x 的变化，在稳定情况下，有

$$\Delta \gamma_{ex} = A_1 \int_{-\infty}^{+\infty} \Delta \left(\frac{\partial \theta}{\partial x}\right)^2 dx, \quad \Delta \gamma_a = \int_{-\infty}^{+\infty} \Delta E_k(\theta) dx,$$

$$\Delta \gamma = \Delta \gamma_{ex} + \Delta \gamma_a = A_1 \int_{-\infty}^{+\infty} \Delta \left(\frac{\partial \theta}{\partial x}\right)^2 dx + \int_{-\infty}^{+\infty} \Delta E_k(\theta) dx = 0.$$

最后可算得交换能的变化量

$$\begin{aligned}
\Delta \gamma_{ex} &= A_1 \int_{-\infty}^{+\infty} \Delta \left(\frac{\partial \theta}{\partial x}\right)^2 dx = 2A_1 \int_{-\infty}^{+\infty} \frac{\partial \theta}{\partial x} \Delta \left(\frac{\partial \theta}{\partial x}\right) dx \\
&= 2A_1 \int_{-\infty}^{+\infty} \left(\frac{\partial \theta}{\partial x}\right) \left[\frac{\partial(\Delta \theta)}{\partial x}\right] dx \\
&= 2A_1 \left(\frac{\partial \theta}{\partial x}\right) \Delta \theta \Big|_{-\infty}^{+\infty} - A_1 \int_{-\infty}^{+\infty} \Delta \left(\frac{\partial^2 \theta}{\partial x^2}\right) dx \\
&= 0 - A_1 \int_{-\infty}^{+\infty} \Delta \left(\frac{\partial^2 \theta}{\partial x^2}\right) dx,
\end{aligned}$$

各向异性能的变化量为

$$\Delta \gamma_a = \int_{-\infty}^{+\infty} \Delta E_k(\theta) dx = \int_{-\infty}^{+\infty} \left[\frac{\partial E_k(\theta)}{\partial \theta}\right] \Delta \theta dx,$$

则畴壁能的变化量为

$$\Delta \gamma = \int_{-\infty}^{+\infty} \left[\frac{\partial E_k(\theta)}{\partial \theta} \Delta \theta - A_1 \Delta \left(\frac{\partial^2 \theta}{\partial x^2}\right)\right] dx = 0.$$

因畴壁处在稳定态，所以上述积分为零，也就是被积函数

$$\frac{\partial E_k(\theta)}{\partial \theta} \Delta \theta - A_1 \Delta \left(\frac{\partial^2 \theta}{\partial x^2}\right) = 0.$$

将上式移项,再左右乘以$\partial\theta/\partial x$,并对 x 积分,得

$$\int_{-\infty}^{x}\left[\frac{\partial E_k(\theta)}{\mathrm{d}x}\right]\mathrm{d}\theta = 2A_1\int_{-\infty}^{x}\left(\frac{\partial\theta}{\partial x}\right)\left(\frac{\partial^2\theta}{\partial x^2}\right)\mathrm{d}x.$$

在 $x=-\infty$ 处,$E_k=0$ 和$\frac{\partial\theta}{\partial x}=0$,因此积分后得

$$E_k = A_1\left(\frac{\partial\theta}{\partial x}\right)^2.$$

把上式改写成

$$\mathrm{d}x = \left[\frac{A_1}{E_k(\theta)}\right]^{1/2}\mathrm{d}\theta,$$

对 x 由$-\infty$到 x 积分,得

$$x = (A_1)^{1/2}\int\frac{\mathrm{d}\theta}{\left[E_k(\theta)\right]^{1/2}},$$

则畴壁能为

$$\gamma = 2(A_1)^{1/2}\int\left[E_k(\theta)\right]^{1/2}\mathrm{d}\theta.$$

考虑单轴磁晶各向异性:$E_k=K_{u1}\sin^2\phi$,由于在畴壁内 $x=0$ 处 E_k 最大,即 $\phi=\pi/2$,因此 θ 和 ϕ 的关系为 $\phi=\theta+\pi/2$. 这样,在积分式中

$$E_k(\theta) = K_{u1}\sin^2\phi = K_{u1}\sin^2(\theta+\pi/2) = K_{u1}\cos^2\theta.$$

将上式代入 x 的积分式,就有

$$x = \left(\frac{A_1}{K_{u1}}\right)^{1/2}\int\frac{\mathrm{d}\theta}{\cos\theta} = \left(\frac{A_1}{K_{u1}}\right)^{1/2}\ln\left[\tan\left(\frac{\theta}{2}+\frac{\pi}{4}\right)\right].$$

作 θ-x 关系曲线,得到图 10.4 右边的结果,表明 $x=0$ 处 $\theta=0$,但 θ 变化率最大.

　　下面再计算畴壁厚度. 在 $x=0$ 处作切线,与 $\theta=\pm90°$的横线相交,所给出的 x 值就是畴壁厚度 δ,即

$$\left(\frac{\partial x}{\partial\theta}\right)\Big|_{x=0} = \left(\frac{A_1}{K_{u1}}\right)^{1/2}.$$

由于 x 由 0 延伸到 $\delta/2$ 处时 θ 改变了 $\pi/2$,也就是$(\delta/2)/(\pi/2)$是 $x=0$ 处的斜率. 这样,

$$(\delta/2)/(\pi/2) = (A_1/K_{u1})^{1/2},$$

所以得到畴壁厚度

$$\delta = \pi(A_1/K_{u1})^{1/2},$$

畴壁能

$$\gamma = (A_1K_{u1})^{1/2}\int\cos\theta\mathrm{d}\theta = 4(A_1K_{u1})^{1/2}.$$

对于三轴晶体

$$E_k(\theta) = K_1(\alpha_1^2\alpha_2^2 + \alpha_2^2\alpha_3^2 + \alpha_3^2\alpha_1^2),$$

在畴壁面垂直 x 轴的情况,

$$\alpha_1 = \cos(\pi/2) = 0,$$

$$\alpha_3 = \cos\theta_3 = \cos\theta,$$

$$\alpha_2 = \cos\theta_2 = \cos[(\pi/2) - \theta_3] = \sin\theta.$$

因此,$E_k(\theta) = K_1\sin^2\theta\cos^2\theta$. 考虑到 $\theta = \pi/4$ 时,$\mathrm{d}\theta/\mathrm{d}x$ 最大,求出

$$\left(\frac{\partial x}{\partial \theta}\right)\Big|_{\max} = \frac{1}{2}\left(\frac{A_1}{K_{\mathrm{u}1}}\right)^{1/2},$$

同样求得畴壁厚度

$$\delta = E_k(\theta) = 2\pi\left(\frac{A_1}{K_{\mathrm{u}1}}\right)^{1/2}.$$

下面关于 γ_{ex} 中 A 数值大小作一些说明.

根据 P. R. Wiess[13] 的计算,对自旋量子数为 $S = 1/2$ 和 1 的立方晶体给出交换能常数:

$$简单立方\ S = 1/2, \quad A = 0.54kT_{\mathrm{c}};$$

$$体心立方\ S = 1/2, \quad A = 0.34kT_{\mathrm{c}};$$

$$体心立方\ S = 1, \quad\quad A = 0.15kT_{\mathrm{c}}.$$

对于具体的材料,例如 Fe,$T_C = 1043\ \mathrm{K}$,$S = 1$,从而得到 $A = 2.16 \times 10^{-21}\ \mathrm{J}/$原子;Ni,$T_C = 628\ \mathrm{K}$,$S = 1$,从而得到 $A = 1.36 \times 10^{-21}\ \mathrm{J}/$原子.

实际上在畴壁内出现的是交换能增量,即每原子对 $\omega_{ij} = 2AS^2(1 - \cos\theta) = 4AS^2\sin^2\dfrac{\theta}{2} = AS^2\theta^2$. 对单位面积的畴壁来说,有 $N_a(n/a^2)$ 个原子,两个相邻原子的夹角 $\theta = \pi/N$,因此畴壁内的总交换能为

$$\gamma_{\mathrm{ex}} = \frac{nAS^2N_a\pi^2}{a^2(N_a)^2} = \frac{nAS^2\pi^2}{a^2N_a} = \frac{A_1\pi^2}{N_a},$$

其中 $A_1 = nAS^2/a^2$ 称为交换劲度常数,对于任何立方晶体的畴壁都适用. 对于简单立方,即体心立方和面心立方晶体,分别有 $n = 1.2$ 和 4. 可以得出 Fe 的 $A_1 = 1.51 \times 10^{11}\ \mathrm{J/m}$.

附录三　Fe,Ni,Co 型晶体中不同类型畴壁能密度和等效畴壁厚度

表 10.2　Fe,Ni,Co 型晶体中不同类型畴壁能密度和等效畴壁厚度[①,②]

	畴壁类型 ＼ 畴壁法线		[001]	[110]	[111]	[1̄1̄2]	γ_0 /(10^{-3} J/m²)	δ_0 /nm
Fe	90°	γ	1.00	1.73	1.19		0.62	1.30
		δ	3.14	3.97	3.14			
	180°	γ	2.00	2.76				
		δ	∞ (12.63)	5.60				
	180° (ms)[③]	γ	2.02	2.77				
		δ	10.87	5.59				
Ni	70.53°	γ	0.54	0.46			0.14	26.0
		δ	3.85	4.26				
	109.47°	γ	1.09	1.37	1.29			
		δ	∞	3.31	3.85			
	180°	γ		1.83		2.00		
		δ		∞ (15.40)		7.92		
	180° (ms)	γ		2.19		2.27		
		δ		7.91		4.45		
Co	180°	γ	4.00				2.05	5.0
		δ	3.14					

① 分别以 $\gamma_0 = K_{u1}\delta_0$, $\delta_0 = \sqrt{A/K_{u1}}$ 为单位.

② 取自文献[14]的表 38.9.

③ ms 表示计入磁弹性能的结果.

参 考 文 献

[1]　O'Handley R C. Modern Magnetic Materials：Principles and Applications. New York：John Wiley & Sons,Inc. 2000：274－312.

[2]　O'Handley R C. Modern Magnetic Materials：Principles and Applications. New York：John Wiley & Sons,Inc. 2000：432－468.

[3]　Chikazumi S, Suzuki J K. Phys. Soc. Japan, 1955, 10：523；IEEE Trans. Mag. ,1979, MAG-15：129.

[4]　周文生. 磁性测量原理. 北京：电子工业出版社,1988.

[5]　O'Handley R C. Modern Magnetic Materials：Principles and Applications,New York：John Wiley & Sons,Inc. , 2000：391－430.

[6]　Kronmuller H, et al. J. Magn. Magn. Mat. ,1979,13：53.

[7]　林肇华,戴道生. 物理学报,1982,31：871.

[8]　钟文定. 铁磁学(中册). 北京：科学出版社,1992.

[9]　Wohlfarth E P. Ferromagnetic Materials, Vol. 2. Amsterdam：North-Holland Publishing Company,1986.（中译本：E. P. 沃尔法恩. 铁磁材料. 刘增民,等,译. 北京：电子工业出版社,1993.）

[10]　Vonsovskii S V. Magnetism. Jerusalem：John Wiley & Sons Inc. ,1974.

[12]　近角聪信. 铁磁性物理. 葛世慧,译. 兰州：兰州大学出版社,2002.

[13]　Weill P R. Phys. Rev. ,1948,74：1493.

[14]　冯端,翟宏如. 金属物理学(第四卷)：超导电性和磁性. 北京：科学出版社,1998.

第十一章 磁化过程

§11.1 磁化过程和磁化的阻力

磁性材料在使用时,总是在外界磁场作用下处于某个磁化状态.磁化过程,是指材料在磁场作用下,从中性态变到所要求状态的过程.研究整个过程内在的磁性变化和原因,是研究和开发新材料的基本方法之一.这种磁化过程称为技术磁化.大量的实验和理论研究表明,技术磁化是通过磁畴的两种变动进行的.可以证明,一种是磁畴内磁矩的一致转动或非一致转动,另一种是畴壁的位移.在任一磁性物体中都存在非常多的磁畴,参见图 11.1,每个畴内的自发磁化强度为 M_s,各个畴的体积为 V_i,每个畴内的磁矩随机地取向(设与固定轴交角为 θ_i),如不存在外磁场,其磁化状态为

$$\sum M_s V_i \cos\theta_i = 0. \qquad (11.1)$$

在外磁场作用下,物体被磁化,单位体积的磁化强度增量为

$$\Delta M = M_s \sum [V_i \Delta(\cos\theta_i) + \cos\theta_i \Delta V_i]. \qquad (11.2)$$

在 H 不太大时(未饱和状态),M_s 的值不发生变化,其中 $\Delta(\cos\theta_i)$ 和 ΔV_i 分别表示磁矩取向和磁畴体积的变化.由此,证明了在 M_s 不变情况下只有两种磁化过程:畴内磁矩转动和畴壁移动.由于磁矩非一致转动过程比较复杂,下面只限于讨论一致转动的磁化过程.

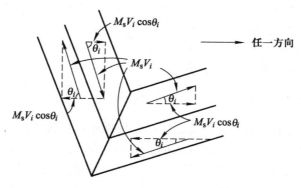

图 11.1 磁场 $H=0$ 时磁畴中磁矩在任一方向分量总和为零的示意情况

　　在技术磁化过程中 M_s 不变(只有在顺行磁化时才有很少量的变化,以及磁场很强的情况必须考虑 M_s 的变化).在每一种磁化过程中又存在可逆和不可逆两种磁化过程.一般说来,外加磁场较弱时,磁化过程为可逆的;外加磁场较强时,磁化过程为不可逆.当磁场很强并使磁畴消失后,磁化过程以磁矩可逆转动形式进行,这时又称近饱和磁化.整个过程绘出的 M 随 H 增加而增大的关系曲线称磁化曲线(参见图 11.2).曲线上 1 是可逆磁化部分,2 是不可逆部分,3 是可逆转动部分,4 是近饱和磁化部分.

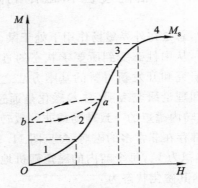

图 11.2　磁化曲线的各段区域划分

　　由于磁场强弱不同,磁化过程有可逆和不可逆两类.每一类又有畴壁移动和磁矩转动两个过程.那么哪个过程起主要作用?这与材料的结构和磁特性有密切关系.磁化过程的原动力是磁场对磁矩作用产生的静磁能,而阻止磁化的因素就是磁化阻力.在动力和阻力达到平衡时,磁化过程停止.磁化阻力有两大类,下面对其进行较详细的讨论.

　　在无外界作用时,磁体的内能总是极小,体内的畴结构也处于稳定状态.在外磁场作用下,磁体内畴壁位置移动(简称壁移)或磁矩转动(简称畴转)而导致磁体磁化.由于外磁场产生的静磁能是 $-M_s H\cos\theta$,会使磁体内能降低,如无任何阻止畴壁移动或畴转的力量,则磁体将磁化到饱和状态.实际情况是不可能无阻力的.一般说来阻力有以下两类.

11.1.1　内应力的影响

　　在 $H=0$ 时,畴壁总是稳定地处于畴壁能极小的位置;在外加磁场作用下,移动到新的位置.这可能会因磁体内的应力不均匀,使畴壁的内能增大(即弹性能变化,或是磁晶各向异性能增大),从而消耗掉外磁场提供的静磁能,使畴壁移动停止.另外,由于存在内应力,使磁畴内磁矩的取向出现局部不连续,因而形成磁荷,增加了退磁能,可参看图 11.3.在 $H=0$ 时,畴壁位置在图 11.3(a)所示的位置处.在磁场 H 的作用下,畴壁移动到图 11.3(b)所示的位置,可看到退磁状态有了变化,使退磁能增大,也使畴壁移动停止.

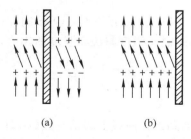

图 11.3　应力不均匀形成的磁矩取向不连续.(a) $H=0$ 时畴壁的位置;(b) $H\neq0$ 时畴壁移动后的新位置,退磁状态改变了(取自文献[1]的图 9.36)

11.1.2　杂质或空穴的影响

磁体内存在杂质或空穴时也同样会引起退磁能(参见图 10.19(b)),此外因畴壁移动产生的畴壁面积的增大,造成了畴壁能的增加.这些都会阻止磁化过程的继续进行.也可能有其他原因,如杂散磁场和位错等,但这些对多晶体大块材料的影响不是主要的.

总结上述讨论结果,阻力主要是:畴壁能的增加,退磁能的增加,磁各向异性(磁晶各向异性、应力各向异性、感生各向异性、形状各向异性等的总称)的变化等.磁化动力就是静磁能(少数情况可能用加应力方式使磁化能降低,它也是一种磁化动力,但不在此讨论).

§11.2　可逆磁化过程和起始磁化率

11.2.1　各种磁导率的定义

一般在很弱的磁场中对磁性材料进行磁化时,磁化过程大多数是可逆的.这种情况在通信、微弱信号接收等过程用得很多.而磁性材料有好几种磁化率,它反映材料磁化和使用的特点.常见的磁化率有:起始磁化率、最大磁化率、微分磁化率、增(减)量磁化率、可逆磁化率等.在软磁材料中,最常用的为起始磁化率和最大磁化率;对硬磁材料,常常用增量磁化率的说明和图,详见文献[1]pp.185—187.下面给出常用的几种磁化率的定义(参见图 10.4).

1. 起始磁导(化)率 $\mu_i(\chi_i)$

起始磁导率是磁性材料在外加磁场 H 非常弱时与产生的磁感应强度 B 的

比值：

$$\mu_i = \frac{B}{\mu_0 H}\bigg|_{H\to 0}. \tag{11.3}$$

在实际测量时，规定 $B \leqslant 5\times 10^{-4}$ T（或 5 Gs，CGS 制）. 一般它是在可逆磁化过程中测量的结果. 磁化率是磁化强度与磁场强度的比值，即

$$\chi_i = \mu_i - 1 = \frac{M}{H}\bigg|_{H\to 0}. \tag{11.3'}$$

2. 最大磁导（化）率 $\mu_m(\chi_m)$

最大磁导率是由原点到磁化曲线上的某一点 (B,H) 过程中，其磁感应强度 B 与外加磁场强度 H 比为最大的数值：

$$\mu_m = \left[\frac{B}{\mu_0 H}\right]_{\max}. \tag{11.4}$$

同样可得到最大磁化率

$$\chi_m = \mu_m - 1 = \left[\frac{M}{H}\right]_{\max}. \tag{11.4'}$$

3. 增（减）量磁导率

根据图 11.4 所示，在磁化曲线上 A 点处，如使磁场强度 H_A 有 $\pm\Delta H$ 的变化，磁感应强度 B 的相应变化为 $\pm\Delta B$，则

$$\mu_\Delta = \frac{\Delta B}{\mu_0 \Delta H} \tag{11.5}$$

为增量磁导率，而

$$\mu_\delta = \frac{-\Delta B}{-\mu_0 \Delta H} \tag{11.6}$$

为减量磁导率. 注意，两者并不一定相等.

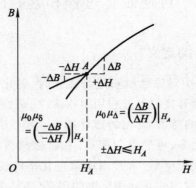

图 11.4 各种磁导率

4. 微分磁导率 μ_d

微分磁导率是在磁化曲线上任一点 (B,H) 的斜率,即

$$\mu_d = \frac{dB}{\mu_0 dH}.$$

5. 可逆磁导率 μ_r

在磁化曲线的 A 点处,如其对应的磁场强度 H_A 有 $\pm\Delta H$ 的变化,磁感应强度 B 相应有 ΔB 的变化,则可逆磁导率表示为

$$\mu_r = \frac{\Delta B}{\mu_0 2\Delta H}\bigg|_{\Delta H \to 0}. \tag{11.7}$$

在测量上述各种磁导率时,必须将材料完全退磁,在材料处于闭合磁回路状态下进行,因这时不存在退磁场,所测得的结果才是材料的实际参数. 图 11.5 给出了几种磁导率随磁场增大的变化曲线.

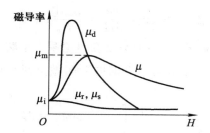

图 11.5 几种磁导率随 H 变化的特点

11.2.2　可逆转动磁化

磁性材料在热退磁后,其磁矩处于易磁化轴方向(前面已经讨论过,由于存在磁晶各向异性能或应力各向异性能,而导致磁矩沿其能量最低方向排列). 在弱外磁场作用下,磁矩偏离原自发磁化方向(易磁化轴方向),设偏离角为 θ,外磁场与易磁化轴交角为 θ_0(参见图 11.6). 由于外磁场作用,在材料内形成静磁能,体系的总能为(设单轴各向异性)

$$E = K_{u1}\sin^2\theta - \mu_0 M_s H\cos(\theta_0 - \theta). \tag{11.8}$$

由于磁矩转动 θ 角,使各向异性能增加,抵消了磁化能,磁矩转到新的方向达到新的平衡:

$$dE/d\theta = 2K_{u1}\sin\theta\cos\theta - \mu_0 M_s H\sin(\theta_0 - \theta) = 0.$$

由于 θ 很小,则 $\sin\theta\approx\theta,\cos\theta=1$,可求得磁矩偏离易磁化轴的角度与 K_{u1},θ_0 和 $M_s H$ 的关系为

$$\theta = \mu_0 M_s H\sin\theta_0/2K_{u1}. \tag{11.9}$$

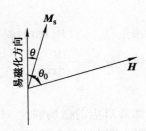

图 11.6　可逆磁化过程示意图

在磁场方向得到的磁化强度值为 $M = M_s \cos(\theta_0 - \theta)$，则可计算得起始磁化率为

$$\chi_i = \frac{\mathrm{d}M}{\mathrm{d}H}\Big|_{H \to 0} = M_s \sin(\theta_0 - \theta)\frac{\mathrm{d}\theta}{\mathrm{d}H}\Big|_{H \to 0}.$$

将式(11.9)对 H 微分，并将得到的 $\mathrm{d}\theta/\mathrm{d}H$ 代入上式，得到

$$\chi_i \approx M_s \sin\theta_0 \frac{\mathrm{d}\theta}{\mathrm{d}H} = \frac{\mu_0 M_s^2}{2K_{ul}}\sin^2\theta_0. \tag{11.10}$$

由于材料体内有很多畴，式(11.10)只是在讨论某一个畴时的磁化结果，对多晶材料来说，所得的磁化率 χ 应对各个畴的取向做空间平均，即对 $\sin^2\theta_0$ 求平均（用 $<\sin^2\theta_0>$ 标记）：

$$<\sin^2\theta_0> = \frac{\int_0^{2\pi}\int_0^{\pi}\sin^2\theta_0 \sin\theta_0 \,\mathrm{d}\theta_0 \,\mathrm{d}\phi}{\int_0^{2\pi}\int_0^{\pi}\sin\theta_0 \,\mathrm{d}\theta_0 \,\mathrm{d}\phi} = \frac{2}{3},$$

最后得起始磁化率为

$$\chi_i = \frac{\mu_0 M_s^2}{3K_{ul}}. \tag{11.11}$$

如应力各向异性占主要地位，在式(11.8)的第一项中，用应力能 $(3\lambda_s\sigma/2)\cos^2\beta$ 替代各向异性能，可求出

$$\chi_i = \frac{2\mu_0 M_s^2}{9\lambda_s\sigma}; \tag{11.12}$$

如同时存在磁晶和应力各向异性能，它们都影响磁化过程，要考虑两者合作用的结果，可得到下式：

$$\chi_i \approx \frac{\mu_0 M_s^2}{A(K_{ul} + 3\lambda_s\sigma/2)}. \tag{11.13}$$

11.2.3　可逆畴壁位移

　　一般有两种阻止畴壁移动的情况：杂质和应力. 先讨论杂质的影响情况.

1. 杂质与 $180°$ 壁位移

畴壁位移本质上仍是畴壁内原子磁矩转动过程. 无外界磁场作用时，$180°$

壁处在其能量极小的位置,是静止的.在外磁场作用下,假定畴壁是自左向右移动,设参见图 11.7.这时畴壁内磁矩的取向要逐步向左边畴内磁矩的取向靠近,这相当于畴壁在向右移动,直到新的平衡位置才停止移动.使畴壁移动的原动力是外磁场,这时磁矩在磁场方向投影的总和不为零,显示出磁化.一般都假定畴壁在移动时其厚度不变.这时体系内的磁场能降低,失去了原有的平衡,只好移向另外的位置,移动后引起畴壁能升高,因而阻止畴壁的继续移动.设磁场作用下畴壁向右移动了 x 距离就停止了,如 M_s 与 H 交角为 θ,则因畴体积改变而使静磁能密度发生 $2M_sH\cos\theta$ 的变化,在单位面积扫过的体积内的能量变化为

$$E_H = -2\mu_0 M_s H\cos\theta \cdot x.$$

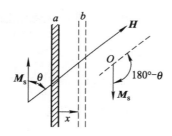

图 11.7　畴壁位移磁化示意图

我们要解决的问题是:什么因素使畴壁能升高,从而阻止畴壁进一步移动?

一般材料中总是存在一些杂质或空洞,因此理论多假定杂质或空洞起主要作用.杂质为球形,无外磁场时,静止状态下畴壁总是停在杂质的中间,如图 11.8 所示,这样使体系的畴壁面积减小,使畴壁能较低,同时还降低了退磁能.另外,假定杂质分布均匀.由于畴壁移动造成畴壁面积增加,使畴壁能(即各向异性能和交换能)增加,因而使畴壁移动终止(因退磁能是 r^3 的变量,相对较小,可近似地忽略).

这种用来计算材料磁化过程的模型,常常称为掺杂模型.图 11.8 表示杂质的分布为立方格子,间距为 a.畴壁在 $H=0$ 时都坐落在杂质上,杂质的半径为 r,如图 11.8(b)所示.设 γ 是没有杂质时单位面积的畴壁能,而 Γ 是面积为 $S = a^2$ 的畴壁能.在磁化时,由于畴壁能增加和静磁能降低,最后达到平衡,这就决定了畴壁移动距离 x 的大小.能量关系可写成

$$E = -2\mu_0 M_s H\cos\theta \cdot x + \Gamma/a^2,$$

其中 Γ/a^2 是有效单位面积的畴壁能(有效是指扣除了畴壁中含有杂质的非磁性区域面积后所具有的能量部分).由于磁场作用,使畴壁移到另一平衡位置,这时畴壁中含有的杂质面积减小了,如图 11.8(b)虚线所示,原来面积是 $S = a^2$,现因为畴壁移动了 x 距离后畴面积变化了,由 $S = a^2$ 变成 $S = a^2 - \pi r_1^2 = a^2$

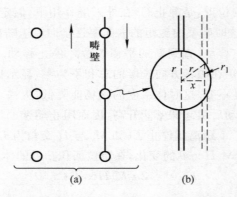

图 11.8 (a) 假定杂质分布为立方结构;(b) 畴壁在杂质上移动 x 的图形

$-\pi(r^2-x^2)$. 由于移动停止,则有

$$\frac{\mathrm{d}E}{\mathrm{d}x} = -2\mu_0 M_s H \cos\theta + \left(\frac{\mathrm{d}\Gamma}{\mathrm{d}x}\right)a^{-2} = 0.$$

因为 $\Gamma = \gamma S$,其中 γ 是单位面积畴壁能,所以有

$$-2\mu_0 M_s H \cos\theta + \frac{(\gamma/a^2)\mathrm{d}S}{\mathrm{d}x} = 0.$$

由此得

$$H = \frac{1}{\mu_0 M_s \cos\theta}\frac{\gamma}{a^2}\frac{\mathrm{d}S}{\mathrm{d}x}. \tag{11.14}$$

在 H 作用下,一块畴壁 S_{180} 移动 x 距离后,引起了体积变化,使该畴壁两边的磁矩不相等,所给出的磁化强度 M 为

$$M = \mu_0[M_s \cos\theta - M_s \cos(180° - \theta)]x S_{180} = 2\mu_0 M_s \cos\theta \cdot x S_{180}. \tag{11.15}$$

由此可求出掺杂情况下 180°壁位移的磁化率

$$\chi_i = \frac{\mathrm{d}M}{\mathrm{d}H} = \frac{\mathrm{d}M/\mathrm{d}x}{\mathrm{d}H/\mathrm{d}x}. \tag{11.16}$$

将式(11.14)和(11.15)对 x 进行微分,则

$$\frac{\mathrm{d}H}{\mathrm{d}x} = \frac{\gamma(\mathrm{d}^2 S/\mathrm{d}x^2)}{(2a^2 \mu_0 M_s \cos\theta)},$$

$$\frac{\mathrm{d}M}{\mathrm{d}x} = 2\mu_0 M_s \cos\theta S_{180}.$$

将上两式结果代入式(11.16),再对 $\cos^2\theta$ 求平均(平均值为 $1/3$),考虑到 $\mathrm{d}S^2/\mathrm{d}x^2 = 2\pi$,就可得到($l$ 是畴的宽度,$S_{180} = 1/l$ 和 $|K_1| \gg |\lambda\sigma|$)起始磁化率为

$$\chi_i = \frac{2\mu_0 M_s^2 a^2 S_{180}\cos^2\theta}{\pi\gamma} = \frac{\mu_0 M_s^2 a^2}{3\pi l(A|K_1|)^{1/2}}. \tag{11.17}$$

式(11.17)的结果表明:磁化过程中畴壁能的增加阻止了进一步磁化,但与前面讨论的结果式(11.13)不同.式(11.13)给出的 χ_i 的大小与各向异性大小成反比,而式(11.17)结果给出的 χ_i 与各向异性大小的开方成反比.这两个结果对指导如何获得高性能软磁材料都很有意义.起始磁化率与 M_s^2 成正比,而与交换作用和各向异性大小乘积的开方成反比,或是直接成反比,说明软磁材料的磁化强度要大,各向异性和内应力要小,并应尽量减少材料内的杂质和孔洞,这样有益于提高材料的起始磁化率和降低器件的重量(因 A 变化不大,勿需考虑其影响).

2. 应力(即磁弹性能)和畴壁位移磁化过程

材料存在内应力,与磁化所产生的磁致伸缩结合形成磁弹性能,它相当于单轴磁晶各向异性能,参见式(9.9),因而将影响磁化过程.内应力的存在反映出材料内部的不均匀性,由于畴壁能与磁弹性能有关,畴壁所处位置的内应力不同也会影响磁体内能量的高低.图 11.9 给出了畴壁位置、弹性能和弹性能变化随位置 x 的变化关系.图 11.9(b)的曲线形式是内应力分布形成的弹性能 E_d 分布情况的一种简单假设,而(c)是弹性能随 x 的变化.实际情况比较复杂,但这种简单的图像是为了说明畴壁能随应力能变化而变化的原因,可以帮助我们对应力阻止磁化过程的理解.

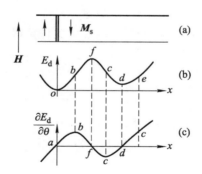

图 11.9 (a) 180°畴;(b) 弹性能;(c) 弹性能随 x 的变化

材料中的内应力在不同地方并不均匀,因此畴壁能随 x 变化而变化.假定其变化为图 11.10 所示的随 x 变化形式:在 $x=0$ 处 $\gamma_0 = \gamma(0)$,在移动 x 后为 $\gamma(x)$.由于磁场强度 H 很小,畴壁移动距离很小,可以将畴壁能用泰勒级数展开:

$$\gamma(x) = \gamma(0) + \gamma'(0)x + \gamma''(0)x^2/2! + \cdots + \gamma^{(n)}(0)x^n/n! + \cdots.$$

在 $x=0$ 时,因为 $\gamma(0)=\gamma_0$ 极小,所以 $\partial\gamma/\partial x=0$,故

$$\gamma(x) = \gamma(0) + \gamma''(0)x^2/2! + 高次项.$$

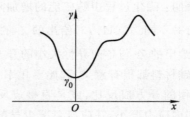

图 11.10　畴壁能 $\gamma(x)$ 随畴壁位置变化的设定曲线

由于讨论起始磁化,即畴壁移动的距离 x 很小的磁化状态,可略去高次项,令 $\alpha = \gamma''(0)/2$,得到畴壁能随 x 变化的关系为

$$\gamma(x) = \gamma(0) + \alpha x^2. \tag{11.18}$$

在磁场作用下畴壁移动了 x,产生静磁能为 $2\mu_0 M_s H x$,在移动了 x 后畴壁能升高,抵消了静磁能的作用,达到新的平衡位置,就有

$$2\mu_0 M_s H = \partial\gamma/\partial x = 2\alpha x.$$

由上式计算得

$$H = \frac{\alpha x}{\mu_0 M_s}.$$

综合考虑式(11.15)和磁场作用使畴壁移动而产生的磁化强度,则

$$M = 2M_s S_{180} x,$$

其中 S_{180} 是单位体积中 180°畴壁的总面积. 由此计算得

$$\frac{\mathrm{d}M}{\mathrm{d}x} = 2M_s S_{180},$$

$$\frac{\mathrm{d}H}{\mathrm{d}x} = \frac{\alpha}{\mu_0} M_s.$$

将上述两个结果代入式(11.16),得

$$\chi_i = \frac{2M_s S_{180}}{\alpha/\mu_0 M_s} = \frac{2\mu_0 M_s^2 S_{180}}{\alpha}. \tag{11.19}$$

要具体估计算出 χ_i 的数值,就需要知道 α 和 S_{180},为此需要知道应力的具体情况和它对畴壁的影响. 假定存在材料中的应力为波动形式(参见图 11.9(b)),目的是使应力的变化可写成下述形式:

$$\sigma_i(x) = -\sigma_0 \cos\frac{2\pi x}{l}, \tag{11.20}$$

其中 σ_0 为应力的幅值,l 是应力沿 x 方向变化一个周期的距离(即应力波的波长). $\sigma_i(x)$ 对畴壁能的影响可写成

$$\gamma = 2[A(K_1 + 3\lambda_s \sigma_i(x)/2)]^{1/2} = 2\left[A\left(K_1 - \frac{3\lambda_s \sigma_0}{2}\cos\frac{2\pi x}{l}\right)\right]^{1/2},$$

$$\tag{11.21}$$

它反映了畴壁能随 x 变化的关系. 在 $H=0$ 时, $x=0$, 符合畴壁能最低条件, 即 $\gamma=\gamma(0)$. 在 $H\neq0$ 时, 畴壁移动, 使 $x\neq0$, 就得到式(11.21)立方磁体的结果. 这样, α 和单位体积中 $180°$ 壁的面积 S_{180} 都是已知的. 在 $x\approx0$ 时, $\cos(2\pi x/l)\approx1$, 因此有

$$\alpha=\frac{\mathrm{d}^2\gamma}{2\mathrm{d}x^2}=\frac{(3\lambda_s\sigma_0)(2\pi/l)^2A}{[A(K_1-3\lambda_s\sigma_0)]^{\frac{1}{2}}}. \tag{11.22}$$

图 11.11 中 $L=1$, 则磁体就是一立方体. 设磁畴的宽度为 l, 在立方体的任一面可以看到这个单位体积中有 $1/l$ 个磁畴. 磁畴界面的面积是单位面积(即 $1\times1=1$), 则单位体积中畴壁的总面积(在以后的讨论中均用图 11.11 的结果)为

$$S_{180}=1\times L\times1/l=1/l. \tag{11.23}$$

考虑到 $K_1\gg\lambda_s\sigma_0$, 取 $3(A/K_1)^{1/2}=\delta$, δ 就是前面所得到的畴壁厚度, 则式(11.19)就可写成

$$\chi_{\mathrm{i}}=\frac{2\mu_0M_s^2}{3\pi^2(\lambda_s\sigma_0)}\frac{l}{\delta}, \tag{11.24}$$

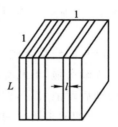

图 11.11 畴壁在材料中分布示意情况

该结果显示了畴壁厚度对起始磁化率的影响, 实质上反映了磁晶各向异性的影响. 畴壁厚度与磁晶各向异性常数的开方成反比. 由于在计算磁化率时所考虑的物理因素比较简单, 根据实际情况, 应考虑到磁晶各向异性能变化的影响. 又由于在计算时使用的物理模型比较理想, 因此所得结果只反映出材料本征参数的影响, 材料本身的微结构因素只反映在模型中, 因而材料磁化率的大小只能以正比的形式表示:

$$\chi_{\mathrm{i}}\propto\frac{\mu_0M_s^2}{\left[A\left(|K_1|+\frac{3}{2}\lambda_s\sigma\right)\right]^{1/2}}. \tag{11.25}$$

式(11.25)与(11.13)都是因存在磁晶和应力各向异性能而阻止进一步磁化所给出的 χ_{i} 的表示公式. 这两种磁化过程在同样的阻力因素下的差别在于, 磁矩取向变化的方式和结果不同, 因而阻力因素的效果是不一样的. 式(11.13)是源于磁矩转动磁化的结果, 即磁畴内磁矩整体转向磁场的过程, 增加了各向

异性能,阻力的作用表现比较大.畴壁移动过程只是小部分磁矩方向的变化(注意:改变前后磁矩的取向变了 180°,在改变过程中,畴壁内磁矩是转动的,在畴壁运动停止后,所有磁畴内的磁矩仍处在能量最低处,磁化只增加了退磁能),阻力主要对畴壁内的磁矩转动起作用,前者是整体转动,后者是局部磁矩转动,因而两者的效果不同.这样就给出了磁化率的不同数值.

从结果可看出,材料的内禀参数对磁化率的大小起到关键作用,材料的制备工艺影响看不出来.但是,式(11.25)的导出是基于我们在讨论阻止磁化过程时所列举的因素,即所设定的物理模型的内涵上.因此,从它的内涵可以知道,如要材料的磁化率高,除了降低材料自身的磁晶各向异性能和应力能以及尽可能提高 M_s 外,还要从制备优质软磁材料的工艺着手,尽量减少杂质和空穴,使材料的晶粒大小均匀、晶界整齐等.由此可知,起始磁化率是判断材料在弱磁场中性能表现和应用的重要参量.数值大表明,材料的软磁性好,在闭合回路情况下,一般要求在 10^2 以上,最大可达 10^5 左右.

§11.3　不可逆畴壁移动磁化过程

在不可逆畴壁移动磁化过程中,同样是杂质和应力对不可逆畴壁移动的影响问题.不同之处在于随着磁场逐渐增强,不断克服阻止磁化的阻力,最后达到某个磁场时,畴壁在最后一次移动后就消失了,如再增强磁场,磁化过程就变成完全磁矩转动.达到这种情况时,所加的磁场称为临界场,它与磁性材料的矫顽力有密切关系.因此,本节将以临界磁场为中心,讨论材料的临界磁场与材料的内禀参量的关系,它预示着材料矫顽力的可能大小.

11.3.1　临界磁场

根据前面可逆壁移的讨论,在外磁场作用下 180°畴壁移动距离为 x,同样会受到杂质和应力的影响.在讨论不可逆磁化过程时,和前面讨论可逆磁化过程相似,先讨论应力对畴壁移动的影响.这时材料内的能量为畴壁能和磁化能,即

$$E = \gamma - 2\mu_0 M_s H\cos\theta \cdot x.$$

假定畴壁能随位置 x 的变化关系如图 11.12 所示,在它停留的位置处能量应最低,即

$$dE/dx = d\gamma/dx - 2\mu_0 M_s H\cos\theta = 0.$$

这时畴壁停止移动,可得到外加磁场强度

$$H = \frac{1}{2\mu_0 M_s \cos\theta} \frac{d\gamma}{dx}. \tag{11.26}$$

从图 11.12 可看到,无磁场时畴壁原停在 $x=0$ 处,γ 最低. $x=0$ 到 $x=x_1$ 这一

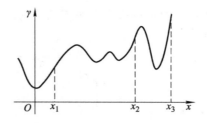

图 11.12　畴壁能 γ 随 x 的变化

段曲线的斜率 $\mathrm{d}\gamma/\mathrm{d}x$ 随 x 增加,且 $x=x_1$ 处斜率最大.在这一段中,当 H 逐渐增加时,总可以得到某一点 x_1 满足式(11.26);而且如把 H 减到零,畴壁会退到 $x=0$ 处,这表示畴壁移动引起的磁化过程可逆.在 x_1 点的 $\mathrm{d}\gamma/\mathrm{d}x$ 是这段曲线中最大的.当 H 增大到使 x 达到 x_1 后,再增加 H,附近的 $\mathrm{d}\gamma/\mathrm{d}x$ 不再增加,x_1 左右的 $\mathrm{d}\gamma/\mathrm{d}x$ 都比它要低.因此,式(11.26)在 0 到 x_1 的区间内不能成立,它表现为畴壁不能停止在 x_1 附近,而是一直向右移去,直到接近 x_2 处,那里的 $\mathrm{d}\gamma/\mathrm{d}x$ 较大,能够满足式(11.26).从 x_1 到 x_2 的畴壁移动是跳跃式的,这时外加磁场强度 H 只比平衡在 x_1 处的磁场强度略大一些,而壁移了一大段距离.这时如将 H 减到零,畴壁不能退回到 $x=0$,只能退到 x_2 左边最近的一个能量最低处,所以过了 x_1,已是不可逆畴壁移动阶段的开始,而在 x_1 以内是可逆畴壁移动过程.x_1 是第一次遇到的 $\mathrm{d}\gamma/\mathrm{d}x$ 极大值处,是可逆和不可逆的分界点.对磁性材料来说,一般都有好几个这样的过程,直到克服最大的不可逆阻力为止.也就是当畴壁移到 $(\mathrm{d}\gamma/\mathrm{d}x)_{\max}$ 的分界点(如 x_3 或更多)时所需的磁场强度更大,用 H_0 表示这一磁场强度,则

$$H_0 = \frac{1}{2\mu_0 M_s \cos\theta}\left(\frac{\mathrm{d}\gamma}{\mathrm{d}x}\right)_{\max}. \tag{11.27}$$

此时,H_0 称为临界场强度.此后磁场强度再增大,磁化基本上是可逆转动过程.因此,H_0 如很大,表明材料的磁化很难达到饱和,并具有较高的矫顽力;如 H_0 较小,材料容易磁化到饱和,并具有较高的最大磁化率.所以,H_0 的大小对材料的磁化率的高低或是矫顽力的大小有很大的影响.

11.3.2　巴克豪森跳跃

在磁场强度增加到略超过第一个 $\mathrm{d}\gamma/\mathrm{d}x$ 极大处时,畴壁移动就从 x_1 跳到 x_2,磁场强度再大一点又会从 x_2 跳到 x_3,因 x_3 处的 $\mathrm{d}\gamma/\mathrm{d}x$ 比 x_2 处的更大.这种跳跃似的畴壁位移称为巴克豪森(Backhausen)跳跃,它可以在实验中观测到,如图 11.13 所示.每次跳跃都使磁化强度增加.在完成最大的一次跳跃后,畴壁位移会无阻碍地向右移动,直到磁畴基本消失(可能有零星小畴存在),如

曲线上 b 点. H_0 的大小与材料中的应力大小或杂质的浓度有密切的关系. 下面将分别讨论它们的影响.

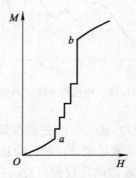

图 11.13　巴克豪森跳跃,其中 a 表示可逆磁化过程结束;
b 表示磁畴基本消失,可逆转动磁化开始

11.3.3　应力影响

应力对可逆畴壁移动过程的影响问题已在前面做了讨论. 假定材料内应力的分布还是和以前一样,畴壁能中的应力能如式(11.21)所示,则

$$\gamma = 2\{A[K_1 - (3\lambda_s/2)\sigma_0\cos\phi]\}^{1/2}$$
$$= 2(A|K_1|)^{1/2}[1 - (3\lambda_s/2|K_1|)\sigma_0\cos\phi]^{1/2},$$

式中 $\phi = 2\pi x/l$. γ 随 x 的变化可以通过微分计算得到:

$$\frac{\mathrm{d}\gamma}{\mathrm{d}x} = \frac{3\pi\lambda_s\sigma_0}{l}\frac{\left(\dfrac{A}{|K_1|}\right)^{1/2}\sin\phi}{\left[1 - \left(\dfrac{3\lambda_s}{2|K_1|}\right)\sigma_0\cos\phi\right]^{1/2}}.$$

移动后畴壁位置为 x_1, x_2, 如图 11.14 所示. 当 $\phi = \pi/2$ 时, $\sin\phi = 1$, $\cos\phi = 0$, $\phi = \pi/2$ 就是 $2\pi x/l = \pi/2$, 也就是 $x = l/4$. 可以看到, 这个位置处 $\mathrm{d}\theta/\mathrm{d}x$ 确实最大, 因而有

$$\left(\frac{\mathrm{d}\gamma}{\mathrm{d}x}\right)_{\max} = \frac{3\pi\lambda_s\sigma_0}{l}\left(\frac{A}{|K_1|}\right)^{1/2}. \tag{11.28}$$

图 11.14 只显示出一个最大的位置, 根据式(11.28), 也就是在 $H > H_0$ 后, 畴壁经过一次跳跃就完成了不可逆畴壁移动磁化过程. 应力使 γ 变化的特点, 实际上不可能这样简单. 这只是在估计应力对磁化的影响时可起到参考的作用. 由于畴壁厚度为 $\delta = 3(A/|K_1|)^{1/2}$, 则式(11.28)改写成

$$\left(\frac{\mathrm{d}\gamma}{\mathrm{d}x}\right)_{\max} = \pi\lambda_s\sigma_0\frac{\delta}{l}.$$

这样就可得到应力影响下的临界磁场强度. 将式(11.21)的 γ 代入上式, 得 H_0

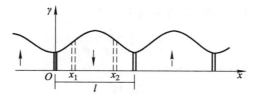

图 11.14 应力影响下的畴壁移动简单模型

具体表示为

$$H_0 = \frac{\pi\lambda_s\sigma_0}{2\mu_0 M_s \cos\theta}\frac{\delta}{l}. \tag{11.29}$$

这是指某些畴壁的结果,而对所有畴壁来说,就是对 $\cos\theta$ 求平均(平均值为 $1/2$),最后得

$$H_0 = \frac{\pi\lambda_s\sigma_0}{\mu_0 M_s}\frac{\delta}{l}. \tag{11.30}$$

如果应力变化的区域比畴壁厚度要小,这时式(11.30)中不能用 δ/l 了,可以证明只要变成 l/δ 即可,则有

$$H_0 = \frac{\pi\lambda_s\sigma_0}{\mu_0 M_s}\frac{l}{\delta}. \tag{11.31}$$

上述两式的结果在制作不同材料时有一定的参考意义. 例如,要生产软磁材料,就要求 H_0 越小越好,这就得减小应力的影响,使式(11.25)中 δ/l 的值小,即材料内应力很小并分布均匀,另外 M_s 总是要大,这些会有利于制成优质材料.

11.3.4 应力变化对磁化率影响

如果畴壁能主要由应力决定,其变化的形式假定是简谐函数,即应力的空间变化周期比畴壁厚度大得多,当畴壁移动到 x_1 位置后,得到磁化强度为

$$M = 2M_s\cos\theta_i \cdot x_1 S_{180},$$

其中 θ_i 为 H 与 M_s 交角. 在磁场大于临界磁场之后就发生畴壁跳跃,使畴壁完全消失,因此 $x_1 = l$. 由于畴宽为 l,单位面积下 S_{180} 畴壁数目为 $1/l$. 单位体积内磁畴消失后对磁化的贡献为

$$M = 2M_s\cos\theta_i,$$

根据前面的运算,可以求出不可逆畴壁移动过程的磁化率

$$\chi_{\text{不可逆}} = \frac{M}{H_0} = \frac{2M_s\cos\theta_i}{\dfrac{\pi\lambda_s\sigma_0}{2\mu_0 M_s\cos\theta_i}}\frac{\delta}{l}$$

$$= \frac{4\mu_0 M_s^2\cos^2\theta}{\pi\lambda_s\sigma_0}\frac{\delta}{l}.$$

考虑到多晶体材料中有很多个立方体小颗粒,则畴内的 M_s 与 H 有不同交角,

所以要求 $\cos^2\theta_i$ 的空间平均,其结果为 $1/3$,得

$$\chi_{\text{不可逆}} = \frac{4\mu_0 M_s^2}{3\pi\lambda_s\sigma_0}\frac{l}{\delta}. \tag{11.32}$$

可逆过程与应力有关的起始磁化率为

$$\chi_i = \frac{2\mu_0 M_s^2}{3\pi^2\lambda_s\sigma_0}\frac{l}{\delta}, \tag{11.24}$$

两式相比,由此得到 $\chi_{\text{不可逆}}=2\pi\chi_i$,因而有

$$\chi_{\text{不可逆}} \approx 6\chi_i. \tag{11.33}$$

如要生产永磁材料,就要求 H_0 越大越好. 使 H_0 大的因素就是增加应力,从而产生应力各向异性. 不过,由于它的影响远不如磁晶各向异性,故应力作用效果不大,所以制作永磁材料都不采用加大应力的作用来提高硬磁性能.

11.3.5 掺杂物对不可逆畴壁移动的影响

在讨论可逆畴壁移动磁化过程时用到图 11.8 所示的模型,但因畴壁移动距离很小,畴壁并未脱离杂质. 在磁场进一步加强后,畴壁移动距离可能较大,即移动的距离比杂质半径大($x>r$). 但所能引起畴壁面积最大的变化量只是 πr^2. 根据前面可逆畴壁移动磁化过程的讨论,单位面积的畴壁能 $\gamma_1 = \gamma S/a^2$ 的最大变化为 $(\mathrm{d}\gamma_1/\mathrm{d}x)_{\max} = (\gamma/a^2)2\pi r$. 从式(11.27)得

$$H_0 = \frac{\gamma}{a^2}\frac{\pi r}{\mu_0 M_s\cos\theta}. \tag{11.34}$$

因为 $\cos\theta$ 的平均值为 $1/2$,所以

$$H_0 = \frac{(\gamma/a^2)2\pi r}{\mu_0 M_s}. \tag{11.34'}$$

为了估算掺杂物含量对 H_0 的影响,引入掺杂物体积浓度 β,它的定义为

$$\beta = \frac{\text{一粒杂质的体积}}{\text{与其相联系的总体积}} = \frac{4\pi r^3/3}{a^3}. \tag{11.35}$$

另外,磁畴和畴壁能量的比值为

$$\gamma/\delta = 2(AK_1)^{1/2}/\pi(A/K_1)^{1/2} = 2K_1/\pi. \tag{11.36}$$

为得到杂质的响应,用式(11.34)和(11.35)消去式(11.34)中的 γ/a^2,可以得到

$$H_0 = \left(\frac{4\pi}{3}\right)^{1/3}\frac{K_1\beta^{2/3}}{\mu_0 M_s}\frac{\delta}{r}. \tag{11.37}$$

结果表明,临界磁场强度与 M_s 成反比,与掺杂浓度的 $2/3$ 次方成正比.

畴壁移动的最终结果是使畴消失,因而移动的距离 $x=a$(掺杂物的平均间距),这样得到磁化强度为

$$M = 2M_s\cos\theta \cdot aS_{180}.$$

按照式(11.23),$S_{180}=1/l$,这样有

$$M = 2M_\text{s}\cos\theta \cdot a(1/l).$$

因此在临界磁场情况下,掺杂物含量对材料磁化率的影响为

$$\chi_\text{杂} = M/H_0 = 2\mu_0 M_\text{s}^2\cos^2\theta \cdot a^3/\gamma\pi rl. \tag{11.38}$$

同样是在多晶体材料中,要对 $\cos^2\theta$ 求平均,其数值为 $1/3$,并将 $\gamma = 2(AK_1)^{1/2}$ 代入,消去 γ,得

$$\chi_\text{杂} = \frac{M}{H_0} = \frac{\mu_0 M_\text{s}^2 a^2}{3\pi l(AK_1)^{1/2}}\frac{a}{r}. \tag{11.39}$$

与可逆畴壁移动磁化过程的结果式(11.17)对比,可以得到

$$\chi_\text{不可逆} = \frac{a}{r}\chi_\text{可逆}.$$

一般情况是 $a \gg r$,由此可知,不可逆磁化过程的磁化率总是要比可逆过程的大好多倍.注意,从磁化率的定义可知,不可逆磁化率并不是最大磁化率.

§11.4　不可逆磁矩转动磁化过程

11.4.1　单轴各向异性条件下的不可逆转动磁化结果

以单轴各向异性磁体为例来讨论不可逆转动磁化过程.无外磁场时磁体内的磁矩处于易磁化轴(即易轴)方向,加磁场后磁矩转向磁场方向,设偏离易轴角度为 θ,具体见图 11.15.而易轴和磁场的交角为 θ_0,如两者都小于 $90°$,这时将磁场减小到零,磁矩 M_s 仍转回到原晶轴(易轴)方向,这是可逆过程.如 θ_0 大于 $90°$,当 H 很小,M_s 转角 θ 不大时,H 增大并超过 H_0 后,M_s 会跃变到靠近 H 方向,因各向异性作用,跃变过去的 M_s 并不平行 H 方向.这时如减小 H,并使之为零,M_s 会沿易轴取向,但与原来跃变前的易轴取向成 $180°$,所以总磁矩不为零,这是不可逆转动磁化,参见图 11.15(c)所示的情况.H_0 称为不可逆转动磁化的临界场,其大小与 θ_0 有关.假定 $\theta_0 > 90°$,磁化状态下,磁体内能量总密度的具体表示为

$$E = E_\text{K} + E_\text{H} = K_\text{u}\sin^2\theta - \mu_0 M_\text{s} H\cos(\theta_0 - \theta). \tag{11.40}$$

从

$$\mathrm{d}E/\mathrm{d}\theta = 2K_\text{u}\sin\theta\cos\theta - \mu_0 M_\text{s} H\sin(\theta_0 - \theta) = 0$$

可以得到

$$\sin2\theta = \frac{\mu_0 M_\text{s} H}{K_\text{u}}\sin(\theta_0 - \theta). \tag{11.41}$$

在 $0°$ 到 $180°$ 范围内,式(11.41)存在三个 θ 解,用 $\theta_1,\theta_2,\theta_3$ 表示,其中 θ_1 为能量较低角度,θ_2 对应能量最高,θ_3 对应能量最低.从图 11.16 可看到,磁场强度 H 逐渐加大情况下,体系能量 E 随 θ 的变化,并给出了 θ_1,θ_2 和 θ_3 的位置.

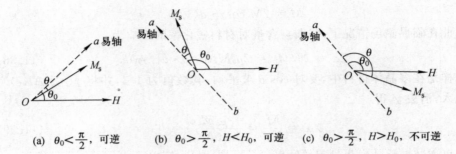

(a) $\theta_0 < \dfrac{\pi}{2}$，可逆　　(b) $\theta_0 > \dfrac{\pi}{2}$，$H < H_0$，可逆　　(c) $\theta_0 > \dfrac{\pi}{2}$，$H > H_0$，不可逆

图 11.15　不可逆磁矩转动过程中 H，M_s 和易轴三者之间关系的示意情况

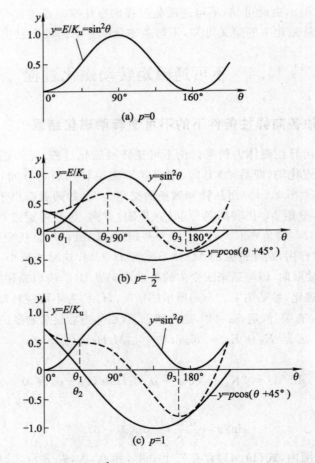

(a) $p = 0$

(b) $p = \dfrac{1}{2}$

(c) $p = 1$

图 11.16　三个 p 值 $\left\{0, \dfrac{1}{2}, 1\right\}$ 和 $\theta_0 = 135°$ 的情况下，θ_1，θ_2 和 θ_3 的位置，其中实线是两种能量随 θ 的变化曲线，虚线是式(11.40)随 θ 的变化曲线

下面具体讨论式(11.41)在几个特殊情况下的解.令
$$p = \mu_0 M_s H / K_u, \quad \theta_0 = 135°,$$
则图11.16中的实线是式(11.40)右边的两项分别在 $p=1/2$ ($\theta_1=12°30'$, $\theta_2=77°30'$ 和 $\theta_3=171°20'$) 和 $p=1$ ($\theta_1=\theta_2=45°0'$ 和 $\theta_3=165°0'$) 的情况,就是说 H 增大,θ_1 向 θ_2 靠近,直到相等,这时 $dE/d\theta=0$,并满足
$$d^2E/d\theta^2 = 0 (拐点).$$

图11.16为三个 p 值情况的 $E/K_u = \sin^2\theta - p\cos(\theta_0-\theta)$ 的具体曲线.在拐点处的 H 值就是临界磁场强度.表11.1是式(11.41)在 $\theta_0=135°$ 和不同 p 值时的解.

表 11.1　式(11.41)在 $\theta_0=135°$ 和不同 p 值情况下,$\sin 2\theta = p\sin(135°-\theta)$ 时的解

	p	θ_1	θ_2	θ_3	
磁场强度为0	0	0°	90°	180°	图 11.16(a)
磁场强度小于临界磁场强度,可逆转动	0.1	2°6′	87°54′	178°3′	图 11.16(b)
	0.2	4°22′	85°38′	176°13′	
	0.3	6°49′	83°11′	174°30′	
	0.4	9°30′	80°30′	172°53′	
	0.5	12°28′	77°32′	171°23′	
	0.6	15°47′	74°13′	169°57′	
	0.7	19°37′	70°23′	168°36′	
	0.8	24°12′	65°48′	167°20′	
	0.9	30°15′	59°45′	166°8′	
磁场强度大于等于临界磁场强度,不可逆转动	1.0	45°0′	45°0′	165°0′	图 11.16(c)
	1.2			162°54′	
	2.0			156°28′	
	10.0			140°38′	
	20.0			137°51′	

下面讨论临界磁场的问题.

在式(11.40)中对 E 进行 θ 的二次微商,并令 $E''=0$,得到
$$\cos 2\theta = -(p/2)\cos(\theta_0-\theta). \tag{11.42}$$
将式(11.41)和(11.42)各自进行平方,分别得到
$$(1/p^2)\sin^2 2\theta = \sin^2(\theta_0-\theta),$$

$$(4/p^2)\cos^2 2\theta = \cos^2(\theta_0 - \theta).$$

上述两式相加,就可解得 θ 与 p 的关系为

$$\sin 2\theta = [(4 - p^2)/3]^{1/2}, \tag{11.43}$$

$$\cos 2\theta = [(p^2 - 1)/3]^{1/2}. \tag{11.44}$$

这里的 θ 值就是可逆和不可逆分界点的 θ 角,它取决于 p(即 H)的大小. 在临界情况时,H,θ 和 θ_0 要满足(11.41)和(11.42)两式. H_0 为临界磁场强度,它和临界角 θ 都取决于 θ_0. 将式(11.43)和(11.44)代入式(11.41)和(11.42),经过化简后可以求得

$$\sin 2\theta_0 = -[(4 - p^2)/3]^{3/2}/p^2. \tag{11.45}$$

从式(11.45)可看出,p 和 θ_0 有关,对不同的 θ_0 值(即磁场与易磁化轴交角),相应可求得不同的 p 值,即不可逆转动磁化的临界磁场强度 H_0 的大小. 下面根据式(11.45)来计算 $\theta_0 = 135°,90°$ 和 $180°$ 三种情况下的临界磁场强度 H_0.

(1) $\theta_0 = 135°$,则 $2\theta_0 = 270°$,$\sin 2\theta_0 = -1$. 因此得到

$$\frac{1}{p^2}\left(\frac{4 - p^2}{3}\right)^{3/2} = 1, \tag{11.46}$$

如令 $p^2 = x$,式(11.46)是一个三次方程,可以得出 $x = 1$,即 $p = \pm 1$ 是方程(11.46)的实数解. 这样,就得到 $\mu_0 M_s H/K_u = 1$,因而求得

$$H_0 = K_u/\mu_0 M_s, \tag{11.47}$$

在 CGS 制下,$H_0 = K_u/M_s$. 在 H_0 作用下,得到磁化强度 $M = 2M_s\cos 30° = 1.73M_s$. 因为,原来在 θ_1 方向上的 M_s 转到能量低的 θ_3 方向. 从表 11.1 上可查到,在 $p = 1$ 时,$\theta_3 = 165°$,因而 M_s 与方向夹角为 $|135° - 165°| = 30°$,因此有 $M = 2M_s\cos 30°$. 这时的磁化率为

$$\chi = \frac{M}{H} = \frac{1.73M_s}{K_u/\mu_0 M_s} = \frac{3 \times 1.73\mu_0 M_s^2}{3K_u} = 5.2\chi_i. \tag{11.48}$$

(2) $\theta_0 = 90°$,则 $2\theta_0 = 180°$,$\sin 2\theta_0 = 0$,因此得到

$$\frac{[(4 - p^2)/3]^{3/2}}{p^2} = 0. \tag{11.49}$$

可以得到 $p = \pm 2$ 是方程(11.49)的解,这时 $\theta = 180°$,因此得到 $M = 2M_s\cos 0° = 2M_s$. 又

$$H_0 = \frac{2K_u}{\mu_0 M_s}, \tag{11.50}$$

可以求得

$$\chi = \frac{\mu_0 M_s^2}{K_u} = 3\chi_i. \tag{11.51}$$

(3) $\theta_0 = 180°$,则 $\sin 2\theta_0 = 0$,同样得

$$H_0 = \frac{2K_u}{\mu_0 M_s}. \tag{11.52}$$

11.4.2 立方晶体的临界磁场

立方晶体情况只考虑 K_1 的作用,这时有

$$K_1 > 0, \quad H_0 = \frac{2K_1}{\mu_0 M_s},$$

$$K_1 < 0, \quad H_0 = \frac{4|K_1|}{3\mu_0 M_s}.$$

11.4.3 举例说明简单理论结果的实际意义

例一 铁镍合金软磁材料

在讨论磁晶各向异性和磁致伸缩时,提到 Fe 的 K_1 和 λ_s 都大于 0,而 Ni 的 K_1 和 λ_s 都小于 0. 因此,自然会产生如下问题:是否可能存在某个合金成分,使得 K_1 和 λ_s 都等于 0,或者接近零. 从 Fe-Ni 合金的实验结果看到(参见图 11.17),在 76at% Ni 含量时,$K_1 = 0$;在 80at% Ni 含量附近时,λ_{111},λ_{110} 和 λ_{100} 相继为 0. 对于多晶体,$\lambda_s = 0$ 时为 81at% Ni. 因此,人们考虑:在含 78.5at% Ni 成分(称为坡莫合金)情况下,如添加少量其他金属,是否能使该合金同时具有 $K_1 \approx 0$ 和 $\lambda_s \approx 0$ 呢? 若是,则再经过最佳生产工艺就可以获得非常高磁化率. 实验结果表明,用 4wt% Mo 部分代替 Ni(例如 $Fe_{22}Ni_{78}Mo_4$),可使得 K_1 和 λ_s 都基本为零,使合金的最大磁导率可达 10^6. 这是比较成功的一个例子. 还要注意一点,用基本原理指导获得最佳合金成分后,工艺问题非常关键,例如要经过退火等最佳工艺处理后才有可能实现理论预期的结果.

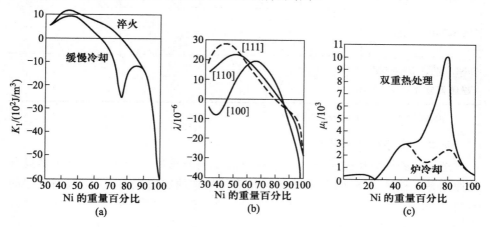

图 11.17 Fe-Ni 合金的(a)K_1,(b)λ_{111},λ_{100},λ_{110} 和(c)起始磁导率 μ_i 随 Ni 成分变化关系

以对坡莫合金的双重热处理工艺为例,它已成为制备高导磁坡莫合金的标准工艺.先是将轧制成薄带的合金加热到 1000℃以上,接着以 100℃/h 速率降温到 600℃,然后快速淬火,冷速约为 1500℃/min.表 11.2 给出了一些金属软磁材料的主要磁性.

表 11.2   一些软磁金属材料的主要磁性[3]

成分	μ_i	μ_m	H_c		B_r/T	B_s/T
			A/m	Oe		
Fe(羰基铁)	3 000	$2×10^4$	6.4	0.08		2.2
Fe(单晶、磁热处理)		$1.43×10^6$	12	0.15		
3Si 取向硅钢	1 500	$2×10^4$	6.4	0.08		2.0
16Al-Fe 合金	4 500~ 6 500	$5×10^4$~ $7.5×10^4$	3.3~4.4	0.041~ 0.055	0.37~ 0.44	0.75~ 0.93
50Ni-Fe 合金	3 200	$3.2×10^4$	14	0.18		1.5
79Ni-Fe 合金	18 000	$1.1×10^5$	2.8	0.035		0.75
66Co(FeMoSiB)非晶	$7×10^5$	$1×10^6$	0.32	0.004	≥0.44	0.55
40Fe, 40Ni, 14P, 6B 非晶		$8.8×10^5$	0.48	0.06	$\frac{B_r}{B_m}=0.83$①	0.78
80Fe,16P,3C,1B 非晶			4.0	0.05		1.49
5.4Al,9.6Si,Fe 合金	35 000		4.0	0.05		1.0
50Co,50Fe 合金	700	5 000~ 8 000	80	1		2.45
79Ni,5Mo,15Fe,0.5Mn (超玻莫合金)	100 000	800 000	0.32	0.004		0.8

① B_r 为剩磁感应值,B_m 为最大磁感应值.

例二   高导磁锰锌铁氧

选择软磁铁氧体磁性材料化学成分的原则与选择合金磁性材料化学成分的原则是一样的. Mn-Zn 铁氧体是氧化物材料中研究得最多、应用范围最广的材料之一. 图 11.18 给出了 $MnO-ZnO-Fe_2O_3$ 三元系相图. 从图 11.18(b)可以看到,在 52%~68% Fe_2O_3 成分之间有两条弯的实线,它代表 $K_1=0$ 的线,两曲线中间的成分处 $K_1>0$,在其外边的成分处 $K_1<0$;还有一条虚线,表示在该

成分(52% Fe_2O_3)处 $\lambda_s \approx 0$,它与左边的 $K_1 = 0$ 线交于 $24\% \sim 25\%$ MnO 和 ZnO 的成分范围. 这样,高导磁锰锌铁氧体的化学成分中 MnO 和 ZnO 均为 24% 左右,而 Fe_2O_3 的成分在 52%(均为摩尔数百分比 mol%)左右. 不同成分范围内的磁导率大小见图 11.18(a). 可以看到,磁导率越高,成分的变化范围越小,所以要严格控制成分的配比. 另外,对烧结工艺的要求也很严格,不能在烧结过程中使成分有所流失.

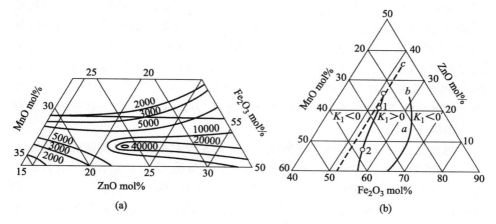

图 11.18 (a) 磁导率与成分的关系;(b) K_1 和 λ_s 与成分的关系

现在的问题是:有了最佳成分后,是否就一定能烧结出很高磁化率的材料呢? 不一定,因为制备铁氧体材料有好几道工序,特别是烧结工艺非常关键. 在这一过程中原材料将进行固相化学反应,也就是要用最佳工艺条件来控制固相反应过程,这样才有可能做到材料设计的最佳要求. 实际情况是,1964 年就在实验室研究出了确定 $K_1 = 0$ 和 $\lambda_s = 0$ 的成分变化范围的 Mn-Zn 铁氧体样品,而在 1970 年才报道了实际生产中获得高磁导率的结果,但工业生产的产品的磁导率仍比实验室的指标低一些. 直到 20 世纪 90 年代后期,在使用高纯原料和计算机自动控制烧结工艺条件下,才获得接近实验室的结果. 另外,这里我们只讨论如何获得高磁导率材料的必要条件,并没有考虑材料在高频磁化过程中的磁损耗问题,这方面的问题将在第十三章再继续讨论.

从这两个例子可看到,内禀磁性是获得优质磁性材料的基本依据. 而如何能生产出优质磁性材料,就需要采用最佳工艺条件,这是使材料显现出优质特性的关键. 对从事材料科学研究的人来说,两者既有密切联系,又有一定的分工. 因为,前者是以认识世界为主,研究材料基本特性、其与表观特性的关系和对表观特性的影响;后者是将所获得的基本规律和材料所要求的特性进行综合考虑,找出新的方案,和实现该方案的最佳条件,还要有与生产新材料相结合的生产设备,这样才能获取最好的结果.

研究物质基本特性的人要懂得一些基本工艺技术,生产材料的技术人员要知道各种基本物质的基本特性,这将使研究工作或新材料的生产事半功倍,详细原因将在第十五章讨论.

§11.5 小 结

这一章讨论了在可逆磁化过程和不可逆磁化过程中,影响畴壁移动和磁矩转动的主要因素.在讨论磁矩转动过程时,主要认为阻止磁化的是磁晶各向异性能,这看起来比较好理解,能直观地看出影响材料磁化的实际情况.而在讨论畴壁移动过程时,提出掺杂物和应力是阻止磁化的主要因素.这是因为通过实践,观察到实际上许多材料内都或多或少地存在杂质,以及磁致伸缩与应力相结合的磁弹性能,因而影响了磁化的继续进行.为此,讨论了掺杂物和弹性能对磁化的阻止作用.

磁性材料的成分、晶体结构类型以及它的生产过程都是很复杂的且形式多样的,另外绝大多数都是多晶体材料,其内部的杂质、应力和磁各向异性能都不是我们在上面所讲的那样简单.这就产生了一个重要的疑问,那就是:在所假定的条件或模型下,得到的结果是否有实际意义?为解决这个疑问,让我们回顾一下所得到的结果,再将它与实际材料的磁性联系起来,进行对比和讨论.

我们的主要结果是磁性材料的磁化率与磁性材料的内禀磁性参量的关系,它是假定材料中存在掺杂物和应力所导出的结果.下面是得到的主要公式:

可逆磁矩转动过程:

$$\chi_i \approx \frac{\mu_0 M_s^2}{A(K_1 + 3\lambda_s \sigma/2)};$$

可逆畴壁移动过程:

$$\chi_i \propto \frac{\mu_0 M_s^2}{[(A|K_1| + 3\lambda_s \sigma/2)]^{1/2}};$$

不可逆磁矩转动过程:

$$\chi = \frac{3 \times 1.58 \mu_0 M_s^2}{3K_u} = 4.7\chi_i;$$

不可逆畴壁移动过程:$\chi_{杂} = \dfrac{M}{H_0} = \dfrac{\mu_0 M_s^2 a^2}{3\pi l (AK_1)^{1/2}} \dfrac{a}{r}$ (杂质影响),

$$\chi_{不可逆} = \frac{a}{r}\chi_{可逆},$$

$$\chi_{不可逆} = \frac{4\mu_0 M_s^2}{3\pi \lambda_s \sigma_0} \frac{l}{\delta} \quad (应力影响),$$

$$\chi_{不可逆} \approx 6\chi_{可逆}.$$

因为磁化率的高低反映了磁性材料在磁化过程中的难易程度,所以这些公式中所反映出的共同特点是磁化率与材料的基本特性关系,它主要与三个因素密切联系:饱和磁化强度 M_s、磁晶各向异性能常数 K_1(或 K_u)和磁弹性能 $\lambda_s\sigma$. 在软磁材料的生产过程中,要求起始磁化率 χ_i 和最大磁化率 χ_m 越大越好. 如何达到这个要求? 这就要求材料具有尽可能最大的 M_s 值,而 K_1(或 K_u)和 $\lambda_s\sigma$ 尽可能小,最好都等于零. 那 A 起什么作用呢? 它决定材料的居里温度 T_C,对温度系数有一定的影响. 这些参数是材料的内禀磁性参量,因而只能从材料的化学成分(有的还要考虑晶体结构)来决定. 采用多元素合金或氧化物是可以达到上述要求的. 两个软磁材料(Fe-Ni 合金和 MnZn 铁氧体)的研究和开发,说明上述理论结果在指导材料的化学成分配比方面具有非常重要的意义.

参 考 文 献

[1]　钟文定.铁磁学(中册).北京:科学出版社,1992.

[2]　北大物理系铁磁学编写组.铁磁学.北京:科学出版社,1976.

[3]　冯端,翟宏如,金属物理学(第四卷).北京:科学出版社,1998.

第十二章 反磁化过程和磁滞回线

当磁性材料磁化到饱和后(参见图 12.1 中 A 点),磁场强度 $H=H_s$,其中 H_s 为饱和磁场强度.这时的磁化强度 M 称为饱和磁化强度,记为 M_s.如减小磁场强度 H,磁化强度 M 也相应减小,但其减小的过程与原磁化过程不同,在相同 H 作用下,其数值比原磁化时的要大,更突出的是,在 H 退到零时 M 并不退到零,而具有相当大的值,记为 M_r,称为剩余磁化强度,简称剩磁.这个特点是磁性材料的普遍特性,除了特殊要求的零剩磁材料外.只有磁场强度 H 由零向反方向增大,才能使 M 继续减小.当 $H=-H_c$ 时,$M=0$,H_c 称为矫顽场或矫顽力.如再增大反向磁场,M 变为负值,随着 H 的不断增大,在 $H=-H_s$ 时达到负的饱和磁化 $-M_s$(参见图 12.1 中 B 点).之后,如减小 H,M 将减小.在 $H=0$ 时,磁化强度为 $-M_r$.如磁场再由零增到 $+H_s$,则再次使磁化到饱和,即回到 A 点.可以看到由 A 到 B 和再由 B 到 A 的过程并不重复,是不同的路径,但是却具有对称性,形成一个封闭的面积不为零的回线,这是因磁化强度随磁场变化的滞后所致,故称之为磁滞回线,参见图 12.1.

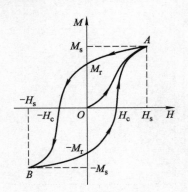

图 12.1 磁化曲线和磁滞回线

在测量材料的磁性,特别是磁化曲线时,必须由磁中性状态开始.所谓磁中性状态,是指磁体无外磁场作用时 $M=0$ 的状态.它可经过交流退磁或 T_c(居里温度)以上冷却退磁获得.交流退磁采用交流 50Hz 磁场,最大磁场值要大于磁化到饱和状态所需的磁场.具体做法是:将磁体置于该交流磁场中,经磁场由大逐渐减小到零的过程中进行退磁.只有从中性化状态开始进行磁性测量才会得到较正确的结果,使测量结果能够重复,否则误差较大,甚至测量结果不重复,即使多次测量也可能得不到相近的结果.因此,在测量开始之前必须使被测样品磁中性化.

§12.1　反磁化过程

当磁体磁化到饱和磁化状态后,将磁场由饱和磁场 H_s 减弱时,磁矩就由第一象限的磁滞回线顶点 M_s(图 12.1 中的 A 点)下降,随着磁场降到 0 后,磁矩降为 M,用 M_r 标记,称为剩余磁化强度.继续在负方向加大磁场 H,在 $H=$ $-H_c$ 时 $M=0$,由 $M=M_s$ 到 $M=0$ 整个过程称为反磁化过程.在磁场由 0 向相反方向增强,当其数值不大时,M 由 M_r 降低到 a 处的过程是可逆的,如再增强负磁场就发生跳跃,过程是不可逆的.经过几个跳跃使磁矩变到 c 点,完成了不可逆反磁化过程,由 b 降到 c 的过程中与 H 轴的交点处的磁场称为矫顽场(通常称矫顽力),用 H_c 表示.在测量 M-H 曲线时得到的 H_c,称为内禀矫顽力,用 H_{cM}(或 $_M H_c$)标记.如从 B-H 曲线的 $B=0$ 处得到矫顽力,通常记做 H_c,有时也用 H_{cB}(或 $_B H_c$)标记.具体参见图 12.2(b).从 c 再增加磁场,使 $H=-H_s$,这时 $M=-M_s$(即图 12.1 中的 B 点).再由 B 点起,减弱磁场,直到 $M=0$ 为止,也是反磁化过程.两种测量过程所走的路径并不全同,因此,只有多次测量,结果才比较可靠.

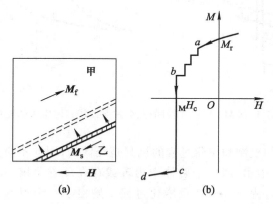

图 12.2　(a)反磁化核和畴壁移动反磁化示意图;
(b)反磁化过程中的巴可豪森跳跃和矫顽力

反磁化过程也是由磁矩转动和畴壁移动这两个过程同时或分别完成的.磁体在饱和磁化后不存在磁畴,当磁场减弱后,磁矩先是转向易轴,在 $H=0$ 时,M $=M_r$,反磁化过程开始时磁矩转动和少量畴壁移动过程是可逆的.因外加磁场较弱,于是在反向磁场 H 作用下,开始时是可逆过程,H 增强后,变成不可逆反磁化过程.

在磁化饱和后,磁体内不存在磁畴,在磁场减弱的反磁化过程中,磁矩转动好理解,为什么会有畴壁移动过程? 这是因为磁体在磁化到饱和时,磁性很强,这时具有较大的退磁能,当磁化场减弱后,不可能再维持这样大的退磁能,除因磁矩转动可降低部分磁能外,同时在磁体内退磁场较强的地方将会生成反磁化核(很小的反向磁畴),具体见图 12.2(a).它能够以壁移的方式使畴很快长大,并且磁畴数量也增加很多,从而加快反磁化过程的进行.因此,反磁化过程中仍然和磁化过程一样,也只有畴壁移动和磁矩转动两个过程.

在一个单轴各向异性的多晶体中,在 $\pm H$ 不是很大时,反磁化过程总是在畴壁经过几个不可逆跳跃后,使畴结构消失,之后以可逆转动方式达到饱和磁化.图 12.3(a)示出了 H 和 M 交角不同时的几个磁滞回线,而经过对不同角度的平均之后,就得到图 12.3(b)常见的磁滞回线形状.

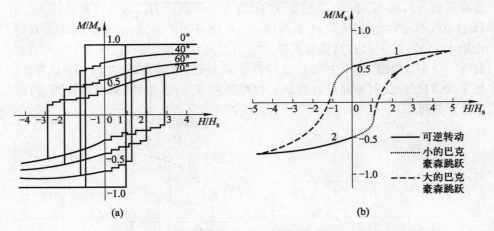

图 12.3　(a) H 和 M 交角不同时的几个磁滞回线;(b)常见的磁滞回线形状

反磁化过程的机制和磁化过程的机制是相同的,因此不必要再进行重复讨论.但有一点需要指出,即由于磁体中出现或存在反磁化核,才可能产生畴壁,因而有畴壁移动过程.另外,在反磁化过程中给出了一个很重要的技术磁化参量——矫顽力,它在材料的应用中起着关键作用,它是软磁和硬磁特性的判据.为此,下面专门讨论反磁化过程与矫顽力大小的问题.

12.1.1　应力和掺杂物阻碍畴壁移动决定的矫顽力

在前一章讨论不可逆畴壁移动过程时,分别得到了临界磁场是由应力和掺杂物决定的结论.同样可以求得反磁化过程中,由于应力和掺杂物而产生的临界磁

场. 如得到的是最大临界磁场 H_0,则内禀矫顽力大小 H_{cM} 与 H_0 成正比,可写成

$$H_{cM} = pH_0. \tag{12.1}$$

由于是多晶体,各个晶粒的应力分布不一致,所以各个部分的 H_0 大小不等,因此出现因子 p,在掺杂情况下是由掺入物尺寸大小引起的.一般可认为在应力作用情况下 p 最大为 1,而掺杂情况 $p' = \delta/2r (p' < 1)$,近似有

$$H_{cM} = p\lambda_s \sigma/\mu_0 M_s \quad \text{(应力作用)}, \tag{12.2}$$

$$H_{cM} = p' \frac{K}{\mu_0 M_s} \beta^{2/3} \quad \text{(掺杂作用)}. \tag{12.3}$$

从式(12.2)和(12.3)可看到,根据实际材料的 K(单轴晶体为 K_u,立方晶体为 K_1)值或材料中可能的弹性能大小,所能给出的 H_{cM} 值都不可能太大.因为 $\lambda_s \sigma$ 的量级很难达到 10^4 J/m³,虽然 K 值可达 10^6 J/m³,但是 β 和 p' 都比 1 小得多,从而难以得到矫顽力很大的结果.反过来,如用来指导降低矫顽力,这倒是很有意义.如能尽量减少材料中的掺杂物和内应力,就可得到优质的软磁材料.具体例子已在前面讨论.

12.1.2　磁矩不可逆转动决定的矫顽力

1. 磁晶各向异性控制下的矫顽力

如果在多晶体材料中,每个小晶体颗粒的尺度都很小,达到单畴状态,则反磁化过程只能是磁矩转动.这时,防止因磁矩转向而反磁化的阻力来自磁晶各向异性能等效场,或是形状各向异性能引起的退磁场.在不可逆磁化一节中,我们讨论了一个单畴颗粒在磁场作用下的不可逆磁化情况,给出了 $\boldsymbol{H}$ 与磁晶各向异性的易轴交角 $\theta_0 = 135°$ 时,临界磁场的大小.而在反磁化过程中,当 H 由 H_s 减小到零后,仍需加强反向磁场,使该单畴颗粒继续降低磁化,直到 a 点,以上都是可逆退磁,这时如去掉磁场,磁矩会回到 M_r 点.如继续增强磁场,磁矩会转动一个大的角度,由 a 点变到 b 点,参见图 12.4.对一个都是由单畴颗粒形成的

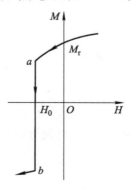

图 12.4　反磁化的转动过程结束示意图

多晶体来说, θ_0 分布在 90° 到 180° 之间. 因此, 表现出一列不同的 $H\text{-}M$ 变化关系曲线, 如磁化一周, 就得到如图 12.5 所示的一系列磁滞回线. 实际上测量到的只是一个平均的结果, 如图 12.6 所示.

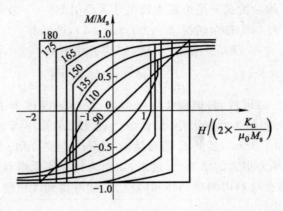

图 12.5 不同角度的单畴颗粒反磁化过程示意图

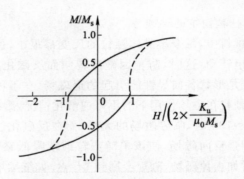

图 12.6 图 12.5 的平均结果

最后得到: 剩余磁化强度为

$$M_r = 0.5M_s. \tag{12.4}$$

因此, 对单轴晶体, 矫顽力为

$$H_{cM} = \frac{K_u}{\mu_0 M_s}; \tag{12.5}$$

对于立方晶体 $K_1 > 0$ 的单畴颗粒晶体, 矫顽力为

$$H_{cM} = 0.64 \frac{K_1}{\mu_0 M_s}. \tag{12.6}$$

2. 形状各向异性控制下的矫顽力

设想一个形状各向异性的单畴颗粒为长椭球形,长、短轴分别为 a 和 b,且 $a > b$.如外磁场 $\boldsymbol{H}$ 沿 a 轴方向,使与 $\boldsymbol{H}$ 相反方向的磁矩偏离 a 轴的角度为 θ,则有磁场能为

$$E_H = -\mu_0 M_s H \cos(180° - \theta) = \mu_0 M_s H \cos\theta.$$

由于磁矩偏离后在 a 和 b 轴就有磁矩分量 M_a 和 M_b,因而产生了退磁场差,即形状各向异性.

设长轴和短轴的退磁因子分别为 N_l 和 N_t,由于退磁场 $H_d = NM$,则可得出退磁能为

$$E_d = -\int H_d \, \mathrm{d}\mu_0 M = \int N_l M_a \, \mathrm{d}\mu_0 M_a + \int N_t M_b \, \mathrm{d}\mu_0 M_b$$

$$= \frac{\mu_0}{2}(N_l M_a^2 + N_t M_b^2) = \frac{\mu_0 M_s^2}{2}(N_l \cos^2\theta + N_t \sin^2\theta).$$

因 $M_a = M_s \cos\theta, M_b = M_s \sin\theta$,故单畴颗粒的总能可写成

$$E = E_H + E_d = \mu_0 M_s H \cos\theta + \frac{\mu_0 M_s^2}{2}(N_l \cos^2\theta + N_t \sin^2\theta),$$

$$\frac{\mathrm{d}E}{\mathrm{d}\theta} = -\mu_0 M_s H \sin\theta + \mu_0 M_s^2 (N_t - N_l)\cos\theta\sin\theta = 0,$$

得到

$$H\sin\theta = M_s(N_t - N_l)\cos\theta\sin\theta, \tag{12.7}$$

$$\frac{\mathrm{d}^2 E}{\mathrm{d}\theta^2} = -\mu_0 M_s H \cos\theta + \mu_0 M_s^2 (N_t - N_l)(\cos^2\theta - \sin^2\theta) = 0,$$

从而

$$H\cos\theta = M_s(N_t - N_l)(\cos^2\theta - \sin^2\theta). \tag{12.8}$$

同时满足式(12.7)和(12.8)的 θ 角就是拐点所在的临界角(在前面不可逆磁化过程讨论中知有一个拐点,临界角 $\theta_1 = \theta_2$),将两式相除给出 $\tan\theta = \frac{1}{2}\tan 2\theta$,因而得到临界角 $\theta = 0°$,则从式(12.8)得相应的临界场强度为

$$H_0 = (N_t - N_l)M_s. \tag{12.9}$$

由此得出,在长轴方向进行磁化,得到矫顽力为

$$H_c = H_0 = (N_t - N_l)M_s. \tag{12.10}$$

对于 $a \gg b$ 的单晶体情况,$N_t = 1/2$,$N_l = 0$,得到最大 $H_c = (N_t - N_l)M_s = M_s/2$(CGS 单位制下:$H_c = 2\pi M_s$).如果是一个多晶体,长轴的取向不一致时,由于平均效应,得到

$$H_c = 0.48(N_t - N_l)M_s. \tag{12.11}$$

实际材料中,应用形状各向异性获得高矫顽力的例子是铝镍钴-V和铝镍

钴-Ⅷ合金.前者的 H_c 约为 $5\sim6\times10^4\,\mathrm{A/m}$,后者的 H_c 约为 $8\sim10\times10^4\,\mathrm{A/m}$.

§12.2　永磁材料特征参数

图 12.1 给出了磁滞回线,用的是 $M\text{-}H$ 关系绘出的,图 12.7 用虚线表示回线的第二象限,用的是 $J=\mu_0M$ 与 H 的关系曲线,其中 J 为磁极化强度.由于 B 和 M 的单位不同,差别为 μ_0,通常用 $B\text{-}H$ 关系描绘磁滞回线.图 12.7 中所绘的曲线都称为退磁曲线,可看到 J(或 M)与 B 的关系为

$$J=\mu_0M=B-\mu_0H.$$

$B\text{-}H$ 曲线(实线)上,在 $B=0$ 处得到的矫顽力记为 $_BH_c$.而从 $J(=\mu_0M)$ 和 H 的关系曲线(虚线)上可看到,有

$$_BH_c+M_\alpha=0,\tag{12.12}$$

其中 $M_\alpha=\dfrac{J_\alpha}{\mu_0}$.因 H 在第二象限,所以 $_BH_c$ 为负值且 $J_\alpha=\mu_0M_\alpha$ 为正值才能满足式(12.12).在 $J=\mu_0M$ 和 H 的曲线上可以得到 $J=\mu_0M=0$ 所定义的矫顽力 $_MH_c$,这时因 J(或 M)$=0$ 而有

$$B_\beta-\mu_{0\ M}H_c=0,$$

所以有 $B_\beta=\mu_{0\ M}H_c$.由于 $\mu_{0\ M}H_c<0$,则 $B_\beta<0$.用 M(或 J)$=0$ 所得到的矫顽力 $_MH_c$ 与材料的内禀磁性有关,所以称为内禀矫顽力,而 $_BH_c$ 为实际应用时的主要参数,就简称为矫顽力.从上面的讨论和两个矫顽力的表示可看出两者的数值不同,有时差别较大.

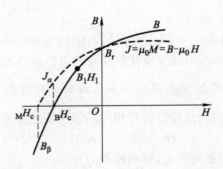

图 12.7　退磁曲线:虚线是 $J=\mu_0M$ 回线,实线是 $B=\mu_0(H+M)$ 回线

永磁体是一种提供稳恒磁场的器件,要制作优质的永磁体,就必须具有优质的永磁材料.衡量高性能永磁体材料特性的主要参数有以下三个.

12.2.1　矫顽力

图 12.8 给出了两种矫顽着力差别较大的磁性材料的退磁曲线. 由于任何一个封闭回路的磁体, 在开了一个缺口之后, 就在缺口两端出现磁极, 从而在磁体内产生退磁场:

$$H_d = -NM.$$

如将 $H/M = \tan\theta = -N$ 绘于图上, 则在图 12.8 上得到直线 OG, 并与曲线 1 和 2 分别交于点 (H_1, M_1) 和 (H_2, M_2). 由于曲线 1 和 2 的矫顽力差别非常大 (对永磁材料 $H_{c1} > 10^5$ A/m, 对软磁材料 $H_{c2} < 10^2$ A/m), 又因为

$$N = -H_1/M_1 = -H_2/M_2,$$

故 $M_1 \gg M_2$ ($M_1/M_2 > 10^3$, 最高可达 10^8). 在这种情况下, 矫顽力小的材料就会将磁性基本退到零 ($M_2 = 0$), 而矫顽力大的材料可以保持较强的磁性, 因而称为永磁性. 由此看到, 对永磁材料来说, 矫顽力越大越好, 它是永磁材料性能的三个重要参数之一.

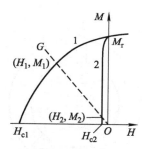

图 12.8　两种磁性材料的 H_c 比较

12.2.2　最大磁能积

磁体中的磁能密度为 $BH/2$ (单位为 J/m³), 因此对退磁曲线上处于稳定的任一点 (B, H), 取该点的 B 值和 H 值相乘, 其乘积记为 BH, 它是永磁体中能量密度的两倍, 因而定为代表永磁体内可能具有能量高低的特征参量. 从任何永磁体的退磁曲线上的每一个点都可以做出 BH 积的数值, 将它画在 B-BH 的平面上, 称为磁能积曲线 (参见图 12.9(b)). 在该曲线上有一个极大值, 写成 $(BH)_m$, 叫做最大磁能积, 也是表示永磁材料性能的三个重要参数之一. 一般要求磁能积越高越好.

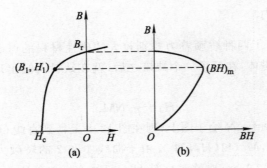

图 12.9 (a) 退磁和(b) 磁能积曲线

设有一个螺绕环状永磁材料,在环路的垂直面开一个缺口 g,具体见图 12.10,其空隙间距为 L_g,在空间的 H 的截面积为 A_g,磁体的截面积为 A_m(注意,因为有磁力线的发散,A_g 要比 A_m 大),环路的长度为 L_m. 在磁体内和磁体外的磁场分别为 H 和 H_g,则在整个环形回路中由于界面处 H 不连续(方向相反),其中

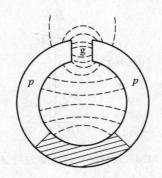

图 12.10 开口的永磁体环路,g 为缺口

软磁体 p 的磁导率很高,则可近似地得出

$$HL_m + H_g L_g = 0 \quad \text{或} \quad H_g L_g = -HL_m. \tag{12.13}$$

在环路中 B 连续,又因磁通量 ϕ 守恒,所以有

$$\phi = \mu_0 H_g A_g = BA_m. \tag{12.14}$$

将式(12.13)乘以式(12.14),可得到

$$\mu_0 H_g^2 V_g = -(BH) V_m \quad \text{或} \quad \mu_0 H_g^2 = -\frac{(BH) V_m}{V_g}, \tag{12.15}$$

其中 H 为负值,磁体的体积固定为 $V_m = L_m A_m$,空气隙的体积为 $V_g = L_g A_g$,一般情况都是 $A_g > A_m$. 从式(12.15)可看到,在磁路设计中,为了得到尽可能大的使用磁场强度 H_g 值,就要尽量减小 A_g 和 A_m 的差别. 同时也要求材料的 BH

尽可能大.由此可知,$(BH)_m$是越大越好,以便减小使用材料的体积V_m.

12.2.3 剩余磁化强度

在退磁化过程中,当磁场降到零时,磁化强度降到M_r,或磁感应强度降到B_r,分别称之为剩余磁化强度和剩余磁感应强度.它对获得高$(BH)_m$值有很大影响.图 12.11 为理想的 M-H 退磁曲线和 B-H 退磁曲线,因而有

$$H = 0\ \text{时得}\ M_r = M_s, \quad M = 0\ \text{时得}_M H_c \geqslant M_s,$$

或者

$$H = 0\ \text{时得}\ B_r = \mu_0 M_s, \quad B = 0\ \text{时得}_B H_c = M_s.$$

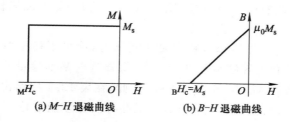

图 12.11 两种理想退磁曲线

由理想的退磁曲线方程 $B = \mu_0(H + M_s)$,可得到磁能积为

$$BH = \mu_0(H^2 + M_s).$$

从$[\mathrm{d}(BH)/\mathrm{d}B] = 0$ 可以解出最大磁能积对应的 B 和 H 值分别为

$$B_1 = \frac{\mu_0 M_s}{2}, \quad H_1 = -\frac{M_s}{2}, \tag{12.16}$$

由此可得到理想的最大磁能积为

$$B_1 H_1 = \frac{\mu_0 M_s}{2} \frac{M_s}{2} = \mu_0 \left(\frac{M_s}{2}\right)^2. \tag{12.17}$$

从式(12.17)知,高 M_s 有利于获得高性能永磁材料,但材料的实际$(BH)_m$值总是小于理想值.钡铁氧体永磁材料的实际值比理想值小得不多(最好的可达理论值的 95%,或更高一点),而稀土永磁的情况少数可达 90%,大多数要差一些.

§12.3 小 结

(1) 在外界磁场的作用下,材料发生磁化,在磁化到饱和后减弱磁场,则磁化强度降低.由于磁化过程中的不可逆畴壁移动和磁畴内磁矩的整体转动,使得磁矩降低的过程有很大的滞后,所以在磁化场减弱到零后,磁矩仍保

有相当大的数值,称之为剩余磁化强度,用 M_r 标记. 如外加磁场变为反方向,并增加其强度,可使 $M=0$,这时的外磁场记为 H_{cM} 或 $_MH_c$,称为材料的内禀矫顽力. 在实际材料的应用中,将 $B=0$ 时的外加磁场记做矫顽力 H_{cB} 或 $_BH_c$,但常常以 H_c 表示.

磁性材料在经历磁化一周后,得到 M-H 或 B-H 的关系曲线为一个封闭的回线,称之为磁滞回线. 该回线在直角坐标系第二象限的曲线(由 M_r 到 $M=0$ 或由 B_r 到 $B=0$)部分叫做退磁曲线. 从 B_r 到 $B=0$ 的曲线可做出磁能积 BH 与 H(或 B)的关系曲线,从该曲线上定出最大磁能积 $(BH)_m$.

讨论了获得高矫顽力的可能因素.

介绍了硬磁材料的三个参量:H_c,B_r($=\mu_0 M_r$)和最大磁能积 $(BM)_m$,以及它们在永磁材料的应用中的意义.

(2) 在讨论形成磁畴和材料的磁化问题时,给出了畴壁厚度、畴壁能、几种磁化率以及矫顽力等磁性参量,并讨论得知这些基本参量的大小都由材料的内禀磁性能常数 M_s,K 和 A 所支配. 为此,在表 12.1 中给出一些磁性金属及合金的内禀参量:饱和磁化强度 M_s,磁晶各向异性能常数 K 和原子间交换作用常数 A.

M_s 和 K 的数值可以由实验完全测定,而 A 的数值不能直接由实验测量得出,只能从材料的居里温度 T_c 的实验值以及由理论得出的 A 和 T_c 的关系式间接估算得到.

P. R. Weiss 对自旋量子数 $S=1/2,1$ 的立方晶体给出交换作用常数为:简单立方 $S=1/2$,$A=0.54kT_c$;体心立方 $S=1/2$,$A=0.34kT_c$;体心立方 $S=1$,$A=0.15kT_c$. 对于具体的材料,例如

Fe,$T_c=1043$ K,$S=1$ 得到 $A=2.16\times10^{-21}$ J/原子;

Ni,$T_c=628$ K,$S=1$ 得到 $A=1.36\times10^{-21}$ J/原子.

实际上,在畴壁内出现的是交换能增量,即一对原子有

$$\omega_{ij}=-2AS^2(1-\cos\theta)=AS^2\sin^2\theta=AS^2\theta^2,$$

对单位面积的畴壁来说,有 $Na(n/a^2)$ 个原子,两个相邻原子的夹角为 $\theta=\pi/N$,因此畴壁内的总交换能为

$$\gamma_{ex}=\frac{nAS^2Na\pi^2}{a^2(Na)^2}=\frac{(nAS^2)\pi^2}{a^2Na}=\frac{A_1\pi^2}{Na^2},$$

其中 $A_1=nAS^2/a$ 称为交换劲度(作用)常数,对于任何立方晶体的畴壁都适用. 对于简单立方、体心立方和面心立方晶体,分别有 $n=1,2$ 和 4. 可以得出 Fe 的交换劲度常数为 $A_1=1.51\times10^{-11}$ J/m(或 1.51×10^{-6} erg/cm).

表 12.1　一些金属和含金的 M_s，K 和 A 的数值[3]

材料名称	饱和磁化强度 $M_s/(10^3 \mathrm{A/m})$	各向异性能常数 $K/(10^4 \mathrm{J/m^3})$	交换劲度（作用）常数 $A_1/(10^{-6}\mathrm{erg/cm}$ 或 $10^{-11}\mathrm{J/m})$
超坡莫合金	630	0.015	1.5
坡莫合金	860	0.02	2.0
Ni	485	−0.42	0.5
Fe-3%Si	1590	3.7	2.2
Fe-4%Si	1570	3.2	2.1
Fe	1707	4.8	2.4
Co	1400	45	4.7
铝镍钴	915	260	2.0
等轴晶铝镍钴	1165	304	2.0
半柱状晶铝镍钴	1115	297	2.0
柱状晶铝镍钴	1110	322	2.0
等轴晶铝镍钴钛	800	384	2.0
$SmCo_5$	855	1500	2.0
YCo_5	845	550	1.5
$CeCo_5$	794	520	1.3
$PrCo_5$	1150	1000	1.1
$CeFe_{0.5}CuCo_{3.5}$	477	290	
$LaCo_5$	725	630	
$CeMMCo_5$	879	650	
MnAl	581	130	
MnBi	700	89	
Pt-Co	756	200	

参 考 文 献

[1]　北京大学物理系铁磁学编写组.铁磁学.北京:科学出版社,1976.

[2]　钟文定.铁磁学(中册).北京:科学出版社,2000.

[3]　冯端,翟宏如.等.金属物理学(第四卷).北京:科学出版社,1998.

第十三章 交流磁化和损耗

当磁性材料受正弦交变磁场作用时,其磁化过程表现为周期性的反复变化,构成交流磁滞回线. 在交变磁场的频率较低时,交流磁滞回线与静态磁化过程的结果相似,但也有差别:首先是面积略大一点,原因是除磁滞损耗外,还加上涡流损耗;其次,磁导率变为复数量. 在频率增高时,回线的形状和面积与静态磁滞回线的差别也逐渐增大,参见图 13.1.

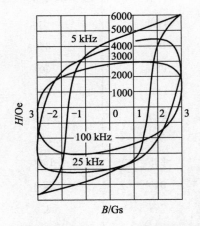

图 13.1 磁滞回线受交流磁场频率的影响

§13.1 复数磁导率和磁损耗

13.1.1 复数磁导率

当一个随时间变化的磁场 H 作用在任一磁体时,所产生的磁感应强度 B 与磁场 H 之间存在非线性关系. B 与时间的关系可用傅氏级数表示. 如 $H = H_m \sin\omega t$,则 B 将落后 H 一个位相 δ,在忽略高次谐波情况下,磁感应强度 B 可写成 $B = B_m \sin(\omega t - \delta)$;或用复数表示,则 $H = H_m e^{j\omega t}$,$B = B_m e^{(j\omega t - \delta)}$. 交流磁化的磁导率可表示为

$$\mu = \frac{B}{\mu_0 H} = \frac{B_m \sin(\omega t - \delta)}{\mu_0 H_m \sin\omega t}$$

$$= \frac{B_m(\sin\omega t\cos\delta - \cos\omega t\sin\delta)}{\mu_0 H_m\sin\omega t}$$

$$= \frac{B_m\sin\omega t}{\mu_0 H_m\sin\omega t}\cos\delta - \frac{B_m\cos\omega t}{\mu_0 H_m\sin\omega t}\sin\delta$$

$$= \mu' - j\mu'', \tag{13.1}$$

其中因 $\cos\omega t = j\sin\omega t$，以及式(13.1)中

$$\mu' = \frac{B_m}{\mu_0 H_m}\cos\delta = \mu_m\cos\delta,$$

$$\mu'' = \frac{B_m}{\mu_0 H_m}\sin\delta = \mu_m\sin\delta, \tag{13.2}$$

$$\mu_m = \frac{B_m}{\mu_0 H_m}.$$

$\mu_m = [(\mu')^2 + (\mu'')^2]^{1/2}$ 称为振幅磁导率,它表示磁感应幅值与磁场幅值的比值, μ' 称交流磁导率的实数部分, μ'' 称交流磁导率的虚数部分.

13.1.2　Q 值

在实际应用时,常常引入 $Q = \mu'/\mu''$,称为 Q 值(又称品质因数,quality factor). 一般要求它随频率升高而增加,这样才能满足材料的使用的要求. 例如, $f < 500\,\text{kHz}, Q > 50$; $f > 100\,\text{MHz}, Q > 200$. 另外,在 μ' 不变情况下,Q 值越大越好. 从它的定义可以看到,随着频率的增高,Q 因 μ'' 增大而降低. 一般说来, μ' 高的材料,其 Q 较低. 在具体的器件中,该磁性材料的 $Q\mu'$ 近似等于常数,例如 MnZn 铁氧体. 从式(13.2)可得 $\tan\delta = \mu''/\mu'$,称之为损耗角正切,它与 Q 值有倒数关系 $Q^{-1} = \tan\delta$. 可以计算出磁化一周的能量损耗为

$$W = \oint H dB = \int_0^{2\pi} H_m\sin\omega t(B_m\cos\delta\cos\omega t + B_m\sin\delta\sin\omega t)d\omega t$$

$$= \pi\mu''\mu_0 H_m^2. \tag{13.3}$$

可见,磁化一周的磁损耗与 μ'' 和 H_m^2 成正比,因而在计算每秒损耗时,得到 $P = fW$. 由此看到,P 随频率 f 上升而增大,同时 W 也随频率上升而增大.

13.1.3　磁谱

磁导率随频率变化的关系称为磁谱,如图 13.2 所示. 由图可见,起始磁导率 μ_i 高的材料截止频率 f_c 较低,金属磁性材料的 f_c 比铁氧体的要低得多. 从另一个角度看,这与磁性材料本身的电阻率高低有密切关系,也和磁化过程有关. 从磁谱上看到, μ' 也与 f 有关. 在交流磁场很弱和频率较低时, μ' 和起始磁导率 μ_i 相似,随 f 升高 μ' 降低. 在 μ' 降到 $\mu_i/2$ 或 $\mu_m/2$ 值时,它所对应的频率称为截止频率,用 f_c 表示. 这时 μ'' 较大,磁损耗已很大,材料无法使用.

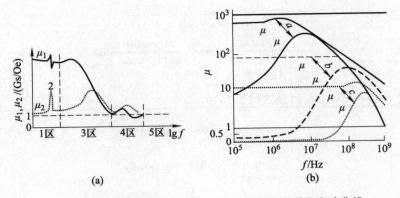

(a)　　　　　　　　　　　　　　　　**(b)**

图 13.2　(a) 磁谱示意曲线；(b) NiZn 铁氧体磁谱的实验曲线

磁谱可根据频率高低分成几个区段：

(1) 低频区(图 13.2(a)中第 1～3 区). 交流磁场对材料的磁化作用基本上为畴壁移动的过程. 当交流磁化频率和畴壁来回移动频率相近时,将出现畴壁共振,会引起很大的能量损耗,即 μ'' 显示峰值,这种情况的频率多在几到几十兆赫范围内. 在交流磁场作用下,畴壁在原平衡位置附近运动,其动力为 $2HM_s$,在某时间 t 后,其瞬间移动距离为 z. 在畴壁运动过程中存在畴壁惯性、阻尼,以及因加速度而耗去的能量,见图 13.3. 这样,可以将畴壁运动的过程写成运动方程(与有阻尼的弹性机械振动、LCR 振荡电路的形式相似)：

$$m_w \frac{\mathrm{d}^2 z}{\mathrm{d}t^2} + \zeta \frac{\mathrm{d}z}{\mathrm{d}t} + \alpha z = 2HM_s, \tag{13.4}$$

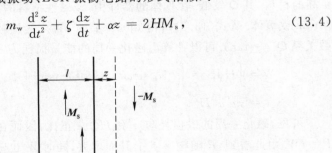

图 13.3　180°壁的运动,其中 z 为某瞬间移动距离, l 为畴宽

其中 m_w 为畴壁的有效质量, ζ 为阻尼系数, α 为弹性回复力系数. 由于 H 是频率的函数,可写成 $H = H_0 \mathrm{e}^{\mathrm{j}\omega t}$,在它的作用下,某时间 t 后畴壁的移动距离 $z = z_0 \mathrm{e}^{\mathrm{j}\omega t}$,其中 z_0 为在 H 作用下畴壁移动的最大距离. 如交流磁场很弱,属可逆磁化,位相差很小,为简单起见,而略去"位相"的表示. 将方程(13.4)中的 z 对时间微分,得到

$$(j\omega)^2 m_w z_0 + j\omega\zeta z_0 + \alpha z_0 = 2H_0 M_s,$$

从而最大移动距离为

$$z_0 = \frac{2H_0 M_s}{\alpha\left(1 - \dfrac{\omega^2 m_w}{\alpha} + \dfrac{j\omega\zeta}{\alpha}\right)} = \frac{C}{1 - \left(\dfrac{\omega}{\omega_0}\right)^2 + \dfrac{j\omega}{\omega_r}}, \qquad (13.5)$$

式中 $C = 2H_0 M_s/\alpha, \alpha$ 相当于弹性恢复系数；$\omega_0 = (\alpha/m_w)^{1/2}$，一般称之为畴壁运动的本征频率；$\omega_r = \alpha/\zeta$，通常称之为畴壁振动弛豫频率. 当畴壁移动到某一位置 z 时，可以求得两个单位面积畴壁的高频磁化强度 M 之差，即

$$M_s z - (-M_s z) = 2M_s z,$$

于是单位体积磁体中因畴壁移动所产生的磁化强度为

$$M = 2M_s z/l,$$

其中 l 为畴宽. 考虑到式(13.5)的结果，得到材料的磁化率为

$$\begin{aligned}
\chi &= \frac{M}{H} = \frac{2M_s z_0 e^{j\omega t}}{lH e^{j\omega t}} \\
&= \frac{2M_s}{l} \frac{2M_s H_0}{\alpha H_0}\left[1 - \left(\frac{\omega}{\omega_0}\right)^2 + \frac{j\omega}{\omega_r}\right]^{-1} \\
&= \frac{4M_s^2}{\alpha l} \frac{\left[1 - (\omega/\omega_0)^2 - j\omega/\omega_r\right]}{\left[1 - (\omega/\omega_0)^2\right]^2 + (\omega/\omega_r)^2} \\
&= \chi' - j\chi'',
\end{aligned}$$

其中

$$\chi' = \chi_0 \frac{1 - \left(\dfrac{\omega}{\omega_0}\right)^2}{\left[1 - \left(\dfrac{\omega}{\omega_0}\right)^2\right]^2 + \left(\dfrac{\omega_r}{\omega_0}\right)^2}, \qquad (13.6)$$

$$\chi'' = \chi_0 \frac{\dfrac{\omega_r}{\omega_0}}{\left[1 - \left(\dfrac{\omega}{\omega_0}\right)^2\right]^2 + \left(\dfrac{\omega_r}{\omega_0}\right)^2}, \qquad (13.7)$$

$$\chi_0 = \frac{4M_s^2}{\alpha l},$$

χ_0 相当于起始磁化率. 由此可得到复数磁导率的实部和虚部：

$$\mu' = 1 + \chi', \quad \mu'' = \chi''.$$

在图 13.2(a) 上看到第 2 区段只是一个峰状区域，这只是因材料的尺度和磁场频率共振而引起的磁导率的色散和共振损耗现象，如材料使用和设计得当，它会被避免掉. 这样，1 和 3 两个区段合并成一个区段，属低频率区.

（2）更高频率区（第 4 区）. 磁化为磁矩转动过程，在几百到几千兆赫时会出现共振，也会使能耗急剧上升，这是磁矩绕材料内部有效磁场进动所致. 因这时

无外加直流磁场,故称之为自然共振现象.例如 Mg 铁氧体的磁谱,见图 13.4,它具有明显的两个损耗峰和不同的磁化过程,是非常典型的共振型磁谱.

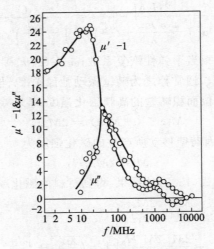

图 13.4　Mg 铁氧体的磁谱

　　式(13.6)和(13.7)给出了磁化率的实部 χ' 和虚部 χ'' 与交流磁场频率的关系.如果材料内的阻尼作用很小,则磁谱具有共振特征,如图 13.4 和图 13.5(a)所示,可以看到 $\mu''=\chi''$ 频率曲线显得比较窄,$\mu'-1=\chi'$ 曲线显示出较明显的色散关系.如果阻尼作用较大,μ' 和 μ'' 就单调下降,如图 13.5(b)所示,在超过截止频率以后 $\mu'-1=\chi'$ 变得很小.实际的高磁导率材料的磁谱多为弛豫型,如图 13.6 给出的 MnZn 铁氧体磁谱的实验结果,它具有弛豫谱的特点.

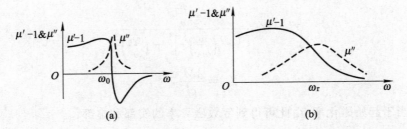

图 13.5　(a) 共振型磁谱,其中 $\mu'-1=\chi'$,$\mu''=\chi''$;(b) 弛豫型磁谱

13.1.4　截止频率

　　由式(13.6)和(13.7)可以看到,在磁场频率 $\omega=\omega_0$ 时,$\chi'=0$,χ'' 的数值最

大,具有共振特征. 另外,从图 13.5(b),图 13.6,图 13.7 可以看到,存在弛豫损耗的情况下,在频率 $\omega = \omega_0$ 附近,材料的磁化率 $\chi' = \chi_i / 2$,χ'' 具有最大值. 在这个频率下材料损耗相对最大,材料的使用效率很低. 因此,磁性材料在交流磁场中使用时,都有一个频率上限,称之为截止频率,用 f_c 表示. 一般认为 $2\pi f_c = \omega_0$,这样经过一定的计算(见附录三),得到交流磁化时因畴壁位移而磁化的过程的截止频率为

$$(\mu' - 1) f_c^2 = \frac{M_s^2}{m_w \pi^2 l} = \frac{\gamma^2 M_s^2 \delta}{2\mu_0 \pi^3 l}, \tag{13.8}$$

其中 δ 为 $180°$ 壁厚度;也可以得到交流磁化过程因磁矩转动的截止频率为(计算见附录四):

$$(\mu' - 1) f_c = \gamma M_s / 3\pi. \tag{13.9}$$

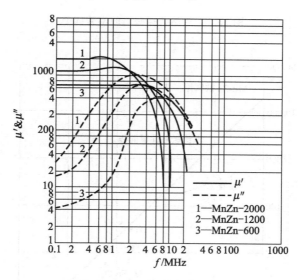

图 13.6 MnZn 铁氧体磁谱

对具体的每一种铁氧体软磁材料来说,由于式(13.8)和(13.9)的右边基本上是与频率无关的常数,故材料的磁导率越高,截止频率越低. 金属磁性材料也类似这样,它与金属材料的电阻率、片状材料的厚薄有密切关系,因而具体的关系式与式(13.8)和(13.9)有些不同. 但结论是一致的,即材料的使用频率都不能高于 f_c. 由于金属磁性材料的电阻率较低,所以只能在较低的频率之下使用. 对铁氧体磁性材料,由于电阻率较高,可用于高频和甚高频范围,但都不可能超越上述结论,参见图 13.8. 图中,斜线表示最高使用频率和最大磁导率的关系,实际材料都处在斜线的左边. 虽然这个图是半个世纪以前的结果,目前使用的磁性材料的性能已有很大的提高,不过这个规律并没有被打破,只不过将斜线

向右移动了一些.

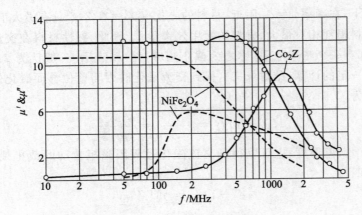

图 13.7　自然共振磁谱的实验例子

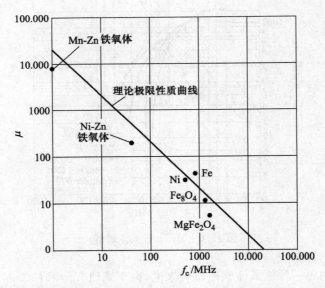

图 13.8　磁性材料的截止频率和磁导率的分布特性,实际的材料都处在斜线的左边

13.1.5　参数 m_w, ζ 和 α 的物理意义

1. 畴壁的有效质量 m_w

考虑 $180°$ 畴壁情况. 磁场为零时,单位面积畴壁的能量为 σ_0,在交变磁场作用下,畴壁发生运动,因而具有动能,相应畴壁能变为 σ. 畴壁能量增加与动能有

关,因而有

$$\Delta\sigma = \sigma - \sigma_0 = m_w v^2/2,\tag{13.10}$$

其中 m_w 称为畴壁有效质量,v 为畴壁运动速率.由于畴壁能量与交换作用能 A 和各向异性能常数 K 密切相关,可以写成(m_w 与 δ 的关系式的导出见附录一)

$$m_w = \frac{2\pi\mu_0}{\gamma^2}\frac{1}{\delta},\tag{13.11}$$

其中畴壁厚度 δ 可写成(忽略有关系数)

$$\delta \approx (A/K)^{1/2},$$

γ 为旋磁比($=\mu_0 e/m$).对一般铁氧体材料,可估算出 $m_w \approx 10^{-10}\,\mathrm{g/cm^2}$.它相当于惯性质量,来源于畴壁内电子自旋进动,所以与 γ^{-2} 相关;还与畴壁的厚度成反比,表明畴壁越薄惯性越大,要产生同样的加速度就需要较大的作用力.

2. 畴壁运动过程受到的阻尼 ζ

在畴壁运动方程(13.4)中给出

$$\frac{\zeta\mathrm{d}z}{\mathrm{d}t} = \zeta v,\tag{13.12}$$

它是交流磁场对材料磁化时的能量损耗.引起这种损耗的原因有多种,不同材料可能区别较大.对金属材料来说,可能是以微涡流影响为主,对铁氧体可能是电子自旋在进动过程中的自旋弛豫(自旋—自旋,自旋—晶格弛豫)影响占主要,但在交流磁场的频率接近截止频率时,微涡流的作用会占重要地位.

3. 相当于弹性体振动过程中回复力的 α

α 与材料内的应力、杂质、空穴等有关.

§13.2　磁化过程损耗及其分类

13.2.1　损耗的分类

在弱和强磁场下磁化一周会产生损耗,它的来源可分三类,即

$$W = W_e + W_a + W_c$$
$$= ef + aB_m + c.\tag{13.13}$$

式(13.13)中的第一项、第二项和第三项依次为涡流损耗、磁滞损耗和后效损耗;e,a 和 c 分别为涡流损耗系数、磁滞损耗系数和后效损耗系数.在弱磁场下可给出

$$a = 8b/3\mu_0\mu^3,\tag{13.14}$$

其中 $b=\mathrm{d}\mu/\mathrm{d}H$,即起始磁化曲线的斜率,参见下面的式(13.16).对铁氧体来说,磁滞损耗占较大分量,在使用频率范围内,涡流损耗所占比例不到三分之一.

在强磁场下的磁损耗一般只有两项,其中 W_c 相对很小,可以不计入.

后效引起的损耗有可逆和不可逆两种,前者是由材料中离子(包括空穴)或电子的扩散引起的,它不随温度高低、磁场强弱和频率高低变化而变化;后者与离子空位浓度有关.在金属和合金磁性材料中后效损耗所占比重很小,可不考虑.而在铁氧体磁性材料中,因烧结工艺等因素而会产生少量的离子过剩或空位,后效损耗不可忽视.不过这类损耗在经过不断改进烧结工艺和采用纯度较高的原材料后,已降低到可粗略不计的程度.

13.2.2　损耗分离

在弱磁场下,可以用分别固定磁感应强度幅值 B_m 和频率 f 的方法,测量出三种磁损耗各自在材料中所占的比重,称之为损耗分离.也就是说固定 B_m 改变频率 f,测量材料的损耗与交变磁场频率变化的关系曲线;再固定频率 f,测量材料的损耗与磁感应 B_m 变化的关系,通过作图得到两组曲线,具体见图 13.9 所示;最后将曲线外推到 B_m 和 f 等于 0,可以得到后效损耗的大小.

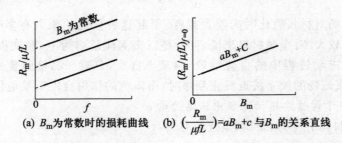

(a) B_m 为常数时的损耗曲线　　(b) $\left(\dfrac{R_m}{\mu f L}\right) = aB_m + c$ 与 B_m 的关系直线

图 13.9　损耗分离实验的设想结果.(a)对应三个 B_m 值的损耗曲线;(b)固定频率得到的损耗曲线.这些曲线外推到 f 和 B_m 等于 0 时,损耗不为零,剩下的为后效损耗

图 13.10 是对合金和铁氧体材料损耗的实际测量结果,经过损耗分离可以得到,金属的后效损耗很小,而铁氧体的后效损耗较大,其中 MnZn 的又比 NiZn 的大很多.这与材料的颗粒大小和磁化过程有密切关系.

13.2.3　弱场磁滞损耗的估算

前面提到,在外界磁场作用下,磁性材料磁化一周所做功的大小等于其磁滞回线的面积,即

$$W_a = \oint H \mathrm{d}B. \tag{13.15}$$

由于代表磁滞回线的 $B(H)$ 函数很复杂,很难用较为简单的函数来表示,因而由式(13.15)无法用积分或解析方法来计算所做功的大小.在弱磁场时,如磁化以

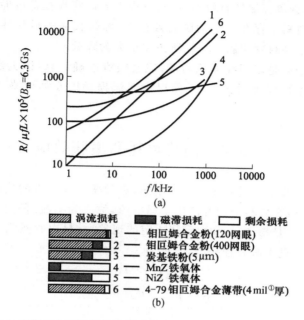

(a)

涡流损耗　　磁滞损耗　　剩余损耗

1 —— 钼匼姆合金粉(120网眼)
2 —— 钼匼姆合金粉(400网眼)
3 —— 炭基铁粉(5μm)
4 —— MnZ 铁氧体
5 —— NiZ 铁氧体
6 —— 4-79钼匼姆合金薄带(4mil[①]厚)

(b)

图 13.10　(a) 坡莫合金和铁氧体在弱磁场中磁损耗；(b) 100kHz 时不同材料的损
耗分离结果(L 为磁芯的自感)

可逆形式为主,则可以近似地用(暂不计入涡流损耗)

$$B = \mu_0(\mu_i H + bH^2) = \mu_0 \mu H \qquad (13.16)$$

来表示,其中 $\mu = \mu_i + bH$. 这时 $B(H)$ 回线所包围的区域称为瑞利区,而 b 则称
为瑞利常数,μ_i 为起始磁导率. 由此,只要知道 μ_i 和 b 的值后可用式(13.16)来
估算频率为零时的回线面积和磁损耗,但计算得到的数值也只是参考性质的
结果.

13.2.4　强场损耗

电力变压器的工作状态是磁感应强度常常很大. 周期性幅值变化下工作所
产生的损耗属强场损耗,主要有两部分来源,每磁化一周的损耗计为

$$W = W_e + W_\eta ,$$

它与频率和最大磁感应强度有密切关联,即 W 可表示为

$$W = eB_m^2 f + \eta B_m^{1.6} , \qquad (13.17)$$

其中 e 为涡流损耗系数,η 磁滞损耗系数. 对磁性材料而言,高场磁化情况下,后
效损耗所占部分可不计入. 对金属磁性材料而言,频率很高和磁场较强时以涡

---

①　1 mil(密耳)=25.4μm(微米).

流损耗为主. 对铁氧体磁性材料而言, 涡流损耗和磁滞损耗都可能占主要地位, 在早期生产的材料中存在一定的磁后效损耗, 经过长期的材料性能优化, 现在生产的铁氧体磁性材料中后效损耗所占比重大为降低.

由于磁滞损耗是以回线面积为准, 但又很难准确计算(因无法给出回线的数学方程), 就不再详细讨论了. 下面讨论涡流损耗以及如何降低这一损耗的问题.

§13.3　涡流损耗和集肤效应

磁性材料在交变磁场磁化时会产生热, 随频率升高所生的热能可将金属材料熔化, 其原因是在材料的内部产生了强电流, 称之为涡流. 任何交变磁化过程都将产生涡流. 这是楞次(Lentz)定律决定的现象. 材料内的涡流 J 和磁化场 H 在原则上可用麦克士威方程解出, 方程为

$$\nabla \times H = J, \tag{13.18}$$

$$\nabla \times J = -\frac{\mu_0 \mu}{\rho} \frac{\mathrm{d}H}{\mathrm{d}t}, \tag{13.19}$$

其中 J 为电流密度, ρ 为电阻率. 对实际情况只能给出近似解. 为简单起见, 讨论下述两种情况.

13.3.1　半无限大平面磁体

在半无限大金属平面上(参见图 13.11), 加交流磁场

$$H = H_0 \mathrm{e}^{\mathrm{j}\omega t},$$

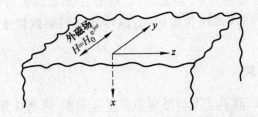

图 13.11　半无限大磁体表面和磁场作用在表面的情况

假定磁场只与 y 轴平行, 以及在界面上 $H_x = H_z = 0$, 代入上述方程, 可给出

$$\frac{\mathrm{d}H_y}{\mathrm{d}x} = J_z, \tag{13.20}$$

$$\frac{\mathrm{d}J_z}{\mathrm{d}x} = \frac{\mu_0 \mu}{\rho} \frac{\mathrm{d}H_y}{\mathrm{d}t}. \tag{13.21}$$

从上述两式消去 J_z, 得

$$\frac{\mathrm{d}^2 H_y}{\mathrm{d}x^2} = \frac{\mu_0 \mu}{\rho} \frac{\mathrm{d}H_y}{\mathrm{d}t}. \tag{13.22}$$

在材料内 H_y 是 x 的函数,设表面上的磁场在 y 轴方向最大为 H_0,在深入材料内部后 H_y 随 x 变化,可写成 $H_y(x,t)$. 为便于了解基本特点,可认为 $H_y(x,t) = H_y(x)\mathrm{e}^{\mathrm{j}\omega t}$ ($H_y(x=0) = H_0\mathrm{e}^{\mathrm{j}\omega t}$),实际上在介质内部的交流磁场并不是简谐的). 将 H_y 代入上式,方程(13.22)的形式变为

$$\frac{\mathrm{d}^2 H_y(x)}{\mathrm{d}x^2} = \frac{\mathrm{j}\omega\mu_0\mu}{\rho} H_y(x), \tag{13.23}$$

而 H_x, H_z, J_x, J_y 在材料内部均为零. 方程(13.23)的解 $H_y(x)$ 可写成下式:

$$H_y(x) = H_0 \mathrm{e}^{px}.$$

代入式(13.23),得 $p^2 = \mathrm{j}\omega\mu_0\mu/\rho$. 因 $\mathrm{j}^{1/2} = (1+\mathrm{j})/\sqrt{2}$,则 $p = \pm(\mathrm{j}\omega\mu_0\mu/\rho)^{1/2} = \pm(\omega\mu_0\mu/\rho)^{1/2}(1+\mathrm{j}) = \pm b(1+\mathrm{j})$,因此有

$$H_y(x) = H_0 \mathrm{e}^{-b(1+\mathrm{j})x}. \tag{13.24}$$

由于 $H_y(x,t) = H_y(x)\mathrm{e}^{\mathrm{j}\omega t}$,得

$$H_y(x,t) = H_0 \mathrm{e}^{-b(1+\mathrm{j})x} \mathrm{e}^{\mathrm{j}\omega t}, \tag{13.25}$$

其中

$$b = (\omega\mu\mu_0/2\rho)^{1/2}. \tag{13.26}$$

这样,因子 e^{-bx} 表示外磁场在深入磁体内 x 处的衰减大小,$\mathrm{e}^{-\mathrm{j}bx}$ 表示在 x 处的磁场与表面磁场的位相差别,所以时间因子可单独用 $\mathrm{e}^{\mathrm{j}\omega t}$ 表示.

13.3.2　厚度为 2d 的近无限大片状金属磁性材料

上面讨论了作用于磁性材料表面的交变磁场,在深入材料内部后强度减弱和位相变化的情况,实际材料都不是半无限大的. 现在考虑一个厚度为 $2d$ 的很大的铁磁薄片(如硅钢片、坡莫合金片等),由于片的长和宽都比厚度 $2d$ 要大非常多倍,所以可近似认为是无限大薄片,参看图 13.12,片与 yz 平面平行,表面的坐标为 $x = \pm d$,在受到平行于平面的交流磁场作用后,片内磁场和涡流分布可用方程(13.23)来处理. 由于外磁场从片的两面向内深入,因而假定解为 $\mathrm{e}^{b(1+\mathrm{j})x}$ 和 $\mathrm{e}^{-b(1+\mathrm{j})x}$ 形式,其中 x 只表示在 $\pm d$ 间变化,于是求得 y 方向磁场在 x 处的解为

$$H_y(x) = A\mathrm{e}^{b(1+\mathrm{j})x} + B\mathrm{e}^{-b(1+\mathrm{j})x} = A\mathrm{e}^{px} + B\mathrm{e}^{-px}, \tag{13.27}$$

其中 $p = b(1+\mathrm{j})$,系数 A 和 B 由边界上的磁场来定,即由 $H_y(d) = H_y(-d) = H_0$,得

$$A\mathrm{e}^{pd} + B\mathrm{e}^{-pd} = H_0,$$

$$A\mathrm{e}^{-pd} + B\mathrm{e}^{pd} = H_0,$$

再将上面式中的常数 B 消去,得到

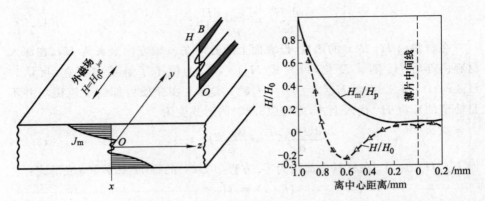

图 13.12　(a) 无限大薄片内 B,H 以及涡流的分布；(b) 软铁薄片中磁场的集肤效应

$$A(e^{2pd} - e^{-2pd}) - H_0(e^{pd} - e^{-pd}) = 0,$$

$$A = H_0 \frac{e^{pd} - e^{-pd}}{e^{2pd} - e^{-2pd}} = \frac{H_0 \sinh pd}{\sinh 2pd},$$

并求得

$$A = B = \frac{H_0}{2\cosh pd}.$$

将 $p = b(1+\text{j})$ 代入式(13.27)，得到在 x 处的磁场强度

$$H_y(x) = H_0 \frac{e^{b(1+\text{j})x} + e^{-b(1+\text{j})x}}{e^{b(1+\text{j})d} + e^{-b(1+\text{j})d}}. \tag{13.28}$$

也可以用双曲函数来表示在 x 处 t 时间的磁场强度 $H_y(x,t)$ 和电流 $J_z(x,t)$ 与外磁场幅值 H_0 的关系

$$H_y(x,t) = H_y(x)e^{\text{j}\omega t} = H_0 e^{\text{j}\omega t} \frac{\cosh b(1+\text{j})x}{\cosh b(1+\text{j})d}, \tag{13.29}$$

$$J_z(x,t) = \frac{\text{d}H_y(x,t)}{\text{d}x} = b(1+\text{j})H_0 e^{\text{j}\omega t} \frac{\sinh b(1+\text{j})x}{\cosh b(1+\text{j})d}. \tag{13.30}$$

从式(13.29)可看到 H_y 在片内不同深度处的变化，从式(13.30)可得到涡流在磁体内的分布。在同一时间 t，$H_y(x)$ 落后 H_0 位相为 $e^{-\text{j}bx}$。设 $H_m(x)$ 为片内某处的磁场幅值，表示为(具体导出见附录六)

$$H_m(x) = H_0 \left[\frac{(\cosh 2bx + \cos 2bx)}{(\cosh bd + \cos bd)} \right]^{1/2}. \tag{13.31}$$

由式(13.25)可求得磁片内磁感应强度 $B_y(x,t)$ 为

$$B_y(x,t) = \mu_0 \mu H_y(x,t) = \mu_0 \mu H_0 e^{-bx} e^{\text{j}(\omega t - bx)}, \tag{13.32}$$

其中 $e^{\text{j}bx}$ 为 B 对 H_0 的位相差，e^{-bx} 为 H_0 的衰减因子。图 13.12(a) 分别给出了涡流分布(如式(13.30)所给出)，以及磁感应强度 B 与表面上磁场 H_0 的关系(如式(13.32)所给出)；图 13.12(b) 给出了片状材料内磁场幅值 H_m 和瞬间值

H 与表面上磁场幅值 H_0 的关系. 另外, 从涡流分布图可看到, 在表面处涡流最大, 向片的内部深入时(以某一瞬间 t 为准), 涡流逐渐减弱. 同时, 涡流产生的磁场屏蔽了外加磁场, 使作用在片内的磁场减弱, 也就是外加磁场越接近金属片的表面, 磁化作用效果越大. 这种现象称为集肤(或趋肤)效应.

13.3.3　集肤效应

当式(12.32)中 $x=1/b$ 时, $H_m(1/b)=H_0/e$ ($e=2.718$ 为自然对数的底). 定义一个特征深度 d_s, 在 $d_s=1/b$ 深度处 $H_m=0.36H_0$, 则

$$d_s = \frac{1}{b} = \left(\frac{2\rho}{\mu_0\mu\omega}\right)^{1/2} = 503\left(\frac{\rho}{f\mu}\right)^{1/2} \tag{13.33}$$

称为趋(集)肤深度, 单位是 m, 其中 ρ 为电阻率. 对任一磁性材料, 随频率增高, 其 d_s 值都要减小, 就是说外加的磁化场作用在片内的幅值降低更快, 只能在近表面处起到磁化作用. 这种现象称为集肤效应, 或叫趋肤效应. d_s 的物理定义表示表面的交变磁场强度在深入到距表面 d_s 处时, 其作用强度减弱了 64%, 或是原来强度的 $\frac{1}{e}$. 从式(13.32)中的衰减因子 e^{-bx} 可看到, H_m 随进入片内的深度呈指数下降, 原因是涡流产生反向磁场的屏蔽所致. 要想降低集肤效应, 即减小涡流. 希望材料的 d_s 要大些, 则要求材料的电阻率增大. 如铁氧体磁性材料电阻率很大, 可以避免涡流影响; 或是把材料做成片状, 使片的厚度 $d \ll d_s$. 例如, 用于 $50\sim60$ Hz 的电工钢(硅钢)片厚度为 0.35mm, 用于较高频率的坡莫合金片的厚度为 25μm 或 50μm, 还有薄膜材料等. 这可以既提高材料的使用效率, 又大大地降低了损耗(有关本节的详细讨论请看文献[1]).

在交变磁场中使用金属磁性材料做磁芯时, 都制成片状, 片厚远小于趋肤厚度(即 $d_s \gg d$). 按照图 13.12 所示的薄片情况, 则感生电流 J_z 只与 y 方向的磁化有关. 又因趋肤深度很大, 表面和中心的磁感基本差别不大, 则有

$$(\nabla \times J)_y = -(\mu_0\mu/\rho)(\partial H/\partial t) = -j\omega B_m/\rho.$$

由于片很薄, J_x 可以不计入, 因而

$$\partial J_z/\partial x = -j\omega B_m/\rho.$$

由边条件知 $J_z = Ax$, A 为常数, 则得到

$$A = -j\omega B_m/\rho.$$

可以计算出单位体积磁化的损耗功率为

$$P = \frac{2\rho}{d}\int_0^d J_z^2 \mathrm{d}x = \frac{2\rho}{d}\int_0^d A^2 x^2 \mathrm{d}x = \frac{2\omega^2 B_m^2}{\rho}\frac{d^3}{3}$$

$$= \frac{8\pi^2 f^2 B_m^2 d^2}{3\rho}, \tag{13.34}$$

其中 ρ 为电阻率. 这一结果称为经典涡流损耗, 因为没有考虑磁畴的影响, 理论

计算值比实验测量结果小一些.

§13.4　磁畴结构对损耗的影响[2,3,4]

众所周知,磁性材料中总是存在着大量的磁畴结构,特别是软磁金属材料(如硅钢片和铁镍合金薄带),一般情况下,在经历的一个饱和磁化循环过程中,畴壁移动占据主要的地位.因此,磁畴结构对磁损耗有不小的贡献,以致上面计算得到的损耗结果与实际情况存在较大的出入.

Williams 等人[2]较详细地研究了磁性材料中存在磁畴结构情况下,磁化一周所产生的损耗结果.实验表明,在畴壁移动的磁化过程中,存在一个使畴壁开始移动的临界磁场 H_0.对单晶硅钢片来说,$H_0 = 0.003$ Os(约 0.24 A/m).因而使畴壁产生移动的有效磁场为 $H_{\mathrm{eff}} = H_e - H_0$.这一结果将导致理论计算的弱场磁化的损耗数值,比实际测量的损耗大小要高出 20% 左右.

13.4.1　单畴壁的影响

用 4% 的硅钢片单晶制成一个方框形样品,如图 13.13 所示,其中共有 8 个 180° 畴,畴内磁矩取向用箭头示出,虚线表示 180° 畴的畴壁.在交变磁场作用下,在横截面 $ABCD$ 上产生涡流.初步认为,在外磁场为 0 时,畴壁处在 $x=0$ 的位置.在外加交变磁场很弱时,引起的畴壁移动不会使畴壁变形,如图 13.14(a) 所示;如外加交变磁场增强,畴壁在运动过程中发生畸变,如图 13.14(b) 所示.下面讨论弱场磁化损耗.

现在从麦克斯韦方程出发,求出磁化一周过程中涡流的分布.由于畴壁移动过程使畴壁两边的磁矩改变了 180°,但并不产生涡流,而只在畴壁内部才出现涡流,因此在畴壁之外有

$$\nabla^2 i = 0, \quad \nabla \cdot i = 0, \quad \nabla \times i = 0; \tag{13.35}$$

在畴壁之内有

$$\nabla \times i = \frac{1}{\rho} \frac{\partial B}{\partial t}, \tag{13.36}$$

其中 i 为感应电流.由于畴壁是均匀运动,电流只在畴壁内,不向外发散,畴壁移动所扫过的面积为 $\Delta y \Delta x (\Delta y > \Delta x)$,最大为矩形 $ABCD$(直角坐标的原点在其中心)的面积.根据样品的尺寸,$AB = 2L$,$AD = d$.因畴壁外侧没有感应电流,故从式(13.35)可知,在垂直方框(即法线)方向的感生电流为

$$i_n = 0. \tag{13.37}$$

因为 B 的变化方向平行 $\pm z$ 轴,所以从式(13.36)可得

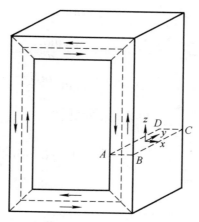

图 13.13　方框形单晶样品及其畴结构示意图. 框架尺度为 1.34 cm×1.71 cm，
截面 $ABCD$ 的面积为 0.114 cm×0.152 cm

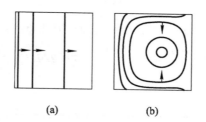

$$(a) \qquad\qquad (b)$$

图 13.14　在(a)弱和(b)强外加交变磁场中畴壁运动的示意结果

$$\pm i_y = B_m v / \rho, \tag{13.38}$$

其中 ρ 和 v 分别为样品的电阻率和畴壁移动速率(沿 x 轴方向)，B_m 为 B 的幅值. 从二维拉普拉斯方程(13.36)可以解得(具体解法见附录五)：

$$i_x = -\sum D_n \sin \frac{n\pi y}{d} \sinh \frac{(L-x)n\pi}{d},$$

$$i_y = \sum D_n \cos \frac{n\pi y}{d} \cosh \frac{(L-x)n\pi}{d}, \tag{13.39}$$

$$D_n = \frac{\pm 4B_m v}{\rho n \pi \cosh \dfrac{Ln\pi}{d}},$$

其中 n 为奇数，当 D_n 用正号时，对 n 求和有 $n=1,5,9,13,\cdots$；当 D_n 用负号时，对 n 求和有 $n=3,7,11,15,\cdots$.

　　由于方框样品的磁回路可等效为一无限长的柱形样品，故单位长度的损耗功率 P 可从积分得出：

$$P = 4\rho \int_0^L \int_0^{d/2} (i_x^2 + i_y^2) \mathrm{d}x\mathrm{d}y$$

$$= \sum \frac{16 B_\mathrm{m}^2 v}{\rho^2} \Big/ n^2 \pi^2 \cosh^2 \frac{n\pi L}{d}$$

$$\times \int_0^L \int_0^{d/2} \left\{ \left[\sin \frac{n\pi y}{d} \sinh \frac{n\pi(L-x)}{d} \right]^2 \right.$$

$$\left. + \left[\cos \frac{n\pi y}{d} \cosh \frac{n\pi(L-x)}{d} \right]^2 \right\} \mathrm{d}x\mathrm{d}y$$

$$= \sum \left(\frac{64 B_\mathrm{m}^2 v^2}{\rho} \right) \frac{\frac{d}{4a} \sinh \frac{n\pi}{d} L \cosh \frac{n\pi L}{d}}{n^2 \pi^2 \cosh^2 \frac{n\pi}{d} L}$$

$$= \frac{16 d^2 B_\mathrm{m}^2 v^2}{\rho \pi^3} \sum \frac{1}{n^3} \tanh \frac{n\pi L}{d}, \qquad (13.40)$$

其中积分

$$\int_0^{d/2} \sin^2 \frac{n\pi y}{d} \mathrm{d}y = \int_0^{d/2} \cos^2 \frac{n\pi y}{d} \mathrm{d}y = \frac{y}{2} \bigg|_0^{d/2} = \frac{d}{4}.$$

变换积分形式, 令 $q = b - ax$, 则有 $\mathrm{d}q = -a\mathrm{d}x$, 其中 $b = n\pi L/d$, $a = n\pi d$, 从而有

$$\int_0^L \sinh^2 \frac{n\pi(L-x)}{d} \mathrm{d}x = -\frac{1}{a} \int_b^0 \sinh^2 q \mathrm{d}q = \frac{1}{a} \int_0^b \sinh^2 q \mathrm{d}q.$$

由于

$$\int \sinh^2 q \mathrm{d}q = \frac{1}{2} \sinh q \cosh q - \frac{1}{q},$$

所以得到

$$\int_0^L \sinh^2 \frac{n\pi(L-x)}{d} \mathrm{d}x$$

$$= (d/2n\pi) \sinh(n\pi L/d) \cosh(n\pi L/d) - 1/x.$$

同样可以得到

$$\int_0^L \cosh^2 [n\pi(L-x)/d] \mathrm{d}x$$

$$= (d/2n\pi) \sinh(n\pi L/d) \cosh(n\pi L/d) + 1/x.$$

上面两个积分相加可消去 $1/x$. 这样, 经过计算就可得到式 (13.40).

下面讨论关于理论结果与实验的比较问题. 由于速率 v 不好估计, 考虑到磁体的截面在 $2L = d$ 情况时式 (13.40) 中的求和项等于 0.97, 可以近似认为等于 1, 则损耗单位长度的磁体中的涡流损耗为

$$P_\mathrm{w} = \frac{16 d^2 B_\mathrm{m}^2 v^2}{\rho \pi^3}. \qquad (13.41)$$

如弱磁场对单位长度磁体所做的磁化功为

$$P_{\mathrm{m}} = 2HM_s vd,$$

其中 $vd \times 1$ 为每磁化一周所做的功,则在不考虑存在其他损耗情况下有

$$P = P_{\mathrm{m}}.$$

由此等式可求出

$$\frac{v}{H} = \frac{\pi^2 \rho}{32 B_{\mathrm{m}} d}, \tag{13.42}$$

通过测量不同温度下 v/H 的变化结果与理论值的比较,发现理论值比实验要大一些,其差别小于 20%. 原因可能是没有考虑畴壁运动时自旋磁矩弛豫过程的影响.

　　Williams 等人还研究了在圆柱形磁体中具有圆形管状磁畴的坍缩速度和外加磁场的关系[2]. 在圆柱形磁体上绕一层磁化线圈,可以通过该线圈对磁体加脉冲电流,产生强磁场,经过次级绕组可接收因畴壁运动产生的脉冲信号. 当磁场较强时,磁体内圆柱状环形畴壁经快速运动到达边界(或是到达圆柱体的中心)而坍缩(即畴壁消失).

　　图 13.15 给出了圆柱形磁体在强脉冲磁场作用下管状畴壁坍缩的实验结果. 理论上计算了磁体中的涡流损耗,计算时没有添加任何可任意处理的常数. 在磁场对磁矩作用时形成磁化能,而使畴壁快速移动. 可认为涡流所耗散的能量与磁化能量相等,据此计算出畴壁移动速率 v 与 H 的关系,即

$$v = \frac{H\rho}{32\pi M_s y \ln \dfrac{R}{y}}, \tag{13.43}$$

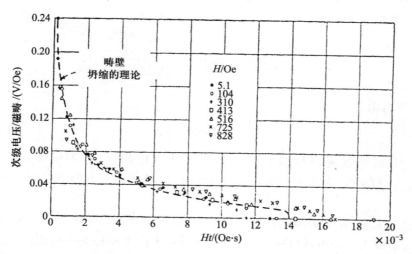

图 13.15　圆环形管状磁畴在强脉冲磁场作用下畴壁坍缩的理论和实验比较. 纵坐标表示观测到的次级线圈输出信号,以 V/Oe 为单位,横坐标为 Ht(磁场强度×时间)

其中 R 为圆柱磁体的半径，y 是畴壁距圆柱中心的距离. 而测量到的次级感应电压为

$$V = \frac{H_\rho N}{2\ln \frac{R}{y}},$$

其中 N 为次级线圈匝数.

　　磁体在交流磁化过程中，实际的损耗总是比理论计算的结果要大 $10\% \sim 30\%$. 原因是在磁化时总是可能出现反常涡流损耗. 如果磁化场比较强，这时畴壁在边界处的运动速率总是比在磁体内小得多，因而所给出的磁导率很不相同，但一般在计算时将磁导率设定为均匀的，故这会导致计算结果要比实际的损耗值要小.

13.4.2　多畴壁影响

　　实际材料中存在很多磁畴，Pry 等人[5]计算了薄片中存在 $180°$ 磁畴情况下的磁损耗，并将所得的结果与不考虑畴结构和存在单畴壁结构的理论计算结果分别做了比较，详细的计算过程请看文献[5]，薄片的多畴结构如图 13.16 左上方所示，具体结果为

$$W = \frac{8d^2 q B_m f^2}{\rho \pi^2} \sum n^{-3} \left(\coth q + \frac{2I_1 B_m^2 nq}{B_s^2} \sinh nq \right), \tag{13.44}$$

其中 $q = 2\pi L/d$，在求和时 n 取奇数. 为了与经典的结果比较，令 $L=0$ 即可得到与式（13.34）相似的结果 $W_c = (\pi B_m f d)^2 / 6\rho$（因样品尺度设定的不同，故系数有差异）. 由此可得

$$\frac{W}{W_c} = \frac{96L}{\pi^2 d} \sum n^{-3} \left(\coth q + \frac{2I_1 \frac{nq B_m}{B_s}}{\frac{nq B_m}{B_s} \sinh nq} \right). \tag{13.45}$$

如 $2L \geqslant d$，则有

$$\frac{W}{W_c} = 1.628 \frac{2L}{d}. \tag{13.46}$$

图 13.16 为考虑磁畴结构后的损耗和磁畴宽度的关系，不同曲线表示了 $B_m/B_s \ll 1$（实线）和等于 1（粗虚线）的情况，以及式（13.41）（WKS[2]）的理论结果.

　　总的说来，存在磁畴结构使磁损耗增大，尽管理论计算所依据的模型与实际情况有较大的差距，但是理论结果可以预示出产生损耗的主要原因，这对制备优质的金属软磁材料有很多指导意义.

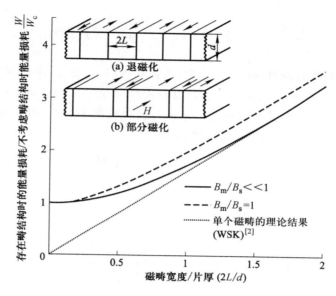

图 13.16 存在畴结构时的能量损耗/不考虑畴结构时能量损耗 $\dfrac{W}{W_c}$，以及其随磁畴宽度的变化，$B_m/B_s \ll 1$ 为经典理论结果，$B_m/B_s = 1$ 为式(13.46)的结果. 左上角为假定的片中磁畴结构. 同时给出了只具有单个磁畴的理论结果(WSK)[2]

§13.5 小 结

本章讨论了磁性材料在交流磁场作用下的磁化过程. 如磁场频率不高，磁化过程与静态磁化过程类似，但由于磁感应强度落后磁场一个位相，因而起始磁化率具有复数的特性 $\chi_i = \chi' - \chi''$. 随着磁场频率的升高，χ'会降低，而χ''将升高，并在达到极大值后又逐渐降低. 这种变化关系称为磁谱，原因有两个：一是畴壁来回运动的频率与外加交变磁场的频率发生共振；二是如磁场频率非常高（>1 GHz），将导致磁矩绕内场进动而产生自然共振.

本章还重点讨论了低频大磁场中材料体内磁化场的分布，以及作用在表面上的磁场强度与进入体内的磁场强度的大小和位相的变化关系. 此外，还定义了磁场对材料磁化作用的集(趋)肤深度 d_s，给出了 d_s 与材料的电阻率以及磁导率和磁场频率的关系式. 这个结果对材料在应用时如何降低能量损耗具有普遍意义，对提高材料的使用效率有指导意义.

由于材料中总是存在磁畴，本章还讨论了因畴结构而使损耗增大的特点.

附录一 关于 $m_{\mathrm{w}} = \dfrac{2\pi\mu_0}{\gamma^2}\dfrac{1}{\delta}$ 的导出[3]

在讨论畴壁共振时,假定 180° 畴壁在磁畴内的 xy 面上,因而畴壁沿 z 方向运动. 在 t_1 时,以 $q(z_1)$ 处的磁矩为计算参考点,经过 Δt 时间(即 $t_2 = t_1 + \Delta t$ 时)后,原来在 $q(z_1)$ 处的磁矩移动到了 $q(z_2)$ 点(参见图 13.17),移动速度为 v,转动了 θ 角度. 这时可以得到其角速度 ω 为

$$\omega = \frac{\mathrm{d}\theta}{\mathrm{d}t} = \frac{\mathrm{d}\theta}{\mathrm{d}z}\frac{\mathrm{d}z}{\mathrm{d}t} = -v\frac{\mathrm{d}\theta}{\mathrm{d}z}. \tag{13.47}$$

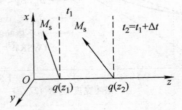

图 13.17 磁矩转动示意图

这个角速度相当于磁矩绕 z 轴方向的等效磁场 $\boldsymbol{H}_{\mathrm{e}}$ 进动所致,因而写成

$$\omega = \gamma H_{\mathrm{e}}, \tag{13.48}$$

其中 γ 是旋磁比. 将式(13.48)代入式(13.47),得

$$H_{\mathrm{e}} = -\frac{v}{\gamma}\frac{\mathrm{d}\theta}{\mathrm{d}z}. \tag{13.49}$$

等效场 $\boldsymbol{H}_{\mathrm{e}}$ 是因畴壁运动降低能量而产生的,但畴壁移动受阻而增加能量 ΔE,因而有

$$\Delta E = \frac{\mu_0}{2}\int H_{\mathrm{e}}^2\,\mathrm{d}z = \frac{\mu_0}{2}\left(\frac{v}{\gamma}\right)^2\int\left(\frac{\mathrm{d}\theta}{\mathrm{d}z}\right)^2\mathrm{d}z = \mu_0\left(\frac{v}{\gamma}\right)^2\int\frac{\mathrm{d}\theta}{\mathrm{d}z}\mathrm{d}\theta.$$

$\dfrac{\mathrm{d}\theta}{\mathrm{d}z}$ 与交换能 A 和各向异性能 E_k 有关,$\displaystyle\int_0^\pi \frac{\mathrm{d}\theta}{\mathrm{d}z}\mathrm{d}\theta \approx \pi\left(\frac{K}{A}\right)^{1/2}$. 如将畴壁运动等价为某一物体的机械运动,则其动能为

$$\Delta E' = \frac{m_{\mathrm{w}}}{2}v^2,$$

其中 m_{w} 就是畴壁的有效质量. 从 $\Delta E = \Delta E'$,就得到

$$m_{\mathrm{w}} = \frac{2\pi\mu_0}{\gamma^2}\left(\frac{K}{A}\right)^{1/2} = \frac{2\pi\mu_0}{\gamma^2}\frac{1}{\delta}, \tag{13.50}$$

其中 δ 为 180° 畴壁厚度,所以 m_{w} 是与畴壁厚度密切相关的量.

附录二　方程(13.18)的矢量运算

$$\nabla \times \boldsymbol{H} = \left(\frac{\partial}{\partial x}\boldsymbol{i} + \frac{\partial}{\partial y}\boldsymbol{j} + \frac{\partial}{\partial z}\boldsymbol{k}\right) \times (H_x\boldsymbol{i} + H_y\boldsymbol{j} + H_z\boldsymbol{k}),$$

其中 $\boldsymbol{i},\boldsymbol{j},\boldsymbol{k}$ 代表 x,y,z 轴的单位矢量,其运算规则为 $\boldsymbol{i}\times\boldsymbol{j}=\boldsymbol{k},\boldsymbol{j}\times\boldsymbol{i}=-\boldsymbol{k},\boldsymbol{j}\times\boldsymbol{k}$ $=\boldsymbol{i},\boldsymbol{k}\times\boldsymbol{i}=\boldsymbol{j}$;反之为负,且

$$\boldsymbol{i}\times\boldsymbol{i} = \boldsymbol{j}\times\boldsymbol{j} = \boldsymbol{k}\times\boldsymbol{k} = \boldsymbol{0},$$

$$\nabla \times \boldsymbol{H} = \left[\frac{\partial}{\partial x}\boldsymbol{i} \times H_y\boldsymbol{j} - \frac{\partial}{\partial y}\boldsymbol{j} \times H_x\boldsymbol{i}\right]\boldsymbol{k}$$

$$+ \left[\frac{\partial}{\partial y}\boldsymbol{j} \times H_z\boldsymbol{k} - \frac{\partial}{\partial z}\boldsymbol{k} \times H_y\boldsymbol{j}\right]\boldsymbol{i}$$

$$+ \left[-\frac{\partial}{\partial z}\boldsymbol{k} \times H_x\boldsymbol{i} + \frac{\partial}{\partial y}\boldsymbol{j} \times H_x\boldsymbol{i}\right]\boldsymbol{j},$$

经整理为

$$\nabla \times \boldsymbol{H} = \left(\frac{\partial H_z}{\partial y} - \frac{\partial H_y}{\partial z}\right)\boldsymbol{i} + \left(\frac{\partial H_x}{\partial z} - \frac{\partial H_z}{\partial x}\right)\boldsymbol{j}$$

$$+ \left(\frac{\partial H_y}{\partial x} - \frac{\partial H_x}{\partial y}\right)\boldsymbol{k},$$

因为只有 $H_y = H_0\mathrm{e}^{\mathrm{j}\omega t} \neq 0$,所以有 $\nabla \times \boldsymbol{H} = (\partial H_y/\partial x)\boldsymbol{k} - (\partial H_y/\partial z)\boldsymbol{i}$.

我们要解决的问题是: H_y 深入材料内部后如何变化? 其中 $(\partial H_y/\partial x)\boldsymbol{k}$ 是进入材料后的磁场变化项,而 $(\partial H_y/\partial z)\boldsymbol{i}$ 是 H_y 进入磁体后在 z 轴方向随 x 的变化. 因 H_y 在 z 轴方向为零,故 $(\partial H_y/\partial z)\boldsymbol{i}$ 可略去.

附录三　式(13.8)的导出

由于畴壁共振的频率 $\omega_0 = (\alpha/m_{\mathrm{w}})^{1/2}$,故有 $\alpha = m_{\mathrm{w}}\omega_0^2$. 又因 $\alpha = 4M_{\mathrm{s}}^2/\chi_{\mathrm{i}}l$,所以有

$$\chi_{\mathrm{i}} = \frac{4M_{\mathrm{s}}^2}{m_{\mathrm{w}}\omega_0^2}.$$

根据附录一的结果

$$m_{\mathrm{w}} = \frac{2\pi\mu_0}{\gamma^2}\frac{1}{\delta},$$

将 m_{w} 的表达式代到上述 χ_{i} 式中,得到

$$\chi_{\mathrm{i}}\omega_0^2 = \frac{2\gamma^2 M_{\mathrm{s}}^2}{\pi\mu_0}\frac{\delta}{1}.$$

将 ω_0 换成截止频率,就得到式(13.8)的结果.

附录四 式(13.9)的导出

根据磁共振原理,自然共振频率为 $\omega_0 = \gamma H_k$,对单轴晶体有效磁场强度为

$$H_k = \frac{2K_1}{\mu_0 M_s}.$$

起始磁化率为

$$\chi_i = \frac{\mu_0 M_s^2}{3K_1} = \frac{2M_s}{3H_k} = \frac{2\gamma M_s}{3\omega_0},$$

令 $\omega_0 = 2\pi f_c$,得

$$(\mu_i - 1)f_c = \frac{\gamma M_s}{3\pi},$$

其中

$$\mu_i - 1 = \chi_i.$$

附录五 二维拉普拉斯方程(13.36)的解

式(13.34)中,考虑到对称性,在 z 方向电流为零,因此只需考虑二维拉氏方程

$$\nabla^2 i(x,y) = \partial^2 i_x(x,y)/\partial x^2 + \partial^2 i_y(x,y)/\partial y^2 = 0. \tag{13.51}$$

由 $\nabla \times i = 0$ 可得到

$$\frac{\partial i_x(x,y)}{\partial y} = \frac{\partial i_y(x,y)}{\partial x}.$$

解方程时的边界条件是:在垂直表面的电流 $i_n = 0$,且在畴壁位置处的电流为

$$\pm i_y(x,y) = \frac{2B_s v}{\rho}.$$

用分离系数方法解方程,令 $i(x,y) = X(x)Y(y)$,代入方程(13.51),则有

$$\frac{1}{X}\frac{\partial^2 X}{\partial x^2} + \frac{1}{Y}\frac{\partial^2 Y}{\partial y^2} = 0. \tag{13.52}$$

假定 $Y(y)$ 为周期函数,则有

$$\frac{1}{Y}\frac{\partial^2 Y}{\partial y^2} = \omega^2, \tag{13.53}$$

得到解为

$$Y(y) = A\cos\omega y + B\sin\omega y.$$

根据边界条件知 $A = 0$,于是有

$$Y(y) = B\sin\omega y, \tag{13.54}$$

其中 $\omega = m\pi/(d/2) = n\pi/d, n$ 为偶数. 将式(13.54) 代入(13.52),有

$$\frac{1}{X}\frac{\partial^2 X}{\partial x^2} - \left(\frac{n\pi}{d}\right)^2 = 0.$$

由上式可解得

$$X(x) = C_1 e^{n\pi x/d} + C_2 e^{-n\pi x/d}.$$

在 $x = 0$ 和 $x = L$ 时,相应有

$$C_1 + C_2 = 0, \qquad\qquad x = 0,$$
$$C_1 e^{n\pi L/d} + C_2 e^{-n\pi L/d} = 0, \quad x = L.$$

$x = L$ 时的结果符合要解决的问题,所以有

$$C_2 = -C_1 e^{2n\pi L/d}$$

$$X(x) = C_1 e^{n\pi x/d} - C_1 e^{2n\pi L/d} e^{-n\pi x/d} = -C_1 e^{n\pi L/d}\left[e^{n\pi(L-x)/d} - e^{-n\pi(L-x)/d}\right]$$
$$= -2C_1 e^{n\pi L/d}\sinh[n\pi(L-x)/d].$$

根据边界条件,并利用 $D = 2C_1 e^{n\pi L/d}$,可以得到在磁体中的"电流分布"(即式(13.39))为

$$i_x(x,y) = -\sum_m D_n \sin(n\pi y/d)\sinh[n\pi(L-x)/d], \qquad (13.55)$$

$$i_y(x,y) = -\sum_m D_n \cos(n\pi y/d)\cosh[n\pi(L-x)/d], \qquad (13.56)$$

其中 D_n 为待定常数. 要确定 D_n 可将式(13.56)的两边都乘以 $\cos(m\pi y/d)$,并对它们进行积分,则式(13.56)左边为

$$\int_0^{d/2} 2i_y(x,y)\cos\frac{m\pi y}{d}\mathrm{d}y$$

$$= \pm(4B_s v/\rho)(d/m\pi)\left[\sin(m\pi y/d)\right]_0^{d/2} = \pm 4B_s v/m\pi\rho, \qquad (13.57)$$

其中 $m = 1,3,5,\cdots$;式(13.56)的右边为

$$\sum_m D_n \cosh\frac{n\pi(L-x)}{d} \times 2\int_0^{d/2}\cos\frac{n\pi y}{d}\cos\frac{m\pi y}{d}\mathrm{d}y,$$

其中

$$2\int_0^{d/2}\cos\frac{m\pi y}{d}\cos\frac{n\pi y}{d}\mathrm{d}y$$

$$= \int_0^{d/2}\left[\cos\frac{(n-m)\pi y}{d} + \cos\frac{(n+m)\pi y}{d}\right]\mathrm{d}y$$

$$= \frac{\sin[(n-m)\pi/2]}{(n-m)\pi/d} - \frac{\sin(n-m)\pi/d}{(n-m)\pi/d} + \frac{\sin[(n+m)\pi/2]}{(n+m)\pi/d} + 0$$

$$= \frac{\sin[(n\pm m)\pi/2]}{(n\pm m)\pi/d}.$$

当 $n = m$ 时,第一、二项为"0/0". 当 $n \pm m = 1,5,9,13,\cdots$ 时,取"＋"号;当 $n \pm m = 3,7,11,\cdots$ 时,取"－"号. 由此得到

$$\sum_m D_n \cosh \frac{n\pi(L-x)}{d} \times 2\int_0^{d/2} \cos\frac{n\pi y}{d}\cos\frac{m\pi y}{d}\mathrm{d}y$$

$$= \sum_m D_n \cosh\frac{n\pi L}{d}\left[\sin((n\pm m)\pi/2)/((n\pm m)\pi/d)\right] = \pm 4B_s v/m\pi\rho.$$

$$(13.58)$$

式(13.58)的求和由 $m=1$ 到 ∞,这样就得到

$$D_n = \frac{\pm(4B_s v/\rho)}{n\pi\cosh(n\pi L/d)},$$

其中当 $n=1,5,9,13,\cdots$时,D_n 取"+"号;当 $n=3.7,11,\cdots$时,D_n 取"-"号.

附录六　式(13.31)的导出

从式(13.29),即

$$H_y(x,t) = H_y(x)\mathrm{e}^{\mathrm{j}\omega t} = H_0\mathrm{e}^{\mathrm{j}\omega t}\left[\cosh b(1+\mathrm{j})x/\cosh b(1+\mathrm{j})d\right]$$

出发,令 $H_y(x)=H'(x)+\mathrm{j}H''(x)$. 由于 $H_m=[H'(x)^2+H''(x)^2]^{1/2}$,只要将式(13.29)中分母有理化,就可得到式(13.31),具体如下:

$$\cosh b(1+\mathrm{j})h = \cosh bh\cosh\mathrm{j}bh + \sinh bh\sinh\mathrm{j}bh,$$

因存在变换关系

$$\cosh\mathrm{j}z = \cos z,\quad \sinh\mathrm{j}z = \mathrm{j}\sin z,$$

则有

$$\cosh bh\;\cosh\mathrm{j}bh + \sinh bh\sinh\mathrm{j}bh$$
$$= \cosh bh\cos bh + \mathrm{j}\sinh bh\sin bh. \quad (13.59)$$

式(13.59)乘以 $\cosh bh\cos bh-\mathrm{j}\sinh bh\sin bh$,得

$$(\cosh bh\cos bh + \mathrm{j}\sinh bh\sin bh)$$
$$\times[\cosh bh\cos bh - \mathrm{j}\sinh bh\sin bh]$$
$$= \cosh^2(bh)\cos^2(bh) + \sinh^2(bh)\sin^2(bh)$$
$$= \cosh^2(bh)[1-\sin^2(bh)] + \sinh^2(bh)[1-\cos^2(bh)]$$
$$= \cosh^2(bh) + \sinh^2(bh) - \cosh^2(bh)\sin^2(bh) - \sinh^2(bh)\cos^2(bh).$$

$$(13.60)$$

利用关系

$$\sin^2 z = (1/2)(1-\cos 2z),$$
$$\cos^2 z = (1/2)(1+\cos 2z),$$
$$\cosh 2z = \cosh^2 z + \sinh^2 z,$$

式(13.60)可写成

$$\cosh 2bh - \frac{1}{2}\cosh^2(bh)(1-\cos 2bh)$$

$$-\frac{1}{2}\sinh^2(bh)(1+\cos 2bh)$$

$$=\cosh 2bh-\frac{1}{2}\left[\cos^2(bh)+\sinh^2(bh)\right]$$

$$+\frac{1}{2}\cos 2bh\left[\cosh^2(bh)-\sinh^2(bh)\right],$$

又因 $\cosh^2(bh)-\sinh^2(bh)=1$,最后得到

$$\frac{1}{2}\cosh 2bh+\frac{1}{2}\cos 2bh.$$

下面计算分子乘上 $\cosh bh\cos bh-\mathrm{j}\sinh bh\sin bh$ 后的结果:

$$\left[\cosh b(1+\mathrm{j})x\right](\cosh bh\,\cos bh-\mathrm{j}\sinh bh\,\sin bh)$$

$$=\left[\cosh bx\,\cosh\mathrm{j}bx+\sinh bx\,\sinh\mathrm{j}bx\right]$$

$$\times\left[\cosh bh\,\cos bh-\mathrm{j}\sinh bh\,\sin bh\right]$$

$$=\left[\cosh bx\,\cos bx+\mathrm{j}\sinh bx\,\sin bx\right]$$

$$\times\left[\cosh bh\,\cos bh-\mathrm{j}\sinh bh\,\sin bh\right]$$

$$=\cosh bx\,\cos bx\,\cosh bh\,\cos bh$$

$$+\sinh bh\,\sin bh\,\sinh bx\,\sin bx$$

$$-\mathrm{j}(\cosh bx\,\cos bx\,\sinh bh\,\sin bh$$

$$-\sinh bx\,\sin bx\,\cosh bh\,\cos bh)$$

$$=A-\mathrm{j}C,$$

其中

$$A=\cosh bx\,\cos bx\,\cosh bh\,\cos bh$$

$$+\sinh bh\,\sin bh\,\sinh bx\,\sin bx,$$

$$C=\cosh bx\,\cos bx\,\sinh bh\,\sin bh$$

$$-\sinh bx\,\sin bx\,\cosh bh\,\cos bh.$$

由上可知

$$H_\mathrm{m}=H_0\left[(A^2+C^2)/K^2\right]^{1/2},\quad K=(1/2)\left[\cosh 2bh+\cos 2bh\right].$$

又

$$A^2+C^2=\cosh^2(bx)\cos^2(bx)\cosh^2(bh)\cos^2(bh)$$

$$+\sinh^2(bh)\sin^2(bh)\sinh^2(bx)\sin^2(bx)$$

$$+2\cosh bx\,\cos bx\,\cosh bh\,\cos bh$$

$$\times\sinh bh\,\sin bh\,\sinh bx\,\sin bx$$

$$+\cosh^2(bx)\cos^2(bx)\sinh^2(bh)\sin^2(bh)$$

$$+\sinh^2(bx)\sin^2(bx)\cosh^2(bh)\cos^2(bh)$$

$$-2\cosh bx\,\cos bx\,\cosh bh\,\cos bh$$

$$\times\sinh bh\,\sin bh\,\sinh bx\,\sin bx$$

$$= \cosh^2(bx)\cos^2(bx)\cosh^2(bh)\cos^2(bh)$$
$$\quad + \sinh^2(bh)\sin^2(bh)\sinh^2(bx)\sin^2(bx)$$
$$\quad + \cosh^2(bx)\cos^2(bx)\sinh^2(bh)\sin^2(bh)$$
$$\quad + \sinh^2(bx)\sin^2(bx)\cosh^2(bh)\cos^2(bh)$$
$$= \cosh^2(bx)\cos^2(bx)\big[\cosh^2(bh)\cos^2(bh)+\sinh^2(bh)\sin^2(bh)\big]$$
$$\quad + \sinh^2(bx)\sin^2(bx)\big[\sinh^2(bh)\sin^2(bh)+\cosh^2(bh)\cos^2(bh)\big]$$
$$= \big[\cosh^2(bx)\cos^2(bx)+\sinh^2(bx)\sin^2(bx)\big]$$
$$\quad \times \big[\sinh^2(bh)\sin^2(bh)+\cosh^2(bh)\cos^2(bh)\big]$$
$$= \frac{1}{2}(\cosh 2bx+\cos 2bx)\times\frac{1}{2}(\cosh 2bh+\cos 2bh),$$

将上述 A^2+C^2 和 K^2 代入 H_m 即可得到式(13.29)结果.

参 考 文 献

[1] 北京大学物理系铁磁学编写组. 铁磁学. 北京:科学出版社,1976.

[2] Williams H J,et al. Phys. Rev. ,1950,80:1090.

[3] 李荫远,李国栋. 铁氧体物理学(修订本). 北京:科学出版社,1978.

[4] O'Handley R C. Modern Magnetic Materials:Principles and Applications. New York: John Wiley & Sons,Inc. 2000.

[5] Pry R H, Bean C P. J. Appl. Phys. ,1958,28:532.

第十四章 磁 共 振

从 20 世纪 40 年代中期开始,人们相继发现了核磁、顺磁和铁磁共振现象,并将它们广泛地应用于很多领域(如生物学、化学、物理学、医学、军事科学等).其最基本的一点就是核或电子自旋磁矩在交变和直流磁场同时作用下,绕物体内的有效磁场进动,如进动频率和外加的交变磁场频率相同,就表现出共振现象,并可以被观测到.本章将主要讨论铁磁共振[1]及其相关的微波磁性问题,最后将简单介绍核磁共振现象.

§14.1 自旋磁矩进动

14.1.1 一致进动

电子具有高速自旋,如在 z 轴方向的外磁场 $\boldsymbol{H}$ 作用下,在垂直于自旋方向会受到力矩 $\boldsymbol{L}$,因而会绕 $\boldsymbol{H}$ 方向进动,参见图 14.1.其进动方程为

$$\frac{\mathrm{d}\boldsymbol{G}}{\mathrm{d}t} = \boldsymbol{L} = \mu_0 \boldsymbol{\mu} \times \boldsymbol{H},$$

其中 $\boldsymbol{G}$ 为角动量,$\boldsymbol{\mu}$ 为磁矩,两者的关系为

$$-\gamma \boldsymbol{G} = \mu_0 \boldsymbol{\mu},$$

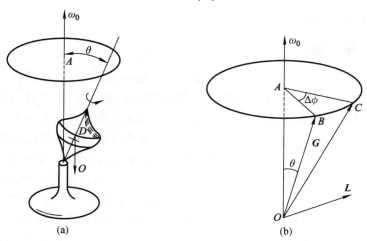

(a)   (b)

图 14.1 (a)陀螺进动;(b)角动量 $\boldsymbol{G}$ 方向改变示意图

式中

$$\gamma = \frac{g\mu_0 e}{2m}$$

称为电子的旋磁比,对电子来说 $g=2$. 将 G 与 μ 的关系式代入进动方程,得

$$\frac{\mathrm{d}\mu}{\mathrm{d}t} = -\gamma\mu \times H.$$

如用磁矩 M 代替单个电子磁矩 μ,则得到磁矩进动方程(又称朗道-栗弗席兹方程)

$$\frac{\mathrm{d}M}{\mathrm{d}t} = -\gamma M \times H. \tag{14.1}$$

假定磁矩 $M = m_x i_x + m_y i_y + m_z i_z$,其中 i_x, i_y, i_z 分别为 x, y, z 轴方向的单位矢量. 由于 H 常设定在 z 轴方向,其中 $m_x + m_y \ll m_z$,将式(14.1)展开,写成标量式,消去 m_y 就可得到

$$\frac{\mathrm{d}^2 m_x}{\mathrm{d}t^2} + \gamma^2 H^2 m_x = 0.$$

如取 $m_x = m_{0x} e^{\mathrm{j}\omega t}$,可满足方程的解,其中 $\omega_0 = \gamma H$ 是磁矩绕 H 进动的频率,γ 为常数,可计算得 $\omega_0 = 1.76 \times 10^7$ Hz/Oe $= (1.76 \times 10^7$ Hz/Oe$) \times [(4\pi/1000)$ Oe/$(A/m)] = (1.76 \times 4\pi \times 10^4)[Hz/(A/m)]$. 如 $H = (10^6/4\pi)A/m = 0.1$ T,则 $\omega_0 = (1.76 \times 4\pi \times 10^4 \times 10^6/4\pi)Hz = 1.76 \times 10^{10}$ Hz. 由于外加磁场强度 H 多在几千奥斯特(十分之几特斯拉),因而进动频率已属微波频段. 另外,$m_z \approx M_s$ 是近饱和磁化情况,所有的电子磁矩都同时以 ω_0 频率绕磁场方向进动,通常称之为一致进动. 如磁场不均匀或未达到饱和,磁矩的进动方式比较复杂,出现非一致进动. 共振频率除主频 ω_0 外,还有其他一些共振频率,如静磁共振、自旋波共振等模式(详细情况请参看文献[2—4]).

14.1.2　磁共振

进动频率 $\omega_0 = \gamma H$ 表示电子自旋磁矩在磁场作用下,绕该磁场进动的频率. 对一个有限大球形样品,如饱和磁矩为 M_s,其绕磁场 H 进动的频率也是 $\omega_0 = \gamma H$. 如果磁场 H 在整个样品中是均匀的,则进动频率只有一个 ω_0. 不过,由于存在磁损耗(通常称为阻尼或弛豫过程)使进动过程很快停止. 实验上采用在垂直 H 方向加一个频率很高但磁场强度很低的微波磁场 h,用来激励磁矩 M 不断绕 H 进动,如该微波磁场 h 的频率 $2\pi f = \omega_0$ 时,可以观测到进动过程的共振现象. 用铁磁材料来进行实验,观测到的磁共振称为铁磁共振;用顺磁性物质来进行实验,观测到的磁共振称为顺磁共振. 还有利用核自旋磁矩产生的磁共振现象,称之为核磁共振. 对这些共振现象的研究和广泛使用为当今社会带来了非常巨大的社会效益和经济效益[12].

§14.2 影响铁磁共振频率的几种因素

14.2.1 样品形状对共振频率的影响

对铁磁性物质,磁矩绕磁场 H 进动的频率,因其形状及磁晶各向异性等影响而有所不同.形状的影响主要表现为退磁场的作用,这时有效场强度为

$$H_e = H - N_x m_x - N_y m_y - N_z m_z, \tag{14.2}$$

其中 N_x, N_y, N_z 分别为 x, y, z 轴方向的退磁因子.如 H 的方向为 z 轴方向,可从式(14.1)求得进动频率为

$$\omega_0^2 = \gamma^2 [H + (N_x - N_z)M_s][H + (N_y - N_z)M_s]. \tag{14.3}$$

对球形样品,因 $N_x = N_y = N_z = 1/3$,式(5.29)简化为

$$\omega_0 = \gamma H. \tag{14.4}$$

如样品为圆片形,其法线方向为 z 轴方向,那么当 H 垂直样品表面时,因 $N_x = 0, N_y = 0, N_z = 1$,得共振频率为

$$\omega_0 = \gamma(H - M_s); \tag{14.5}$$

如 H 平行样品表面,其共振频率为

$$\omega_0 = \gamma[H(H + M_s)]^{1/2}. \tag{14.6}$$

14.2.2 磁晶各向异性对共振频率的影响

对立方结构单晶球形样品,如 H 加在(110)平面上,θ 为[001]晶轴与 H 的夹角(参见图 9.5),则进动频率为

$$\omega_0^2 = \gamma^2 \left[H + \frac{K_1}{\mu_0 M_s}(2 - \sin^2\theta - 3\sin^2 2\theta) \right]$$

$$\times \left[H + \frac{K_1}{\mu_0 M_s}\left(1 - 2\sin^2\theta - \frac{3}{8}\sin^2 2\theta \right) \right], \tag{14.7}$$

其中 K_1 应取绝对值.可看到,如 ω_0 固定,H 与 θ 有关,因而利用式(14.7)和铁磁共振技术也可测出晶体的磁晶各向异性常数 K_1.

§14.3 阻尼和铁磁共振线宽

14.3.1 进动过程损耗的表示

从上面的讨论结果可看到,如 $\omega = \omega_0$ 则发生共振.对具体材料来说,因存在阻尼,一般情况下,磁矩进动都受到阻尼作用,因而要消耗外界所提供的交变磁

场的能量,共振时消耗最大,也容易被观测到. 这时,进动方程(14.1)要引入阻尼项 T_D,即

$$\frac{\mathrm{d}M}{\mathrm{d}t} = -\gamma M \times H + T_D,$$

其中 T_D 的方向与磁场产生的力矩垂直,朗道和栗弗席兹给出的形式为

$$T_D = -\frac{\lambda(M \cdot H)M}{M^2} - \lambda H, \tag{14.8}$$

式中 λ 为阻尼系数,具有频率的量纲. 图 14.2 给出了阻尼对自旋磁矩进动轨迹的影响.

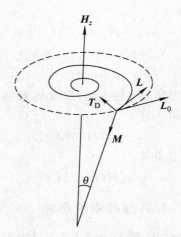

图 14.2　阻尼对进动的影响,L_0,L 分别为无阻尼和有阻尼时的力矩,T_D 为阻尼

布洛赫和布罗恩伯格给出 x 和 y 轴方向的阻尼项形式为

$$T_D = -\frac{M - \chi_0 H}{T_2}, \tag{14.9}$$

其中 M 只有 M_x 和 M_y 分量,T_2 为自旋-自旋弛豫时间,其大小表明自旋之间的能量转换的快慢,T_2 越大表示能量转换越慢,即损耗越小. 在 z 轴方向的阻尼项为

$$T_D = -\frac{M_z - M_0}{T_1}, \tag{14.10}$$

同时还引入了自旋-晶格弛豫时间 T_1,它与 $\mathrm{d}M_z/\mathrm{d}t$ 有关. 如果 $M_z \approx M_0$,那么 $\mathrm{d}M_z/\mathrm{d}t \approx 0$,即 M_z 在进动过程中衰减很慢,也就是自旋进动能量转换为晶格振动能的过程较慢,所以 T_1 比 T_2 要大得多,即进动过程中阻尼很小. 如 $T_1 < T_2$,则表示进动过程中阻尼较大,即存在较大的共振吸收. T_2 是自旋之间能量转移或交换时间,一般在 $10^{-8} \sim 10^{-5}$ s.

14.3.2 铁磁共振线宽 $\triangle H$

由于存在阻尼,磁矩进动过程要消耗外界交变磁场的能量(或称做磁体吸收的能量).随外磁场强度 H 的变化,引起进动所消耗的能量也在变化.如测量不同强度 H 的大小条件下交变磁场的能量损耗 μ'',并绘出 μ'' 随 H 的变化曲线,如图 14.3 所示,则会发现在 $H = H_0$ 时吸收能量极大,此时的磁场 H 记为 H_0,称为共振磁场.极大值一半处对应的两磁场强度值的差定义为共振线宽,记做 $\triangle H$,其大小与共振吸收的能量成正比.图 14.3 给出了线宽的定义,可以计算出共振线宽与 T_2 的关系为

$$\gamma \triangle H = 2/T_2.$$

实际上朗道-栗弗席兹阻尼项中的系数 $\lambda = 1/T_2$. 一般说来,实验上对 $\triangle H$ 的测量比较方便.

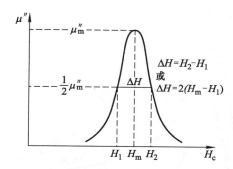

图 14.3 共振线宽定义的示意图

14.3.3 产生线宽的原因

根据 μ'' 随 H 的变化曲线定义的线宽 $\triangle H$,其大小代表了材料对电磁波吸收的强弱,即非辐射的能量损耗.由于外加磁场的作用,磁体中原来磁矩的取向处在能量较高的位置,借自旋的弛豫过程将能量释放给晶格,表现为进动过程衰减,使磁矩沿磁场方向排列.如外界提供一定的能量,可使磁矩继续进动.换句话说,要维持磁矩绕外加恒磁场继续进动,就需要提供一定的电磁波能量.所需能量的大小与 $\triangle H$ 密切相关.

上面所讨论的是一致进动过程的铁磁共振,因此所讨论共振线宽的机制为一致进动的范畴.详细讨论请看文献[1].

在 1950 年前后,人们对铁氧体共振线宽测量的结果表明,多晶体的线宽比单晶体的大得多.例如,一般多晶铁氧体的共振线宽在室温下达几百奥斯特($>$ 10^5 A/m),而 $MnFe_2O_4$ 铁氧体单晶的线宽最小可达 50 Oe 左右.后来发现有序锂

铁氧体单晶共振线宽只有 2~5 Oe,YIG 单晶的共振线宽最低为 0.3 Oe,一般只有几个奥斯特.可见,YIG 单晶体和 Mn 铁氧体的共振线宽差别有 100 多倍.

多晶铁氧体的共振线宽很大是由于材料中各个晶粒的易磁化轴取向无规,或是由于存在空穴形成的局域退磁场等,使共振场有一个分布.这样,线宽很大是许多不同共振曲线叠加造成的,不能反映磁体中的损耗机制.因此,讨论单晶体的共振线宽的产生机制才具有物理意义.

在前面介绍的几种进动方程中,都引入了自旋-自旋弛豫和自旋-晶格弛豫机制,并直接与共振线宽相联系.按上述机制,一般都认为共振线宽应随温度降低而减小,因自旋-自旋弛豫受交换作用的制约,自旋-晶格弛豫是因热运动降低,使得能量转换率下降.但实际的结果是,共振线宽随温度降低而升高,并且在很低的温度(40~50 K)出现极大,参见图 14.4.总的说来,产生共振线宽的原因比较复杂.从很多人的努力研究结果来看,只是初步明确了不同磁体的损耗机制可能有各自的特定原因.

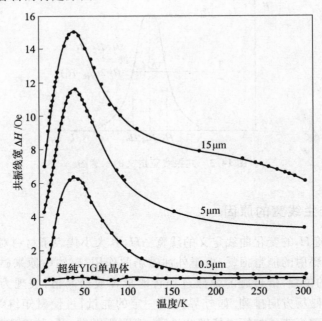

图 14.4　YIG 单晶表面经不同抛光后的 ΔH 随温度的变化关系,最下面的曲线为超纯 YIG 单晶体的 ΔH 实验结果,可参考图 14.5 的清晰结果[3]

克洛格斯顿等人认为[2],在尖晶石铁氧体中,因 A 和 B 位,甚至同一种次晶位中的离子磁矩不等,因而形成无序排列的磁矩之间的耦合.这样,在有限介质中存在与 $k=0$ 能量相同的,大量的 $k \neq 0$ 的自旋波(一致进动相当 $k=0$ 的自旋波).由于磁矩大小的无规分布,形成无规磁散射机制,将 $k=0$ 的自旋波的能量

传给 $k \neq 0$ 的自旋波,引起共振吸收增加,从而使共振线宽增大.另外,在散射过程中,磁离子的无规分布可以吸收或补偿动量,所以自旋系统可以动量不守恒.

由于 $k \neq 0$ 的自旋波与磁离子之间存在耦合,即自旋-晶格耦合,这就可能将自身的能量传给晶格,形成晶格热振动.在温度降低时,由于无规的磁散射机制增强,所以共振线宽反而增大.

对于 YIG 铁氧体,因 Fe 离子都是三价的,Y 离子无磁矩,故在磁体中不存在磁离子的无规散射机制;但是自旋-自旋耦合仍然很强,而受到的散射较弱,以及存在大量 $k \neq 0$ 的自旋波,且自旋-轨道耦合很弱,等等,这些因素使自旋进动的能量传递到晶格的较慢,所以 YIG 单晶的共振线宽只有几个奥斯特,比尖晶石结构的单晶铁氧体要小得多.一般情况下,测量到的 YIG 单晶的共振线宽随温度降低而增大,并在 30~40 K 处出现共振线宽的极大值,若再降低温度,则共振线宽急剧减小.

对于 $(Li_{0.5}^+ Fe_{0.5}^{3+}) Fe_2^{3+} O_4$ 铁氧体共振线宽,其数值在十个奥斯特上下,介于 Mn 铁氧体和 YIG 之间.这可能是因为尽管磁离子都是三价的,但磁不均匀性相对 Mn 铁氧体的要小一些,而比 YIG 的要大些,所以共振线宽介于两者之间.

上面所讨论的三种铁氧体的共振线宽的大小差别很大,但是其自旋-轨道耦合都是以 Fe^{3+} 离子为主,应该差别很小,而且自旋-轨道耦合都比较弱,为什么共振线宽差别却很大? 可以认为,在自旋-轨道耦合较弱的铁磁体中,自旋-晶格弛豫机制不是影响共振线宽的主要因素,并且 $k \neq 0$ 的自旋波也不可能大量被激发,可能是存在静磁模式,也可能是存在一些波长较长的自旋波,更可能是磁矩的无规分布,还有可能是磁偶极矩场的不均匀,这些都会形成内部磁场不均匀,使共振线宽增大.

磁偶极矩对核磁共振线宽的贡献为 1 Oe,对顺磁共振线宽的贡献约为 10^3 Oe.由于铁磁体内的强交换作用,使偶极矩对共振线宽的影响变得很小,通常称为交换致窄效应.

因此,Mn 铁氧体类磁体的共振线宽比较大,主要是磁矩无规分布引起的.而 YIG 的共振线宽主要是磁偶极矩引起的磁场不均匀性所致,但相对说来要小得多.另外,测试样品表面的状态(光洁度以及是否完全球对称等)也对共振线宽有一定的影响.

从图 14.4 可看到,YIG 磁体测量到的共振线宽与表面的光洁度密切相关.在表面非常光洁情况下,其共振线宽降低很大,但在很低温度仍出现极大,这主要是制备 YIG 单晶时,原材料的纯度不是很高,更可能是存在少量的其他稀土金属.由于大多数具有强磁性的稀土金属(除 Gd,Eu 外),例如 Pr,Nd,Dy,Tb,Ho 等,都具有非常大的自旋-轨道耦合作用,进而对自旋-晶格弛豫机制有很大的增强,有时人们称之为快弛豫离子.图 14.6 给出了 YIG 磁体中掺少量 Tb 离子后,共振线宽增加得非常大,而加 1％Eu 则对共振线宽影响不大. 非常纯的 YIG 单晶体共振线宽随温度变化的实验结果可以证明(参见图 14.5),在低温下峰值确实基本消失.

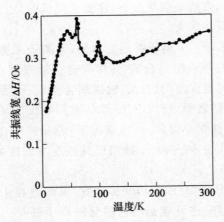

图 14.5 超纯 YIG 单晶的线宽在低温未呈现明显的峰值,但仍有一点残余影响[3]

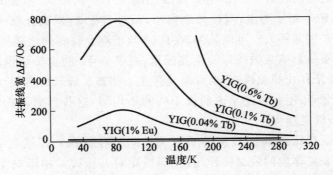

图 14.6 掺少量 Tb 的 YIG 单晶体的共振线宽与温度的关系曲线[4]

§14.4 张量磁导率和微波器件

14.4.1 张量磁化率

为了使磁矩能维持继续进动,在垂直 H 的方向(即 xy 平面)上施加一个频率很高的微波磁场 $\boldsymbol{h}=\boldsymbol{h}_0 \mathrm{e}^{\mathrm{j}\omega t}$,这样会同时产生直流近饱和磁矩 $m_z \approx M_s$ 和交变磁矩 $m=m_x+\mathrm{j}m_y=m_0 \mathrm{e}^{\mathrm{j}\omega t}$. 这样就得到总磁矩 $\boldsymbol{M}=m_x\boldsymbol{i}+m_y\boldsymbol{j}+m_z\boldsymbol{k}$ 和总磁场 $\boldsymbol{H}=h_x\boldsymbol{i}+h_y\boldsymbol{j}+h_z\boldsymbol{k}$,其中 $m_x+m_y \ll m_z$,而且 m_z 基本不随时间变化. 这时交流磁

化强度和微波磁场之间具有张量关系.

设微波磁场 $\boldsymbol{h} = \boldsymbol{h}_0 \mathrm{e}^{\mathrm{j}\omega t}$,其分量为 h_x 和 h_y,在 xy 平面上的交变磁化可从

$$\frac{\mathrm{d}\boldsymbol{M}}{\mathrm{d}t} = -\gamma(\boldsymbol{M} \times \boldsymbol{H})$$

解出.假定为球形样品,先不考虑磁晶各向异性和阻尼项的影响,则上述方程的分量形式为

$$\frac{\mathrm{d}m_x}{\mathrm{d}t} = -\gamma H m_y + \gamma m_z h_y,$$

$$\frac{\mathrm{d}m_y}{\mathrm{d}t} = \gamma H m_x - \gamma m_z h_x,$$

$$\frac{\mathrm{d}m_z}{\mathrm{d}t} = -\gamma(m_x h_y - m_y h_x) \approx 0 \quad (\text{一级近似}).$$

经微分后上述方程变为

$$\mathrm{j}\omega m_x + \gamma H m_y = \gamma m_z h_y,$$

$$-\gamma H m_x + \mathrm{j}\omega m_y = -\gamma m_z h_x.$$

解该联立方程组,得交变磁矩与材料的磁化强度和交直流磁场强度的关系为

$$m_x = \frac{\gamma^2 M_s H}{\omega_0^2 - \omega^2} h_x + \mathrm{j}\frac{\gamma\omega M_s}{\omega_0^2 - \omega^2} h_y,$$

$$m_y = -\mathrm{j}\frac{\gamma\omega M_s}{\omega_0^2 - \omega^2} h_x + \frac{\gamma^2 M_s H}{\omega_0^2 - \omega^2} h_y,$$

写成简便的磁化与磁场的关系形式为

$$m_x = \chi h_x - \mathrm{j}\chi_a h_y,$$

$$m_y = \mathrm{j}\chi_a h_x + \chi h_y, \tag{14.11}$$

其中

$$\chi = \frac{\gamma^2 M_s H}{\omega_0^2 - \omega^2},$$

$$\chi_a = \frac{\gamma\omega M_s}{\omega_0^2 - \omega^2}, \tag{14.12}$$

m_x, m_y 与 h_x, h_y 的关系具有张量特性.

根据 $\boldsymbol{B}, \boldsymbol{M}$ 和 $\boldsymbol{H}$ 的关系,在恒(直流)磁场情况下,$\boldsymbol{B} = \mu_0(\boldsymbol{H} + \boldsymbol{M})$,磁化率或磁导率是实数;在交流磁场作用条件下,磁化率是复数.在直流磁场 $\boldsymbol{H}$ 和微波磁场 $\boldsymbol{h}$ 同时作用情况下,材料中微波磁场 $\boldsymbol{h}$ 和交变磁感应强度 $\boldsymbol{b}$ 之间具有张量磁导率关系.根据式(14.11)或(14.12),有

$$\frac{1}{\mu_0}b_x = h_x + m_x = h_x + \chi h_x - \mathrm{j}\chi_a h_y = (1+\chi)h_x - \mathrm{j}\chi_a h_y + 0,$$

$$\frac{1}{\mu_0}b_y = h_y + m_y = h_y + \mathrm{j}\chi_a h_x + \chi h_y = \mathrm{j}\chi_a h_x + (1+\chi)h_y + 0, \tag{14.13}$$

$$\frac{b_z}{\mu_0} = 0 + 0 + h_z.$$

可以将式(14.13)写成张量形式

$$b = \mu_0 \mu_{ij} h = \mu_0 (1 + \chi_{ij}) h = \mu_0 \mu_{ij} h, \qquad (14.14)$$

其中

$$\mu_{ij} = 1 + \chi_{ij}.$$

由于张量的非对角元不相等,(不对称)所以 μ_{ij} 为二阶非对称张量,可写成如下形式:

$$\mu_{ij} = \begin{pmatrix} 1+\chi & -j\chi_a & 0 \\ j\chi_a & 1+\chi & 0 \\ 0 & 0 & 1 \end{pmatrix} \quad 或 \quad \begin{pmatrix} \mu & -j\kappa & 0 \\ j\kappa & \mu & 0 \\ 0 & 0 & 1 \end{pmatrix}. \qquad (14.15)$$

图 14.7 给出了张量元在直流磁场作用下的变化情况.

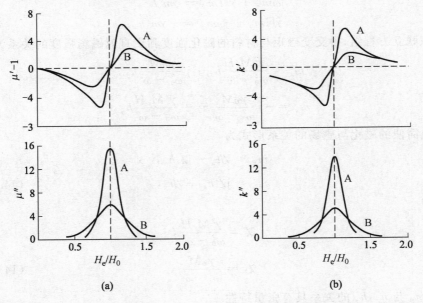

$$(a) \qquad\qquad (b)$$

图 14.7 张量元(a)μ',μ''和(b)κ',κ''与外磁场强度 H_e/H_0 的变化关系,H_0 为共振磁场强度.阻尼小相应的线宽小(曲线 A),阻尼大线宽大(曲线 B)

14.4.2 非对称张量元的物理意义

式(14.15)中 $\mu = 1 + \chi$ 和 $j\kappa = j\chi_a$ 分别为磁导率对角张量元和非对角张量元(在对角线上的叫对角张量元,不在对角线上的叫非对角张量元).由于在 $j\kappa$ 的前面具有"+"和"−"不同的符号,因此磁导率张量(14.15)是一个不对称张

量. 如果只在 x 轴方向加微波磁场 h_x,同样可以获得 y 轴方向的交变磁感应 b_y,即

$$\frac{b_x}{\mu_0} = (1 + \chi)h_x, \tag{14.16}$$

$$\frac{b_y}{\mu_0} = \mathrm{j}\chi_a h_x.$$

同样,用 h_y 也可以得到 b_x 和 b_y. 为什么会出现这种结果呢? 因为在恒磁场作用下,材料基本饱和磁化,其磁矩 $\boldsymbol{M}$ 绕有效磁场 $\boldsymbol{H}$ 进动. 如 $\boldsymbol{H}$ 取 z 轴方向,则 $\boldsymbol{M}$ 在 xy 平面的投影轨迹是圆. 由于阻尼作用,$\boldsymbol{M}$ 的进动会很快停止. 如在垂直 $\boldsymbol{H}$ 的 x 轴或 y 轴方向加一个线偏振的微波磁场 $h_x = h_0 \mathrm{e}^{\mathrm{j}\omega t}$(或 $h_y = h_0 \mathrm{e}^{\mathrm{j}\omega t}$),虽然 $h_0 \ll H$,但可以对自旋的进动不断补充能量,这就可以在 xy 平面上维持交变磁感应 b_x 和 b_y 不为零. 而任一个线偏振的微波磁场都可分解为两个圆偏振的微波磁场,所以交变磁感应强度与微波磁场之间具有张量磁导率的关系.

对于在微波磁场作用下,表现出具有张量磁导率特性的磁性材料,通常称为旋磁材料. 磁导率张量特性和阻尼效应是旋磁材料应用中很重要的参量. 将这类材料置于电磁波传输的通道中(如波导、同轴线),在适当的外加恒磁场 $\boldsymbol{H}$ 作用下,可以使电磁波集中在介质内,或是完全排出介质,从而可控制电磁波的传输. 利用这些特性,可制成非互易器件,如隔离器、环行器、移相器等微波器件,它们在电视广播、雷达技术、卫星通信等方面起着关键作用. 在光纤通信技术中,它们还可以用做控制光传输器件. 下面讨论微波器件应用的基本原理,详细的讨论请看文献[7,8].

§14.5 微波器件原理[5-8]

14.5.1 电磁波在无限大旋磁介质中的传播特点

电磁波在旋磁介质中传播时,其传播常数与介电常数 ε 和磁导率 μ 密切相关. 对于磁性介质来说,磁导率是张量,因而使磁性介质的传播特性与非磁性介质有很大的区别. 利用张量磁导率的非对称性,制成移相器、环行器、隔离器、调制器等微波器件,可以对在同轴电缆或波导中传输的电磁波的位相、传播方向以及能量的强弱加以控制.

利用麦克斯韦方程组:

$$\nabla \times \boldsymbol{E} = -\partial \boldsymbol{b}/\partial t, \quad \nabla \cdot \boldsymbol{b} = 0,$$

$$\nabla \times \boldsymbol{b} = \partial \boldsymbol{D}/\partial t, \quad \nabla \cdot \boldsymbol{D} = 0, \tag{14.17}$$

其中交变磁感应强度 $\boldsymbol{b}$ 与微波磁场 $\boldsymbol{h}$ 的关系,电位移矢量 $\boldsymbol{D}$ 与电场 $\boldsymbol{E}$ 的关系分别为

$$b_x = \mu_0(\mu h_x - \mathrm{j}\chi_a h_y),$$
$$b_y = \mu_0(\mathrm{j}\chi_a h_x + \mu h_y),$$
$$b_z = \mu_0\mu h_z, \tag{14.18}$$
$$\boldsymbol{D} = \varepsilon_0\varepsilon\boldsymbol{E}.$$

现在我们要讨论的是：当一平面电磁波从原点向 s 方向传播时,传播常数 Γ,电场 $\boldsymbol{E}$ 和磁场 $\boldsymbol{h}$ 这三者随观测方向 $\boldsymbol{r}$ 变化的情况.

假定平面电磁波的磁场强度为

$$h = A\exp[\mathrm{j}\omega t - \Gamma(\boldsymbol{s}\cdot\boldsymbol{r})], \tag{14.19}$$

其中 $\Gamma=\alpha+\mathrm{j}\beta$,$\alpha$ 表示衰减常数,β 为相位常数,在位于 $r(x,y,z)$ 处观测,s 为电磁波传播方向的单位矢量. 图 14.8 给出了 s,r 在直角坐标中的方向和外加恒磁

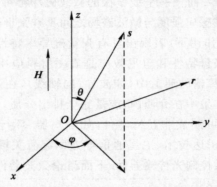

图 14.8 s,r 在直角坐标中的方向和外加恒磁场 H 的方向,θ 和 φ 为 s 的方位角

场 H 的方向. 由此可以写出 s 的具体方位

$$s_x = \sin\theta\cos\varphi, \quad s_y = \sin\theta\sin\varphi, \quad s_z = \cos\theta.$$

在消去式(14.17)中的 $\boldsymbol{D}$ 和 $\boldsymbol{E}$ 后,可以得到 $\boldsymbol{b}$ 和 $\boldsymbol{h}$ 的关系为

$$\nabla(\nabla\cdot\boldsymbol{h}) - \nabla^2\boldsymbol{h} = \omega^2\varepsilon_0\varepsilon\boldsymbol{b}. \tag{14.20}$$

根据式(14.19),可以通过计算得到以下几个关系式:

$$(\nabla\cdot\boldsymbol{h}) = -\Gamma\boldsymbol{h}\cdot\boldsymbol{s},$$
$$\nabla\times\boldsymbol{h} = -\Gamma\boldsymbol{s}\times\boldsymbol{h},$$
$$\nabla(\nabla\cdot\boldsymbol{h}) = -\Gamma^2(\boldsymbol{h}\cdot\boldsymbol{s})\boldsymbol{s},$$
$$\nabla^2\boldsymbol{h} = \Gamma^2(\boldsymbol{s}\cdot\boldsymbol{s})\boldsymbol{h}.$$

考虑到 $\boldsymbol{b}$ 和 $\boldsymbol{h}$ 是张量关系,将式(14.20)中的 $\boldsymbol{b}$ 用 $\boldsymbol{h}$ 代替,并写成标量形式,则有

$$-[\Gamma^2(1-s_x^2) + \omega^2\varepsilon_0\varepsilon\mu_0\mu]h_x + (\Gamma^2 s_x s_y + \mathrm{j}\omega^2\varepsilon_0\varepsilon\mu_0 k)h_y + \Gamma^2 s_x s_z h_z = 0,$$
$$(\Gamma^2 s_x s_y - \mathrm{j}\omega^2\varepsilon_0\varepsilon\mu_0 k)h_x - [\Gamma^2(1-s_y^2) + \omega^2\varepsilon_0\varepsilon\mu_0\mu]h_y + \Gamma^2 s_y s_z h_z = 0,$$
$$\Gamma^2 s_x s_z h_x + \Gamma^2 s_y s_z h_y - [\Gamma^2(1-s_z^2) + \omega^2\varepsilon_0\varepsilon\mu_0]h_z = 0. \tag{14.21}$$

式(14.21)中 h 是外加的微波磁场,所以其系数的行列式必为 0 才有 Γ 不为 0 的解. 因此有

$$\begin{vmatrix} -[\Gamma^2(1-s_x^2)+\omega^2\varepsilon_0\varepsilon\mu_0\mu] & \Gamma^2 s_x s_y + j\omega^2\varepsilon_0\varepsilon\mu_0 k & \Gamma^2 s_x s_y \\ \Gamma^2 s_x s_y - j\omega^2\varepsilon_0\varepsilon\mu_0 k & -[\Gamma^2(1-s_y^2)+\omega^2\varepsilon_0\varepsilon\mu_0\mu] & \Gamma^2 s_y s_z \\ \Gamma^2 s_x s_z & \Gamma^2 s_y s_z & -[\Gamma^2(1-s_z^2)+\omega^2\varepsilon_0\varepsilon\mu_0] \end{vmatrix} = 0.$$

$$(14.22)$$

从上式可求出 Γ 与频率 $\omega, \varepsilon_0\varepsilon, \mu_0\mu$ 及传播方向 s 的关系. 虽然在知道 Γ 后,再根据式(14.21)可求出 $h(r), D$ 和 b 等结果,但我们主要是讨论电磁波在含有旋磁材料的同轴电缆或波导中的传输问题,其中有关电磁场的分布将在具体情况下进行讨论,所以下面只求 Γ 的结果,并讨论两种特例下 Γ 的应用问题.

将行列式(14.22)展开,其中 Γ^6 项自行消去,且 $s_z = \cos\theta, 1-s_z^2 = \sin^2\theta$,则

$$\Gamma^4(\cos^2\theta + \mu\sin^2\theta) + \Gamma^2[(\mu^2 - \mu - k^2)\sin^2\theta + 2\mu]\omega^2\varepsilon_0\varepsilon\mu_0$$
$$+ (\mu^2 - k^2)(\omega^2\varepsilon_0\varepsilon\mu_0)^2 = 0.$$

由二项式定理解得

$$\Gamma_\pm^2 = -\varepsilon_0\mu_0\varepsilon\omega^2$$
$$\cdot \frac{[(\mu^2 - \mu - k^2)\sin^2\theta + 2\mu] \mp [(\mu^2 - \mu - k^2)^2\sin^4\theta + 4k^2\cos^2\theta]^{1/2}}{2(\cos^2\theta + \mu\sin^2\theta)}.$$

$$(14.23)$$

14.5.2 法拉第效应和微波器件

设电磁波传播方向与 H 平行(或反平行),则 $s /\!/ z$ 轴,并在 z 轴方向测量波的特性. 从图 14.9 可看出,$\theta = 0$,这时从式(14.23)得到

$$\Gamma_\pm^2 = -\omega^2\varepsilon_0\varepsilon\mu_0[\mu - (\pm k)] = -\omega^2\varepsilon_0\varepsilon\mu_0\mu_\pm,$$

其中 $\mu_\pm = \mu \mp k$,即 $\mu_- = \mu + k, \mu_+ = \mu - k$,由于 $\Gamma_\pm^2 = (\alpha_\pm + j\beta_\pm)^2$,可以得到

$$\Gamma_\pm^2 = \alpha_\pm^2 - \beta_\pm^2 + 2j\alpha_\pm\beta_\pm = -\omega^2\varepsilon_0\varepsilon\mu_0\mu_\pm.$$

由于 $\mu_\pm = \mu'_\pm - j\mu''_\pm$,因此有

$$\alpha_\pm^2 - \beta_\pm^2 = -\omega^2\varepsilon_0\varepsilon\mu_0\mu'_\pm, \qquad \alpha_\pm\beta_\pm = \omega^2\varepsilon_0\varepsilon\mu_0\mu''_\pm.$$

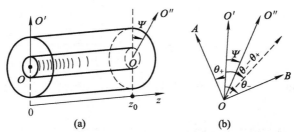

图 14.9 (a) 含有旋磁介质的圆波导,电磁波由左向右传播;(b) 当电磁波由 $z=0$ 传到 z_0 时,正负圆偏振波电场矢量取向变化的示意图

如果 $\varepsilon = \varepsilon' \gg \varepsilon''$ 且 $\mu'_{\pm} \gg \mu''_{\pm}$,则可解得

$$\beta_{\pm} = (\omega^2 \varepsilon_0 \varepsilon \mu_0)^{1/2} \mu'_{\pm},$$

并给出

$$\Gamma_{\pm} \approx j\beta_{\pm}. \tag{14.24}$$

如图 14.9 所示,在圆柱铁氧体中电磁波由 $z=0$ 处向右传播. 在磁体中的线偏振波可以看成由正圆(右旋)和负圆(左旋)偏振波叠加形成,由于正圆和负圆偏振波在介质中的速度相同,频率不同($f_+ < f_-$),而且传输过程中位相变化为 $z\beta_{\pm}$. 这样,在到达 z_0 时两种波的偏振面的转角 $\theta_{\pm} = z_0\beta_{\pm}$(以 OO' 为参考),即正、负圆偏振波的旋转角度分别为 θ_+ 和 θ_-. 在到达 z_0 后 $\theta > \theta_+$,这样就有总偏转角为

$$\Psi = (\theta_- - \theta_+)/2,$$

由此得到单位距离的偏振面转角为

$$\varphi = \Psi/z_0 = (z_0\beta_- - z_0\beta_+)/2z_0 = (\beta_- - \beta_+)/2. \tag{14.25}$$

这种效应称为"法拉第(Faraday)效应". 从式(14.24)可看到,位相角 β 与 $\mu_{\pm}$ 有关,故 $\mu_{\pm}$ 与 H, M 和频率 ω 有关. 如令 $\omega_m = \gamma M$,$\omega_0 = \gamma H$,则有

$$\mu_{\pm} = 1 + \frac{\omega_m \omega}{\omega_0^2 - (\pm \omega^2)}.$$

当微波磁场频率很高(即 $\omega_0 \ll \omega$ 和 $\omega_m \ll \omega$)时,可以得到旋磁平面偏振的微波在经过旋磁材料后,单位长度的转角为

$$\varphi = \frac{(\varepsilon_0 \varepsilon \mu_0)^{1/2}}{2} \omega_m = (\varepsilon_0 \varepsilon \mu_0)^{1/2} \gamma M/2. \tag{14.26}$$

可以看到,位相 φ 与材料的 M 成正比,在 $M = M_s$ 后,相位变化达到最大,记为 φ_m. 图 14.10 给出了 φ 随磁场强度 H 以及 φ_m 随温度变化的结果(由实验结果总结的示意曲线). 由此证明上述理论给出的结果是合理的.

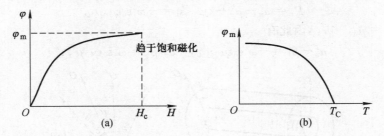

图 14.10　(a)法拉第转角 φ 与 H 的关系;(b)最大转角与温度的关系

14.5.3　场移效应和微波器件

当电磁波在巨形波导中传播时,外磁场 H 与传播方向(设为 x 轴方向)垂

直. 设 $\boldsymbol{H}$ 在 z 轴方向, 即式(14.23)中 $\theta=\pi/2, \varphi=0$. 由于电磁波在波导中沿 x 轴方向传播时, 如遇到旋磁介质, 则正负圆偏振波所受到的作用很不相同, 波的传播常数具有两种特性, 分别为 $\Gamma_{\parallel}$ 和 $\Gamma_{\perp}$. 前者与张量磁导率无关, 即

$$\Gamma_{\parallel}^2 = \varepsilon_0 \mu_0 \omega_m^2;\tag{14.27}$$

对于后者, 在令 $\mu_{\perp}=(\mu^2-k^2)/\mu$ 时, 可得到

$$\Gamma_{\perp}^2 = \varepsilon_0 \varepsilon \mu_0 \omega_m^2 \mu_{\perp}.\tag{14.28}$$

下面讨论 $\Gamma_{\parallel}^2$ 的特性.

根据式(14.21), 由 $s_x=1, s_y=0$, 就可以得到

$$-\omega^2 \varepsilon_0 \varepsilon \mu_0 \mu h_x + j\omega^2 \varepsilon_0 \varepsilon \mu_0 k h_y + 0 h_z = 0,$$
$$-j\omega^2 \varepsilon_0 \varepsilon \mu_0 k h_x + -\omega^2 \varepsilon_0 \varepsilon \mu_0 \mu h_y + 0 h_z = 0,\tag{14.29}$$
$$(\Gamma^2 + \omega^2 \varepsilon_0 \varepsilon \mu_0) h_z = 0.$$

由式(14.29)解出 $h_x=h_y=0, h_z\neq0$, 则 $\Gamma^2=-\omega^2\varepsilon_0\varepsilon\mu_0$(即 $\Gamma_{\parallel}^2$). 这表明在旋磁介质中只存在 z 轴方向的交变磁场, 它与 $\boldsymbol{H}$ 同方向, 而对磁矩进动没有贡献. 或者说, 在波导中传输的电磁波被排出旋磁介质.

再考虑 $\Gamma_{\perp}^2$ 的特点. 这时 $h_x, h_y\neq0$, 从式(14.29)可得到 $h_x=(jk/\mu)h_y$. 它表明, h_x 和 h_y 的位相差为 $\pi/2$, 振幅的比值为 k/μ.

前面已经提到 Γ_- 和 Γ_+ 是负圆和正圆偏振波的传播常数, 利用它与旋磁介质的张量磁导率的差别, 可以制成非互易微波器件. 适当地控制 $\boldsymbol{H}$ 的强弱和旋磁介质片厚度和位置, 可以获得 $\mu_{\perp}$ 略小于零的数值, 这样正圆偏振波就被排出介质, 而负圆偏振波却集中在介质中, 具体图形见图 14.11. 如在介质表面上涂一层很薄的吸波材料, 使得反射回来的电磁波基本被吸收, 这就是隔离器.

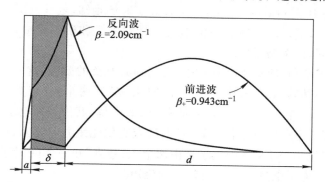

图 14.11 磁场 $\boldsymbol{H}$ 朝上时, 在向前传播的波(β_+, 即 $\Gamma_{\perp}$)和反向传播的波(β_-, 即 $\Gamma_{\parallel}$)条件下, 波导中线偏振波电场 $\boldsymbol{E}$ 的振幅分布情况, 其中阴影表示厚度为 δ 的旋磁介质薄片.

(取自文献[8]中的第 9—11 图)

如将两个性能一致的旋磁介质放在关于波导中心左右对称的位置上, 两片

中的磁场 H 分别为 $\pm z$ 轴方向,如图 14.12 所示,这样就可以控制电磁波的位相变化,此即为移相器的基本原理.

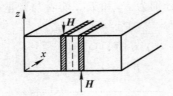

图 14.12　锁式波导移相器示意图

如有一个三端口的波导,在其中心放置一旋磁介质,加磁场 H,可以控制由 Ⅰ 端口进入的电磁波只向 Ⅱ 端口传播,这种器件称为 Y 环行器,有关微波器件原理和设计的详细讨论请看文献[8].

§14.6　核 磁 共 振

14.6.1　原子核的磁矩

量子数 $I \neq 0$ 的核都具有磁矩,如质子的磁矩 $\mu_p = \gamma_I \hbar/2 = g_I \mu_N/2$,其中 $\mu_N = e\hbar/2M_p$ 是度量核磁矩的单位,γ_I 是氢核的自旋磁矩与自旋角动量的比(称为核旋磁比),g_I 为 g 因子.由于质子质量 M_p 比电子的质量大 1836 倍,所以原子核的磁矩单位比电子的磁矩单位($\mu_B = e\hbar/2m_e$)小 1836 倍,因而核磁矩的数值为 5.050×10^{-24} erg/Gs($= \mu_B/1836$).经实验测量知,氢核磁矩为 $2.793\mu_N$,中子的磁矩为 $-1.9135\mu_N$.原子核由不同数量的中子和质子组成,所以不同核的磁矩数值不同,但都是正值.

中子不带电荷,应该不具有磁矩,但它却具有负的磁矩,这一反常现象可定性地解释为与其结构有关.中子由一个正"夸克"和两个负"夸克"组成.一个正夸克带有 $+2e/3$ 电量,一个负夸克带有 $-e/3$ 电量,其中 e 为电子电荷.由此可看出,尽管正负电荷相互抵消,但正负两种夸克的磁矩并不相互抵消,而具有负的磁矩.附带说明一下:一个质子是由两个正"夸克"和一个负"夸克"组成,正负电荷差为一个电子电量 e,并具有较大的磁矩.

核磁矩在磁场作用下绕磁场进动,频率 $f = g_I \mu_N H$.对于质子(^{1}H),$g_I = 5.586$,在磁场为 1 T 时,$f = 42.6$ MHz;对氘(^{2}H),$f = 6.6$ MHz.核磁共振的原理与铁磁共振相同,只是因核的磁矩比电子小 1836 倍,因而导致核磁共振的频率与外加磁场强度的比值,即核旋磁比 γ_p 要小 1836 倍,这就使得核磁共振(nuclear magnetic resonance,NMR)的频率比同样外磁场下的铁磁共振小得

多,因而大都处在射频范围($10^6 \sim 10^8$ Hz).各种元素的核磁共振的频率可参看本节后面的表 14.1.

14.6.2 电四极矩

上面所说的原子核磁矩实际是磁偶极矩,原子核在自旋状态下,其电荷分布是关于自旋轴球形对称的,因此具有磁偶极矩,而电偶极矩为零.自旋量子数 $I > 1/2$ 的核的电荷分布并不是完全球形对称的,以自旋轴的方向来看,可能形成"长椭球"或"扁椭球"形,这样就形成"电四极矩",即

$$Q_0 = \frac{1}{e} \int (3z^2 - r^2)\rho(x,y,z,)\mathrm{d}V, \qquad (14.30)$$

其中 $\rho(x,y,z)$ 为核电荷密度.对电荷分布为球形对称的核,$Q_0 = 0$.如假定 z 轴与自旋轴同方向,由于自旋轴绕量子化方向进动,则实际测量到的电四极矩为

$$Q = \frac{Q_0 I(2I-1)}{(I+1)(2I+3)}, \qquad (14.31)$$

因而在一般情况所说的电四极矩就用 Q,而不是 Q_0.一些原子核的 Q 值可参见表 14.1.

在核磁共振的研究和应用中有两个现象非常重要:化学位移和奈特(Knight)位移.前者是研究有机化学中分子结构的重要手段,后者是固态物质中的重要效应.

14.6.3 化学位移

实际上,非常多的化合物都是由某几个元素组成的,特别是有机化合物多数含有 H,C,O,N 等元素.因此,对某一单个元素来说,由于组成化合物后结构不同,其所处的环境也各异,这就影响其共振频率,使之与单一情况下的共振频率略有不同.以氢核(^{1}H)为准,其核外电子对磁场有屏蔽作用,这就是一种环境,如四周不都是 H 核,或 H 键结构不同,因而外层电子态不同,所起的屏蔽作用不同,而这将引起共振频率的微小差别,即化学位移[9].它是我国物理学家虞福春教授在 1951 年发现的.由于外层电子的屏蔽作用,特别是 S 态(或称轨道)电子对核的屏蔽作用较大,并且该屏蔽作用随外加磁场增强而增大,为使在不同频率的谱仪下测出的结果一致,需要将化学位移定义为"量纲为1"的数值.先选好一个标准样品,其共振频率很稳定(设为 f_0),再用被测样品的频率 f 与之比较,其频率的差别为

$$\Delta f = f_0 - f.$$

如以质子为标准,或是以某一化合物中氢核的共振频率为 f_0,f 则是周围环境不同时该元素的核磁共振频率.由于这种频率的变化很小,化学位移的定义为

$$\delta = \frac{\Delta f}{f_0} \times 10^6, \tag{14.32}$$

其中 δ 是化学位移的量化表示,它的量纲为 1.

化学位移是确定化合物的结构及化学键特点的重要参量. 在有机化学方面用 NMR 谱来确定高分子的结构很有效. 下面以酒精为例来进行说明.

乙醇(酒精)的化学式 C_2H_5OH 可写成结构式 $CH_3—CH_2—OH$,表示了 H 的三种环境,从图 14.13 所示的乙醇的 NMR 谱中可看到三组共振吸收峰,它们分别为 OH,CH_3 和 CH_2 的峰,位置的不同反映了 H 键的不同,故所给出的化学位移不同. 还可看到 CH_3 和 CH_2 的峰分别由三和四个峰合成,称之为精细结构,是由自旋耦合造成的.CH_3 中有三个 H 核,自旋量子数 $I=3/2$,可有四种组合方式($3/2,1/2,-1/2,-3/2$),它就对 CH_2 形成四种环境,因而使 CH_2 的 NMR 谱有四个位移.CH_2 有两个 H 核,$I=1$,可有三种组合方式($1,0,-1$),它就对 CH_3 形成三种环境,使 CH_3 的 NMR 谱有三个位移.此外还有 OH 的位置问题.OH 峰的位置与被测酒精的浓度有很大关系,浓度低,位移小,表示屏蔽效应小;而其他两个基中 H 的位移基本不变[9].

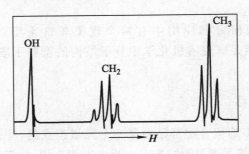

图 14.13　乙醇的 NMR 谱

近十几年来,化学位移在研究生物大分子,如氨基酸、RNA(核糖核酸)、DNA(无水核糖核酸)以及蛋白质等方面起着很大的作用. 由于 $^1H, ^{13}C, ^{15}N$ 的位移与这些类大分子的结构变化关系非常灵敏,以及与这些核之间进行自旋耦合,可通过测量其键长和键角,得到很多详细的三维结构信息,并对理论研究的结果给予验证.

关于核磁共振化学位移的参考标准[10]　　用 H 核的共振频率定义 f_0 也是相对的. 因为 H 不可能以一个原子形态存在,而是以分子或化合物形态最稳定,所以不可能严格地测出单个 H 核的共振频率. 因此,研究化学位移时所用的 f_0 的参考标准,不同的领域并不相同. 而在有机化学中(核磁共振用得最多的领域),一般用四甲基硅烷(分子式 $C_4H_{12}Si$)中 H 或 C 的共振频率做标准. 从它的结构式

$$CH_3$$
$$|$$
$$CH_3—Si—CH_3$$
$$|$$
$$CH_3$$

可以看到,这个分子的好处是对称性很高,分子很稳定,可溶于大多数有机化合物(但不溶于水),化学位移绝对值大,以它为参考,就将它的相对化学位移值定为 $\delta = 0.0$(以 10^{-6} 为单位). 也就是既可用于质子(H 核)共振,也可用于碳原子共振. 由于这两种不同核共振频率相差很大,不会产生误判.

在做蛋白质等的化学位移时,要求标准化合物能溶于水,可以选用 2-dimethyl-2-silapentane-5-sulfonic acid(DSS),其结构式为

$$CH_3$$
$$|$$
$$CH_3—Si—CH_2—CH_2—CH_2SO_3Na \ .$$
$$|$$
$$CH_3$$

用这个分子做标准时,利用三个甲基上的氢原子做标准,故其化学位移与四甲基硅烷的相同,也是 $\delta = 0$.

其他也可用丙酮做参考,其相对于四甲基硅烷或 DSS 的化学位移值为 $\delta = 2.216$.

由此可见,参考标准的选择与要研究的化合物密切相关,要使研究工作进展顺利,必须选择好参考标准.

14.6.4 奈特位移

在金属和合金中,由于外层电子对核的作用,也会使共振频率移动,称之为奈特位移,用 δ_K 表示,在非磁性金属材料中其值为 $0.1\% \sim 1.0\%$.

在磁性材料中,核处在很强的内场($10 \sim 10^3$ T)中,称为超精细场. 因而不加外磁场也可以观测到 NRM 谱,但不同物质的核磁共振频率差别很大,如 ^{57}Fe 在 α-Fe 中共振频率为 46.7 MHz,相应内磁场强度为 34.0 T. Co 的共振频率为 212.2 MHz,内场强度为 21.34 T. 稀土磁性金属的共振频率达千兆赫或更高. 从 NMR 吸收峰频率的变化可以测出合金中磁性原子磁矩的大小. 因为作用在核上的超精细场 H_{np} 有以下三项:

$$H_{np} = H_{cp} + H_s + H_{sp},$$

其中

$$H_{cp} + H_s = a\boldsymbol{\mu}_{(i)},$$

$$H_{sp} = cn\boldsymbol{\mu},$$

H_{cp} 和 H_s 分别为内层和外层 s 电子被其所在核中的 3d 电子极化后对该核所产

出生的磁场，H_{sp} 为 4s 电子被周围近邻原子极化后对核所产生的磁场，μ 为原子磁矩，c,n,a 均为系数. $H_{cp}+H_s$ 的大小与该核的磁矩 $\mu_{(i)}$ 成正比，而 H_{sp} 与近邻原子的平均磁矩成正比. s 电子被极化是由 s—d 交换作用所致，故所产生的超精细场与结构密切相关.

通过对 NMR 谱的超精细场的测量，可以研究磁性材料中磁性原子的磁矩的变化，4s 电子的极化，以及从磁性合金中获得相关金属原子的一些信息. 例如，可以估算出 Ni_3Fe，Fe_3Si 合金中，Fe 和 Ni 的 3d 电子并不是完全巡游的[11]；还可以分析非晶态合金（如 $Fe_{80}B_{20}$）在回火过程中结构的转变情况，B 在合金中的占位特点[12]，以及非晶体中结构短程序的特点[19]等.

§14.7　核磁共振成像

核磁共振人体成像技术，在医学上为患者病情的诊断提供了很多重要的依据，自从关于核磁共振成像（magnetic resonance imaging，MRI）技术和实验的论文出现[16]到现在，它已在病灶检查、病情诊断及治疗方面起着重要的指导和决策作用.

氢核（即质子，记为 ^1H）的共振信号是核磁共振中最强的，且共振频率适中，信号很容易提取. 而水遍布于人体，所以用质子的共振信号作为成像的依据最为合适. 由于人体中的水有两类：自由水和结合水. 结合水与蛋白质、脂肪等大分子密切结合，自由水没有与这些大分子结合，但这两类水可以互相转换. 两类水中氢核 ^1H 的共振频率因存在化学位移而不同，但这并不妨碍以自由水为共振主体. 由于它们之间有一定的相互影响，使自由水的共振频率和弛豫时间因所受影响不同而有所变化，探测出这种变化，研究变化的特点，对了解人体内可能存有的病情有很大的作用.

在核磁共振成像技术中，所要提取的信号是共振频率 f 和弛豫时间 T_1，T_2. T_1 是纵向弛豫时间，由核自旋-晶格耦合所致；T_2 是横向弛豫时间，为核自旋-自旋耦合作用的结果. 在 MRI 过程中，T_1 较长，一般为 1 s 量级，而 T_2 较短，大多是十个毫秒量级. 人体中自由水的 f，T_1 和 T_2 因受到附近蛋白质或其他不同结构的大分子的影响而有所不同.

人们看到的 MRI 所给出的图像都是人体不同层面上的情况，为了得到清晰的图像，则要求成像处的每一点的共振信号必须能反映出与其周围情况的有所区别，这种区别源于人体组织结构上的差别. 技术上就是将要观测的层面分成很多微小的区域，对这些区域进行扫描探测. 具体的方法比较复杂. 一是要在较大的空间中产生 1 T 或更强的恒定磁场（假定为 z 轴方向），其均匀度要达到 10^{-6} 或更高. 另外，在成像过程中同时在 x,y,z 三个轴方向各加一个脉冲直流梯度磁场,一般在每米几十个毫特斯拉,使得这三个方向的磁场能形成一定的梯度.二是为了产生核磁共振,同时要在垂直 z 轴方向加一个交流脉冲磁场,用它来激发磁共振,其频率要有一定的范围(例如恒磁场为 1 T 时频率为 42.5 ± 0.5 MHz).有了这些装置,就完成了对每个微区进行相位和频率的编码.其结果是将实空间中人体的某个层面上的一组图像转变成傅里叶(通常称 k)空间的像函数,以便于信号采集和处理.三是要有一组能够近体接收不同区域的核磁共振信号的相控阵天线(接收器),以便接收各个微区发送来的像函数信号.四是将采集到的 k 空间的图像信号转换成实空间的平面图像,再经过图像处理而得到整个 MRI 检测结果.

(1)关于需要在恒磁场的 x,y,z 轴方向上各加一组微弱直流脉冲梯度磁场的意义.众所周知,MRI 是二维层状图形,它反映了人体某个截面上的组织结构特点.一组连续的层状平面图形可组成三维立体的人体某部位的结构图像.如要图像清晰,则像素取得越大越好.具体的技术措施是:首先要把该人体在 z 轴方向分成很多层面;其次要将每个层面分成很多微区,每个微小的区域都有水,即有大量的氢核 ^{1}H,采用频率编码和核自旋横向进动的位相编码,就可以对所分划的微小区域进行识别.假定与人体平行的方向记为 z 轴,也就是主磁场的方向.在 z 轴方向加一个很弱的梯度磁场,它可使人体分成很多的层面.再在垂直 z 轴的平面(即人体的每个层面,就是 xy 平面)上,在 x 和 y 轴方向分别加上很弱的梯度磁场.这样,一个层面就分成很多微区,每个微区的共振频率(在一定的共振线宽范围内)就确定了,而且各个微区的共振频率不同,并且易于分辨.再考虑用一个高频(42.5 ± 0.5 MHz)脉冲磁场激发磁共振.实际上在每个微区中的 ^{1}H 非常多,并且绕恒磁场的进动频率有一个带宽,这会导致核磁矩在垂直 z 轴的平面(即人体的一个截面)上的进动发生位相差.这样就可以使各个微区之间横向进动的磁矩的位相产生一定差别,利用这一差别可以做"相位编码".有了频率和相位编码,每个微区就可以识别,这就是加梯度场的意义和目的.

(2)自由水的核磁矩的共振频率与蛋白质、脂肪、肿瘤中水的核磁矩共振频率不同.可以选定探测其中一种共振频率为每次成像的主频率.必须注意到,自由水的核磁矩的弛豫时间受到它周围其他结构(如蛋白质、肿瘤等)的影响,会使 T_1 和 T_2 有不同的变化.在核磁共振成像过程中,实际是记录共振信号的强度,也就是自旋回波的信号强度.在成像过程中将回波的强度与要测量的 T_1 和 T_2 联系起来,而该微区中的弛豫时间反映了某个组织(如蛋白质、脂肪、肿瘤等)的特点.

(3)在实际成像时,要有足够多的像素和提取到足够的信号强度,前者取决于编码的密度,后者取决于采用加权的方法.用较强的高频脉冲磁场,使核自旋

磁矩尽可能地都与 z 轴成 $90°$ 的交角,然后关闭该脉冲磁场,这样就使不同微区中的弛豫时间 T_1 和 T_2 都能有很大的增加.

(4) 采用相控阵接收天线,即用多个探测线圈来探测各个区的共振信号的强度、频率和相位.这样可以比较快速和准确地采集到所需的参数.因为信号强度与 T_1 和 T_2 有密切联系,所以所采集的数据就反映了该层面中各组织的具体问题.

(5) 外加的 x 和 y 轴方向的梯度磁场只是在成像和信号探测过程加上去的直流脉冲磁场.对这个脉冲磁场要求很高.如脉冲前沿线性要好,上升要快,而且脉冲峰值持续的时间比交流脉冲磁化场要长得多,强度要保持恒定(即在较短的时间内,起到前面所说的弱恒磁场的作用).虽然梯度脉冲磁场使自旋回波信号有所增强,但仍然不可能降低主恒磁场的不均匀所产生的、使自旋磁矩进动的横向分量的位相分散问题,这种位相分散只能用与直流磁场成 $90°$ 的强脉冲磁场来消除.

(6) 和 T_1,T_2 相关联的共振强度的加权测量方法,与所检测的某个组织的 T_1,T_2 值有密切关系.选择被检测对象的 T_1 很长,也就是自旋磁矩在 xy 平面上的分量相互抵消的不多,则在 $90°$ 脉冲磁场关闭后,共振现象能够维持较长的时间,这样可以在 $90°$ 脉冲磁场关闭后,等一段时间再采集与 T_1,T_2 关联的共振信号.这时,其他的组织通过共振所能提供的信息已基本消失,从而取得信噪比较高的结果.反之,若某组织的 T_1 值较短,可以在 $90°$ 脉冲磁场关闭后不久(间隔时间由具体要求确定)再重新启动一次,关闭后立即进行数据采集,可得到信噪比较大的效果.

(7) 在整个核磁共振成像设备系统中,可以说计算机是该系统的大脑.整个成像过程,完全由它有条不紊地进行操纵.计算机技术与核磁共振成像的结合使得成像清晰,且分辨率也有了很大的提高,所以现在的核磁共振成像已成为医学领域中一个专门用于病灶检测和临床治疗的重要手段.有关详细讨论请参看文献[17].

总之,除了核磁共振成像技术的巨大成就外,核磁共振技术还是研究物质结构的重要方法,特别在有机化合物结构的研究中,是最重要的手段之一,同时在无机化学和物理化学中也起着重要的作用.这是因为高分子聚合物中含有相当多的 C,H,N,O 和其他轻元素,而 H 核在不同结构的物质中的共振频率在技术上最容易被检测到.核磁共振技术在核物理中可用来测定原子核的磁矩及同位素的质量.用核磁共振可以很精确地测定各类磁场强度以及地磁场的变化,它还可用于磁法探矿和石油的开发[18].

表 14.1 给出了一些核的磁矩、四极矩、丰度及在 $H=1$ T 时的共振频率等参数.这些数据是由一些参考书综合而成的[9,13—15].

表 14.1　一些原子核的磁矩、四极矩、丰度[①]等参数

元素	丰度 /(%)	自旋 I	核磁矩 μ_N	f ($H=1$ T)	相对 灵敏度	四极矩 /10^{-28} m^{-2}	g 因子 g_n
中子		1/2	-1.9135				-3.8263
^{1}H	99.9844	1/2	2.79270	42.577	1.0000	0	5.58536
^{2}H	0.0156	1	0.85738	6.536	0.00964	0.00273	0.857387
^{7}Li	92.6	3/2	3.2563	16.6		-0.04	2.1707
^{10}B	18.83	3	1.8006	4.575	0.0199	0.074	0.60023
^{11}B	81.17	3/2	2.6886	13.660	0.615	0.0355	1.79
^{13}C	1.069	1/2	0.70238	10.705	0.0159	0	1.40440
^{14}N	99.620	1	0.40357	3.076	0.00101	0.016	0.40347
^{15}N	0.380	1/2	-0.28304	4.315	0.00104	0	-0.56696
^{16}O	99.761	0					
^{17}O	0.039	5/2	-1.8930	5.772	0.0291	-0.026	-7.5720
^{19}F	100	1/2	2.6273	40.055	0.834	0	2.517
^{28}Si	92.28	0					
^{29}Si	4.67	1/2	-0.5577	8.460	0.0785	0	-1.1095
^{31}P	100	1/2	1.1316	17.235	0.064	0	
^{32}S	95.06	0					
^{33}S	0.74	3/2	0.6433	3.266	0.00226	-0.064	
^{47}Ti	7.5	5/2	-0.7881	2.40	0.29		
^{49}Ti	5.5	7/2	-1.1037	2.40	0.24		
^{50}V	0.24	6	3.347	4.25		0.07	
^{51}V	99.76	7/2	5.148	11.2		-0.05	
^{53}Cr	9.55	3/2	-0.4744	2.41	9.03×10^{-4}	-0.03	
^{55}Mn	100	5/2	3.468	10.06	0.18	0.35	
^{57}Fe	2.19	4	-0.09024	1.38	3.37×10^{-5}	0	
^{59}Co	100	7/2	4.64	10.1	0.28	0.40	
^{60}Co	—	5	3.754	5.73		0	
^{61}Ni	1.19	3/2	-0.7486	3.80	3.57×10^{-3}	0.13	

元素	丰度 /(%)	自旋 I	核磁矩 μ_N	f ($H=1$ T)	相对 灵敏度	四极矩 /10^{-28} m^{-2}	g 因子 g_n
^{63}Cu	69.1	3/2	2.226	11.3		-0.20	
^{65}Cu	30.9	3/2	2.386	12.1	0.11	-0.16	
^{67}Zn	4.1	5/2	0.8755	2.67		0.16	
^{138}La	0.089	5	3.707	5.65		0.8	
^{139}La	99.91	7/2	2.7783	6.05	5.92×10^{-2}	0.23	
^{141}Pr	100	5/2	1.13	12	0.29	-0.059	
^{143}Nd	12.14	7/2	-1.064	2.24	3.38×10^{-3}	-0.48	
^{145}Nd	8.29	7/2	-0.654	1.40	7.86×10^{-4}	-0.25	
^{147}Sm	14.87	7/2	-0.813	1.8	1.48×10^{-3}	-0.208	
^{149}Sm	13.82	7/2	-0.670	1.46	7.47×10^{-4}	0.060	
^{151}Eu	47.86	5/2	3.466	10.6	0.18	1.15	
^{153}Eu	52.14	5/2	1.529	4.65	1.52×10^{-2}	2.94	
^{155}Gd	14.73	3/2		2.291	2.79×10^{-5}	1.6	
^{157}Gd	15.68	3/2		2.864	5.44×10^{-5}	2	
^{159}Tb	100	3/2		13.607	5.83×10^{-2}	1.3	
^{161}Dy	18.88	5/2		1.976	4.17×10^{-4}	1.4	
^{163}Dy	24.97	5/2		2.750	1.12×10^{-3}	1.6	
^{165}Ho	100	7/2		12.308	0.18	2.82	
^{167}Er	22.94	7/2		1.734	5.07×10^{-4}	2.83	
^{169}Tm	100	1/2		4.962	5.66×10^{-4}	—	
^{171}Yb	14.31	1/2		10.568	5.46×10^{-3}	—	
^{173}Yb	16.13	5/2		2.911	1.33×10^{-3}	2.8	
^{175}Lu	97.41	7/2		6.844	3.12×10^{-2}	5.68	
^{177}Lu	2.59	7/2		4.757	3.72×10^{-2}	8.0	
^{209}Bi	100	9/2		1.074	0.13	-0.4	

① 丰度是同位素在该元素中的天然含量.

§14.8 小 结

本章简单地介绍了铁磁共振的基本现象和理论分析.这就是在较强的外磁场作用下,磁体基本饱和磁化.从外加磁场的时间效应来看,由于各个畴内的磁矩在刚开始受到磁场作用的瞬间与磁场并不都是平行的,因而受力矩 $M \times H$ 作用而产生了绕有效场的进动.讨论了一致进动的问题,并给出进动频率 $\omega_0 = \gamma H$.在进动过程中存在阻尼,而使进动很快停止.如在垂直磁场方向加微波磁场,频率为 ω,则当 $\omega = \omega_0$ 时发生共振,称之为铁磁共振.此外,还讨论了样品的形状和磁晶各向异性对共振频率的影响.

由于磁矩绕 H(z 轴方向)进动,它在垂直 H 的平面(xy 平面)上的投影为 $m_x = \chi h_x + \mathrm{j}\chi_a h_y, m_y = -\mathrm{j}\chi_a h_x + \chi h_y$.这样,微波磁化强度与微波磁场之间具有张量磁化率关系.

由于进动过程中存在阻尼,主要是来自自旋-自旋弛豫和自旋-晶格弛豫,由此使共振吸收能量.在所测量的能量吸收曲线上显示出有一定的宽度.定义了线宽,可由其宽度的大小知道阻尼的大小.

磁导率二阶张量的非对角元具有正负不同的特点,因而是非对称张量.利用这种非对称性,可以制作出微波移相器、环形器、隔离器等来控制微波传输,因而在雷达、微波通信等技术应用中具有非常重要的意义.

本章还简单地介绍了核磁共振的基本概念及其在物理和化学中的应用,以及核磁共振成像的简单原理.

参 考 文 献

[1] 李荫远,李国栋.铁氧体物理学(修订本).北京:科学出版社,1978:189－286,275 －309.

[2] Clogston A M,Suhl H,Walker L R, Anderson P W. J. Phys. Chem. Solids,1956,1:129 －136.

[3] Spencer E G,et al. Phys. Rev. Lett. ,1959,3:32.

[4] Dillon J F Jr. , Nielson J W. Phys. Rev. Lett. ,1959,3:32.

[5] 北京大学物理系铁磁学编写组.铁磁学.北京:科学出版社,1976.

[6] 廖绍彬.铁磁学(下册).北京:科学出版社,1992.

[7] 李荫远,李国栋.铁氧体物理学(修订本).北京:科学出版社,1978:237－274.

[8] Lux B, Botton K J. Microwave Ferrites and Ferrimagnetics. New York:McGRAW- HILL Book Company,Inc. ,1962.

[9] 徐光宪,等.物质结构简明教程.北京:人民教育出版社,1965.

[10] 王义遒. 私人通信. 2011.

[11] Stearns M B. Physica B＋C,1977,91:37.

[12] Zhao J G,et al. J. Magn. Magn. Mat. ,1985,50:119.

[13] 毛希安. 现代核磁共振实用技术及应用. 北京:科学技术文献出版社,2000.

[14] 高汉宾,郑耀华. 简明 NMR 手册. 湖北:湖北科技出版社,1989.

[15] 冯蕴深. 磁共振原理. 北京:高等教育出版社,1992.

[16] P. C. 劳特波. 使用核磁共振的范例. 冯义濂,译. 北京大学学报,自然科学版,2002,12月增刊:73－76.

[17] 杨正汉,冯逢,王霄英. 磁共振成像技术指南(第二版). 北京:人民军医出版社,2010.

[18] 冯义濂. 私人通信. 2010.

[19] Ge S H，et al. Phys. Rev. B,1992,45(9):4695.

第三部分

磁性材料的制备工艺原理

第十五章　Mn-Zn 铁氧体的基本磁性以及起始磁导率的一些问题

§15.1　问题的提出

为什么只提起始磁导率？因为在各种通信、电信、接收机中，微弱信号的接收和发送设备都要用到高起始磁导率的铁氧体材料.所谓起始磁导率，是在很弱的磁场中磁感应强度与磁场的比值，可以表示为

$$\mu_i = (B/H)_{H \to 0}.$$

它在通信等技术中有着非常广泛的应用意义，特别是铁氧体软磁材料在这方面更具有不可替代的优势.因此，如何提高使用频率和降低损耗，提高 μ_i 值及其温度和时间的稳定性，降低应力的敏感性，是获得优质产品的关键.

要想获得很高磁导率的软磁铁氧体材料，必须解决三个基本问题：(1) 需要有高纯度的原材料；(2) 合适的化学成分；(3) 最佳的生产工艺.原则上说，这三方面的理论问题都比较清楚，而且在实践上也得到了较好的解决.但还有些细节问题需要结合原料来源、生产条件等因素，因地制宜地改进和完善.由于我国的铁氧体软磁材料生产单位多数引进发达国家的成熟生产工艺和技术设备，目前还有一些并未能很好地消化和全面掌握，此外还有相当一部分技术人员，在必须严格执行各生产工艺流程的要求方面，并未能真正地理解和通达，因此有必要从配方和工艺原理上对上述三个基本问题做一些进一步的讨论.

下面具体以 Mn-Zn 铁氧体为例，就如何提高它的磁导率 μ_i 及温度稳定性的问题，从理论和实际两个方面做一些探讨.

无线和有线的通信、广播、电视及各种自动检测装置和控制系统等技术领域都要用到软磁铁氧体材料，特别是高导磁 Mn-Zn 铁氧体材料更不可或缺.器件中磁性材料的 μ_i 随温度变化，使其工作频率发生改变，这将导致工作状态不稳定.例如，大量使用的网络变压器、阻抗器件等都要求工作在最佳状态，其工作频率 $f = 1/(LC)^{1/2}$，其中 L 为磁性器件的电感，与 μ_i 密切相关.如 μ_i 受到温度影响而变化，就会使工作状态不佳.因此，对磁导率的温度稳定性有一定的要求，以便使整机的工作频率在一定的温度区间内很稳定.其温度系数常用下式表示：

$$TK_\mu = \frac{\mu_2 - \mu_1}{\mu_1 (T_2 - T_1)}, \tag{15.1}$$

其中 μ_2 和 μ_1 是温度为 T_2 和 T_1 时的起始磁导率，$T_2 > T_1$. 这个式子在温度相差不大时比较合理，因而又用 $\Delta\mu/(\mu\Delta T)$ 来表示，一般 ΔT 是很小的量. 对不同材料的温度系数有不同的要求. 因整机的工作环境和指标要求不同，磁导率较大的磁芯（$\mu_i \sim 10^4$）其 TK_μ 一般在 10^{-3} 或更小.

当整机开机使用时，磁导率会随时间变化，在经过短暂的时间后才稳定. 这一现象称为磁导率减落（用 DA 表示）. 尽管整机都是连续地工作，但在另一方面，通过电感器的磁化电流或信号发生某些变化时，工作频率同样会发生微小变化，这是磁导率的减落现象所致. 因而也将磁导率减落定义为

$$DA = \frac{\mu_1 - \mu_2}{\mu_1 \lg(t_2/t_1)}, \tag{14.2}$$

其中 μ_1 和 μ_2 是在开机后时间为 t_1 和 t_2 时测量得的磁导率. 一般将 t_1 和 t_2 分别定为 10 s 和 100 s，并要求 DA$<10^{-6}$ 量级.

决定 Mn-Zn 铁氧体软磁性的优劣有两个关键因素，即原料的配比和烧结过程中氧分压的控制情况是否合适，也就是 MnO，ZnO 和 Fe_2O_3 三者的含量要处于较为有利于得到高 M_s 和低 H_c 的内禀状态，同时在烧结时能尽可能保证原来所需的价态（即 $Mn^{3+}=0$，适当的 Fe^{2+}），以及完整和均匀的微结构（即致密，缺陷很少，晶粒尺寸合适和较均匀）.

图 15.1 给出了上述三种原料的三角成分相图，其中在一个很小的区域内 μ_i 可达 40000，但这还要求与最佳工艺的配合.

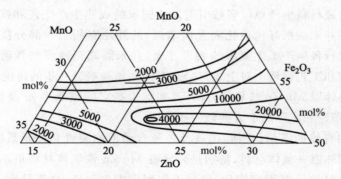

图 15.1　Mn-Zn 铁氧体的成分与磁导率等值线的关系范围[1]

目前工艺方面已有很大的进步，利用计算机控制氧分压气氛的钟罩窑能较容易地烧结出 $\mu_i \geqslant 20000$ 的材料. 因此，精确控制成分配比和原材料的纯度以及严格地防止氧化的降温过程，已成为获得高性能软磁铁氧体的关键.

由于对材料性能的要求是由多种用途决定的，例如上面所提到的温度稳定

性、较高的居里温度以及对应力不敏感等. 因此，如何能做到上述要求，就要了解材料的基本磁性，并经过实验而得到最佳的配方，如达到图 15.1 所给出的成分比例. 20 世纪的 70 年代以后，对成分的研究已经做得非常仔细了，我们下面就是根据这些已知的研究出发，通过讨论来明确其原理和要求.

§15.2　尖晶石型铁氧体磁性材料的基本磁特性

15.2.1　晶体结构和离子占位

之所以讲结构，而且每一铁氧体的书或总结性文章都谈到结构，是因为必须知道各个金属离子所处的位置和周围的环境（即配位情况）之后，才有可能了解各种化学元素（即离子）在铁氧体中的相互关系及所起的作用，进而才能研究和制备出优质的铁氧体磁性材料.

尖晶石是化学分子式为 $MgAl_2O_4$ 的天然矿石的学名，晶体结构是面心立方体，一个晶胞中有 56 个离子，其中 32 个 O^{2-}，8 个 Mg^{2+}，16 个 Al^{3+}，相当于 8 个化学分子式的原子组成如图 15.2 所示的晶体单胞. 习惯上用金属离子为立方体的顶角，这样就可把一个晶胞分成 8 层，按 0,1,2,3,4,5,6,7 来标记，偶数层为四面体金属离子所占据（每层有 2 个金属离子），奇数层为氧离子和八面体金属离子所占据，每层有 8 个氧离子和 4 个金属离子. 氧离子较大，半径为 0.132 nm，组成了 64 个四面体和 32 个八面体空位. 不过，只有 16 个金属离子占据八面体中心位置，8 个金属离子占据四面体中心位置. 具体的结构和占位如图 15.2 所示（具体的离子分布位置见附录一）.

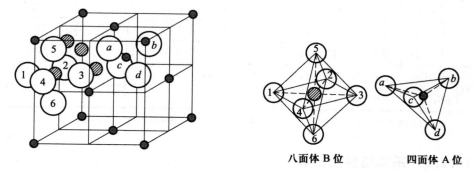

八面体 B 位　　　　四面体 A 位

图 15.2　尖晶石铁氧体面心结构，四面体和八面体结构示意图

人工制备的尖晶石铁氧体有很多种，化学分子式常常写成 $M^{2+}Fe_2^{3+}O_4$ 的形式，其中 M 为最常见的金属，如 Mn^{2+}，Fe^{3+}，Fe^{2+}，Co^{2+}，Ni^{2+}，Cu^{2+}，Zn^{2+}，

Cd^{2+},Mg^{3+},$0.5(Li^{+}+Fe^{3+})$等阳离子.至于哪个金属离子占据四面体或八面体空位,由一些因素来确定.大家公认这些因素为:库仑作用、晶体电场效应(和3d 轨道态有关)、共价键、近程作用等,如温度较高,就会发生一定的混合.最近唐贵德等人对离子占位提出了进一步的计算方法[2].根据理论和实验的总结,下面给出由左向右占据八面体位置的离子排列的优先顺序:

$$Cr^{3+},Al^{3+},Ni^{2+},Mg^{3+},Zr^{4+},Sn^{4+},Ti^{4+},Co^{2+},Cu^{2+},Fe^{2+},Mg^{2+},$$
$$Fe^{3+},Mn^{2+},Ge^{4+},V^{5+},Ga^{3+},Si^{4+},Cd^{2+},Ca^{2+},Zn^{2+},In^{3+}.$$

可以看到 Cr^{3+} 最优先占据八面体,而 In^{3+} 最优先占据四面体.常见的铁氧体的分子式为 $MeFe_2O_4$,如用 A 和 B 分别表示四面体和八面体位置,通常将 Fe^{3+} 离子占据 B 位的情况称为正型铁氧体.如 A 为 Fe^{3+} 所占据,则 M^{2+} 就占据 B 位,称为反型铁氧体.根据理论和实际结果,表 15.1 给出了一些常见的尖晶石铁氧体中,阳离子的占位情况和基本磁性参数.明确了离子占位后,就可以从离子间相互作用的特点,来估计各种阳离子对磁性的贡献,从而对晶胞的磁矩大小、磁晶各向异性和磁致伸缩等参数进行适当的控制.

表 15.1 一些尖晶石铁氧体中离子占据 A 和 B 位的情况以及磁矩和居里温度的大小

铁氧体	A 位	B 位	磁矩	实验值	磁化强度 M_s /$(10^6$ A/m)	居里温度 T_C /℃
Fe_3O_4	Fe^{3+}	Fe^{3+},Fe^{2+}	4	4.08	6.4	585
$MnFe_2O_4^{①}$	Mn^{2+}	Fe^{3+},Fe^{3+}	5	4.6~5	7.0	300
$CoFe_2O_4$	Fe^{3+}	Fe^{3+},Co^{2+}	3	3.3~3.9	6	520
$NiFe_2O_4$	Fe^{3+}	Fe^{3+},Ni^{2+}	2	2.2~2.4	3.8	585
$CuFe_2O_4$	Fe^{3+}	Fe^{3+},Cu^{2+}	1	1.3~1.7	2.0	455
$MgFe_2O_4^{①}$	Fe^{3+}	Fe^{3+},Mg^{2+}	0	0.8~2.2	1.8	440
$Li_{0.5}Fe_{2.5}O_4$	Fe^{3+}	$Fe_{1.5}^{3+}Li_{0.5}^{2+}$	2.5	2.47~2.6	4.2	670
$ZnFe_2O_4$	Zn^{2+}	Fe^{3+},Fe^{3+}	0	0	0	0
$CdFe_2O_4$	Cd^{2+}	Fe^{3+},Fe^{3+}	0	0	0	0

① 中子衍射实验给出只有 80% 的 Mn^{2+} 占据 A 位,Mg^{2+} 在退火情况有 90% 占据 B 位.

15.2.2 基本磁性的估算

3d 族金属离子大多数都具有磁矩,其值由 3d 电子的自旋量子数 s 确定,因此轨道磁矩基本冻结.例如,Cr^{3+}(3),Mn^{3+}(4),Mn^{2+}(5),Fe^{3+}(5),Fe^{2+}(4),Co^{3+}(4),Co^{2+}(3),Ni^{2+}(2),Cu^{2+}(1)都具有磁矩,其数值写在括号中,单位为玻尔(Bohr)磁子 $\mu_B=9.27\times10^{-24}$ J/T(或 9.27×10^{-21} erg/Gs).

如有铁氧体为 $MeFe_2O_4$，其在 A 位和 B 位中的离子磁矩的取向各有不同方式，可将其离子的占位在分子式中的表示写成

$$(Me_{1-x}^{2+}Fe_x^{3+})[Fe_{2-x}^{3+}Me_x^{2+}]O_4 ,$$

其中 x 可从 0 变化到 1，圆括弧（）和方括弧[]分别表示 A 和 B 位. 再根据理论和实验结果可知，A 和 B 位中离子磁矩的各自取向是同方向的，而 A 和 B 位中的磁矩的相互取向是彼此相反的（参见下面 15.2.3 小节的讨论）. 这样，就可求出一个分子式中的离子磁矩的值为

$$m = \{[m_p x + 5(2-x)]_B - [5x + m_p(1-x)]_A\}\mu_B$$
$$= 10(1-x)\mu_B + (2x-1)m_p\mu_B , \tag{15.3}$$

其中 m_p 为 Me 离子的磁矩数（具体金属离子和磁矩数见上述括号内的数值）.

知道 m_p 后，可以计算在 0 K 温度时材料单位体积的饱和磁化强度 $M_s = 4\pi m_p n$，其中 $n = 1/a^3$ 为单位体积中的晶胞数，a 为晶格常数. 例如，对于 $MnFe_2O_4$，$a = 0.85$ nm，得到 $n = 1.63 \times 10^{27}$ /m³，一个晶胞包含有 8 个化学分子式，因此 $8m = 40\mu_B$，计算得 $M_s = (4\pi \times 40 \times 9.27 \times 10^{-24}$ J/T$) \times (1.63 \times 10^{27}$ cm⁻³$) = 7.6 \times 10^6$ A/m. 这个结果与实验值基本一致. 因此，根据实际的配方所给出的分子式，就可由式(15.3)估算出制成材料后的 M_s 值.

15.2.3　间接交换作用

居里温度的高低与金属离子间的间接交换作用密切相关. 其作用的大小与 A 和 B 位中离子间距和角度（即键长和键角）有关. 尖晶石铁氧体的晶格常数一般在 0.84 ± 0.01 nm 范围. 表 15.2 给出了一些尖晶石铁氧体的晶格常数 a，A 和 B 位的大小（单位：0.1 nm）. 金属离子间存在交换作用，它是以氧离子的 2p 电子为媒介来实现的. 可以用简单的图像 Me—O—Me 来表示，因而是一种间接的交换作用. 理论分析证明，键长较短和键角较大的作用较强. 在尖晶石铁氧体中存在 A—A，A—B 和 B—B 位之间的三种交换作用. 由理论结果知，一般情况下 A—B 作用最强，并且为负值，所以 A 和 B 位中离子的磁矩取向相反.

表 15.2　一些尖晶石铁氧体的晶格常数 a，A 和 B 位的大小（单位：0.1nm）

铁氧体	μ 参数	晶格常数 a	r_A	r_{Me}	r_B	r_{Me}
$MnFe_2O_4$	0.385	8.512	0.67	0.91(Mn^{2+})	0.72	0.67(Fe^{3+})
$ZnFe_2O_4$	0.385	8.42	0.65	0.82(Zn^{2+})	0.70	
$FeFe_2O_4$	0.379	8.392	0.55	0.67(Fe^{3+})	0.75	0.83(Fe^{2+})
$MgFe_2O_4$	0.381	8.38	0.58		0.72	0.78(Mg^{2+})
$NiFe_2O_4$		8.332				0.78(Ni^{2+})

续表

铁氧体	μ 参数	晶格常数 a	r_A	r_{Me}	r_B	r_{Me}
$CoFe_2O_4$		8.380				0.82(Co^{2+})
$Li_{0.5}Fe_{2.5}O_4$		8.332				0.78(Li^+)
$CuFe_2O_4$		8.68/8.24(c/a)(或 8.372)				0.85(Cu^{2+})
Mn_3O_4		9.42/8.15(c/a)				0.70(Mn^{3+})

图 15.3 给出了尖晶石结构中金属离子的五种键长和键角的大小. 基于改进的 3 次晶格 Neel 理论,可计算出各种尖晶石铁氧体的交换作用大小,具体如表 15.3 所示.

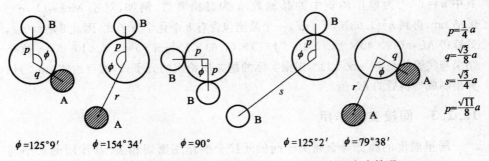

$$p=\frac{1}{4}a$$
$$q=\frac{\sqrt{3}}{8}a$$
$$s=\frac{\sqrt{3}}{4}a$$
$$p=\frac{\sqrt{11}}{8}a$$

$\phi=125°9'$　　$\phi=154°34'$　　$\phi=90°$　　　$\phi=125°2'$　　$\phi=79°38'$

图 15.3　五种 A,B 位之间键长 p,q,s,r 和键角的大小情况

表 15.3　基于 3 次晶格模型计算的超交换作用常数(单位:K)(参见文献[3]的表 8.24)

铁氧体	J_{AA}	$J_{AB'}$	$J_{AB''}$	$J_{B'B'}$	$J_{B'B''}$	$J_{B''B''}$
$Li_{0.5}Fe_{2.5}O_4$	-20		-29		-8	
$FeFe_2O_4$	-21	-23.8	-28	48.4	-13.2	-10
$MnFe_2O_4$	-14.6		-19.1			-10
$CoFe_2O_4$	-15	-22.7	-26	46.9	-18.5	-7.5
$NiFe_2O_4$	-15	-27.4	-30.7	30.0	-2.7	-5.4
$CuFe_2O_4$	-15	-28	-24	20	-6	-8.0

将交换作用的理论结果与实验结合,可以确定 J_{AB} 起主要作用,并说明了 A 和 B 位上的离子磁矩的取向是反平行的. 所以,用式(15.3)计算分子磁矩时,采用了 A 和 B 位的磁矩彼此相反的结果.

　　原则上材料的居里温度同样与 J_{AB} 有关系. 例如, A 位中非磁性离子(如 Zn)多了, 其 T_C 会降低, 则 J_{BB} 会起主导作用, 使 B 位中离子磁矩不再是平行排列, 可能具有一定的角度. 因此, 在铁氧体中随着 Zn 的加入量的增多, 分子磁矩数不再直线上升, Zn 的加入量大于 40% 后上升缓慢, 在大于 50% 后反而下降. 图 15.4 给出了不同铁氧体在加 Zn 后, 每个分子式的磁矩大小随 Zn 加入量变化的关系, 其中虚线为理论值, 实线为实验结果. 它表明, 非磁性离子增加后, J_{AB} 和 J_{BB} 交换作用的强度发生了变化.

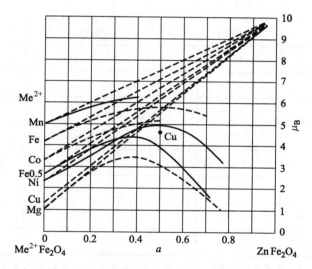

图 15.4　几种 $MeFe_2O_4$ 的磁矩(μ_B)随 $ZnFe_2O_4$ 的加入量变化而变化的结果, 其中虚线为理论值, 实线为实验结果

15.2.4　磁晶各向异性

　　立方晶体单位体积的磁晶各向异性能可以表示为(可参看式(9.1)的讨论)
$$E_K = K_1(\alpha_1^2\alpha_2^2 + \alpha_2^2\alpha_3^2 + \alpha_3^2\alpha_1^2) + K_2\alpha_1^2\alpha_2^2\alpha_3^2, \tag{15.4}$$
其中 $\alpha_1, \alpha_2, \alpha_3$ 为磁矩与主晶轴的方向余弦, K_1 和 K_2 为各向异性能常数, 具有能量量纲. 通常 K_1 的作用比 K_2 的重要, 因此在不太严格的情况下, 可不考虑 K_2 对 E_K 的贡献.

　　对尖晶石铁氧体来说, 只有 $CoFe_2O_4$ 的 K_1 值为正, 其他均为负值. 在 $MnZnFe_2O_4$ 中, 由于 Fe^{3+} 和 Fe^{2+} 对各向异性的贡献相反, 前者为负值. 如 Fe^{2+} 离子数较多, 则整个化合物的 K_1 可能为正值. 因此, 它的含量对调节磁导率的高低和稳定性很关键. 另外, Mn^{3+} 离子的 K_1 为很大的负值, 也对磁导率的大小有密切关系, 不过它起的是坏作用, 应尽量避免 Mn^{3+} 的形成. 由于 $CoFe_2O_4$ 的

K_1 太大, 存在少量的 Co^{2+} 也可对材料的 K_1 值进行调节. 表 15.4 给出了一些尖晶石铁氧体的 K_1 和 K_2 值.

表 15.4[①]　　一些尖晶石铁氧体的 K_1 和 K_2 值

	K_1 /(10^3 J/m^3)	K_2 /(10^3 J/m^3)	λ_{100} /10^{-6}	λ_{111} /10^{-6}	λ_0 /10^{-6}	λ_s(实验) /10^{-6}
$FeFe_2O_4$	(300 K)11 (80 K)20		78	+39		40
$MnFe_2O_4$	2.8−3.4		−20	+5	−7	
$NiFeFe_2O_4$	−6.7	−27	−46	−21		−26
$MgFe_2O_4$	−3.9					
$CuFe_2O_4$	−6.0					
$CoFe_2O_4$	+270	300				−200
Fe	+47	+14	20.7	−21.2	−4.4	
Ni	−5.7	−2.3	−45.9	−24.3		−33
$Mn_{0.45}Zn_{0.55}Fe_2O_4$	−0.38					
$Mn_{0.52}Zn_{0.40}Fe_{2.08}O_4$	−0.10					

① 取自本书的表 9.1 和表 9.2, 文献[12] 的表 2.7.1 和表 2.8.2, 文献[13], 文献[14] 的表 7.4 和 7.5 给出的数据.

15.2.5　磁致伸缩

任何磁性材料在磁场作用下都会发生线性伸长或缩短的现象, 称之为磁致伸缩. 它用 $\lambda = (L_H - L_0)/L_0$ 表示, 其中 L_H 和 L_0 是磁场强度为 H 和 0 时的样品长度. 一般用饱和磁致伸缩系数 λ_s 来表示其伸缩的大小. 由于存在磁致伸缩, 因而磁性材料在受应力 σ 作用后会产生应力能, 或叫磁弹性能, 其大小为

$$E_\sigma = -3\lambda_s \sigma/2. \tag{15.5}$$

对于单晶体, 在 $\langle 100 \rangle$ 和 $\langle 111 \rangle$ 方向的磁致伸缩用 λ_{100} 和 λ_{111} 表示, 则在磁场方向的磁致伸缩系数 λ_0 为

$$\lambda_0 = (2\lambda_{100} + 3\lambda_{111})/5. \tag{15.6}$$

如果测量方向和磁场夹角为 θ, 则所得的磁致伸缩系数为

$$\Delta L/L = (3/2)\lambda_s (\cos^2\theta - 1/3). \tag{15.7}$$

有关一些尖晶石铁氧体的磁致伸缩系数的大小见表 15.4.

Ni 铁氧体的磁致伸缩系数较大,因电阻率很高和磁损耗小,可用来制作超声波发生器.限于篇幅而不在此讨论,有兴趣的读者可参阅文献[11]和[13].

§15.3　磁导率与基本磁性的依赖关系

下面将讨论 M_s,交换能常数 A,各向异性能常数 K_1 和磁弹性能 $\lambda_s\sigma$ 对磁导率的影响问题.

在磁场作用下磁性材料由磁中性转而表现出磁性,称为磁化.磁化的强弱或难易用磁导率 μ 标记.磁导率有好几种类型,其中最常用的有起始磁导率 μ_i,微分磁导率 μ_d,增量磁导率 $\mu_\triangle$ 和最大磁导率 μ_m 等.在磁场不强而获得较大的磁导率时,该磁性材料称为软磁材料.在这里我们只讨论软磁铁氧体的起始磁导率与内禀磁参量的关系.

15.3.1　起始磁导率的定义和测量标准

在讨论磁化过程时已定义了起始磁导率为

$$\mu_i = \left(\frac{B}{\mu_0 H}\right)_{H\to 0}, \tag{15.8}$$

其中 $\mu_0 = 4\pi \times 10^{-7}$ H/m 为真空磁导率.这里要强调的问题是如何实际测量它.理论上要求 H 趋于零,而实际测量时 H 不为零,那么 H 的大小如何定? 具体上因材料不同,对 H 大小有不同的要求,这是因为材料的矫顽力差别较大,不可能确切定出磁场的标准.因此,IEC(国际电工协会)规定在实际测量时,在一定频率 f 下,以磁感应强度变量 $\Delta B = 0.5$ mT(5Gs)为准.这就意味着 H 是很小的情况(如 $\mu_i = 10000$, H 一般不会超过 4×10^{-2} A/m 或 0.5 mOe).在可逆磁化过程阶段有可逆磁导率 μ_r,在 $H=0$ 时为 μ_i.几种磁导率随磁场强度变化的特点如图 15.5 所示.

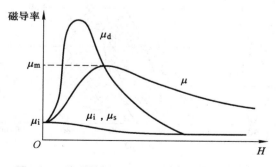

图 15.5　几种常见磁导率随磁场变化的示意图

15.3.2 起始磁导率与磁化过程

磁性材料被磁化时都存在两个过程:可逆磁化和不可逆磁化过程.在磁场很弱时磁化都以可逆过程进行.可逆过程有两种方式:畴壁移动和畴转.这两个过程并不一定互相排斥,有可能同时发生.但在理论上计算某过程给出的最可几数值时,为方便起见,分别对各个过程进行计算,其结果分别如下(参见本书§11.2 的讨论):

对于畴壁移动过程,可计算得

$$\mu_i = \frac{M_s^2}{\sqrt{A\left(K_1 + \left|\frac{3\lambda_s\sigma}{2}\right|\right)}};$$ (15.9)

对于畴转过程,可计算得

$$\mu_i = \frac{M_s^2}{A\left(K_1 + \left|\frac{3\lambda_s\sigma}{2}\right|\right)}.$$ (15.9′)

从上述两个结果可看出,如要 μ_i 大,就要求 M_s 大和 $|K_1| + |3\lambda_s\sigma/2| = 0$. 由于 K_1 和 $|3\lambda_s\sigma/2|$ 是两个独立的基本磁性量,因为有的材料 $K_1 = 0$,但 $\lambda_s\sigma \neq 0$,有的材料 $\lambda_s\sigma = 0$,而 $K_1 \neq 0$,使提高磁导率受到影响,所以希望 K_1 和 λ_s 同时为零.

经过很多人的努力,对 Mn-Zn 铁氧体成分相图的研究发现,在某个成分范围内存在两者都为零,因而可以获得高 μ_i 值配方的可能.图 15.6 给出了 K_1 和 λ_s 为零的情况以及 λ_{111} 很小和 λ_{100} 很小所对应的 Mn-Zn 铁氧体的成分关系情况.这张图所示的是室温(20℃)情况下的结果,在一定的温度范围内稍有不同,不过随着温度升高其数值虽有变化,但都不大,因此仍然保持较大的起始磁导

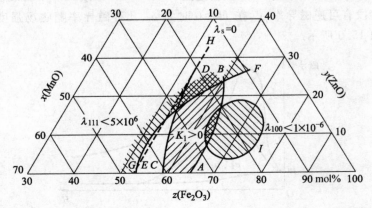

图 15.6 Mn-Zn-Fe 三元铁氧体系列中,20℃时磁晶各向异性能常数和磁致伸缩系数[4]. *AB* 和 *CD* 线:$K_1 = 0$;*GH* 线:$\lambda_s = 0$. 阴影左边是 λ_{111}(很小),阴影右边是 λ_{100}(很小)

率. 这样, 对确定材料的最佳配方来说, 图 15.6 的结果有很大的实际意义.

15.3.3　起始磁导率与饱和磁化强度和磁晶各向异性的关系

前面已经提到高 M_s 对提高磁导率有利. 实际上, 在 Mn, Ni 等铁氧体中加入 Zn 就是为了提高 M_s, 不过这将会降低居里温度 T_C. 实质上, M_s 只在低温有较大的提高, 在室温附近增加并不大, 而且在 Zn 较多时反而降低了, 具体如图 15.7 所示. 从图上可看到, 在 $0 \sim 100\,℃$ 范围内 Mn-Zn 铁氧体的 M_s 随 Zn 含量增加而变化不大, 对 Ni-Zn 铁氧体来说增加较大. 从式 (15.8) 和 (15.9) 可看到, K_1 在分母上, 由于随温度上升它的下降比 M_s 的变化快得多, 而 λ_s 却与 M_s 随温度的变化相似, 因此 μ_i 随温度的变化一般是上升的居多. 有的材料比较复杂, 但任何磁性材料的磁导率在接近 T_C 时都出现一个峰值 (μ_i 的极大值), 该现象称为 Hopkins 效应. 这是 $K_1 \to 0$ 而 $M_s \neq 0$ 所致. 这将影响磁导率的温度稳定性. 特别是 T_C 较低的铁氧体所受影响更大. 在大多数情况下, 式 (15.9) 或 (15.9') 中的 $\lambda_s \sigma$ 项相对 K_1 项来说要小得多 (只占 10^{-1} 或更小), 因此在磁导率不太大的材料中, 未加说明的情况下都不考虑 $\lambda_s \sigma$ 对磁导率稳定性的影响. 在高导磁材料中, $\lambda_s \sigma$ 对磁导率稳定性的影响就必须考虑了.

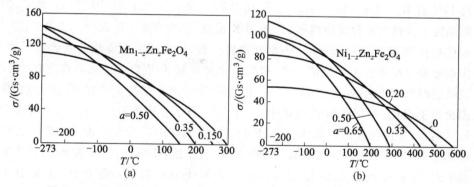

图 15.7　(a) Mn-Zn 和 (b) Ni-Zn 铁氧体的克磁化强度与温度的关系曲线

§15.4　获得高磁导率和解决磁导率温度稳定性的途径 (配方)

15.4.1　起始磁导率大小和二峰关系

上面提到由于 $K_1 = 0$ 而 $M_s \neq 0$ 时磁导率会出现极大值, 在实际磁体中, 温度上升到居里温度附近 ($T < T_C$) 时总是出现磁导率的极大值 (在软磁铁氧体行

业中常常称之为磁导率第一峰值,简称一峰).由于 Mn-Zn 铁氧体的 T_C 多在 200℃上下,随着温度由室温增高,磁导率可能总是上升,这是 K_1 值随温度下降较快,而 M_s 值下降较慢所致.如在较低的温度(远离 T_C)处能有 $K_1=0$ 的情况出现,之后温度再上升,$K_1 \neq 0$,因而使 μ_i 下降,也就是在较低温度处的磁导率可能出现另一个峰值,常常称之为二峰.

　　在远离居里温度处,发生 $K_1=0$ 而 $M_s \neq 0$ 的现象,并相应出现磁导率二峰,这使磁导率在两个峰的温度区间内随温度的变化比较缓慢;如果材料的使用温度又常常在两峰之间,则这将有利于改进磁导率的温度稳定性.如何找寻出现二峰的成分使在室温附近和较低温度时 $K_1=0$?根据单离子磁晶各向异性理论可知(Co^{2+},Fe^{2+},Fe^{3+},Mn^{2+},Mn^{3+} 属于这类离子),除 Co^{2+} 和 Fe^{2+} 离子的 K_u 或 K_1 具有很强的正值外,其他离子的 K_1 均为负值,而且随温度的变化也各有特点.只要选择适当,是可以得到所希望的二峰的.下面介绍它们的各向异性能常数和温度的关系.

15.4.2　控制 K_1 的大小和磁体的 K_1 正负变化

　　Fe^{2+},Fe^{3+} 和 Mn^{3+} 的 K_1 值及其随温度的变化如图 15.8 所示[①].0 K 温度时,对 Fe^{2+} 有 $K_1=4.4 \times 10^{-17}$ erg/离子,而对 Fe^{3+} 有 $K_1=-1.0 \times 10^{-17}$ erg/离子,但随温度上升前者变化要快得多;另外,0 K 温度下,对 Mn^{3+} 有 $K_1=-7.6 \times 10^{-17}$ erg/离子.要注意 Fe^{2+} 和 Mn^{3+} 占据八面体位置,而且随温度变化的趋势差不多,因而会使 $+K$ 和 $-K$ 值抵消.Fe^{2+} 和 Fe^{3+} 也是如此,但因温度变化率差别大,所以在低温时 Fe^{2+} 作用强,在高温时 Fe^{3+} 作用强.Ti^{4+} 离子本身不具有 K_1 值,但它是四价离子,如掺入 Mn-Zn 铁氧体中,一个 Ti^{4+} 离子会引起一个 Fe^{3+} 离子转变为 Fe^{2+} 离子,并且会占据四面体位置.FeFe$_2$O$_4$ 铁氧体中二价和三价 Fe 离子的 K_1 值如图 15.8 所示.可见,在低温(76 K)下 K_1 为正值,在室温下 K_1 为负值.这主要是 Fe^{2+} 离子在低温起的作用大.而正分 MnFe$_2$O$_4$ 的 K_1 值为负,在复合为 Mn$_x$Fe$_{3-x}$O$_4$ 后,其变化情况为 Mn 较少时 K_1 为正,增多后为负,并逐渐负得更大,当 $x > 1$ 后低温的负值很大,这主要是因为 Mn^{3+} 起的作用很大.图 15.9 给出了 Mn$_x$Fe$_{3-x}$O$_4$ 的 K_1 值随 T 的变化情况.

　　在实际铁氧体中存在两种或两种以上的金属离子,如 Mn^{2+},Fe^{2+},Fe^{3+} 等,还可以添加其他离子,如 Co^{2+},Ti^{4+},Mn^{3+} 等.对于 Mn-Zn 铁氧体来说,主要是控制 Fe^{2+} 和 Mn^{3+} 离子的含量问题,很少考虑 Co 的掺杂影响.而 Ti^{4+} 加入后会

---

①　电磁能量 $E=hck$,其中 $h=6.62606876 \times 10^{-34}$ J·s 为普朗克常数,$c=2.99792458 \times 10^{10}$ cm·s^{-1} 为光速,k 为波数(单位为 cm^{-1}),则 $E=1.986 \times 10^{-23}k$,E 的单位为 J,k 的单位为 cm^{-1}.此外,J 与 erg 的转化关系为 1 J$=10^7$ erg.

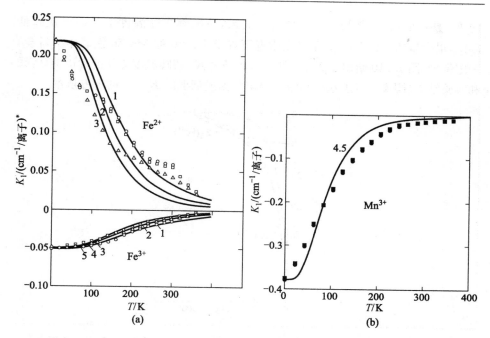

图 15.8 (a) Fe^{2+} 和 Fe^{3+} 离子的 K_1 值及其随温度的变化；(b) Mn^{3+} 的 K_1 值
及其随温度的变化(取自文献[5]的图 4.6)

增加 Fe^{2+} 离子的量,因此加 Ti^{4+} 也是一种控制 K_1 的办法.

从图 15.8 和图 15.9 可以看到,在低温下 $FeFe_2O_4$ 的 K_1 是正值,$MnFe_2O_4$

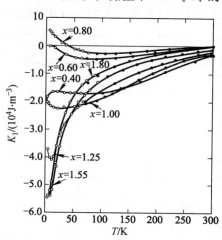

图 15.9 不同 x 时 $Mn_xFe_{3-x}O_4$ 铁氧体的 K_1 随温度的变化情况,
K_1 的单位是 10^4 J/m³(取自文献[6]图 3)

的 K_1 是负值,其大小与 Mn 的含量有关系,一般都是随温度上升而很快降低.
因此,很少量的二价 Fe^{2+} 离子对在常温下寻求 $K_1 = 0$ 的 Mn-Zn 铁氧体材料会有
一定帮助.图 15.10 给出了 Mn^{3+} 和 Fe^{3+} 离子的 K_1 值随温度变化的理论值(实线)
和实验结果(圆圈).以上这些结果是寻求常温或低温时 $K_1 = 0$ 的配方依据.

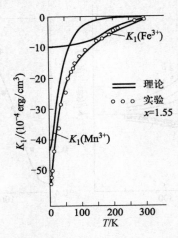

图 15.10 $Mn_x Fe_{3-x} O_4$ 铁氧体中 Fe^{3+},Mn^{3+} 在 $x = 1.55$ 时的 K_1 值随温度的变化[7]

15.4.3 对二峰位置的控制

图 15.11 和图 15.12 给出了两个 Mn-Zn 铁氧体的磁导率随温度的变化曲
线.由于在低温时 $K_1 = 0$ 处可以获得较大的磁导率,因而在 μ_i-T 曲线上可能出

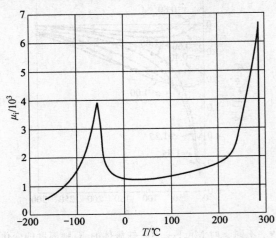

图 15.11 Mn-Zn 铁氧体的 μ_i-T 线(取自文献[6]的图 21)

现另一个峰值,该峰值对应的温度为 T_2.图 15.11 给出了成分为 31%-MnO,11%-ZnO,58%-Fe$_2$O$_3$ 的 μ_i-T 曲线.两个峰的高度可以不同,而且二峰位置可变(即出现在不同温度处),它和 $K_1=0$ 的位置与温度和掺杂量的变化率有关.随着 Mn^{3+} 的增加或 Fe^{2+} 的减少,二峰向低温移动.图 15.12 给出了成分为 17%-MnO,21%-ZnO,62%-Fe$_2$O$_3$ 的 Mn-Zn 铁氧体的 μ_i-T 线,因 MnO 含量较少,Fe^{2+} 略多一些,使二峰移向较高温度;因为 Zn 含量较多,所以 μ_i 较大.

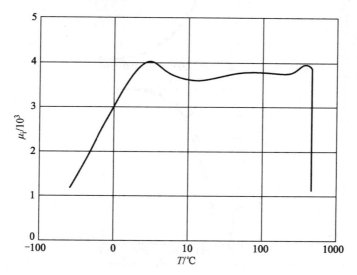

图 15.12　17%-MnO,21%-ZnO,62%-Fe$_2$O$_3$ 铁氧体的 μ_i-T 线(取自文献[6]的图 22)

前面已经指出,在铁氧体中 Co^{2+} 和 Fe^{2+} 离子具有正 K_1 值,而 Fe^{3+} 和 Mn^{3+} 的 K_1 为负值,它们的磁晶各向异性的大小及其与温度的关系,对其磁导率的数值和温度特性起决定作用.因此,了解上述四种离子的磁晶各向异性的大小和变化,对了解 MnZn 铁氧体的磁性与温度和成分的关系很有意义.现在简单总结一下:

(1) Co^{2+} 离子的 K_1 值在 4.2 K 时为 8.6×10^{-15} erg/离子,77 K 时为 7.6×10^{-15} erg/离子,290 K 时为 0.8×10^{-15} erg/离子,370 K 时为 0.4×10^{-15} erg/离子.理论和实验的数值随温度变化的关系见图 15.13.ΔK 是磁弹性能引起的各向异性,因 Co^{2+}Fe$_2$O$_4$ 的磁致伸缩系数很大,使 K_u 值有所增大.

(2) 在 0 K 温度,一个 Fe^{2+} 和 Fe^{3+} 离子占据八面体位置时,它们的 K_1 值分别为 $+4.4\times10^{-17}$ 和 -1.0×10^{-17} erg/离子.K_1 随温度升高而下降,参见图 15.8.在 Mn$_x$Fe$_{3-x}$O$_4$ 中,在 $x<1$ 和正常工艺条件下 Mn 基本上表现为二价离子,如 $x>1$ 则出现 Mn^{3+} 离子,并表现为强烈的占据八面体位置的倾向,这时

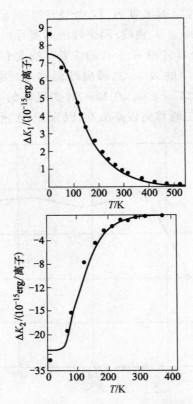

图 15.13　每个 Co^{2+} 离子的 ΔK_1 和 ΔK_2 值随温度变化的理论和实验结果，
单位为 $10^{-15} erg/$离子(取自文献[5]的图 4.19)

K_1 值为负. 在温度为 0 K 时, K_1 值为 -7.6×10^{-17} erg/离子. 如在烧结过程中 Mn^{2+} 被氧化成 Mn^{3+}, 则其 K_1 为负, 这将影响材料的磁导率的数值及其温度特性.

(3) 控制二峰的位置, 可提高温度稳定性. 总的原则是, 基于理论和实验结合的结果, 经过实验来确定 $K_1 = 0$ 的温度. 这样, 在该温度附近就会出现磁导率的峰值, 即二峰. 控制它出现的温度和峰的高低, 对磁导率的温度特性有很大作用. 下面讨论用 Fe^{2+}, Fe^{3+}, Co^{2+} 和 Ti^{4+} 等的不同离子含量来控制二峰的位置的可能情况.

① Fe^{2+} 的作用.

Fe^{2+} 在 Mn-Zn 铁氧体中对决定起始磁导率的大小和温度特性非常重要. 可以说, 如能很好地控制 Fe^{2+} 的含量, 磁导率的稳定性问题也就基本解决了. 在正分的 Mn-Zn 铁氧体中, 如含有少量的 Fe_3O_4, 则会有少量 Fe^{2+} 存在. 如在一个晶胞中平均有一个 Fe^{2+} 离子,它所占的总量为 1/16 mol. 可计算出单位体积 1 m^3 中有 $n = 1/(8.4 \times 10^{-10})^3 = 1.7 \times 10^{27}$ 个 Fe^{2+} 离子,并由此得到 Fe^{2+} 离子对 K_1 值在 0 K 的贡献为 $(4.4 \times 10^{-24}$ J/离子$) \times (1.7 \times 10^{27}/m^3) = 7.48 \times 10^3$ J/$m^3 = 7.48 \times 10^4$ erg/cm^3. 这个数值与 54%-Fe_3O_4,31%-MnO 和 15%-ZnO 基本上差不多,但因随温度上升而下降的速率慢,所以在适当的温度出现 $K_1 = 0$. 如减少 MnO 的含量而增加 ZnO 的含量,若 Fe_3O_4 的含量还可降到 52%,则磁导率可达 10^4 以上. 在相同成分的 Mn-Zn 铁氧体中,如增加 Fe^{2+} 的含量,开始时二峰位置会向高温移动,当增加的量较多时,二峰的位置反而向低温移动,这是因为随 Fe_3O_4 比例的增大,K_1 值中的负分量的增加所致.

　　图 15.14 示意地给出了三种不同 Fe^{2+} 离子含量的各向异性能常数 K_1' 的值,图中标示的数字①,②,③表示 Fe^{2+} 离子量由多到少,从而使 K_1' 降低;假定不含 Fe^{2+} 离子的 Mn-Zn 铁氧体的各向异性能常数为 K_1''(用⑦表示),这四个各向异性能常数都随温度升高而绝对值降低,见图中给出的温度的关系曲线. 由于实际材料中存在 Fe^{2+},则 Mn-Zn 铁氧体的各向异性能常数为 $K_1 (= K_1' + K_1'')$,从而得到④,⑤,⑥标示的三条 K_1 随温度变化的曲线. 可以看到,$K_1 = 0$ 的温度随 Fe^{2+}(即 K_1')的增加而降低(曲线①+曲线⑦得到曲线④). 这就说明,如 Fe^{2+} 的含量过多,K_1' 值虽有增加,但 K_1'' 值就会负得更大,这时二峰位置也会向低温移动. 所以,事先要确定 $K_1 = 0$ 的温度范围,再控制适当的 Fe^{2+} 含量,以便使磁导率二峰的出现在设定的温度处,这时一峰和二峰之间的 K_1 为正值,从而获得高磁导率和高温度稳定性的材料.

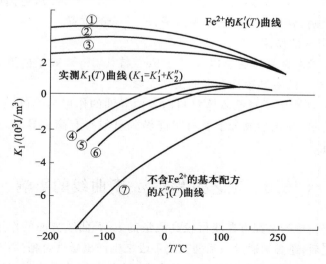

图 15.14　Fe^{2+} 离子含量过多后 K_1' 值对二峰位置的影响

　　另外,在高磁导率 Mn-Zn 铁氧体中磁致伸缩效应未能完全消除,即 $\lambda_s \neq 0$,从而使材料在封装时受应力作用而磁导率下降.图 15.15 给出了应力作用的一个例子,因此要注意尽量做到使磁致伸缩系数趋于零和消除内应力.

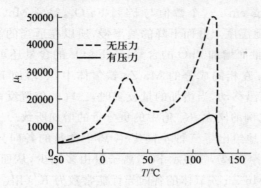

图 15.15　外应力(压力)η 对铁氧体磁芯的 μ_i-T
曲线的影响(取自文献[8]的图 2.47)

　　② Co^{2+} 离子的作用.

　　加入很少量的 Co^{2+} 离子也同样会使 Mn-Zn 铁氧体的磁导率随温度变化的曲线上出现二峰,其控制原理是一样的.但因在 Mn-Zn 铁氧体中加入一个 Co^{2+} 离子后,对 K_1 值的影响要比加入一个 Fe^{2+} 离子的大 200 倍左右.对一个 Co^{2+} 离子,$K_1 = 8.6 \times 10^{-15}$ erg.由此可见,用 Co^{2+} 离子控制二峰是否出现及出现的位置比较困难,因用量只能很少,相当于 CoO 在 10^{-1}‰量级,更因磁弹性能的影响也不易控制,故很少用此法调整二峰($K_1 = 0$)的位置.

　　③ Ti^{4+} 离子的作用.

　　Ti^{4+} 离子加进铁氧体后会以 $Ti^{4+} + Fe^{2+}$ 替代 $2Fe^{3+}$ 离子的形式存在于材料中,并影响材料的磁导率且有可能出现二峰.

　　综合几种磁性离子对铁氧体材料的各向异性的作用后,可以看到,只要控制好它们的含量,在化学成分上就有可能做到材料具有高磁导率,且具有较高的温度稳定性.

§15.5　工艺过程对 μ_i-T 曲线的影响

　　上面重点讨论的是配方在获得较高质量的 μ_i-T 曲线方面的作用.当材料的基本配方决定后,还必须通过一系列工艺手段来生产出磁性合格的产品.因此,正确的工艺过程对实现预期的高性能产品十分必要.生产铁氧体的工序较多,每一道工序都要严格操作,才能保证产品质量合格.各个工序的作用不同,要分清主次,如全都逐一讨论就太费时,也可能未抓住关键.从产品的制备过程来看,所用原料(如 MnO、ZnO、Fe_2O_3 等)在一开始都是非磁性物质,经过配料、球磨、预烧、再球磨、成型等工序后,这些半成品仍是弱磁性物质,一般说来只有经过高温烧结这道工序才使它具有良好磁性的可能.所以,烧结是影响产品质量和性能的关键工序.这不是说其他工序不重要,只是相比较而言,烧结较重要.如果说烧结没问题,产品质量和性能(如成型尺寸、外观、密度等)不好就和压型密切相关,有时也与球磨有联系.但是,上述几道工序相对高温烧结工序来说,都比较直观,如存在问题,也比较容易发现和解决.因此,我们在解决问题时总是要抓关键,即烧结中原料发生固相反应的问题,它包含了化学和物理变化,也就是说烧结时可能有配方点的移动(这是化学问题),还有烧成材料的晶粒大小、均匀性、气孔等(这是物理问题).下面先分别讨论可能出现的问题,再进行讨论可否解决.

15.5.1　烧结过程可能使配方点移动问题

所谓配方点移动,就是产品原始设计的成分与烧结后的最终成分有一定的差别.众所周知,Mn-Zn 铁氧体的烧结温度大多数高于 1300℃,这时 ZnO 就有一定的挥发;另外,在烧成后的冷却过程中还存在 Mn 和 Fe 的变价(因不同的氧化程度引起的)问题.

1. 烧结过程 Mn 的变价

在 1300℃烧成的 Mn-Zn 铁氧体中,Mn 全都是二价的离子,但烧结后要将成品从 1300℃冷却.如在空气中降温,会发生氧化反应过程,在非平衡态情况下总有一些 Mn^{2+} 被氧化成 Mn^{3+} 和 Mn^{4+}.下面的反应是平衡过程中出现的结果:

$$\gamma Mn_3O_4 \text{(立方结构)} \xrightarrow{\text{1170℃以下}} 2\beta Mn_3O_4 \text{(四方结构)}, \qquad (15.10)$$

$$\left(\frac{1}{2}\right)O_2 + 2\beta Mn_3O_4 \xrightarrow{\text{970℃以下}} 3Mn_2O_3 \text{(体心立方)}, \qquad (15.11)$$

$$\left(\frac{1}{2}\right)O_2 + Mn_2O_3 \xrightarrow{\text{500℃以下}} 2MnO_2. \qquad (15.12)$$

由上述反应可看出,温度越高,Mn 离子越低价,低价 Mn 离子是稳定的.因此,在空气中用 1300℃烧结时不会有高价 Mn 产生.在 1300℃和正确气氛中烧结的反应过程为

$$MnO + Fe_2O_3 \longrightarrow MnFe_2O_4, \qquad (15.13)$$

如缺氧就会有 MnO 和 FeO 析出;如在多氧中冷却,就发生如下的反应:

$$2MnFe_2O_4 + \left(\frac{1}{2}\right)O_2 \xrightarrow{\text{600℃}} Mn_2O_3 + 2Fe_2O_3. \qquad (15.14)$$

由此看出,烧成的 Mn-Zn 铁氧体必须在缺氧气氛中冷却,而且随着温度不断降低,冷却气氛中氧含量要逐渐降低.问题是否能控制得恰到好处以及怎样控制,

这些稍后再讨论.

2. 烧结过程 Fe 的变价

在空气中对 Mn-Zn 铁氧体烧结时,Fe_2O_3 同样存在很强的氧化或还原问题. 在温度高于 1400℃后就出现 Fe_3O_4,低于 1400℃就会形成 Fe_2O_3,反应式为

$$2Fe_3O_4 + \left(\frac{1}{2}\right)O_2 \xrightarrow{\text{1400℃以下}} 3Fe_2O_3. \tag{15.15}$$

由于原料中存在 MnO 和 ZnO,使 Fe_2O_3 被还原成 Fe_3O_4 的温度可能要降低到 1270℃左右.

前面讨论到,在 Mn-Zn 铁氧体中需要有一定含量的 Fe^{2+} 离子来调节二峰的位置,又要防止 Mn^{2+} 离子被氧化,所以在烧结结束后产品的冷却过程中对气氛的氧分压控制非常重要. 如单纯只有 FeO 氧化和 Fe_2O_3 还原问题,讨论起来尚比较方便. 由于还要考虑 MnO 的氧化问题,这就使要研究的情况较为复杂化. 不过问题总有主次,从研究结果表明,二价和三价 Fe 的问题与 MnO 的氧化情况相比,在较高温度时较为重要一些;而在较低温度时却相反,即较低温度时 Mn 的氧化问题比较重要. 为讨论方便起见,可以在确定 MnO 含量不变的较高温度时讨论 Fe 的氧化和还原问题,然后讨论 MnO 和 Fe^{2+} 的含量在降温过程中都不发生改变的控制问题,之后综合各个问题的结果,以便给出冷却过程中如何正确控制氧分压的方法.

3. 烧结气氛和相图

通常用相结构的曲线图或表格的结果来制定控制氧分压的方法. 表 15.5 给了两个 Mn-Zn 铁氧体的例子,表中示出的结果不是连续变化的情况. 但是由表 15.5 可看出,在空气中烧结时,1270℃或 1280℃分别是所给出的铁氧体烧结的平衡气氛,温度高了就是缺氧,有较多的 Fe_2O_3 被还原成 Fe_3O_4,因而 Fe^{2+} 离子量增多;反之,在较低温度烧结就使 Fe^{2+} 离子减少,即空气中的氧含量过多,这都不利于保证质量.

表 15.5   Mn-Zn 铁氧体氧化量保持固定时,烧结温度和气氛中氧含量的百分数[6]

28.5%-MnO,18.0%-ZnO,53.5%-Fe_2O_3		25.0%-MnO,22.0%-ZnO,53.0%-Fe_2O_3	
烧结温度/℃	含氧量/(%)	烧结温度/℃	含氧量/(%)
1275	99	1300	98
1270	20(空气中)	1280	50
1250	5	1260	20
1220	1	1240	1
1150	0.1	1220	0.5
		1200	0.2
		1150	0.06

　　在 20 世纪 70 年代前后,Mn-Zn 铁氧体在烧结过程和烧成后的冷却过程中的氧化问题,已经比较好地解决了,也总结出了温度和氧分压对其成分的平衡相图,并已广泛地用于生产高质量的高导磁铁氧体材料.下面简单地介绍一下具体的做法.

　　根据配方的要求,将原材料混合均匀,成型(或是粉料)放在高灵敏度的热重分析仪器中,观测生成的铁氧体在烧结或冷却过程中质量的变化,以便了解材料在氧化(吸氧)或还原(放氧)时的结果,其灵敏度可达 10^{-5} g.实验时用 10 g 的料就足够了.图 15.16 给出了成分为 53%-Fe_2O_3,30%-MnO 和 17%-ZnO 时烧成 Mn-Zn 铁氧体后,在固定氧分压下,温度下降情况对铁氧体质量影响的实验结果.可以看到,氧分压较低(如 1%氧)时,对应氧化变快的拐点温度较低(为 1070℃,在拐点左边),且质量开始变化比较缓慢,这与高温情况有一定的共性,但温度越低,加剧变化的拐点也越低.这表明 Mn-Zn 铁氧体在温度较低时更容易氧化.从图上也可看到,不同温度和不同的氧分压下,在曲线上的转折点对应着尖晶石相的转变.

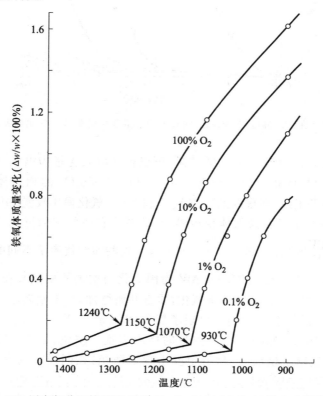

图 15.16　固定氧分压情况下 53%-Fe_2O_3,30%-MnO,17%-ZnO 铁氧体的
质量随温度下降的变化关系曲线

　　图 15.17 给出了在固定温度时,Mn-Zn 铁氧体的质量随氧分压变化的关系.可以看到,这个结果与图 15.16 结果一致,只是表示方式的不同.同样看到温度低时,该铁氧体容易氧化.例如,在 1%O_2 时,900℃就比 1042℃铁氧体质量增加了 0.8%.

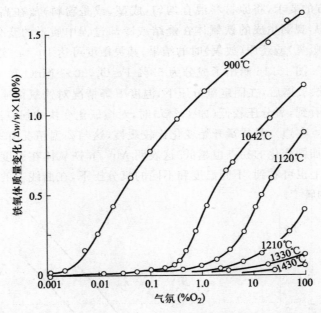

图 15.17　在固定温度时,Mn-Zn 铁氧体的质量变化随氧分压变化的关系曲线

　　综合图 15.16 和图 15.17 的结果,可以得到以氧含量为纵轴、温度为横轴的 Mn-Zn 铁氧体的相图以及含有一定 Fe_2O_3 和 Mn_2O_3 的相边界.具体见图 15.18 中的两条虚线.在虚线的下方 Fe^{2+} 和 Mn^{2+} 氧化得比较慢.中间的一条粗黑线标明了正分尖晶石铁氧体相边界,在其左边有一些细的黑线,同时在各条线上标明了 $\dfrac{\Delta W}{W}$ 的数值(如 0.5,0.7,0.9 等),这些曲线代表了不同的 $\Delta W/W$ 的等值线(W 为正分铁氧体的质量,ΔW 为因氧化而增加的质量).在氧含量不变的情况下,温度降低,则铁氧体被氧化,质量开始增加,在未超越粗黑线之前,材料仍为尖晶石结构,但在材料中出现了氧化,即 $Fe^{2+} \rightarrow Fe^{3+}$.因氧化量很少,故仍是单一的 Mn-Zn 铁氧体相,不过这时体内出现了空位、缺陷.如继续向右移(温度降低),超越了粗黑线,材料中就出现了两相:在同样较高氧含量条件下(大于 5%),温度高时先出现 αFe_2O_3＋MnZn 铁氧体混合物.如再继续向右移动,就会进入三相区.在氧含量较低(1%以下)时,如果温度降低,这时 βMn_2O_3 相出现.从相图上看到,较高温度区内重量的变化主要是铁的氧化,而温度较低

时锰的氧化逐渐增强. 这种相图只适用于某一个具体成分的 Mn-Zn 铁氧体.

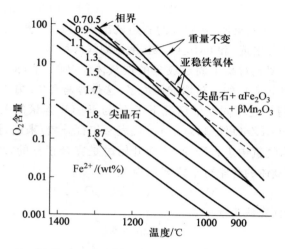

图 15.18　54.9%-Fe_2O_3,26.8%-MnO,18.3%-ZnO 铁氧体在 O_2 含量和
温度的坐标系中相的变化情况[9]

图 15.19 给出了另一成分的 Mn-Zn 铁氧体相图. 看来很相似,但具体表示
Fe^{2+} 的变化量的方式不同,左下的虚线表明 $\Delta W/W = 0$,随着向右平行于温度轴

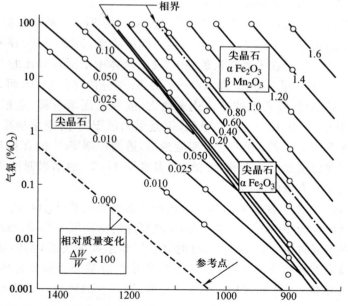

图 15.19　28.8%-MnO,18.3%-ZnO,54.9%-Fe_2O_3 铁氧体平衡质量之
变化($\Delta w/w \times 100\%$)与烧结氧气氛、温度的关系曲线[12]

移动，$\Delta W/W$ 增加，说明存在氧化问题. 要具体标明氧化的量比较难. 经过换算，可得到 Fe^{2+} 的含量降低的结果. 移动到一条在图中应加粗的斜线为止（即相界），仍然是 Mn-Zn 铁氧体. 在此线的右边就出现 αFe_2O_3 相（如温度再降低，或是氧含量增多就会出现）和 βMn_2O_3 相（用点划线标明）.

上述两个相图是对某个固定成分的铁氧体绘制的. 实际上，Fe^{2+} 在整个铁氧体中总是随着 Fe_2O_3 的含量增加而增多，这是普遍现象. 由于 Fe^{2+} 被氧化，设 γ 为氧化度. 为得到在不同 γ 值情况下 Fe^{2+} 与 Fe_2O_3 含量的关系，下面以成分为 $a Fe_2O_3, b MnO, c ZnO$ 铁氧体（a, b, c 代表摩尔百分数）来进行研究. 该铁氧体烧成后并在适当气氛中进行冷却，冷却开始时是完全正分的，之后 Fe^{2+} 可能被氧化，最终该铁氧体的化学分子式表示为

$$Mn_\alpha^{2+} Zn_\beta^{2+} Fe_{x-2\gamma}^{2+} Fe_{2+\gamma}^{3+} O_{4+\gamma}. \tag{15.16}$$

经计算可以给出（先认为 $\gamma = 0$）

$$\alpha = 3b/(2a+b+c),$$
$$x = 2(a-b-c)/(2a+b+c),$$
$$\beta = 1 - \alpha - x. \tag{15.17}①$$

一个氧离子进入后使两个 Fe^{2+} 被氧化，所以在分子式中 Fe^{2+} 的含量由 x 变化为 $x - 2\gamma$ 个，这样导致 Fe^{2+} 质量的变化（wt%）为

$$(x-\gamma)M_{Fe}/M,$$

其中 $M_{Fe} = 55.85$ g，M 为铁氧体的摩尔数.

只要知道一摩尔铁氧体中不同 Fe^{2+} (γ) wt% 与 Fe_2O_3 的摩尔数，就可以做出在不同 γ 的情况下 Fe^{2+} 与 Fe_2O_3 含量之间的关系，如图 15.20 所示.

图 15.20 给出了在平衡气氛条件下，在铁氧体中不同百分比的 Fe_2O_3 含量与生成的 Fe^{2+} 的重量百分比（即 wt%）的关系. 正分情况是 $\gamma = 0$，两者的关系是最上面的一条斜线，随着 γ 的数值逐渐增大，斜线就逐渐下移，且相互平行. 可以看到，γ 很小，只有 $10^{-3} \sim 10^{-2}$ 量级，但是引起的 Fe^{2+} 的变化却很明显，甚至可以转化为 Fe^{3+}. 在前面我们已经明确指出，适当控制 Fe^{2+} 的含量对提高起始磁导率和改善温度稳定性有帮助. 这样，参考图 15.20 的结果对改善产品的烧结工艺过程是很有价值的.

Morineau 等人[9]在前人的基础上比较详细地研究了 Fe_2O_3 成分为 50%～54%，MnO 成分为 20%～35% 的 MnZn 铁氧体的平衡气氛相图，给出了不同成分的成品在降温过中，对应某 γ 值时的氧分压和温度的关系，具体见图 15.21. 它是一个具有五种标度的关系图：(1) O_2 含量百分数（%）和氧分压 P_{O_2}（以大气压 atm 为单位）；(2) Fe_2O_3 的摩尔百分数（50%～54%）；(3) MnO 的摩尔百

---

① 式(15.17) 的具体计算见附录三.

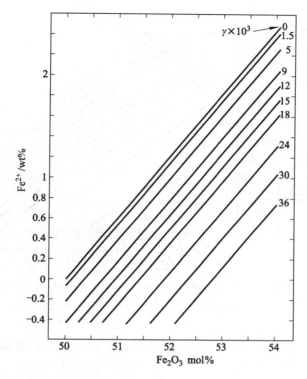

图 15.20　不同氧含量 γ 时,Fe^{2+} 与 Fe_2O_3 含量之间的关系[9]

分数(20%~40%,剩余为 ZnO 成分);(4)温度标度;(5)氧化度 γ 的标度.从图上看,γ 可为负值,这是因为有可能发生 $Fe^{2+}+Mn^{3+}\longleftrightarrow Fe^{3+}+Mn^{2+}$ 过程,即原来有 Mn^{3+},后转变为 Mn^{2+} 了,这时 Fe^{2+} 的量少于正分的情况.图 15.21 常常和图 15.20 结合使用.

　　上面讨论了 MnO 和 Fe_2O_3 在降温过程中被氧化的情况,分别给出了几个相图,最后归纳为图 15.21.实际上关键是要明白和会使用图 15.21.确定配方成分后,利用图 15.20 和图 15.21 可以决定烧结后在降温过程中尽可能做到较好地控制氧分压,以免使 Fe^{2+} 的含量发生波动.由于要获得原设定的配方材料的磁性,就是在烧结过程中不发生成分移动,就必须按一定的烧结工艺进行生产.它包括烧结温度和气氛以及冷却过程时氧分压的控制.这些都可从图 15.21 中查出来.关于如何将图 15.20 和图 15.21 结合起来使用,下面举两个例子说明.

　　例一　MnO 和 Fe_2O_3 的含量分别为 32 mol% 和 52.5 mol%,余量为 ZnO. 假定从 1100℃ 降温时开始进行较严格的控制氧分压的影响,先在图 15.20 选定

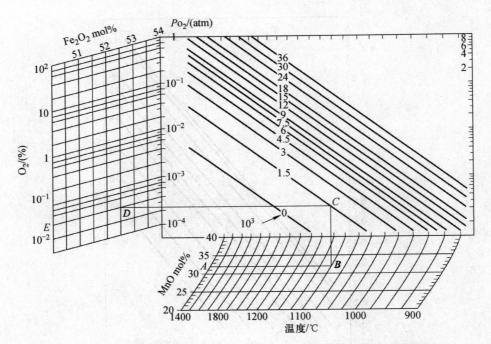

图 15.21　Mn-Zn 铁氧体在不同氧气氛中的氧化和还原关系.适用范围为:
50%～54% Fe_2O_3,20%～35% MnO,ZnO 为余量,总和为 100% mol[9]

一个 $\gamma=1.5$(选定适当的 Fe^{2+} 含量,约 1.4wt%).下面再看图 15.21,步骤如下:(1) 先由 MnO 成分轴的 A 点出发,平行温度轴画线,与 1100℃交于 B 点,在垂直温度轴向上画直线,并与(选定的)$\gamma=1.5\times10^{-3}$ 的斜线相交与 C 点;(2)由 C 作平行于温度轴的直线,并与纵轴交于 D 点,即 Fe_2O_3 对应的成分,再由 D 作平行横坐标的直线,与表示氧分压的纵轴交于 E 点,得出气氛中含氧量应为 5.6×10^{-2}%,或是 5.6×10^{-4} atm.查的目的是找出 1100℃开始降温过程的氧分压.随着温度降低,如 1050℃,可按上述步骤,从 MnO 成分开始再查阅所需的氧分压.依次类推,得到一组温度下降对应的氧分压关系值,用来控制整个降温过程.

　　例二　如果 MnO 的含量为 25 mol%,Fe_2O_3 的含量为 52.5 mol%,用同样的 γ 和步骤可得到氧含量值为 3×10^{-2}%或 3.0×10^{-4} atm.

　　从这两个例子可看到:(1) 在图 15.21 中,由于等 γ 线的斜率是负的,如要保持 γ 不变,在降温过程就要不断减少氧含量;反之,就要不断增加氧含量.(2) MnO 含量不同,烧结和降温过程所需的氧含量也不同.MnO 含量低的对应的氧含量高些,反之氧含量要低些.这是因为 Mn 更容易氧化的关系.所以,降温时的氧分压应以 MnO 的需要为标准. 而对 Fe_2O_3 的影响已不大重要了. 使用计算机是比较容易做到控制降温和氧的含量的自动化生产过程的.

　　生产出来的成品可用 X 光衍射或电子衍射法来分析是否为均匀单相铁氧体结构, 或是存在哪几种结构相; 还可以用微量分析方法测量氧含量(可达 10^{-6} 量级).

　　在铁氧体研究和生产的早期, 人们已经知道烧结气氛对产品磁性的影响, 特别是在 Mn-Zn 铁氧体完成烧结后的降温过程中, 已经采取了一些有力措施来避免 Mn 被氧化的问题. 例如, 将烧结好的成品在高温炉中进行淬火, 或在氮气保护的高温炉中降温. 这些对提高产品的性能的改进有一些效果, 但仍然不能很大地提高磁导率及其使用频率. 虽然于 20 世纪 70 年代在实验室已经基本上解决了烧结全过程(指升温、保温和冷却过程)的氧分压控制问题, 但这些解决措施在生产中的烧结过程并不能完全执行, 因为大生产工艺水平很难实现这个理论要求.

　　另外要指出的是, 降温过程中氧分压的控制是影响提高磁导率的重要因素, 但不是唯一因素, 因为还有烧结过程对铁氧体微结构(注意这是借用了"金相学"中的术语, 不是原子尺度的微观结构)的影响因素, 即晶粒的尺寸及其均匀性, 晶粒边界的粗细, 是否存在杂质或空洞等, 这些都要受到烧结时间和温度高低的影响. 如存在较多空洞, 晶粒大小一致性较差, 则很难得到高磁导率的材料. 因此, 了解烧结温度的高低和时间长短对晶体微结构的影响及其提高材料磁导率作用是很有必要的.

15.5.2　烧结温度与微结构及其对 $\mu_i(T)$ 的影响

　　上面讨论了烧结工艺过程中气氛不同对 Mn-Zn 铁氧体配方点移动的影响, 故气氛也是影响材料磁性(主要是 $\mu_i(T)$)的主要因素. 这一小节将主要讨论烧结温度和时间对晶粒大小, 即微结构的影响. 所谓微结构, 就是晶粒大小及其均匀性、缺陷、杂质等特点的统称, 它与"微观结构"一词完全是两个物理范畴, 一定要分清楚(附带说一下, 微观结构一词是指纳米尺度以下的各种粒子的结构和相互作用的问题, 是量子力学理论所研究的范畴, 而微结构所属的尺度为微米和亚微米, 多属宏观和半宏观理论和金相学研究的范畴). 在铁氧体中所说的微结构主要是指晶粒大小及其均匀性, 是否存在气孔和杂质, 晶粒边界的粗细以及材料的实际密度等. 研究微结构的主要方法是用金相显微镜、电子显微镜来直接观察材料的表面形貌, 从中得到有关晶粒尺寸大小、均匀性, 是否存在气孔、杂质等信息. 用称重法测密度, 其结果可间接反映出材料概况. 有时砸开一个烧成磁体来看看, 也是一种检验微结构的方法, 不过其结果的判断和技术人员的经验有很大关系.

　　晶粒大小和是否均匀对磁导率的高低有很大的影响, 在晶粒比较均匀情况下,磁导率与晶粒尺寸和均匀性的关系如图 15.22 所示.晶粒大的磁导率高.如以平均晶粒尺寸 d_0 为参数,可以得到磁导率和平均晶粒尺寸 d_0 存在线性关系,见图 15.23,图中虚线是另一组实验的结果.虽然斜率差别较大,但结果的意义相同.另外还有一些具体情况需要注意.首先是晶粒中是否有杂质、空隙,虽然平均晶粒尺寸相差不多,但是晶粒尺寸不能差别太大;其次是材料的密度要尽可能接近理想密度($\geqslant 99\%$);最后是还有可能因存在应力或烧结温度过高和时间过长,使磁导率很难升高.一般说,晶粒尺寸与烧结时间 t 和气氛有关,在理想的情况下烧结,平均晶粒尺寸大小可表示为

$$d_0 = K_p t^{1/3}, \tag{15.18}$$

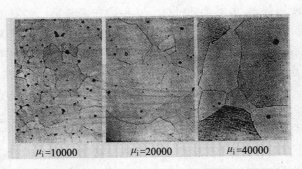

图 15.22　微结构与高磁导率的实验结果(取自文献[8]的图 2.21)

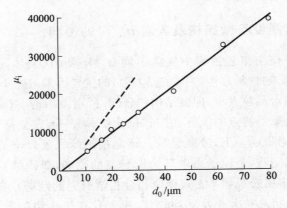

图 15.23　$\mu_i(T)$ 与晶粒平均尺寸 d_0 的线性关系[10]

其中常数 K_p 在氮气中为 $0.55\ \mu m/s^{1/3}$,而在真空中为 $1.8\ \mu m/s^{1/3}$.[12]烧结时间过长会发生二次再结晶,在已长大的晶粒中再生长出晶粒来,从而破坏了原有晶粒的完整性,并因受挤压而形成内应力.如果原材料纯度不够高,在烧结过程中杂质会聚集在已生成的晶粒中.另外,在氧化或还原气氛中烧结或冷却,就有可能出现

空隙. 由于在孔隙处会出现退磁场, 也会影响材料的磁化, 使磁导率上不去.

　　如果材料中晶粒尺寸差别太大, 或是很不均匀, 即便是在某一温度(如室温)下具有高的 μ_i 值, 但很可能温度系数不合格. 图 15.24 给出了室温下磁导率基本相等而温度系数差别较大的两个材料的 μ_i-T 曲线. 从图上可以看到, 晶粒尺寸较均匀的微结构材料(A)的温度系数比晶粒尺寸大小差别大的材料(B)的温度系数要好得多.

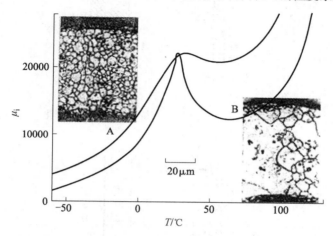

图 15.24　材料的不同微结构对 μ_i-T 曲线的影响(取自文献[1], [8]的图 2.44)

　　通常认为, 高导磁材料的低磁场磁化过程基本上是以畴壁移动为主的, 由于材料中晶粒较大, 总是存在畴结构(180°或 90°畴). 以 180°畴为例, 这类畴壁都比较宽(因为 K_1 的绝对值很小), 在外加很弱的磁场作用下, 畴壁移动绝大多数是在可逆磁化情况下进行的, 因而移动距离不大. 如果各个晶粒的尺寸差别不大, 缺陷不多, 这时各晶粒中畴结构相似, 畴壁宽度也差不多, 因此大家所移动的间距差别不大. 总的结果是有较大的磁性增量, 因而可提供较大的磁导率. 如果晶粒较大, 但存在一定的缺陷(空位或杂质), 则在 $K_1=0$ 附近温度仍然可以获得较高的磁导率. 这是因为缺陷多数在宽畴壁内, 其畴壁所移动的距离与在缺陷很少的材料中畴壁移动距离基本相同, 而这时畴壁并未移出缺陷, 在能量消耗上没有多大差别. 所以, 磁导率基本相同时, 当温度变化到材料的 $K_1\neq0$ 的情况后, 畴壁变窄, 如图 15.25 中 $K_1\neq0$ 情况所示. 在磁场作用下畴壁只有部分或全部移出气孔所在位置后才有获得高 μ_i 的可能. 但是, 因畴壁会增加面积而消耗了一部分磁场能. 或者说, 存在杂质或气孔时, 畴壁移动受到阻力比较大, 这样就使磁导率不可能达到预期的数值. 所以, 对于杂质或气孔较多的材料在 $K_1\neq0$ 的温度区域, 磁导率下降很快, 使温度系数恶化, 也就是图 15.24 中所示的曲线 B 的情况. 可参看图 15.26 的示意情况, 因 $K_1\neq0$ 和 $K_1=0$ 的作用, 使畴壁宽度变化较大, 再因存在杂质或空穴, 会导致畴壁钉扎, 使磁导率下降较大.

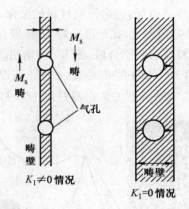

图 15.25　$K_1 \neq 0$ 和 $K_1 = 0$ 情况的畴壁宽度变化

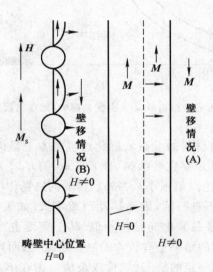

图 15.26　$K_1 \neq 0$ 和存在气孔情况下的畴壁移动.这时畴壁变得弯曲
而未能移离与气孔相连接的位置

　　晶粒大了以后也会出现损耗增加的结果,特别是体积很小的磁芯,其厚度或宽度只有几毫米量级.铁氧体的电阻率多半是由晶粒边界提供的,因为晶粒大,边界数量少,电阻下降,使涡流损耗上升,这样也就降低了使用频率的上限和产品的 Q 值.

　　图 15.27 给出了两种高导磁材料的频散曲线,可以看出,μ' 高的材料的截止频率较低,μ' 较低的材料的频散曲线随频率变化很小,在使用频率范围内 μ'' 较低,相对损耗要低一些.如果要求材料具有高频,高阻抗特性,这时晶粒尺寸

要小而均匀,即图 15.28 中左图所显示的晶粒分布特点.而图 15.28 中右图的晶粒尺寸较大,磁导率在低频时高出近四倍,但是使用频率较低.

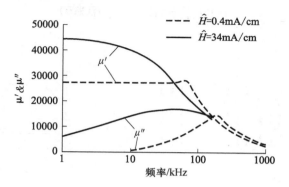

图 15.27 复数磁导率的频散关系

如图 15.28 所示,在较低温度烧结时,晶粒尺度比较小;如将烧好的材料在 1300℃再烧 2 h,密度基本不变,而晶粒尺度明显增大,使磁导率增加近 3.6 倍(由 6400 增到 23000).

表15.1 烧结条件对微结构和性能的变化的影响

烧结条件	1250℃, 2h(10^{-8} Torr)	1250℃, 2h(10^{-8} Torr)+1300℃, 2h(1vol%O_2)

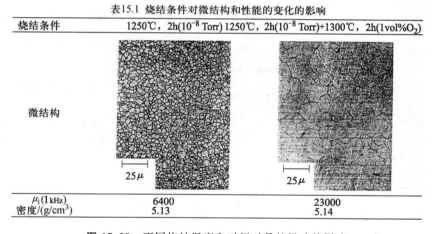

μ_i(1 kHz)	6400	23000
密度/(g/cm³)	5.13	5.14

图 15.28 不同烧结温度和时间对晶粒尺寸的影响

15.5.3 添加少量杂质对磁性的影响

在 Mn-Zn 铁氧体的主要配方成分和烧结工艺过程确定后,还可以在一次预烧后,在半成品的原材料中额外的添加少量的 CaO,SnO₂,SiO₂,V₂O₅(约 1 ％mol上下),这样不仅可以改善材料的晶粒生长,增加晶粒边界的完整性,还可适当提高材料的电阻率.

附录一　尖晶石铁氧体的结构（晶格常数为 a，下面坐标以 a 为单位）

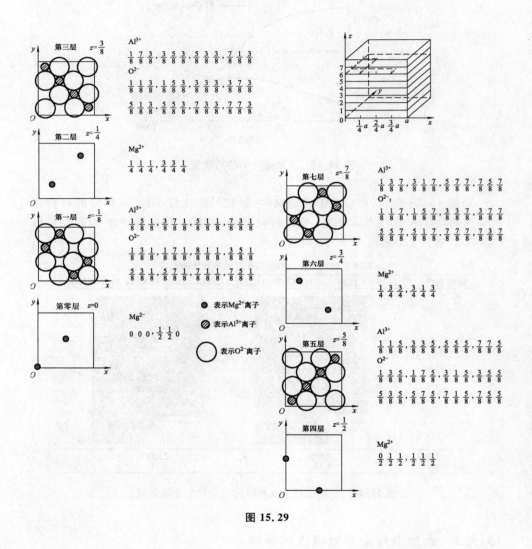

图 15.29

附录二　降温过程中温度和氧含量平衡的经验公式

由于在降温过程中要不断改变氧分压，人们总结出降温与氧分压变化的平

衡的经验公式

$$T^{-1} = A - C\lg P,$$

其中 A, C 为常数, 与 MnO 含量有关. 它仅适用于烧结高 μQ 材料 (一般 MnO 在 30mol% 左右), 具体为

$$1/T = 5.95 \times 10^{-4} - 0.61 \times 10^{-4}\lg P,$$

其中 T 用绝对温标, P 为氧分压, 参见表 15.2

表 15.2

$T/^{\circ}\mathrm{C}$	1260	1240	1220	1180	1140	1030	1010	980
$P/10^{-3}$	130	84	60	26	14	1.5	1.1	0.47

　　早期没有计算机自动控制烧结设备时, 在降温过程中, 用此公式给出的关系来调整氧分压, 对烧结高导磁 Mn-Zn 铁氧体有很大帮助. 20 世纪 90 年代研制成封闭的箱式烧结炉后, 根据烧结过程的氧分压平衡相图, 采用计算机来控制降低温度并自动调节所需的氧含量, 使生产工艺水平有了很大的改善.

附录三　关于式(15.23)的导出说明

　　以 $\mathrm{MnFe_2O_4}$ 为例, 所用原料 MnO 和 $\mathrm{Fe_2O_3}$ 的摩尔数量相等. 如要制备 $\mathrm{Mn}_\alpha\mathrm{Zn}_\beta\mathrm{Fe_2O_4}$, 则所用原料为 a 摩尔数 $\mathrm{Fe_2O_3}$, b 摩尔数 MnO, c 摩尔数 ZnO, 这时要求 $a+b+c=1$. 它可以理解成: $\alpha\mathrm{MnFe_2O_4}$ 加上 $\beta\mathrm{ZnFe_2O_4}$ 组成的结果, 这里 $a=b+c$. 在实际的生产中, 都是 $a>c+b$, 这样, 由于 FeO 的生成, 从而得到 1 摩尔的 $\mathrm{Mn}_\alpha\mathrm{Zn}_\beta\mathrm{Fe}_x^{2+}\mathrm{Fe}_2^{3+}\mathrm{O_4}$. 也就是说在降温过程中出现少量的 $\mathrm{Fe^{3+}}$ 被还原成 $\mathrm{Fe^{2+}}$ ($\mathrm{Fe_2O_3} - \frac{1}{2}\mathrm{O_2} \rightarrow 2\mathrm{FeO}$).

　　注意, 在烧结出 $\mathrm{Mn}_\alpha\mathrm{Zn}_\beta\mathrm{Fe}_x^{2+}\mathrm{Fe}_2^{3+}\mathrm{O_4}$ 后, $\alpha\mathrm{MnO}$, $\beta\mathrm{ZnO}$ 和 $\mathrm{Fe_2O_3}$ ($x\mathrm{FeO}$ 已包含在 a 中, 不必记入), 在这个分子式中就有了 4 份配料的成分 $(2a+b+c)$. 另外, 一个分子式中有 $\alpha+\beta+2=3$ 个离子数, 由此每份离子对应也增加比例数 3, 因此 $\alpha = 3b/(2a+b+c)$, $\beta = 3c/(2a+b+c)$.

　　在 $\mathrm{Fe_2O_3}$ 中因出现少量 $\mathrm{Fe^{2+}}$ 粒子, 假定为 x, 则有 $x = 2(a-b-c)/(2a+b+c)$. 如以 $a=53$, $b=30$ 和 $c=17$ 例, 可计算得 $\alpha=0.588$, $\beta=0.333$, $x=0.078$. 这里考虑了正分情况 ($\gamma=0$), 写成分子式 $\mathrm{Mn}_{0.59}^{2+}\mathrm{Zn}_{0.33}^{2+}\mathrm{Fe}_{0.08}^{2+}\mathrm{Fe}_2^{3+}\mathrm{O_4}$. 由于出现 $\mathrm{Fe^{2+}}$ 实际是 $0.078\mathrm{FeO}$ 含量不合适, 希望少一些, 可以使 FeO 少量氧化成 $\mathrm{Fe_2O_3}$, 即 $\gamma>0$, 则分子式应写成 $\mathrm{Mn}_{0.59}^{2+}\mathrm{Zn}_{0.33}^{2+}\mathrm{Fe}_{0.08-2\gamma}^{2+}\mathrm{Fe}_{2+\gamma}^{3+}\mathrm{O}_{4+\gamma}$. 这里 γ 一般在 $10^{-2} \sim 0^{-3}$ 量级.

附录四　表 15.3 给出一些常用原材料的基本参数

表 15.3　一些常用原材料的基本参数

化合物	分子量	结晶系	熔点/℃	比重	晶格常数/Å	磁化率/10^{-6}	电阻率/$\Omega\cdot cm$
α-Fe_2O_3	159.70	菱面体	1565	5.277	$a=5.424$ $c/a=3$, $\alpha=55°17'$	5.76×10^{-6}	1.7×10^{-4}
γ-Fe_2O_3	159.70	立方		4.907	8.322(A,下同)		
Fe_3O_4	231.55	立方	1538	5.238	8.39		$7\sim11\times10^{-3}$
MnO	70.93	立方	1650	5.43	4.435	75.9	1×10^8
NiO	74.69	立方	1998	6.96	4.17	9.56	6.7×10^3(300℃)
ZnO	81.38	六角	1775	5.47	$a=3.43$ $c=5.195$	-0.36	6.7×10^3(300℃)
CuO	79.54	单斜	1064	6.4	4.653 $b=3.410$ $c=5.108$	3.1	6.4×10^5(20℃)
MgO	40.32		2800	3.2~3.7	4.203	-0.25	2×10^8(850℃)
CaO	56.08		2573	3.37	4.80	-0.27	7.3×10^8(760℃)
CoO	74.94		1935	6.47	4.24	74.5	1×10^2(300℃)
Co_3O_4	240.82			6.07	8.07	83	
BaO	153.37		1923	5.72	5.528	-0.13	1×10^6(300℃)
Y_2O_3	225.84		2410	5.05	10.604	0.5	
Li_2O	29.88		1700	2.013			

参 考 文 献

[1]　Ross E. Slick P I. Proc. International Conference on Ferrites. Tokyo：Tokyo University Park Press，1971：203－209.

[2]　Tang G D,et al. Appl. Phys. Lett. ,2011,98:072511.

[3]　Guillot M. 铁氧体的磁性∥K. H. J. 巴肖. 金属与陶瓷的电子及磁学性质(Ⅱ第3B卷). 北京:科学出版社,2001.

[4]　Ohta K，Kobayashi N. Japan J. Appl. Phys. ,1964,3:576.

[5]　Darby M I,Isaac E D. IEEE. Trans. Mag. MAG—10,1974,2:259—304.

[6]　Madelung O. Landolt-Bornstein Group Ⅲ, Vol. 4, Part B. New York: Springer-Verlag Berlin. Heidelberg,1970.

[7]　Czech P N. J. Phys. ,1971,B21:1198.

[8]　V. W. 卡姆普曲克,E. 勒斯. 铁氧体磁芯. 冯怀涵,等,译. 北京:科学出版社,1986.

[9]　Morineau R，Paulus M. IEEE,Trans. MAG—11,1975,5:1312.

[10]　Shichijo J, et al. J. Appl. Phys. ,1964,35:1646.

[11]　J. R. Cullen, et al. 磁致伸缩材料. 詹文山,唐成春,译∥K. H. J. 巴肖. 金属与陶瓷的电子及磁学性质Ⅱ. 北京:科学出版社,2001.

[12]　Slick P I. Proc. International Conference on Ferrites. Tokyo: Tokyo University Park Press,1971:81.

[13]　李荫远,李国栋. 铁氧体物理学(修订版). 北京:科学出版社,1978.

[14]　钟文定. 铁磁学(中册). 北京:科学出版社,1992.

第十六章 钡铁氧体基本磁性

1951 年,人们发现了六角型 $BaFe_{12}O_{19}$ 铁氧体(常常用 M 标记),它与天然的镁铝磁铅石矿完全相同,为六角密堆结构,与 1938 年 Adelsköld 研究的天然矿物 $Pb(Fe_{7.5}Mn_{3.5}Al_{0.5}Ti_{0.5})O_{19}$ 的结构一致. 人工合成的 $BaFe_{12}O_{19}$ 具有很高的单轴磁晶各向异性,故材料表现出很好的永磁特性. 随后人们又研究了离子置换对磁性的影响以及烧结相图,发现了好几种六角结构,但它们的化学成分与 Ba 铁氧体不同,化学式分别为 $Me_2BaFe_{16}O_{27}$(W 型),$Me_2Ba_2Fe_{12}O_{22}$(Y 型),$Me_2Ba_3Fe_{24}O_{41}$(Z 型),$Me_2Ba_2Fe_{28}O_{46}$(X 型)和 $Me_2Ba_4Fe_{36}O_{60}$(U 型). 总的看来,一个晶胞结构可分成 S,R 和 T 三块,其中 S 为尖晶石结构块,R 为含 Ba 的结构块. 由于最常用的是 $BaFe_{12}O_{19}$ 型永磁,它只包含 S 和 R 块结构,这里我们将只讨论其基本磁性(包括离子置换和矫顽力等)问题. 其他几种六角结构的铁氧体材料,有的可用做甚高频材料,有的可用做永磁材料,一些专著对此做了讨论[8],这里将不再赘述.

本章中所选取的图表和数据凡未注明出处的均来自文献[1]和[2].

§16.1 基本化学成分、相图和晶体结构

16.1.1 成分和相图

BaO 和 Fe_2O_3 按不同摩尔百分数(mol%)或重量比例(wt%)混合,在不同温度下烧结,会形成各种成分的化合物. 用成分和温度作图,表示化合物形成的情况,称为相图. 图 16.1 给出了在空气中烧结时,不同温度下生成的氧化物的相成分区域,只在较窄的成分范围内可获得六角结构的 Ba 铁氧体. 图中 liq 表示液体,区域(2),(3)和(5),(4)之间的粗线(对应 85.7mole% 的 Fe_2O_3)才是正分的 $BaFe_{12}O_{19}$ 铁氧体.

对于 $BaFe_{12}O_{19}$ 铁氧体(为方便而记为 BaM),如用 Sr 置换 Ba,可制成 Sr 铁氧体(记为 SrM),在 $SrO\text{-}Fe_2O_3$ 相图中可看到(参见图 16.2),其形成温度有较大的降低,其中箭头所指的虚线区域表示了温度和成分可在小范围内变动. 如果烧结时的氧分压不同,则形成磁体的温度和相界也有一些移动. 能够形成六角结构铁氧体的成分比例基本不变,烧结温度变化也不大. 但是,材料的氧化和

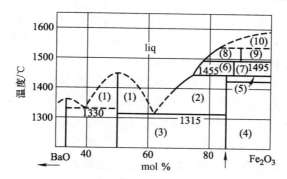

图 16.1　空气中 $BaO\text{-}Fe_2O_3$ 在不同温度下形成的化合物相图箭头指示的黑线为 BaM 的
成分,其中不同区域的成分为:

(1) $liq+BaO-Fe_2O_3$,(2) $liq+BaO-6Fe_2O_3$,(3) $BaO-6Fe_2O_3+BaO-Fe_2O_3$,(4) $BaO-6Fe_2O_3$ $+Fe_2O_3$,(5) $BaO-6Fe_2O_3+Fe_3O_4$,(6) $2FeO-2BaO-14Fe_2O_3+liq$,(7) $2FeO-2BaO-14Fe_2O_3$ $+Fe_3O_4$,(8) $2FeO-BaO-8Fe_2O_3+liq$,(9) $2FeO-BaO-8Fe_2O_3+Fe_3O_4$,(10) Fe_3O_4+liq

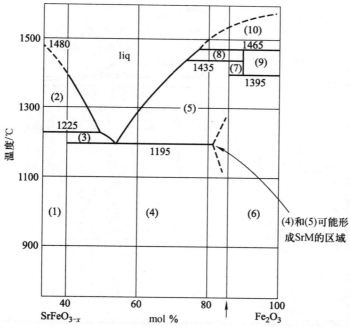

图 16.2　空气中 $SrO\text{-}Fe_2O_3$ 在不同温度下形成的化合物相图,
箭头指示的黑线为 SrM 的成分,其中不同区域的成分为:

(1) $SrFeO_{3-x}+3SrO-2Fe_2O_3$,(2) $SrFeO_{3-x}+liq$,(3) $3SrO-2Fe_2O_3+liq$,(4) $3SrO-2Fe_2O_3$ $+SrO-6Fe_2O_3$,(5) $SrO-6Fe_2O_3+liq$,(6) $SrO-6Fe_2O_3+Fe_2O_3$,(7) $SrO-6Fe_2O_3+2FeO-$ $SrO-8Fe_2O_3+2FeO-2SrO-14Fe_2O_3$,(8) $2FeO-SrO-8Fe_2O_3+liq$,(9) $2FeO-SrO-8Fe_2O_3$ $+Fe_3O_4$,(10) Fe_3O_4+liq

还原情况可能有较大不同,这可从图 16.3 给出的 La_2O_3-Fe_2O_3 的相图看到,而且温度上升存在 Fe_2O_3 向 Fe_3O_4 转变的问题. 而在 Ba 铁氧体中 Fe^{3+} 是主体,只有在离子替代情况下可能出现少量的 Fe^{2+},因此在正分情况下不会出现 Fe^{3+} 铁离子的氧化或还原的问题,但从两个相图(图 16.2 和图 16.3)可以知道,La-Sr 混合铁氧体的烧结温度介于两个单相材料之间. 在 1380℃ 以上,高于 $6Fe_2O_3$ 的相中就存在 Fe_3O_4 成分,温度越高其含量越多,如图 16.3 下方的弯曲曲线所示. 在 1380℃ 以下,有一很大的成分区间是 $LaFeO_3 + Fe_2O_3$ 的混合物相,如果烧结结束后冷却很慢,就会使原来生成的铁氧体分解成 $LaFeO_3 + Fe_2O_3$ 的混合物相,故为防止分解,冷却要适当快一些.

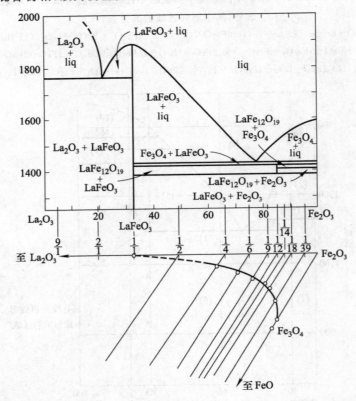

图 16.3 空气中 La_2O_3-Fe_2O_3 的赝三元烧结相图. 图中 liq 表示液相,在对应 1/12 成分处是正分 $LaFe_{12}O_{19}$ 铁氧体,其成形温度较高. 另外,形成 $LaFe_{12}O_{19}$ 单相的温区很窄(1380~1420℃). 图下半部分箭头指示温度上升的方向,表明空气中烧结时,温度升高会生成 Fe_3O_4

　　相图的研究和制作是材料研究和生产的基础工作,对指导材料的成分配方和烧结非常重要,但还不能给出材料最优结果,因为它是平衡相图,没有与材料物性相结合的讨论.

16.1.2　晶体结构

钡铁氧体的晶体结构为六角密堆型,每个单胞由两个 $BaFe_{12}O_{19}$ 分子组成,而且以六角晶体的 c 轴和与之垂直的平面上的一个棱边 a 组成底为棱形的柱体(如图 16.27 所示,棱角为 60° 和 120°).绕 c 轴每旋转 120° 就是一个单胞,在一个六角密堆体中有 3 个单胞,它们完全等同,所以只取一个六棱柱体的三分之一,即一个菱形的柱体单元,称之为晶胞,它就代表整个晶体的结构全貌.X光结构分析给出 c 轴和 a 轴的长度,列于表 16.1.在一个晶胞中有 2 个 Ba^{2+},24个 Fe^{3+} 和 38 个 O^{2-} 离子,根据沿 c 轴的空间对称特点,可分成 S 块和 R 块,以及绕 c 轴转 180° 后的 S^{*} 和 R^{*} 块,如图 16.4 中的投影所示.R 块中原子的分子式为 $(BaFe_6O_{11})^{2-}$,是负二价,包含了 Ba 离子层(BaO_3)和上下各两个 O_4 层;S块分子式为 Fe_6O_8(相当于 $(2Fe_3O_4)^{2+}$),为正二价.它对应尖晶石结构中 $<111>$ 方向的层面.也有人只将含 Ba 的层叫做 Ba 层,其他叫做 S 层.可以将 c轴定为 z 轴,并将 $z=0$ 这一层定为起始层.这样,每个晶胞以 13 层为一个周期(详细情况如图 16.27 所示).可以看到 R 和 S 块之间有一个 Fe^{3+} 离子,这个晶位称为 12k,可以看成 R 和 S 的连接位子,相当于 R 和 S 两个块的界面.R 和 S之间通过 $4f_2$ 共面的八面体和 R 中的双角锥体,或是通过 S 中的 2a 位和 $4f_1$ 位相联结.从图 16.27 可以看到,每一层的离子坐标都标示在图的右边,共计有 38个 O^{2-},24 个 Fe^{3+} 和 2 个 Ba^{2+}.这 24 个 Fe^{3+} 分别处在 Fe^{3+}(2a),Fe^{3+}($4f_2$),Fe^{3+}(12k),Fe^{3+}(2b)和 Fe^{3+}($4f_1$)五种晶位中.由于氧离子体积较大也较多,而在晶体中形成八面体、四面体和由 5 个氧离子组成的六面体空位.铁离子分别处在这些空位中,其中 a,f_2 和 k 为八面体位置,f_1 是四面体位置,b 是六面体位置.由于 Fe^{3+} 可能在由 3 个 O^{2-} 离子组成的平面上来回扩散,从而形成赝四面体 4e(1/2).括号中的数字表示晶胞中该空位所占据的 Fe^{3+} 离子数.了解 Fe^{3+} 所占位置,有助于以后对各磁性离子的相互作用(如间接交换作用)情况的理解,并对估计因离子替代后的占位不同而受到影响的磁性或居里温度 T_C 有很大的帮助.

表 16.1　M 型六角铁氧体的 X 光结构分析数据[①]

化学分子式	摩尔质量/(g/mol)	a/nm	c/nm	c/a	X 光密度/(g/cm³)	T_C/℃
$BaFe_{12}O_{19}$	1111.49	0.5893	2.3194	3.93₆	5.29	470
		0.589	2.320	3.94	5.29	—
		0.5889	2.3182	3.93₆	5.30	450
		0.5876	2.317	3.94₃	5.33	

续表

化学分子式	摩尔质量/(g/mol)	a/nm	c/nm	c/a	X光密度/(g/cm³)	T_c/℃
$SrFe_{12}O_{19}$	1061.71	0.5885	2.3047	3.91₆	5.10	477
		0.876	2.308	3.92₈	5.11	—
		0.5864	2.3031	3.92₈	5.14	470
$PbFe_{12}O_{19}$	1181.36	0.5877	2.302	3.91₇	5.70	~452
		0.5889	2.307	3.91₇	5.66	
$LaFe_{12}O_{19}$	1078.58[②]	0.5679	2.28807	4.0290[9]	5.36[10]	402±2

① 取自文献[1]H. Kojima 的文章中表 4,其中有几种数据来自不同的作者.

② $LaFe^{2+}Fe_{11}O_{19}$ 是(1/2)La_2O_3(=162.9g),(11/2)Fe_2O_3(=633.83g),FeO(=71.85g)三者之和.

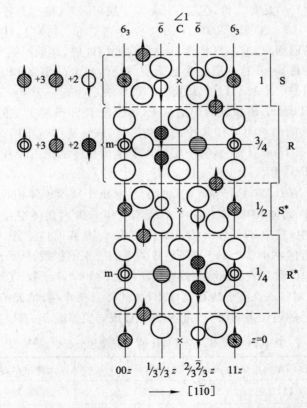

图 16.4　BaM 单胞中分为 S,R 块和 S* ,R* 块的结构,以及各层中 Fe^{3+} 离子磁矩的取向(即有阴影圆圈箭头方向).左边的两层都是表示铁离子磁矩的方向.上层自左向右为 1 个(2a)位+3 个(12k)位+2 个(4f)位的 Fe 离子,下层自左向右为 1 个(2b)位+3 个(12k)位+2 个(4f₂)位的 Fe 离子

Ba 所在的两层中每层有 3 个 O^{2-},其间距略小于无 Ba 的两层间间距,因此要使 f_2 晶位畸变,应使两相邻 f_2 晶位上的 Fe^{3+} 的距离增大 0.045 nm.

§16.2　基本磁性

16.2.1　自发磁化强度

在六角铁氧体中凡是具有磁矩的金属离子都有可能对材料提供磁矩,主要是 Fe 离子,但其他磁性金属离子(如 Co,Ni,Mn,稀土离子)也都具有较强的磁性.此外,某些非磁性离子替代后也会影响磁体的磁矩大小及其随温度的变化关系.这主要是因为非磁性离子替代磁性离子后,改变了晶格常数和 Fe 离子磁矩的总合数.

下面以 $BaFe_{12}O_{19}$ 为例来讨论其磁性的大小.在一个晶胞中 Fe^{3+} 离子的磁矩取向尽管都沿 c 轴排列,但其方向不都是一致的,其中八面体的 k 位和 a 位以及六面体的 b 位中 Fe^{3+} 离子取向一致(即这三个位置上磁矩彼此平行排列),四面体的 f_1 位和八面体的 f_2 位中 Fe^{3+} 离子的磁矩相互取向一致,而与前三个位置上的磁矩取向相反.由此可以给出一个晶胞的磁矩为

$$m(T) = 12m_k(T) + 2m_a(T) + 2m_b(T) - 4m_{f_1}(T) - 4m_{f_2}(T), \quad (16.1)$$

其中 T 表示温度.在 0 K 温度时,所有 Fe^{3+} 离子的磁矩均为 5 μ_B,这样可计算得 $m(0\ K) = 40\mu_B$.一个晶胞的体积为 2.3194 nm×0.5893 nm×0.5893 nm× $\sin 60° = 6.975 \times 10^{-22} cm^3$,从而计算得单位体积磁矩为(CGS 单位)

$$\begin{aligned} M_s &= [(1/6.975) \times 10^{+22} cm^{-3}] \times 40\mu_B \\ &= 0.1434 \times 10^{22} cm^{-3} \times 40 \times 9.27 \times 10^{-21}\ erg/Oe \\ &= 531.7\ (erg/Oe) \cdot cm^3 = 531.7\ Gs. \end{aligned}$$

如是 SI 单位,则 $M_s = 531.7 \times 10^{-4}$ Wb/m^2 或 $(531.7 \times 10^3/4\pi)$A/m. 这个计算值与实验结果是一致的.

如果因离子替代而使某些位置上的离子磁矩发生变化,只要知道它所处的位置,也可以计算出材料磁性的变化.图 16.5 给出了 Ba,Sr 和 Pb 铁氧体的 M_s 随 T 变化的特点,在 200～500 K 温度区间基本上是线性减小的趋势.这主要是 k 位中 M_s 受温度影响的表现,可能与 k 位和 f_1 位中的 Fe 离子相互作用较强有关,它不因 Ba,Sr,Pb 的相互替代而引起大的变化,因而 T_c 相差不大.还有 b 位和 f_1 位中 Fe^{3+} 离子的交换作用也很大,但因数量较少,所以要将它与 k—f_1 位的作用共同考虑,参见表 16.2.

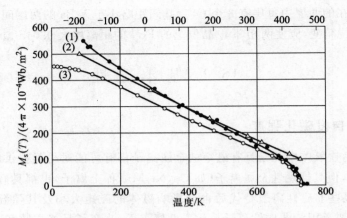

图 16.5　(1) BaM,(2) SrM 和(3) PbM 的 M_s 随 T 的变化特点

表 16.2　$BaFe_{12}O_{19}$ 中 Fe—O—Fe 键的键长和键角以及交换参数的计算值

成键的离子位置	键长/0.1 nm	键角/(°)	交换参数	计算值[①]
↑ Fe(b′)—O_{R_2}—Fe(f₂) ↓	1.886+2.060	142.41	J_{bf_2}	35.96
↑ Fe(b′)—O_{R_2}—Fe(f₂) ↓	1.886+2.060	132.95		
↓ Fe(f₁)—O_{S_1}—Fe(k) ↑	1.897+2.092	126.55	J_{kf_1}	19.63
↓ Fe(f₁)—O_{S_2}—Fe(k) ↑	1.907+2.107	121.00		
↑ Fe(a)—O_{S_2}—Fe(f₁) ↓	1.997+1.907	124.93	J_{af_1}	18.15
↓ Fe(f₂)—O_{R_3}—Fe(k) ↑	1.975+1.928	127.88	$J_{f_2 k}$	4.08
↑ Fe(b′)—O_{R_1}—Fe(k) ↑	2.162+1.976	119.38	J_{bk}	3.69
↑ Fe(b″)—O_{R_1}—Fe(k) ↑	2.472+1.976	119.38		
↑ Fe(k)—O_{R_1}—Fe(k) ↑	1.976+1.976	97.99	J_{kk}	<0.1
↑ Fe(k)—O_{S_1}—Fe(k) ↑	2.092+2.092	88.17		
↑ Fe(k)—O_{S_2}—Fe(k) ↑	2.107+2.107	90.08		
↑ Fe(k)—O_{R_3}—Fe(k) ↑	1.928+1.928	98.05		
↑ Fe(a)—O_{S_2}—Fe(k) ↑	1.995+2.107	95.84	J_{ak}	<0.1
↓ Fe(f₂)—O_{R_2}—Fe(f₂) ↓	2.060+2.060	84.64	$J_{f_2 f_2}$	<0.1

① 单位为 K/μ_B^2.

16.2.2　交换作用

不同位置之间的磁性离子存在间接交换作用,各个作用的强弱如表 16.2 所示,其中箭头表示各个 Fe^{3+} 离子磁矩的相对方向. 如按图 16.27 所分的层次,则各个层中的 Fe^{3+} 离子的相互作用如图 16.6 所示,其中箭头方向表示每个 Fe^{3+} 的磁矩取向. 注意,在图中最上层的 2a 与 $4f_1$ 间作用不计算在内. 这样就得到 12k,2b 和 2a 中共有 16 个 Fe^{3+} 的磁矩是取向一致的,$4f_1$ 和 $4f_2$ 中共有 8 个 Fe^{3+} 的磁矩取向一致,但与前三个位置上的磁矩取向相反,所以一个晶胞有净剩磁矩 40 μ_B. 晶体中原子或离子磁矩的取向可以通过 NMR 或 Mossbauer 谱来测定.

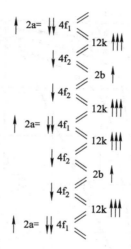

图 16.6　在六角结构的单胞中交换作用的示意情况,
每个箭头代表了一个 Fe^{3+} 磁矩方向

在整个 Ba 铁氧体中,Fe^{3+}—Fe^{3+} 交换作用占据了全部内容,即使在部分离子替代的材料中有一些其他金属离子,但 Fe^{3+} 的数量总是占 70%～80% 或更多,因此 Fe^{3+}—Fe^{3+} 交换作用在材料中始终占据主导地位. 这就是说,材料的居里温度主要是由 Fe^{3+}—Fe^{3+} 交换作用决定的. 各个晶位之间交换作用强度和作用的次数不同,交换作用强的和次数多的起更主要作用. 在离子替代时会引起晶格常数的少量变化,也使交换作用产生微变,这就使材料的居里温度有一些变化,但变化不是很大. 例如,Ba,Sr,Pb 这三种单晶铁氧体的 T_C 分别为 740 K,750 K 和 725 K. 当纯度不高,有些杂质时,T_C 会在小范围内变化,如 SrM 有 743 K±10 K 的结果.

如果材料中存在不均匀混合物,或是存在两个磁相,它就会出现两个居里温度,因而通过热磁测量的方法很容易测量出磁性材料是否存在两个磁相的情况[3].

16.2.3 磁晶各向异性

磁化曲线的特点与磁场 H 和 c 轴间的交角 θ 有很大关系. 图 16.7 给出了 PbM 单晶的 $\sigma\text{-}H$ 曲线与 θ 的关系. 可以看到, $\theta=0°$ 时单晶容易磁化到饱和. 在 $\theta=90°$ 时, 即垂直 c 轴的单晶最难磁化到饱和. 这表明该单晶具有单轴磁晶各向异性. 在磁化过程中磁场所需的能量与 θ 角有关, 它可表示为

$$E = K_{u1}\sin^2\theta + K_{u2}\sin^4\theta + K_{u6}\sin^6\theta + K_4\sin^6\theta\cos6\varphi. \qquad (16.2)$$

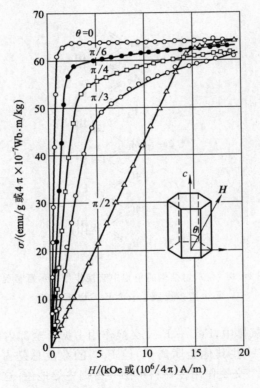

图 16.7 PbM 单晶的 $\sigma\text{-}H$ 曲线

如果不存在平面各向异性, 则 K_4 项可忽略, 对六角铁氧体只取前两项, 即用 K_{u1} 和 K_{u2} 就可描述其磁晶各向异性的大小和温度的影响. 图 16.8 和图 16.9 给出了 BaM 和 PbM 的 K_{u1} 和 K_{u2} 随温度的变化关系曲线. 可以看到, K_{u2} 的数值比 K_{u1} 要小得多. 但是 LaM 就与此有很大的不同, 其结果见后面的图 16.17. 从图上可以看到, M_s 的温度变化相差不大, 而 K_{u1} 在低温范围的变化相差很大,

在温度较低时 LaM 的 K_{u1} 大得多,而到室温时反而比 BaM 的小了一点. 这是因 La^{3+} 替代 Ba^{2+} 后在晶体中出现了 Fe^{2+},它对磁晶各向异性能常数 K_1 随温度的变化有很大的影响. SrM 的 K_{u1} 值在 0 K 时为 4.65×10^5 J/m^3(或 4.65×10^6 erg/cm^3),在 300 K 时为 3.5×10^5 J/m^3,而 LaM 的 K_{u1} 数值为 3.0×10^5 J/m^3. 详细情况将在 §16.3 中讨论.

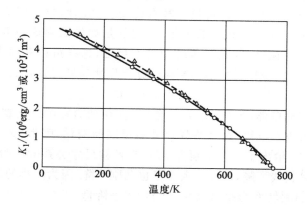

图 16.8　$BaFe_{12}O_{19}$ 的 K_1 随温度的变化. ○—1952 年测量,△—1969 年测量

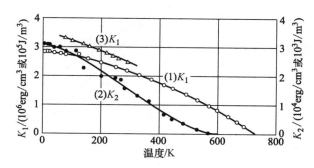

图 16.9　$PbFe_{12}O_{19}$ 的 K_1 和 K_2 随温度的变化. 曲线(1)和(2)是 Pauthenet 等人测量的,曲线(3)是 Viller 测量的

　　由于磁致伸缩所形成的单轴磁各向异性比磁晶各向异性要小得多,其磁致伸缩系数 $\lambda_s \approx 20 \times 10^{-6}$,所以磁致伸缩对各向异性影响可忽略,故不在此进行讨论.

16.2.4　磁滞回线和矫顽力

　　对于永磁材料,要求剩余磁化强度 M_r 和矫顽力 H_c 越大越好,同时还要具有高的最大磁能积$(BH)_m$. 对于永磁铁氧体来说,这三个参量都与它的单轴磁晶各向异性强弱有直接关系. 只有在它们达到饱和磁化状态后, 将磁化场减弱到零, 测量出这时的磁化强度, 才是正确的 M_r, 之后改变磁场方向(与原磁场方向相反), 逐步增强磁场, 以测量退磁曲线和 H_c 值. 由磁化过程理论可知, 在一致转动过程情况, 磁晶各向异性能的等效磁场强度 $H_A = 2K_{u1}/\mu_0 M_s$. 磁化过程为一致转动的晶体的矫顽力 $H_c \approx H_A - NM_s$, 其中 N 为退磁因子. 对于粉末取向成型制备的样品, 由简单的理论计算可得 $H_c \approx 0.48(H_A - NM_s)$, 其中对球形颗粒有 $N = 1/3$, 可得到较大的矫顽力. 问题是如何做到这一点. 如果材料的晶粒小到只有一个磁畴, 即具有单畴颗粒的尺度, 这样可以获得大的 H_c. 对于单轴磁晶各向异性材料来说, 单畴颗粒的临界尺寸参见式(10.23), 即

$$R_c = 9\gamma_{180}/\mu_0 M_s^2, \tag{16.3}$$

其中 γ_{180} 为 $180°$ 畴壁能($\approx (AK_{u1})^{1/2}$, 参见式(10.23)). 可以估算出 Ba 铁氧体类磁体的 R_c 在微米量级. 这个临界尺寸随温度而变化, 因为 K_1 和 M_s 是温度的函数. 图 16.10 给出了内禀矫顽力 $_MH_c$ 与颗粒尺寸关系的实验结果. 在颗粒大于 1 μm 后呈直线下降, 而尺寸太小了也急剧下降, 因为太小的颗粒会受到热运动的影响使材料转变为超顺磁性, 使 H_c 迅速降低.

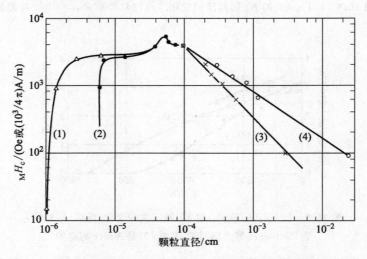

图 16.10 Ba 铁氧体的 $_MH_c$ 与其颗粒尺寸的关系, 其中测量颗粒的方法如下:
(1) X 光;(2) 电子显微镜;(3) 显微镜测片状样品;(4) 实测颗粒

由于 $H_A(=H_K)$ 和 M_s 是温度的函数, 一般来说 Ba 铁氧体类永磁材料的 H_A 从低温开始, 在较大的温度范围内随温度上升都变化缓慢. 不同研究者所得的结果是: 大多数是上升, 少量的却是下降, 这可能是实验用的样品不太一致引起的. 总的说, H_A 和 $_MH_c$ 都是随温度的上升而上升, 并在 $300℃$ 左右达到极大. 图 16.11 给出了 $SrO\text{-}6Fe_2O_3$, $PbO\text{-}6Fe_2O_3$ 的 H_A, 在很宽的温度范围内上升很

少,而图 16.12 为 BaO-6Fe$_2$O$_3$ 的 H_A 随温度的变化,因研究者不同而结果也有些差别.看来在 550 K 以上 H_A 的所有结果都是下降较快.

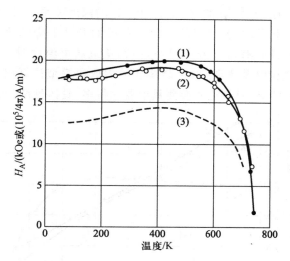

图 16.11　(1) SrM 的 H_A 实验曲线;(2) PbM 的 H_A 实验曲线;
(3) 理论计算的 $H_A(=H_K)$ 曲线

$_MH_c$ 的变化情况与 H_A 类似,其结果如图 16.12 所示.但两者随温度变化的原因并不相同.为什么会出现极大值? 众说纷纭.1953 年 Pathenau 认为,在室温时晶粒不是单畴,而在 300℃ 时由于临界尺寸变大,材料内的晶粒成为了单畴;1977 年 Craik 等提出,可能是因为晶界对畴壁的钉扎作用.总体上认为,这

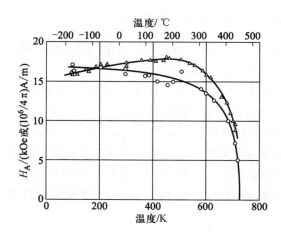

图 16.12　BaM 的 H_A 实验曲线,其中○为 1952 年 Pathenau 所测,
△为 1969 年 Shirk 等人所测

是个比较复杂的问题,很可能与制备方法有密切关系.在 20 世纪 70 年代,不少人研究了不同制备方法和磁化过程的关系,问题有一定的澄清,但仍未很好地解决.图 16.13 给出了 SrM 的 K_{u1},H_A 和 M_s 的温度关系.可以看到,M_s 和 K_{u1} 都随温度升高而下降,两者之间的比值随温度的升高下降的速率大为减小,使得 H_A 随温度上升而有可能变化很小,而在接近居里温度时 K_{u1} 趋于零,所以 H_A 下降很快.理论计算表明,对单晶体和采用取向模型计算出的 $H_{ci}(=_M H_c)$ 值都具有类似的结果,只是比实验测量值要大得多.具体见图 16.14.

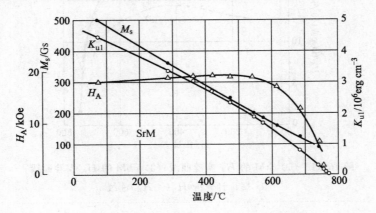

图 16.13 SrM 的 H_A,K_{u1},M_s 与温度的关系

$_M H_c$ 的变化情况与 H_K 类似,其结果见图 16.15 所示.为什么在 300℃ 上下会出现极大值?其原因如上面所述.

16.2.5 理论上最大矫顽力和磁能积

　　永磁材料实际的 H_c 和最大磁能积与理论值存在较大的差别.对 Ba 铁氧体来说,其差别是实用材料中比较小的.

　　永磁材料中除 H_c 外,M_r 也是一个重要的参量.在理想的情况下,$M_r=M_s$,而且退磁曲线为矩形,其磁感应曲线是由($B_r=\mu_0 M_s$,$H=0$)点到($B=0$,$_B H_c=M_s$)点的直线,这样得到理论最大磁能积为 $\mu_0(M_s/2)^2$ 或 $(2\pi M_s)^2$,见图 12.10. 因此,采用了磁场中取向成型或加压烧结的方法制备高度取向的 Ba 恒磁体,可使磁能积接近理论值.理论上,$_B H_c=M_s$,在 0 K 时最大可达到 7200 Oe,300 K 时可达 4800 Oe,而 $_M H_c$ 则可高达 10^4 Oe 以上.要提高磁体的 H_c,主要得从工艺方面下工夫.

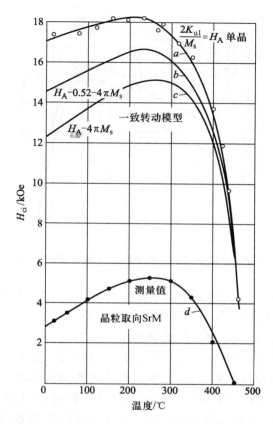

图 16.14 理论计算结果与测得的晶粒取向的 SrM 的内禀矫顽力的比较.
它们的大小差别较大,因为理论值是理想情况的结果

16.2.6 H_c 的温度系数

永磁铁氧体 H_c 的温度系数比较大,是所有永磁材料中最大的. 人们做过很多努力企图解决这一温度系数大的难题,虽有进展,但都不理想. 这种特点与其基本磁性密切相关,主要是 K_{u1}/M_s 的温度特性起决定作用. 这可以从图 16.11~16.15 看出,即随着温度由较低温度上升,其数值不断增大,直到 300℃ 附近出现极大,之后随温度升高而很快下降. 温度特性不够好,从而限制了它的使用范围和档次. H_c 随温度的变化关系在前面已有所讨论,相关的研究在相当长时间内都没有明显的进展.

1999 年,日本 TDK 公司在一份递交中国专利局的专利申请书中宣称[4],他们在混合 Sr-La 铁氧体中获得了低温度系数和高 H_c 永磁体,即在 -50℃ 到

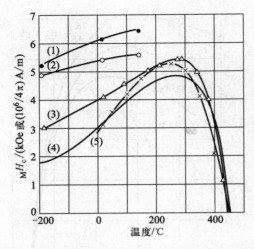

图 16.15　曲线(1)和(5)为 SrM 的 $_MH_c$ 的实验结果,其他三曲线为 BaM 的实验值

$+50℃$ 的温度区间,H_c 温度系数的指标为 $0.1\%/℃$. 这个指标比一般的 Ba 铁氧体要高一倍左右,而具体是怎样制作成的,专利并未具体介绍.但从理论上分析可知,有可能降低 H_c 温度系数的做法如下所述.

　　这里最主要的是:用一种混合状态的永磁铁氧体,其不太可能是均匀单相材料,目的是使两种材料的 K_{u1}/M_s 的温度特性叠加起来,相互补偿地起作用,以达到温度对 H_c 的变化影响小一些.由于在 $0℃$ 附近 LaM 的 K_{u1} 值与 BaM 的基本相同(参见图 16.18),随着温度的上升而变得比 BaM 的越来越小,但 LaM 的 M_s 仍要比 BaM 的大一些,因此 K_{u1}/M_s 值就要比 BaM 的小得多.而且随温度的变化趋势可能是相反的,两者合起来就有互补作用,使 H_c 随温度变化的速率大为降低.由于 BaM 与 SrM 的 K_{u1}/M_s 随温度的变化关系很类似,所以用 LaM 和 SrM 混合物的生产工艺有可能降低 H_c 的温度系数.

§16.3　离　子　替　代

　　原则上讲,只要离子半径差别不大,有利于价键结合的离子都可以用来替代 Fe 和 Ba 离子.其实在发现天然的磁铅石矿后,人们用 Fe 替代了原来的 Mg 和 Al,用 Ba 替代了 Pb 后,发现和制成了 Ba 铁氧体.此后,人们不断地用不同离子作替代,试图获得更高磁性的永磁铁氧体.几十年来通过大量的实验,应该说性能有了很大改善,如 SrM.从目前的情况来看,化学配方的改进工作似乎已经走到了尽头,开拓的余地可以说不多了.但工艺的改进,也许还有一些余地.不过,总的看来,基本磁性能很难有较大提高了.有人预期用纳米颗粒尺度的原材料来制作

BaM 磁体,也许有新的进展. 不过,大量生产时,成本是否允许,那就是后事了.

在六角结构铁氧体中较大的离子为 Ba^{2+},离子半径为 0.143 nm,要用较大的二价离子,如 Sr(0.127),Pb(0.132),Ca(0.106)等来替代,并已有很多成果,其中以 Sr^{2+} 替代 Ba^{2+} 的结果最好. 替代 Fe^{3+} 的试验较多,离子占位的情况与尖晶石型铁氧体很相近.

16.3.1　用 La^{3+} 替代 Ba^{2+}

用三价稀土离子替代的研究也不少,一般来说,La 的效果较好,可全部替代,但烧结温度却升高很大,而且生成单相的温区很窄,单晶 LaM 更不易制备成功. Ce 离子由于本身的变价(可为 Ce^{2+},Ce^{3+} 或 Ce^{4+}),替代效果不佳. Pr,Nd,Sm 等替代的结果表明,随着离子半径的减小,可替代量也在减小,效果也不断下降. 图 16.16 和图 16.17 给出了用三价稀土离子 La 或 Pr 替代 Ba 以及少量 Ni 或 Co 替代 Fe 的实验,烧结温度在 1250℃左右,生成单相的温区很窄. 另外,可以看到 Pr 的效果不如 La,在室温下饱和磁化强度随 x 增加下降很快,主要是 Ni 的替代效果不好. 由于实验是用 x mol% La^{3+},Ni^{2+} 来分别替代 Ba^{2+},Fe^{3+},因 Ni^{2+} 有强烈的占据尖晶石块中八面体位置的趋势,而且是 2a 位,这将使每个含有一个 Ni^{2+} 的晶胞中的磁矩由 $40\mu_B$ 降低到 $37\mu_B$,从而使随着替代量 x 的增加,永磁体的磁化强度下降较快. 如用 La^{3+},Co^{2+} 来分别替代 Ba^{2+},Fe^{3+},同样会产生与 Ni^{2+} 效果相似的结果,但下降速率要慢一些,因 Co^{2+} 的磁矩比 Ni^{2+} 的大一个 μ_B. 这可以从图 16.17 的结果看出来.

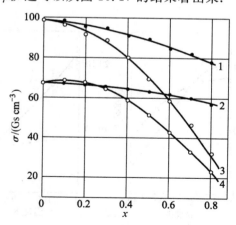

图 16.16　$(1-x)BaFe_{12}O_{19}\text{-}xR^{3+}Fe_{11}M^{2+}O_{19}$ 固溶体的饱和磁化强度与成分 x 的关系[5],其中曲线 1:$R^{3+}=La^{3+}$,$M^{2+}=Ni^{2+}$($-196℃$);曲线 2:$R^{3+}=La^{3+}$,$M^{2+}=Ni^{2+}$(20℃);曲线 3:$R^{3+}=Pr^{3+}$,$M^{2+}=Ni^{2+}$($-196℃$);曲线 4:$R^{3+}=Pr^{3+}$,$M^{2+}=Ni^{2+}$(20℃)

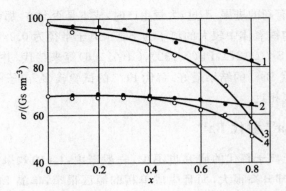

图 16.17 $(1-x)BaFe_{12}O_{19}-xR^{3+}Fe_{11}M^{2+}O_{19}$ 固溶体的饱和磁化强度与成分 x 的关系[5]，其中曲线 1：$R^{3+}=La^{3+}$，$M^{2+}=Co^{2+}(-196℃)$；曲线 2：$R^{3+}=La^{3+}$，$M^{2+}=Co^{2+}(20℃)$；曲线 3：$R^{3+}=Pr^{3+}$，$M^{2+}=Co^{2+}(-196℃)$；曲线 4：$R^{3+}=Pr^{3+}$，$M^{2+}=Co^{2+}(20℃)$

图 16.18 给出的是 LaM 和 BaM 的比磁化强度 σ_s 和 K_1 随温度的变化关系. 可以看到，在 300 K 时，BaM 的 σ_s 比 LaM 的还低一些. 这是因为用 La^{3+} 替代 Ba^{2+} 时，在磁体内由于化学价的要求，有一个 Fe^{3+} 离子转变为 Fe^{2+} 离子. 由此，如图 16.18 所示，在低温时 K_{u1} 增大接近两倍，但磁矩有所降低，因为 Fe^{2+} 占据 2a 位置，磁矩比 Fe^{3+} 少一个 μ_B，在低温时能使各向异性增大，这和 Fe^{2+} 的出现直接有关系. 从图 16.19 可看到，在低温 77 K 时，转矩曲线由 K_{u1} 和 K_{u2} 共同贡献所致；在 293 K 所测得的转矩曲线是对称的，这表明 K_{u2} 未提供转矩，即 $K_{u2}=0$ 或很小.

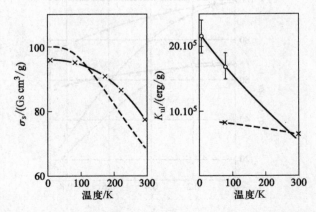

图 16.18 LaM(实线)和 BaM(虚线)的 σ_s 和 K_{u1} 随温度的变化

要说明此结果，就得了解 BaM 的各向异性的来源. 根据理论研究成果可知，BaM 的各向异性主要是 12k 和 2b 晶位的 Fe^{3+} 离子提供的，而 Fe^{2+} 占据 a

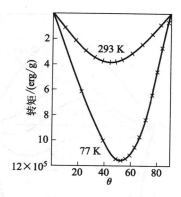

图 16.19　LaM 在 77 K 和 293 K 时的转矩曲线

位.掺 La 后出现一些 Fe^{2+} 离子,它们提供的各向异性,在 BaM 中也是沿 c 轴取向,因而增大了原来的各向异性.另外,特别是低温下 K_{u1} 比 BaM 的各向异性能常数大得多,而在室温以上较小于 BaM 的各向异性能常数,这可能与 K_{u2} 贡献很小有关.

另外,La 替代 Ba 后使 T_C 降低,因此一般用 La 替代 Ba 的量不能大,都在 0.4 离子以内.故 La-Sr 铁氧体系列中主要是以 SrM 为主体,这样可使材料具有较好的综合磁性.目前看来,它是现行大量生产的品种了.

16.3.2　用 Co^{2+} 替代 Fe^{3+}

单纯 Co^{2+} 替代 Fe^{3+} 会引起化学价的不平衡,而用 La^{3+} 替代 Ba^{2+} 的同时,加适量 Co^{2+} 替代 Fe^{3+},这时可使化学价平衡,但对磁性影响较大.对 Co^{2+} 替代 Fe^{3+} 的研究人们很感兴趣,早期是想达到提高 K_{u1} 和 H_c 的目的,但未成功.后来发现它可用做垂直磁记录介质材料.为了既替代 Fe^{3+} 又不产生 Fe^{2+},人们采用了 $Co^{2+}+Ti^{4+}$ 或 $Co^{2+}+Sn^{4+}$ 等复合替代形式.总的看来,替代后 K_{u1}、M_s、T_c 等都有所降低.特别是替代量在每个分子式中接近一个离子时,磁晶各向异性能常数 K_{u1} 改变正负号.图 16.20 给出了 $(Co^{2+}Ti^{4+})_\delta$ 在替代量接近一个 Fe^{3+} 时,于 77 K 下测量的转矩曲线和 K_{u1}-δ 关系曲线.从图可发现,在 δ 略大于 1 后,K_{u1}-δ 曲线经过 0 点,其转矩曲线也显示出由负变到正.

在尖晶石结构中,Co^{2+} 离子的 K_{u1} 为正值且很大,但在六角结构铁氧体中,对于 c 轴来说,却变成负的,起了降低各向异性的作用.其原因是:从只用 Co^{2+} 替代 Fe^{3+} 来看,它进入了 12k 位,其易轴方向与 c 轴成 71°,变成抵消原有的各向异性.若用 $Co^{2+}+Ti^{4+}$ 或是 $Co^{2+}+Sn^{4+}$ 的复合形式来替代 Fe^{3+} 离子,则由于 Ti^{4+} 和 Sn^{4+} 离子都具有强烈的占据八面体($4f_2$)位置的特性,使得 Co^{2+} 离子

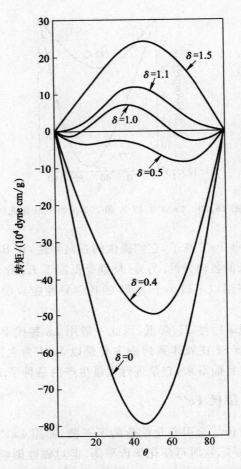

图 16.20　77 K 下测量的$(CoTi)_\delta M$的转矩曲线

倾向于占据四面体$(4f_1)$位置,这也使得材料的各向异性降低.由此可以认为,用 Co 离子来替代 Fe 离子是不大可能增加材料的磁晶各向异性的[6].

16.3.3　用 Zn^{2+} 替代 Sr-La 中的 Fe^{3+}

少量 Zn^{2+} 的加入可提高 M_s 和 B_r,但却使 $_MH_c$ 降低.有一个实验给出替代量 $x \leqslant 0.3$ 时结果较好,同时也使最大磁能积有所提高,但 $_MH_c$ 降低,这是因 K 值有所下降.Zn^{2+} 替代量大于 0.4 后使磁性降低.具体结果参见图 16.21,图 16.22 和图 16.23.加入 Zn^{2+} 的作用与尖晶石铁氧体情况相似,但磁性 $_MH_c$ 变化没有那样显著,因此用 Zn^{2+} 替代 Fe^{3+} 的六角铁氧体永磁材料的磁特性研究不多.

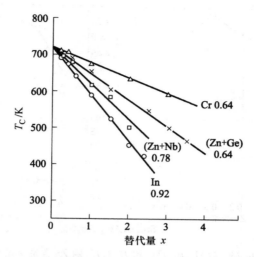

图 16.21　少量 Zn,Cr 等替代 Sr -LaM 中的 Fe 后,T_C 随替代量 x
直线降低的情况(取自文献[7]的图 8)

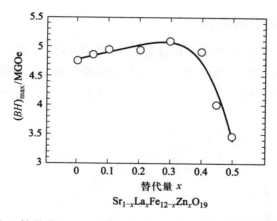

图 16.22　部分 Zn^{2+} 替代 Sr-LaM 中的 Fe^{3+} 后,最大磁能积随替代量 x 的变化情况

　　实验结果知,很少量 Zn 替代 Sr-LaM 中的 Fe 后,$4\pi M_s$ 开始上升,而后下降,B_r 的情况与 $4\pi M_s$ 差不多,而 $_JH_c$(即 $_MH_c$)的变化只是降低,至于 H_K 的变化,由于它正比于 K_{u1}/M_s,因而 $H_K/_JH_c$ 的变化有些特殊.上述几个参量随 x 的变化情况可参看图 2.23.

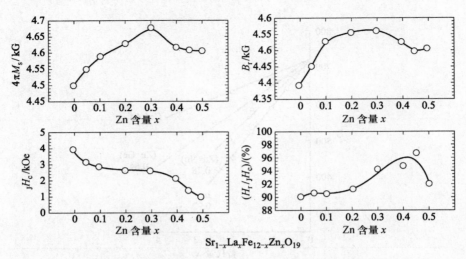

$Sr_{1-x}La_xFe_{12-x}Zn_xO_{19}$

图 16.23　$4\pi M_s$, B_r, $_JH_c$ 和 $H_K/_JH_c$ 随 Zn 含量 x 增加的
变化($_JH_c = _MH_c$)（取自文献[7]的图 12）

16.3.4　其他离子的替代

　　Zn, Nb, Ga, Cr 和 In 等离子用以替代 BaM 和 SrM 中的 Fe^{3+} 离子, 结果都
使磁性下降, 并且很显著, 参见图 16.24, 同时晶格常数 c 和 a 都有一定的降低.
这表明 Fe—O 键的键长相应也变短了, 并导致了 T_C 下降; 这也同时说明 SrM

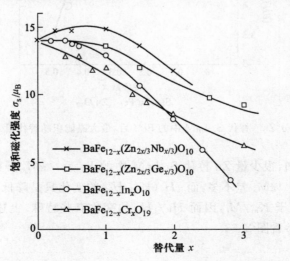

图 16.24　Zn, Nb, Ga, Cr 和 In 替代 Fe^{3+} 离子后, BaM 的 σ_s 的变化情况, σ_s 为每个
分子的磁矩大小, 以玻尔磁子 μ_B 为单位.

比 BaM 的 T_C 略高,而比 LaM 的 T_C 要高得多($>80℃$)的原因.

§16.4　烧结中应注意问题

本节将讨论氧分压的影响问题.在六角铁氧体中 Fe 是三价离子,因此在烧结过程中需要氧使它尽可能为三价离子.通常烧结温度多数在 1300℃ 左右,温度越高越容易生成 Fe^{2+} 离子,所以要提高氧分压.低于 1250℃ 后在空气中烧结一般不会出现低价 Fe 离子.图 16.25 给出了不同 Zn 含量的 Sr-LaM 的 $_MH_c$ 和 $H_K/_MH_c$ 在不同氧分压下的烧结结果.可以看到,氧分压低时性能较差.Zn 加入后在 1210℃ 烧结,因而有 Fe^{2+} 离子存在,以使 M_s 降低,影响 H_c 和 H_K 值.

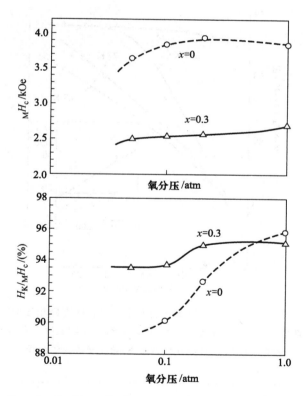

图 16.25　$Sr_{1-x}La_xZn_xFe_{12-x}O_{19}(x=0,0.3)$在 1210℃ 和不同氧分压下烧结后 $_MH_c$ 和 $H_K/_MH_c$ 的变化(取自文献[7]的图 6)

从图 16.25 可以看到,氧含量对未掺杂的 SrM($x=0$)的 H_c 影响较小,因为在 $x=0$ 时,氧分压不太低,所产生的 Fe^{2+} 较少,但在同样的 Fe^{2+} 含量情况下对 H_K 影响较大.在掺杂后,H_c 降低较大,因材料中有较多的 Fe^{2+} 含量,H_K 变化不大,因而使 $_M H_c/H_K$ 的比值升高,另外也显示出氧分压高低的影响变得明显.

有实验指出,可以用 La 替代大部分 Ba 制成 LaM 铁氧体,并使其磁矩有较高的取向度.在低温下 LaM 铁氧体的磁晶各向异性比较高.图 16.26 示出了在平行和垂直磁矩的取向方向上的磁化曲线.

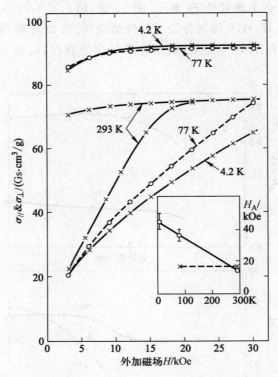

图 16.26　具有 82% 取向的 LaM 的平行和垂直磁化的克磁化强度随温度的变化,插图为磁晶各向异性与温度的关系.可以看到,H_A 随温度上升而下降较快.
虚线是 BaM 的各向异性常数 K 随温度的变化曲线.

附录　六角 Ba 铁氧体的结构详图

图 16.27 是 BaM 一个晶胞的立体结构,可分为 12 层,最下面的为第 1 层,有四个顶角为 2a 位,组成一个菱形平面,定位 $z=0$ 的面,记为(1)层,也就是

图 16.27 最下面的一个菱形. 将其最下边中间位置的离子的坐标定为 $(0,0,0)$，由此向右方延伸的直线为 x 轴，即 $<100>$ 方向，向左方延伸的直线为 y 轴，即 $<010>$ 方向，向上是 z 方向. 图中 (13) 层与 (1) 层全同，也是另一个晶胞的第 1 层.

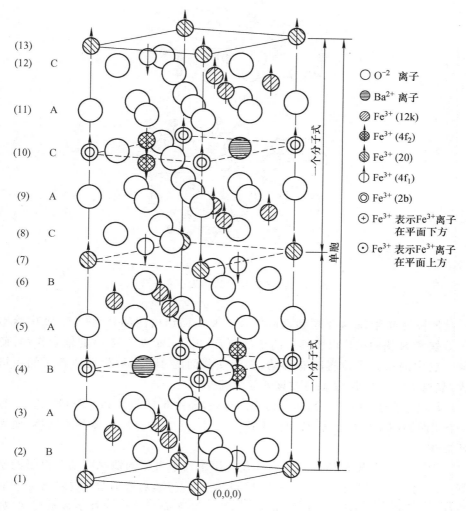

图 16.27 $BaFe_{12}O_{19}$ 晶胞中离子分布

图 16.27 不同离子用不同的符号来标示，只是最下面的两个 Fe 离子的位置不是在有标记的 13 个平面上，如图 16.29 所示 $\oplus$ 号表示该 Fe 离子的质心在某平面的下面一点，$\odot$ 号表示该 Fe 离子的质心在某一平面的上面一点.

在一个晶胞内可分成 S 块和 R 块,S 表示为尖晶石结构的一部分,在氧离子层面的取向为 c 轴,也是原尖晶石结构的[111]取向. 如果将斜方向上的三个氧原子看成一个平面,则这个面上的对角方向就是尖晶石结构的[100]取向,如图 16.28 所示.

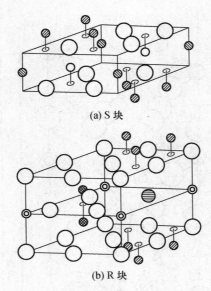

(a) S 块

(b) R 块

图 16.28 S 块和 R 块中离子的分布

R 块为包含 Ba 离子层和六面体及 12k 八面结构的部分. 图 16.28 中给出了 S 块和 R 块的结构以及其中离子的位置. 由于 Ba 离子与 O 的耦合作用,使同一层中的氧离子位置略有移动,因而使共面的 $4f_2$—$4f_2$ 位上的离子间距增大,氧离子间距缩小,从而造成该八面体畸变.

S 块相当于 $2Fe_3O_4$,因而称为尖晶石块,即由 6 个 Fe^{3+} 和 8 个 O^{2+} 组成,有 2 个四面体和 4 个八面体. R 块由 $BaFe_6O_{11}$ 组成,它含有六面体和八面体,而无四面体.

图 16.29 给出 $BaFe_{12}O_{19}$ 铁氧体的各层中离子占位的情况以及各离子的坐标. 下面的 1~6 层与上面的 7~12 层组成一个晶胞,右边的数字是各种原子的坐标. 原子的类型参见图 16.27 的符号说明,图下面括号内的数字表示层次,如 (10) 表示第 10 层,其右边的数字表示在 c 轴(即 z 轴)的位置,如 0.75 即为 $z=$ 0.75 的层面.

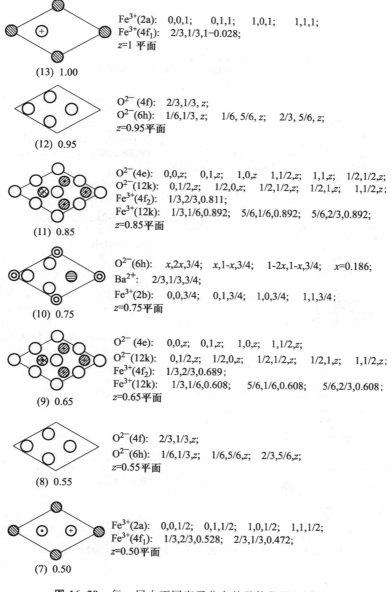

图 16.29 每一层中不同离子分布的具体位置(坐标)

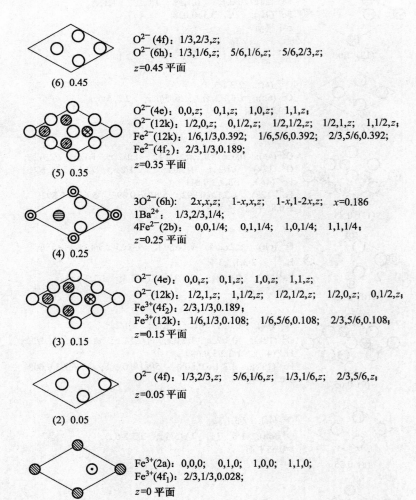

O^{2-}(4f)：1/3,2/3,z；
O^{2-}(6h)：1/3,1/6,z； 5/6,1/6,z； 5/6,2/3,z；
z=0.45 平面

(6) 0.45

O^{2-}(4e)：0,0,z； 0,1,z； 1,0,z； 1,1,z；
O^{2-}(12k)：1/2,0,z； 0,1/2,z； 1/2,1/2,z； 1/2,1,z； 1,1/2,z；
Fe^{2-}(12k)：1/6,1/3,0.392； 1/6,5/6,0.392； 2/3,5/6,0.392；
Fe^{2-}(4f$_2$)：2/3,1/3,0.189；
z=0.35 平面

(5) 0.35

$3O^{2-}$(6h)： $2x,x,z$； $1-x,x,z$； $1-x,1-2x,z$； x=0.186
$1Ba^{2+}$： 1/3,2/3,1/4；
$4Fe^{2-}$(2b)： 0,0,1/4； 0,1,1/4； 1,0,1/4； 1,1,1/4；
z=0.25 平面

(4) 0.25

O^{2-}(4e)：0,0,z； 0,1,z； 1,0,z； 1,1,z；
O^{2-}(12k)：1/2,1,z； 1,1/2,z； 1/2,1/2,z； 1/2,0,z； 0,1/2,z；
Fe^{3+}(4f$_2$)：2/3,1/3,0.189；
Fe^{3+}(12k)：1/6,1/3,0.108； 1/6,5/6,0.108； 2/3,5/6,0.108；
z=0.15 平面

(3) 0.15

O^{2-}(4f)：1/3,2/3,z； 5/6,1/6,z； 1/3,1/6,z； 2/3,5/6,z；
z=0.05 平面

(2) 0.05

Fe^{3+}(2a)：0,0,0； 0,1,0； 1,0,0； 1,1,0；
Fe^{3+}(4f$_1$)：2/3,1/3,0.028；
z=0 平面

(1) z=0

图 16.29 每一层中不同离子分布的具体位置（坐标）（续图）

参 考 文 献

［1］　Kojima H. Fundamental Properties of Hexagonal Ferrites with Magnetoplumbite Structure//Wohlfarth E P. Ferromagnetic Materials, Vol. 3. Amsterdan: North-Holland Publishing Company, 1982.

［2］　都有为. 铁氧体. 南京: 江苏科学技术出版社, 1996.

［3］　翟宏如. 金属磁性//冯端, 等. 金属物理学(第四卷). 北京: 科学出版社, 1998.

［4］　磁体粉末和烧结磁体及其制造工艺、黏体磁体、马达和磁记录介质. 中国, 98801371. 1. 1999－12－22.

［5］　Смоленский Г А, Андреев А А. Известия Акдемий Наук СССР. , Серия Физическая, 1961, 25(11): 1392.

［6］　田口仁, 等. 日本, 特开平 9－115715. 1997－5－2.

［7］　Sugimoto M. Properties of Ferroxplana-type Hexagonal Ferrites//Wohlfarth E P. Ferromagnetic Materials, Vol. 3. Amsterdam: North-Holland Publishing Company, 1982.

［9］　Moruzzi V I, et al. J. Am. Ceram. Soc. , 1960, 43(7): 367.

［10］　Lotgering F K. Phys. Chem. Solids, 1974, 35: 1633.

第十七章　石榴石型微波铁氧体

无线电波在米(0.1 GHz)～毫米(300 GHz)波段称为微波,其中又分成 P 波段(100 cm),L 波段(30±3 cm),PS 波段(10±1 cm),C 波段(5±0.5 cm),X 波段(3±03 cm),Ku 波段(2±0.1 cm),K 波段(1.25 cm),Ka 波段(8 mm),U 波段(6 mm),V 波段(4 mm),W 波段(3 mm).用于微波频率的铁氧体磁性材料常常称为微波铁氧体.早期有 MgMn,NiZn 和 Li 系等尖晶石型铁氧体,适用于较低的波段(0.1～15 GHz),六角型铁氧体用于较高的频段(≥30 GHz).自 1957 年发现 YIG($Y_3Fe_5O_{12}$)石榴石型铁氧体后,它本身以及它的复合型材料就大量用于较低频段.这些铁氧体都用来制作微波器件(如环行器、隔离器、相移器、倍频器等),最主要是用于电视、雷达、通信等无线电技术领域.

对微波铁氧体磁性材料的基本要求是,在一定的恒磁场作用下,能够将通过器件传输的电磁波聚集于材料中,同时又不被材料吸收(即损耗至少不能大于 0.5 dB,或是<10%).在大功率器件中,还要求有较好的温度特性.对具体材料的电磁特性来说,要求电阻率很高(>10^8 Ω·cm),铁磁共振线宽要窄(共振式隔离器除外).在常用的波段中,以石榴石铁氧体用得最多,在向高频率的微波波段发展时,以六角晶系的铁氧体为主,目前六角铁氧体厚膜材料的应用已发展到 3 mm(≈100 GHz)波段.

§17.1　石榴石铁氧体的晶体结构

天然石榴石晶体的化学分子式为 $Ca_3Al_2(SiO_4)_3$,Ca 有时用 Mn 替代.人工烧结的石榴石铁氧体化学成分为 $Me_3Fe_5O_{12}$,其中 Me 为稀土离子.最常用的材料为 $Y_3Fe_5O_{12}$,简称 YIG(Yttrium Iron Garnet).晶体的一个晶胞中有 160 个离子,相当于 8 个化学分子式.以 YIG 为例,其中有 96 个 O^{2-},40 个 Fe^{3+},24 个 Y^{3+}(或用稀土离子).在离子替代时,V^{4+} 占 d 位,Al^{3+} 和 Si^{4+} 占 a 位,较大的离子 Ca^{2+},Bi^{3+} 占 c 位.

在一个晶胞中除已讨论过的四面体(d 位)和八面体(a 位)外,还有十二面体(c 位).一个十二面体是由 8 个氧离子组成的,具体如图 17.1 所示.氧离子之间的距离不都相等,以氧离子为顶角上的位置,各位置连线的长度分别为

$$AB = CD = EF = GH = 0.268 \text{ nm}, \quad AC = BD = EH = FG = 0.281 \text{ nm},$$
$$BE = CG = 0.287 \text{ nm}, \quad AH = DF = 0.296 \text{ nm}.$$

氧离子与中心点 O 的距离也有两种：4 个氧离子较近，为 0.237 nm；4 个较远，为 0.243 nm. 如以八面体（a 位）为面心立方体的 8 个顶角，以 $(0,0,0)$ 为坐标原点，晶胞内的金属离子在 xyz 空间的位置分别列于表 17.1 中，共有 32 个金属原子的坐标，相当于一半金属原子数，另一半可通过晶体对称性给出.

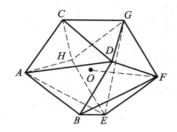

图 17.1　十二面体

表 17.1　一个石榴石晶胞中金属离子在直角坐标系的位置

八面体 a 位			四面体 d 位			稀土离子 c 位		
x	y	z	x	y	z	x	y	z
0	0	0	0	1/8	3/8	0	1/8	1/8
1/2	1/2	0	3/8	0	1/4	1/8	0	1/4
0	1/2	1/2	1/4	3/8	0	1/4	1/8	0
1/2	0	1/2	0	3/4	1/8	0	3/4	3/8
1/4	1/4	1/4	1/8	0	3/4	3/8	0	3/4
3/4	1/4	3/4	3/4	1/8	0	3/4	3/8	0
3/4	3/4	1/4	0	1/4	7/8	0	1/4	5/8
1/4	3/4	3/4	7/8	0	1/4	5/8	0	1/4
			1/4	7/8	0	1/4	5/8	0
			0	3/4	5/8	0	3/4	7/8
			5/8	0	3/4	7/8	0	3/4
			3/4	5/8	0	3/4	7/8	0

　　图 17.2 给出了 1/8 晶胞中三种多面体之间和各阳离子之间的相对位置[10]. 图 17.3 给出了石榴石晶胞中不同离子分布的情况，各个离子具体的坐标位置见表 17.2. 表上的 a,b,c 分别为与氧离子位置有关的数，具体坐标为 $x = aL, y = bL, z = cL$，其中 L 为晶格常数，$a = -0.0274, b = 0.0527, c = 0.1492$. 该表是通过 X 光衍射确定的，中子衍射的结果也与之很接近.[1]

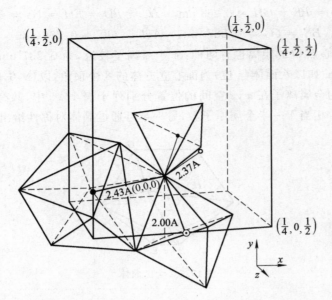

图 17.2　a,c,d 三种位置在一个晶胞中的相互位置图

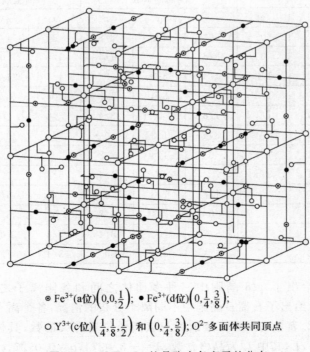

⊙ Fe^{3+}(a位)$\left(0,0,\frac{1}{2}\right)$;　• Fe^{3+}(d位)$\left(0,\frac{1}{4},\frac{3}{8}\right)$;

○ Y^{3+}(c位)$\left(\frac{1}{4},\frac{1}{8},\frac{1}{2}\right)$ 和 $\left(0,\frac{1}{4},\frac{3}{8}\right)$; O^{2-}多面体共同顶点

图 17.3　$Y_3Fe_5O_{12}$ 的晶胞中各离子的分布

表 17.2　氧离子在石榴石晶胞中的位置,用 xyz 直角坐标系的顺序标明

1	a	b	c	2	c	a	b	3	b	c	a
4	$\underline{a}$	$\underline{b}$	$\underline{c}$	5	$\underline{c}$	$\underline{a}$	$\underline{b}$	6	$\underline{b}$	$\underline{c}$	$\underline{a}$
7	$1/2+c$	$1/2-a$	$\underline{b}$	8	$1/2+b$	$1/2-c$	$\underline{a}$	9	$1/2-a$	$1/2+b$	$\underline{c}$
10	$1/2-c$	$1/2+a$	b	11	$1/2-b$	$1/2+c$	a	12	$1/2+a$	$1/2-b$	c
13	$1/2-a$	b	$1/2+c$	14	$1/2-c$	a	$1/2+b$	15	$1/2-b$	c	$1/2+a$
16	$1/2+a$	b	$1/2+c$	17	$1/2+c$	a	$1/2-b$	18	$1/2+b$	c	$1/2-a$
19	$\underline{a}$	$1/2+b$	$1/2-c$	20	$\underline{b}$	$1/2+c$	$1/2-a$	21	$\underline{c}$	$1/2+a$	$1/2-b$
22	a	$1/2-b$	$1/2+c$	23	b	$1/2-c$	$1/2+a$	24	c	$1/2-a$	$1/2+b$
25	$1/4+b$	$1/4+a$	$1/4+c$	26	$1/4+c$	$1/4+b$	$1/4+a$	27	$1/4+a$	$1/4+c$	$1/4+b$
28	$1/4-b$	$1/4-a$	$1/4+c$	29	$1/4+c$	$1/4-b$	$1/4-a$	30	$1/4-a$	$1/4+c$	$1/4-b$
31	$1/4+c$	$3/4-b$	$1/4+a$	32	$3/4+b$	$3/4-a$	$3/4+c$	33	$3/4+a$	$3/4-c$	$1/4+b$
34	$3/4-c$	$3/4+b$	$1/4+a$	35	$3/4-b$	$3/4+a$	$1/4-c$	36	$3/4-a$	$3/4+c$	$1/4-b$
37	$3/4+c$	$1/4-b$	$3/4+a$	38	$3/4+b$	$1/4-a$	$3/4+c$	39	$3/4+a$	$1/4-c$	$3/4+b$
40	$3/4-c$	$1/4+b$	$3/4+a$	41	$3/4-b$	$1/4+a$	$3/4+c$	42	$3/4-a$	$1/4+c$	$3/4+b$
43	$1/4+b$	$3/4-a$	$3/4-c$	44	$1/4+c$	$3/4+b$	$3/4-a$	45	$1/4+a$	$3/4+c$	$3/4-b$
46	$1/4-b$	$3/4-a$	$3/4+c$	47	$1/4-c$	$3/4+b$	$3/4-a$	48	$1/4-a$	$3/4+c$	$3/4-b$
49	$3/4-c$	$1/4-b$	$1/4+a$	50	$3/4+a$	$1/4+c$	$1/4-b$	51	$3/4-b$	$1/4+a$	$1/4+c$

表 17.2 中的数字(如 1,8,29 等)是指第几个氧离子,每个氧离子的位置用三个数表示,如氧离子 1 的坐标 $x=aL=-0.0274L, y=bL=0.0527L, z=cL=0.1492L$. 可由这三个数来确定氧离子的位置. 由于是立方结构,假定晶胞的边长为 L,对 YIG 来说,$L=1.276$ nm;这样第 1 个氧离子的坐标就确定为 $x=aL=-0.0339$ nm,$y=bL=0.0651$ nm,$z=cL=0.1844$ nm. 再从表上的其他各组数据,求出其他氧离子在一个晶胞中的位置. 要注意,$\underline{a}=-a=0.0274$,其他类推. 在表中只给出了一半氧离子的坐标位置,另一半氧离子的坐标可以通过平移 $(1/2,1/2,1/2)$ 得出. 不同稀土离子替代 Y 而形成 RIG(R 为稀土离子)后的晶胞边长 L 的数值由表 17.3 给出,单位为 nm(具体可参看文献[3]的表 1.1).

表 17.3　一些石榴石铁氧体的晶格常数 L 值　　　(单位:nm)

YIG	SmIG	EuIG	GdIG	TbIG	DyIG	HoIG	ErIG	YbIG	LuIG
1.276	1.259	1.2498	1.2471	1.2436	1.2406	1.2375	1.2347	1.2302	1.2283

§17.2　石榴石铁氧体的基本磁性

在讨论亚铁磁性的交换作用时,已经介绍了一些石榴石铁氧体的基本磁性,这里再简单扼要地复习一下.图 17.4 是它们的饱和磁化强度与温度的关系曲线.由于 Fe—Fe 交换作用占主要地位,所以其奈尔温度(T_N)基本相近,在 560 ± 10℃.由于大多数材料存在抵消温度,在室温附近,其磁化强度不高,而且除 YIG 外,共振吸收也比较大,因而在微波器件中只有 YIG 具有很好的使用价值,其他材料却很少用.现在我们只着眼于微波磁性材料和它的应用,重点讨论 YIG 在恒磁场和微波磁场同时作用下的特性,也就是常说的微波磁性.它与电磁场理论和磁性应用中的物理问题结合,发展成了一门学科,人们称之为微波磁学.

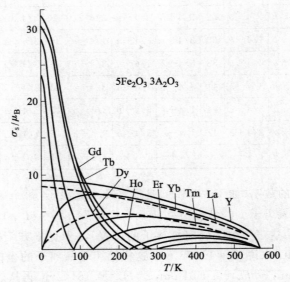

图 17.4　RIG(R 为稀土元素)的比磁化强度 σ_s 与温度 T 的关系

铁磁共振的基本原理已在第十四章进行了讨论.有阻尼的进动方程(朗道-栗弗席兹形式)为

$$\frac{\mathrm{d}\boldsymbol{M}}{\mathrm{d}t} = -\gamma(\boldsymbol{M}\times\boldsymbol{H}) - \lambda\Big(\frac{(\boldsymbol{M}\cdot\boldsymbol{H})\boldsymbol{M}}{M^2} - \boldsymbol{H}\Big), \tag{17.1}$$

其中 λ 为阻尼系数.可以证明共振线宽与 λ 的关系为

$$\gamma\Delta H = \frac{2\lambda}{\chi_0}, \tag{17.2}$$

其中 $\chi_0=M/H$. 这个结果在阻尼不太大的情况下才合理. 如阻尼较大,进动方程必须写成

$$\frac{\mathrm{d}\boldsymbol{M}}{\mathrm{d}t}=-\gamma(\boldsymbol{M}\times\boldsymbol{H})-\frac{\alpha}{M}\boldsymbol{M}\times\frac{\mathrm{d}\boldsymbol{M}}{\mathrm{d}t}, \tag{17.3}$$

其中 $\alpha=1/\omega\tau$,ω 为微波磁场的频率,τ 为弛豫时间. 可以得出共振线宽与弛豫时间的关系为

$$\gamma\Delta H=\frac{2}{\tau}. \tag{17.4}$$

可以看到,$\lambda=\chi_0/\tau$. 由于阻尼作用会消耗外界提供的微波磁场能量,因而共振线宽的大小反映了材料在磁矩进动过程中能量损耗的大小. 在制作器件时,要求达到损耗很小或很大这两种极端的情况.

17.2.1 磁性材料的共振线宽及其随温度的变化

图 17.5 给出了磁导率对角张量元实部 μ' 和虚部 μ'' 随磁场强度 H 变化的关系曲线. 实际上,非对角张量元 k' 和 k'' 随磁场的变化与对角元的结果是相似的. 从进动方程可以求得 μ'' 的最大值 $\mu''_m=\omega\chi_0^2/2\lambda$. 由 $\mu''=\mu''_m/2$ 处对应的磁场强度的差值就得出共振线宽 ΔH 的大小.

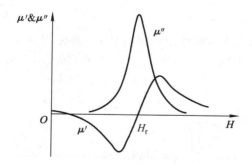

图 17.5 μ' & μ'' 与 H 的关系曲线

不同铁氧体磁性材料的 ΔH 值差别可以很大,而且随温度升高下降较快. 由于在实验上测量 ΔH 时,样品都必须做成球形,其半径的尺寸要比传输线、同轴电缆、波导、谐振腔的尺度小两个量级或更多,才可能避免集肤效应的影响. 一般地说,单晶体的 ΔH 要比多晶体的 ΔH 小得多,这是由多晶体的各向异性取向分散以及杂质或空洞的影响所致. 因此,只有用单晶体样品测量的 ΔH 值才能真正反映出材料的微波共振吸收特性. 表 17.4 给出了几种铁氧体单晶样品 ΔH 的测量结果. 样品的表面要进行仔细的抛光,使表面的粗糙度小于 5 μm,这种不均匀性对 ΔH 的测量结果影响很大,其影响的情况可见图 17.6

和图 17.7. 在图上有三条与温度的关系曲线,表面光洁度越高,ΔH 就越小. 另外,在低温有一个 ΔH 的峰值,如表面非常光洁和材料非常纯,则峰值消失.

表 17.4　　几种单晶铁氧体在 X(3 cm)波段,20℃时测量得的 ΔH 值

YIG	MnFe₂O₄	Li₀.₅Fe₂.₅O₄	Mg₀.₅₃Mn₀.₄₇ Fe₂O₄	Ba₄Me₂Fe₃₆O₆₀ +2%Mn
25A/m (0.3Oe)	~790A/m (~10Oe)	~70A/m (~1Oe)	~790A/m (~10Oe)	~2400 A/m (~30Oe)

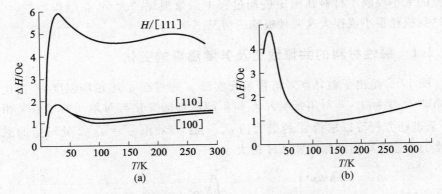

图 17.6　有序和无序 Li 铁氧体的 ΔH 与温度的关系曲线,其中(a) 无序 Li₀.₅Fe₂.₅O₄ 单晶的 ΔH 与温度的关系曲线,(b) 有序 Li₀.₅Fe₂.₅O₄ 单晶的 ΔH 与温度的关系曲线. 表面抛光到 $0.5\mu m$,$f=6.4\times10^9$ Hz

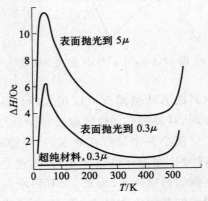

图 17.7　YIG 单晶样品在表面抛光不同时 ΔH 随温度的变化关系(X 波段)

总之,材料的共振吸收线宽 ΔH 与材料的内禀磁性和技术磁性有密切联系. 在 20 世纪五六十年代有很多学者进行了较深入的研究. 同一种材料在不同的微波波段的共振吸收也不相同. 图 17.8 给出了多晶 YIG 的 ΔH 与频率的关系. 从图上可看到,在 2 GHz 以下 ΔH 上升非常快而且很大,这可能与存在畴结构有关;在 2~3 GHz 区间共振吸收较小,但 $\omega=2\omega_m/3$ 附近有 ΔH 的极大值;之后 $\Delta H\sim60$ Oe. 有关共振线宽的机理请参看 §14.4 的讨论.

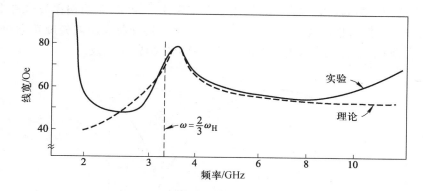

图 17.8 多晶 YIG 的 ΔH 与频率的关系.
SI 制:$\omega_m=\gamma M_s$,CGS 制:$\omega_m=\gamma4\pi M_s$

17.2.2 电磁波在空波导中的传输特点

波导是一个矩形或圆形铜管,以矩形波导为例来讨论电磁波在该管道中传输的过程. 波导管矩形截面 L(宽)$\times d$(高)的大小与电磁波的波长密切相关,例如,对 C(5 cm)波段,$L=5$ cm,$d=2.0$ cm 左右;对 X 波段,$L=2.3$ cm,$d=1.0$ cm. 波在无任何介质的空心波导中传输时,其电磁场的分布特点如图 17.9 所示,其中环线代表磁场,电场与磁场垂直. 电磁场的强度分布与真空情况不同,而是在波导的窄壁处电场恒为零,中心处最大,同时在中心点处磁场为零. 总是磁场最大处电场为零,反之电场最大处磁场为零.

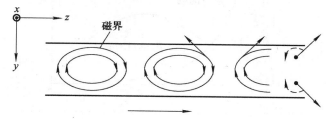

图 17.9 微波磁场由左向右传输时的磁场分布示意情况

　　一个线偏振的电磁波可以分解为正圆和负圆偏振波.同样,振幅相等的正、负圆偏振波可以合成为一个线偏振波.在真空中因为传播速度相等,线偏振波的偏振方向不变.同样,在波导中传输的电磁波也具有上述特性.图 17.10 给出了空波导内正、负圆偏振波的振幅在横截面上的分布情况.可以看到,在 A 和 B 位置上正(右)和负(左)圆偏振波的幅值均为零.正和负偏振波的定义是:沿着波前进的方向看去,波矢按顺时针旋转的称为正(右)圆偏振波,与之相反的情况称为负(左)圆偏振波.换句话说,用右手定则来确定正、负圆偏振波也许更为直观:以右手拇指指示波的传播方向,其余四个手指弯曲表示波矢旋转方向,即为正(右)圆偏振波;反之,用左手定则可确定负(左)圆偏振波.

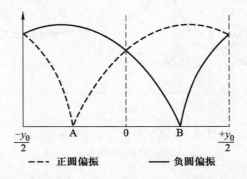

图 17.10　波导中正、负圆偏振波振幅的分布情况,传播方向为垂直纸面向里

　　在空波导的一侧填充一个薄片形铁磁性介质,同时还受到垂直波导面的恒磁场作用,这时电磁场的分布情况发生了非常大的变化.当电磁波反向传输时,它基本上集聚在磁介质内附近的地方,而向前传输时,电场的振幅在磁介质附近却非常弱.具体的波幅分布可参看图 17.11.从图上可以看到,介质的厚度为 δ.为什么会发生这样大的变化? 这是因为磁介质的微波磁感应强度 b 与微波磁场强度 h 都具有正、负圆偏振的特性.

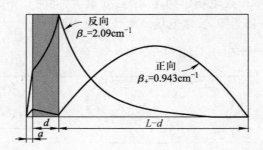

图 17.11　波导中微波电场的幅值分布与传输方向的关系,传播方向垂直纸面向外

17.2.3　正、负圆偏振情况下磁感应 $b_\pm$ 和 $h_\pm$ 的关系

根据正、负圆偏振的定义,有 $h_\pm = h_x \pm \mathrm{j}h_y$, $b_\pm = b_x \pm \mathrm{j}b_y$. 由磁导率的张量关系可知

$$b_x = \mu h_x - \mathrm{j}k h_y, \quad b_y = \mathrm{j}k h_x + \mu h_y,$$

因此有

$$b_+ = (\mu - k)h_+. \tag{17.5}$$

同样可以得到

$$b_- = (\mu + k)h_-, \tag{17.6}$$

也就是

$$b_\pm = (\mu \mp k)h_\pm = \mu_\pm h_\pm, \tag{17.7}$$

其中

$$\mu_\pm = \mu \mp k,$$

即

$$\mu_+ = \mu - k, \quad \mu_- = \mu + k. \tag{17.8}$$

从铁磁共振的实验结果可知(见图 17.12),只有正圆偏振的磁场 h_+ 能够对磁矩进动提供能量,因而就会发生共振吸收现象,所以能够测量出 μ'_+ 的色散和 μ''_+ 的吸收随频率或外加恒磁场的变化特性;而负圆偏振磁场 h_- 却没有贡献能量,因而不产生能量损耗,以致 μ'_- 和 μ''_- 不随外加恒磁场变化,即 μ'_- 为常数,$\mu''_- = 0$.

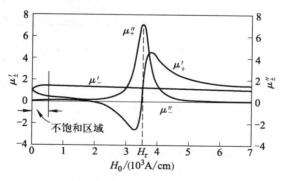

图 17.12　正、负圆偏振磁导率 $\mu_\pm$ 的实部和虚部与恒磁场强度的关系

§17.3　微波铁氧体和微波器件

有关微波器件的基本原理已在本书第十四章中做了讨论,这里结合材料的特点具体介绍几个常用的微波器件的作用特点.

　　微波器件有隔离器、环行器、移相器、滤波器等.它是由微波传输线(同轴线和波导管)和微波铁氧体磁性材料组成的.图 17.13 给出了两种波导器件的结构情况.圆波导中间放了一个圆柱形旋磁介质棒,如有外磁场沿轴向作用,将产生法拉第效应,可以引起波的位相变化,而制成移相器.矩形波导的一侧放了一个 YIG 薄片,在外磁场作用下,向前传输的电磁波被排斥到磁片附近的空间,而反射回来的波却被集中于磁片内和附近的空间,具体如图 17.13 所示.若在片的一侧涂抹上很薄的吸收电磁波的材料,如石墨,则会使 90% 以上的回波被吸收掉,这样就不会有反射波存在,因而可制成为隔离器.另外,如在矩形波导中间放一个空心矩形的铁氧体棒,也同样可制成移相器,其结构见图 17.14.在棒的中间穿入一根导线,加上脉冲电流,就可产生瞬间环形磁场,使空心棒磁化,在电流中断后,磁棒处于剩磁态 M_r,用正、负脉冲来控制磁棒的剩磁 $\pm M_r$ 的状态,从而可获得所需相移角度 $\varphi=0$ 或 φ_0 的大小.例如,在 3 cm 波段,对这类器件,外加磁场强度为 $H\approx 6\times 10^5/4\pi\sim 10^6/4\pi(\mathrm{A/m})$(或 $600\sim 10^3$ Oe)时,可使材料中的磁矩进动频率远低于共振频率,因而属在低场下工作的器件.

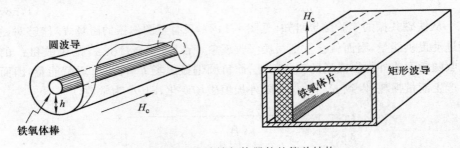

图 17.13　微波铁氧体器件的简单结构

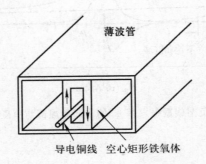

图 17.14　锁式移相器示意结构,中心为导线

　　如图 17.15 所示的一个三端口的波导,在其中心放置一旋磁介质(圆片形或三角形),外加垂直波导面的磁场 H_d,基于电磁场在波导中分布的特点,可以

控制进入 Ⅰ 端口的电磁波只向 Ⅱ 端口传播,从 Ⅱ 端口传过来的电磁波只能向 Ⅲ端口传播,使波导中的电磁波呈现三端环行器件的环绕状传播.设定向正方向传播时,不吸收电磁波的能量,而反过来传播(即 Ⅱ 向 Ⅰ 方向)时就将电磁波的能量吸收掉.通常称这类器件为 Y 环形器.有关详细讨论微波器的设计问题请看文献[2,3,4].

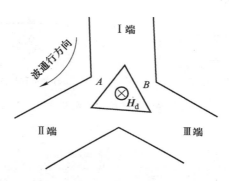

图 17.15　Y 形三端口环行器示意结构

　　上面所述器件的体积都比较大,多数在大型地面雷达和微波通信设备中使用.而移动雷达和机载雷达的体积小,重量也轻,因而要在其中使用的器件小型化就非常重要.因此,人们设计和制备了带线和微带微波器件.其制作方法主要是:先在铁氧体片(厚度 <1 mm,面积 $\approx 10 \sim 40$ mm^2)的两面都镀上厚度为微米量级的铜膜,之后在已镀铜的一个膜面上涂一层防腐蚀的膜,并在该膜面上做出设计好的弯曲图案,再用刻蚀法将这个图形刻蚀在铁氧体基片上,称之为带线,这样就组成了电磁波传输通道.由于材料的介电常数 ε 较大,因而在介质中传播的波长比真空中要短好几倍,所以在一块不大的磁性介质中可集中传输一定能量的电磁波.如对铜制的带状线所覆盖的磁性介质部位加上脉冲恒磁场,就可制成微带移相器,具体可参看图 17.16,其中图(a)绘出了弯曲的铜导线;图(b)是铁氧体片的截面,下层的阴影代表所镀的铜层,上面两点和虚线圆圈分别表示铜的细窄带和在带内传输的电磁波;图(c)表示在片的表面上所刻蚀的弯曲线,虚线是脉冲磁场的作用情况.这种设计给出的性能和效果不佳.后来我们做了改进,其设计图形如图 17.17 所示.

　　图 17.17 是我们在 20 世纪 70 年代末设计和制备的四位(自右向左分别有 $22.5°,90°,45°,180°$)锁式微带移相器,工作在 C 波段,可用于制作机载和移动相控雷达的相移器件,插入损耗小于 0.5 dB,驻波小于 1.05[2].

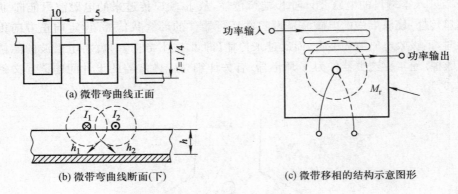

图 17.16 微带移相器示意结构

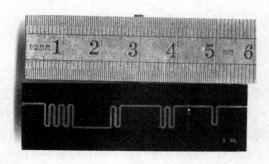

图 17.17 C 波段四位数字微带移相器实物照片[2]

§17.4 亚铁磁性物体的晶体结构、磁性及工艺原理的基本点

上面讨论了亚铁磁性物体(软磁、硬磁和微波三类铁氧体)的晶体结构、磁性及工艺制备的基本原理和方法,所选用内容是取自第一章绪论中所提到的参考书或材料[3,15—22].人们对亚铁磁性材料的基本特性和应用的研究已有半个多世纪之久,积累了非常丰富的成果,而这里所讨论的内容是其中最基本的,是那些开始进入这个领域的学者必须掌握的基础知识.但要强调的是,要掌握的东西不在多而在精,在于清楚地了解铁氧体材料配方的物理和化学内涵以及工艺过程中的基本原理.

(1)软磁铁氧体以 Mn-Zn 铁氧体为主,该磁性材料的制备过程比较复杂些,但是弄清楚了它的基本问题,其他的材料的配方和工艺问题也就比较容易理解了.

材料的配方,原则上可以根据磁性基本理论来进行设计,但要取得实效,必须与工艺过程密切联系.因此,在材料的研究过程中,掌握工艺过程的基本原理和实践经验,又成为能否成功的关键.配方问题是有目的,有计划地进行离子的替代工作,因此要求对铁氧体材料的晶格结构有一定了解,还要对组成该类材料的主要离子的特性有所了解(即它们对磁性参量 M_s,K,λ_s,T_c 有哪些贡献),还要了解离子占位、电子价数和化学的特性等.对各个离子在材料中的位置和作用弄清楚了,就掌握了对材料基本配方的主动权.

一般说来,铁氧体的工艺过程都是大同小异的,其关键在于经过固相反应以制成优质材料,因此工艺过程中,高温烧结这一道工序非常关键,特别是 Mn-Zn 铁氧体,所以我们重点讨论了它的烧结问题.懂得了它的烧结特点后,并不是所有问题都解决了,但是它的情况可向研究者提供很多有益的借鉴.通过对它的烧结工艺的了解,可以认识和掌握固相反应过程中气氛在升、降温过程的重要性.还有,固相反应生成材料的晶粒大小及其均匀性都与温度有直接关系,因此掌握火候是必要的.这些技术直接影响生成材料性能的好坏.

一般说来,最后烧成的材料都是二次烧结的结果,而一次烧结的火候也会影响二次烧结的成败.将 Mn-Zn 铁氧体的一次和二次烧结相比较,可知一次烧结工序影响小得多.对此,这里未讨论,但也不能忽视,必须与二次烧结配合好.

(2) 永磁铁氧体是以六角结构的 Ba,Sr 铁氧体为基本材料进行讨论的.

在讲结构时只给出了菱形柱体模型,这是由于它是六棱柱的三分之一,是一个晶胞.由于具有旋转对称性,在了解和掌握了菱形柱体中原子的分布和相互耦合的情况后,就可以对其基本特性进行理论分析和计算,也可以主动地去做研究或改进材料的工作了.因此,特别讲解了一个晶胞中每个离子的具体位置和分布,就可以了解整个六角结构的基本磁性了.

结构的特点:第一是 Fe 有五种晶位,即 a,b,k,f_1,f_2 位;其磁矩的取向在 a,b,k 位中相互平行,而与 f_1,f_2 位中的取向相反,其中 b 位为六面体,f_1 为四面体,a,k 和 f_2 均为八面体.第二是 Ba 离子所在的层面将结构可分成 S(代表尖晶石结构)层和 Ba 层,一个晶胞中各有两个 S 层和 Ba 层,它们沿 c 轴交替出现.

磁性的特点:具有较强的磁晶各向异性,c 轴为易磁化方向.居里温度 T_c 由各晶位中的 Fe—Fe 交换作用决定,由于 Fe 离子在材料中起关键作用,因而在一些 Fe 原子被其他过渡金属原子替代实验中,只要替代量不大($\leqslant 5$at%),其 T_c 变化(大部分是降低)都不太大,一般在 $450\sim490$℃ 范围.

Ba 离子可被 Ca,Sr 和稀土离子替代,而以 Sr 替代 Ba 的效果最佳,再掺以少量 La 效果更好.再经过适当的烧结工艺,可获得较高的磁能积,B_r 和 H_c.

还要注意材料磁性的温度系数,由于六角铁氧体材料的磁晶各向异性在室温到居里温度范围减小较快,因而它的磁能积,B_r 和 H_c 随温度上升而降低较快,这是该材料的弱点.

　　烧结工艺:由于材料的单畴颗粒尺度在微米量级,因此最好是颗粒的尺度差别不大,材料的微结构(这是指生成材料的晶粒尺寸及其均匀性,晶粒边界的厚度,是否有气泡、空隙、间隙杂质等情况)要好,以及烧结后的材料密度要接近理想值(按晶胞尺寸得到的理论值,如 $BaFe_{12}O_{19}$ 为 $5.29\sim5.30$ g/cm^3,$SrFe_{12}O_{19}$ 为 $5.10\sim5.14$ g/cm^3).

　　(3)石榴石铁氧体是以 YIG 主的,用作微波波段的磁性介质,其特点是电阻率很高,材料的插入损耗小.我们重点讨论了材料的晶体结构,对材料中离子替代和应用未进行讨论,有兴趣的读者可参阅文献[3].

参 考 文 献

[1] Gilles M A,Geller S. Phys. Rev. ,1958,110:73.

[2] 方瑞宜,等. C 波段锁式非互易铁氧体微带移相器扩展频宽的实验研究.电子学报,1981,9(1):94.

[3] Wohlfarth E F. 铁磁材料:磁有序物质特性手册.刘增民,等,译,北京:电子工业出版社,1993.

[4] Lax B,Button K J. Microwave Ferrites and Ferromagnetics. New York:McCraw-Hill Book Company,1962.

第十八章　金属软磁材料

§18.1　纯铁的磁性

金属纯铁具有较好的软磁特性,因其电阻率低,在交流磁场中使用时磁损耗较大,故在恒磁场中使用较多.只有制成合金,如 Fe-Si 或 Fe-Ni,才可在交流磁化过程中做磁芯使用.表 18.1 给出了纯铁、纯钴和纯镍的一些磁性和其他物理性质参数.

表 18.1　纯铁、纯钴和纯镍的一些磁性和其他物理性质参数

物性参数		Fe	Co	Ni
密度/(g/cm³)(20℃)		7.874	8.78(fcc),8.85(hcp)	8.9
晶格结构和晶格常数/nm		bcc:0.2861	fcc:0.35386 hcp:$a=0.2502$, $c=0.40611$	fcc:0.35168
电阻率/($\mu\Omega\cdot$cm)(20℃)		9.7	6.24	6.8
居里温度/℃		777	1112~1145	358
比饱和磁化强度 σ_s/(emu·g⁻¹)	20℃	217.75	161~162.8	54.4
	0 K	222.89	169~170.2	57.5
饱和磁化强度 M_s/(emu·cm⁻³)	20℃	1714	1422~1492	484.1
	0 K	1735	1442~1512	509.8
饱和磁化强度 M_s/(A·m⁻¹)	20℃	1714×10^3	$(1442\sim1512)\times10^3$	4841×10^2
	0 K	1735×10^3	$(1442\sim1512)\times10^3$	5098×10^2
饱和磁感应强度 B_s/T	20℃	2.158	1.787~1.876	0.6084
	0 K	2.1805	1.812~1.900	0.6394
原子磁矩/μ_B		2.218	1.714	0.604
各向异性能常数 K_1 (或 K_u)/(10^3 J·m⁻³)	20℃	4.81	412	−5.48
	4.2 K	5.8	700	−12

续表

物性参数	Fe	Co	Ni
饱和磁致伸缩系数 $\lambda_s/10^{-6}$	-4.5	-62	-35
交换能常数 $A/(10^{-14}$ erg/原子对)	~2.76	~2.14	0.90
劲度系数 $D=nS^2A/a/(10^{-11}$ J/m)	2.0	fcc:1.8,hcp:1.4	$0.75\sim0.9$

注:fcc 和 bcc 分别为面心立方结构和体心立方结构,hcp 为六角密堆结构的英文缩写.n 为近邻参数,$n=4$(fcc);$n=2$(bcc).a 为晶格常数.

　　150 年前人们用铁做磁性材料,随着冶炼技术的提高,铁的纯度也有很大提高,这就使其软磁性能有很大改善.虽然提高了变压器的效率,但损耗也随之增加.因铁的纯度增大,电阻率下降,增加了涡流损耗.20 世纪开始,发现在 Fe 中加少量 Si 后可使电阻率成倍增长,之后纯铁就用来作成高导磁材料.表 18.2 示出了不同方法制备纯铁的技术磁性参数.

表 18.2　　不同生产方法制备的纯铁的技术磁性

不同方法制备的铁	μ_i	μ_m	H_c/Oe	损耗/(erg/cm^3)
工业纯铁铸锭	$500\sim1000$	5000	0.09	600
电解铁	250	2×10^4	0.0278	70
纯铁真空退火	14×10^3	2.8×10^5		190
单晶体(真空退火)		1.45×10^6	0.015	

　　由于纯铁所含的杂质非常少,如常见的杂质 C,Si,S,P,Mn 等都在 1×10^{-4} 量级左右,因此冶炼过程比较费工,目前除用做磁铁的铁芯铁轭外,其他用量不多.铁单晶体的最大磁导率非常高,它是在真空熔炼后,以 2℃/h 的冷却速度缓慢冷却下来,之后又在氢气中热退火 25 h 得到的样品,磁性测量是沿{100}方向进行,这只是实验室的研究成果.表 18.2 给出单晶 μ_m 数值非常大,实际的多晶体是不可能达到的.

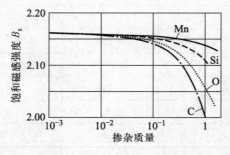

图 18.1　　掺杂质量对纯铁饱和磁感强度 B_s 的影响

§18.2　Fe-Si 合金薄带——硅钢片

18.2.1　合金成分和生产工艺

1900 年发现,在纯铁金属中加少量 Si 后,生成的 Fe-Si 合金的电阻率将成倍增长.含 4wt%Si 的 Fe-Si 合金的电阻率可达 $50\mu\Omega\cdot cm$,约为纯铁的五倍,其饱和磁化强度有所降低.图 18.2 给出了 Fe-Si 合金的相图.从图可以看到,由于在 Fe 中存在杂质(碳),在高温会出现 $\alpha+\gamma$ 相,γ 为面心立方结构.图 18.3 是详细的局部相结构情况.如有高温相出现,它会使材料的磁导率有所降低.因此,在生产中要注意避免高温相.加 3~5wt%Si 后,最大磁导率比原来用工业生产的纯铁的并不低,而在做变压器的磁芯后,使铁芯损耗大为降低.在 20 世纪开始一直到现在,Fe-Si 合金始终是变压器、发电机等电工产品所用的磁性钢材.

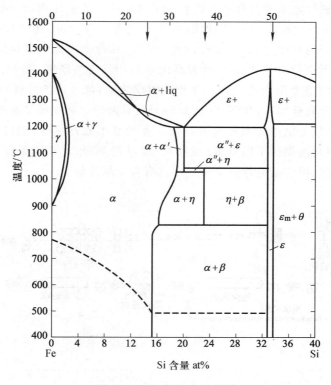

图 18.2　Fe-Si 合金的相图

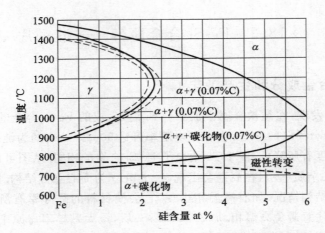

图 18.3 含少量 Si(at%)的 Fe-Si 部分详细相图

　　所有的磁性电工钢材都必须轧制成很薄的片状才能使用,常用的电机硅钢片的厚度为 0.5 mm,50 周变压器钢片的厚度为 0.35 mm,用做功率放大器的高导磁硅钢片的厚度为 0.03 mm.因此,将 Fe-Si 合金冶炼成硅钢钢锭后,要在一定的温度下进行压轧的过程,使材料能达到所规定的厚度.图 18.4 示意地给出了硅钢片的整个生产流程.在 30 年代中期之前,都生产热轧硅钢片,1935 年研制发展成冷轧硅钢片,含 Si 小于 3.5wt%,其磁导率和损耗都有改善.直到现在,硅钢片仍然是制作大型发电机和变压器的基本磁性钢材.但由于不断改进工艺,使得材料的损耗不断降低.虽然在 20 世纪 80 年代初面临非晶态合金薄带的激烈挑战,但它始终在这个领域中占有很大的优势.

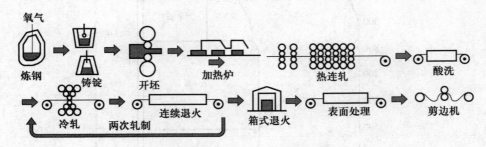

图 18.4 硅钢片一般生产工艺示意流程

　　图 18.5 给出了 Fe-Si 合金中加入少量 Si(wt%)后电阻率随 Si 成分的变化.在 Si 含量小于 8wt%时,电阻率近似直线上升,Si 含量大于 5wt%后,合金脆性增大,故轧制成薄钢片比较难.所以,一般掺入 Si 量在 3～6wt%左右,但最常见的是 3～4wt%硅钢片.

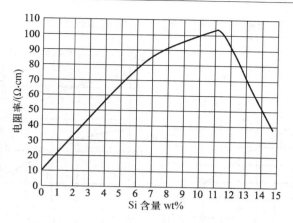

图 18.5　Fe-Si 合金中电阻率与 Si 含量的关系

一般地说,热轧的最低温度在 $900\,℃$ 以上,轧成的硅钢片中许多晶粒都是无规取向的. 后来用冷轧的办法,先对钢板轧到一定的厚度,又在 $800\,℃$ 轧下 60% 厚度,经 $900\,℃$ 退火后,再轧到所需要的厚度(如 0.35 mm). 冷轧硅钢片可导致晶粒的立方边与轧制方向平行,即 (110) 面为片的平面,称为 Goss(戈斯)织构,如图 18.6(b)所示. 因与轧向垂直的方向为 <110> 轴,故在平面上磁化而形成较大的各向异性. 1957 年,发展出立方织构的工艺,使轧成的硅钢片上生成晶粒的立方边可以平行和垂直轧向,成为立方织构,如图 18.6(a)所示. 这样,对用冲压方法制成的变压器铁芯来说,因为每个边都是易磁化方向,在磁化时就不存在各向异性的差别了(参见图 18.6(c)). 要注意,轧制成的硅钢片还要在 $1200\,℃$ 的氢气气氛中退火,以尽可能地消除各种杂质. 杂质含量越低,磁性能越好,如 C 的含量应小于 0.005%.

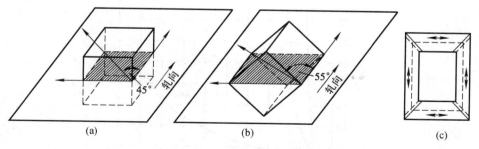

图 18.6　(a) 立方织构;(b) Goss 织构;(c) 变压器铁芯

18.2.2　Fe-Si 合金的磁性

在 Fe 中掺入杂质后,总会使纯铁的饱和磁化强度和居里温度降低. 图 18.7

给出了这两个磁学量随 Si 成分的增加而下降的情况.

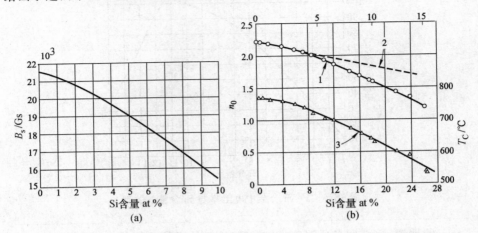

图 18.7 （a）饱和磁感应强度 B_s 随掺入 Si 量的变化；（b）曲线 1 是 Fe 原子磁矩 n_0 随 Si 含量的变化，虚线 2 是认为加入的杂质不影响磁矩变化时的结果，曲线 3 是 T_C 与 Si 含量的变化关系

从图 18.7 可以看到，加入 Si 后磁性有较大的降低. 在图 18.8 中会看到，合金的磁导率反而升高，而材料的损耗比纯铁的损耗也大为降低. 图 18.8 给出了硅钢片经不同温度和时间热处理后，在低磁场磁化时，磁导率增大很多的结果. 热处理的温度高可以很快消除轧钢过程中产生的应力，同时可以使晶粒长得比较大，有利于降低 H_c 和提高磁导率.

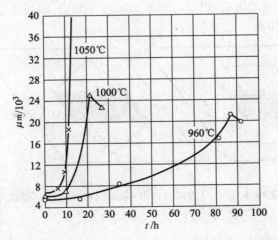

图 18.8 硅钢片的最大磁导率 μ_m 与合金回火温度及时间的变化关系

　　图 18.9 给出了晶粒尺寸的大小与矫顽力成反比的关系.可以看到,晶粒尺寸越大,H_c 越小,这个结果不仅对 3wt%Si 合金适合,对于坡莫合金、纯铁等也适合.

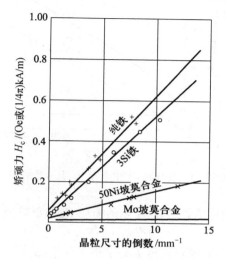

图 18.9　几种金属合金的 H_c 与晶粒尺寸成反比关系

18.2.3　硅钢片的损耗

　　磁性材料在交流磁场作用下,每磁化一周总要产生能量损耗,每秒材料的总损耗为 P_T. 在第十四章讨论损耗时曾经指出,损耗有磁滞和涡流两种,但在计算涡流损耗时,是否计及磁畴结构的影响,有较大的差别.由于存在畴结构,在每磁化一周的过程中,总是要经历可逆和不可逆磁化畴壁移动的运动过程,到近饱和磁化状态时畴壁可能消失,因此在相当大的磁化过程中,损耗的大小与畴壁的结构、运动情况是分不开的.故实验所观测到的损耗总是比经典理论计算的结果大得多,见图 18.10.为此,在总损耗的结果中应加上一项损耗 P_{ex},这样有

$$P_T = P_e + P_h + P_{ex}, \tag{18.1}$$

其中 P_h 为磁滞损耗,P_e 为经典涡流损耗;P_{ex} 称为反常涡流损耗,是由于存在畴壁及其运动而产生的损耗.不考虑存在磁畴时,理论上可以计算出

$$P_h = fA, \quad P_e = \pi h^2 f^2 B_m^2 / 6,$$

其中 A 为磁滞回线面积,h 为片的厚度.在图 18.10 中给出了经典涡流损耗与频率 f 的关系,其中磁感应强度 $B_m = 1T$(实际的涡流损耗却比经典理论结果大得多,图中损耗的比例及其与 f 的关系中相当一部分是反常涡流损耗).设 $W_e = P_e / f$ 为不考虑磁畴时,磁化一周的涡流损耗,$W_h = P_h / f$ 为磁化一周的磁滞损耗,考虑了存在畴结构情况后,涡流损耗为 $W_e + W_{ex} = P'_w / f, W_e = P_w / f$,其中 P_w

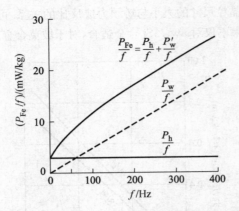

图 18.10　硅钢片的三种损耗,其中下标 Fe 表示是用 Fe 做实验的结果

为式(13.41)给出的理论估算结果,实际的损耗 P'_w 与单畴理论结果的差别为

$$P'_w \approx 1.5 P_w.$$

经过不断的研究,硅钢的损耗比过去有了很大的下降.

　　图 18.11 给出了近五十年来,未取向和取向硅钢片在 $B_m = 1.5$ T, $f = 50$ Hz 时的损耗下降情况,其中(a)是用激光刻蚀成的硅钢片样品,(b)是 Fe 基非晶态合金薄带.

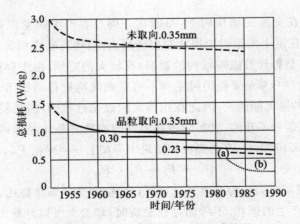

图 18.11　硅钢片损耗的逐年下降情况

§18.3　Fe-Ni 合金

　　Fe 和 Ni 在任一成分范围都可形成合金,但 Ni 成分大于或等于 70at%时合

金为稳定的 fcc(面心立方)结构(称 γ 相),Fe 成分在大于或等于 90at% 时合金为稳定的 bcc(体心立方)结构(称 α 相),而在 10～70at% Ni 范围内是 α+γ 相. 在这个混合相区,其结构是不稳定的,其开始转变温度与升温或降温过程有关. 特别是在 30at% Ni 附近,在较低的温度时,合金不具有磁性. 从图 18.12 的相图上可以看到,T_C 略高于 100℃. 在图中,AC 是合金冷却条件下 α-γ 转变的温度线,AE 是加热条件下 α-γ 开始转变的温度线,AB 是 α-γ 转变终止的温度线. 这是因为有一个 α 和 γ 相的共存温区. 另外,在高温时 γ 相是无磁性的,在约 30at%Ni 时 T_C 最低,合金的磁矩也最小,参见图 18.13. 这个关系曲线的结果只有在达到完全平衡相结构情况是才能正确测量出来[5].

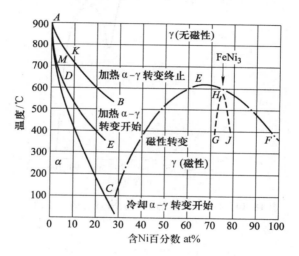

图 18.12 Fe-Ni 二元合金的固态相图

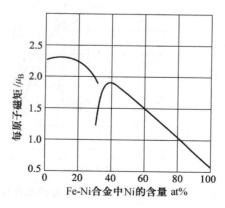

图 18.13 Fe-Ni 合金平均原子磁矩与 Ni 的成分关系

对 Fe-Ni 二元合金体系,常用的合金类型按成分和性能划分,有以下几种:

(1) 72～83at% Ni(添加少量 Mo,Cu 或 Cr)Fe-Ni 合金. 它的各向异性能常数 K_1 和饱和磁致伸缩系数 λ_s 基本为零(见图 18.14 和图 18.15).经过少量掺杂和成分调节,再通过磁场中退火处理,可获得非常高的磁导率和很小的矫顽力.例如,$J_s = \mu_0 M = 0.8～1.0$ T 时,$\mu_i = 2 \times 10^5$,$H_c = 0.5$ A/m.

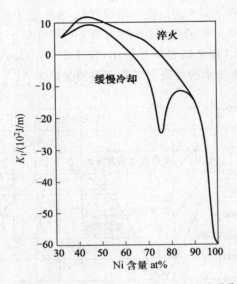

图 18.14　Fe-Ni 合金的 K_1 与 Ni 成分的关系曲线

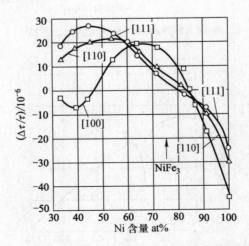

图 18.15　Fe-Ni 合金在三个主晶轴方向的磁致伸缩系数与 Ni 成分的关系

在上述 Fe-Ni 合金中加少量 Mo 或 Cr,并要求其他杂质的含量越少越好(<0.002%),所制成的坡莫合金性能很好,但生产工艺也比较复杂,合金铸锭要经过热轧和冷轧,多次轧制之前都要在 1000℃左右退火(具体温度与掺杂有关).最后,在 20 滚轧机中轧成厚度为 $5\pm0.25\ \mu m$ 的薄带,再将带放置在纯氢气氛的炉内加热到 1300℃,之后降温,在 600~300℃ 温度区间以临界速度冷却(使其能够生成均匀单相合金).它主要用做微弱信号变压器、滤波器的铁芯,还用于制作音频磁头.过去其用量较大,但是因工艺比较复杂,成本较高,现在已逐渐减少使用,为纳米晶合金所替代.

(2) 54%~68%Ni 的 Fe-Ni 合金.经适当热处理可获得矫顽力很小的矩形磁滞回线材料,见图 18.16.沿纵向(沿带的轧向)加磁场高温回火,可获得矩形回线(Z);如垂直轧向加磁场退火,可获得剩磁很小的回线(F),其磁导率随磁场的变化较小,常常称之为恒导磁材料.

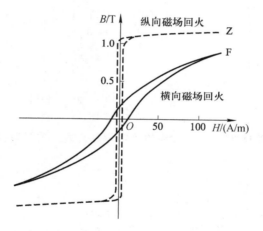

图 18.16　具有矩形和剩磁很小回线的 54%~68%Ni 的 Fe-Ni 合金
(取自文献[3]的图 14.32)

(3) 含 45%~50%Ni 的 Fe-Ni 合金.它用得较多,这在经济上可省一些;可获得很高的 J_s($J_s=\mu_0 M_s=1.6$ T)和很低的 H_c($H_c=3$ A/m).

(4) 30%Ni 的 Fe-Ni 合金.它的热膨胀系数很小,称为因瓦(Invar)合金.

§18.4　Fe-Al-Si 合金

Fe-Al-Si 合金多用做录音录像磁头,因硬度较大,比较耐磨.图 18.17 是 Fe-Al 合金的相图,关于 Fe-Si 合金的相图参见图 18.2.在 Fe-Al-Si 合金中,Al 和 Si 的成分分别不超过 14wt%,相当于 Fe_3Al 或 Fe_3Si 的成分.因为在超过该成分后,合金的磁性就比较弱(T_C 很低),所以 Al 和 Si 的总加入量不超过 25at%.图 18.18 给出了 Fe-Al 中 Al 含量大于 25at%后,B_s 和原子磁矩 n_0 急剧下降的特性,其中虚线和实线分别是 0 K 和室温测量的结果.

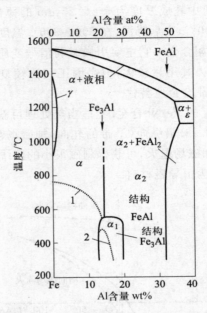

图 18.17 Fe-Al 合金的相图(取自文献[2]的图 228)

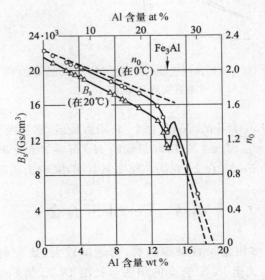

图 18.18 Fe-Al 合金的 B_s,n_0 与 Al 含量的关系(取自文献[2]的图 235)

　　Fe-Al 合金的电阻率随掺加 Al 量的增加而上升较大,与掺加 Si 的情况相似.
经过 1000℃回火的合金的最大磁导率与成分的关系见图 18.19. 从图上可看到,最
大磁导率为10^5所对应的成分在～6at％Al和～9at％Si附近. 由图18.20给出合

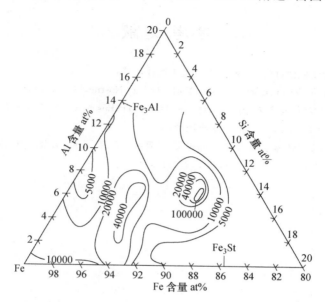

图 18.19　Fe-Al-Si 合金的最大磁导率与成分的关系

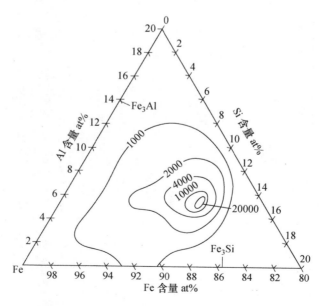

图 18.20　Fe-Al-Si 合金的起始磁导率与成分的关系

金的起始磁导率与成分的关系结果来看,磁导率最大(2×10^4)对应的成分与最大磁导率的情况基本一致. 到目前为止,在录音机和录像机中仍将 Fe-Al-Si 合金用做磁头材料.

参 考 文 献

[1] 戴礼智. 金属磁性材料. 上海:上海人民出版社,1973.

[2] Bozorth R M. Ferromagnetism. New York: D. Van Nostrand Company,Inc. ,1951.

[3] Boll R. 软磁材料与合金. 赵见高,译//K. H. J. 巴肖(Buschow). 金属与陶瓷的电子及磁学性质II. 郑庆祺,等,译. 北京:科学出版社,2001.

[4] 近角聪信等. 磁性体手册(下册). 韩俊德,杨膺善,等,译. 北京:冶金工业出版社,1985.

[5] Crangle J. Proc. Roy. Soc. A,1963,272:119.

第十九章　金属永磁材料

§19.1　AL-Ni-Co 永磁材料

自 AL-Ni-Co 永磁合金被发现后,人们很快就发展出好几类这种合金,其中 Al-Ni-Co 5 型和 Al-Ni-Co 8 型比较典型.下面简单扼要地介绍它们的制备工艺和磁性.

需要注意的是,在 CGS 制中最大磁能积$(BH)_m$ 常用 MGs·Oe(兆高斯·奥斯特)为计量基准,在 SI 单位制中最大磁能积常常用 kJ/m^3(千焦耳/米^3)为计量基准,其中磁感应强度 B 以 T(特斯拉)为单位,磁场强度 H 以 A/m 为单位,$1MGs·Oe=(100/4\pi)kJ/m^3$.

19.1.1　合金的成分

Al-Ni-Co 5 型中含$(8\sim12)wt\%Al$,$(15\sim22)wt\%Ni$,$(5\sim24)wt\%Co$,$(3\sim6)wt\%Cu$,剩下的为 Fe,其含量$(34\sim61)wt\%$.

Al-Ni-Co 8 型中含$(7\sim8)wt\%Al$,$(14\sim15)wt\%$ Ni,$(34\sim36)wt\%Co$,$(5\sim8)wt\%Ti$,$(3\sim4)wt\%Cu$,Fe 为$(29\sim37)wt\%$.

两个 Fe-Co 系列的合金最大的不同点在于:5 型合金的 B_r 为 $1.25\sim1.4$ T,$T_C=890℃$,但磁能积和矫顽力比较小,分别为$(BH)_m=6\sim7$ MGs·Oe,$H_c=500\sim700$ Oe;而对 8 型合金,有 $B_r\approx1$ T,$H_c>1000$ Oe,$(BH)_m>10$ MGs·Oe,$T_C\approx860℃$.

19.1.2　Al-Ni-Co 永磁的制备工艺

制备 Al-Ni-Co 永磁的具体工艺流程如下所示:

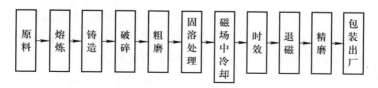

熔炼是在真空高频感应炉中进行的,因为高温下所有的纯金属都可能发生

氧化,特别是 Al,Cu,Fe 等与 O 很容易生成氧化物,Co 和 Ni 也不例外.将熔炼形成的合金熔液铸成的形状,要与制成的磁回路形状类似,或分成几块组装成回路.

　　由于在铸锭时合金熔液的冷却速率较快,使得固态合金并不是均匀的相成分.例如,高温为 γ 相,随着温度降低成 $\alpha+\gamma$ 相,后来又分成 $\alpha_1+\alpha_2$ 相等,具体见图 19.1.图中较低的地方表示不同成分的合金在降温所经历的相变化区.这里我们需要的是 $\alpha_1+\alpha_2$ 相,不需要 γ 相,因它会降低 H_c. α_1 和 α_2 的区别是成分不同,因而需要固溶处理过程.

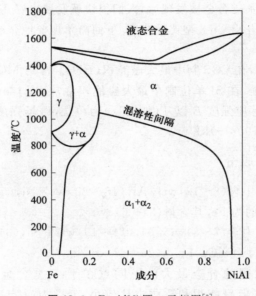

图 19.1 Fe-AlNi 赝二元相图[3]

　　固溶处理是将铸锭加热到 1250℃,保温半小时后急冷到 900℃,然后在 900～700℃温区以 0.1～2℃/s 的速率降温.为了提高形状各向异性,要在磁场(≥0.2 T)中降温,这样会促使 α_1 和 α_2 相的生成. α_1 是富 Fe 和富 Co 相,磁性很强,并且是针状单畴结构颗粒,长约 100 nm,粗约 20～30 nm. α_2 是 Fe 和 Co 较少的相,磁性很弱.两个相都是细长和平行排列,图 19.2 给出的电镜观察结果证实了这个结论.处理后的合金具有很好的织构,即磁矩沿磁场取向,所以可具有很强的形状各向异性,这也是产生大矫顽力的原因.

　　经 800℃等温热处理 9 min 后,AlNiCo 的 $\alpha_1+\alpha_2$ 晶粒取向的针状磁体如图19.2 所示,其中图(a)示出的晶粒方向与热处理时所加的磁场 **H** 方向一致,明亮部分为 FeCo 区,图(b)示出取向颗粒与 **H** 方向垂直的横截面[3].

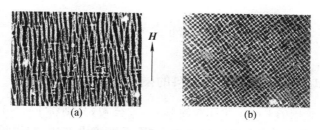

图 19.2　(a) 晶粒取向(AlNiCo-DG)针状磁体,明亮部位为富 FeCo 区,
(b) 取向 AlNiCo 颗粒的横截面[3]

时效是指在 580～600℃ 间回火几个到几十小时,目的是使 α_1 相中的非磁性原子朝 α_2 相扩散,使两相的磁性差别增大,从而增大形状各向异性. 经过时效处理的永磁体要进行退磁,再经磨光就成为正式产品. 表 19.1 给出了 Al-Ni-Co 永磁系列磁体的成分和磁性.

表 19.1　一些铝镍钴合金永磁的成分和磁性[3,4]

Al-Ni-Co	成分(wt%)(余下为 Fe)					磁性			
	Ni	Al	Co	Cu	其他	B_r/T	$_BH_c$ /(kA/m)	$(BH)_{max}$ /(kJ/m³)	工艺特点
1	21～48	11～13	3～5	24	0～1(Ti)	0.55～0.75	56～36	11～12	少 Co,各向同性
2	18～21	8～10	17～20	2～4	4～8(Ti) 0～1(Nb)	0.6～0.7	72～60	14～16	各向同性,富 Co
5	12～15	7.8～8.5	23～25	2～4	0～0.05 (Ti) 0～1(Nb)	1.2～1.3	52～46	40～44	磁场处理 晶粒无规
7	18	8	24	3	5	0.74	85	24	
8	14～16	7～8	32～36	4	4～6(Ti)	0.8～0.9	140～110	40～45	磁场处理
5DG	13～15	7.8～8.5	24～25	2～4	0～1(Nb) 4～6(Ti)	1.3～1.4	62～56	56～64	磁场处理 晶粒取向
9	14～16	7～8	32～36	4	0～1(Nb) 0.3(S)	1.0～1.1	140～110	60～75	磁场处理 柱状晶粒

§19.2 稀土永磁系列[①]

19.2.1 Nd₂Fe₁₄B 系列永磁材料的磁性

1983 年,美国的 Croat 和日本的 Sagawa 公司,分别将 Fe,Nd,B 三种元素按一定的成分比例制成金属间化合物,并用低速淬火方法,或用粉末冶金的方法成功地制备出第三代稀土永磁体——Nd₂Fe₁₄B. 由于其 H_c 和磁能级都比较高,价格比 SmCo 系列永磁便宜很多,因而受到异常的重视. 但是,它的居里温度比前两代永磁体的居里温度要低 500 多度,在应用上仍存在一些问题. 因此,人们不得不进行多方面的研究,以便改善其磁性和 H_c 的温度稳定性.

Fe 与稀土原子形成合金后使晶体形成四方结构,因而产生较大的磁晶各向异性,这决定了 Nd₂Fe₁₄B 磁体磁矩的大小和温度的特性. 为此,就采用了两类原子替换的办法来对第三代稀土永磁进行研究:一是用不同稀土原子替代 Nd;二是用 Co 等 3d 金属原子部分替代 Fe. 图 19.3 是 R₂Fe₁₄B(R 为 Y 和稀土原子)的 M_s-T 关系曲线. 可以看到,轻稀土替代 Nd 后的合金磁矩比较大,重稀土替代 Nd 后的合金磁矩相对要小得多. 这与 4f 电子与 3d 电子磁矩的相互取向有关. 对轻稀土来说,在组成合金后,4f 电子磁矩与 3d 电子磁矩取向相同;而重稀土金属与 3d 族金属组成合金后,两者的电子磁矩取向相反. 这可以用 RKKY 交换作用来解释[7],并可用分子场理论估算出合金的磁矩[8],参看第七章的讨论.

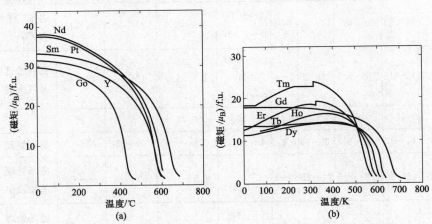

图 19.3 R₂Fe₁₄B 永磁合金的磁矩与温度的关系曲线[4]. (a) R 为轻稀土;(b) R 为重稀土,其中曲线上有"折"之处是稀土原子磁矩自旋重取向

---

① 若要深入学习和研究本节内容请参阅专著[9].

19.2.2　$R_2Fe_{14}B$ 的结构和磁晶各向异性

$R_2Fe_{14}B$ 为四方结构,每个晶胞有 68 个原子,即由 4 个分子式组成,具体如图 19.4 所示,其中 R 占 f 和 g 晶位,B 也占 g 晶位,也就是在 4 个顶角的对角线的 1/4 和 3/4 之处,Fe 有 6 种位置.

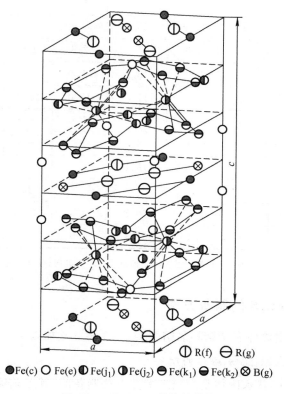

● Fe(c)　○ Fe(e)　◐ Fe(j₁)　◑ Fe(j₂)　◒ Fe(k₁)　◓ Fe(k₂)　⊗ B(g)

⊘ R(f)　⊖ R(g)

图 19.4　$R_2Fe_{14}B$ 晶体的结构

由于是四方结构,而具有很强的磁晶各向异性.表 19.2 给出了 $R_2Fe_{14}B$ 系列的磁性和磁晶各向异性等参数.

表 19.2　$Nd_2Fe_{14}B$ 型化合物的磁性[4]

$R_2Fe_{14}B$	T_C /K	$T_{sr}^{①}$ /K	$\theta(4.2\ K)$ /(°)	$J_s(300\ K)$ /T	M_s/μ_B (4.2 K) /f. u.	$\mu_0 H_A$ (300 K) /T	$\mu_0 H_A$ (4.2 K) /T	A_2^0 (K/a_0^2)	A_4^0 (K/a_0^4)
R＝La	530	—	—	1.38	30.6	2	3	—	—
R＝Ce	422	—	—	1.17	29.4	3.0	3.0	—	—

续表

$R_2Fe_{14}B$	T_C /K	$T_{sr}^{①}$ /K	$\theta(4.2\,K)$ /(°)	$J_s(300\,K)$ /T	M_s/μ_B (4.2 K) /f. u.	$\mu_0 H_A$ (300 K) /T	$\mu_0 H_A$ (4.2 K) /T	A_2^0 (K/a_0^2)	A_4^0 (K/a_0^4)
R＝Pr	569	—	—	1.56	37.0	8.7	32.0	130,220	5,3
R＝Nd	568	135	32	1.60	37.7	6.7	—	304	−14
R＝Sm	620	—	—	1.52	33.3				
R＝Gd	659	—	—	0.89	17.7	2.5	1.8	—	—
R＝Tb	620	—	—	0.70	13.2	22.0	30.1	303	−13
R＝Dy	598	—	—	0.71	11.3	15.0	16.7	294	−13
R＝Ho	573	58	22	0.81	11.2	7.5		312	−12
R＝Er	551	320	90	0.90	12.9			299	−14
R＝Tm	549	311	90	1.15	18.1			260,303	−12
R＝Yb	524	115	90	—			25	152	−6
R＝Lu	534	—	—	1.17	28.5	2.6	2.4		
R＝Y	571	—	—	1.41	31.4	2.0	1.2		

注：T_{sr}稀土元素在合金中自旋重取向温度，θ 为倾角；$\mu_0 H_A$ 为各向异性场，A_2^0 与 A_4^0 为晶场参数.

19.2.3　$Nd_2Fe_{14}B$ 的制备方法

$Nd_2Fe_{14}B$ 永磁体有烧结和黏结两类，下面将分别加以简介.

1. 烧结 $Nd_2Fe_{14}B$ 永磁体的制备

烧结 $Nd_2Fe_{14}B$ 永磁体是用粉末冶金方法制备的，其工艺流程有 8 个步骤，具体为

合金冶炼→快淬直接成粉→磁场成型→多级回火
→加工和防护→充磁→检测.

在制备和操作时要注意的是，由于要防止原材料在高温熔炼时发生氧化，需要用真空来冶炼合金. 一般真空度 10^{-2} pa 时开始用感应法加热原材料，这时炉内的各种部件，包括原材料，都要放出气体，加热过程中要不断抽气，达到 10^{-3} pa 后充入高纯氩气（保持在 0.4 atm），在合金熔融和充分均匀后进行浇铸.

浇铸过程中合金的冷却速率很重要，如果慢了会有 α-Fe 析出，最好能在 10^3 ℃/s 左右的冷却速率下浇铸，使生成的晶体具有 $Nd_2Fe_{14}B$ 的结构和成分. 这是很多研究和生产人员的分析研究成果，它对产品的性能有很大的影响. 如

果浇铸成的合金有成分偏析,或者是有一些另外的相,例如富 B 相、α-Fe 和 $Nd_{1+\delta}Fe_4B_4$ 等,最终会降低磁性能.图 19.5 给出了 $Nd_2Fe_{14}B$ 赝三元系相图,其中左边为 Fe 成分,右边为 Nd/B=2∶1 的成分.可以看到,在液态区,由 Co 向下有一条直线,它表示为正分 $Nd_2Fe_{14}B$.浇铸过程中,合金很快降温.图中所示的 T_1 为 $Nd_2Fe_{14}B$ 相,T_2 为 $Nd_{1+\delta}Fe_4B_4$ 相,L' 和 L'' 为残相,L 为液相.

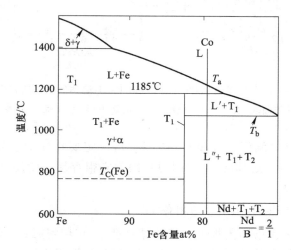

图 19.5　Nd_2Fe_{14} 赝三元系相图,其中左边为 Fe 成分,右边为 Nd/B=2∶1 的成分

　　粉碎铸锭,即将合金制成很细的粉末,以便成型后烧结.这里因为单畴颗粒的临界尺寸约为 $0.3~\mu m$,而粉料的颗粒在 $1\sim5~\mu m$ 左右,所以制粉的方法与铁氧体很相似(有球磨、喷雾等).但最大的不同是,在制粉的整个过程中必须防止粉料氧化.

　　磁场成型时,在粉料中要加润滑剂,使晶粒能在加压成型的过程中转动,以便颗粒的易磁化轴沿预定方向排列.这将大为改善材料的永磁特性,具体参见图 19.6 给出的例子.图(a)中曲线所标的 1,2,3,4,5 是表示成型过程中外加磁场强度分别为 0 T,0.05 T,0.15 T,0.5 T,1.4 T,而相应的退磁曲线有很大的不同.看来取向磁场在 $0.5\sim1.0$ T 比较合适.这可从图(b)上看到,因各向异性等效场 H_a 太大了,H_c 反而降低,$(BH)_m$ 并未增加.

　　高温烧结成型后毛坯的密度不高,只有 X 光密度的 $50\%\sim70\%$,高温烧结时可以进一步提高密度.烧结的温度一般都是在坯料的熔点温度附近,在颗粒接触的表面处是液态,可能在颗粒内部仍有部分颗粒处于固态.总的说来,这时候原子间的互扩散比较容易,会产生晶粒吞并和长大,原来在坯料中的气体都将逃逸出去,因而使成品的密度大为上升,而且机械强度也有很大提高.由此可见,其物理和化学变化过程与铁氧体的烧结基本上是相似的.与

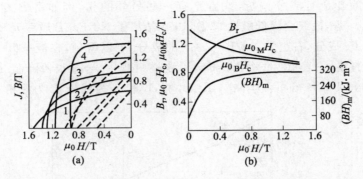

图 19.6 取向磁场大小对(b)烧结 $Nd_2Fe_{14}B$ 磁体的 H_c, B_r, $(BH)_m$,
和(a)退磁曲线(实线 J-H,虚线 B-H)的影响(取自文献[5]的图 5.12)

铁氧体不同的是烧结温度较低($<1100℃$),一定要在保护气氛中进行烧结,防止氧化.烧结后的磁体要镀上保护层,因为它很容易在使用过程受氧化和腐蚀.最后进行充磁.

2. 黏结 $Nd_2Fe_{14}B$ 永磁体的制备

$Nd_2Fe_{14}B$ 合金的粉末加上一定的黏合剂,经过均匀混合,成型和固化后就成为所要的磁体,称之为黏结磁体.实际上,早已有铁氧体和 Sm-Co 合金黏结磁体.由于铁氧体黏结磁体磁性能低,而且 Sm-Co 磁体系列太不经济,所以 Sm-Co 合金黏结磁体的产量不大.

用熔炼的 $Nd_2Fe_{14}B$ 合金粉末做出的黏结磁体,其 H_c 都不高(<160 kA/m).后来采用快速淬火技术,制备出很薄(厚度$<50\mu m$)的合金薄带,再经球磨成粉料,或是用机械合金化的方法制备出非晶和微晶混合物粉料.在这类粉料中加黏结剂(或叫黏合剂),均匀混合并形成可以挤压成型的料浆,或是用一般成型用的颗粒,就可精密成型,再经过适当的温度($150\sim200℃$)固化,即可成为产品.

在生产过程中,快速淬火和取向固化是关键.

(1) 对不同具体成分的合金,要想获得最佳的磁性,必须掌握适当的淬火速率.实际上,快淬工艺是借鉴于非晶态合金的制备特点,将熔融的合金母液用极快的冷却速率使它越过晶化温度.在晶化温度之下虽然仍存在原子扩散,但已无法排列成周期状的晶体结构.而对永磁体 $Nd_2Fe_{14}B$ 合金来说,只要求它形成纳米结构的薄带,即生成纳米尺度的微晶固体.图 19.7 给出了不同 B 成分的 $Nd_{15}(Fe_{1-y}B_y)_{85}$ 合金的 $_MH_c$ 与快淬速率的关系.可以看到,不同 y 值的材料,其$_MH_c$ 的极大值所对应的速率不同.以 $y=0.07$ 的结果比较好,速率限于 18 m/s(这是高速旋转的淬火辊面的线速度).另外,要特别注意的是,在熔炼合金和快速淬火的全过程中,要做到不使原材料和生成的合金氧化.这就要求先要对整个快淬设备进行抽真空,之后可充惰性气体(如氩气),以防止成品氧化.

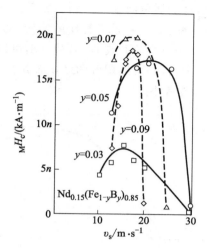

图 19.7　$Nd_{15}(Fe_{1-y}B_y)_{85}$合金的$_MH_c$与快淬速率 v_s 的关系,纵坐标上的 $n=1000/4\pi$(取自文献[5]中的图 7.7)

(2) 将快淬获得的微晶薄带制成粉料,加黏合剂,混合均匀,进行成型.为要获得高 H_c 和$(BH)_m$ 的各向异性钕铁硼磁体,需要在磁场中加热成型.图 19.8 给出了磁场中热压成型的各向异性磁体 MQⅢ、各向同性磁体 MQⅠ和各向同性磁体 MQⅡ(在室温测量)的退磁曲线,可以看到它们的磁性能有较大的差异.

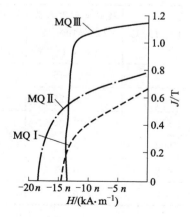

图 19.8　磁场中热压成型的各向异性磁体 MQⅢ、各向同性磁体 MQⅠ和各向同性磁体 MQⅡ(在室温测量)的退磁曲线,其中 $n=1/4\pi$(取自文献[5]的图 7.5)

19.2.4　Nd-Fe-B 系永磁体

由于 $Nd_2Fe_{14}B$ 永磁体的居里温度 T_C 较低,使其永磁特性的温度稳定性较差,见表 19.3,所以人们尝试了各种原子替代的实验,做了大量稀土元素替代 Nd,Co 替代 Fe,C 替代 B 等研究. Tb 或 Dy 替代 Nd,可以提高 H_c,但居里温度变化不大,而磁矩下降较大,这是可以理解的.Co 部分替代 Fe 后可以提高 T_C,见图 19.9,但却使各向异性减小.

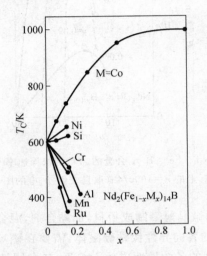

图 19.9　$Nd_2(Fe_{1-x}M_x)_{14}B$ 中 Fe 被不同金属部分替代后 T_C 的变化

表 19.3　几种磁体的性能比较

合金	居里点 T_C/℃	磁感应温度系数 (20~100℃) α/(% · ℃$^{-1}$)	矫顽力温度系数 (20~100℃) β/(% · ℃$^{-1}$)	最高工作温度/℃
$SmCo_5$	720	-0.045	$-(0.2\sim0.3)$	256
2:17 型 SmCo 合金	820	-0.025	$-(0.2\sim0.3)$	350
Nd-Fe-B 三元合金	310	-0.126	$-(0.5\sim0.7)$	100
Al-Ni-Co 合金	800	-0.02	-0.03	500
铁氧体材料	450	-0.20	-0.40	300
Mn-Al-C 合金	310	-0.12	-0.40	120

总之,Nd-Fe-B 系列中具有不同类型稀土成分的永磁体非常多,但都很少能使用,常用的大量 Nd-Fe-B 永磁体仍以稀土 Nd 为主.

19.2.5　Sm-Co 金属间化合物永磁体

　　两种金属按简单的比例关系组成合金,并具有特定的晶体结构,常常称之为金属间化合物,例如成分比例为 Sm:Co=1:3,2:7,1:5,2:17 的合金,等等,具体参见图 19.10. 从图上可以看到,$SmCo_5$ 在略低于 800℃时将共析分解成 Sm_2Co_7 和 Sm_2Co_{17}. 这意味着 $SmCo_5$ 在低温(如室温)下是亚稳态,即在室温下 $SmCo_5$ 会自发地变成与它相邻的 Sm_2Co_7 和 Sm_2Co_{17} 两种化合物. 实际上,这是不可能发生的,因为在这样低的温度时,原子不能进行长程扩散,因此只要低于 700℃后 $SmCo_5$ 就基本是稳定相了. 表 19.4 给出了 $SmCo_5$ 和 Sm_2Co_{17} 的配比成分和基本永磁特性.

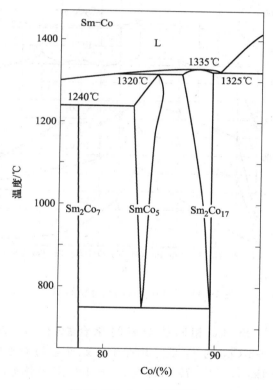

图 19.10　Sm-Co 相图[4]

　　如 Sm 为其他稀土原子所替代,形成 R-Co 系列,其 T_C 和磁晶各向异性特点见图 19.11 和图 19.12. 图 19.11 给出了 R-Co 金属间化合物的 T_C,图 19.12 给出了 R-Co 金属间化合物的易磁化轴在不同温度的取向.

表 19.4 SmCo$_5$ 和 Sm$_2$Co$_{17}$ 永磁体的成分和基本磁性能

磁体	成分	B_s/T	H_c /(kA/m)	$(BH)_m$ /(kJ/m^3)	T_c /K
SmCo$_5$	$(62\sim63)$wt%Co,$(38\sim37)$wt%Sm	$0.9\sim1.0$	$1100\sim1540$	$117\sim179$	720
Sm$_2$Co$_{17}$	Sm$(Co_{0.69}Fe_{0.2}Cu_{0.1}Zn_{0.01})_{7.2}$	$1.0\sim1.3$	$500\sim600$	$230\sim240$	800
黏结 Sm-Co	Sm$(Co_{0.67}Fe_{0.22}Cu_{0.1}Zn_{0.07}Ti_{0.01})_{7.2}$	$1.0\sim1.07$	$800\sim1400$	$160\sim204$	810

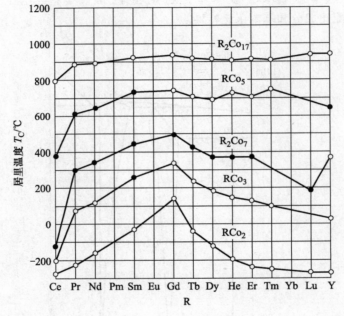

图 19.11 R-Co 金属间化合物的 T_c[4]

Sm-Fe 具有与 Sm-Co 相同的金属间化合物,但 T_c 却低得多. 例如, Sm$_2$Fe$_{17}$ 的 T_c 比 Sm$_2$Co$_{17}$ 的 T_c 低好几百开尔文. 但经过对磁体掺加 C 或 N 之后,例如形成 Sm$_2$Fe$_{17}$N$_{3-\delta}$ 后,T_c 可提高 $200\sim400$ K,具体见图 19.13.

1. SmCo$_5$ 和 Sm$_2$Co$_{17}$ 的晶体结构

RCo$_5$ 的晶体结构为 CaCu$_5$ 型. R$_2$TM$_{17}$ 的晶体结构有两种类型:一种是 Th$_2$Ni$_{17}$ 型;另一种是 Th$_2$Zn$_{17}$ 型. 具体的结构见图 19.14,其中 R 为稀土原子, TM 为过渡金属原子. Th$_2$Ni$_{17}$ 型属六角晶体结构,一个晶胞有四层. Th$_2$Zn$_{17}$ 型属菱面体结构,一个晶胞有五层,最上面的一层应属另一个周期结构的起点.

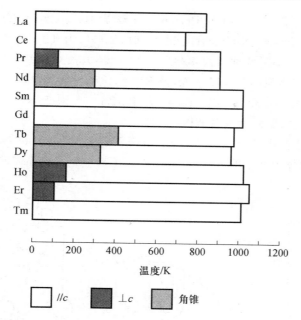

图 19.12　R-Co 金属间化合物的取向. Pr,Ho,Er 低温时为易磁化面取向；
Nd,Tb,Dy 在中间一小温区是角锥取向,之后为易磁化面取向[4]

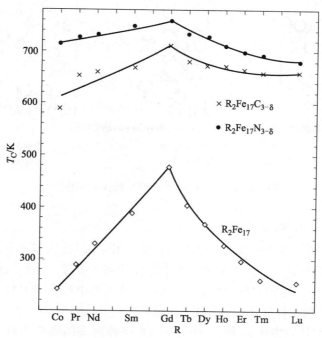

图 19.13　R_2Fe_{17} 以及经掺加 C 和 N 后的居里温度 T_C,其中 R 为稀土元素[4]

对 R_2Co_{17} 而言,当 R＝Ho,Er,Tm,Lu 和 Y 时,R_2Co_{17} 为 Th_2Ni_{17} 型,属六角晶系结构;当 R＝Pr,Nd,Sm,Gd 和 Tb 时,R_2Co_{17} 为 Th_2Zn_{17} 型,属菱面体结构;而 R＝Ce 和 Dy 时两种结构共存.

对于 R_2Fe_{17} 金属间化合物来说,当 R＝Y,重稀土金属时,R_2Fe_{17} 为 Th_2Ni_{17} 型;当 R＝Ce,Pr,Nd 和 Sm 时,R_2Fe_{17} 为 Th_2Zn_{17} 型.对于 R_2Ni_{17} 来说,只能是 Th_2Ni_{17} 型,它们均属六角晶系结构.

图 19.14 中给出的是六角晶系的一个菱形柱体,角度为 60°和 120°.由于对称性,知道菱面体中原子的分布和占位,就可了解整个六角晶体的具体情况.

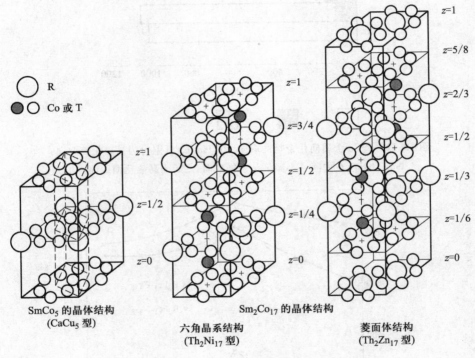

图 19.14 $SmCo_5$ 和 Sm_2CO_{17} 的晶体结构[4,8]

2. $SmCo_5$ 和 Sm_2Co_{17} 的制备

制备 $SmCo_5$ 和 Sm_2Co_{17} 的方法与制备 NdFeB 的方法基本相同,图 19.15 给出了从其开始烧结到经热处理成为永磁体的基本过程.先将冶炼好的合金制成粉料,压成所要求的形状,之后将它放在惰性气体中加热到 1100℃以上,如图 19.15 中两个阴影框所示的温度范围,经各自回火 0.5～1h,之后淬火到室温,这时磁体特性用磁滞回线表示,H_c 很小;再将淬火后的磁体加热到 750℃以上进行回火 0.5～10 h,之后用 3～5 h 将它慢冷到 400℃,这时磁体已具有很好的永磁特性.如在 400℃ 再进行一定时间的保温,则会使磁体永磁特性有所改善,其结果见所对应的磁滞回线.

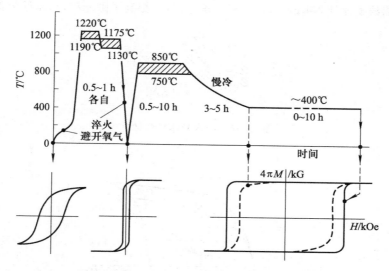

图 19.15　制备 $SmCo_5$ 和 Sm_2Co_{17} 永磁体的工艺流程简略图[4]

　　总的看来,$SmCo_5$ 和 Sm_2Co_{17} 永磁体的 T_c 都很高(>750℃),在一般使用的温度范围(<200℃),温度特性很好,但因 Sm 和 Co 价格很贵,很难大量投入到民用产品中.

19.2.6　$ThMn_{12}$型稀土永磁

　　RFe_{12}金属间化合物具有 $ThMn_{12}$ 型晶体结构.在用少量 3d 金属代替 Fe 和 R＝Pr 之后,表现出一定的永磁特性,T_c 在 540～660℃ 之间.与 NdFeB 比较,除了居里温度外,RFe_{12}的其他永磁特性都要差一些.后来发现 $PrFe_{11}TiN_x$($x<$2)的磁性可与 NdFeB 系永磁基本相近.Pr 的成本虽较低,但竞争激烈,目前仍很难进入市场[7].详细讨论见文献[5]的 §9.3.

§19.3　纳米晶体复合永磁体[6]

　　将 5～10 nm 尺度的 α-Fe 颗粒与 20～40 nm 的 $Nd_2Fe_{14}B$ 颗粒粉末均匀混合,黏结或烧结成型,称之为纳米晶体复合永磁体,具体结合如图 19.16 所示.由于 $Nd_2Fe_{14}B$ 具有很高的 H_c,而 α-Fe 的 B_s 很高(2.2 T),在外磁场的作用下,磁体的磁感应强度比纯 $Nd_2Fe_{14}B$ 的要高得多.在外磁强度场 $H=0$ 时可获得较大的剩磁感 B_r.在反磁化过程中,由于 $Nd_2Fe_{14}B$ 的 H_c 很大,其磁矩的取向与外磁场相反,在两种纳米晶颗粒之间存在交换耦合,使 α-Fe 相中的磁矩在较低的外磁场作用下,不会转到外磁场方向,这样磁体就保持较大的 B_r 值,因而使其退磁曲线要比纯 $Nd_2Fe_{14}B$ 的有较大增强,从而提高了磁能积,具体见图 19.17.

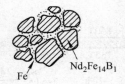

图 19.16　纳米晶体复合材料

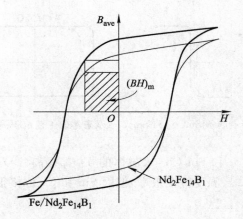

图 19.17　纯 $Nd_2Fe_{14}B$ 和纳米晶体复合永磁体 $Fe/Nd_2Fe_{14}B$ 的磁滞回线

　　由于纳米颗粒之间的交换耦合强度与颗粒的尺寸有密切关系,只有在比较合适的颗粒大小情况下才会有较好的效果.图 19.18 给出了 $Nd_2Fe_{14}B$ 颗粒尺

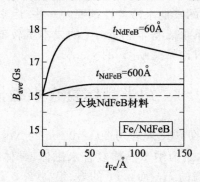

图 19.18　不同尺寸的 $Nd_2Fe_{14}B$ 颗粒与纳米颗粒 α-Fe 组成复合永磁体后,
其平均磁感应强度 B_{ave} 随 α-Fe 颗粒尺寸 t_{Fe} 变化的关系

寸为 60 nm 和 600 nm 的粉料与不同尺寸的 α-Fe 颗粒组成复合永磁体后,其平均磁感应强度的变化关系. 图中还给出了大块 $Nd_2Fe_{14}B$ 的 B_s 值,说明它与尺寸较大的纳米颗粒之间交换耦合不大,或不存在.

纳米晶体复合永磁体的理论磁能积很高(>100 MGOe 或 7.96 MJ/m^3),实际上只达到理论值的一半左右. 这里主要是将 $B_s=2.2$ T 估计过高,而 H_c 不会增加,故实际结果比理论小得多.

参 考 文 献

[1]　戴礼智. 金属磁性材料. 上海:上海人民出版社,1973.

[2]　Bozorth R M. Ferromagnetism. New York:D. Van Nostrand Company Inc. ,1951.

[3]　McCurrie R A. The Structure and Properties of AlNiCo Permanent Magnet Alloys// Ferromagnetic Materials,Vol. 3. Wohlfarth E P. Amsterdam:North-Holland Publishing Company,1982.

[4]　K. H. J. 巴肖. 永磁材料. 张绍英,张宏伟,译//K. H. J. 巴肖. 金属与陶瓷的电子及磁学性质Ⅱ. 郑庆祺,等,译. 北京:科学出版社,2001.

[5]　周寿增,董清飞. 超强永磁体—稀土铁系永磁材料(第二版). 北京:冶金工业出版社,2004.

[6]　O'Handley R C O. Modern Magnetic Materials—Principles and Application. New York:John Wiley & Sons Inc. ,1999.

[7]　杨应昌. 北京大学物理学院. 私人通信,2010.

[8]　林勤. 稀土金属间化合物的磁性讲义. 北大物理系磁学教研室印刷,1990.

[9]　胡伯平,饶晓雪,王亦忠. 稀土永磁材料(上、下册). 北京:冶金工业出版社,2017.

第二十章 非晶态金属合金的制备和磁性

非晶态固体有四大类:玻璃、有机高分子化合物、非晶态半导体和非晶态金属合金.玻璃在很久以前就存在了,而后三类都是 20 世纪的产物.

在非晶态固体中,原子的空间分布没有周期性,即不存在平移对称性,不存在长程序,这是它与晶体的根本区别.大家都很清楚,组成气体的分子或原子,在空间中的分布完全没有规律性.对液体来说,例如组成水的分子或是组成液态金属的原子的某个位置被选定后,是否能在该原子附近的某一固定处,找到一个原子? 有没有一定的规律? 我们不能说有严格的规律性,但是要比气态完全无规律可循的情况好得多,因为在液态水或金属中,原子之间存在一定的短程序.对液体来说,短程序的大小在 3～4 原子间距的近邻范围,即以某个原子为中心,在与它相距 3～4 原子间距内原子数目基本上是可知的(对气体来说是随机的).对非晶态固体来说,在 5～7 原子间距范围内存在短程序.由于存在一定的短程序,就有可能讨论非晶态固体的结构和一些基本特性.关于非晶态金属合金的结构和基本磁性,在第八章已做了讨论,在这里将着重介绍其制备工艺原理及其应用问题,附带给出非晶材料的几个主要的磁性参数.

§20.1 非晶态金属合金的制备和检测

对任何一种处于液体状态的材料,如将它冷却得足够快和冷到足够低温度,几乎都能够制备成非晶态固体.但怎样的冷却速率才叫快? 冷到什么温度才叫低? 这就与材料的晶化温度 T_x 密切相关了.大家知道,SiO_2 很容易制成玻璃(即非晶态固体),因为其晶化温度高达 1450 K,即在此温度以上才会结晶(或叫晶化).而对于纯金属,如 Fe,Co,Ni,其晶化温度都非常低(在液态 N_2 温度之下,即 77 K 以下).对于 Fe,Co,Ni 与类金属 B,C,Si,P 等组成的合金,如成分比在 4∶1 左右,与纯 Fe,Co 等金属相比,则要容易形成非晶态固体,而且在室温附近虽是亚稳态,但可以较长时间不会晶化,因为这种比例形成的共晶合金的熔点温度比纯金属要低好几百摄氏度.例如,Fe 或 Co 的熔点高于 1500℃,而 $Fe_{80}B_{20}$ 的熔点在 1150℃,参见图 20.1 所示的相图.

对磁性合金,冷却速率要高于 $10^4 \sim 10^6$ ℃/s.对纯金属来说,在室温不可能存在非晶状态,因其晶化温度在液氮温度以下,纯度越高,其晶化点越低.从

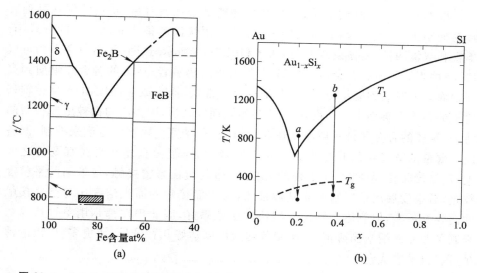

图 20.1　（a）Fe-B 和（b）Au-Si 的相图，其中最低温度处为共晶点，T_g 为玻璃化温度，
虚线是降温时不同成分对应的晶化温度

图 20.2 可以看到，高温冷却过程中，如速率很快，则不会形成晶态固体，并且体积的变化是连续的，同时可测得熵是连续的，这表明没有发生一级相变. 如冷速较慢，则形成晶体，在固化温度 T_f 处出现体积不连续，同时也出现熵不连续.

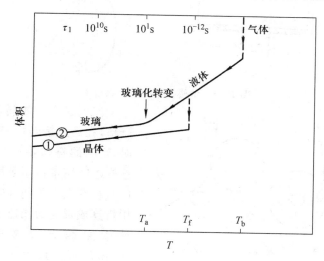

图 20.2　高温降温过程中体积的变化. T_b 为气液转变温度，T_f 为凝固点，
T_a 为晶态与非晶态之间的转变温度（取自文献[2]的图 1.1）

　　根据对快速冷却的要求,采用将熔融的液态金属合金,快速喷射在高速旋转的铜辊上[3],使之凝固,称为"快淬".这种用快淬制备非晶态合金的方式,有单辊和双辊两种,具体设备如图 20.3 和图 20.4 所示.这两图中,数字 1 为进气口,将熔炼好的液态合金压出喷口;2 为高频加热装置;熔融的合金在喷射到高速辊面 3 上时立刻凝结成固体,由于冷速非常快,而形成非晶固体;4 是转轴;5 所示的是喷在辊面上的熔融液体;6 是经辊面淬火后,因离心力而被甩成很薄的薄带.制成的合金薄带一般厚度在 30 μm 上下,带宽由喷嘴的宽度来控制,制备出的薄带的宽度可从几毫米到二三十厘米,相应辊面宽度和直径都要与之匹配.双辊制带法是 1970 年出现的,由于薄带与辊面紧密接触,使带面的平整度较差,后来发展出单辊制备非晶薄带法,与辊面接触的面光洁度比与空气接触的面要差一些,但总体上比双辊快淬法效果好,因此现在都是用单辊快淬法来制备非晶或纳米晶薄带.一次制备的量可以达好几百公斤,或更多,甩出的薄带可以自动卷成卷.

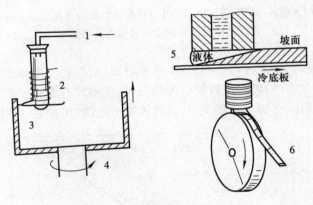

图 20.3　单辊高速旋转淬火设备

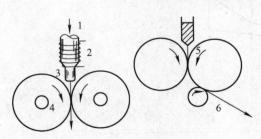

图 20.4　双辊高速旋转淬火设备

　　淬火的高速旋转辊筒要求很严格,在高速旋转(～5000 r/min)时,辊面的抖动要小于微米量级,这样才能使带材厚薄均匀.由于辊的直径有大小差别,淬火速率通常用折算成辊面的线速度来表示,对铁族非晶态合金来说,约为 50 m/s,如小于 30 m/s,就有一部分薄带发生晶化,也就是会形成纳米晶薄带.

　　如何判断是否为非晶态固体?首先可用 X 光衍射检验.一般只显示出一个宽的衍射环,它表明是非晶态材料结构的无规衍射,因为未出现晶体的衍射峰.

在这种情况下,存在晶体结构的体积比为百万分之一左右,或含量更少.

对于二元金属合金来说,如 3d-4f 金属合金,用辊面急冷法淬火是不可能获得非晶态固体的,只能用高真空镀膜法,将合金淀积在冷底板(液 N_2 冷却的铜板)上,这样可获得非晶态薄膜合金材料.这种快淬的冷却速率,一般为 $10^9\ ℃/s$.对纯金属(如 Fe),冷底板温度低到 4 K 才可以镀成非晶态 Fe 膜,但必须将它维持在 20 K 之下,否则很快就晶化了.Co,Ni 等单一金属与 Fe 的情况类似.

非晶态合金中原子的排列与晶体的不同,不存在晶格结构,但有一定的短程序,即在几个原子间距范围内,具有无规密堆的结构形式.也就是说,若以某个金属原子为中心,与它最近邻的原子个数最多在 12～13 之间,这与六角密堆晶体和面心立方晶体的近邻数 12 相差不多.

非晶态合金中原子分布是用径向分布函数来描述的.选定任一金属原子为中心,以 r 为球的半径,计算在此球内的原子数目.r 从 1 开始(就是最近的一个原子的距离),随 r 增大为 $2,3,\cdots$ 后,原子分布波动地上升,到后来这种波动就被抹平了,分布数目连续上升.这和晶体的不连续变化情况不同,具体参见图 20.5 和图 20.6.

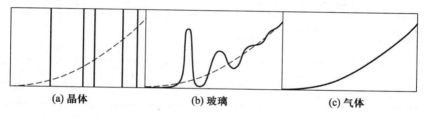

(a) 晶体　　　　　**(b) 玻璃**　　　　　**(c) 气体**

图 20.5　气体、玻璃、晶体三种状态中,原子近邻和次近邻的数目随原子间距增加而变化的情况.(b)中虚线是气体的连续分布状态,实线是固态的分布状态(取自文献[2]的图 2.3)

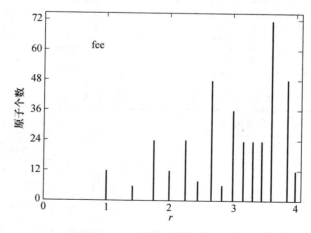

图 20.6　晶体中原子的位置和数目的关系(取自文献[2]的图 2.42)

§20.2　非晶态合金的磁性和居里温度

非晶态磁性固体有三个主要类别,即分别以 Fe,Co 和 FeNi 为基,与类金属组成的合金. Fe 基非晶态合金有两大系列: $Fe_{80}B_{20}$ 和 $Fe_{40}Ni_{40}(PB)_{20}$. 前一系列是高 B_s 非晶态合金,后一系列是高磁导率合金. 由于合金中含有 20at% 类金属原子,所以居里温度要比纯铁的低得多,见表 20.1. 合金中磁性原子的磁矩也有所减小,见表 20.2. 另外,还有以 Co 为基的 $Co_xFe_y(SiB)_{20}$ 的零磁致伸缩材料,但从产量来说,占的份额不大.

表 20.1　非晶态合金系列的 T_C 值

合金或化合物组分	T_C/K
$(Fe_{65}Ni_{35})_{75}P_{16}B_6Al_3$	576±6
$(Fe_{50}Ni_{50})_{75}P_{16}B_6Al_3$	482±6
$(Fe_{30}Ni_{70})_{75}P_{16}B_6Al_3$	258±3
$Fe_{86}B_{20}$	647
$Fe_{86}B_{14}$	570
Co_4P	020
$Fe_{75}P_{15}C_{10}$	597
$Fe_{75}P_{16}B_6Al_3$	630±12
$Fe_{70}Cr_{10}P_{13}C_7$	300
$(Fe_{93}Mo_7)_{80}B_{10}P_1 0$	450
$Fe_{65}Nj_{35}$(晶)	500±3
Fe_3Pt(晶)	435±2

表 20.2　非晶态合金中磁性原子的磁矩值[1]

合金组分	$\bar{\mu}/\mu_B$
$Fe_{80}P_{20}$	2.1
$Fe_{80}B_{20}$	1.94
	1.99
	2.04

续表

合金组分	$\bar{\mu}/\mu_B$
$Fe_{80}P_{14}B_6$	1.85
$Fe_{70}Ni_{10}B_{20}$	1.86
	1.90
$Fe_{70}Ni_{10}P_{14}B_8$	1.64
$Fe_{60}Ni_{20}B_{20}$	1.69
	1.75
$Fe_{40}Ni_{40}B_{20}$	1.31
	1.29
$Fe_{40}Ni_{40}P_{14}B_6$	1.23
$Fe_{40}Co_{40}B_{20}$	1.79
$Co_{80}B_{20}$	1.28
$Co_{78}P_{22}$	1.18
$Ni_{80}P_{20}$	0.05

20.2.1　磁化强度与合金成分的关系

在非晶态合金中存在 20% 的非磁性类金属,因而使 T_C 和原子磁矩降低. T_C 降低是因为交换作用的总量减少,而磁矩降低有一部分是因 Fe 或 Co 的 3d 能带中添加了非磁性原子的电子所致.由于 Ni 的空带只能容纳 0.6 个电子,所以镍基的非晶态合金的磁性基本消失,或是很小,因而要加很多的 Fe 原子(一般是和 Ni 各占一半)才能使合金具有较强的磁性.图 20.7~20.9 分别给出了 Co-Ni,Fe-Ni 和 Fe-Co 三类非晶态合金的原子磁矩与成分的关系.可以看到,Ni 基非晶态合金的磁矩基本为零(取自文献[1]的图 4.1~4.3).

由于非晶态合金没有晶格结构,因而不存在磁晶各向异性,但因快速淬火冷却,合金薄带中存在很大的内应力($\sigma \approx 10^8 \sim 10^9$ N/m² 或 $10^9 \sim 10^{10}$ dyn/cm²).另外,非晶态合金的磁致伸缩不为零,所以存在较大的应力各向异性能,约为 10^3 J/m³(10^4 erg/cm³).这样一来,直接快淬后生产的非晶态合金的软磁性并不太好.如能在晶化温度($T_x \approx 400℃$)之下进行适当退火,以消除内应力,例如在 300℃ 回火 0.5~1.0 h,内应力可基本消除,从而获得很高性能的金属软磁材料.表 20.3 列出了一些非晶态合金在回火前后的最大磁导率和矫顽力 H_c

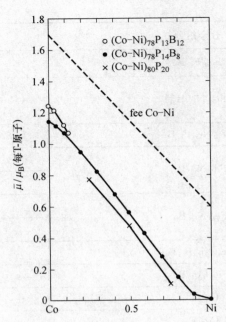

图 20.7 Co-Ni 非晶态合金的磁矩,"T-原子"代表 Co-Ni 原子平均

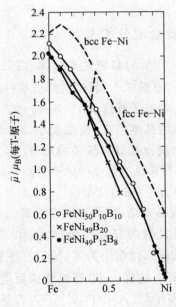

图 20.8 Fe-Ni 非晶态合金的磁矩,"T-原子"代表 Fe-Ni 原子平均

的值.可以看到,回火对软磁性能有较大的改善.表 20.4 给出了一些非晶态合金在退火后,其基本软磁特性和饱和磁致伸缩系数 λ_s,同时还给出了合金的电阻率,其数值要比相应晶体的电阻率高一两倍(这在高频应用时会降低涡流损耗,提高截止频率),表中的 T_x 为非晶态合金的晶化温度.

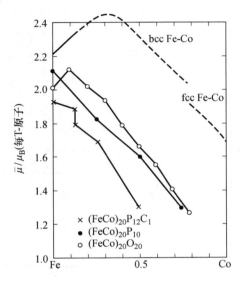

图 20.9　Fe-Co 非晶态合金的磁矩,"T-原子"代表 Fe-Co 原子平均

表 20.3　几种软磁非晶态合金在回火前后的最大磁导率

和 H_c 的大小(取自文献[4]的表 11.1)

非晶态金属	制备态		退火态	
	$H_c/\left(\dfrac{10^3}{4\pi}\text{Am}^{-1}\right)$	$\mu_{\max}/10^3$	$H_c/\left(\dfrac{10^3}{4\pi}\text{Am}^{-1}\right)$	$\mu_{\max}/10^3$
$Fe_{80}B_{20}$	0.08	100	0.04	300
$Fe_{40}Ni_{40}P_{14}B_6$	0.06	58	0.02	270
$Fe_{29}Ni_{49}P_{14}B_6Si_2$	0.057	48	0.011	310
$Fe_3Co_{72}P_{16}B_6Al_3$	0.023	120	0.013	340
$Fe_{4.8}Co_{70.2}Si_{15}B_{10}$	0.013	190	0.008	700
$Fe_{80}P_{23}C_7$	0.012	42	0.06	80

表 20.4　一些非晶态和晶态磁性材料的典型磁性参数(取自文献[1]中表 8.2)

		$4\pi M/(\text{emu}\\ \cdot\text{cm}^{-3})$	H_c /Oe	μ_i	$\mu_{\max}$	λ_0	T_C /℃	T_x /℃	$\rho/\mu\Omega\\ \cdot\text{cm}$
非晶态合金	$Fe_{80}B_{20}$	16.1×10^3	0.100	5×10^3	80×10^3	30×10^{-8}	375	390	140
	$Fe_{81}B_{13}Si_4C_2$	16.1	0.075	10	100	30	370	480	125
	$Fe_{40}Ni_{38}Mo_4B_{18}$	8.8	0.007	100	750	8	350	410	160
	$Co_{58}Ni_{10}Fe_6(B,Si)_{27}$	5.5	0.003	80	600	~0	270	500	130
晶态合金	含 3%Si 的晶粒取向的 FeSi 合金	20.1×10^3	0.085	4×10^3	75×10^3	20×10^{-8}	740	—	50
	铁镍合金 $Fe_{50}Ni_{50}$	16	0.05	4.5	70	25	480	—	45
	超坡莫合金 $Ni_{70}Fe_{15}Mo_5Mn_{0.5}$	7.9	0.004	75	800	~0	400	—	60
	铁钴钒合金 $Fe_{49}Co_{49}V_2$	24	0.2	1	60	70	980	—	30

20.2.2　居里温度与合金成分的关系

Fe-Ni 基非晶态合金薄带的主要成分为 $Fe_{40}Ni_{40}P_{14}B_6$,经适当的退火,其矫顽力 $H_c=1.6$ A/m(0.02 Oe),磁导率 $\mu_m=2.75\times10^3$.为获得更低的 H_c 和较大的磁导率,可增加 Ni 的含量,如非晶态 $Fe_{29}Ni_{49}P_{14}B_6Si_2$ 薄带合金,经适当退火,其 $H_c=0.9$ A/m(或 0.011 Oe),$\mu_m=3.10\times10^3$,但 Ni 价格较 Fe 贵得多,且饱和磁感应强度和居里温度较低.图 20.10 给出了 FeNi 占 78at%左右,类金属占 22%左右时,不同 Fe,Ni 比例情况下,居里温度的变化特性,由于没有晶态情况下 bcc 与 fcc 之间的结构转变,T_C 随 Ni 含量的增加而下降,特别是在 Ni 含量大于或等于 50at%后 T_C 下降很快.这个情况与晶态合金的居里温度随成分变化有很大的不同.

Co-Ni 非晶态合金系列的居里温度同样具有上述成分变化的特点,在整个成分变化范围内,晶态合金具有相同的 fcc 结构.因此,两者的 T_C 随 Ni 含量的增加总是下降的,具体参看图 20.11.与 Fe-Ni 非晶态合金系列比较可以看到,Co-Ni 非晶态合金系列的 T_C 近似为直线降低.

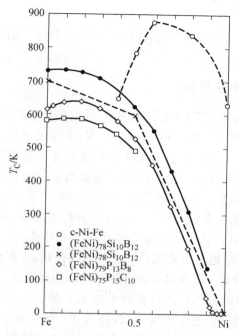

图 20.10 Fe-Ni 晶态合金和 Fe-Ni 非晶态合金的居里温度值随 Ni 含量增加的
变化情况(取自文献[1]的图 4.32)

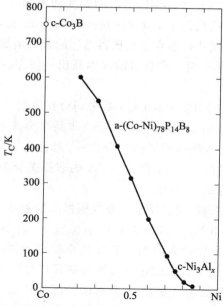

图 20.11 非晶态 CoNiPB 的居里温度随 Ni 含量变化的情况,在左上角和右下角
给出了 Co_3B 和 Ni_3Al 晶态合金的 T_C,其中 c 为晶态,a 为非晶态(取自文献[1]的图 4.33)

§20.3 非晶态磁性合金的应用[5,6]

20.3.1 制作功率变压器

电能从发电厂输送到用户之前,输电电压很高且路程很长,在到达用户时,必须通过分配变压器降压到 220 V(或 110 V)才能使电能真正为用户服务. 在此过程中存在电能的损耗,它主要来自输电线和变压器,其中最后一级分配变压器的损耗在总传输损耗中占很大比重. 这是因为分配变压器的容量不大(在几十到几百千瓦),数量很多,铁芯损耗占了较大的比重. 例如在美国,占很大比重的家庭住宅都要用一个十到几十千瓦级的分配变压器,而在中国的每一个住宅小区和农村都要用一个几十或几百千瓦级的变压器. 因此,各国的电业部门或电力公司,都在不断地努力降低分配变压器的损耗,主要是降低铁芯的功耗.

FeB 非晶态合金的 H_c 很低,且电阻率较高,可使铁芯损耗降低. 早在 1970 年后期,美国的 Allied 和 GE 公司就着手开发非晶态合金变压器,这是由于含硅 3% 的硅钢片的饱和磁感应强度 B_s 较高(2 T),FeB 非晶态合金的 B_s 要低一些(1.7 T). 当变压器工作时,其磁感应强度大小约为饱和值的 90%,因此对非晶态合金变压器来说,要达到同样的功率输出,就需要增加铜线绕组的圈数或是增加铁芯的体积,但这样会使铜线绕组的总损耗增加. 另外,制作工艺的特点决定了变压器铁芯的填充因子有差别(对硅钢片为 0.95,对非晶态合金带在 0.8~0.9 之间),这就使非晶态合金变压器磁芯的重量增加,因而使生产非晶态合金变压器的成本比晶态合金变压器的成本高出一倍左右,成为发展非晶态合金变压器的不利因素.

在 1980 年代初,美国的 Allied 和 GE 公司合作研制了一台 10 kVA 的非晶态合金变压器,其磁芯用了 40kg 的 2605SC 非晶合金薄带,用做运行. 实验发现,其磁芯的损耗只有常规变压器的三分之一,而且在运行中的温升也低于后者. 后来 GE 公司又制作了 1000 台 25 kVA 的非晶态合金变压器,并网运行结果表明,能够可靠运行 20~30 年.

从长期运行效果来看,因非晶态合金变压器的励磁功率损耗和铁芯损耗比硅钢片制作的变压器低很多,故有较好的节能效果. 自 20 世纪 80 年代以来,$Fe_{80}B_{20}$ 非晶态合金系列已经大量用来制作功率变压器铁芯、高频变压器、电源开关、磁屏蔽材料,以及发电机和电动机等功率不太大的电工器件等. 由于使用和制作工艺的特点,非晶态合金更适于制作分配变压器,其功率多数在 10~10^3 kW 范围. 表 20.5 给出了用硅钢片和非晶态合金薄带制作的 30 kW 分配变压器的基本损耗比较. 可以看到,非晶态合金变压器的总重量比较大,且因原材料比较贵,使得一台非晶态合金变压器的铁芯比最好的硅钢片铁芯贵 0.5～1.0 倍左右,但长期运行(10 年)后可节省能源(运行过程中可平均降低损耗 30%). 如果一台非晶态合金变压器能可靠运行为 25 年左右,虽然制造成本要高于晶态合金变压器,但在运行过程中因节省的能源,其所获的收益将比原来多付出的成本要大得多. 例如,美国一年大约要新增 100 万台分配变压器,如全用非晶态合金来制作这类变压器,每年所获的总经济效益要在 10 亿美元以上,如能部分取代,也有几亿美元的效益. 美国的发电和配电是由几家大商业公司经营的,生产和使用基本统一,虽然非晶态合金变压器成本高,但长期运行收益较大,因而美国已广泛采用非晶态合金带来制备分配变压器的磁芯,从而大大地降低了运行成本.

表 20.5　用硅钢片和非晶态合金带制成的 30kW 分配变压器的运行损耗的比较
(取自文献[6]第 39 页的表 5)

项目	SL7 产品(硅钢)	S14-30/10 产品(非晶态)
空载损耗 P_0/W	150	27
空载电流/(%)	2.8	2.15
负载损耗 P_K/W	800	744
阻抗电压/%	4	4.14
高压线圈温升/℃	45	48.5
低压线圈温升/℃	65	44.9
油顶层温升/℃	55	38.4
高压冲击试验(IEC76-3)	通过	通过
铁芯重量/kg	100	108
总重量/kg	307	365

最常用的非晶态合金材料的成分是 $Fe_{81}B_{13.5}Si_{3.5}C_2$(商品牌号为 2625SC),制备比较方便,但要将制成的薄带绕成环状的铁芯后,在磁场和惰性气体中退火,消除材料中的应力,并沿薄带材料的磁化方向产生感生各向异性,这个工序很关键,可使铁芯的 H_c 大为降低,从而大幅降低了变压器的励磁功率和空载损耗.

小功率发电机和电动机(如 1～100Hp)中的转子或定子以及 400 Hz 飞机用的非晶态合金变压器等,如用非晶态合金制作,也将显示出很高的节能效果.

20.3.2　开关电源和脉冲变压器[7]

由于电阻率较高于其他软磁合金,非晶态合金还用来制作高频变压器、脉冲变压器及高频开关电源. 原来是用坡莫合金去制作这类器件, 但因 Ni 的用量较多, 成本很高, 电阻率 (约为 50×10^{-8} Ω·m) 又低, 再考虑到 Co 基或 FeNi 基非晶态合金电阻率约为 $120 \times 10^{-8} \sim 150 \times 10^{-8}$ Ω·m, 用非晶态合金来制作各类高频变压器和电源开关器件中的变压器磁芯, 则可降低器件的成本和提高使用频率, 同时还可以减轻器件的重量.

以开关电源为例, 它是一个由多种变压器和多种功能电路组成的电源体系, 用于计算机、复印机、各种高级仪器中的不停电设备、智能控制装置等, 只要启动一个简单的按钮, 就可使整机系统得到所需的电源. 它是一个或一组机械设备中的动力供给器件, 习惯称为开关电源. 一般开关电源的功率不是很大, 最大在几个千瓦量级, 但最关键的是要求电源的体积小且重量轻. 用传统变压方式达不到使用要求, 只能在高频情况下进行升降压的变压器才能满足这种要求. 这种变压器的设计功率可表示为

$$P \sim kfN\Delta BSI, \tag{20.1}$$

其中 k 为与波形有关的系数, I 和 f 为流经绕组导线的电流和频率, N 为绕组匝数, ΔB 为磁感应强度的变化幅度, S 为磁芯截面积. 对材料和绕组损耗的要求用升温表示:

$$\Delta T \sim aP_c + bP_w, \tag{20.2}$$

其中 P_c 和 P_w 为绕组和磁芯的功率损耗, a 和 b 为可由实验测定的系数.

相对普通变压器来说, 如功率相同, 将频率 f 上升为 50 kHz, 即比 50 Hz 增高 1000 倍, 在同样磁感应强度变化 ΔB 情况, 则磁芯体积和绕组都可同时减少 10 倍以上. 对用坡莫合金材料制作的变压器来说, 即使工作频率相同, 但因非晶态磁芯的损耗低, 励磁电流低, ΔB 较高, 其使用效率也比坡莫合金要高. 因此, 在 1990 年前后, 非晶态磁性合金大量用于制作高频变压器和开关电源变压器的磁芯.

用做高频磁芯的非晶态材料有两大体系: 一个是 FeB 非晶态合金; 另一个是 Fe_5Co_{70} 基非晶态合金. 前者 ΔB 较大, 后者磁致伸缩系数接近零, 具有很高的磁导率. 目前的材料以非晶和纳米晶混合带材为主, 使用频率有所提高, 也具有较好的稳定性.

§20.4　纳米晶结构和纳米颗粒磁性材料[8]

纳米晶结构材料是由非晶态合金经适当回火后, 形成的一种颗粒非常小 (几或几十纳米) 的高性能的软磁晶态材料, 同时在整个材料中还可能存在一定的非晶态固体, 也可以是高磁感软磁 (如 Fe) 纳米颗粒和硬磁 (如 NdFeB) 材料混合后, 经烧结而成的高性能永磁材料. 一般说来, 这类材料中晶粒的尺寸多为

10 nm 上下.

　　1988 年,人们发现非晶态合金在回火过程中会发生部分晶化,其软磁特性比非晶态软磁材料还要好,因而对纳米晶结构材料进行了广泛的研究.研究发现在原有的 Co 或 Fe 基非晶态合金中加少量 Cu(它是不熔于合金的元素)后,在回火过程中可促进晶化核的生成,再加入 Nb 可延缓晶粒长大.因此,研究出了具有纳米晶结构,成分为 $Fe_{74}Si_{15}B_7Cu_1Nb_3$ 和 $(Fe,Co)_{81}M_9C_{10}$(M＝Ta,Hf,Zr,Nb 等)的磁性材料.同时因提高了晶化温度,有利于在较高的温度退火(如 550℃,20～60min),而获得了很好的软磁特性.

　　对于 $Fe_{74}Si_{15}B_7Cu_1Nb_3$ 纳米晶结构磁性材料,在退火后生成 Fe_3Si 相,颗粒尺寸为 5～10 nm,同时仍存在一些富 Nb 的非晶态相,这就使 Fe_3Si 颗粒之间产生交换耦合.而富 Nb(铌)非晶态相好像是一种产生交换耦合的媒介,如 Fe_3Si 的间隔大,即 Nb 相边界厚度大了,交换耦合会降低或消失,也就是 Nb 抑制了铁磁相之间的耦合效应.图 20.12 给出了这种纳米晶结构材料的微结构模型,其中不规则黑块为体心立方纳米 Fe-Si 颗粒,小黑点是非晶态富 Nb 颗粒边界相.

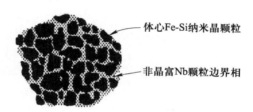

体心Fe-Si纳米晶颗粒

非晶富Nb颗粒边界相

图 20.12　$Fe_{74}Si_{15}B_7Cu_1Nb_3$ 纳米晶结构磁性材料的微结构模型,其中黑块为体心立方纳米 Fe-Si 颗粒,小黑点是非晶态富 Nb 颗粒边界相(Nb 相的边界实际比较窄,图中为说明问题做了放大)

　　将制备态非晶态合金 $(Fe,Co)_{81}Ta_9C_{10}$ 在 550℃ 回火 20 min,会生成 α(FeCo)纳米合金,尺寸约为 10 nm,同时存在含 C 的非晶态相,这种材料的 λ_s 很小,并具有较高的饱和磁感应强度.

　　由于纳米晶磁性材料的软磁特性和稳定性比非晶态合金要好,它们在研究和应用方面得到很大的重视,这类纳米晶合金材料现已作为商品大量生产.

参 考 文 献

[1]　K. 穆加尼,J. M. D. 科埃. 磁性玻璃. 赵见高,等,译. 北京:科学出版社,1992.
[2]　R. 泽仑. 非晶态固体物理学. 黄昀,等,译. 北京:北京大学出版社,1988.
[3]　王文采. 北京:非晶态合金的制备方法概述//戴道生,韩汝琦. 非晶态物理. 北京:电子

工业出版社,1989.

[4] 林肇华.非晶态金属的矫顽力机制//戴道生,韩汝琦.非晶态物理.北京:电子工业出版社,1989.

[5] Luborsky F E. Corporate R & D, Schenectady, General Electric Company, New York, 私人通信,1987.

[6] 石松耀.非晶合金铁芯配电变压器的研制//冶金工业部科技司.非晶态合金及其应用.内部会议资料,1990.

[7] 王新林.开关电源用非晶态合金//冶金工业部科技司.非晶态合金及其应用.内部会议资料,1990.

[8] O'Handley R C O.现代磁性材料原理和应用.周永洽,等,译.北京:化学工业出版社,2002.

第二十一章　金属薄膜磁性

§21.1　金属单层膜磁性随厚度的变化

21.1.1　磁矩、居里温度与磁层厚度的关系

当大块磁性材料的某一纬度减小到微米量级时称之为薄膜,通常将它看成近二维体系.在其厚度小于微米量级后磁畴结构开始发生从 Bloch 壁转到 Neel 壁的现象,这个问题已在第十一章中做了讨论.为了便于阅读,这里只给出简单的结果.磁性材料的电磁性能(如 M_s 和 T_C)一般变化不大,直至其厚度薄至 10nm 以下(薄膜),电磁性能随厚度降低开始变得明显.

较早的理论计算结果表明,在膜的厚度继续薄到纳米量级后,M_s 和 T_C 下降较多,参见图 21.1.由于 20 世纪 70 年代的制膜技术和条件的限制,制出的薄膜中有少量杂质,观测到 M_s 和 T_C 在较厚的情况就开始下降,与理论计算结果不

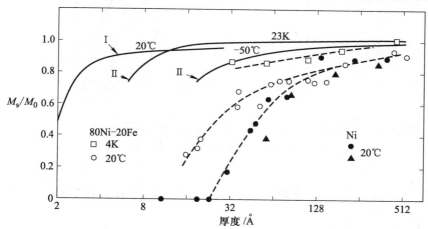

图 21.1　不同温度下 FeNi 合金和 Ni 的 M_s/M_0 与厚度关系的理论计算和实验值.曲线 I 为 Valent 计算的 20℃时的结果;曲线 II 为 Glass 和 Klein 计算的在 23 K 和 −50℃时的结果;□,o 分别是 Seavey 和 Tannenwald 在 4 K 和 20℃时对 80Ni-20Fe 的实验结果;●是 Crittenden 和 Hoffman 在 20℃时对 Ni 的实验结果;▲是 Drigo 在 20℃时对 Ni 的实验结果(引自文献[1]的图 16)

大一致.随着镀膜技术的提高以及对多层膜磁性的深入研究,可以看到,薄膜的厚
度很小时(相对较早的结果要薄得多,如图 21.1 所示),其磁化强度和居里温度仍
较高.很多结果都显示出在膜的厚度接近 2 nm 时,磁化强度才有比较明显变化.

20 世纪 80 年代以来,成膜的质量有很大改善,使研究结果受非磁性因素的
影响大为减少.图 21.2 给出了不同厚度 $Ni_{48}Fe_{52}$ 薄膜的 M_s 随温度变化的情况.
可以看到,原来低温时是 Bloch 的 $T^{3/2}$ 关系,而在很薄时就与 T 成线性下降关
系.磁性物质由大块(用 3D 表示)变成很薄的膜时,其宏观磁性仍下降.图 21.3
给出了 Ni/Ag 多层膜的 T_C 在膜的厚度降低到 2 nm 时已下降了 1 百多度
(℃),但比早期试验结果所给出的膜的厚度要小一个量级.图 21.4 是用 FeSi/
Si 多层膜作为样品,逐步减少 FeSi 磁层的厚度,但 Si 层厚度不变.实验结果表
明,随着磁层厚度 t_m 减小,饱和磁化强度 M_s 逐渐降低,居里温度 T_C 逐步下降.

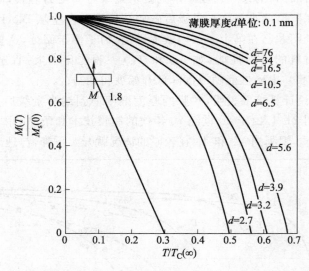

图 21.2 不同厚度 $Ni_{48}Fe_{52}$ 薄膜的 M_s 随温度的变化曲线,其中 $T_C(\infty)$ 指大块
材料的居里温度(取自文献[2]的图 30(a))

21.1.2 超薄的磁性薄膜中的原子磁矩增强和磁各向异性

1. 磁性增强

20 世纪 80 年代起,人们基于能带结构理论计算了不同维度情况下金属的
磁性,具体见表 21.1[5].可以看到,随着维度的降低,金属中的原子磁矩升高.大
块材料和每个原子的磁矩值已为实验所证实.在 80 年代末,人们制备出了高质
量超薄膜,实验测量的结果显示确有磁矩增大,但比理论结果要小一些.线链和
准零维纳米颗粒的实验结果还不多见.

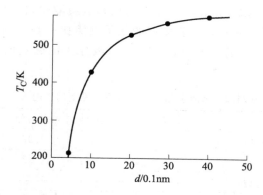

图 21.3　$[Ni(d)/Ag(2\ nm)]_n$ 的 T_C 与厚度 d 的关系[3]

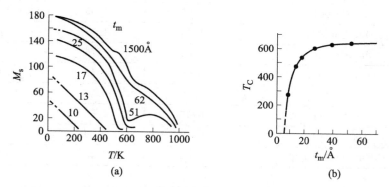

图 21.4　(a) FeSi/Si 多层膜的 M_s-T 随层厚 t_m 的变化；
(b) FeSi/Si 多层膜的 T_C 与层厚 t_m 的变化关系[4]

表 21.1　处于不同维度材料中的一些金属原子磁矩的理论值[5]

材料	大块(三维)/μ_B	表面(二维)/μ_B	单层/μ_B	链(一维)/μ_B	原子/μ_B
V(bcc)	0	0	2.87	—	3.0
Cr(bcc)	0.59	2.49	3.87	—	4.0
Fe(bcc)	2.25	2.98	3.20	3.36	4.0
Co(bcc)	1.64	1.76	1.89	—	3.0
Ni(bcc)	0.56	0.68	1.02	1.07	2.0

　　Freeman 等人对金属超薄膜(1～7 层膜厚)的原子磁矩进行了计算[6]，发现表面磁层的原子磁矩均大于内层的. 这是因为理论计算时，没有考虑磁性膜的

衬底和表面覆盖层的影响. 表面上原子的近邻数目减少, 使电子的巡游性有所降低, 即局域性增强, 从而导致表面层的原子磁矩比中心层的原子磁矩有较大的增加, 而且不同结构的表面, 增加也不同, 故原子的磁矩增大的结果有所不同, 具体见表 21.2.

表 21.2　薄膜表面和内层中原子磁矩的理论值[6]

系统	表面的磁矩/μ_B	中心的磁矩/μ_B	增强/(%)
bcc Fe(001)	2.96	2.27	30
bcc Fe(110)	2.65	2.22	19
bcc Fe(111)	2.70	2.30	17
fcc Fe(001)	2.85	1.99	43
hcp Co(0001)	1.76	1.64	7
fcc Co(001)	1.86	1.65	13
bcc Co(001)	1.95	1.76	11
bcc Co(110)	1.82	1.76	3
fcc Ni(001)	0.68	0.56	23
fcc Ni(110)	0.63	0.56	13
fcc Ni(111)	0.63	0.58	9
bcc Cr(001)	2.49	0.59	322
Gd(0001)传导电子	0.58	0.46	26

理论上还计算出了 Fe(110) 面上单层膜的 $T_C = 228$ K, 如在面上覆盖上一层 Au, T_C 上升为 282 K; 而 Fe(100) 面上单层膜的 $T_C = 0$, 双层膜时为 225 K. 这表明体心结构的 Fe 原子间交换作用因间距和方向的不同而有所区别.

表 21.2 给出了 Fe, Co, Ni 三种磁性金属薄膜在结构不同时, 其表面和中心的原子磁矩值. 可以看到, 结构不同, 磁矩的大小有较大的差别.

实验制备的薄膜必须生长在基片上, 而且其表面上是否有覆盖物, 都会对磁性 (磁矩和各向异性) 有较大影响. 有人用 Cu, Ag, Au 做基底 (或用 MgO, W), 在其上面镀 Fe 膜, 可用磁光 Kerr 效应法[7]、穆斯堡尔谱[8] 或灵敏的磁强计[9] 来测量 Fe 原子磁矩随 Fe 层厚度变化的关系. 研究表明, Fe 原子磁矩比大块铁的磁矩有所增强, 即在薄膜很薄时其平均原子磁矩比 2.2 μ_B 大. 通常把这一现象叫做磁性增强.

为了防止 Fe 被氧化, 在 Fe 上面镀 Ag 保护层. 用 Cu 或 Ag 做基底以及在 Fe 表面上做覆盖层有很大的好处. 由于 Cu 和 Ag 不能与 Fe 形成合金, 当 Fe 镀在它们表面后, 几乎不受到 Ag 和 Cu 的价电子的影响, 因而对 Fe 膜的磁性影响很小, 这样在测量单层和多层 Fe 膜的磁特性时, 可直接获得较为准确的结果,同时又可制成与基底匹配较好的体心结构的单晶 Fe 膜.

　　研究超薄膜的磁性变化还可以了解形成自发磁化的情况以及磁各向异性的变化情况.在 Cu(100) 基片上逐层生长 Fe 薄膜的过程中,测量其自旋极化随厚度的变化.从图 21.5 可以看到,当厚度大于两个原子层时,整个磁层的平均原子磁性已经产生了铁磁性的自发磁化,这也证明了 $T_C \neq 0$. 膜的自发磁化取向也随厚度的增加而由垂直膜面变到平行膜面.这是因为随着膜的厚度增加,退磁场能增大,使磁矩转向平行膜面.还可以看到,磁矩取向的各向异性随温度上升而由垂直转变为平行膜面,这是因为垂直各向异性能随温度升高而下降比磁性下降要快得多,但在 230 K 以下变化不明显,见图 21.6[10].

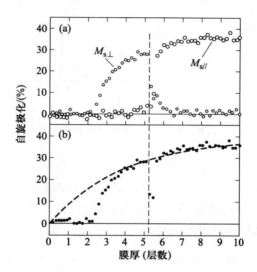

图 21.5 （a）逐层生长的 Fe 膜的磁矩 M_s（自旋极化方向）在平行和垂直膜面方向随厚度的变化情况；（b）在厚度为 2.3 ML（ML 为 monolayer 的缩写,意为单分子层）处自旋极化方向（即 M_s）发生转变[10]

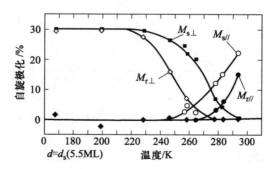

图 21.6 自旋极化与温度的关系.在 230 K 以下 M_s 处在垂直膜面方向[10]

Qiu 等人用分子束外延方法制备了单晶 Fe/Ag 双层膜,研究了 Fe 的自发磁化和居里温度与其膜厚的关系[17],采用极化的 Kerr 效应方法测量了不同厚度 Fe 膜的磁化强度随温度的变化. 图 21.7 给出了 Fe 膜厚度为 1.8 ML,1.9 ML 和 2.0 ML,用 Kerr 效应方法测得剩余磁化强度趋于零时,分别对应的 T_C 值:338 K,450.5 K 和 466.4 K.

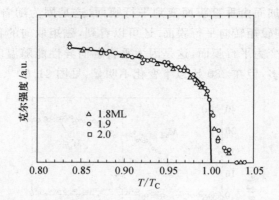

图 21.7　不同 Fe 层数的 Fe/Ag 双层膜的剩余磁化强度与约化温度的关系

他们还测量了 Fe/Ag 双层膜的居里温度 T_C 与 Fe 层厚度的变化关系,见图 21.8. 上面的实验结果表明,Fe 的厚度在一层到两层厚度的情况下就可能发生自发磁化,而且在这时磁矩的取向是垂直膜面的. 在下面对磁各向异性的讨论中,可看出 Co 也具有类似的特性.

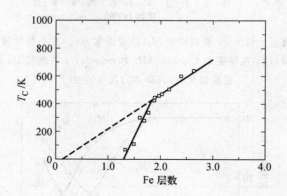

图 21.8　Fe/Ag 双层膜中,T_C 与 Fe 层数的关系

2. 磁各向异性特点

磁性薄膜在非常薄时发生铁磁性自发磁化,随之也产生了磁各向异性. 这时可测量出膜的有效磁各向异性能,用 E_{eff} 表示. 实际它包含了退磁场能 $E_N =$

$\mu_0 M_s^2/2$,磁晶各向异性能 $E_u = K_u \cos^2\theta$,表面各向异性能 $E_s = K_s/d_F$,故

$$E_{eff} = E_N + E_u + E_s \quad \text{或} \quad K_{eff} = -\mu_0 M_s^2/2 + K_u + K_s/d_F, \quad (21.1)$$

其中 d_F 是磁性薄膜的厚度.

厚度减小使磁各向异性由面内变为垂直膜面(上面给出的 M_s 取向可证).

另外,磁性薄膜的表面是否覆盖有其他金属膜将会对磁膜的表面各向异性有很大的影响.如图 21.9 所示,在基底 W(110)上镀了 30 个原子层的单晶 Fe(110)薄膜,当其表面为超高真空时,在 Fe 膜表面的垂直方向加磁场,测得的磁滞回线显示出垂直膜面为易磁化方向;而在 Fe(110)面上覆盖 Au 层后,用同样方法测得的磁滞回线显示出垂直膜面为难磁化方向.经估算得到各向异性能由垂直膜面的 $0.54 \times 10^{-3} \, \text{J/m}^2$ 转变为 $-0.08 \times 10^{-3} \, \text{J/m}^2$.如将覆盖了 Au 的 Fe(110)膜在 500 K 回火 130 min,则各向异性又恢复为垂直膜面方向.

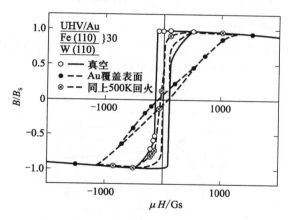

图 21.9 Fe(110)膜在覆盖 Au 膜前后的磁滞回线.可见它由垂直各向异性变为平面各向异性(磁场垂直膜面)

21.1.3 磁畴结构的特点

由于材料在一个维度上变得很薄,使其退磁因子 N 接近 1.如磁矩垂直膜面,则形成较大的退磁能.因此,在平面上磁畴畴壁内磁矩取向的变化过程与大块材料的情况不同,由原来的 Bloch 畴壁转变成 Neel 畴壁,如图 21.10 所示,这就使畴壁内的退磁能减小.从图上可看到,由于畴壁内的磁矩在薄膜平面取向,而在两个畴之间形成了磁荷,因而具有一定的退磁能.在膜的厚度 $t \ll \delta_N$(Neel 畴壁厚度)条件下,可以计算出 Neel 畴壁的厚度和畴壁能.考虑退磁能 $(\mu_0 N M^2/2)$,各向异性能 $(\delta_N K_u/2)$ 和交换能增量 $(A\pi^2/\delta_N)$,其中 δ_N 为 Neel 畴壁厚度,$N \approx t/(t+\delta_N)$,t 为膜厚,则三者之和为畴壁能,即

$$\sigma = \frac{A\pi^2}{\delta_N} + \frac{\delta_N K_u}{2} + \frac{2\mu_0 \delta_N t M_s^2}{\pi^2(\delta_N + t)}. \tag{21.2}$$

对式(21.2)用 δ_N 微商,并令其等于 0.(1)如膜很薄($t \ll \delta_N$),可以得到 $\sigma_N = \pi$ $(AK_u)^{1/2}$ 和 $\delta_N = (2A/K_u)^{1/2}$,其中不含退磁能项,因而 Neel 畴壁能比 Bloch 畴壁的要低,Neel 畴壁稳定.(2)当薄膜变得很厚($t \gg \delta_N$)时,可以得到单位面积畴壁能 $\sigma_N = \pi(AK_e)^{1/2}$,$\delta_N = (2A/K_e)^{1/2}$,其中 $K_e = K_u + 4\mu_0 M_s^2/\pi^2$ 为等效磁各向异性能常数.这表明 Neel 畴壁的退磁很高,所以在磁性薄膜的厚度比较大时,只能存在 Bloch 畴壁的形式.图 21.11 给出了两种畴壁能量随薄膜厚度变化的情况[11].式(21.2)的导出过程见本章附录.

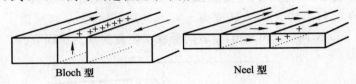

图 21.10　薄膜中 180°畴壁内磁矩取向的变化:由 Bloch 型转为
　　　　　　Neel 型的示意图(取自文献[11]的图 8.8)

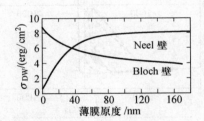

图 21.11　Neel 型和 Bloch 型畴壁能随薄膜厚度的变化关系(取自文献[11]的图 8.9)

§21.2　金属多层膜磁性和层间交换耦合

21.2.1　人工多层膜的结构

从 20 世纪 80 年代起,人们受半导体超晶格的研制启发,开始了对金属多层膜的制备和研究.图 21.12 示意地给出了 A 和 B 两种原子交替生长在基片上形成的薄膜.每一层由同种原子组成,如各层原子都排列整齐,但是无序,则为多晶体,具有结构相干性和成分调制特性;如每一层原子排列的状态在化学和拓扑都有序,则称为单晶或人工超晶格.也可以有三种或更多种原子层,一般以成分调制和单晶膜两种为主,统称多层膜.人们在研究磁性多层膜的电磁特性时,发现了一些新的现象,如层间耦合、巨磁电阻、磁性增强和界面各向异性等.

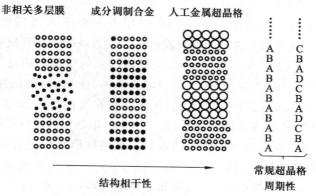

图 21.12　多层膜中各层的原子排列特性

21.2.2　磁层之间的交换耦合

多层膜是由磁性层和非磁性金属层交替组成,其相邻的两磁性层被非磁性层隔开,图 21.13 的下方显示出三层膜的分解图形:底层为 Fe 单晶晶须,中间

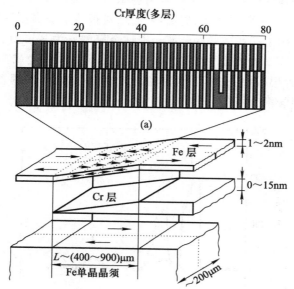

图 21.13　Fe/Cr 三层膜的交换耦合形式与 Cr 层厚度的关系[12].(b) 三层膜的结构示意图,基片为 Fe 单晶晶须,宽约 0.5 mm,以楔形 Cr 膜为中间层,镀在 Cr 层上的 Fe 膜厚度为 1~2 nm.(a)是膜的表面层的磁矩取向示意图,中间 Cr 层由左至右逐渐增厚,使得上下两层 Fe 膜的磁耦合交替变换,黑色是铁磁性耦合,白色为反铁磁耦合

是楔形的 Cr 金属层,厚度为 0～15 nm,上面是厚度为 1～2 nm 的 Fe 层.人们在观测表面 Fe 层中自发磁化的方向时发现,该相邻的两个磁性层之间仍存在交换耦合作用,这一现象是 1985～1986 年间发现的.同时还发现,随着非磁性层厚度的增加,两相邻磁性层间的自发磁化表现为铁磁和反铁磁耦合交替变化的特点(如图 21.13 所示).这种铁磁、反铁磁耦合的空间周期交替变化可从磁性测量中观察到.图 21.14 示出了 Fe/Mo 超晶格,在 Mo 层的层数由少增多时,磁滞回线变化特点:在铁磁耦合情况,回线具有常规特性;在反铁磁耦合情况,较弱磁场下 M_s-H 表现为线性关系,在强磁场时出现回线,在磁场反向后,磁化情况相同.还可以从饱和磁化场的强弱测量出两种耦合状态的结果.在较弱磁场下 M_s-H 两相邻磁性层的磁性具有铁磁(FM)性,在较强磁场的磁化过程表现出磁性层之间为反铁磁耦合.随着非磁性层厚度的上升,磁性耦合的交替变化具有空间周期性.这种周期性可以用饱和磁化场强度 H_s 随非磁性层厚度的波动变化来表示,称之为层间耦合振荡.

　　对这类铁磁-反铁磁耦合变化的空间周期性振荡现象的初步解释是,由于非磁性层中的传导电子被磁性层极化,使磁性层之间的磁离子产生了 RKKY 交换作用;另外,还同时存在长短周期的变化特点,短周期为 2～3 层.有人用能带结构理论来解释这一现象,即空穴限制模型,此外还有自由电子模型、量子干射模型等[14].在 20 世纪 90 年代初期,人们已对很多金属多层膜做了耦合振荡研究,表 21.3 列出了一些非磁性金属与磁性金属制备为多层膜后,测得的周期性结果[15,16].表 21.3 给出了以 Co 为磁性层,另外的一些金属为非磁性层,Fe 或 Ni 为另一磁性层,在制成多层膜后观测到的 Co 层之间的耦合特点,发现只有非磁性层可引起耦合振荡.

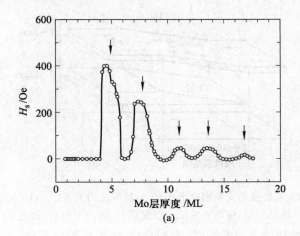

(a)

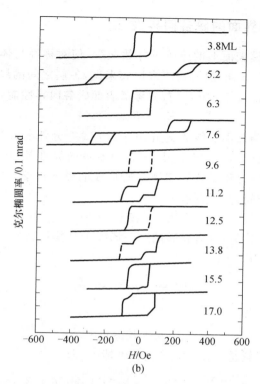

(b)

图 21.14 （a）饱和磁化场强度 H_s 随 Mo 层厚度变化的空间周期性[13]；
（b）Fe/Mo 超晶格的磁滞回线形状随 Mo 层厚度的变化

表 21.3　一些含 Co 多层膜的层间耦合数据

Ti		V		Cr		Mn		Fe		Co		Ni		Cu		元素	
无耦合		9	3	7	7	反铁磁		铁磁		铁磁		铁磁		8	3	A_1	ΔA_1
		0.1	9	24	18									0.3	10	/0.1nm	/0.1nm
Zr		Nb		Mo		Tc		Ru		Rh		Pd		Ag		J_1	P
无耦合		9.5	2.5	5.2	3			3	3	7.9	3	铁磁耦合				/(mJ/m²)	/0.1nm
		0.02	*	0.12	11			5	11	1.6	9						
Hf		Ta		W		Re		Os		Ir		Pt		Au			
无耦合		7	2	5.5	3	4.2	3.5			4	3	铁磁耦合					
		0.01	*	0.03	*	0.41	10			1.85	9						

　　表中每个元素下面有四个数据，如右边的方框所示，其中 A_1 为峰位置，ΔA_1 为峰宽，J_1 为耦合强度，P 为周期[15,16]。

21.2.3　表面和界面的磁各向异性

　　前面提到,薄膜表面上的原子近邻数减少,使对称性与体内的情况发生变化,因而出现表面磁各向异性.对于多层膜来说,各层之间的界面也会因磁性原子的减少,形成界面磁各向异性.首先考虑表面磁各向异性能

$$E_s = K_s \sin^2 \theta, \tag{21.3}$$

其中 θ 为磁矩 M_s 与表面法线的交角, $K_s < 0$ 或 > 0 分别表示磁各向异性在膜的面内和垂直膜面取向.对于多层膜,除表面磁各向异性外,还有界面磁各向异性,它来自界面的应力和磁致伸缩耦合所形成的磁弹性能.产生应力的原因可能是层间晶格匹配问题,可表示为

$$E_\sigma = K_\sigma \sin^2 \theta. \tag{21.4}$$

还有两种磁各向异性能:垂直膜面的退磁场能和晶体材料本身的磁晶各向异性能,其中退磁场能为

$$E_d = \frac{1}{2}\mu_0 M_s^2 \sin^2 \theta, \tag{21.5}$$

体磁晶各向异性能为

$$E_K = K_A \sin^2 \theta. \tag{21.6}$$

将四种能量加起来就是薄膜的磁各向异性能[9],即

$$E_{eff} = \left[\frac{2K_s}{t} + \left(K_V - \frac{1}{2}\mu_0 M_s^2 \right) \right] \sin^2 \theta + K_u \sin^2 \theta, \tag{21.7}$$

其中 $K_V = K_A + K_\sigma$, K_A 和 K_σ 分别为磁晶各向异性能常数和应力各向异性能常数, $t = d_F$ 为磁性层厚度,其他与式(21.1)同. $E_{eff} > 0$ 或 $E_{eff} < 0$ 取决于四种磁各向异性的竞争.如 $E_{eff} > 0$,则易磁化方向为垂直膜面;如 $E_{eff} < 0$,则膜面为易磁化面.

　　如薄膜厚度较大和多层膜中各层较厚,则 $2K_s/t$ 项可以忽略.另外,膜很薄时,即 t 很小,可能出现较明显的表面磁各向异性.图21.15和图21.16分别给出了 Co/Au,Co/Cu 和 Co/Pt 多层膜的磁各向异性与 Co 层厚度的变化关系.可以看到,磁性层的厚度变薄时, K_{eff} 由负变正,而对 Co/Pt 多层膜在0.5 nm处 K_u 出现极大.在磁性层很薄时出现的垂直膜面易磁化的现象,曾引起垂直磁记录的研究人员的很大兴趣.表21.4和表21.5给出了一些多层膜的界面磁各向异性能的实验结果和计算值.两者不尽相符,主要是磁各向异性的产生原因还不是很清楚.原则上说,主要是自旋-轨道耦合对金属中电子能量的微扰(大块材料)、界面匹配和粗糙度等因素,情况比一般晶体要复杂.

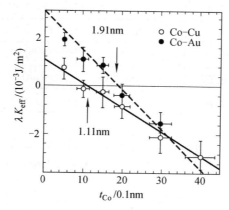

图 21.15　Co/Au 和 Co/Cu 磁性层有效各向异性与磁层厚度的变化关系
$\lambda = t_{Co} + t_{NM}$，下标 NM 指非磁性元素（取自文献[16]的图 40.14）

表 21.4　一些多层膜的界面各向异性能常数 K_s 的数值

系统	制备方法[①]	T/K[②]	$K_s/(10^{-3} J/m^2)$
Mo—Ni(111)	S	30	-0.54
Cu—Ni(111)	S	4.2	-0.12
Cu—Ni(100)	S	4.2	-0.23
Pd—Co(111)	S	300	$+0.16$
Pd—Co(111)	V	300	$+0.26$
Pd—Co(111)	V	300	$+0.55$
Au—Co(001)	S	300	$+0.1-0.5$
Au—Co(001)	MBE	300	$+1.3$
Pt—Co(001)	V	300	$+0.42$
Cu—Co(fcc)	MBE	300	$+0.55$
Nd—Fe	S	300	$+0.18$
Dy—Fe	S	300	$+2.5$
Dy—Co	S	300	$+0.4-0.8$
Tb—Co	S	300	>0
Er—Fe	S	300	~ 0
Gd—Fe	S	300	~ 0
Gd—Co	S	300	~ 0

① S 代表溅射，V 代表蒸发，MBE 代表分子束外延；② 测量温度.

表 21.5　对 Fe 及 Co 系统磁各向异性能的计算值　　（单位：meV）

系统	Fe(ML)	Fe/Ag(001)	Fe/Au(001)	Fe/Pd(001)
K_s	$-0.03 \sim -0.04$	0.06	0.57	0.35
系统	Co(ML)（正方）	Co/Cu(001)	Co(ml)（六角）	Co/Pt(111)
K_s	-0.03	0.05	-0.65	0.45

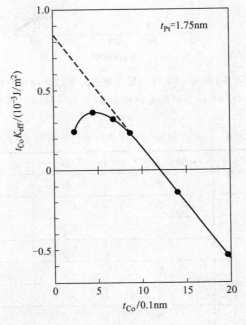

图 21.16　Co/Pt 磁性层有效各向异性与磁层厚度的
变化关系（取自文献[16]的图 40.15）

附录　Neel 畴壁的能量和厚度计算

由于薄膜中 Neel 畴壁内的两相邻磁矩是平行膜面逐渐转动而完成 180°过渡的,畴壁的宽度为 δ,比膜的厚度 t 大很多,这时磁体中畴壁表现为 Neel 畴壁形式.

在畴壁内交换能变化为 $A\left(\dfrac{\pi}{\delta}\right)^2$,单轴各向异性能为 $K\sin^2\theta$,因此可以近似给出退磁因子为 $N \approx \dfrac{t}{\delta+t}$,故退磁能为 $\dfrac{\mu_0 M^2 t}{2(\delta+t)}$.

整个畴壁的畴壁能为

$$\sigma_N = \int_0^\delta \Big[A \Big(\frac{\pi}{\delta} \Big)^2 + K\sin^2\theta + \frac{\mu_0 M^2 t}{2(\delta + t)} \Big] dz.$$

由于 $\theta = \frac{\pi}{\delta} z$，$d\theta = \frac{\pi}{\delta} dz$，可得到

$$\sigma_N = \int_0^\delta \Big[A \Big(\frac{\pi}{\delta} \Big)^2 + \frac{\mu_0 M^2 \delta t}{2(\delta + t)} \Big] dz + \int_0^\pi \frac{\delta}{\pi} K\sin^2\theta d\theta$$

$$= A\pi^2/\delta + \delta K/2 + \mu_0 M^2 \delta t/2(\delta + t). \tag{21.8}$$

注意，$\int_0^\pi \frac{\delta}{\pi} K\sin^2\theta d\theta$ 中 $\int_0^\pi \sin^2\theta d\theta = \int_0^\pi (1 - \cos^2\theta) d\theta = \pi/2$.

由于在畴壁内任一格点上的 $M = M_s\sin\theta$，则在整个畴壁内的 M 的数值要对 $\sin\theta$ 平均：

$$\int_0^\delta \sin\theta dz \Big/ \int_0^\delta dz = \frac{\delta}{\pi} \int_0^\pi \sin\theta d\theta \Big/ \int_0^\delta dz = \frac{2}{\pi},$$

则有 $M = 2M_s/\pi$. 代入式(21.8)，就得到式(21.2)的结果，即

$$\sigma_N = A\pi^2/\delta + \delta K/2 + 2\mu_0 M_s^2 t\delta/\pi^2(\delta + t).$$

令 $d\sigma_N/d\delta = 0$，得到

$$0 = -A \Big(\frac{\pi}{\delta} \Big)^2 + \frac{K}{2} + \frac{2\mu_0 M_s^2 t}{\pi^2(\delta + t)} - \frac{2\mu_0 M_s^2 t\delta}{\pi^2(\delta + t)^2}. \tag{21.9}$$

从式(21.9)出发，讨论两个比较实际的情况：

（1）对于大块磁性材料，即 $t \gg \delta$，计算畴壁宽度 δ_N，这时式(21.9)可写成

$$0 = -A \Big(\frac{\delta}{\pi} \Big)^2 + \frac{\delta K}{2} + 2\mu_0 \frac{M_s^2}{\pi^2}.$$

令 $K_e = K + 4\mu_0 M_s^2/\pi^2$，$K_e$ 可以看成磁体的等效磁性常数，于是得到

$$\delta_N = \pi \Big(\frac{2A}{K_e} \Big)^{1/2}. \tag{21.10}$$

将 δ_N 的值代入式(21.8)，则得到畴壁能为

$$\sigma_N = \pi(2AK_e)^{1/2}. \tag{21.11}$$

（2）对于很薄的薄膜情况，即 $t \ll \delta$，从式(21.9)可得到

$$0 = -\frac{A\pi^2}{\delta^2} + \frac{K}{2},$$

由此计算出畴壁厚度

$$\delta_N = \pi \Big(\frac{2A}{K} \Big)^{1/2}.$$

将此结果代入式(21.8)，得畴壁能

$$\sigma_N = A \Big(\frac{\pi}{\delta} \Big)^2 + \delta \frac{K}{2} = \delta K = \pi(2AK)^{1/2}, \tag{21.12}$$

其中 K 一般为单轴磁晶各异性能常数.

　　在讨论和计算 Neel 畴壁的能量和厚度时,都假定磁矩的 $180°$ 转向是在膜面内完成的,在 t(膜厚)较大时得到式(21.10)和(21.11),但它已经与实际不一致了,因为 K 的方向已与薄膜表面垂直,导致能量 K_e 很大,所以图 21.11 给出的是 Bloch 畴壁的能量较低的结果.

　　反之,如果 t 很小,K 是面内各向异性能常数,一般都不大,所以 Neel 畴壁的假定符合实际.同时可看到,用式(21.2)来计算 σ_N 随 t 变化时,得到图 21.11 中 Neel 畴壁的能量较低,同时畴壁比较厚.

参 考 文 献

[1]　Jacobs I S, Bean C P. Fine Particles, Thin Films and Exchange Anisotropy//Rado G T, Suhl H. Magnetism, Vol. 3, New York: Academic Press, 1963.

[2]　Gradmann U, Mueller J. Phys. Status Solidi 27 313 (1968). 或者见:Gradmann U. Magentism in Ultra Thin Transition Metal Films//Handbook of Magnetic Materials, Vol. 7. Buschow K H J., Elsevier Science Publishers, 1993.

[3]　Peng C B, et al. J. Appl. Phys., 1992, 71: 5157.

[4]　刘宜华,梅良模,等. 山东大学物理系,私人通信, 1991.

[5]　Freeman A J, Wu R Q. J. Magn. Magn. Mat., 1992, 104: 1.

[6]　Freeman A J, Wu R Q. J. Magn. Magn. Mat., 1991, 100: 497.

[7]　Fang R Y, et al. J. Appl. Phys., 1993, 74: 6830.

[8]　Koon N C, et al. Phys. Rev. Lett., 1987, 59: 2463.

[9]　Elmers H J, et al. Phys. Rev. Lett., 1989, 63: 566.

[10]　Allenspach R, Bischof A. Phys. Rev. Letts., 1992, 69: 3385.

[11]　O'Handley R C. Modern Magnetic Materials: Principles and Applications. New York: John Wiley & Sons, Inc., 2000.
　　　钟文定. 铁磁学(中册). 北京:科学出版社, 1992.

[12]　Unguris J, et al. Phys. Rev. Letts., 1991, 67: 140.

[13]　Qiu Z Q, et al. Phys. Rev. Letts., 1992, 68: 1398.

[14]　李伯臧. 磁性多层膜中的层间交换耦合和巨磁电阻理论//吴锦雷,等. 几种新型薄膜材料. 北京:北京大学出版社, 1999.

[15]　Parkin S S P. Phys. Rev. Letts., 1991, 67: 3598.

[16]　冯端,翟宏如. 金属物理学(第四卷). 北京:科学出版社, 1998.

[17]　Qiu Z Q, et al. Phys. Rev. Letts., 1991, 67: 1646.

第二十二章　磁电阻效应

磁电阻效应(或叫磁致电阻效应,magnetoresistance effect)有两大类:一种是不存在外磁场($\boldsymbol{H}=0$)时,电阻率与自发磁化的关系;另一种是外加磁场对导体电阻的影响.

对于第一种情况,总电阻率可以用公式

$$\rho(T) = \rho_{\mathrm{r}} + \rho_{\mathrm{ph}} + \rho_{\mathrm{m}} \tag{22.1}$$

表示[1],式中 ρ_{r} 为剩余电阻率,由导体中杂质、空穴等散射所致,与温度无关;ρ_{ph} 为声子对传导电子的散射所产生的电阻率,与磁性无关;ρ_{m} 为磁散射产生的电阻.由图 22.1 可见,金属 Ni 的电阻率 ρ_{ph} 随温度上升而增大具有线性关系,而 ρ_{m} 在居里温度以下随温度上升是较快的,之后逐渐转变为与温度基本无关(或很小),因这时 Ni 已变成顺磁性.

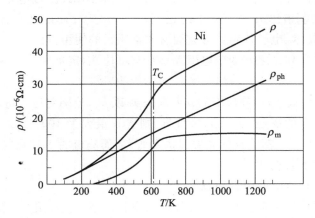

图 22.1　在外磁场为零情况,Ni 金属的 ρ_{ph},ρ_{m} 和总电阻率 ρ 随温度变化的关系[1]

Kasuya 认为,在温度不为零时,3d 电子自旋交换作用周期势受热运动作用破坏,传导电子附加了一部分电阻率,即 ρ_{m} 这一部分[2].这种看法对稀土金属的情况更为合适,参看图 22.2 的说明.因为 4f 电子是完全局域的,过渡金属磁性 3d 电子基本上是巡游的,因而 s-d 散射和 s-f 散射产生的磁电阻 ρ_{m} 部分与磁化强度的平方成正比[3].

对于第二种情况,当任一导体处在磁场中时,其电阻率会随磁场的增强发生变化.人们将"导体的电阻率在磁场中的变化部分"称为磁电阻,用 $\Delta\rho = \rho_H -$

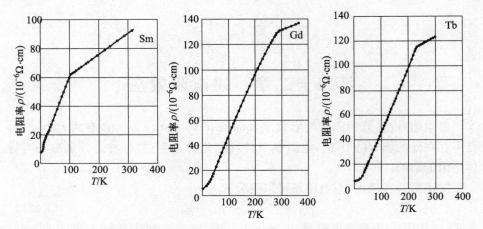

图 22.2　稀土金属的电阻率随温度的变化.在居里温度上下其变化率有明显的改变.
而磁散射比过渡金属明显强得多[8]

ρ_0 表示,其中 ρ_H 和 ρ_0 分别是磁场强度为 H 和 0 时导体的电阻率.在磁场作用下,任何导体都可能产生磁电阻效应.对非磁性导体来说,磁电阻效应非常小,与自身的电阻率相比只占非常小的比例($<10^{-3}$)[4].而磁性导体的磁电阻较大,在计算机技术、电子传感器等方面有非常巨大的使用价值.

　　为了使各种导体之间的磁电阻大小具有可比性,定量用

$$\mathrm{MR} = (\Delta\rho/\rho) \times 100\% \qquad (22.2)$$

表示,其中 $\Delta\rho = \rho_H - \rho_0$,分母中的 ρ 可以是 ρ_0 或 ρ_H,分别对应于可用磁场等于 0 或磁场不等于 0 的情况.如用 ρ_0 做分母,则 MR 最大为 100%. ρ_H 做分母,一般多用于磁性导体,H 都达到饱和磁化的量级,从而测得的 MR 可能非常的大,目前已知最大的 MR 为 $10^6\%$[5].

　　下面讨论磁电阻的测量问题.

　　常常用四探针接触法来测量导体电阻率在磁场中的变化,一般的测试装置如图 22.3 所示.最关键的是要在电阻变化时,流经样品中的电流不能变化,至少其波动要小于 10^{-4},因此要使用恒电流源.测量电压时通过样品中的电流要很小(一般在 1mA 量级),使样品在测量过程中不产生电阻热.

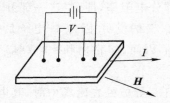

图 22.3　四探针接触法测量磁电阻的示意装置

§22.1　磁电阻的分类

除霍尔(Hall)磁电阻效应外,目前已知的磁电阻效应有好几种,现分别简述如下.注意:磁电阻与磁阻是两个完全不同概念的名词,后者英文为reluctance,是永磁体在磁路设计中的一个重要参数,与磁路的总磁导成反比,切勿混淆.

22.1.1　常磁电阻

一般金属导体的 $\Delta\rho$ 很小,如 Cu 在 1 mT 磁场下 MR 值只有 $4\times10^{-8}\%$.其产生原因是导电电子在磁场中受洛仑兹(Lorentz)力作用,称之为常磁电阻(ordinary magnetoresistance,OMR).金属 Bi 及其薄膜具有较大的常磁电阻,在 1.2 T 时,室温下 MR 可达 2%~22%,在低温下 $\Delta\rho/\rho_H$ 可大于 100%.在 20 世纪 50 年代时还常常用它来测量磁场强度(10^{-3}~2T 范围),后来半导体 InSb-NiSb 共晶材料也具有较大的磁电阻,在 $B_0=0.3$ T 时,室温下 MR = 200%[5],可用作 Hall 效应测磁场的磁敏感材料.

22.1.2　各向异性磁电阻

对于磁性金属和合金,如坡莫合金,$\Delta\rho/\rho_H$ 值可达 3%~5%,电流和磁场方向平行时 $\Delta\rho>0$,相互垂直时 $\Delta\rho<0$,故称之为各向异性磁电阻(anisotropy magnetoresistance,AMR).图 24.4 给出了金属 Ni 的各向异性磁电阻随磁场变化的关系.在磁场平行电流时测得 $\Delta\rho>0$,在磁场和电流相互垂直时测得 $\Delta\rho<0$.在磁场较弱时 $\Delta\rho$ 的数值变化较大,这是畴壁移动过程产生的磁电阻,在磁畴消失后,磁场增强反而使电阻率下降,可看出 $\Delta\rho<0$.

产生 AMR 的因素比较复杂,与畴结构的特点、能带结构中多自旋带(常常用自旋朝上↑表示是否填满)以及自旋-轨道耦合等有关.图 22.4 给出了金属 Ni 的 AMR.在饱和磁化之前磁电阻与磁矩 M^2 有关,饱和磁化后与外磁场强度 H^2 有关,结果可表示为

$$\Delta\rho = a(H^2/\rho) + b(M^2/\rho),\qquad(22.3)$$

其中系数 $a>0$,b 可正可负.

晶体中的自由电子在运动过程中会受到晶格和磁电子的散射,因而产生电阻,其大小与两种电子的自旋相对取向有关.Mott 指出,$\rho_{\uparrow\uparrow}<\rho_{\uparrow\downarrow}$[7],它们分别表示自旋相互平行或反平行时的电阻率.这是由自由电子运动过程中自由程不同所致(平行情况为几纳米,反平行情况小于 1 nm).无外磁场时,在体积较大的样品中,两种自旋磁矩取向对电阻率的贡献概率相等.经一定磁化后,畴壁内磁

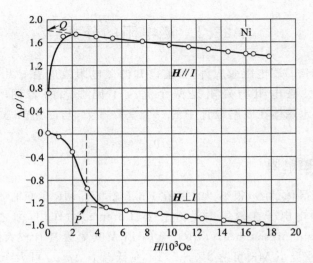

图 22.4   金属 Ni 的磁电阻随磁场的变化关系(取自文献[6]的图 21.6)

自旋的散射影响不大,一般可不考虑;但是垂直磁场方向的电阻率有一定的下降,在平行磁场方向的电阻率有所上升.对产生各向异性磁电阻的原因目前有不少研究,认为与磁致伸缩有关.详细的讨论可参看文献[8].

22.1.3   巨磁电阻效应

在磁性金属多层膜中,由于磁性层很薄,其磁电阻是各向同性的.由于数值较大($\Delta\rho/\rho_H$ 可达 200%),故称之为巨磁电阻(giant magnetoresistance,GMR).

1988 年,法国人[9]在 Fe/Cr 多层膜中首先发现了巨大的磁电阻效应,Fe 层厚度在 3~6 nm 之间,Cr 层厚度在 0.9~6 nm 之间.低温和室温下测得磁电阻 MR 分别为 60% 和 40%,比以往的各向异性磁电阻的最大值大十倍以上,称之为巨磁电阻.巨磁电阻同样也存在随非磁性层厚度变化的振荡现象(参见图 22.5).人们用"自旋相关散射"来解释它.基于此模型,又开发出了自旋阀型三层和多层膜巨磁电阻薄膜.

上面已给出磁电阻 $\Delta\rho = (\rho_H - \rho_0)$,其中 ρ_H 和 ρ_0 分别是磁场强度为 H 和 0 时材料的电阻率.由于 $\Delta\rho$ 的值与磁场和电流间的取向无关,故称之为各向同性磁电阻,而且 $\Delta\rho$ 总是负值(即 $\rho_H < \rho_0$).GMR 的形成原因可用二流体模型(即电子自旋"+"和"−"两者不同状态的输运)做简单的解释,参见图 22.6.

由于电阻率 $\rho_{\uparrow\downarrow} < \rho_{\uparrow\uparrow}$,如 $H = 0$,当电子穿过多层膜时,在反铁磁耦合状态下,有一半(由于极化作用)传输电子的自旋方向与膜中原子磁矩取向的夹角小于 90°,另有一半传输电子自旋方向与原子磁矩取向之间的夹角却大于 90°,这

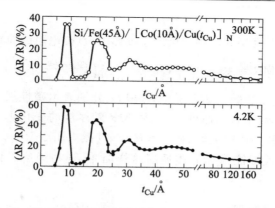

图 22.5 Co/Cu 多层膜的磁电阻随非磁层厚度变化的周期性特点[9]

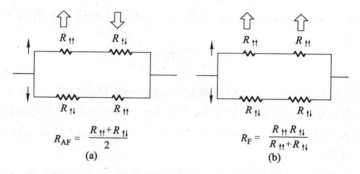

图 22.6 (a) 反铁磁耦合状态时的电阻 R_{AF}；(b) 铁磁耦合状态时
电阻为 R_F，空心箭头表示磁化方向(取自文献[29]的图 15.8)

时的电阻率为 R_{AF}，如图 22.6(a)所示. 如外加磁场 **H** 使磁性层变成铁磁性耦合，则电阻为 R_F，如图 22.6(b)所示. 由简单的二流体模型可知铁磁态电阻要比反铁磁态电阻小得多，因而产生较大的磁电阻效应. 从二流体模型还可知，在反铁磁态时，两种自旋都受到相同和相反磁化的散射，其电阻值近似为 $(R_{\uparrow\uparrow} + R_{\uparrow\downarrow})/2$. 由于是多通道，用并联电路计算，得 $R_{AF} = (R_{\uparrow\uparrow} + R_{\uparrow\downarrow})/2$ 和 $R_F = R_{\uparrow\uparrow}R_{\uparrow\downarrow}/(R_{\uparrow\uparrow} + R_{\uparrow\downarrow})$. 由磁电阻的定义 $\Delta R/R = (R_F - R_{AF})/R$ 及 $R = R_{AF}$(未磁化状态的电阻)，这里没有考虑非磁性层的电阻的贡献，但它与磁化方向无关，因而是常量，可不计入，则有

$$\mathrm{MR} = \frac{-(R_{\uparrow\downarrow} - R_{\uparrow\uparrow})^2}{(R_{\uparrow\downarrow} + R_{\uparrow\uparrow})^2} = \frac{-(\alpha - 1)^2}{(\alpha + 1)^2}, \tag{22.4}$$

其中 $\alpha = R_{\uparrow\downarrow}/R_{\uparrow\uparrow}$ 描述散射与自旋的依赖关系. 对铁磁性金属 $\alpha > 1$，所以 MR < 0. 在计入非磁性层电阻后，其具体的 $\Delta R/R$ 值要降低一些，但对 GMR 的解释

仍然是可取的.

如果考虑了磁性层和非磁性层的厚度影响,巨磁电阻的简单计算结果为

$$\text{MR} = (\alpha - 1)^2 \left[4\left(\alpha + \frac{t_N}{t_F \alpha_\downarrow}\right)\left(1 + \frac{t_N}{t_F \alpha_\downarrow}\right) \right]^{-1}, \tag{22.5}$$

其中 $\alpha_\downarrow = \rho_F / \rho_N$,$\rho_N$ 非磁性层电阻率,t_F 和 t_N 分别表示磁性层和非磁性层的厚度.因电子运动的自由程与厚度有关,故 MR 随厚度的变化也不是像式(22.5)那样简单.如 t_N 和 t_F 比较大时,$R_{\downarrow\downarrow} \approx R_{\uparrow\uparrow}$,巨磁电阻 MR≈0.到目前为止,还没有更好的理论模型能像二流体模型这样简单、通俗地解释巨磁电阻产生的原因.

22.1.4 隧道磁电阻

1975 年,Julliere[10] 在实验上测量到 Fe/Ge/Co 隧道结三层膜的隧道磁电阻(tunneling magnetoresistance,TMR)效应,并通过理论分析给出了磁致电导的变化为

$$\frac{\Delta G}{G} = \frac{2P_1 P_2}{1 + P_1 P_2}, \tag{22.6}$$

其中 G 为电导率,P_1 和 P_2 分别为两层不同磁性金属的极化率.由于当时成膜技术问题,理论值远比实验值大得多,后在 1995 年才做出与理论值接近的实验结果.隧道结薄膜可记为 M/O/M 型,M 代表磁性金属,O 代表金属氧化物,如 Fe_2O_3,MnO 等.

图 22.7 给出了三明治型隧道结薄膜的示意结构,其中圆片为三明治膜,两个长条形金属带用做四探针法测量电阻率及其变化.图 22.8(a)是三明治膜的具体层次,其中 FM_1 和 FM_2 为磁性金属膜,中间为非磁性氧化物膜.在 FM_1 和 FM_2 膜的两面未加电流 I 时,两边的电压为零,磁性膜的费米能级相等.如通以

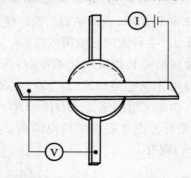

图 22.7 三明治型隧道结膜的结构,其中圆片表示隧道结膜,膜的上和下层均镀一条导电金属带,在通电流 I 后,在膜的两面产生电压 V(取自文献[12]的图 4.2)

电流 I，这时电压主要是加在非磁性层（即氧化物膜层）上，FM_1 膜的费米能级相对 FM_2 膜的要高，如图 22.8(b)所示，因而出现隧道效应. 由于自由电子自旋朝上和朝下的概率在磁场强度 $H=0$ 时相等，而 FM_1 和 FM_2 膜磁矩虽然平行膜面，但取向不同，设夹角为 θ. 如 $\theta=\pi$，则 FM_1 和 FM_2 为反铁磁（AFM）排列，两层合起来对自旋取向不同的电子的散射概率相同，电阻率较大，不存在隧道磁电阻效应. 在磁场强度 $H\neq0$ 时，两相邻磁层磁矩取向由反平行逐渐转为平行，而产生隧道磁电阻 TMR. 上述较大的隧道磁电阻效应也可用"自旋相关"（spin-dependent）散射模型来解释. 详细的理论讨论情况请参看文献[11].

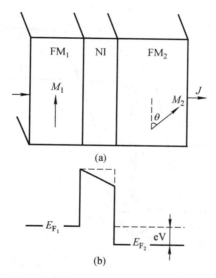

图 22.8 （a）隧道结膜 $FM_1/NI/FM_2$ 的模型，其中磁性层厚度为 5 nm，非磁性层厚度约为 1 nm；(b) 加电流密度 J 后费米能级的变化以及形成的势垒（取自文献[12]的图 4.2）

当两磁性层的磁矩取向相反时，电阻值为 R_{AF}；当平行时，电阻值为 R_F. 理论计算得到的 TMR 的大小为

$$\eta = \frac{(R_F - R_{AF})}{R_{AF}} = \frac{2P_1P_2}{1+P_1P_2},\tag{22.7}$$

式中 P_1 和 P_2 为磁性层 M_1 和 M_2 中原子的自旋极化率，例如 Fe，Co 和 Ni 的 P 值分别为 0.4，0.32 和 0.11. $Fe/Al_2O_3/Fe$ 三层膜在 77 K 和 300 K 分别得到 η $=-24\%$ 和 18%，而 $Co/Al_2O_3/Fe_{20}Ni_{80}$ 则分别为 27% 和 20%.

22.1.5 自旋阀型磁电阻

在两个矫顽力差别很大的磁性膜中间镀非磁性层膜（如 Cu，Ag，Au），在这样组成的三明治多层结构中，也观测到 GMR 效应，称之为自旋阀型磁电阻(spinvalve magnetoresistance, SMR). 具体做法是:将两个不同矫顽力材料(Co 和 FeNi 合金)组成 $Co/Cu/Fe_{20}Ni_{80}$ 三层膜,因 Co 和 FeNi 合金的磁滞回线与磁场的关系差别很大. 从图 22.9 可看到,矫顽力小的是 FeNi 合金的磁滞回线,矫顽力大的是金属 Co 的磁滞回线. 在弱磁场作用下,Co 和 FeNi 合金的磁矩取向相反的部分,电阻率较高. 图 22.9(b)是三层膜的磁电阻 MR 随磁场的变化,只要磁场在第一二象限变化,就可得到较大的磁电阻效应. 图 22.9(a)是两个磁性层磁矩的取向. 相同取向时 MR 大,反之则小,一般 MR 可达 5%~30%.

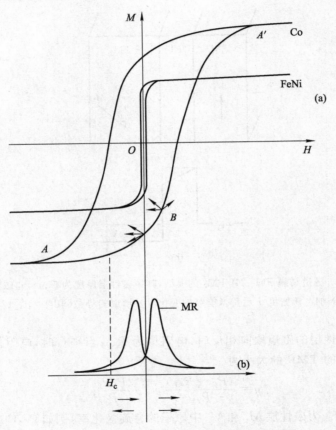

图 22.9　自旋阀磁电阻 MR 随磁场变化的示意图

考虑到 Co 层的 H_c 值还不够大,在磁场 H 比较弱时,Co 膜中磁矩取向并不一致(如回线上 B 点附近的箭头所示,对应第四象限),阀的作用效果不大理想. 改用反铁磁 FeMn 或 NiMn 以对 Py(代表 $Fe_{20}Ni_{80}$ 合金)层磁矩产生钉扎效应,使 FeMn/Py 组合层变为矫顽力 H_c 较高(一般大于 2.5×10^4 A/m)的磁性层(相当于上面所说的 Co 膜的作用).因此,目前的自旋阀型磁电阻膜都采用钉扎结构型膜为高矫顽力层,组成 FeMn/Py/Cu/Py/SiO$_2$ 三明治结构型薄膜.最上面的 SiO 为保护层[14].与 FeMn 耦合的 Py 层磁矩具有很强的铁磁性,但与另外一层 Py 层的磁矩,在外磁场为零时是反铁磁耦合,如加上外磁场,较单一的 Py 层的磁矩转向到与 FeMn 层耦合的 Py 层的磁矩方向,形成铁磁性耦合,从而产生 GMR.有关自旋阀巨磁电阻的讨论可参考有关文章[13,15].

22.1.6　颗粒膜的巨磁电阻

由于磁性金属 Fe 和 Co 与非磁性金属 Cu,Ag,Au 是非互溶的,例如 Fe 与 Ag 可在高温熔化为液态,并混合成二元液态合金,但在冷却过程时,如冷速不够快,它将脱溶而形成 Fe 和 Ag 的金属态.如 Fe 的量比较少,则 Fe 可脱溶成颗粒状并分散在 Ag 的基体中.采用镀膜方式可制成 FeAg 膜,膜厚可在几十纳米范围或更薄,然后经过适当退火,使 Fe 脱溶成很小的颗粒,一般的颗粒度可控制在一两纳米到十几纳米.称这种合金膜为"颗粒膜". Berkowitz[16] 和 Chien[17] 分别观测到这类薄膜的 GMR.例如,制备态 Fe$_{20}$Ag$_{80}$ 合金薄膜经适当退火后,Fe 将完全脱溶而形成纳米尺度的颗粒,彼此被金属 Ag 隔开,室温下其 MR 可达 $10\% \sim 40\%$[18].颗粒膜产生巨磁电阻的机制可用电流隧道效应来解释[19].

脱溶出来的磁性金属的颗粒尺寸与退火温度和磁性金属的含量有关,而 GMR 的数值又与磁性颗粒的尺寸有关.图 22.10 给出了 Fe-Ag 合金颗粒膜的 GMR 与颗粒尺寸的关系曲线.

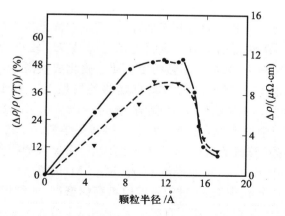

图 22.10　Fe-Ag 颗粒膜的电阻率 $\Delta\rho$(用 ▼ 表示)和 MR($\Delta\rho/\rho$)
（用 ● 表示）与 Fe 颗粒半径的关系曲线[18]

22.1.7　庞磁电阻

钙态矿结构的稀土氧化物 $R_{1-x}A_xMnO_3$（R 为 La,Pr,Sm 等）有非常大的磁电阻效应,称为庞磁电阻（colossal magnetoresistance,CMR）.其表现的特点与 GMR 的不同之处在于:当强磁场作用时,使该氧化物的居里温度 T_C（或电阻极大值对应的温度 T_p）向高温移动较大（可以有好几十度）,而移动后材料的电阻率比 T_C 未移动时的电阻率降低很多,有的可达几个数量级.因此,在原来的 T_C 附近可测得很大的磁电阻效应.关于这类氧化物的基本电磁特性及其转变问题在第七章中已做了介绍,这里不再讨论.

到目前为止,人们对产生 CMR 的机制并不清楚,虽提出了一些解释,如激化子输运、自旋相关散射等,但都未能解决问题[20].本文认为首先要看到,强磁场会使氧化物的居里温度发生很大的移动,同时电阻率变化非常大,且 CMR 都是发生在磁性消失的温度附近.另外,在居里温度附近,实验上也观测到自发体磁致伸缩效应也很大,表观上将两者联系起来考虑,对了解产生 CMR 的原因有很大意义.另外,实验上也测量出在 T_C 附近因温度的变化使晶体内八面体畸变,且 Mn—O 键的键长和键角的变化也比较大[21].由于无法给出它们变化的具体函数关系,因而目前很难从理论上计算在 T_C 附近磁场使 T_C 移动而引起晶格结构的畸变以及对电阻率的影响[22],故很难进一步对问题做深入分析.

§22.2　巨磁电阻和隧道磁电阻效应的应用

磁电阻效应已广泛用于磁性传感器件,特别是在读出磁头的应用上取得了非常巨大的成功.器件用的 GMR 薄膜先都是做成 H_c 较小的反铁磁耦合态（$H=0$）,这时电阻较大.如加一不强的磁场使它磁化成铁磁态,则电阻变小,可获得较大的 MR 值（$>5\%\sim10\%$ 就具有足够的灵敏度）.自 1996 年后,基于 MR 的广泛应用以及对磁随机存储器（magnetic random access memory, MRAM）和磁电子学的研究,逐渐发展出一门新兴学科——自旋电子学.由于 MRAM 可用来做计算机的内存,不受断电的影响,它比大规模集成电路用动态随机存储（dynamic random access memory,MRAM）优越.

自 20 世纪 90 年代中期起,磁记录的硬盘存储密度（简称记录密度）提高非常快,这与磁电阻薄膜磁头的使用直接有关.表 22.1 给出了磁电阻磁头参数及记录密度在当时的发展情况.

表 22.1 磁电阻薄膜磁头的特征参数与记录密度的发展情况[23]

年份	记录密度 /(Gbit/in²)	P2W /μm	MRW /μm	MR(gap) /nm	传感器层 厚度/nm
1995	3	2.5	2.00	300	15.0(AMR)
1998	5	1.10	1.10	200	9.0(AMR)
2000	10	0.80	0.50	140	5.0(GMR)
2002	20	0.55	0.35	100	3.5(GMR)
2003	40	0.40	0.25	70	2.5(GMR)
2005	80	0.28	0.18	50	1.8(GMR)

P2W：write pole tip width(写入末端宽度)；

MRW：MR sensor width(磁电阻传感器宽度)；

AMR：anisotropy magnetoresistance materials(各向异性磁电阻材料)；

GMR：giant magnetoresistance materials(巨磁电阻材料)．

下面讨论磁电阻效应在磁记录中的应用(读出磁头)．

磁记录用读出磁头有磁感应式和磁电阻式两类,而记录用磁头目前仍以磁感应式为主．图 22.11 给出了磁感应式记录写入和读出磁头的基本方式．目前记录用磁感应磁头对记录点的大小(即记录密度)起关键性作用,这是因为记录点在 100 nm 以上尚有用武之地,磁头的气隙尺寸可降低,励磁线圈的磁化场也能够提高,但对已记录信号读出的灵敏度却很难提高．读出磁头的效率为

$$\eta = \frac{\varphi_L}{\varphi_L + \varphi_g},\tag{22.8}$$

其中 φ_L 和 φ_g 是记录的信息单元经过读出磁头的气隙时,它所提供给磁路 L 和气隙 g 的磁通量．只有 φ_L 可产生读出信号,随着间距不断减小,φ_g/φ_L 的比值就会增加,使效率降低．具体可看图 22.11,其中 A 为一个记录单元,它对外散发磁力线如虚线所示,g 为记录和读出磁头的气隙,F 为磁性材料制成的磁头回路(只在磁头回路上才绕有磁化线圈)．当记录点发出的磁力线通过磁头就会在线圈中感应磁通量,记做 φ_L,并产生一定的电动势

$$V = \mathrm{d}\varphi_L/\mathrm{d}t,$$

从而读出该记录点的信息．如磁力线未通过线圈就回到记录点,则为漏磁通,记做 φ_g,它对信息的读出不起作用,为无效磁通．由于磁头的缝隙不可能无限制的减小,而又要提高记录密度,记录单元就越来越小．这时磁感应磁头在读出记录信息的灵敏度和信噪比不能满足需要,不过在记录信息时,磁感应磁头仍可发挥很好的作用．相比之下,磁电阻式磁头在读出记录信息方面显示出巨大的优越性．

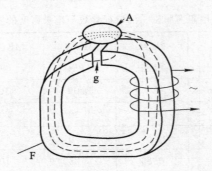

图 22.11 磁感应式磁头读出效率图示

　　图 22.12 给出了单片薄膜叠成的磁头结构图[24].由于磁记录单元的尺寸在不断减小,感应磁头的读出效率越来越低,而磁电阻磁头不存在漏磁通磁头气

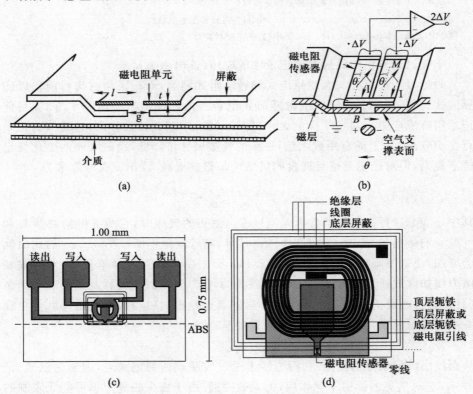

图 22.12 单片薄膜叠成的磁头结构.(a)为磁电阻磁头结构示意图,其中 g 为下面的记录介质和 MR 磁头的间隙,通过间隙 g 将记录信息反映给上面的磁头.具体的位置关系可参见(b).(c)示出了磁电阻头薄膜上的外接连接片.(d)为在磁电阻头薄膜上的线圈、屏蔽和绝缘层的详细图形

隙尺寸的局限问题,因而在超高记录密度信息的读出技术中占据了主要的地位,但写入仍以薄膜磁感应式磁头为主. 磁电阻式磁头在记录密度非常高的情况下,具有很高的读出功能,因而在提高记录密度的过程中起到了举足轻重的作用. 图 22.12(a)是处于记录介质上的磁电阻磁头,图(b)是磁电阻磁头的工作原理示意图. 实际的磁电阻磁头由两个多层膜组成,中间接地(参见图(a)),在行进到某记录点上时,由于感受到记录点的剩磁场作用,膜中的磁矩取向转动一个角度 θ,从而改变了膜的电阻值,即产生了磁电阻,并由放大器输出信号,完成读出任务. 图 22.12(c)给出的磁头设计结构示意图,它包含了写入和读出磁头. 图(d)是图(c)方框中图形的放大部分,其中写入磁头占据了绝大部分空间,而读出磁头只是占据了下面中间的一小块空间,其尺寸最多为几微米量级.

§22.3　自旋电子学

金属多层膜中的磁电阻效应源于电子的自旋相关散射,因而想到在输运过程中,使电子的自旋受到一定的控制. 基于这一设想,Johnson 在 1993 年提出了双极性自旋三极管(bipolar spin transistor)原理[25],后又用磁性薄膜制成了电子元件(二极管和三极管)以及逻辑电路等,从而逐渐发展成一门新的学科,1995 年称之为磁电子学[26]. 后来又改称为自旋电子学(spintronics),主要是研究自旋输运(spin transport)及制作有关器件等问题. 在应用方面,除磁三极管放大器和逻辑电路外,因磁阻式随机存取存储器(magnetoresistive radom access memory,MRAM)可做成计算机内存,不受断电的影响,故受到了很大的重视.

图 22.13 给出了磁性三层膜(Co/Cu/Co)三极管的工作原理. 从图上可见,在铁磁态时,电表指针偏右,表示导通,具有放大功能;反之,不具备放大功能.

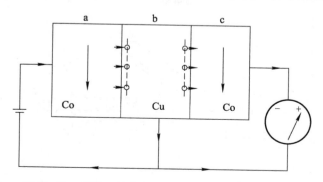

图 22.13　磁性三层薄膜组成自旋三极管的示意图[26]

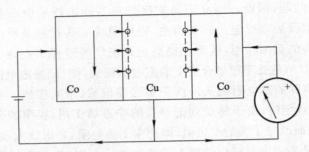

图 22.13　磁性三层薄膜组成自旋三极管的示意图[26]（续）

22.3.1　磁随机存储器的工作原理

　　磁随机存储器工作原理与磁芯存储器相同,有位电流线和字电流线以及信号读出线. 图 22.14(a)给出了多层薄膜组合,一个多层膜块中可以有反铁磁耦合态(即电阻 $R_{\uparrow\downarrow}$ 较大的情况),可设定为"0";也可以是铁磁性耦合态(即电阻

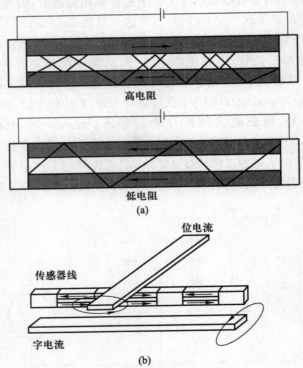

图 22.14　(a) 高电阻的反铁磁耦合膜(记为"0")和低电阻铁磁耦合膜(记为"1");(b) 一个多层膜块. 它可以分成很多段,受到相互垂直的磁化电流,即字电流和位电流的控制

$R_{\uparrow\uparrow}$ 较小的情况),设定为"1".图 22.14(b)是分成许多段的,具有较大磁电阻效应的多层膜阵列,在这个阵列的上面和下面布上导线,起到位电流和字电流的作用,再加入信号读出线,就可制成磁随机存储器[27].它所存储的数据不因断电而消失,故比动态随机存取存储器(dynamic radom access memory,DRAM)要优异,后者因断电而使所存的信息消失.目前 MRAM 尚在实验室制作阶段,已制成 100 兆位的内存器件,是否能进入市场还有待于一些问题的解决.

22.3.2　磁随机存储器和磁芯存储器的示意结构

　　一个磁电阻效应较大的金属三明治膜,可经过刻蚀技术制备成磁电阻存储单元,即如图 22.15 所示交叉位置的黑色小方块. 图 22.16 给出了在每个单元上镀的字电流和位电流的线路,用它来控制写入,并可将读出信号传输出去. 其原理与 20 世纪 50 年代用的铁氧体磁芯存储器完全一样. 图 22.16 给出了用磁芯制作的存储器的结构单元.两者的作用原理相同,但尺寸上有非常大的差别,因而可以制成高密度的内存器件[29].

图 22.15　磁随机存储器的结构[27]

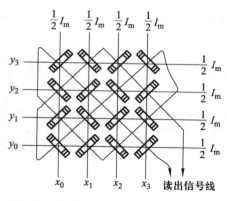

图 22.16　磁芯内存和电流组合结构(取自文献[28]的图 9.7)

参 考 文 献

[1]　Vonsovckii S V. Ferromagnetism,Vol. 2. New York:John Wiley & Sons Inc. ,1971.

[2]　Kasuya T. Progr. Theor. Phys. (Kyoto),1962,27:772.

[3]　Colvin R V,Legvold S and Spedding F H. Phys. Rev. ,1960,120:741.

[4]　翟宏如,等. 多层膜的巨磁电阻. 物理学进展,1997:159－179.

[5]　Xiong G C, et al. Appl. Phys. Lett. ,1995,66:1427.

[6]　近角聪信. 铁磁性物理. 葛世慧,译. 兰州:兰州大学出版社,2002.

[7]　Mott N E. Proc. Roy. Soc. (London),1936,156:368.

[8]　Bozorth R M. Ferromagnetism. Toronto:D. Van Nostrand Company Inc. ,1951.

[9]　Baibich M N, et al. Phys. Rev. Lett. ,1988,61:2472.

[10]　Julliere M. Phys. Lett. ,1975,54A:225.

[11]　李伯藏. 磁性多层膜中的层间交换耦合和巨磁电阻理论//吴锦雷,吴全德. 几种新型
　　　薄膜材料. 北京:北京大学出版社,1999.

[12]　吴锦雷,吴全德. 几种新型薄膜材料. 北京:北京大学出版社,1999.

[13]　方瑞宜,等. 物理学报,1997,46(9):1841.

[14]　Devasahayam A J, Kryder M H. IEEE Trans. Mag. ,1999,35:649.

[15]　Dieny B J. Magn. Magn. Mat. ,1994,136:335－359.

[16]　Berkowitz A E,et al. Phys. Rev. Lett. ,1992,68:3745.

[17]　Xiao Q,Jiang S, Chien C L. Phys. Rev. Lett. ,1992,68:3749.

[18]　Peng C B,et al. J. Appl. Phys. ,1994,76:998.

[19]　Inoue J, Maekawa S. Phys. Rev. B,1996,53R:11927;Zhang S F. Appl. Phys. Letts. ,
　　　1992,61(15):1855.

[20]　戴道生,等. 物理学进展. 1997,17(2):201.

[21]　Argyriou D N,et al. Phys. Rev. Lett. ,1996,76:3826.

[22]　李正中. 南京大学物理系. 私人通信,1997.

[23]　Fontana R E,et al. IEEE Trans. Mag,1999,35:806.

[24]　Prinz G A. Science,1998,282(27):1660.

[25]　Johnson M. Science,1993,260:230.

[26]　Prinz G A. Phys. Today,1995,4:58.

[27]　Prinz G A. J. Magn. Mag. Mat. ,1999,200:57.

[28]　北京大学物理系铁磁学编写组. 铁磁学. 北京:科学出版社,1976.

[29]　O'Handley R C. Modern Magnetic Materials:Principles and Applications. New York:
　　　John Wiley & Sons Inc. ,2000.

第二十三章 磁性纳米颗粒、纳米(结构)材料和纳米晶材料

在前面不止一个地方讨论到纳米磁性材料的特性,但都是具体讨论某一类纳米磁性材料的性能.迄今为止,纳米材料和纳米结构材料等名词频繁出现,但并没有提出明确的界定,很多书和文章在说到纳米材料的范畴时,并不完全一致.上溯到 20 世纪 30 年代,人们就制成了 Fe_3O_4 磁粉胶液,用做磁畴观察,50 年代用它制成了涂敷的磁记录磁带,并出现了磁流体,所用的磁性颗粒的尺寸在百分之几微米上下,称之为亚微米或超微颗粒材料,实际就是现纳米材料的前身.当一个颗粒的尺寸小到 50 nm 左右,最多不超过 100 nm 才可能称之为纳米颗粒.单个颗粒如能作为材料来使用(如超高密度记录点阵、分散的磁性颗粒液体——磁流体),则称为纳米颗粒材料;由许多纳米颗粒或晶粒组成的固体,在作为材料使用时,称为纳米晶(结构)材料.80 年代末,非晶态磁性合金经适当退火,可生成磁性微晶材料,就属于纳米晶(结构)材料.

作为薄膜,当其厚度小于 100 nm 后,属于二维纳米材料,广义上是纳米结构材料,其品种较多,如光学膜、半导体超晶格、磁性薄膜等.但是它们有相对的独立性,并不一定都要将它们列入纳米结构材料.

还有团簇,它是由几个到几百个原子组成的体系,尺寸在 $1\sim2$ nm 之内,对此 80 年代已有不少研究.另外,对 C_{60} 的研究,由于其特定的研究背景,而有专门的名称,如碳 60 纳米纤维、碳 60 纳米管,这些都也是纳米材料.

90 年代初,纳米一词出现,很快就成为时髦的话题,好像什么物体都变为纳米材料的了.应该说 90 年代以来,对纳米材料的物理和化学性能的研究就成为热门课题,接着就是应用的开发.到目前为止,在物性研究方面已有一些结果,但在应用方面,真正能使用的纳米材料非常少,而纳米晶结构材料倒有一些.例如,非晶态磁性材料经过适当退火而具有纳米量级的颗粒,是一种具有纳米晶粒的固体材料,其磁性能很好.至于碳纤维,可细到几分之一纳米,目前最长的纪录是厘米量级,但还未见有应用的例子.

总的看来,纳米一词到处在用,究竟如何界定"纳米材料"? 就上面的讨论提到的磁性纳米材料的情况来看,我认为可以有以下三种情况:

一是单独的纳米颗粒磁性材料.在应用过程中,它近似于处在"孤立"状态.

二是纳米结构磁性材料.磁性纳米颗粒分散在二维固态材料中,颗粒之间

存在强磁性关联. 超薄膜, 磁性多层膜等基本上属于二维材料, 在另一维的线度至少具备好几个纳米的尺度.

三是纳米晶结构磁性材料. 实际上它或是大块材料, 在材料中具有一定比重的纳米颗粒, 或是由纳米尺度的颗粒结合的块状材料.

下面简单分析一下这三类纳米磁性材料的异同及应用特点.

§23.1　孤立的纳米颗粒磁性材料

当磁性材料的三维尺度都减小到 100 nm 以下时, 称之为纳米颗粒. 这时颗粒的体积非常小, 有些已处于单畴颗粒态(如钡铁氧体、Fe_3O_4 以及磁晶各向异性较强的永磁体), 有的可能仍具有多畴结构(如 Fe), 但只要每一个颗粒之间相互作用较弱, 如磁流体或磁性胶液中的磁性颗粒, 以及用于制作录音和录像磁带的超微磁粉等磁性纳米颗粒. 现在磁流体已经发展成一门独立的分支学科[1], 磁性液体自 20 世纪 30 年代到 80 年代, 在观察磁畴结构形态和磁记录技术的发展过程中都起到了关键作用[2]. 自 20 世纪末开始, 人们用纳米加工制成了磁性颗粒点阵, 每个颗粒的直径在 50 nm 以下, 相互之间的间距比颗粒的直径大一倍左右(如 100 nm), 每一个颗粒可成为一个信息记录单元, 记录密度可达 100×10^9 bit/in² 左右[3]. 图 23.1 给出了用纳米印刷技术制成的纳米磁性颗粒点阵, 其中颗粒的直径为 30 nm, 高为 120 nm, 颗粒之间相距为 100 nm. 具体的制备过程, 可参看图 23.2 给出的示意图.

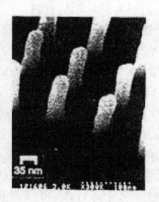

图 23.1　用纳米光刻技术制成的纳米 Ni 磁性颗粒点阵[4]

纳米材料的纳米加工技术有很多方式, 而与磁性纳米颗粒密切有关的有两类: 一类是纳米印记和刻蚀(或称平版印刷 lithography)技术[3,11]; 另一类是借助原子力显微镜和磁力显微镜技术, 采用原子组装的方法制作纳米颗粒. 前一

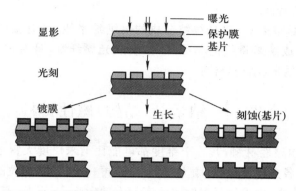

图 23.2　纳米磁性颗粒的生长过程示意流程,其中包含了外延、
生长、刻蚀等纳米光刻技术[3]

类制作纳米点阵的技术有利于商业化生产,但在记录和读出信息时需要借助原子力或磁力显微技术[2-5].

　　虽然对一个单独的纳米颗粒的磁性测量和实验研究尚有不足,很多实验结果大多数是许多纳米颗粒的平均值,但是这类纳米颗粒已显示出了广泛应用的可能性,并取得了一定的成绩[12].

　　单独对一个纳米颗粒的磁性或其他特性的理论研究结果较多,但是实验上的测量结果很少.如果有的话,也是对很多颗粒的集合测量的平均结果,这是因探测一个颗粒磁性的手段还很不精确.即便是用磁力显微镜、原子力显微镜等手段对单独的纳米颗粒的磁性进行过测量,但探针本身对颗粒性能的巨大影响很难消除,可能会改变了颗粒的真实特性.总的说来,只有通过对单个纳米颗粒材料的观测和研究,才能得到接近真实情况的物理图像和基本特性.

§23.2　纳米结构磁性材料

　　这类材料都属于二维平面型结构,另外一维的尺寸很小,总体上只有 10 nm 左右.前面讨论的超薄膜、多层膜应属于纳米结构磁性材料.在前面讨论颗粒膜巨磁电阻时,指出颗粒膜厚度可以比较大,因为在这类薄膜中,磁性金属脱溶后形成纳米尺度的颗粒,并比较均匀地分散于非磁性金属的母体中.产生磁电阻的原因可能源于隧道效应,当外磁场为零时,颗粒之间磁矩取向无规,其电阻率相比在磁场作用下磁矩取向基本一致时要变小许多,于是产生巨磁电阻效应[6],这样一来,效应的大小与磁性颗粒的尺寸和密度都有关系.这说明颗粒之间是否存在相互作用,对材料的电磁特性有较大的影响.所以,许多纳米尺度的颗粒组成一个有限尺寸的材料后,它所表现的特性只能认为是很多纳米颗粒相互耦合所显示的特性.

C$_{60}$纳米管是很多 C$_{60}$单晶粒结合成的一维纳米线,具有很好的导电特性. 还有将 SiO$_2$ 制成纳米量级的非晶丝,如制成光导纤维,具有很好的光传输特性. 这些均属于纳米(结构)材料.

§23.3 纳米晶(结构)磁性材料

纳米晶结构磁性材料,其三个维度都可能比纳米尺度大得多,如纳米晶复合材料,它具有各向异性,但矫顽力非常小,这再一次说明,颗粒的尺寸很小时,可能存在相互作用,因而对材料的磁性有较大的影响. 基于此,有人将矫顽力较大的 Fe$_{72}$Co$_{28}$合金薄膜($H_c \approx 5000$ A/m),添加少量 Al 和 O 后,制备成纳米结构薄膜,颗粒的尺寸随 Al$_2$O$_3$ 的含量($0 \sim 7\%$)由约 30 nm 降为 8 nm,其矫顽力下降到 $2 \times 10^2 \sim 4 \times 10^2$ A/m 左右. 由于该合金的 M_s 很大,是磁化强度很高的薄膜,可用做薄膜写入磁头[7].

在 20 世纪 80 年代,人们将非晶态合金在一定温度下回火,产生适当的晶化,形成纳米尺度的晶粒,称为纳米晶磁性材料. 后来又将 Fe 的纳米颗粒与稀土永磁颗粒,经适当的热压制成纳米晶复合永磁材料,使它具有较高的剩余磁感应强度. 这两类磁性纳米晶合金材料,实际是三维大块磁性材料,不过由于在这类材料中存在一定量的纳米颗粒,而这些纳米颗粒之间存在一定的耦合,使大块材料的磁性有所改善.

例如,Herzer[8]提出在纳米晶软磁合金中,每个纳米颗粒具有铁磁性,颗粒之间磁晶各向异性取向并不一致,使其有效作用大大降低. 另外,认为由于磁性纳米颗粒之间存在交换耦合,使得在耦合作用范围内的颗粒间磁矩取向一致,可看成存在一个有效的磁晶各向异性能 K_{eff},其大小与原有的磁晶各向异性能 K_1 有关,它们之间的关系为

$$K_{eff} = K_1/N^2, \tag{23.1}$$

其中 N 是交换耦合长度为直径 L_{ex} 的球体中的纳米颗粒数,取 $L_{ex} = (A/K_1)^{1/2}$,A 为交换作用常数. 假定 D 为每个磁性纳米颗粒的平均线度(如近似将颗粒看成球状,则 D 为颗粒直径),由此可认为

$$N = (L_{ex}/D)^3. \tag{23.2}$$

可以从式(23.1)和(23.2)得出

$$K_{eff} \sim (K_1^4/A^3)D^6. \tag{23.3}$$

这个结果只是根据 FeB 纳米晶磁性颗粒的交换耦合得出的,对于复合纳米晶永磁材料就不一定适用了. 在有两种磁性颗粒的情况,如一种是硬磁纳米颗粒且另一种是软磁纳米颗粒情况,就必须考虑三种因素,即软磁和硬磁颗粒各自之

间的耦合以及两者之间的耦合,这三者都会对原来硬磁或软磁材料的磁性(包括 H_c, K_1(或 K_u), M_s)有影响.详细讨论请参看文献[9].

纳米晶磁性材料中,纳米颗粒彼此之间存在相互耦合时,既保留了一些纳米颗粒本身具有的基本特性,同时也使材料出现了一些磁性变化(如产生有效各向异性能 K_{eff})以及软磁或硬磁性能的改善(如软磁材料的磁导率、硬磁材料的磁能积和矫顽力的提高等).另外,原材料的颗粒尺寸达到纳米量级时,使得用烧结方法制备一些成品的烧结温度大为降低[10],或者加入少量纳米尺度的添加剂,有利于提高成品的密度.

总的说来,在谈论"纳米材料"时,最好是把所谈论的材料有一个明确界定.上面给出的三种"磁性纳米材料"的界定,只能说是初步的,希望能看到更好的界定出现.

参 考 文 献

[1]　李德才.磁性液体理论及应用.北京:科学出版社,2005.

[2]　周文生.磁性测量原理.北京:电子工业出版社,1988.

[3]　Chou S Y. Proc. IEE 1997,85(4):652;Devolder T, et al. Appl. Phys. Lett. ,1999,74:3383.

[4]　Zhu J G,et al. J. Appl. Phys. ,1999,83:6223.

[5]　Wirth S S,et al. J. Appl. Phys. ,1999,85:8249.

[6]　Inoue J,Maekawa S. Phys. Rev. B,1996,63:R11927.

[7]　Shintaku K, et al. J. Magn. Magn. Mat. ,2005,287:265;卢佳,等. 磁性材料及器件,2009,10:9.

[8]　Herzer G. IEEE Trans. Magn. Mag. ,1989,25:3327.

[9]　高汝伟,等.自然科学进展,2006,16(8):921;何开元.软磁合金研究论文选集.沈阳:东北大学出版社,2012.

[10]　Rozman M,et al. J. Am. Ceram. Soc. ,1998,81(7):1757;肖湘泉,等.磁性材料及器件,2003,6:37.

[11]　丁玉成,邵金友.纳米压印技术新进展//王国彪.纳米制造前沿综述.北京:科学出版社,2009.

[12]　张邦维.纳米材料物理基础.北京:化学工业出版社,2009.

第二十四章 磁光效应

磁光效应,是指光在经过磁场或磁性物质后,其性质在传输过程中发生了某种变化,如光在磁场作用下的塞曼(Zeeman)效应、光与磁性物质作用后的法拉第(Faraday)效应、双折射(Cotton-Mouton)效应、克尔(Kerr)效应以及磁圆二色性(magnetic circular dichroism)等.磁光效应与光磁效应不同,后者是指物体被光照射后,其磁性发生变化的现象.本章只讨论法拉第效应和克尔效应,经典理论的详细讨论可参阅文献[2],[3],[5].

§24.1 法拉第效应[5]

在第十四章讨论电磁波在旋磁介质中的传播问题时,给出了传播常数,它与张量磁导率的对角元和非对角元密切相关.这里由于可见光的频率比微波频率高出三个量级或更多,因而电磁波在真空和介质中的传播常数只与介电常数密切相关.同样可从 Maxwell 方程出发,令 $D = \varepsilon_{ij} E$,ε_{ij} 为介电常数张量($i, j = 1, 2, 3$),用类似于导出式(14.22′)的步骤,可以导出光在磁性介质中的传播常数、介电常数张量元,以及光在 xz 面传播时,波面法线方向与 z 轴交角 θ 的关系式.

24.1.1 法拉第效应及其唯象理论

当光在一般介质中传播时,即便是各向异性的退磁状态的晶体,其介电常数张量是对称的,即张量元 $\varepsilon_{ij} = \varepsilon_{ji}$,或是单轴晶体的,即 $\varepsilon_{ii} \neq \varepsilon_{kk}$,但非对角元是相等的.这一结果可以用热力学第二定律来证明,详细讨论请参看文献[2]中第15章的第1节.因此,要获得磁光效应,就需要将介质磁化,关键是使该磁介质的介电常数具有二阶非对称张量的特性.

如一束线偏振的光在磁化的介质中传输,当光传输方向与磁化方向平行时,在传输一段距离后,其偏振方向会发生变化,这称为法拉第效应,这种方向变化的大小用转角 θ_F 表示.

根据第十四章的图 14.8 所示,一束光在进入介质后沿 S 方向传播,r 为观测位置.从 Maxwell 方程组出发,假定介质沿 z 轴方向磁化,可计算出该光束的法拉第转角 θ_F 的大小.

由于光束可看做频率($f = \omega/2\pi$)很高的电磁波,其电磁场可写成

$$\boldsymbol{E} = \boldsymbol{E}_0 \exp\mathrm{j}\omega\left(t - \Gamma\frac{\boldsymbol{s} \cdot \boldsymbol{r}}{c}\right), \quad \boldsymbol{H} = \boldsymbol{H}_0 \exp\mathrm{j}\omega\left(t - \Gamma\frac{\boldsymbol{s} \cdot \boldsymbol{r}}{c}\right),$$

其中 Γ 相应为光的折射系数，s 为光沿 $\boldsymbol{S}$ 方向传播的单位矢量. 又因光束的法拉第效应与介质的介电常数张量密切相关，这里我们只讨论电场矢量的变化，利用 $\nabla \times \boldsymbol{E} = -\mu_0 (\partial \boldsymbol{H}/\partial t)$ 和 $\nabla \times \boldsymbol{H} = \varepsilon_0 \varepsilon_{ij} \partial \boldsymbol{E}/\partial t$ 消去方程组中的磁场矢量 $\boldsymbol{H}$，得到

$$\nabla \times \nabla \times \boldsymbol{E} = \nabla(\nabla \cdot \boldsymbol{E}) - \nabla^2 \boldsymbol{E} = -\mu_0 \varepsilon_0 \varepsilon_{ij} \frac{\partial^2 \boldsymbol{E}}{\partial t^2}.$$

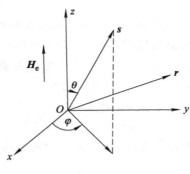

图　14.8

经过运算得到

$$\nabla(\nabla \cdot \boldsymbol{E}) - \nabla^2 \boldsymbol{E} = \left(\frac{\mathrm{j}\omega}{c}\right)^2 \Gamma^2 (\boldsymbol{E} \cdot \boldsymbol{s})s - \left(\frac{\mathrm{j}\omega}{c}\right)^2 \Gamma^2 (\boldsymbol{s} \cdot \boldsymbol{s})\boldsymbol{E}$$

$$= \omega^2 \mu_0 \varepsilon_0 \varepsilon_{ij} \boldsymbol{E} = \frac{\omega^2}{c^2}\varepsilon_{ij}\boldsymbol{E}, \tag{24.1}$$

其中 c 为光速($c^2 = 1/\mu_0 \varepsilon_0$)，而 $c/f = \lambda_0$，因为 $\boldsymbol{E} = \boldsymbol{E}_0 \exp\mathrm{j}\omega[t - (\Gamma/c)(\boldsymbol{s} \cdot \boldsymbol{r})]$，所以 Γ 是频率为 f 的光从真空进入介质后的复数折射率，可以写成 $\Gamma = n - \mathrm{j}k$，其中 k 为消光因子. 这样式(24.1)变为

$$\Gamma^2 (\boldsymbol{E} \cdot \boldsymbol{s})s - \Gamma^2 (\boldsymbol{s} \cdot \boldsymbol{s})\boldsymbol{E} + \boldsymbol{\varepsilon}_{ij}\boldsymbol{E} = 0, \tag{24.2}$$

其中 $\boldsymbol{\varepsilon}_{ij}$ 张量形式具体表示为

$$\boldsymbol{\varepsilon}_{ij} = \begin{bmatrix} \varepsilon_\perp & \varepsilon_1 & 0 \\ -\varepsilon_1 & \varepsilon_\perp & 0 \\ 0 & 0 & \varepsilon_{/\!/} \end{bmatrix}. \tag{24.3}$$

按照图 14.8，可认为 s 与 z 轴交角为 θ，在 xy 平面上投影的直线与 x 轴交角为 φ，则有

$$s_x = \sin\theta\cos\varphi, \quad s_y = \sin\theta\sin\varphi, \quad s_z = \cos\theta. \tag{24.4}$$

于是，式(24.2)可写成电场分量组成的三元一次联立方程组，即

$$\begin{cases} [\Gamma^2(1-s_x^2)-\varepsilon_\perp]E_x-(\Gamma^2 s_x s_y+\varepsilon_1)E_y-\Gamma^2 s_x s_z E_z=0, \\ -(\Gamma^2 s_x s_y+\varepsilon_1)E_x+[\Gamma^2(1-s_y^2)-\varepsilon_\perp]E_y-\Gamma^2 s_y s_z E_z=0, \quad (24.5) \\ \Gamma^2 s_x s_z E_x+\Gamma^2 s_y s_z E_y+[\varepsilon_{/\!/}-\Gamma^2(1-s_z^2)]E_z=0. \end{cases}$$

式(24.5)中 $\boldsymbol{E}\neq\boldsymbol{0}$ 的解的条件是由该联立方程组的系数行列式等于零,即

$$\begin{vmatrix} \Gamma^2(1-s_x^2)-\varepsilon_\perp & \Gamma^2 s_x s_y+\varepsilon_1 & \Gamma^2 s_x s_z \\ -(\Gamma^2 s_x s_y+\varepsilon_1) & \Gamma^2(1-s_y^2)-\varepsilon_\perp & \Gamma^2 s_y s_z E_z \\ \Gamma^2 s_x s_z & \Gamma^2 s_y s_z & \varepsilon_{/\!/}-\Gamma^2(1-s_z^2) \end{vmatrix}=0 \quad (24.6)$$

给出的.实际在观测法拉第效应时,可以假定光的入射面为 xz 面,磁化方向平行于 z 轴,$\boldsymbol{s}$ 与 z 轴的交角为 θ,这时 $\varphi=0$,于是 $s_y=0,s_x^2=1-s_z^2$. Γ 也在 $\boldsymbol{s}$ 方向. 可从其系数行列式应等于零,求出 Γ^2 与介电常数的关系,从而得到法拉第转角或克尔角与介电常数的关系.式(24.6)可简化为

$$\Gamma^4(\varepsilon_{/\!/}\cos^2\theta+\varepsilon_\perp\sin^2\theta)+\Gamma^2[\varepsilon_{/\!/}\varepsilon_\perp(1+\cos^2\theta)$$
$$+(\varepsilon_\perp^2+\varepsilon_1^2)\sin^2\theta]+(\varepsilon_\perp^2+\varepsilon_1^2)\varepsilon_{/\!/}=0. \quad (24.7)$$

如果光的传输方向和观测方向相同,都是 z 轴方向,则 $\theta=0,s_z=1,s_x=s_y=0$,式(24.6)简化为

$$\begin{vmatrix} \Gamma^2-\varepsilon_\perp & \varepsilon_1 & 0 \\ -\varepsilon_1 & \Gamma^2-\varepsilon_\perp & 0 \\ 0 & 0 & \varepsilon_{/\!/} \end{vmatrix}=0. \quad (24.8)$$

从式(24.8)可以得出

$$(\Gamma^2-\varepsilon_\perp)^2\varepsilon_{/\!/}+\varepsilon_1^2\varepsilon_{/\!/}=0,$$
$$(\Gamma^2-\varepsilon_\perp)^2=-\varepsilon_1^2,$$
$$\Gamma^2=(n-\mathrm{j}k)^2=\varepsilon_\perp-\mathrm{j}\varepsilon_1.$$

一般情况,直角坐标系符合右手螺旋法则.正圆(右旋)偏振波的定义如下:若观察者面对光传输方向,则观测到正圆偏振波的偏振面旋转是逆时针方向(右旋);若观察者顺着光传输方向,则所观测到的偏振方向是顺时针运动方向(右旋).这时 $E_x=+\mathrm{j}E_y$,因此得到正圆(右旋)偏振波的折射率和介电常数的关系(如 k 很小而忽略)为

$$\Gamma_+^2=n_+^2=\varepsilon_\perp-\mathrm{j}\varepsilon_1. \quad (24.9)$$

同样,当 $E_x=-\mathrm{j}E_y$ 时,负圆(左旋)偏振波的折射率和介电常数的关系为

$$\Gamma_-^2=n_-^2=\varepsilon_\perp+\mathrm{j}\varepsilon_1. \quad (24.9')$$

由于 n_-,n_+ 与介质的介电常数的张量元有关,其非对角元是不对称的,因此法拉第效应是非互易的,即一束光被反射后,该光波的偏振面继续旋转,故是非互易过程.当光在介质中行为 L 后,正、负圆偏振面的转角为 $\theta_\pm=n_\pm\omega L$,可计算得线偏振面旋转角度为

$$\theta_F = \frac{\theta_- - \theta_+}{2} = \frac{\omega L}{2}(n_- - n_+) = \frac{\omega L}{4n}(n_- + n_+)(n_- - n_+)$$
$$= \frac{\omega L}{4n}(n_-^2 - n_+^2) = \frac{\pi L f}{2n}(n_-^2 - n_+^2),$$

其中 $\varepsilon_\perp$ 和 ε_1 分别为对角和非对角张量元,其中 $n = (n_- + n_+)/2$. 如传输损耗很小,L 为单位长度,$f = 1/\lambda,n\lambda = \lambda_0,\lambda$ 和 λ_0 分别为电磁波在介质中和真空中的波长,则可得出单位距离的法拉第转角为

$$\theta_F = j(\pi\varepsilon_1/\lambda_0) = Im(\pi\varepsilon_1/\lambda_0). \tag{24.10}$$

θ_F 与张量的非对角元 ε_1 的虚部成正比,与波长成反比. 一般掺杂 YIG 晶体的 θ_F 在 $(10^5 \sim 10^6)°/m$. θ_F 随磁化强度升高而增大,直到介质饱和磁化后才不再变化. 但要注意,高 M_s 的介质的转角不一定比低 M_s 的效果好. 目前该效应可用做光传输过程的各种控制(如偏转、隔离等)器件以及光存储器等.

24.1.2　产生法拉第效应的微观机制[1-3,6]

由于电子在 p 和 s 轨道态之间跃迁的辐射频率属可见光范围,当光经过磁性介质时,考虑到因交换作用使 s 和 p 态能级劈裂,其跃迁规则如图 24.1 所示. 可以看到,未磁化时正、负电子的分布概率一样,两个能级之间的跃迁概率由跃迁规则决定.

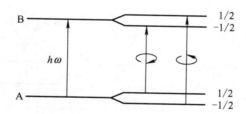

图 24.1　两个能极吸收和跃迁后的旋转方向示意图,其中 A 和 B 分别表示 p 和 s 态能级(取自文献[1]的图 21.10)

产生法拉第效应的跃迁规则为 $\Delta L = \pm 1,\Delta m = \pm 1$. 前一个规则要求在 p 和 s 态电子之间的跃迁;后一个规则要求由 $-1/2$ 只能跃迁到 $+1/2$,即左(负)圆偏振波,反之为 $+1/2$ 到 $-1/2$,为右(正)圆偏振波,详细说明见文献[7]. 常用光的折射率 n_- 和 n_+ 分别表示这两种偏振波的传输特性. 但正和负圆偏振的频率不相同,因传输速度相同,使得 n_- 和 n_+ 不相等,而波的强度(即振幅的平方)相等. 另外,在未磁化的介质中,各个磁畴中磁矩的取向是混乱的,在介质中传输的正、负圆偏振波的强度相等,叠加后所形成的线偏振波的偏振面不发生偏转,因而不产生法拉第效应.

　　由于磁场作用或是介质被磁化,使原来能级上的电子分布概率发生变化,$(B, -1/2)$能级上的电子分布概率大于$(B, +1/2)$能级上的电子分布概率,如发生跃迁,则使负圆偏振波的强度要大于正圆偏振波的强度,在叠加成线偏振波之后就产生偏振面旋转,从而可观测到法拉第效应.

　　光在磁性材料中传播时,法拉第转角与材料的磁化强度 M 成正比.在材料饱和磁化$(M = M_s)$后,θ_F 不再增大,即达到饱和.但要注意,并不是 M_s 大的磁性介质就具有大的 θ_F.这是因为 θ_F 还与材料的其他特性有关.光在非磁性材料中传播时,法拉第转角 θ_F 与外加磁场强度成正比,它不存在饱和现象.基于此,非磁性材料可用于制备测量超高脉冲磁场的器件.

§24.2　克尔效应

　　当一束平面偏振电磁波射在磁化介质表面被反射后,其偏振面相对入射时有一个偏转,称之为克尔效应,转角记为 θ_K.由于磁化强度矢量在介质内取向有平行和垂直表面之分,偏振面的法向与磁化方向之间因取向不同,使克尔效应有极向(垂直磁化)、横向(磁化强度平行于表面,偏振面与之垂直)和纵向(磁化强度平行于表面,偏振面与之平行)三种情况,具体见图 24.2.三种情况的偏转角 θ_K 都很小,在$(10^{-1} \sim 10^0)°$之间.

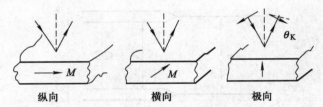

纵向　　　　　　　横向　　　　　　　极向

图 24.2　克尔效应的三种不同情况

24.2.1　克尔效应的经典理论

　　根据经典理论分析,认为产生极向克尔效应的原因是:一束线偏振光可以看成一束正(+)圆偏振光和一束负(-)圆偏振光(它们分别为 $E_{\pm} = E_x \pm jE_y$)叠加的结果,在入射到极向磁化的介质表面经反射时,由于正和负圆偏振光振幅的反射率 r_+ 和 r_- 不同,在反射后两者虽又重合而成线偏振光,但偏振面发生了旋转,并略产生椭圆形变.具体的反射系数可表示为

$$\pm jE_y/E_x = r_{\pm}.$$

　　真空中一束光入射到介质时会产生折射和反射,设入射光、反射光和折射光的波矢分别为 k_0, k_1 和 k_2,其角度分别为 θ_0, θ_1 和 θ_2,具体如图 24.3 所示.

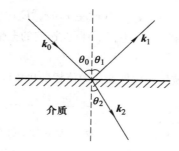

图 24.3 真空中一束光入射到介质时的折向和反射

根据菲涅耳(Fresnel)反射定律,当电场矢量垂直入射面(即与介质面平行)时,其反射系数为

$$r = \frac{\sin(\theta_0 - \theta_2)}{\sin(\theta_0 + \theta_2)};$$ (24.11)

而电场矢量与入射面平行时,其反射系数为

$$r = \frac{\tan(\theta_0 - \theta_2)}{\tan(\theta_0 + \theta_2)}.$$ (24.12)

另外,光入射到介质的折射系数与入射角和折射系数的关系(根据入射角、折射角和反射角三者的关系,有 $\theta_0 = \theta_1$, $\theta_2 + \theta_1 = \pi/2$)可以写成

$$\sin\theta_0 = \frac{n_2}{n_0}\cos\theta_0 = \frac{n_2}{n_0}\sin\theta_2,$$

其中 n_0 一般是空气的折射率,可认为是 1,n_2 为介质对入射光的折射率,一般记成 n,即

$$n = \frac{\sin\theta_0}{\sin\theta_2}.$$

将上式代入式(24.11),而当光垂直入射时,θ_0 很小(或斜入射 $\theta_0 \approx \theta_2$),可得到反射系数与折射系数的关系为

$$r = \frac{\sin\theta_0 \cos\theta_2 - \cos\theta_0 \sin\theta_2}{\sin\theta_0 \cos\theta_2 + \cos\theta_0 \sin\theta_2}$$

$$= \frac{\sin\theta_0 - \sin\theta_2}{\sin\theta_0 + \sin\theta_2} = \frac{n-1}{n+1}.$$

如表示成正、负圆偏振波反射率与其折射率的关系,则有

$$r_\pm = \frac{n_\pm - 1}{n_\pm + 1}.$$ (24.13)

假定入射的正、负圆偏振波的振幅均为 E_0,其电矢量在 xy 平面上;令 e_x 和 e_y 为 x 轴和 y 轴方向的单位矢量. 反射后形成的反射波为 E_r,可写成

$$E_r = r_+ E_0 (e_x + je_y) e^{j(\omega t + Nz)} + r_- E_0 (e_x - je_y) e^{j(\omega t + Nz)}$$

$$= [(r_+ + r_-)e_x + j(r_+ - r_-)e_y]E_0 e^{j(\omega t + Nz)},$$

式中 N 为传播常数，$r_+ E_0$ 和 $r_- E_0$ 为正、负圆偏振波的振幅，而 $r_\pm$ 是复数，可表示为

$$r_\pm = |r_\pm| e^{j\varphi_\pm},$$

其中 $\varphi_\pm$ 表示正、负圆偏振波反射后偏振面的位相变化角度. 可将 $e^{j\varphi_\pm}$ 展开为级数，有

$$e^{j\varphi_\pm} = 1 + \frac{j\varphi_\pm}{1!} + \frac{(j\varphi_\pm)^2}{2!} + \cdots.$$

如 $\varphi_\pm$ 比较小（几分之一弧度，或更小），取一级近似，则有

$$r_+ = |r_+|(1 + j\varphi_+), \quad r_- = |r_-|(1 + j\varphi_-),$$

$$r_+ - r_- = |r_+|(1 + j\varphi_+) - |r_-|(1 + j\varphi_-) = |r_+| j\varphi_+ - |r_-| j\varphi_-.$$

由于正、负圆偏振波的反射系数的差别很小，可以近似地用 $|r| = (r_+ + r_-)/2$ 代替 $|r_+|$ 和 $|r_-|$，因此得

$$r_+ - r_- = j|r|(\varphi_+ - \varphi_-) = \frac{j(r_+ + r_-)(\varphi_+ - \varphi_-)}{2}.$$

因克尔转角 θ_K 和椭偏率 η_K 与 $(\varphi_+ - \varphi_-)/2$ 的关系为 $\theta_K - j\eta_K = (\varphi_+ - \varphi_-)/2$，又因 $|r_+| - |r_-| \approx 0$，这样就得到

$$\theta_K - j\eta_K = \frac{j(r_+ - r_-)}{r_+ + r_-}. \tag{24.14}$$

由于正、负圆偏振波的反射系数与其折射率的关系为

$$r_\pm = \frac{n_\pm - 1}{n_\pm + 1},$$

将上式中 $r_\pm$ 与 $n_\pm$ 的关系代入式（24.14），得到

$$\theta_K - j\eta_K = \frac{j(n_+ - n_-)}{n_+ n_- - 1}, \tag{24.14'}$$

其中 $n_\pm$ 是复数，与介电常数张量元的关系如式（24.9）和（24.9'）所示. 将这些结果代入式（24.14'），得到

$$\frac{n_+ - n_-}{n_+ n_- - 1} = \frac{(\varepsilon_\perp - j\varepsilon_1)^{1/2} - (\varepsilon_\perp + j\varepsilon_1)^{1/2}}{(\varepsilon_\perp + j\varepsilon_1)^{1/2}(\varepsilon_\perp - j\varepsilon_1)^{1/2} - 1}.$$

因 $\dfrac{\varepsilon_1}{\varepsilon_\perp}$ 比较小，将 $(\varepsilon_\perp - j\varepsilon_1)^{1/2} = \varepsilon_\perp^{1/2}\left(1 - \dfrac{j\varepsilon_1}{\varepsilon_\perp}\right)^{1/2} = \varepsilon_\perp^{1/2}\left[1 - \dfrac{j\varepsilon_1}{2\varepsilon_\perp} + \dfrac{(j\varepsilon_1/2\varepsilon_\perp)^2}{4} + \cdots\right]$

代入上式，其中平方项和高次项可忽略，得到

$$\frac{n_+ - n_-}{n_+ n_- - 1} = \frac{\varepsilon_\perp^{1/2}[(1 - j\varepsilon_1/\varepsilon_\perp) - (1 + j\varepsilon_1/\varepsilon_\perp)]}{(\varepsilon_\perp + j\varepsilon_1)^{1/2}(\varepsilon_\perp - j\varepsilon_1)^{1/2} - 1} = \frac{-j\varepsilon_1}{\varepsilon_\perp^{1/2}(\varepsilon_\perp - 1)}.$$

最后给出克尔转角和椭偏率分别如下：

$$\theta_K - i\eta_K = \frac{\varepsilon_1}{(\varepsilon_\perp - 1)\varepsilon_\perp^{1/2}},$$

$$\theta_K = \mathrm{Re}\left[\frac{\varepsilon_1}{(\varepsilon_\perp - 1)\varepsilon_\perp^{1/2}}\right], \tag{24.15}$$

$$\eta_{\mathrm{K}} = \mathrm{Im}\left[\frac{\varepsilon_1}{(\varepsilon_{\perp}-1)\varepsilon_{\perp}^{1/2}}\right], \tag{24.16}$$

其中 $\mathrm{Re}[\ ]$ 表示 θ_{K} 的大小为括号内的张量元的实部,$\mathrm{Im}[\ ]$ 表示 η_{K} 的大小为括号内张量元的虚部. 总的说来 ε_1 和非对称跃迁有关,而自旋轨道耦合 $\lambda\boldsymbol{L}\cdot\boldsymbol{S}$ 是产生非对称跃迁的必要条件. 要想获得克尔效应较大的材料,其组成的原子必须具有较大的自旋轨道耦合. 当然,还要考虑跃迁的波长等因素. 对 3d 族金属和合金来说,$\lambda\boldsymbol{L}\cdot\boldsymbol{S}$ 都不大,在可见光范围内克尔转角 θ_{K} 在 $(0.2\sim0.7)°$ 之间. 稀土元素具有很大的 $\lambda\boldsymbol{L}\cdot\boldsymbol{S}$,但跃迁的波长都比较短,在紫外光线范围.

克尔效应可用来测量材料的磁滞回线和磁化曲线,特别是在原位观测薄膜的磁化情况,排除了表面可能氧化给测量带来的影响. 克尔效应可以直接测量出材料的矫顽力 H_{c},不足之处在于不能给出材料磁化强度的具体数值.

24.2.2　产生克尔效应的微观机制

克尔效应的特点与法拉第效应从形式上看最大的不同在于,当光束从入射处进入介质表面后就被反射出介质,这样只是在表面层发生偏振面的旋转. 从实验和理论研究结果来看,最主要是要具有自旋轨道耦合($\lambda\boldsymbol{L}\cdot\boldsymbol{S}$)效应,使得 p 态能级分裂为 $J=1/2$ 的双重态和 $J=3/2$ 的四重态,具体如图 24.4 所示. 又因铁磁物质中存在交换作用,它相当于在原子内有一个很强交换作用的等效磁场

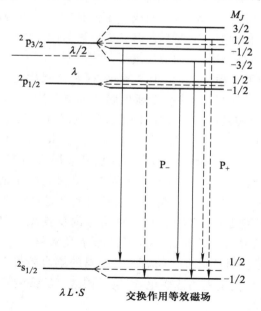

图 24.4　原子 p 和 s 能态在耦合 $\lambda\boldsymbol{L}\cdot\boldsymbol{S}$ 和交换作用等效磁场 $\boldsymbol{H}_{\mathrm{ex}}$ 下,解除简并后的能级分布状态

作用,使 s 和 p 态中的自旋多重态解除简并.

当入射光照射到介质表面时,在接近表面的原子内,一些能态受到入射光的激发. 在可见光情况,对于 3d 过渡金属来说,使其金属原子中 p 和 s 能态电子发生跃迁,并要求满足 $\Delta M_J = \pm 1$ 的跃迁规则. $\Delta M_J = -1$ 为负圆偏振波的跃迁,记为 P_-,用实线表示;$\Delta M_J = +1$ 为正圆偏振波的跃迁,记为 P_+,用虚线表示. 要强调的是,只有交换作用,其能级劈裂与图 24.1 看到的跃迁一样,虽然在磁化后使正、负圆偏振波强度不同,但只是介质表面反射的一瞬间产生两种波的传输变化很小,而无法获得克尔效应,所以自旋轨道耦合是产生克尔效应的关键.

在 $\lambda \boldsymbol{L} \cdot \boldsymbol{S}$ 耦合作用下,p 态能级分裂,再加上交换劈裂,使 P_- 和 P_+ 的跃迁能级的差别比较大. 虽然 P_- 和 P_+ 各有三个可能的跃迁态,但只有 P_- 和 P_+ 差别最大的两个态(最左边的实线和最右边的虚线)激发的偏振波才给出较明显的克尔效应. 一方面是强度的差别,更主要的方面是 n_+ 和 n_- 之间的差别也比较大,使克尔效应比较易于观测到.

§24.3   磁光效应的应用

磁光效应在磁光存储技术上有很大的用途,在 20 世纪七八十年代是很热门的研究内容. 基于法拉第效应,可制成用于光在光纤中传输时的控制器件,如光环转器、隔离器、移相器、调制器等,其工作原理与微波磁性器件基本上相同.

利用克尔磁光效应对薄膜的磁性进行原位测量,是研究一些超薄薄膜和非常易氧化薄膜的重要手段之一. 由于易氧化,薄膜制成后为防止氧化不能从真空中取出来进行磁性测量,另外由于新生膜从高真空中取出后,在薄膜的表面会立即被空气污染,使磁性有所改变,因此需要在高真空状态下进行原位观测. 图 24.5 给出的是 Fe/Mo/Fe 三层膜的磁滞回线与 Mo 层厚度变化的关系,其中上、下 Fe 膜各有 14 层(monolayers),Mo 层由 3.8 层变到 17 层. 在 Mo 层的厚度为 3.8 层时,回线为典型的铁磁性,表明两 Fe 层之间是铁磁性耦合. 当 Mo 层的厚度为 9.6,12.5 和 15.5 层时,Fe 层膜之间都是铁磁性耦合,而当 Mo 层的厚度为 7.6 层时两 Fe 层之间具有非常明显的反铁磁性耦合,在 11.2 层和 13.8 层时也具有反铁磁性耦合,但耦合强度要有所减弱.

这一系列的磁性测量结果表明,Fe 层之间的耦合特性(铁磁或反铁磁)随 Mo 层的厚度的增加发生周期性变化,产生了铁磁—反铁磁耦合的周期性振荡,具体可参看图 24.6.

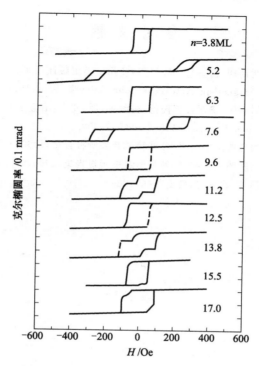

图 24.5 Fe(14ML)/Mo(nML)/Fe(14ML)三层膜的磁滞回线与 Mo 层厚的变化关系[4]

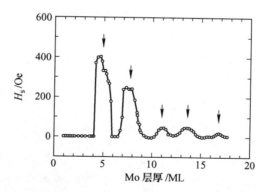

图 24.6 用磁光克尔效应法原位观测磁滞回线得出的 Fe 层之间的耦合振荡曲线. 振荡随 Mo 层厚度的增加显示出一定的周期性,但其峰值随厚度增加而降低[4]

参 考 文 献

[1] 近角聪信. 铁磁性物理. 葛世慧,译. 兰州:兰州大学出版社,2002.

[2] Vonsovshii S V. Magnetism. New York:John Wiley & Sons,1971.

[3] 近角聪信. 磁性体手册(下册). 韩俊德,杨鹰善,译. 北京:冶金工业出版社,1985.

[4] Qiu Z Q,et al. Phys. Rev. Lett. ,1992,68(9):1398.

[5] 方瑞宜. 中科院物理所图书情报室. 外籍学者来所报告集,1990,5(1):103.

[6] 徐游. 中科院物理所图书情报室. 外籍学者来所报告集,1990,5(1):96.

[7] 褚圣麟. 原子物理学. 北京:高教出版社,1988.

第二十五章　薄膜的制备技术原理

薄膜制备的方法可分为两大类：真空气相沉积和液相沉积. 真空气相沉积有好几种,常见的有真空蒸镀(电子束或激光束加热)、离子溅射、分子束外延等. 液相沉积有电镀和化学镀膜等. 本章主要是讨论气相成膜方法中的基本技术原理.

§25.1　真空的必要性

由于镀膜过程全在真空中完成,因此具备一定的真空环境是制备磁性薄膜的基础. 在沉积薄膜时,总要对所沉积的材料加热,使之分解成原子或分子,并能在空间自由运动,如真空度越高,受空气中的气体分子碰撞的概率越小,其自由程越长,因而成膜的效率高,也不易氧化,物理性能也较好.

常压下空气中的氮和氧分子对基片的碰撞频率非常高,可达 10^{20} 次/cm^2. 因此,提高镀膜效率和膜的质量的关键是,尽可能地减少碰撞到基片上的气体分子数目,使成膜材料的原子或分子能够直接落到基片上(即要求有较大的自由程).

根据 Maxwell-Boltzmann 气体分布理论,速度为 v 的分子,其分布函数为

$$f(v_x, v_y, v_z) = g_x(v_x)g_y(v_y)g_z(v_z),$$

$$g_i(v_i) = n(m/2\pi kT)^{1/2}\exp(-mv_i^2/2kT), \quad i = x, y, z,$$

其中 n 为单位体积分子数,m 为分子质量,一个标准大气压下有 2.69×10^{19} 个分子/cm^3. 因此,速度为 v 和 $v+\mathrm{d}v$ 之间的分子有 $nf(v)\mathrm{d}v$ 个. 假定基片平面为 xy 面,在 z 轴方向上每单位体积内,速度在 v_z 和 $v_z+\mathrm{d}v_z$ 之间的分子数为 $ng_z(v_z)\cdot\mathrm{d}v_z$. 也就是底为单位面积,高为 $v_z\mathrm{d}t$ 的柱体中的分子数. 而在 $\mathrm{d}t$ 时间内碰撞到单位面积上的分子数为 $ng_z(v_z)\mathrm{d}v_z\mathrm{d}t$,由此可计算出单位时间碰撞到该单位面积上的分子数为

$$n_f = \frac{\mathrm{d}n}{\mathrm{d}t} = n\int g_z(v_z)\mathrm{d}v_z = n\sqrt{\frac{kT}{2\pi m}}. \tag{25.1}$$

考虑到压力 $p=nkT$(p 的单位是托 Torr)[①]. 代入式(25.1),得 $n_f = (p/M)^{1/2}\times 1.43\times10^{18}\,\mathrm{cm}^{-2}$,表明单位时间气体原子撞到基片上的数目,其中 M 为气体的

---

① 1 Torr$=\dfrac{1}{760}$ atm$=133.3224$ Pa.

原子量,例如 H_2,N_2,O_2 的 M 分别为 $1.008,14.0067,15.997$. 如果 $p=10^{-6}$ Torr,则每秒可能打在基片上的气体分子数目在 10^{15} 量级,相当镀一层膜的厚度. 如其中的氧分子不与基片上的成膜原子发生氧化,或是氮分子不被它们吸附,则绝大多数氧和氮分子将被弹回到空间去. 另外,真空度的高低决定着气体分子和蒸发原子碰撞的概率,即决定蒸发原子的自由程的长短. 气态分子运动过程中,两次碰撞之间所走过的距离的平均值称为平均自由程,用 λ 表示,$\lambda=v/Z$,其中

$$v=\frac{1}{n}\int nf(v)\mathrm{d}v=\sqrt{\frac{8kT}{\pi m}},$$

Z 是单位时间内碰撞次数. 例如,对于 H_2,N_2,Au,在标准状态下 v 分别为 1780 m/s,480 m/s,130 m/s. 如知道 Z 后,就可算出平均自由程 λ. 现假定蒸发原子和气体分子的半径分别为 R 和 R',当蒸发原子以速度 v 前进时,就可能与半径为 $R+R'$ 的柱体内的 n_r 个气体分子相碰撞,因此可能的碰撞次数 $Z=n_r\pi(R+R')^2v$,求得

$$\lambda=\frac{1}{n_r\pi(R+R')^2}.$$

如用 $p=nkT$,可得平均自由程为

$$\lambda\approx 10^{-2}/p, \tag{25.2}$$

其中 λ 的单位为 cm,p 的单位为 Torr. 当 p 为 10^{-6} Torr 时,$\lambda\approx10^4$ cm. 假定镀膜速率,以成膜厚度为 0.1 nm/s 计算,表 25.1 给出了不同真空度情况下,$20℃$ 时残存空气数量(用真空度表示)和有关参数. 由上面的讨论可知,真空度较高时,在镀膜过程中可减少氧化和气体分子的掺杂,并具有较高的成膜效率,且使所制成的膜具有较好的平整度和质量.

下面讨论基片的清洁度和温度对成膜原子(或分子)的牢固附着问题.

采用真空镀膜时,总是将所要制成的薄膜镀在基片上. 用做基片的材料很多,最常用的有玻璃、硅片、有机化合物材料片基,或是专门的单晶片等. 人们都希望所制成的薄膜能够长时间且牢固地附着在基片上. 而影响薄膜是否牢固附着的因素较多,但就共同的因素来说,最主要的是基片的清洁度,再就是成膜时基片的温度. 如要制备单晶薄膜,则成膜速率是关键因素之一.

表 25.1　不同真空度情况下,$20℃$ 时镀膜室中的残存空气量及其有关参数

真空度/Torr	平均自由程/cm	分子碰撞次数/s	表面附着数/s·cm²	单分子层数/s[①]
10^{-2}	0.5	9×10^4	3.8×10^{18}	4400
10^{-4}	51	900	3.8×10^{16}	44
10^{-5}	510	90	3.8×10^{15}	4.4
10^{-7}	5.1×10^4	0.9	3.8×10^{13}	4.4×10^{-2}
10^{-9}	5.1×10^6	9×10^{-3}	3.8×10^{11}	4.4×10^{-4}

① 假定附着系数为 1.

　　基片的清洁是镀膜的关键工艺之一.任何基片都要经过严格的清洁处理,决不能带有油污和微小杂物或尘埃以及对成膜质量有影响的东西,清洗干净的基片也决不能用手触摸,并要经过烘烤和不留有水迹.

　　基片本身的温度高低对成膜质量的影响与所要镀膜的品种有关.例如,镀氧化物膜时要求基片温度多数高达 $500\sim800$℃,而镀非晶态金属膜时基片温度要在液氮或更低的温度下进行,通常情况是基片维持在室温 ~200℃进行.在溅射镀膜过程中,基片由于受到离子冲击或是辉光放电的影响而升温高达 $200\sim300$℃.因此,在真空镀膜时,基片温度的测量和控制很重要.

§25.2　真空热蒸发镀膜方法

　　真空条件下对成膜物质加热蒸发,使之淀积到预定的材料表面上并形成薄膜的方法是比较成熟和实用的镀膜技术.由于设备和工艺比较简单,它也是应用得较广泛的方法,特别是对镀熔点不太高和饱和蒸气压不太低的材料而言很适用.这一方法的基本点是在真空条件下,将固态的成膜材料加热到气态,使之较均匀地凝结和牢固地附着在温度较低的基片上.真空镀膜装置主要包括:真空系统、加热成膜材料的装置及淀积成膜材料的装置.将成膜材料加热气化的方法有电阻加热法、电子束加热法和激光束加热法.

　　电阻加热法比较简便,它是利用电流通过金属导体做成的蒸发源容器(坩埚)产生高温,并使成膜材料气化为原子或分子,使之飞到基片后凝固成膜.金属(钨、钼、钽等)坩埚的材料为丝或片状,并做成一定形状,以便将不同形状的材料放在其中进行加热蒸发.最重要的是坩埚材料的熔点要很高,饱和蒸气压要很低,以防止自身蒸发而污染所制成的薄膜,此外在高温下要避免成膜材料与坩埚材料发生化合和扩散而形成合金.另外,成膜材料最好能和坩埚材料浸润,这会使蒸发过程比较稳定.通常电阻加热法适用于较低熔点材料的蒸发,以避免受坩埚材料的污染.

　　电子束加热法,是指将钨丝发射出的电子用高压电场(几千到一万多伏)加速,形成高能电子束,经聚焦后打到成膜材料上而使之蒸发.一般电子束的束流由几十毫安到上百毫安,功率在几十瓦上下.由于此方法中所用的坩埚可用水冷却,故常常用铜制成.在镀膜过程中需要对其冷却,因而本身不蒸发,所以对成膜污染很少(除电子本身).电子束的功率可大可小,控制也比较容易,因而能较方便地对不同熔点的材料进行蒸发镀膜,特别是高熔点的金属材料多用此法成膜.

　　激光束加热法,是指用脉冲激光加热成膜材料制成的靶,将材料加热熔化镀膜.此法源于 20 世纪 60 年代,80 年代发展成一种蒸镀氧化物膜的有效方法.

其蒸发源的面积相对于所成的膜来说要小得多,如果材料气化后直线向上飞去,在自由程较长的情况下,气态分子很少受到碰撞而直接淀积于基片上,这样可使氧化物膜的成分改变很少.

一般说来,成膜的面积大小与成膜厚度的均匀性有很大关系.为了提高其均匀性,要求基片的尺寸适当,与蒸发源的距离比较远.通常用此方法镀成的膜面积较小,但其优点是可通过对氧含量的控制,做到成膜的成分与靶材的成分基本一致.

下面介绍一下蒸发前的预加热作用.在蒸发过程中要先采用较低的温度对材料进行预蒸,将原料加热到赤热状态后,续而使之熔化成球状颗粒,再逐渐加热,若见到合金的球状颗粒的表面上出现了"渣斑"并且旋转,则蒸发已比较显著.注意这时仍不能打开挡住基片的挡板.实际上,此刻那些被吸附的气体分子在大量逸出,真空度下降.这是蒸镀的预热过程,目的是将原材料表面上的一些杂质排除掉.适当的预热后,要使蒸发源中金属熔体的温度降到蒸发速率为零,等真空室内的真空度升高到原来的最佳态后,再快速加热蒸发源中的金属,使被蒸镀金属蒸发,与此同时要打开挡板.等坩埚中的原料蒸发完,就立即停止加热.要注意,如所制成的薄膜易于氧化,这时还要在膜的上面镀保护层,如 Au、SiO_2,或其他不影响磁性薄膜物性的抗氧化的材料均可.预加热过程对各种制膜方法都很有意义.

25.2.1　成膜厚度的不均匀性与间距、尺寸的关系

成膜材料的蒸发源与材料所要淀积的基片有一段距离,由于蒸发源有一定大小,生成的膜也有一定的尺寸,再加上真空室的空间不可能很大,这就使得生成的膜,在中心处和边缘处的厚度不相同,具体参见图 25.1.这种厚度的不均匀与材料的蒸发源和基片的距离、所要生成膜面积的大小密切关联.设蒸发源与基底的间距为 R,R 与基片法向的交角为 θ,蒸发材料的质量为 m,蒸发源的尺度为 ρ,则沉积到平面基片上的薄膜厚度 t 可表示为

$$t = \frac{m\cos\theta}{4\pi\rho R^2}. \tag{25.3}$$

从一个均匀的点蒸发源(即 $\rho \ll R$ 和成膜的尺寸)出来的气态原子飞到平面基片沉积时,假定黏附系数各处相等,则在基片上各个地方所沉积的薄膜的厚度分布为

$$t = \frac{t_0}{[1 + (x/h)^2]^{3/2}}, \tag{25.4}$$

其中 t_0 为 $\theta = 0$ 处的膜厚,h 为点源到基片的垂直距离,x 和 t 分别为薄膜上任一点与垂足间的距离和厚度.如 x 和 h 分别为 2 cm 和 20 cm,则 $t = 0.985t_0$,其

差别只有 1.5%. 由此可见,为了蒸镀较大面积的薄膜,就要用高大的真空室,并使真空度至少要保持在 10^{-6} Torr 或更高. 若蒸发源为一个平面,但面积较小时,其蒸发速率较点源大一些可减小成膜厚度的不均匀性,具体厚度分布为

$$t = \frac{t_0}{[1+(x/h)^2]^2}. \tag{25.5}$$

如增大蒸发源与基片的间距 h,这将使镀成的膜的非均匀性更为降低.

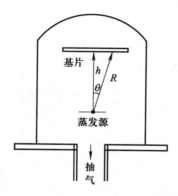

图 25.1 成膜的厚度不均匀的原因示意图

25.2.2 合金薄膜的成分均匀性问题

蒸发镀膜总是将被镀金属材料或合金气化,使之淀积在基片上. 对被蒸镀的合金材料来说,如合金中的两种金属熔点或饱和蒸气压有很大的差别,这样在蒸镀过程中会随时间而产生成分的偏移,随着成膜过程的进行,会使已镀成的膜的成分与原合金成分的差别越来越大. 为了获得成分均匀的合金膜,必须注意和控制成分的均匀性. 以 FeNi 合金为例,在蒸发过程中,淀积在基片上的金属质量为 M_{Fe} 和 M_{Ni},其饱和蒸气压分别为 P_{Fe} 和 P_{Ni},故有 $P_{Fe}/M_{Fe}=P_{Ni}/M_{Ni}$. 在同一真空度下,淀积在基片上的 FeNi 合金的成分就会与原材料的成分有区别. 这是两者的饱和蒸气压差别造成的. 例如,原成分为 $Fe_{20}Ni_{80}$,成膜后其成分实际为 $Fe_{17}Ni_{83}$. 为了保证成分一致,就要在合金上适当地加少量的 Fe. 如合金中两元素的饱和蒸气压差别较大,则用两个坩埚,分别放入所要蒸镀的金属,控制不同的加热温度,同时打开和关闭蒸发源,以便得到所需成分的合金薄膜.

为了准确地使薄膜成分与原成膜合金成分一致,而采用闪蒸法制膜. 它是将合金碾磨成很细小的颗粒(或粉末),在蒸镀时将颗粒一颗一颗地放(或将合金粉料陆续撒)入坩埚里(即蒸发源中),使全颗粒(或少量粉料)同时完全气化蒸发,迅速淀积到基片上. 该方法的成膜速率较慢,一般在 0.1 nm/s 以下. 如合

金(原材料)不是非常均匀,即颗粒的成分有偏差,其结果可能不理想. 表 25.2 给出了一些化学元素的有关参数,以便在镀膜时考虑选用[4].

表 25.2 各种元素的熔点和在不同饱和蒸气压时的气化温度

元素	熔点/℃	10^{-10}	10^{-8}	10^{-6}	10^{-4}	10^{-2}	10^{0}
铝 Al	660	/	690	820	990	1220	1570
砷 As	815	95	135	180	235	310	405
硼 B	2100	1170	1330	1520	1770	2100	—
钴 Co	1495	810	930	1080	1280	1540	1930
铬 Cr	1860	735	845	980	1155	1390	1735
镝 Dy	1412	525	620	740	895	1120	1455
铁 Fe	1535	770	885	1030	1210	1470	1845
铒 Er	1529	605	705	835	1005	1225	1645
铕 Eu	822	220	285	360	465	615	835
镓 Ga	29.8	475	568	680	830	1045	—
钆 Gd	1313	795	920	1075	1290	1585	
锗 Ge	937	695	795	940	1125	1390	
金 Au	1064	700	810	960	1150	1410	
铟 In	156.6	410	495	595	740	940	—
碳 C	3550	1500	1670	1880	2130	2470	
铜 Cu	1080	625	725	850	1020	1260	
镁 Mg	649	—	180	240	320	430	595
锰 Mn	1245	470	550	650	780	970	1250
钼 Mo	2617	1400	1570	1800	2100	2500	
钠 Na	97.8	38	76	124	194	289	—
磷 P	597	24	54	88	129	185	
钐 Sm	1077	—	370	460	580	740	990
硅 Si	1410	870	990	1140	1350	1630	—

续表

元素	饱和蒸气压/Torr 气化温度/℃ 熔点/℃	10^{-10}	10^{-8}	10^{-6}	10^{-4}	10^{-2}	10^{0}
锡 Sn	231.9	570	680	820	1000	1240	—
钽 Ta	2996	1748	1960	2240	2606	3060	
铽 Tb	1360	770	890	1040	1240	1530	
钛 Ti	1688	920	1050	1220	1440	1730	
钒 V	1890	1020	1160	1330	1550	1850	
钨 W	3410	1890	2120	2410	2750	3230	
钇 Y	1522	850	970	1130	1350	1630	
锌 Zn	420	80	120	180	245	345	487
锆 Zr	1850	1330	1510	1740	2030	2440	
镍 Ni	1450	—	927	—	1107[①]	1527	—
铌 Nb	2468		1762		2127[①]	2657	
铂 Pt	1772	—	1292		1612[①]	1907	

① 数据是在饱和蒸气压为 10^{-5}Torr 下测得的.

§25.3　真空溅射镀膜方法

真空溅射镀膜方法有高频和直流电场溅射两种,它们的原理是相同的.首先必须使真空室内的原始真空度达到 10^{-7} Torr 或更高,再向内不断加惰性气体,这时真空度维持在 $10^{-2}\sim10^{-3}$ Torr. 在高电压作用下惰性气体电离后,正离子在高压电场下加速,使之冲击固态镀膜物体(称之为靶材)的表面,面上的原子或分子受冲击而与这些高能粒子交换能量,之后从靶材表面飞出,这种情况称之为溅射.被溅射出的原子或分子重新聚积到基片上而形成薄膜.

25.3.1　直流两极溅射镀膜法

直流两极溅射镀膜法是最简单的常用方法.相当于在辉光放电的真空和高压状态下工作,因为这时所需的电压和真空的条件较易实现.真空室的本底真空最好能高于 10^{-7} Torr,这将有利于防止成膜时对膜的氧化.在达到本底真空后,向镀膜系统内加适量的惰性气体,如 Ar,使产生电离,放电气压在 10^{-2} Torr 左右,工作电压为几千伏或更高. 在固定的放电电压下,控制气体的流量即不同的电离度,可实现控制成膜的速率.

　　对于不同的靶材,由于原子大小和结合能的不同,其溅射率有很大的区别. 同时还与气体离子的能量有关,并存在一个阈值. 但能量过高,溅射率反而降低,这是因为离子的穿透力增大,进入靶材内部的概率增大,被打出的原子(或离子)减少.

　　另外,溅射效率还与离子的入射角(离子束与靶材表面法线的交角)有关. 表 25.3 给出了 500 eV 离子对不同元素的最佳溅射率. 溅射率 S 表示每个正离子能从靶材上打出原子或分子的平均个数.

表 25.3　具有 500 eV 能量的离子的溅射率 S[5]

靶材	溅射离子 原子量	He	Ne	Ar	Kr	Xe	Hg
Ag	107.88	1.0	1.80	3.12	3.27	3.82	2.54
C	12	0.07	—	0.12	0.13	0.17	0.18
Co	58.93	0.13	0.90	1.22	1.08	1.08	0.78
Cr	52.01	0.17	0.99	1.18	1.39	1.55	—
Cu	63.57	0.24	2.10	2.35	2.35	2.05	0.70
Er	167.2	0.03	0.52	0.77	0.07	0.07	
Fe	55.84	0.15	0.88	0.84	1.07	1.0	0.06
Gd	156.9	0.03	0.48	0.83	1.12	1.20	—
Hf	178.6	0.01	0.32	0.70	0.80	—	0.68
Mn	54.93	—	—		1.39	1.55	—
Mo	95.95	0.03	0.48	0.80	0.87	0.87	0.63
Ni	58.69	0.16	1.10	1.45	1.30	1.22	0.89
Pb	106.7	0.13	1.15	2.08	2.22	2.23	1.53
Rb	85.48		0.57	1.15	1.27	1.20	0.83
Si	28.06	0.13	0.48	0.50	0.50	0.42	0.18
Sm	150.43	0.05	0.69	0.88	1.09	1.28	—
Ta	180.88	0.01	0.32	0.70	0.80	—	0.68
Ti	47.9	0.07	0.43	0.51	0.48	0.43	0.38
W	183.92	0.01	0.28	0.57	0.91	1.01	0.80

25.3.2 高频溅射镀膜法

尽管直流两极溅射镀膜法比较简便,但放电时气压较高($1\sim10^{-2}$ Torr),对成膜污染较大,也易引起放电电流不稳定. 不过其镀膜的速率高,常常用于镀金属膜. 如制备绝缘体或是氧化物薄膜,则多采用高频溅射镀膜法. 其特点是在两极间加上高频电源,使在两极间产生振荡. 为使高频振荡所产生的放电区局限于两电极之间,需在垂直靶材方向加一直流磁场,强度约为 $8\sim24$ kA/m($100\sim300$ Oe).

在高频溅射时阴极和阳极没有区别,如果靶材和基片放置得完全对称,由于正离子均等地打在靶材和基片上,在某一时刻溅射出的原子附着在基片上,另一时刻的逆溅射会把那些附着在基片上的离子打出来. 但实际上却不是这样的,而是能制备出薄膜来. 其原因在于:放电时电子移动极快,既能快速飞到靶材面,又能快速到达基片和其他接地的部分,正离子因质量大而移动慢得多. 如果靶材是绝缘体,当高频电压在某半周使靶材为正极时,电子飞向绝缘体靶材,并积存在其表面上,使靶材自动形成负偏压. 在负半周时,基片和其他接地部分为正极,电子飞向基片. 因它们接地(相当导体),而电子不能在上面积累,这样基片仍为正极. 由于电子在靶材面上的积累效应使离子对靶材的溅射效果大于对基片的反溅射,或是反溅射受到抑制,从而可以完成制膜工艺过程.

如果靶材是导体,在靶的接线端串联上 $100\sim300$ pF 值的电容,就可起到在靶材上加一负偏压的作用,实现高频溅射的效果.

用溅射法制备合金薄膜时,由于靶材的原子溅射率有差别,在溅射镀膜的起始过程和快终结过程会产生成分差别,这主要是合金靶材表面的成分发生了变化所致. 如成膜过程要求在较慢的速率下进行,可以外加一部分溅射率较大的金属来进行补充;如成膜速率进行得很快,则要使靶材处于低温,尽可能降低靶材中原子的扩散,并用磁控溅射法来进行镀膜,这样基本可得到与靶材成分一致且均匀的合金薄膜.

§25.4 分子束外延镀膜法

分子束外延是 20 世纪 70 年代发展出来的用以生长超薄单晶薄膜的技术,可以精确控制生长过程和所需掺杂物. 当时在制备半导体超晶格方面做了很多人工设计的材料,在 80 年代推广以制备磁性超晶格和超薄膜. 这在研究磁性起源和低维磁性等方面起了很大作用.

分子束外延技术所需的超高真空度在 10^{-10} Torr 或更高. 每一种成膜材料分装在各个坩埚中,经过控制其蒸发速率,令其很慢地(即每秒只有少量原子或分子)淀积到基片上.一般说,在 10^{-10} Torr 情况,每秒大约有 $3×10^{10}$ 个原子或分子淀积在基片上.这样,在 $1\ cm^2$ 上要长一层原子厚的膜,就需要 $3×10^4\ s$.因此,目前用分子束外延技术所镀的磁性薄膜的面积都很小,多为平方毫米量级.从图 25.2 可见,分子束外延镀膜时,入射到真空制膜室中的成膜材料分子(原子)数与真空度有反比的关系.

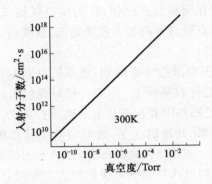

图 25.2　入射到真空制膜室中的分子(原子)数与真空度的关系曲线

25.4.1　外延膜的生长方式

　　一般真空镀膜技术情况下,膜的生长速率较高,也比较容易成膜.成膜的过程是成团的原子或分子快速淀积在基片上.而外延生长薄膜,是将原子或分子按晶体生长方式,逐个排列在单晶的基片上.因此要求生长的薄膜与基片的晶体结构能够相互匹配.另外,要求成膜原子能够被牢固地吸附在基片上,其相互之间的内聚力要比基片原子与成膜原子的内聚力小或差不多(不能大),因为这些原子之间的相互作用力对膜的生长方式有很大影响.目前认为可能存在三种成膜方式,具体如图 25.3 所示.根据热力学理论,下面对这三种方式做简单的讨论.

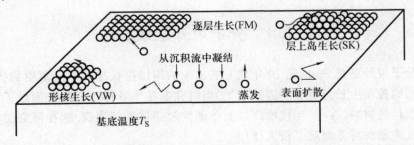

图 25.3　薄膜生成过程中,原子在基片上的三种不同生成方式(取自文献[1]的图 1.8)

被基片吸附的原子或分子可能受力而经过移动形成原子(分子)团,从而形核生长.起初是孤岛状,在长到一定大小后就连成一片,并稳定生长成薄膜.形成这种生成方式的原因是由于成膜原子之间的内聚力(或结合能)较强.

逐层生长是因为基片原子和成膜原子之间内聚力较强,而成膜原子之间的内聚力较弱,有利于膜一层一层(或叫逐层)地生长.

层上岛生长是指生成单层膜后转而形核生长,这可能是两种不同原子之间的内聚力与相同原子之间的内聚力大小差不多所致.

究竟是以哪一种方式生长成膜,除原子间的内(凝)聚力因素外,还与基片本身的温度有很大关系.一般都认为逐层生长方式成膜比较理想,特别是在制备金属单晶超薄膜时,因为它能满足只有几个或几十个原子层厚且膜的表面也很均匀的要求(只有这样才能获得较多和有意义的研究结果),同时它还可以制备出新结构的金属,如体心立方结构的 Mn.

25.4.2　逐层成膜问题

任何一种成膜方式都是非平衡沉积过程,但在讨论成膜过程时都近似地用平衡过程理论,即形核、临界核、核长大等问题都是用自由能极小来做判断.

将三种成膜方式用图 25.4 绘出,假定膜的表面、界面及基片的自由能(或是焓)分别为 γ,γ_i 及 γ_s. 第 n 层的"表面/界面能"为 $\gamma_n,\gamma_n=\gamma_{i,n}+\gamma$,其中 $\gamma_{i,n}$ 是第 n 个界面的自由能. 在基片上形成第一层膜时,如能完全浸润,即非形核长大和能够逐层成膜,同时基片上的表面能被界面能所替代,这时单位面积的膜面,基片和膜结合的部位的能量发生变化,为

$$\Delta\gamma = \gamma_{i,1} + \gamma - \gamma_s < 0. \tag{25.6}$$

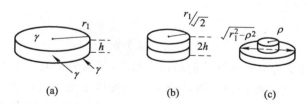

图 25.4　薄膜的(a)非形核生长方式,(b)逐层生长方式和(c)先单层生长后
形核生长方式,其中 r_1 为第一层半径,ρ 为第二层半径

(1) 如 $\Delta\gamma<0$ 就会逐层生长,反之是形核生长;

(2) 只要是 $\gamma_{i,n}>\gamma_{i,n+1}$,就使 $\Delta\gamma<0$;

(3) 由于应力能的增加,层数较多(设为 N 层),在 $N>n$ 后就会变成三维生长.

对于图 25.4 的三种情况,如三者体积相等,则各自的总表面自由能为

$$\Gamma_a = \pi r_1^2 \Delta\gamma + 2\pi h r_1 \gamma, \tag{25.7}$$

$$\Gamma_b = (1/2)\pi r_1^2 \Delta\gamma + 2h\sqrt{2}\pi r_1 \gamma, \tag{25.8}$$

$$\Gamma_c = \pi(r_1^2 - \rho^2)\Delta\gamma + h2\pi[(r_1^2 - \rho^2)^{1/2} + \rho]\gamma. \tag{25.9}$$

如令 $\Gamma_a = \Gamma_b$,可得到临界半径 $r_{1,c} = 4(\sqrt{2}-1)h(\Delta\gamma/\gamma)$.

如 $r_1 < r_{1,c}$,单层膜是稳定的;反之,双层膜是稳定的.

考虑由图 25.4(a)变到(b),因不是逐层生长过程,则必须经过(c)的情况,在 $\rho \ll r$ 时,表面自由能增量为

$$\Delta\Gamma = \Gamma_a - \Gamma_c = \pi\rho^2\Delta\gamma - 2\pi\rho\gamma h, \tag{25.10}$$

可得到 $\Delta\Gamma \sim \rho$ 关系. 在 $\rho = h\gamma/\Delta\gamma$ 时有自由能极大值,即

$$\Delta\Gamma_m = \pi h^2 \gamma^2/\Delta\gamma. \tag{25.11}$$

上式是从 $d\Gamma/d\rho = 0$ 求出的,它相当于一个位垒,其作用是在所有的孤立小片状膜连成一块单层膜之前,阻止在小块膜的上面(即第二层)形核. 这有利于逐层生长成膜. 一般情况下,如 $\gamma = 1 \text{ J/m}^2$,$\gamma/\Delta\gamma = 5$,$h = 0.2 \text{ nm}$,代入式(25.11),得

$$\Delta\Gamma_m = 4 \text{ eV}, \quad r_{1,c} = 1.6 \text{ nm}.$$

膜的层数随镀膜过程而增加,$\Delta\gamma_n$ 只要为负值,就可继续逐层生长成膜,但其绝对值会逐渐降低. 如基片温度很高或镀膜的速率较大(单位时间淀积在基片或膜面上的原子较多),就可能有利于形核长大的成膜过程.

概括起来,只要 $\gamma_{基片} \geqslant \gamma_{膜} + \gamma_{界面} \approx \gamma_{膜}$,可以做到逐层成膜.

下面具体给出几种常见金属的表面自由能:$\gamma_{Fe} = 2 \text{ J/m}^2$,$\gamma_{Ag} = 1.1 \text{ J/m}^2$,$\gamma_{Cu} = 1.7 \text{ J/m}^2$,$\gamma_{Ni} = 1.9 \text{ J/m}^2$,$\gamma_{Re} = 2.2 \text{ J/m}^2$,$\gamma_W = 2.9 \text{ J/m}^2$. 由于钨(W)和铼(Re)的表面自由能较大,所以在 W 和 Re 基片上生长薄膜比较容易,但要考虑晶格常数差别较大而失配的影响.

定义失配因子

$$f = (a_f - a_s)/a_s, \tag{25.12}$$

其中 a_f 和 a_s 分别为薄膜和基片的晶格常数. 一般认为 f 要小于 10%. Fe/W 的失配因子为 $f = 9\%$,而 Fe/Cr 和 Co/Cu 的失配因子很小. Fe/Pd,Fe/Pt 的失配因子较大,但可以将 Fe 的(110)面生长在 Pd 或 Pt 的(100)面上,这样可使两者具有较好的匹配. 详情参见文献[2],[3].

分子束外延镀膜法生长成的薄膜的结构分析、物性测量和研究,一般都采用原位方式来进行. 例如,用低能和高能电子衍射来分析膜在生长过程时的状态,是否逐层生长以及结构特点(缺陷、表面平整度等);用 Auger 谱来分析其成分;用克尔效应测量其磁性电阻率和磁电阻效应等. 原位检测可以避免因膜的表面吸附了气体或氧化而引起性能恶化,可使所测得的结果能反映膜的实际特性.

参 考 文 献

[1] Freund L B，Suresh S. 薄膜材料——应力，缺陷的形成和表面演化. 卢磊，等，译. 北京：科学出版社，2007.

[2] Hoff C，Francombe M. Physics of Thin Films，Vol. 11. New York：Academic Press，1980；

田民波，刘德令. 薄膜科学与技术手册. 北京：机械工业出版社，1991.

[3] Gradmann U. Magnetism in Ultrathin Transition Metal Films//Buschow K H J. Handbook of Magnetic Materials，Vol. 7. Amsterdam：Elsevier Science Publishers B. V. ，1993.

[4] 奥地利维也纳技术大学物理系 Wagendristal A 教授提供的资料.

[5] 北京大学物理系磁学教研室真空镀膜科研组资料.

第二十六章 薄膜物性测量

§26.1 结构、形貌和成分分析

在薄膜制成后,除分子束外延膜多用原位测量其结构和某些必要物性外,其他各种膜大多数是从真空室取出来进行结构分析,以确定其晶体结构,并由此判断膜是否为单相以及膜的质量的好坏. 同时还要对膜的成分进行分析,以确定是否为原设定的成分或有多少成分偏差. 如有需要,还得进行形貌观测,了解膜的晶粒大小. 下面只简单指出这种分析的必要性.

26.1.1 结构分析

通常是用 X 光衍射法来分析成膜的晶体结构. 如膜的厚度在 500 nm 以上,并与基片结构有较大差别,就可切下一小块膜(5 mm×5 mm)直接进行实验分析. 如膜的厚度很小(100 nm 以下),则需将几小块膜叠加起来,并紧紧包扎好,方可进行实验分析. 一般 X 光的衍射角 2θ 在 20～150° 范围就够了.

实验结束后得到一组以 2θ 为标记的衍射峰,其位置和相对强度可以显示出来. 它究竟是什么峰,可按蒸镀时设定的成分从已有的数据库中查寸. 如衍射实验所给出的峰都能标定(基片的峰除外),并没有其他较明显的多余的未能标定峰,这表明制备出的膜的结构与原材料一致. 如有较强而又明显的衍射峰未能标定,或是不符合原材料的结果,这表明有其他的相结构存在,就需要进一步对它做出判断,例如是否有氧化的现象,以便改进镀膜工艺或有关技术.

26.1.2 成分分析

经过结构分析已证明所镀的膜结构无误,但并不等于成分也无问题. 如果镀成的膜是金属间化合物(例如 $SmCo_5$)薄膜,其成分因镀膜方式不同而会产生不同程度的偏差. 如果是合金膜,比如 FeNi,因 Fe 成分小于 70at% 后合金为面心立方结构,即在同一结构下成分可在很宽的范围内变化,所以仍需进行成分分析,以便确定镀成的膜是否与原设计成分一致.

成分分析有能谱分析,它给出的结果是平均值,并不能反映镀膜的起始阶段和结束阶段的成分是否一致,而这种不一致性可能会经常存在. 因此,每在蒸镀新的一种膜时都要进行细致的分析,看是否存在这种差别以及是否存在氧化的情况.进一步的深入分析,就需要用 Auger 谱方法,对膜的成分进行逐层的分析,判断膜的成分是否均匀.在取得一定的经验和在成膜工艺稳定的情况下,就不必要对每次的镀膜都进行成分分析了,但需要抽查结果看是否存在差别.

26.1.3　形貌观测

对制备磁记录薄膜而言,成膜的颗粒度大小与记录的效果有很大的关系,如颗粒不均匀,对磁性也有一定的影响,如对矫顽力的大小的影响,因此需要进行形貌观测.一般多用 STM(扫描电子显微镜)来观测表面上的颗粒情况,颗粒的大小和分布情况通常称为薄膜的微结构.

对于颗粒膜来说,例如 CoAg,FeAg 等颗粒膜,要想测出其中 Fe 或 Co 脱溶后形成的颗粒尺寸,用 STM 却无法观测出来,最好是用高分辨电子显微镜成像技术来进行观测.

26.1.4　多层膜的周期结构的测量

多层膜的晶格结构和成分分析方法与单层膜相同,但它的空间周期结构在制备完成后是否与设计的要求一致,需要用 X 光小角衍射来进行分析.立方结构的 Bragg 衍射公式为

$$2d_{(hkl)}\sin\theta_n = n\lambda , \qquad (26.1)$$

其中 $d_{(hkl)}$ 为密勒指数,θ_n 为 λ 射角.对于多层膜来说,可认为 $d_{(hkl)}=d_n$,n 为衍射级数.而多层膜的周期厚度为 $d=a+b$,其中 a 和 b 分别表示 A 层和 B 层的厚度,d 就表示多层膜的空间周期.由于 d 的数值在几个纳米量级,故 2θ 的值在 $1\sim 10°$ 范围.一般多层膜的小角衍射峰有 $2\sim 5$ 个,又因为第一个衍射峰有时不一定会显示清楚,因而衍射级数不一定从 $n=1$ 开始,这样单凭一个衍射峰的位置参数来计算膜的空间周期 d 值,可能会出现较大误差.另外,在实际的小角衍射结果中,要注意是不是真正的衍射峰,具体可参看图 26.1.图中给出了 Fe/Au 多层膜 [Fe(1 nm)/Au(3 nm)]$_{20}$ 用 $\lambda=0.154097$ nm(Cu 的 K_α 线)进行 X 光小角衍射的例子,结果可看到第一峰非常强($2\theta=2.330°$),但峰顶端却看不见,而在峰的底边有个小峰($2\theta=2.560°$)。从实际的周期性判断,该小峰不应计入.第二峰为 $2\theta=4.300°$.假定最强峰为第一峰,代入式(26.1)可计算得出周期 $d_1=4.21$ nm;如用第二峰来计算,得 $d_2=4.56$ nm.不同的两个峰的数据计算得到的多层膜的周期差 5% 和 14%,前者的结果可以认为差别不大,而后者就不好对膜的质量进行判断.

但是,有不存在第一峰的情况.例如,用电子束蒸镀的三明治型多层膜 Cr(5 nm)/[Py(1.5)/Cu(4)/Co(1.5)/Cu(4)]$_{10}$,其中 Cr 为衬垫层,设计在此基片上镀 10 个空间周期,每周期的设计厚度为 11 nm(由控制膜厚的晶体振荡

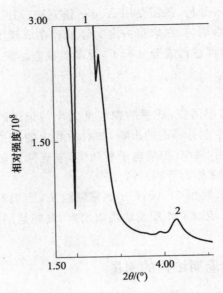

图 26.1 X 光小角衍射

器指示结果），经 X 光小角衍射得到两个衍射峰：$2\theta_2 = 2.06°$和 $2\theta_3 = 2.94°$，由 Bragg 衍射公式可得到 $d_2 = 9.52$ nm 和 $d_3 = 10.0$ nm.

可见，由 $n=2$ 的计算结果差别反而较大，同时都与 11 nm 有 10% 以上的差别. 这两个例子所得结果表明 n 不同可以给出不同的结果.

在 X 光小角衍射的结果中，经常会看不到第一衍射峰，如果未测出第一峰，则可以用两峰衍射角度的差来计算 d 值.

由于 X 光小角衍射中 $2\theta_n$ 和 d 的值都是由 $2d\sin\theta_n = n\lambda$ 计算给出的，其中 n 的数值不确定，如能消去 n 的影响，也许会得到较好的结果. 根据式（26.1）可以有

$$2d_{n+1}\sin\theta_{n+1} - 2d_n\sin\theta_n = (n+1)\lambda - n\lambda = \lambda.$$

近似地认为 d 就是多层膜的空间周期，可以得出

$$d = d_{n+1} - d_n = \lambda/2(\sin\theta_{n+1} - \sin\theta_n). \tag{26.2}$$

计算出的多层膜的周期 d 值，并与设计值比较，可以看出所制备的薄膜的周期性结果是否与所设计的周期一致和误差大小.

根据式（26.2），对上面所说的三明治膜计算 d，可给出 $d = 11.2$ nm. 可见，用差值的办法计算较简单，所给出的 d 的大小与实际设定的一层厚度及 X 光小角衍射给出的厚度相差较小.

实际上，设计的周期值与测量结果之间的差别和多层膜中各个金属层之间的界面是否存在混合有很大关系，因为各金属层都不是单晶，界面处存在一两

层两种金属原子混合状态,这就使得设计的空间周期 d 与 X 光小角衍射测量的结果有一定的差别.

26.1.5　膜厚测量

薄膜厚度的测量方法比较多,可分为原位测量和将成膜取出测量两种方式.对于易氧化膜和很薄的膜来说,采用原位测量厚度的方式;对于单层膜及厚度较大的膜,多数采用将膜取出来测量.

对单层厚度较大(≥几十纳米)并具有一定硬度的薄膜(如金属膜),可用机械方法测量.

如制备很薄的薄膜或是多层膜,可调节晶体振荡频率的变化来适时控制成膜的厚度.由于晶体振荡频率的变化,在一定的频率范围内,膜的厚度与镀膜时落在晶面上的成膜物质的质量成正比.只要事先知道所镀薄膜材料的质量,就可以从频率的变化值估算出成膜的厚度.

在制备单晶体薄膜时,常常用低能电子衍射(LEED)来监测其成膜的层数和结构以及每一层膜的生长是否完整.关于测量的具体方法和详细讨论请参看文献[1].

§26.2　磁　性　测　量

要测量的磁性有较多的内容,大体可分为两类:基本磁性和技术磁性.前者为自发磁化强度(实际测量的是饱和磁化强度)及其随温度的变化、居里温度、各向异性等,有时还需要测量弱磁场和强磁场下升降温过程的磁化强度变化,用来判断材料的磁结构,还可以用做相分析(即是否存在两种成分的磁性材料).关于技术磁性的测量有磁滞回线及其随温度的变化,主要是了解矫顽力和剩余磁化强度的变化.

从原理上讲,测量自发磁化和技术磁性的方法有两类:一是测磁性材料的磁矩在磁场的受力;二是测磁感应电动势的大小.前者如磁秤,磁矩 m 在梯度场中的受力可表示为

$$F = \mu_0 M_s V \mathrm{d}H_z/\mathrm{d}x,$$

其中 $m = M_s V$,体积 V 和 $\mathrm{d}H_z/\mathrm{d}x$ 已知.测得 F 后可以计算出 M_s 值.由于 $\mathrm{d}H_z/\mathrm{d}x$ 不易测准,而采用与标准样品比较来测定未知样品的 M_s 以及它与温度的关系.常用的测量设备有磁秤.第二类是基于电磁感应原理,即通过改变对样品磁化场的大小或样品在磁场中的位置,而获得一定的感应电动势,经换算得到磁化强度 M,具体有冲击法、磁强计法等.冲击法对闭路(环状)样品的磁性测量比较准确,是测量磁性的重要基准方法之一,但灵敏度较低;而磁强计法比

较简便快捷,已有振动样品磁强计、梯度场振动样品磁强计、超导量子干涉磁强计等测量设备,灵敏度很高,特别是梯度场振动样品磁强计对薄膜磁性的测量很有用,灵敏度也很高.

§26.3 电阻率和磁电阻测量

一般都用四点接触法来测量材料的电阻率.四个电极成直线排列,对外侧两端的电极加恒电流,中间的两个电极用来测电压,如知道材料的截面积,可计算出其电阻率.为确保测量的精度,要求样品保持恒温.另外,流经材料内的电流要很稳定,不能因电阻的改变而产生微小的变化.因此,恒流源装置的精度要高,一般在 $10^{-5} \sim 10^{-4}$ 范围,否则所测量到的磁电阻值只有一两位有效数字,会产生较大的误差.

材料在磁场作用下电阻率会改变,从而给出电压随磁场的变化,由此可测量得磁电阻值与磁场的关系.这种磁场导致的材料电阻率的变化部分称为磁电阻,记为 $\Delta \rho$,即 $\Delta \rho = \rho_H - \rho_0$,其中 ρ_H 和 ρ_0 分别为有、无磁场作用下材料的直流电阻率.

对薄膜和多层膜磁电阻的研究是非常重要的,磁电阻的数值无论是对物理学本身,还是为了应用,已成为一项不可缺少的参量.因此磁电阻的测量在薄膜研究和应用中的意义就显而易见了.

采用四探针法测量电阻是最常见和较为准确的方法,其装置的示意结构可参见图 22.3.在外面的两根探针对磁体施加稳恒电流,为确保测量精度和避免磁体发热,电流维持在 1 mA.如对被测磁体加上磁场,可以用中间两个探针测量出电阻随磁场的变化,并可用自动记录仪绘出电压变化曲线.据此,可计算出磁电阻随 H 的变化值.图 26.2 给出了磁电阻与磁场的关系,得到磁电阻的值.前面已指出,磁电阻常用一个百分数来表示:

$$\mathrm{MR} = \Delta \rho / \rho = (\rho_H - \rho_0)/\rho_0 \times 100\%,$$

或写成

$$\mathrm{MR} = \Delta \rho / (\rho_H - \rho_0)/\rho_H \times 100\%.$$

为了进一步了解材料在使用时的效益,要求工作磁场比较低,故还定义了每单位磁场的磁电阻的大小,称之为优值,即

$$\mathrm{MR}/H. \tag{26.3}$$

因为钙钛矿 La-Mn 氧化物中观测到 MR 最大可达 $10^6\%$,而所加的磁场却非常高,一般在 $5 \sim 10$ T 范围.以式(26.3)要求来看,钙钛矿 La-Mn 氧化物的优值很好,但是工作磁场太高,而无法实用.图 26.2 给出了自旋阀型[Py/Cu/Co]多层膜的巨磁电阻测量结果.在 A,B 两点之间的 MR 变化很快,其中心处磁场强度

小于 $10\mathrm{Oe}(800\mathrm{A/m})$，优值为 $0.25\%/\mathrm{Oe}^{[2]}$. 这个数值仍比较小，实际用做记录磁头时，一般中心磁场强度不能高于 5 Oe，优值最好能在 $0.5\%/\mathrm{Oe}$ 以上.

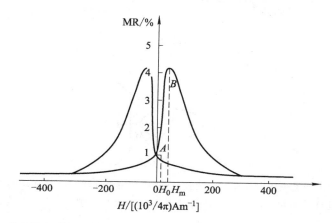

图 26.2　磁电阻与磁场的关系曲线，其中 H_0 是曲线 AB 段中间的点所对应的磁场，一般是磁电阻器件的工作磁场（外加的恒定磁场），H_m 是磁电阻效应最大值所对应的磁场

§26.4　磁各向异性的测量

大多数磁性薄膜为多晶体，但常常具有一定的面内或垂直膜面的磁各向异性，形成的原因与材料及制备工艺有关，而且其各自的量级也有很大的差异. 研究薄膜的各向异性在物理和应用上都很有意义（参看第 21 章表面和界面各向异性）.

磁性材料具有磁晶各向异性，它源于晶体结构. 对立方晶体，其各向异性能与 M_s 和主晶轴（即 [100]，[010]，[001]）的夹角的方向余弦有关，可表示为

$$E_\mathrm{K} = K_1(\alpha_1^2\alpha_2^2 + \alpha_2^2\alpha_3^2 + \alpha_3^2\alpha_1^2) + K_2\alpha_1^2\alpha_2^2\alpha_3^2 ; \qquad (26.4)$$

对于单轴各向异性（如六角晶系材料），其能量可表示为

$$E_\mathrm{U} = K_{\mathrm{u}1}\sin^2\theta + K_{\mathrm{u}2}\sin^4\theta, \qquad (26.5)$$

其中 K 为各向异性能常数.

常常用转矩方法来测量磁各向异性，也可以通过磁化曲线的测量来估算它的大小. 一般要求被测样品为单晶体，并制备成圆片形状. 对于立方晶体，该圆片的平面上应包含 [100]，[110] 和 [111] 三个主晶轴. 测量时所用的磁场要使样品达到饱和磁化强度，并能均匀地转动 360°. 测量时将样品悬置在磁场中，平面与磁场平行. 在未加磁场时，片中的磁矩沿易磁化轴取向，取起始态（$H=0$ 时）

某一易轴为参考方向,与磁场的交角为 φ,加磁场后,有效磁矩 $\boldsymbol{M}=\boldsymbol{M}_s \cdot \cos(\varphi-\theta)$,其中 θ 为 $\boldsymbol{M}_s$ 与参考方向的夹角(实际为饱和磁化强度偏离易轴的角度),具体如图 26.3 所示.

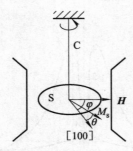

图 26.3 转矩法测量磁各向异性示意装置.圆片样品由弹性丝 C 悬挂在均匀磁场平面内, $\boldsymbol{H}$ 足够强,使样品饱和磁化, $\boldsymbol{M}_s$ 和 $\boldsymbol{H}$ 与[100]方向的夹角分别为 θ 和 φ,S 为(110)晶面

在磁场作用下,样品受到的力矩为

$$L = \mu_0 \boldsymbol{M}_s V \times \boldsymbol{H} = \mu_0 M_s V H \sin(\varphi - \theta).$$

样品被磁化后的单位体积自由能为(以下讨论单位体积样品的情况,$V=1$)

$$E = E_K + E_H + E_N = E_K - \mu_0 \boldsymbol{M}_s \cdot \boldsymbol{H} + E_N, \tag{26.6}$$

其中 E_N 为退磁能.由于在圆片内磁化,退磁因子约为 0,这一能量可不计入.在平衡状态下 $dE/d\theta=0$,因而

$$L = dE_K/d\theta = \mu_0 M_s H \sin(\varphi - \theta).$$

由于 E_K 是 θ 的函数,测量得的 L 也是 θ 的函数,用傅氏级数表示为

$$L(\theta) = \sum_n (a_n \sin n\theta + b_n \cos n\theta). \tag{26.7}$$

由于晶体的对称性,有

$$L(\theta) = \sum_n (A_{2n} \sin 2n\theta + B_{2n} \cos 2n\theta), \tag{26.7'}$$

其中 A_{2n} 和 B_{2n} 为与磁各向异性有关的常数.可以解得:

对单轴晶体有

$$A_2 = K_{u1} + K_{u2}, \quad A_4 = -K_{u2}/2; \tag{26.8}$$

对立方晶体有

$$A_2 = K_1/4 + K_2/64,$$
$$A_4 = 3K_1/8 + K_2/16,$$
$$A_6 = -3K_2/64. \tag{26.9}$$

A_2, A_4 和 A_6 可从测量得的转矩曲线计算出.测量结果只有在完全饱和磁化情况下才比较准确,否则要进行修正.实际上,对 H_c 大的图 26.4,L-φ 和 L-θ 分别

为测量曲线和修正后的结果. 对 H_c 较大的材料很难达到绝对饱和,因 H 不可能为无限大,因而转矩曲线都要进行修正. 具体方法如下:测量的转矩 L 为

$$L = \mu_0 M_s H \sin(\varphi - \theta).$$

如 M_s, H, L 已知,可以得到

$$\varphi - \theta = \arcsin(L/\mu_0 M_s H).$$

由于 φ 和 $M_s H$ 是已知的,可计算出每个 L 值时的 θ,因此得到了修正的转矩曲线,即 L-θ 的关系.

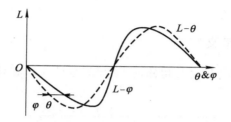

图 26.4　L-φ 和 L-θ 分别为测量和修正后的[100]转矩曲线.

　　磁性薄膜的磁各向异性除源于晶体结构外,多与薄膜的生长过程有关,因而可能形成感生的磁各向异性及形状各向异性等,这类各向异性一般具有单轴特性. 由于薄膜的磁各向异性都不是很大,因而对其转矩曲线可以不必修正.

参 考 文 献[①]

[1]　Chopra K L. Thin Film Phenomena. New York:McGraw-Hill,1969.
[2]　方瑞宜,等. 物理学报,1997,46(9):1841.

---

　　①　有关磁性,电阻率,磁致伸缩,磁各向异性等测量的具体方法和详细讨论请参阅:周文生. 磁性测量原理. 北京:电子工业出版社,1988.

附录Ⅰ 磁性材料常用单位简介

一、几个常用电磁单位的由来和换算

1. 由安培定律来定义磁场

当电流 I 通过一个圆环形电路时,如环的半径为 r,在真空条件下环的中心产生的磁场强度为

$$\boldsymbol{H} = k \oint \frac{I\mathrm{d}\boldsymbol{l} \times \boldsymbol{r}}{r^3},$$

这里 k 为常数.

如选用 CGS 单位制,$k=1$,在环的中心产生的磁场强度为

$$H_0 = \frac{2\pi I}{r}, \tag{附 1}$$

其中 r 为圆环的半径. 当 $r=1\mathrm{cm}$,电流 $I=1\mathrm{emu}$ 单位($1\mathrm{emu}=10\mathrm{A}$),则产生的磁场 $H_0=1\mathrm{Oe}$.

如选用 MKS(米-千克-秒)单位制,电流 $I=1\mathrm{A}$,半径 $r=1\mathrm{m}$,在真空中产生的磁感应强度为

$$B_0 = \mu_0 \frac{I}{2r}, \tag{附 2}$$

这里 $k=\mu_0/4\pi$,定义 B_0 为 $1\mathrm{T}$. 另外因 $B_0=\mu_0 H_0$,则

$$H_0 = \frac{I}{2r}, \tag{附 3}$$

H_0 单位为 $\mathrm{A/m}$.

如 I 选用 ESU(静电单位),则 $k=1/c$,c 为光速,由此定出的磁场单位太小,故之后就不用了.

如果有一无限长直导线中通过电流为 I,在垂直该导线 r 处的磁场强度和磁感应强度分别为

$$H = \frac{2I}{r} \ (\text{CGS 制}), \tag{附 4}$$

$$B_0 = \frac{\mu_0 I}{2\pi r} \ (\text{MKS 制}). \tag{附 5}$$

现在都用 Biot-Savart 来定义磁场,对于一个无限长直导线,流过电流为 I,与该导线垂直距离为 r 处的磁场感应密度为

$$d\boldsymbol{B}_0 = \frac{\mu_0}{4\pi} \frac{Id\boldsymbol{l} \times \boldsymbol{r}}{r^3},$$

$$B_0 = \frac{\mu_0}{4\pi} \int_{-\infty}^{\infty} \frac{Id\boldsymbol{l} \times \boldsymbol{r}}{r^3} = \frac{\mu_0 I}{2\pi r} \text{ 或 } H_0 = \frac{I}{2r}. \tag{附 6}$$

式(附 6)的结果与式(附 4)完全一致. 根据以上结果,可以得到:① MKS(或 SI)单位制中磁场 H_0 的单位为 A/m;② CGS 单位制磁场 H_0 的单位为 Oe;③ 两个单位(其中 CGS 用上标"′"加以区分)中磁场的数值换算($I' = 1\text{emu} = 10\text{A}$, $I = 1\text{A}$;$r' = 1\text{cm}$, $r = 1\text{m}$)为

$$H'_0 : H_0 = \frac{I'}{2\pi r'} : \frac{2I}{r},$$

则

$$H'_0 = \frac{I'r}{4\pi r'I} H_0.$$

将 $I' = 10I$,$r = 100r'$ 代入得[①]

$$H'_0 = \frac{1000}{4\pi} H_0,$$

其中 H_0 的单位为 A/m,H'_0 的单位为 Oe 则

$$1\text{Oe} = \frac{1000}{4\pi} = 79.6\text{A/m}.$$

2. 磁矩和磁化强度

磁矩 $\boldsymbol{m} = IS\boldsymbol{n}$ 为电流 I 流经一回路(面积为 S)产生的磁矩,$\boldsymbol{n}$ 表示法线方向.

MKS 单位制中 I 为 A,S 为 m^2,磁矩单位为 A·m^2.

CGS 单位制中 I 为 emu,S 为 1 cm^2,磁矩单位为 $1\text{A}\cdot\text{m}^2 = 10^3\text{emu}$.

磁化强度是指单位体积的磁矩,即 $\boldsymbol{M} = \boldsymbol{m}/V$,其中 V 为磁体体积.

MKS 单位制 V 的单位为 m^3,因此,$\boldsymbol{M}$ 的单位为 A·$\text{m}^2/\text{m}^3 = \text{A/m}$.

CGS 单位制 V 的单位为 cm^3,磁化强度单位定义为 Gs(gauss,高斯),简写成 $79.6\text{A/m} = 1\text{Oe}$.

注意:Gs = Oe

---

① 统一到 A/m 为单位,而 I 单位比 I' 大 10 倍,r' 的单位是 r 的单位的 1/100,使得 H'_0 的单位是 H_0 的 $1000/4\pi$ 倍. 因为从数值的比例来说 1Oe 的磁场要比 1A/m 的磁场大 79.6 倍. 注意,这里是说"单位"的大小,不是具体数字的大小,所以单位的大小和数字的大小正好相反.

$$1 \text{ Oe} = \frac{1000}{4\pi} \text{A/m(磁场)}, 1 \text{Gs} = 1 \text{Oe(磁化强度)}.$$

3. 磁通量

磁通量 $\phi = BS$.

MKS 单位制中磁通量单位为 Wb(韦[伯]), 其中 $B=1$ T, $S=1$ m^2;

CGS 单位制中磁通量单位为 Mx(麦克斯韦), 其中 $B=1$ Gs, $S=1$ cm^2, 故

$$1 \text{ Wb} = 10^8 \text{ Mx}.$$

4. 磁通量密度

磁通量密度 B(或叫磁感应强度), 其定义为单位面积上的磁化强度.

MKS 单位制中 B 的单位为 Wb/m^2, 简写为 T;

CGS 单位制 B 的单位为 Mx/cm^2, 简写为 Gs, 故 $1\text{T} = 10^4$ Gs.

5. B 和 M 的关系

CGS 单位制中 $B = H + 4\pi M$, MKS 单位制中 $B = \mu_0(H+M)$.

(1) MKS 单位制中真空磁导率 $\mu_0 (= 4\mu \times 10^{-7} \text{H/m})$ 的定义为: 在长直导线中流经 1 A 电流时对 1 米处所产生的磁化的比值, 即 $\mu_0 = B_0/H$, 其中 B_0 为真空的磁感应值, 或磁通密度值.

(2) CGS 单位制中量纲为 1, $\mu_0 = 1$, 真空中 $B_0 = H$.

(3) 对磁介质, MKS 单位制中 $B = \mu_0(H+M)$, CGS 单位制中 $B = (H + 4\pi M)$, 如 $M \neq 0$.

6. 最大磁能积 $(BH)_m$

MKS 单位制中, 磁能积 BH 的单位为 T · 1 A/m = 1 J/m^3($1\text{J} = 10^7$ erg).

CGS 制中 BH 的单位为 Gs · Oe. 1 J/m$^3 = 4\pi \times 10$ Gs · Oe. 实际上 CGS 单位制中磁能积用兆高奥(MGs · Oe)为计量基准, 故 1 MGs · Oe $= \frac{100}{4\pi}$kJ/m^3 (注意:M 为 10^6, k 为 10^3). 而在 MKS 单位制中常用 kJ/m^3 为计量基准.

BH 的 MKS 单位来源:(1) $B = \mu_0(H+M)$, μ_0 的单位为 H/m, (2) H 源于自感 L 定义:$L\mathrm{d}I/\mathrm{d}t \rightarrow$ 自感电动势, 即 $L\mathrm{d}I/\mathrm{d}t$ 的单位为 V(伏特), 所以 H 的单位为 V×s/A, 另 H 和 M 单位是 A/m. 由 $BH = \mu_0(H+M)H$, 给出的单位为 $\frac{\text{V} \cdot \text{s}}{\text{A} \cdot \text{m}}\left(\frac{\text{A}}{\text{m}} + \frac{\text{A}}{\text{m}}\right)\frac{\text{A}}{\text{m}} \rightarrow \frac{\text{A} \cdot \text{V} \cdot \text{s}}{\text{m}^3} = \frac{\text{J}}{\text{m}^3}$. (3) A · V · s 表示功或能量, 单位为 J(焦耳). 因此 BH 单位为 J/m^3.

7. 磁极化强度 $J = \mu_0 M$

磁极化强度在 MKS 单位制中单位为 T,CGS 单位制中单位为 Gs. 此外还有饱和磁化强度 M_s(s 代表饱和 saturation)或自发磁化强度 M_s(s 代表自发 spontaneous).

由于一些体积很小的材料或薄膜的体积很难测准,因而常用单位重量(可看成单位质量)的磁矩 σ 来表示,称之为比磁化强度,也就是磁化强度除以密度. 它不算是正规的磁学单位量. 比饱和磁化强度 σ_s 或比自发磁化强度 σ_s 等都是重要的磁学量.

二、$1 \text{ Oe} = (1000/4\pi)\text{A/m}$ 的由来

在 SI 制中,根据磁场的定义,一根长直导线,通过电流 I,在垂直距离导线 r_0 的 P 点处磁场强度为 $H_{SI} = I/(2\pi r_0)$,其中电流单位为 A(安培),距离单位为 m(米),H_{SI} 单位为 A/m. 如用 CGS(电磁)单位制,则 P 点的磁场强度为 $H_{CGS} = 2I/r_0$,I 的单位为 emu(电磁单位,1emu=10A),距离单位为 cm(厘米),H_{CGS} 的单位为 Oe(奥斯特). 因此,如取电流为单位电流(1A),距离为单位长度(1m),则有

$$H_{SI} = 1A/(2\pi \times 1m),$$
$$H_{CGS} = 2 \times 0.1\text{emu}/100\text{cm} = (0.2/100)\text{Oe}$$

上式是将一个 CGS 单位的磁场 H_{CGS} 用 SI 单位的磁场 H_{SI} 来表示的结果,故

$$1A/(2\pi \times 1m) = (0.2/100)\text{Oe},$$

因此得

$$1\text{Oe} = (1000/4\pi)\text{A/m},$$

即,1 奥斯特 $= 79.6 \approx 80$ 安/米.

三、常用磁学量 SI 单位和 CGS 单位的换算

名称	SI 单位	CGS 单位	数值换算关系
磁场强度 H	安培/米(A/m)	奥斯特(Oe)	$1A/m = 4\pi \times 10^{-3}\text{Oe}$
磁感应通量 ϕ	韦伯(Wb)	麦克斯韦(Mx)	$1\text{Wb} = 10^8\text{Mx}$
磁感应强度 B	特斯拉(T)	高斯(Gs)	$1T = 10^4\text{Gs}$
磁化强度 M	安培/米(A/m)	高斯(Gs)	$1A/m = 4\pi \times 10^{-3}\text{Gs}$
真空磁导率 μ_0	亨利/米(H/m)	电磁单位(CGS)	$1H/m = 4\pi \times 10^{-7}\text{CGS}$
磁矩 M_m	安培·平方米(A·m²)	电磁单位(CGS)	$1A \cdot m^2 = 10^{-3}\text{CGS}$

附录Ⅱ 自发磁化部分的思考与解答

一、问题与思考

1. 物质磁性有那几类？其分类最常用的标准是什么？

2. 原子磁矩的大小怎样计算？

3. 原子磁矩单位称"玻尔磁子"，它是怎样定出来的？

4. 洪德定则是决定原子(离子)中未配对电子的自旋在轨道中相互取向的原则，试简述其基本点.

5. 试给出 Cr^{3+}，Mn^{2+}，Fe^{2+}，Fe^{3+}，Co^{2+}，Ni^{2+}，Zn^{2+} 的磁矩大小(以玻尔磁子为单位).

6. 通常只有 3d 和 4f 族元素组成的合金和生成的氧化物才可能具有强磁性，为什么？

7. 试给出居里定律的数学表示，并说明每个符号的意义.

8. 试给出居里-外斯定律的数学表示，并说明每个符号的意义.

9. 磁性材料中有哪几个内禀磁参量？

10. 简单说明自发磁化的含义.

11. 磁性材料的居里温度是由什么作用决定的？

12. 直接交换作用和间接交换作用的最关键的区别是什么？

13. 金属 Fe，Co，Ni 中的原子磁矩为什么不是整数？如何解释？

14. 铁氧体中有两个次晶位：A 位和 B 位，它被几个氧离子包围，分别叫什么名称？以 Fe_3O_4 为例，铁离子占据 A 和 B 位的规律是什么？

15. 在低温下测得 Fe 的饱和磁化强度 $M_s = 1750\text{Gs}$(或 $1.75 \times 10^6 \text{A/m}$).已知 Fe 为体心立方结构，晶格常数为 $2.86 \times 10^{-8}\text{cm}$. 试计算 Fe 原子磁矩的大小(以玻尔磁子为单位).

16. 为什么说原子间电子的交换作用是从量子力学得到的结果，与经典力学无对应关系.

17. 布里渊(Brillouin)函数 $B_J(\alpha) = \dfrac{(2J+1)}{2J}\coth\left[\dfrac{(2J+1)\alpha}{2J}\right] - \dfrac{1}{2J}\coth\dfrac{\alpha}{2J}$，试证明：当 $J \to \infty$ 时，它变成朗之万(Langevin)函数 $L(\alpha) = \coth\alpha - \dfrac{1}{\alpha}$.

18. 铁磁性和亚铁磁性都是强磁性材料,它们在基本磁特性上有什么异同? 铁氧体磁性材料属哪一类磁性?

19. 说明一下"自旋波"的物理概念和基本特性.

20. Neel 分子场理论的要点是什么? 抵消点(温度)有什么意义?

二、解答

1. 有抗磁性、顺磁性、铁磁性;传统的简单分类是用磁化率 χ 来表示,$\chi < 0$ 为抗磁性,$\chi > 0$ 为顺磁性,$\chi \gg 1$ 为铁磁性.

由于磁性性材料的发展,铁磁性内容除包含了原有的部分外,还有亚铁磁性、螺磁性,反铁磁性.因提供磁性的原子磁矩的排列都呈有序状态,而统称为序磁性,其中除反铁磁性材料的 χ 值接近或略大于顺磁性的量级外,其他的几种材料的 χ 都远大于 1.

2. 原子(离子)的磁矩是由其未配对电子数的自旋磁矩和轨道磁矩组合而成的,对铁族元素(3d 金属)由于轨道磁矩冻结基本不提供磁矩,因此原子磁矩是由未配对的电子的自旋磁矩提供;而稀土元素(4f 族金属)磁矩是所有未配对电子的自旋和轨道磁矩组合后磁矩的总和值.

3. 玻尔磁子取的是氢原子基态的轨道磁矩大小,其值 $\mu_B = \mu_0 eh/4\pi m$,其中 μ_0 为真空磁导率,e 为电子电荷,h 为普兰克常数,m 为电子质量.

4. 洪德定则最早是从光谱项实验总结出的,是原子中外层轨道未配对电子的基态填充规律(现已为理论所证明),具体有三点,可简述为:

(1) 在泡利原理许可的条件下,总自旋量子数 S 取最大值;

(2) 在满足(1)的条件下,总轨道角动量量子数 L 取最大值;

(3) 总角动量量子数 J 有两种取法:在未满壳层中,电子数少于一半时,取 $J = |L - S|$,电子数等于或超过一半时,取 $J = L + S$.

5. Cr^{3+},Mn^{2+},Fe^{2+},Fe^{3+},Co^{2+},Ni^{2+},Zn^{2+} 的磁矩大小分别为:3,5,4,5,3,2,0 个玻尔磁子(μ_B).

6. (1) 金属和合金状态时每个原子(或离子)仍能给出较大磁矩;

(2) 由于交换作用,使相同晶位上的原子(离子)的磁矩可取同向排列,不同晶位上的原子(离子)磁矩虽然取向相反,但数值差别较大,因而磁体仍具有很强的磁性.

7. 居里定律是描述一些顺磁物质的磁化率随温度变化规律,其数学表示为 $\chi = \dfrac{C}{T}$,其中 $C = \dfrac{N\mu^2}{3k}$ 或 $C = \dfrac{Ng_J^2 J(J+1)(\mu_B)^2}{3k}$,其中 N 为该物质中原子数总

和,μ 为原子磁矩,k 为玻尔兹曼常数,J 为原子的总角动量量子数,g_J 为 g 因子,μ_B 为玻尔磁子.

8. 一些具有强磁性的物质在温度高于居里温度时呈顺磁性,其磁化率与温度的关系遵从居里-外斯定律,其数学表示为 $\chi = \dfrac{C}{T-T_P}$,其中 $C = \dfrac{Ng_J^2 J(J+1)(\mu_B)^2}{3k}$,$T_P = C\lambda$ 为顺磁居里点(温度),J 为原子的总角动量量子数,g_J 为 g 因子,λ 为分子场系数.

9. 磁性材料的内禀磁参量有:① 居里温度 T_C,② 自发磁化强度 M_s 以及 M_s-T 关系,③ 磁晶各向异性常数 K,④ 磁致伸缩系数 λ.

10. 自发磁化是强磁性物体中的原子(或离子)的磁矩相互间"自发"地取向一致,或是具有一定的规律性,并可显示较强的磁性.这种取向由交换作用不是人为决定的,是材料内自身决定的,因而在早些时候称为自发磁化.

11. 磁性物体的居里温度由该物体中磁性原子间电子的交换作用决定.

12. 关键的区别在于金属原子中电子的交换作用是直接进行的,常称为直接交换作用;反铁磁氧化物,以及铁氧体的磁性离子中电子的交换作用是以氧离子中 2p 电子为媒介进行的,常称为间接交换作用,或超交换作用.

13. 因为这三种金属的 3d 和 4s 电子都不局域在原子核的附近,而是在整个金属内自由运动.虽然两种自旋(正和负,或朝上和朝下)的电子数目不同,但两者的差值不一定是整数.用巡游电子模型可解释和计算出 Fe,Co,Ni 原子磁矩不为整数的数值.

14. A 位被四个氧离子包围,称为四面体;B 位被六个氧离子包围,称为八面体.Fe_3O_4 中有三个铁离子,其中一个为二价,它要优先占据 B 位,另外两个是三价,分别占 A 位和 B 位.

15. 假定磁矩为 μ,每 cm^3 中有 $n = 2/a^3$ 个 Fe 原子,因 $n\mu = 1750\ Gs/cm^3$.可计算出

$$\mu = \left(\frac{1750a^3}{2}\right)\mu_B = (2.86 \times 10^{-8})^3 \times 1750 \times \frac{1}{2} \times 9.27 \times 10^{-21}\mu_B = 2.21\mu_B.$$

16. 因为只有在"电子的全同性"和"泡利不相容原理"条件下才可以得出交换作用结果.

17. 证明:首先 $\coth \alpha$ 可展开成级数

$$\coth x = \frac{1}{x} + \frac{x}{3} + \frac{x^3}{45} + \cdots,$$

则

$$\frac{(2J+1)}{2J}\coth\left[\frac{(2J+1)\alpha}{2J}\right] - \frac{1}{2J}\coth\left(\frac{\alpha}{2J}\right)$$

$$= \left(\frac{1+1}{2J}\right)\coth\left[\left(1+\frac{1}{2J}\right)\alpha\right] - \frac{1}{2J}\left(\frac{2J}{\alpha} + \cdots\right) = \coth\alpha - \frac{1}{\alpha}.$$

由于 $J \to \infty$,所以 $B_J(\alpha)$ 变成 $\coth\alpha - \frac{1}{\alpha} = L(\alpha)$.

18. 铁磁性和亚铁磁性材料在基本磁性方面(如存在自发磁化,具有居里温度、磁晶各向异性、磁致伸缩,以及在外磁场中的磁化过程等特点)都是相同的,但在产生自发磁化的机制上不同;另外,由于亚铁磁材料具有两套或多于两套的磁点阵,不同磁点阵中磁矩的取向不一致(绝大多数情况是相反),这样就有可能在居里温度以下的某个区域出现磁矩抵消的现象,相应的温度称为抵消温度(或抵消点),在此温度附近磁化强度很低,但磁晶各向异性并不降低,因而显示出很高的 H_c 值;此外是 M_s-T 关系曲线形式多样.铁氧体属亚铁磁性材料.

19. 在 0 K 温度,强磁性材料中对磁性有贡献的电子自旋磁矩都完全取向一致(假定与 z 轴方向平行排列),当温度有少许升高,如一个电子自旋磁矩倒向,将会使总磁矩减少 $M_0 - 2s\mu_B$,由于这种倒向所需能量很大,实际上不可能发生,因而无法解释总磁矩随温度上升而下降的现象.Bloch 提出自旋磁矩受温度影响,可以与其周围的自旋产生一个很小的角度,因存在交换作用而可能被拉回原来取向,但也同时会使其周围的自旋的取向产生微小的偏离,这种自旋在 z 轴方向发生微小偏离的几率比一个自旋倒向要大得多,而且是随机发生.

如果有一个自旋取向发生偏离,它将使其相邻的自选也跟着发生偏离,并逐个向某一方向影响下去.而先前偏离的自旋可能已恢复原状,或偏离到另一方向.这种偏离原来方向的现象可遍历材料的各个部分,将这种图像变化过程设想为一种波动情况,可用 $\exp[\mathrm{i}(\omega t - \boldsymbol{k}\cdot\boldsymbol{r})]$ 表示.$\boldsymbol{k}$ 为波矢,$k = 2\pi/\lambda$($\lambda = 2a$,a 为两自旋的间距).它是一种元激发,称为自旋波.它具有动量 $\hbar k$ 和能量 $E(k) = \hbar\omega_k$.表明不同 k 的自旋波的能量不同,这说明自旋波具有色散关系.同时可以看到,自旋波的能量是量子化的,因而又称它为磁波子(magnon),遵从玻色统计.

如有磁性材料处在比较低的温度,可能激发出不同波矢 $\boldsymbol{k}$ 的自旋波,相应波矢为 $\boldsymbol{k}$ 的自旋波可以有 n_k 个.$\boldsymbol{k}$ 和 n_k 可以有很多,由于温度较低,不考虑它们之间的相互作用,由于 $\boldsymbol{k}$ 的大小是随时改变的,n_k 的数量也在变化,因而要用玻色统计的方法来求出不同温度情况下自旋波的总数 n,可以计算出磁化强度总量的变化,可以较好地解释低温下自发磁化的温度变化特性.

20. MnO 具有面心立方结构,奈尔在讨论 MnO 的磁性时,将 Mn 与 Mn 的近邻分成 A 和 B 两种晶位,其间的相互作用又可等价为分子场,作用在 A 位上磁矩 M_A 的分子场为 $H_{mA} = -\lambda_{AA}M_A - \lambda_{AB}M_B$,同样有作用在 M_B 上的分子场为 $H_{mB} = -\lambda_{BA}M_A - \lambda_{BB}M_B$,其中 $\lambda_{BA} = \lambda_{AB} > 0$,$\lambda_{AA} = \lambda_{BB} = \lambda_{ii}$ 可正可负,称为分子场

系数. 实际是将外斯的分子场理论推广到 n 套晶位中磁性原子之间相互作用, 这里只是 $n=2$ 的最简单情况. 因此, 不论是否存在外加磁场, 总可以借用外斯的分子场理论方法来讨论 MnO 中 Mn 原子磁矩的自发磁化问题. 从而得到 M_A 和 M_B 取向相反, 随温度的变化可用布里渊函数表示.

　　在进一步讨论铁氧体磁性时, 由于 M_A 和 M_B 差别较大, 是未抵消的反铁磁性物质, 因而具有很强的磁性, 其磁矩 $M=|M_B-M_A|$.

　　奈尔分子场理论给出亚铁磁性材料的 M_s 随温度的变化有六种类型, 实际只观测到三种, 大多数尖晶石铁氧体的 $M(T)$ 曲线与铁磁性材料的形状相同, 而稀土石榴石铁氧体的 $M(T)$ 曲线在低于居里温度较大的温度下会等于零. 这个温度称为"抵消温度"或"抵消点". 在抵消点处自发磁化仍未消失, 只是正反向的磁矩大小相等而使 $M=0$. 在此温度时各个晶位上仍存在自发磁化和磁晶各向异性. 至于抵消点是一级还是二级相变, 不同的材料可能不同, 有待于进一步的研究.

附录Ⅲ 技术磁化部分的思考与解答

一、问题与思考

1. 立方晶体结构的磁性材料的各向异性能可表示为 $E_K = K_1(\alpha_1^2\alpha_2^2 + \alpha_2^2\alpha_3^2 + \alpha_3^2\alpha_1^2) + K_2\alpha_1^2\alpha_2^2\alpha_3^2$，试求出磁矩在 xy 平面上的 E_K 的表示式.

2. 铁的 $K_1 = 4.2 \times 10^4 J/m^3$，它的磁化强度 $M_s = 1.71 \times 10^6 A/m$，问其磁晶各向异性等效场 H_K 有多大？

3. 为什么磁弹性能 $E_\sigma = (3/2)\lambda_s\sigma\sin^2\beta$ 也具有磁各向异性的特征？

4. 一块强磁性材料在未磁化（或未充磁）时磁性都很弱，为什么？

5. 为什么大块磁性材料中一定会具有磁畴结构？

6. 180°畴壁的厚度由哪两个主要因素确定？

7. 180°磁畴的宽度由什么因素确定？

8. 磁体在外磁场作用下其磁性发生变化的过程有哪两种方式和过程？

9. 起始磁导率和最大磁导率是怎样定义的？什么是回复磁导率？

10. 为什么在一些磁体中会发生巴克豪森跳跃？

11. 高磁导率的软磁 Mn-Zn 铁氧体的配方中 Fe_2O_3 的含量都在 52%mole 左右，或略多一些，为什么？

12. 铁磁物质经强磁场 H 磁化一周后，磁感 B 和 H 的变化关系具有什么特点？

13. 从磁滞回线和磁化曲线上可以得出哪些很重要的磁参量？

14. 为什么内禀矫顽力 $_MH_c$ 总是比磁感矫顽力 $_BH_c$ 大？它们分别是怎样确定的？

15. 永磁体中有哪三个特性参量，有什么重要意义？

16. 铁磁体在交流磁场作用下，其磁导率与直流磁场作用下的结果有什么不同？

17. 加在铁磁体的交流磁场频率逐渐升高，其磁滞回线的形状有什么变化？（可用简单的两个图形来表示其差别）为什么？

18. 交流磁场作用下磁性材料中产生趋肤效应，为什么？其大小通常用什么量表征？在材料应用上如何降低和消除趋肤效应的影响？

19. 什么是磁谱? 什么是截止频率? 对磁性材料的使用有什么影响?

20. 铁氧体品质的好坏常用 Q 值来衡量,大于一定数值就算合格,请给出 Q 的具体数学表示和物理意义.

21. 为什么磁矩会绕磁场进动? 什么是一致进动?

22. 为什么在直流磁场和微波磁场同时作用下,磁体的交变磁化率具有张量特性?

23. 为什么可利用"二阶非对称张量"的特性可制成"移相器,环行器"等微波器件.

24. 核磁共振与铁磁共振有什么异同?

25. 核磁共振中有哪两个重要的现象? 以及它们产生的原因.

二、解答

1. $E_K = K_1 \cos^2 \theta \sin^2 \theta$,其中 θ 为在 xy 平面上的磁矩与 x 轴的交角.

2. 根据式(9.4)$H_K = 2K_1/\mu_0 M_s = 6.68 \times 10^4$ A/m(或 833 Oe)(注意单位换算).

3. 各向异性的实质是指磁矩的取向在磁体内总是处于各向异性能最低方向,磁性材料中存在的应力将使材料发生应变(即沿应力方向伸长或缩短),以降低形变能. 另外,材料的伸长和缩短与磁矩的取向又密切相关,这就看出,由于不同方向上所具有的磁弹性能不同,而导致磁矩的取向是各向异性的.

4. 通常强磁体在未磁化时,其磁性对外表现很弱,这是因磁体发生自发磁化后,就会在磁体内产生退磁场,而使材料的自由能增加,为降低退磁场造成的自由能增加,就导致磁体内形成许多磁化小区(即磁畴),其体积的线度在微米量级或大一些,在畴内原子磁矩取向一致(自发磁化),各畴之间的磁化方向不一致,由于畴的数量非常大,使得各磁畴的磁矩总和为零,所以表现的磁性很弱.

5. 因为存在退磁能,只有分成很多磁畴后,磁体的内能才会降低和稳定,使材料具有稳定的基态.

6. 180°畴壁的宽度主要由交换能和磁晶各向异性能确定. 其大小与 $\sqrt{A/K}$ 有关.

7. 180°磁畴的大小主要由退磁能和畴壁能确定. 其大小与 $\sqrt{AK}$ 有关.

8. 磁体在外磁场作用下会发生磁化,在达到饱和磁化的过程中有两种可能方式,即畴壁移动和磁矩转动;而每一种方式又有可逆和不可逆两种过程.

9. 磁导率的定义为 $\mu = B/\mu_0 H$,其中 B 为磁感应强度,H 为磁场,μ_0 为真

空磁导率.

（1）起始磁导率为 $H \to 0$ 的磁化状态下材料的磁导率，用 $\mu_i = (B/\mu_0 H)_{H \approx 0}$ 表示.

（2）最大磁导率是磁化曲线上所能得到的最大 B 与 $\mu_0 H$ 比值，或最大的 M 与 H 的比值.

（3）回复磁导率是退磁曲线上某一点 (B, H) 与磁场减小时所得的 (B', H') 值的差的比值，即

$$\mu_{回复} = \Delta B/\mu_0 \Delta H, \text{其中 } \Delta B = B' - B, \Delta H = H' - H \text{ 或 } \Delta H = |H| - |H'|.$$

10. 在磁化过程中，存在不可逆畴壁移动过程，因阻止畴壁移动的阻力不是连续的，每克服一个阻力会使畴壁有一个较大的移动距离，之后又受到比原来更大的阻力而停止前进，再加大磁场，又会有一个移动过程，每次畴壁移动都是跳跃式的，这种跳跃是巴克豪森首先观测到，而就以他的姓而命名.

11. 磁性材料要具有高磁导率，主要内禀条件是磁晶各向异性和磁致伸缩越小越好（最好是为零），配方中的化学原料的成分和配比是决定磁体特性的内在因素，从 Mn-Zn 铁氧体的成分相图中看到，磁晶各向异性、磁致伸缩为零的成分要求 Fe_2O_3 在 52 mol％左右，MnO 和 ZnO 成分在 24 mol％上下.

12. 强磁体在磁场作用下达到饱和磁化，这时逐渐减小磁化场，磁化强度也随之降低，但在磁场降到零时磁化强度仍保有较大的数值（M_r），这个过程是原先对磁体磁化时，由不可逆磁化过程结束，进而以可逆磁化到饱和所致. 只有继续加反向磁场（实际磁化场 H 已为负值），才会使磁化强度继续下降，当反向磁场增加到足够大时，就会使磁矩完全转变到另一方向，随之逐渐达到饱和磁化. 如减小磁场到零，就得到 $-M_r$，如磁场再反向并增到足够强时，磁体再次达到饱和磁化. 经过多次反复磁化后可形成一个封闭的回线.

13. 饱和磁化后形成的磁滞回线可得到剩余磁化强度 M_r（或剩磁感 B_r），矫顽力 H_c，最大磁能级 $(BH)_m$，以及回线面积，由此可给出磁滞损耗；另外，还可以根据回线形状来估计单轴晶体材料中磁矩的取向度.

14. 矫顽力 $_M H_c$ 是由磁体在经饱和磁化后，逐步降低磁化场，直至退磁化到 $M = 0$ 时所对应的磁场值即 $_M H_c$；$_B H_c$ 是上述相似情况下，磁感 $B = 0$ 的外磁场值. 根据 $B = \mu_0(H + M)$，当 $B = 0$ 时，$-H = M (M > 0)$，得到 $_B H_c$. 只有继续增大磁场，使得 $M = 0$，这时所对应的磁场为 $_M H_c$，而 B 已为负值（$= -_M H_c$），所以 $_M H_c$ 总是比 $_B H_c$ 大.

15. 矫顽力 H_c，剩余磁化强度 M_r（或 B_r），最大磁能积 $(BH)_m$. 在退磁过程中，当外磁场使 $M = 0$ 或 $B = 0$ 所对应的数值为 H_c，由于使 $M = 0$ 和 $B = 0$ 的外加磁场数值不同，而得到的 H_c 分别标记为 $_M H_c$ 和 $_B H_c$. 在退磁过程时 $H = 0$ 所对应的磁场化强度 M 或 $\mu_0 M$，即剩余磁化强度 M_r 或剩余磁感应强度 $\mu_0 M_r =$

B_r. 在退磁曲线的第二象限退磁曲线上,取任一点 (B, H),将 $B \times H = BH$ 的数值在 B-(BH) 平面上作图,得到 BH 与 B 的关系曲线,该曲线上的最大值记为 $(BH)_m$,称为最大磁能积.

16. 磁体在交流磁场中磁化时其磁导率为复数量,通常用 $\mu = \mu' - \mathrm{j}\mu''$ 表示,第二项与磁化一周的损耗大小有关,称为复数磁导率虚部,其大小与材料的损耗相对应.

17. 磁滞回线的变化见附图 1. 变化较大的主要原因一是磁化场和磁感应之间位相差增大,二是因涡流产生了对外磁场的屏蔽效应,需要加大外磁场才能获得原来所需的磁感,因而回线增宽. 在交变磁场的频率较高时,因磁感应 B 落后于 H 的位相增大,涡流的屏蔽效应也有所增加,使磁感应 B_m 降低,这时外加的交流磁化场的幅值 H_0 不变,回线逐渐变成椭圆形(见附图 1).

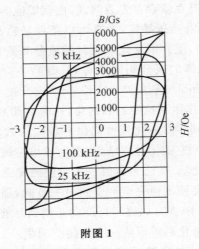

附图 1

18. 交流磁场作用在磁性材料上会在其内部产生涡流,这是楞次(Lenz)定律决定的. 由于涡流产生的磁场方向与外加交流磁场方向相反,因而对材料的磁化起屏蔽作用,内部的磁化效果随频率升高而降低很快,这就使材料的使用效率大为降低,即材料的磁化只能表现在表面比较大,内部比较弱. 这种磁场对材料的磁化作用的表面化称为趋肤效应. 通常用趋肤深度 d_m 来表示其强弱. d_m 是这样定义:在材料表面的磁场幅值为 H_0,深入材料内部 x 后,其作用强度的幅值下降到 $H = H_0 \exp(-x/d)$,当 $x = d$,则 $\underline{H = H_0/e}$ (e = 2.718),即在该处的磁场只有表面强度的 36%. 这时可求出 $d_m = C(f/\mu\rho)^{1/2}$,称为趋肤深度,C 为常数与单位有关,用 SI 制 $C = 503$,f 为频率,μ 和 ρ 分别为材料磁导率和电阻率. 因金属材料电阻率低,而采用薄带型. 对铁氧体是增加材料的电阻率.

19. 磁体在交流磁场作用下,磁导率为复数,即 $\mu = \mu' - \mathrm{j}\mu''$. 其数值随磁场频率变化的关系称为磁谱. 由于 μ' 随磁场频率的升高而下降, μ'' 的数值在外磁场频率较低时很小, 当频率升高就逐渐上升. 在频率升到使 μ' 降到起始值的一半, 或 μ'' 达到极大时, 磁性材料的使用效率变得很低, 通常将该频率定为截止频率 f_c. μ'' 在接近截至频率时升高很快, 随之达到极大, 再升高频率其数值反而下降. 由于 $\mu' \times f_c =$ 常数, 而是在材料使用时总要求 μ' 大和 f_c 高. 可以看到, 这一关系制约了材料的使用频段, 另一方面也对材料的研制提出了高要求.

20. 因交流磁化时, 磁感应 $B = B_0 \sin(\omega t + \delta)$, 又由 $B/\mu_0 H = B_0(\sin \omega t \cos \delta + \cos \omega t \sin \delta)/\mu_0 H_0$, 可求得 $\mu = \mu' - j\mu''$, 其中 $\mu' = \mu_1 \cos \delta$, $\mu'' = \mu_1 \sin \delta$, $\mu_1 = B_0/\mu_0 H_0$. 这样损耗的大小用 $\tan \delta = \mu''/\mu'$ 表示, 而 Q 值的定义是 $\tan \delta = 1/Q$, 即相当于损耗大的材料其品质因数(即 Q 值)小, 由于要求材料的损耗必须小于一定的数值, 所以就是要求 Q 值必须大于某个数值.

21. 在磁体受外磁场作用时, 其自旋磁矩受到磁场对它产生的力矩作用, 将绕外磁场以进动方式运动, 这种进动因受阻尼而会很快衰减, 如有外加微波频率的磁场对该进动提供能量, 则进动会维持下去, 当外加微波磁场频率 ω 与进动的本征频率 ω_0 相近时, 具有共振特征, 称之为铁磁共振. 如外加恒磁场很大, 使磁体基本饱和磁化, 则磁矩都同时绕外磁场以同一个频率进动, 称之为一致进动.

22. 由于磁矩绕有效磁场进动时, 会在垂直于该磁场的平面上有投影, 如令 z 轴方向为有效磁场方向, 则在 xy 平面上就有交变磁感应分量 b_x 和 b_y, 无论微波磁场 h 只加在 x 轴或 y 轴的某一个方向, 它都会激发出 b_x 和 b_y, 因而导致 $b_{x,y}$ 与 $h_{x,y}$ 具有张量的关系.

23. 电磁波在波导或同轴电缆中传输时, 如在传输过程中遇到旋磁介质, 且在介质中加上适当的恒磁场, 则由于法拉第效应或场移效应的特点, 可使得平面电磁波分解成正负圆偏振波. 这两种波的相速度不同, 引起位相差, 可制成移相器. 又因为在旋磁介质内两种波的分布很不同, 即后退(或叫反射)的波被排斥在介质外, 前进的波则集中介质内, 只要将介质内的波吸收掉, 让介质外的波继续前进, 这样就制成了隔离器. 如有三个端口或四个端口形状的波导元件, 在中间放置一个旋磁介质, 加上适当恒磁场, 即可制成环行器.

21. 原则上讲, 两者都是一个固有磁矩绕一固定磁场进动的现象, 只不过核的固有磁矩比电子的小 1836 倍, 因而在同一强度的磁场作用下, 其进动频率有较大的差别. 另外, 对磁性金属来说, 因在磁性金属中, d 电子固有磁矩很大, 对核磁矩会产生很大的磁场(即内磁场), 因而不需要外加恒磁场也能观测到核磁共振(如 Fe, Co, 以及稀土金属等磁体). 实际上, 在铁磁性物质中, 因具有畴结构, 不存在外加恒磁场也可以产生磁共振, 称之为自然共振.

22. 一个是化学位移, 另一个是奈特位移. 请自寻答案!

名词索引

A

安德森（Anderson）交换作用，90

  超交换～，92，192

  间接交换～，90—92，96—103

AlNiCo 永磁系列，9—11，385—387

B

巴克豪森（Backhausen）跳跃，213，214，228

八面体位置，92，96，295—298

半金属，112

饱和磁场强度，226

饱和磁化强度，55，56，226，237，360，376

饱和磁感应强度，372，376，382

贝茨-斯莱特（Bate-Slater）曲线，69

贝尔纳（Bernal）多面体，133

钡铁氧体，331—333，350—354

表面磁各向异性，428

玻尔（Bohr）磁子，20

玻璃化温度，403

薄膜磁各向异性，422，428—430

薄膜表面磁各向异性，428

薄膜界面磁各向异性，428，429

薄膜磁性，12，186

布里渊（Brillouin）函数，35，52，59，61，138，139

布洛赫（Bloch）$T^{3/2}$定律，71，75，76

布洛赫壁，186

C

掺杂（理论）模型，207，216

层间耦合振荡，426，463

层间交换耦合，424—427

场移式隔离器，279，366

场移效应，278

超顺磁性，46，191

重叠积分，64

畴壁，177，185，186

  90°～，177，187

  180°～，177，179，182，186，187，194

畴壁厚度，179—181

畴壁能，179—181，184，207，210，212，423，424，431

畴壁有效质量，245，258

畴壁运动本征频率，241

传播常数（折射系数），276，455，456

垂直膜面各向异性，428，429

纯铁的磁性参量，371

磁波子，71，75

磁畴壁移动过程，201，202，209

  不可逆～，202，212，213，215—217

  可逆～，202，205，206，209，224

磁畴结构，6，177，193，201

  ～粉纹图，182，185，192—194

  封闭～，182，183

  迷宫～，193，194

  树枝状～，184，185

  楔形～，192，193

  星形～，193，194

  90°～，177，182

其他